计算机
网络技术的深入剖析

主 编 邹琴琴 王久宏 李 敏
副主编 齐敬敬 曹鹤玲 王蔚茹 闫贵荣

中国水利水电出版社
www.waterpub.com.cn
·北京·

内 容 提 要

本书对计算机网络技术进行了较为深入的剖析，主要内容包括：计算机网络概述、数据通信基础知识、计算机网络体系结构、局域网技术、广域网技术、Internet接入技术、Internet基础及服务、网络互联技术、网络操作系统、网络安全技术、计算机网络领域的新技术等。本书结构合理，条理清晰，内容丰富新颖，是一本值得学习研究的著作，可供相关人员参考使用。

图书在版编目（CIP）数据

计算机网络技术的深入剖析 / 邹琴琴，王久宏，李敏主编. -- 北京：中国水利水电出版社，2016.12（2022.10重印）
ISBN 978-7-5170-4897-8

Ⅰ. ①计… Ⅱ. ①邹… ②王… ③李… Ⅲ. ①计算机网络—研究 Ⅳ. ①TP393

中国版本图书馆CIP数据核字(2016)第281488号

责任编辑：杨庆川　陈　洁　　封面设计：马静静

书　　名	计算机网络技术的深入剖析　JISUANJI WANGLUO JISHU DE SHENRU POUXI
作　　者	主编　邹琴琴　王久宏　李　敏
出版发行	中国水利水电出版社 （北京市海淀区玉渊潭南路1号D座　100038） 网址：www.waterpub.com.cn E-mail：mchannel@263.net（万水） 　　　　sales@mwr.gov.cn 电话：(010)68545888（营销中心）、82562819（万水）
经　　售	全国各地新华书店和相关出版物销售网点
排　　版	北京鑫海胜蓝数码科技有限公司
印　　刷	三河市人民印务有限公司
规　　格	184mm×260mm　16开本　25.25印张　652千字
版　　次	2017年1月第1版　2022年10月第2次印刷
印　　数	2001—3001册
定　　价	89.00元

凡购买我社图书，如有缺页、倒页、脱页的，本社营销中心负责调换

版权所有·侵权必究

前　言

21世纪是以网络为核心的信息化时代,依靠完善的网络实现了信息资源的全球化,网络技术已成为信息化时代的标志性技术。在人类社会向信息化发展的过程中,计算机网络技术正以空前的速度发展着。

随着计算机的广泛应用和发展,人们的生活、工作、学习及思维方式都已发生了深刻变化,计算机已经成为人们工作、学习、思维、娱乐和处理日常事务必不可少的工具,网络承载着联通地球的信息传输重任;同时由于计算机与其他学科领域交叉融合,促进了学科发展和专业更新,引发了新兴交叉学科与技术的不断涌现。因此,学习计算机网络前沿理论与技术,已成为21世纪的必然要求。

计算机网络是计算机技术与通信技术相互渗透的、密切结合而形成的一门交叉学科,是计算机应用中一个空前活跃的领域,读者迫切需要一本系统全面、面向应用并且反映网络最新技术的书籍,基于此,编者特编写了《计算机网络技术的深入剖析》一书。

本书旨在对计算机网络技术进行全方面的探讨和研究。全书共11章:第1章论述计算机网络的形成与发展、计算机网络的定义和功能、计算机网络的拓扑结构和分类、未来网络技术的发展趋势等基础知识;第2章对数据通信的相关知识进行了介绍;第3章探讨了计算机网络体系结构;第4～10章探讨了各种网络技术,分别为局域网技术、广域网技术、Internet接入技术、Internet基础及服务、网络互联技术、网络操作系统、网络安全技术等;第11章对计算机网络领域的新技术进行了研究,即云计算技术、物联网技术、三网融合技术等。

本书在编写过程中,参考了大量有价值的文献与资料,吸取了许多人的宝贵经验,在此向这些文献的作者表示敬意。此外,本书的撰写还得到了中国水利水电出版社领导和编辑的鼎力支持和帮助,同时也得到了学校领导的支持和鼓励,在此一并表示感谢。由于计算机网络技术是一门综合性很强的技术,其发展速度也相当迅速,新知识、新方法、新概念等层出不穷,加之编者自身水平有限,书中难免有错误和疏漏之处,敬请广大读者和专家给予批评指正。

编　者
2016年8月

目 录

前言

第1章 计算机网络概述 1
1.1 计算机网络的形成与发展 1
1.2 计算机网络的定义和功能 3
1.3 计算机网络的拓扑结构和分类 6
1.4 未来网络技术的发展趋势 14

第2章 数据通信基础知识 16
2.1 数据通信概述 16
2.2 数据编码技术 20
2.3 数据传输方式 26
2.4 多路复用技术 31
2.5 数据交换技术 35
2.6 差错控制技术 39

第3章 计算机网络体系结构 45
3.1 网络体系结构概述 45
3.2 ISO/OSI 参考模型 48
3.3 TCP/IP 参考模型 61
3.4 ISO/OSI 参考模型与 TCP/IP 参考模型的比较 70

第4章 局域网技术 73
4.1 局域网技术概述 73
4.2 局域网的关键技术 76
4.3 局域网参考模型与标准 82
4.4 以太网技术 88
4.5 交换式局域网 99
4.6 虚拟局域网 103
4.7 无线局域网 109

第5章 广域网技术 121
5.1 广域网技术概述 121

5.2	广域网交换技术	126
5.3	X.25 协议	132
5.4	帧中继技术	135
5.5	ATM 技术	137
5.6	DDN 网络	145
5.7	PPP(点对点)协议	147

第 6 章 Internet 接入技术 150

6.1	Internet 接入概述	150
6.2	拨号接入方式	154
6.3	ADSL 接入技术	157
6.4	HFC 技术	162
6.5	光纤接入技术	165
6.6	无线接入技术	172

第 7 章 Internet 基础及服务 180

7.1	Internet 的基础知识	180
7.2	Internet 地址	189
7.3	WWW 服务	202
7.4	E-mail 电子邮件服务	212
7.5	FTP 文件传输服务	216
7.6	远程登录服务	222

第 8 章 网络互联技术 227

8.1	网络互联概述	227
8.2	常见的网络互联设备	232
8.3	路由选择协议	247

第 9 章 网络操作系统 261

9.1	网络操作系统概述	261
9.2	Windows NT 操作系统	265
9.3	Windows Server 2003 操作系统	270
9.4	UNIX 操作系统	279
9.5	NetWare 操作系统	284
9.6	Linux 操作系统	286

第 10 章 网络安全技术 290

10.1	网络安全问题概述	290
10.2	防火墙技术	300

10.3　虚拟专用网技术……………………………………………………………………… 319
　　10.4　计算机病毒防护技术…………………………………………………………………… 330

第 11 章　计算机网络领域的新技术 …………………………………………………………… 351
　　11.1　云计算技术……………………………………………………………………………… 351
　　11.2　物联网技术……………………………………………………………………………… 379
　　11.3　三网融合技术…………………………………………………………………………… 396

参考文献 ………………………………………………………………………………………… 398

第1章 计算机网络概述

1.1 计算机网络的形成与发展

计算机网络是计算机技术与通信技术高度发展、紧密结合的产物。当代计算机体系结构发展的一个重要方向可通过计算机网络来体现。计算机网络技术包括了硬件、软件、网络体系结构和通信技术。网络技术的进步正在对当前信息产业的发展产生着重要的影响。计算机网络技术的发展与应用的广泛程度是人们有目共睹的。纵观计算机网络的形成与发展历史，大致可以将它划分为四个阶段。

1. 面向终端的计算机网络

第一代计算机网络是面向终端的脚手架网络。面向终端的计算机网络又称为联机系统，建于20世纪50年代初，是第一代计算机网络。它由一台主机和若干个终端组成，较典型的有1963年美国空军建立的半自动化地面防空系统(SAGE)，在这种联机方式中，主机是网络的中心和控制者，终端（键盘和显示器）分布在各处并与主机相连，用户通过本地的终端使用远程的主机。

分布在不同办公室，甚至不同地理位置的本地终端或者是远程终端通过公共电话网及相应的通信设备与一台计算机相连，登录到计算机上，使用该计算机上的资源，这就有了通信与计算机的结合。这种具有通信功能的单机系统或多机系统被称为第一代计算机网络——面向终端的计算机通信网，也是计算机网络的初级阶段。严格地讲，这不能算是网络，但它将计算机技术与通信技术结合了，可以让用户以终端方式与远程主机进行通信了，所以我们视它为计算机网络的雏形。

这里的单机系统是一台主机与一个或多个终端连接，在每个终端和主机之间都有一条专用的通信线路，这种系统的线路利用率比较低。当这种简单的单机联机系统连接大量的终端时，存在两个明显的缺点：一是主机系统负担过重；二是线路利用率低。为了提高通信线路的利用率和减轻主机的负担，在具有通信功能的多机系统中使用了集中器和前端机(Front End Processor, FEP)。集中器用于连接多个终端，让多台终端共用同一条通信线路与主机通信。前端机放在主机的前端，承担通信处理功能，以减轻主机的负担。

2. 初级计算机网络

第二阶段的计算机网络应该从20世纪60年代末期至70年代中后期开始，以美国的ARPAnet与分组交换技术为标志，又称为计算机-计算机网络。计算机网络在单处理机联机网络互联的基础上，完成了计算机网络体系结构与协议的研究，使初级计算机网络得以形成，这时的计算机网络是以分组交换技术为基础理论的。这一阶段研究的典型代表是美国国防部高级研究计划局(Advanced Research Projects Agency，ARPA)的 ARPAnet(通常称为 ARPA 网)。1969 年美国国防部高级计划局提出将多个大学、公司和研究所的多台计算机互联的课题。在 1969 年 ARPAnet 只有 4 个结点，到 1973 年 ARPAnet 发展到 40 个结点，而到 1983 年已经达到 100 多个结点。ARPAnet 通过有线、无线和卫星通信线路，使网络覆盖了从美国本土到欧洲的广阔地域。ARPAnet 是计算机网络技术发展的一个重要里程碑，以下几个方面体现了它对发展计算机网络技术的主要贡献。

①完成了对计算机网络定义、分类与子课题研究内容的描述。
②提出了资源子网、通信子网的两级网络结构的概念。
③研究了报文分组交换的数据交换方法。
④采用了层次结构的网络体系结构模型与协议体系。
⑤促进了 TCP/IP 协议的发展。
⑥为 Internet 的形成与发展打下了坚实基础。

ARPAnet 网络首先将计算机网络划分为"通信子网"和"资源子网"两大部分，当今的计算机网络仍沿用这种组合方式，如图 1-1 所示。在计算机网络中，计算机通信子网完成全网的数据传输和转发等通信处理工作，计算机资源子网承担全网的数据处理业务，并向用户提供各种网络资源和网络服务。

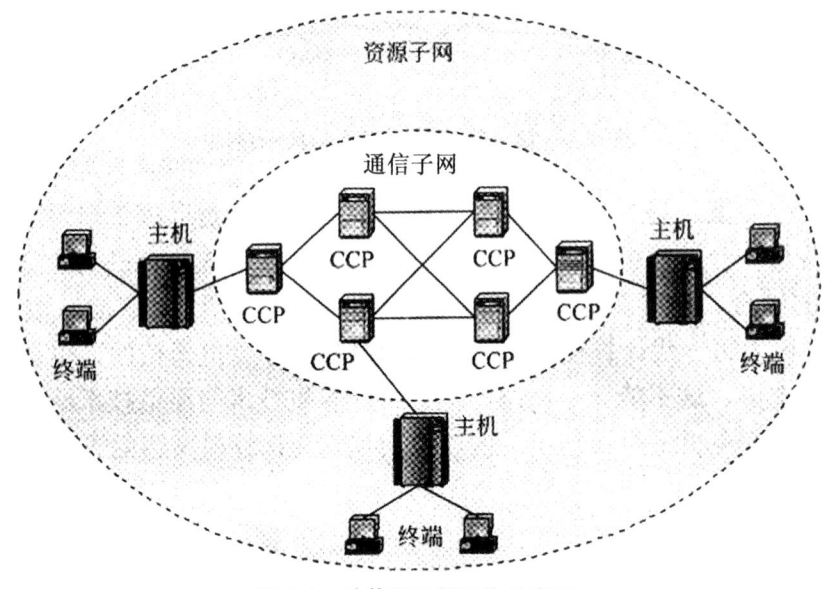

图 1-1 计算机网络结构示意图

3. 开放式的标准化计算机网络

第三阶段的计算机网络可以从 20 世纪 70 年代中期计起，20 世纪 70 年代中期国际上各种广域网、局域网与公用分组交换网发展十分迅速，各个计算机生产厂商纷纷开发各自的计算机网络系统，但随之而来的是网络体系结构与网络协议的国际标准化问题。国际标准化组织(International Standards Organization,ISO)提出了开放系统的互联参考模型与协议，ISO 在推动开放系统参考模型与网络协议的研究方面做了大量的工作，对网络理论体系的形成与网络技术的发展起到了不可忽视的关键作用,促进了符合国际标准化的计算机网络技术的发展,但它同时也面临着 TCP/IP 的严峻挑战。因此,第三代的计算机网络指的是"开放式的计算机网络"。这里的"开放式"是相对于各个计算机厂家按照各自的标准独自开发的封闭的系统而言的。在开放式网络中,所有的计算机网络和通信设备都遵循着共同认可的国际标准,从而可以保证不同厂商的网络产品可以在同一网络中顺利进行通信。

4. 新一代的计算机综合性、智能化、宽带高速网络

第四阶段的计算机网络要从 20 世纪 90 年代开始。计算机网络向全面互联、高速和智能化发展。Internet、高速通信网络技术、接入网、网络与信息安全技术这些都是该阶段最具有挑战性的话题。Internet 作为国际性的网际网和大型信息系统,正在当今经济、文化、科学研究、教育与人类社会生活等方面发挥着越来越重要的作用。更高性能的 Internet 2 正在发展之中。宽带网络技术的发展,为社会信息化提供了技术基础,网络与信息安全技术为网络应用提供了重要安全保障。基于光纤通信技术的宽带城域网与接入技术,以及移动计算网络、网络多媒体计算、网络并行计算、网格计算与存储区域网络已经成为了网络应用与研究的热点问题。

由此可见,各种相关的计算机网络技术和产业对 21 世纪的经济、政治、军事、教育和科技的发展产生的影响是不可忽视的。

1.2 计算机网络的定义和功能

1.2.1 计算机网络的定义

计算机网络是为满足应用的需要而发展起来的,从其本质上说,它以资源共享为主要目的,并且发挥分散的各不相连的计算机之间的协同功能。据此,对计算机网络可做如下定义:将处于不同地理位置,并具有独立计算能力的计算机系统经过传输介质和通信设备相互连接,在网络操作系统和网络通信软件的控制下,实现资源共享的计算机的集合。

一般说来,计算机网络是一个复合系统,它是由各自具有自主功能而又通过各种通信手段相互连接起来以便进行信息交换、资源共享或协同工作的计算机组成的。

从上面的描述中可以看出以下三重含义。

①一个计算机网络中包含了多台具有自主功能的计算机,所谓具有自主功能是指这些计算机离开了网络也能独立运行与工作。

②这些计算机之间是相互连接的(有机连接),所使用的通信手段可以形式各异,距离可远可近,连接所用的媒体可以是双绞线(如电话线)、同轴电缆(如闭路有线电视所用的电缆)或光纤,甚至还可以是卫星或其他无线信道,信息在媒体上传输的方式和速率也可以不同。

③计算机之所以要相互连接是为了进行信息交换、资源共享或协同工作。

从概念上说,计算机网络由通信子网和资源子网两个部分构成,如图 1-2 所示。图中的资源子网由互联的主机或提供共享资源的其他设备组成,而通信子网负责计算机间的数据传输。通

信子网覆盖的地理范围可以是很小的局部区域,也可以是很大的区域。通信子网中除了包括传输信息的物理媒体外,还包括诸如转发器、交换机之类的通信设备。

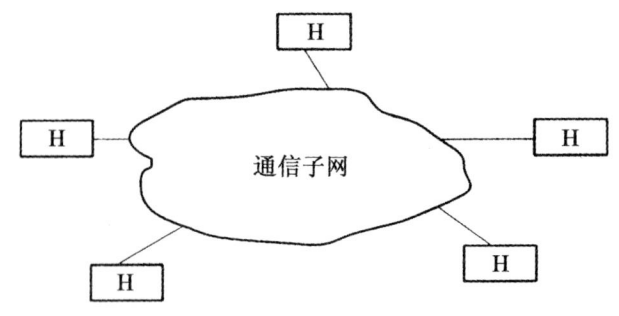

图 1-2　计算机网络的组成

通过通信子网互联在一起的计算机负责运行对信息进行处理的应用程序,它们是网络中信息流动的源和宿,这些计算机负责向用户提供可供共享的硬件、软件和信息资源,构成资源子网。

通常将通信子网和资源子网分离开来,使得这两个部分可以单独规划与管理,简化整个网络的设计和管理。在近程局部范围内,一个单位可同时拥有通信子网和资源子网,在远程广域范围内,通信子网可以由政府部门或电信经营公司拥有,它们向社会开放服务。拥有计算机资源的单位可以通过申请接入通信子网,成为计算机网络中的成员,使用网络提供的服务。

对计算机网络的概念,不同的书中有不同的定义,但不管怎样都离不开四个基本要素。

① 两台以上的计算机。
② 连接计算机的线路和设备。
③ 实现计算机之间通信的协议。
④ 按协议制作的软件、硬件。

1.2.2　计算机网络的功能

计算机网络的出现极大地提高了人们获取信息的能力,以及人们学习和工作的效率。如今计算机网络的功能越来越强大,并且应用范围越来越广。计算机网络的功能大致可以归纳为以下几点。

1. 资源共享

资源共享是计算机网络的一个非常重要的功能,所有计算机网络建设的核心目的都是为了实现资源共享。资源共享是推动计算机网络产生和发展的源动力之一。

一般情况下,网络中可共享的资源包括硬件资源、软件资源和数据资源。

① 硬件资源共享,可以提高硬件设备的利用率,避免设备的重复投资,如网络打印机、大容量磁盘共享。

② 软件资源共享,可以充分利用已有的信息资源,减少软件的重新购置或重新开发,从而达到降低成本,提高效率的目的。

③数据资源共享,可以将数据资源共享为全网使用,提高了信息的利用率,是最重要的一种资源共享类型。

2. 数据通信

数据通信是指利用计算机网络,实现不同地理位置的计算机之间的数据传送。它是计算机网络的最基本的功能,也是实现其他功能的基础。分布在很远的用户可以互相传输数据信息,互相交流,协同工作。例如,可以通过网络发送和接收电子邮件、传真,进行即时通信,拨打网络电话,召开视频会议等。

3. 提高信息系统的可靠性

组成计算机网络的计算机网络系统具有可靠的处理能力。计算机网络中的计算机能够彼此互为备用,一旦网络中某台计算机出现故障,故障计算机的任务就可以由其他计算机来完成,不会出现单机故障使整个系统瘫痪的现象,增加了计算机网络系统的安全可靠性。例如,如果网络中的一台计算机或一条线路出现故障,可以通过其他无故障线路传送信息,并在其他无故障的计算机上进行处理,包括对不可抗拒的自然灾害也有较强的应付能力,例如,战争、地震、水灾等可能使一个单位或一个地区的信息处理系统处于瘫痪状态,但整个计算机网络中其他地域的系统仍能工作,只是在一定程度上降低了计算机网络的分布处理能力。

4. 进行负荷均衡与分布处理

负荷均衡是指将网络中的工作负荷均匀地分配给网络中的各计算机系统。当网络上某台主机的负载过重时,通过网络和一些应用程序的控制和管理,可以将任务交给网络上其他的计算机去处理,充分发挥网络系统上各主机的作用。

分布处理将一个作业的处理分为三个阶段:提供作业文件;对作业进行加工处理;把处理结果输出。在单机环境下,上述三步都在本地计算机系统中进行。在网络环境下,根据分布处理的需求,可将作业分配给其他计算机系统进行处理,以提高系统的处理能力,高效地完成一些大型应用系统的程序计算以及大型数据库的访问等。

5. 进行实时控制和综合处理

利用计算机网络,可以完成数据的实时采集、实时传输、实时处理和实时控制,这在实时性要求较高或环境恶劣的情况下非常有用。另外,通过计算机网络可将分散在各地的数据信息进行集中或分级管理,通过综合分析处理后得到有价值的数据信息资料。利用网络完成下级生产部门或组织向上级部门的集中汇总,可以使上级部门及时了解情况。

6. 其他用途

利用计算机网络可以进行文件传送,作为仿真终端访问大型机,在异地同时举行网络会议,进行电子邮件的发送与接收,在家中办公或购物,从网络上欣赏音乐、电影、体育比赛节目等,还可以在网络上和他人进行聊天或讨论问题等。

1.3 计算机网络的拓扑结构和分类

1.3.1 计算机网络的拓扑结构

计算机网络设计的第一步就是要解决在给定计算机的位置及保证一定的网络响应时间、吞吐量和可靠性的条件下,通过选择适当的线路、线路容量、连接方式,使整个网络的结构合理,并且成本低廉。为了应付复杂的网络结构设计问题,人们引入了网络拓扑的概念。

拓扑学是几何学的一个分支,它是从图论演变过来的。拓扑学首先把实体抽象成与其大小、形状无关的点,用连接实体的线路之间的几何关系表示网络结构,反映网络中各实体间的结构关系。

拓扑结构设计是建设计算机网络的第一步,也是实现各种网络协议的基础,它对网络性能、系统可靠性与通信费用都有重大影响。计算机网络的拓扑结构主要是指通信子网的拓扑构型。

计算机网络的拓扑结构是抛开网络物理连接来讨论网络系统的连接形式,网络中各站点相互连接的方法和形式称为网络拓扑。拓扑结构图给出网络服务器、工作站的网络配置和相互间的连接方式,它的结构主要有总线型结构、星型结构、树型结构、网状结构、环型结构等。

1. 总线型拓扑结构

总线型拓扑结构采用一条单根的通信线路(总线)作为公共的传输通道,所有的结点都通过相应的接口直接连接到总线上,并通过总线进行数据传输。例如,在一根电缆上连接了组成网络的计算机或其他共享设备(如打印机等),如图1-3所示。由于单根电缆仅支持一种信道,因此连接在电缆上的计算机和其他共享设备共享电缆的所有容量。连接在总线上的设备越多,网络发送和接收数据就越慢。

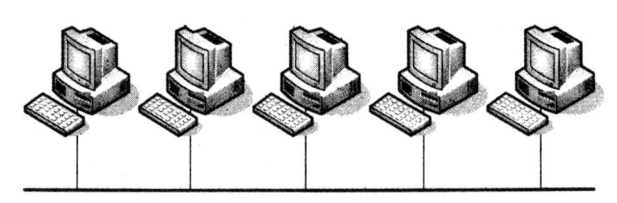

图1-3 总线型拓扑结构

总线型拓扑结构使用广播式传输技术,总线上的所有结点都可以发送数据到总线上,数据沿总线传播。但是,由于所有结点共享同一条公共通道,所以在任何时候只允许一个站点发送数据。当一个结点发送数据,并在总线上传播时,数据可以被总线上的其他所有结点接收。各站点在接收数据后,分析目的物理地址再决定是否接收该数据。粗、细同轴电缆以太网就是这种结构的典型代表。

总线型拓扑结构具有以下几个特点:

①结构简单、灵活,易于扩展;共享能力强,便于广播式传输。

②网络响应速度快,但负荷重时性能迅速下降;局部站点故障不影响整体,可靠性较高。但是,总线出现故障,则将影响整个网络。

③易于安装,费用低。

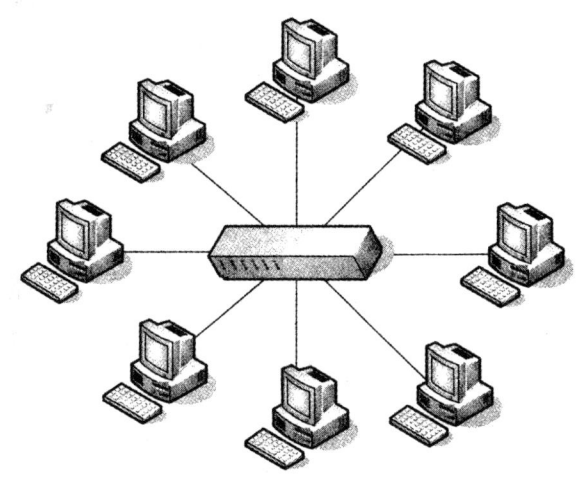

2. 星型拓扑结构

星型拓扑结构的每个结点都由一条点对点链路与中心结点(公用中心交换设备,如交换机、集线器等)相连,如图1-4所示。星型拓扑结构中的一个结点如果向另一个结点发送数据,首先将数据发送到中央设备,然后由中央设备将数据转发到目标结点。信息的传输是通过中心结点的存储转发技术实现的,并且只能通过中心结点与其他结点通信。星型拓扑结构是局域网中最常用的拓扑结构。

图1-4 星型拓扑结构

星型拓扑结构具有以下几个特点:
①结构简单,便于管理和维护;易实现结构化布线;结构易扩充,易升级。
②通信线路专用,电缆成本高。
③星型结构的网络由中心结点控制与管理,中心结点的可靠性基本上决定了整个网络的可靠性。
④中心结点负担重,易成为信息传输的瓶颈,且中心结点一旦出现故障,会导致全网瘫痪。

3. 树型拓扑结构

树型拓扑结构(也称为星型总线拓扑结构)是从总线型和星型结构演变来的。网络中的结点设备都连接到一个中央设备(如集线器)上,但并不是所有的结点都直接连接到中央设备,大多数的结点首先连接到一个次级设备,次级设备再与中央设备连接。图1-5所示的是一个树型拓扑结构。

树型拓扑分为两种类型,一种是由总线型拓扑结构派生出来的,它由多条总线连接而成,如图1-6(a)所示;另一种是星型拓扑结构的变种,各结点按一定的层次连接起来,形状像一棵倒置的树,故得名树型拓扑,如图1-6(b)所示。在树型拓扑结构的顶端有一个根结点,它带有分支,每个分支还可以再带子分支。

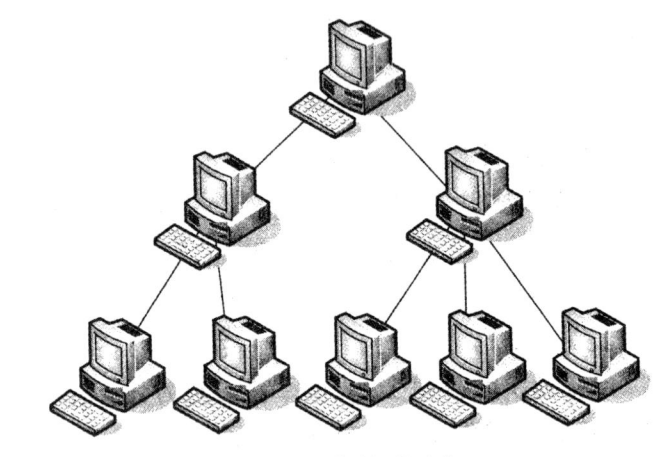

图 1-5 树型拓扑结构

(a)由总线型拓扑结构派生　　　　(b)星型拓扑结构的变体

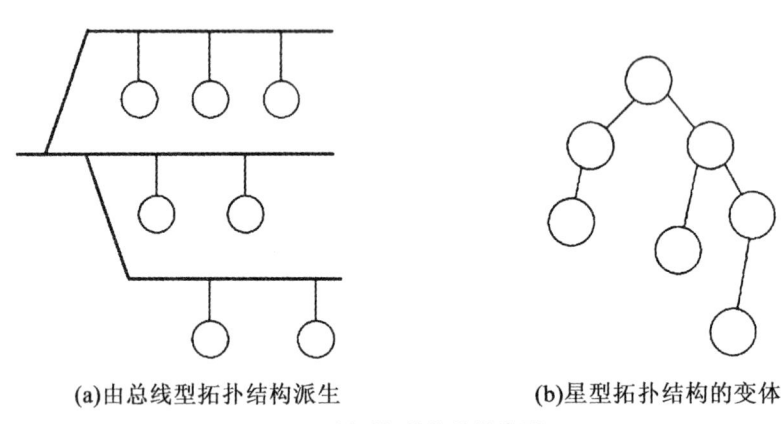

图 1-6 树型拓扑结构的类型

树型拓扑结构具有以下几个特点：
① 易于扩展，故障易隔离，可靠性高；电缆成本高。
② 对根结点的依赖性大，一旦根结点出现故障，将导致全网不能工作。

4. 网状拓扑结构

网状拓扑结构是指将各网络结点与通信线路连接成不规则的形状，每个结点至少与其他两个结点相连，或者说每个结点至少有两条链路与其他结点相连。网状拓扑结构又分为全连接网状结构和不完全连接网状结构两种形式，如图 1-7 所示。目前广域网中一般采用不完全连接网状结构。

网状拓扑结构具有以下几个特点：
① 可靠性高；结构复杂，不易管理和维护；线路成本高；适用于大型广域网。
② 因为有多条路径，所以可以选择最佳路径，减少时延，改善流量分配，提高网络性能，但路径选择比较复杂。

(a)全连接网状结构　　　　　　　　(b)不完全连接网状结构

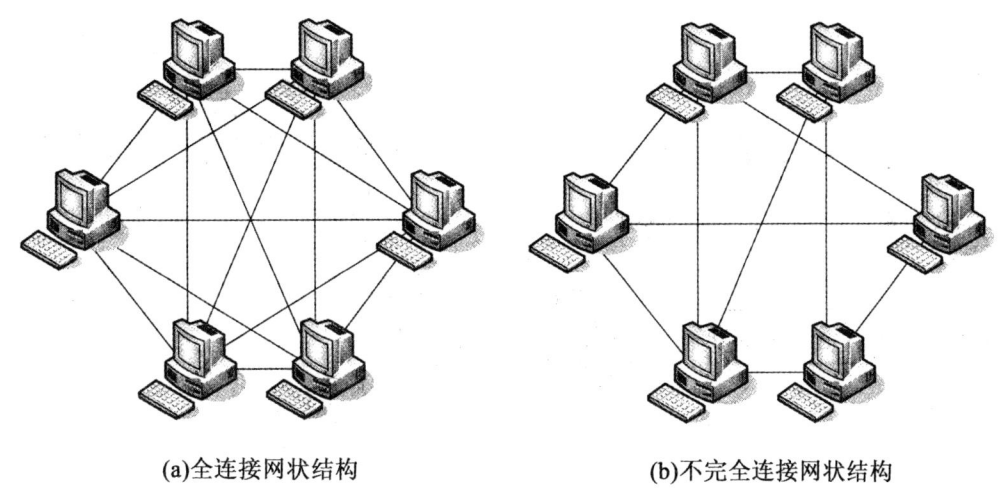

图 1-7　网状拓扑结构

5.环型拓扑结构

环型拓扑结构是各个网络结点通过环接口连在一条首尾相接的闭合环型通信线路中,如图 1-8 所示。

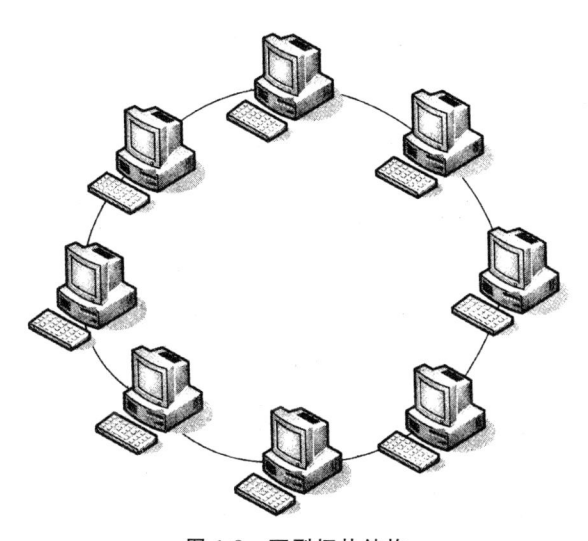

图 1-8　环型拓扑结构

每个结点设备只能与它相邻的一个或两个结点设备直接通信。如果要与网络中的其他结点通信,数据需要依次经过两个通信结点之间的每个设备。环型网络既可以是单向的也可以是双向的。单向环型网络的数据绕着环向一个方向发送,数据所到达的环中的每个设备都将数据接收经再生放大后将其转发出去,直到数据到达目标结点为止。双向环型网络中的数据能在两个方向上进行传输,因此设备可以和两个邻近结点直接通信。如果一个方向的环中断了,数据还可以在相反的方向在环中传输,最后到达其目标结点。

环型拓扑结构有两种类型,即单环拓扑结构和双环拓扑结构。令牌环(Token Ring)是单环拓扑结构的典型代表,光纤分布式数据接口(FDDI)是双环拓扑结构的典型代表。

环型拓扑结构具有以下几个特点:

①在环型网络中,各工作站间无主从关系,结构简单;信息流在网络中沿环单向传递,延迟固定,实时性较好。

②两个结点之间仅有唯一的路径,简化了路径选择,但可扩充性差。

③可靠性差,任何线路或结点的故障,都有可能引起全网故障,且故障检测困难。

1.3.2 计算机网络的分类

计算机网络的分类方法是多样的,可以从不同的方面对计算机网络进行分类。

1. 按网络的地理范围分类

计算机网络按照其覆盖的地理范围进行分类,不同类型网络的技术特征可以得到很好地体现。由于网络覆盖的地理范围不同,它们所采用的传输技术也就不同,因而不同的网络技术特点与网络服务功能得以形成。

按覆盖的地理范围,计算机网络可分为以下三类。

(1)局域网(LAN)

局域网用于将有限范围内(如一个实验室、一栋大楼、一个校园)的各种计算机、终端与外部设备互联成网,如图1-9所示。局域网按照采用的技术、应用范围和协议标准的不同,可以分为共享局域网与交换局域网两类。

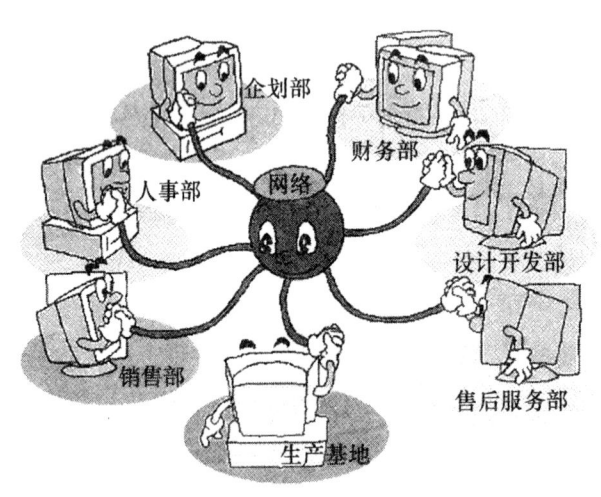

图1-9 局域网示意图

局域网技术发展迅速,应用日益广泛,是计算机网络中最活跃的领域之一。

(2)城域网(MAN)

城市地区网络简称为城域网,如图1-10所示。城域网是介于广域网与局域网之间的一种高速网络。城域网设计的目标是,满足几十千米范围内的大企业、机关和公司的多个局域网互联的需求,以便大量用户之间的数据、语音、图形和视频等多种信息的传输功能得以顺利实现。

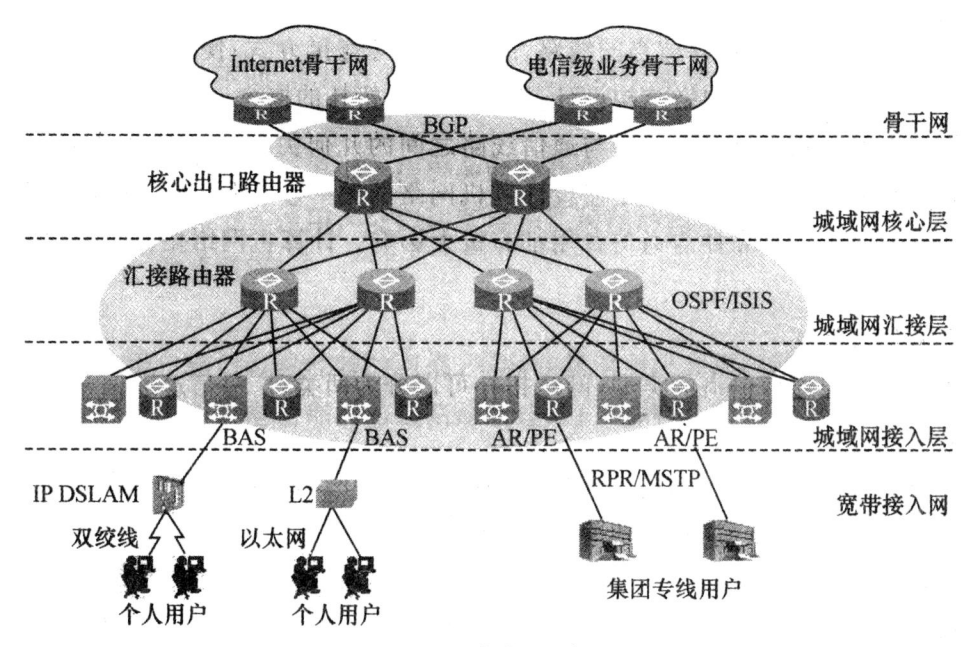

图 1-10　城域网示意图

(3) 广域网 (WAN)

广域网也称为远程网，如图 1-11 所示。它所覆盖的地理范围从几十千米到几千千米。广域网覆盖一个国家、地区和横跨几个洲，形成国际性的远程网络。分组交换技术是广域网的通信子网使用的主要技术之一。广域网通信子网可以利用公用分组交换网、卫星通信网和无线分组交换网，将分布在不同地区的计算机系统互联起来，达到资源共享的目的。

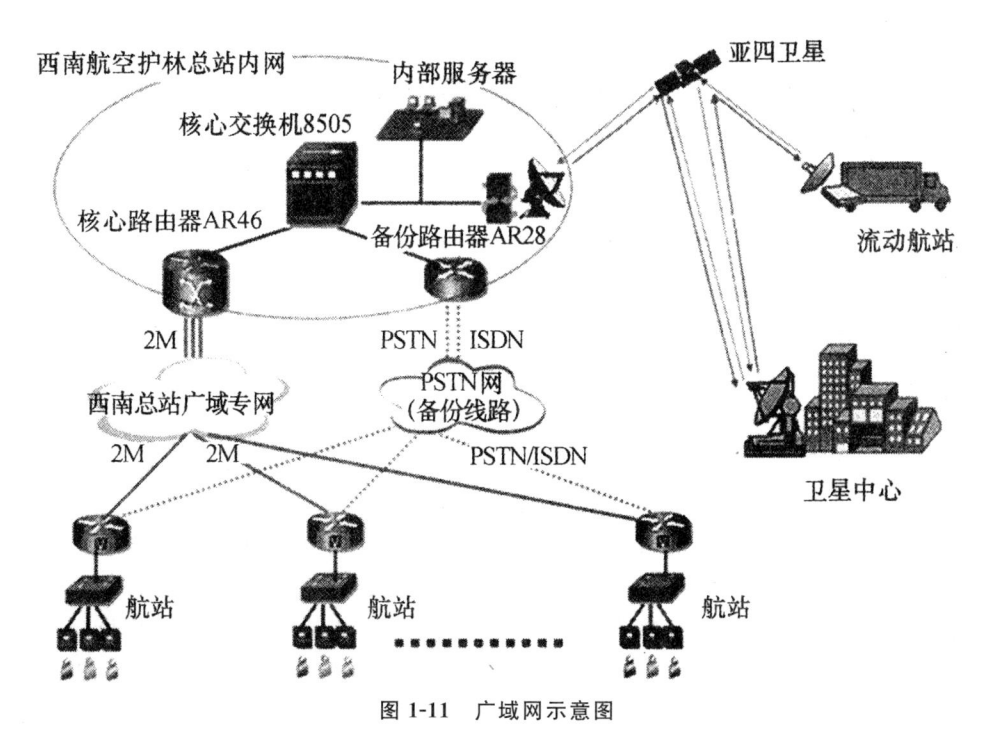

图 1-11　广域网示意图

2. 按网络的传输技术分类

按网络采用的传输技术对网络进行分类是一种很重要的方法,因为网络所采用的传输技术决定着网络的主要技术特点。在通信技术中,通信通道的类型有广播通信通道和点对点通信通道,显然,网络要通过通信通道完成数据传输任务所采用的传输技术也只能有两类,即广播方式与点对点方式。故而,相应的计算机网络也可以分为以下两类。

(1)广播式网络

在这种网络结构中,所有结点都连在一条信道上。每个网络结点发送的信息可由网络中的所有其他结点接收,但只有目的地址是本站地址的信息才被结点接收下来,否则,不予理睬。这种网络有共享性支持,有访问控制信息。

(2)点对点式网络

在这种网络结构中,通信子网内的每一条信道的两端都连到一对网络结点上。如果网络中任意两个结点之间没有直接相连的信道,则它们之间的通信必须间接地通过其他结点。当信息通过中间结点时,先由中间结点接收并存储起来,待其输出线有空时,再转发到下一个结点。

3. 按网络的使用范围分类

计算机网络包括数据传输和交换(转接)系统,根据网络中数据传输和交换系统的所有权,可分为公用网和专用网两种。

(1)公用网

公用网可由政府机构或企业投资建设、拥有和管理。公用网是向用户提供公用数据通信服务的计算机网络,网络内的传输和交换装置可租给任何部门和单位使用,即可连接众多的计算机和终端。

(2)专用网

专用网可由某个组织建设、拥有和管理,用于本组织内部的数据通信和资源共享。有些专用网有自己的体系结构,是某一领域专用的,不允许其他部门和单位使用。但是,目前大多数专用网络仍是租用电信部门的传输线路或信道。专用网对外部用户的访问一般都加以严格限制,如军队系统、银行系统的网络都属于专用网。

4. 按网络的交换方式分类

按网络的交换方式来分类,计算机网络可分为电路交换网、报文交换网、分组交换网和混合交换网。

(1)电路交换网

电路交换方式是在用户开始通信前,先申请建立一条从发送端到接收端的物理信道,并且在双方通信期间始终占用该信道。

交换这一概念最早来自于电话系统。电话网中使用电路交换方式,它以电路连接为目的。具体作用过程是这样的:当用户打电话时,首先摘下话机拨号,拨号完毕,交换机就知道用户要与谁通话。于是交换机就把双方的线路连接起来,通话开始。当通话结束,交换机将双方的线路断开,为双方各自开始一次新的通话做好准备。因此,电路交换就是在通信时建立电路,通信完毕时拆除电路。至于通信过程中,双方是否传送信息,传送什么信息,都与交换系统无关。

(2)报文交换网

报文交换方式是把要发送的数据及目的地址包含在一个完整的报文内,报文的长度不受限制。报文交换采用存储转发原理,每个中间结点要为途经的报文选择适当的路径,使其能最终到达目的端。

(3)分组交换网

分组交换方式是在通信前,发送端先把要发送的数据划分为一个个等长的单位(即分组),这些分组逐个由各中间结点采用存储转发方式进行传输,最终到达目的端。由于分组长度有限,可以比报文更加方便地在中间结点机的内存中进行存储处理,其转发速度大大提高。

(4)混合交换网

混合交换是指同时采用电路交换和分组交换两种交换方式。混合交换采用了时分多路复用技术,将宽带网络按照适当的比例在两种交换方式中进行动态的分配,使之得到充分利用。

5. 按网络的控制方式分类

按网络的控制方式来分类,计算机网络可分为集中式网络、分散式网络和分布式网络三种。

(1)集中式网络

集中式网络的处理和控制功能都高度集中在一个或少数几个结点上,这些结点是网络处理和控制中心,所有的信息流都必须经过这些结点之一。而其余的大多数结点则只有较少的处理和控制功能。星型网和树型网都是典型的集中式网络。

(2)分散式网络

分散式网络的每台计算机之间都独立自主,特点是它的某些集中器或复用器具有一个交换功能,网络结构变为星型网与格状网的混合。

显然,分散式网络的可靠性提高了。其结构如图1-12所示。

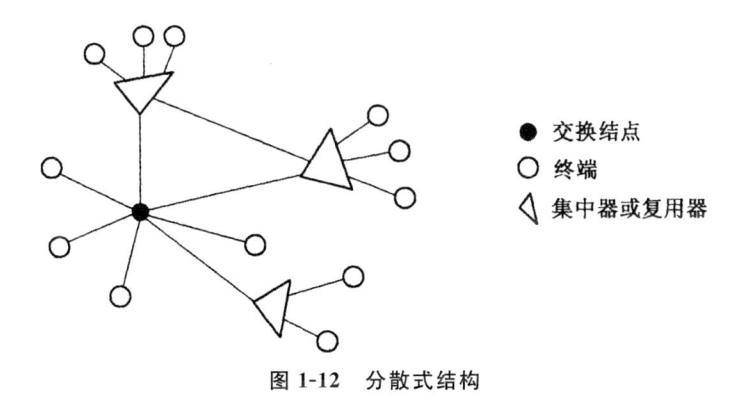

图1-12 分散式结构

(3)分布式网络

分布式网络中不存在一个处理和控制中心,网络中的任意一个结点都至少和另外两个结点相连接,因此分布式网络也称为格状网络(分组交换网络、网状网络都属分布式网络)。它是网络发展的方向。

分布式网络的特点:信息从一个结点到达另一个结点时可能有多条路径,同时网络中的各个结点均以平等地位相互协调工作和交换信息,并可共同完成一个大型任务;这种网络具有信息可靠性高、可扩充性强及灵活性好等优点。

目前的大多数广域网中的主干网,就设计成分布式的控制方式,并采用较高的通信速率以提高网络性能,而对大量非主干网,为了降低建网成本,则仍采用集中控制方式及较低的通信速率。

1.4 未来网络技术的发展趋势

根据对未来业务发展的需求,未来的网络应该具有以下的特征:

①网络应是高速、可控制、可维护管理、四通八达的,相当于一个高速公路,可以提供端到端信息,包括话音、视频和各种多媒体信息的传送。

②接入应是高速的、综合的,保证各种宽带的应用。

③网络应是开放的,就像高速公路一样可以有各种出口,通过这个出口获得各种服务,特别是丰富的内容服务。

④支持移动性、游牧性。

⑤网络是安全的、不被攻击的,有高的可靠性和可用性。

⑥网络应该是有质量保证的。

⑦网络应该是可控制和可管理、可经营的。

⑧网络与现有的各种网络应该是互联互通的。

近年来,在全球通信产业发展过程中,以移动通信技术、宽带技术和 IP 数据通信技术发展最为迅速。整个通信产业的技术发展呈宽带化、移动化、IP 化以及网络融合的发展趋势。

1. 宽带化

由于用户所需要的业务包括数据业务、IPTV 业务、互动游戏、视频电话等,因此,要满足用户的各种业务的需要,用户接入的宽带化将是一个非常重要的条件。据有关单位对于用户带宽的预测,2020 年我国家庭联网接入平均带宽为 40Mb/s,典型接入带宽为 24Mb/s。当前,接入网已经成为全网宽带化的最后瓶颈,接入网的宽带化已成为接入网发展的主要趋势。

在我国以 ADSL、LAN 为代表的宽带接入增长迅速,成为网络接入的发展主流。据初步预测,2020 年我国宽带用户普及率将达到 38.5%。其中,城镇普及率达 61.9%,农村普及率达 9.7%,互联网用户渗透率为 90%,城市将实现户户多媒体的目标。

2. 移动化和游牧性

从国际通信业务的发展情况来看,用户通信的个性化要求日益强烈,而移动性是个性化通信很好的表现形式,因而用户对于通信业务移动性的要求已经越来越普遍。用户希望无处不在的通信,不仅有移动的电话业务,还有提供移动的数据业务,希望在任何地点都可以享受方便的上网、浏览网页、发送电子邮件等各种数据通信。

移动性表现在用户可以在网络覆盖的范围内自由地进行通信,而且可以在移动中进行通信,而游牧性则是用户并不一定要在行进中进行通信,但是用户从一地到另一地如同牧人游牧一样,还可以如同在原来的地方一样进行各种通信。这是未来的通信无处不在的要求。

3. IP 化

下一代网的核心承载网将采用 IP 技术是目前大多数人的共识,现在不仅数据通信业务在 IP 网上疏通,且话音业务也越来越多地通过 IP 来疏通,目前我国 VoIP 的长途业务量已经超过了传统电路交换上的话音业务,而且互联网上享受免费话音业务的 MSN、Skype 用户数和业务量也在快速增长。目前各国际标准化组织包括 ITU、3GPP、TISPAN 等对于下一代网或者对于下一代移动网的研究已达成共识,即下一代网是基于 IP 的。

4. 网络融合

网络在向下一代网发展的过程中,网络融合成为一个发展趋势。从广义上看,网络融合包括固定网和移动网的融合,也包括三网:电信网、计算机网、广播电视网融合在内,融合的目的首先是用户可以通过各种接入方式或者各种终端无缝地接入到网络中,获得各个网络所能提供的服务,给最终用户提供一个统一的业务体验;此外,在网络融合中应能够综合应用各种网络资源,体现资源的整合和共享。融合以后的网络将更加便于维护和管理。因此,融合是通信业发展的一个基本方向。

第 2 章　数据通信基础知识

2.1　数据通信概述

2.1.1　数据通信的基本概念

简单地讲,数据通信是指通过某种类型的传输系统和介质实现两地之间的数据信号传输的过程。它可以实现计算机与计算机、计算机与终端、终端与终端之间的数据消息传递。数据通信是计算机网络的基础,没有数据通信技术的发展,就没有计算机网络的今天。在数据通信技术中,数据、信号、传输是十分重要的概念。

1. 数据

对于数据通信来说,被传输的二进制代码称之为"数据";数据是信息的载体。数据涉及对事物的表示形式,是通信双方交换的具体内容。数据通信的任务就是要传输二进制代码比特序列,而不需要解释代码所表示的内容。在数据通信中,人们习惯将被传输的二进制代码的 0、1 称为码元。

数据又分为模拟数据和数字数据。模拟数据的取值是连续的(现实生活中的数据大多是连续的,如人的语音强度、电压高低);数字数据的取值只在有限个离散的点上取值(如计算机输出的二进制数据只有"0"、"1"两种状态)。数字数据比较容易存储、处理和传输,模拟数据经过处理也很容易变成数字数据,这就是为什么人们要从模拟电视系统发展到数字电视系统的原因。当然,数字数据传输也有它的缺点,比如系统庞大、设备复杂,所以在某些需要简化设备的情况下,模拟数据传输还会被采用。

2. 信号

信号是数据在传输过程中的电磁波信号的表示形式。在数据通信中,信息被转换为适合在通信信道上传输的电编码、电磁编码或光编码。这种在信道上传输的电/光编码叫作信号。按照在传输介质上传输的信号类型,可以分为模拟信号和数字信号两类。

模拟信号是指信号的幅度随时间呈连续变化的信号。普通电视里的图像和语音信号是模拟信号。普通电话线上传送的电信号是随着通话者的声音大小的变化而变化的,这个变化的电信号无论在时间上或是在幅度上都是连续的,这种信号也是模拟信号。模拟信号无论在时间上和幅值上均是连续变化的,它在一定的范围内可能取任意值。图 2-1(a)所示是模拟信号的图示。

数字信号是在时间上不连续的、离散性的信号,一般由脉冲电压 0 和 1 两种状态组成。数字脉冲在一个短时间内维持一个固定的值,然后快速变换为另一个值。数字信号的每个脉冲被称作一个二进制数或位,一个位有 0 或 1 两种可能的值,连续 8 位组成一个字节。图 2-1(b)所示是数字信号图示。

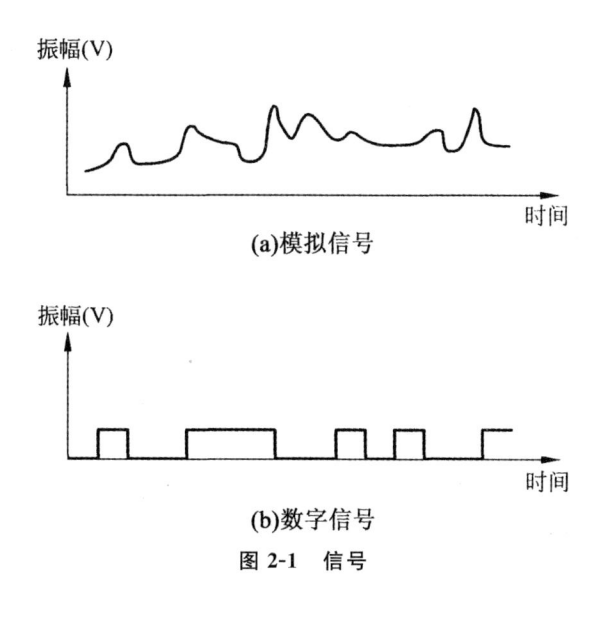

(a)模拟信号

(b)数字信号

图 2-1　信号

3. 传输

不论是模拟信号还是数字信号,都可以在适当的传输系统上传输。

模拟传输是用于传输模拟信号的,它通常不考虑信号的内容。模拟信号既可以表示模拟数据(如话音),也可以表示数字数据(如经过了调制解调器的二进制数据)。模拟信号在传输了一段距离之后会变得越来越弱。在模拟传输中要引入模拟放大器能够增强远距离传输的信号能量,但模拟放大器在放大信号的同时也放大了噪声。如果为了远距离传输而将放大器级联起来,那么信号的失真程度将更加严重。这对于数字数据来说是不可以容忍的。

数字传输与模拟传输相反,它需要考虑信号的内容。在衰减、噪声或其他损伤影响到数据的完整性之前,数字信号只能传送很短的距离,若使用转发器(也称为中继器)协助则可以到达较远的距离。转发器通过接收数字信号,并将其恢复为 1、0 序列,然后重新产生一个新的数字信号,从而克服了衰减及其他损伤的问题。

上述两种传输方式相比,数字传输技术要优于模拟传输技术,其理由如下:

① 随着大规模集成电路(Large Scale Intergration,LSI)和超大规模集成电路(Very Large Scale Intergration,VLSI)的出现,数字器件或设备在体积、价格上都不断下降,而模拟器件和设备则没有显著下降的迹象。

② 在数字传输系统中使用转发器而非放大器,从而避免了噪声或其他损伤的积累;采用数字传输方式,可以实现远距离传输数据时信号的完整性,并且对传输线路质量没有太高的要求。

③ 利用卫星通信和光纤通信技术可以比较方便地建立各种高速链路,但需要使用更高级的多路复用技术以便有效地利用这些链路的带宽容量,而相对而言,采用数字多路复用技术(如时分多路复用)比模拟多路复用技术(如频分多路复用)更容易。

2.1.2 数据通信系统的组成

数据通信系统是通过数据电路将分布在远地的数据终端设备与计算机系统连接起来,实现数据传输、交换、存储和处理的系统。任何一个数据通信系统都是由发送端、信道和接收端三个部分组成的,并且在信道上存在噪声影响,如图 2-2 所示。

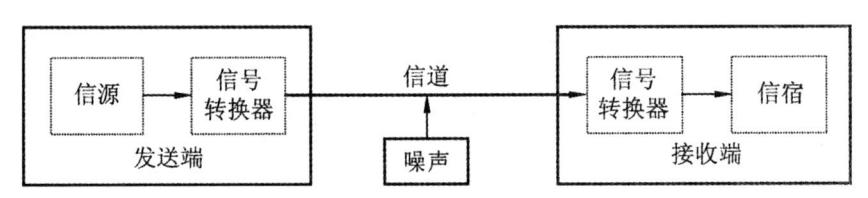

图 2-2 数据通信系统的组成

1. 发送端

发送端包括信源和信号转换器。它能把各种可能的信息转换成原始电信号,转换器再进一步将这些原始电信号转换成适合信道传输的信号。

2. 信道

为了在信源和信宿之间实现有效的数据传输,必须在信源和信宿之间建立一条传送信号的物理通道,这条通道被称为物理信道。简言之,信道就是信息传输的通道。信道建立在传输介质之上,但同时也包括了传输介质和通信设备。同一传输介质上可以提供多条信道。传输信道是通信系统必不可少的组成部分。

信道本身也可以是模拟或数字方式的,用以传输模拟信号的信道叫作模拟信道,用以传输数字信号的信道叫作数字信道。

3. 接收端

接收端包括信号转换器和信宿。首先由信号转换器将接收到的信号复原成原始信号,然后再送到信宿,最后再由信宿将其转换成各种信息。

4. 噪声

噪声是所有干扰信号的总称,并不是指一种"声音"。一个通信系统客观上是不可避免地存在着噪声干扰的,而这些干扰分布在数据传输过程的各个部分。为分析或研究问题方便,通常把它们等效为一个作用于信道上的噪声源。

噪声会影响原有信号的状态,干扰有效信号的传输,造成有效信号变形或失真。因此,在计算机网络通信中应尽可能降低噪声对信号传输质量的影响。

2.1.3 数据通信系统的性能指标

数据通信系统的性能指标内容比较广泛,不同的数据通信系统有不同的性能指标。但如果只从信号传输的角度出发,其主要指标是传输的有效性和可靠性。

1. 有效性指标

数字通信的有效性主要体现在一个信道通过的信息速率。对于基带数字信号,可以采用时分多路复用(TDM)以充分利用信道带宽。数字信号频带传输,可以采用多元调制提高有效性。数字通信系统的有效性可用传输速率来衡量,传输速率越高,则系统的有效性越好。通常可从以下几个角度来定义传输速率。

(1) 码元传输速率 R_B

码元传输速率通常又称为码元速率,用符号 R_B 表示。码元速率是指单位时间(每秒钟)内传输码元的数目,单位为波特(Baud),常用符号"B"表示。例如,某系统在 2s 内共传送 4800 个码元,则系统的传码率为 2400B。

数字信号一般有二进制与多进制之分,但码元速率 R_B 与信号的进制无关,只与码元宽度 T_B 有关。

$$R_B = \frac{1}{T_B}$$

通常在给出系统码元速率时,说明码元的进制,多进制(M)码元速率 R_{BM} 与二进制码元速率 R_{B2} 之间,在保证系统信息速率不变的情况下,可相互转换,转换关系式为

$$R_{B2} = R_{BM} \cdot \text{lb}M (\text{B})$$

式中,$M = 2^k$; $k = 2, 3, 4, \cdots$。

(2) 信息传输速率 R_b

信息传输速率简称信息速率,又可称为传信率、比特率等。信息传输速率用符号 R_b 表示。R_b 是指单位时间(每秒钟)内传送的信息量,单位为比特/秒(bit/s),简记为 b/s 或 bps。例如,若某信源在 1s 内传送 1200 个符号,且每一个符号的平均信息量为 1b,则该信源的 $R_b = 1200\text{b/s}$。

因为信息量与信号进制数 M 有关,因此,R_b 也与 M 有关。例如,在八进制中,当所有传输的符号独立等概率出现时,一个符号能传递的信息量为 lb8=3,当符号速率为 1200B 时,信息速率为 1200×3=3600b/s。

(3) R_b 与 R_B 的关系

在二进制中,码元速率 R_{B2} 同信息速率 R_{b2} 的关系在数值上相等,但单位不同。

在多进制中,R_{BM} 与 R_{bM} 数值不同,单位也不同。它们之间在数值上的关系式为

$$R_{bM} = R_{BM} \cdot \text{lb}M$$

在码元速率保持不变的情况下,二进制信息速率 R_{b2} 与多进制信息速率 R_{bM} 之间的关系为

$$R_{bM} = (\text{lb}M) R_{b2}$$

(4) 频带利用率 η

频带利用率是指传输效率,也就是说,我们不仅关心通信系统的传输速率,还要看在这样的传输速率下所占用的信道频带宽度是多少。如果频带利用率高,说明通信系统的传输效率高,否则相反。

频带利用率的定义是单位频带内码元传输速率的大小,即

$$\eta = \frac{R_B}{B}$$

频带宽度 B 的大小取决于码元速率 R_B，而码元速率 R_B 与信息速率有确定的关系。因此，频带利用率还可用信息速率 R_b 的形式来定义，以便比较不同系统的传输效率，即

$$\eta = \frac{R_b}{B} \text{ (bps/Hz)}$$

2. 可靠性指标

对于模拟通信系统，可靠性通常以整个系统的输出信噪比来衡量。信噪比是信号的平均功率与噪声的平均功率之比。信噪比越高，说明噪声对信号的影响越小，信号的质量越好。模拟通信的输出信噪比越高，通信质量就越好。当然，衡量信号质量还可以用均方误差，它是衡量发送的模拟信号与接收端恢复的模拟信号之间误差程度的质量指标。均方误差越小，说明恢复的信号越逼真。

衡量数字通信系统可靠性的指标，可用信号在传输过程中出错的概率来表述，即用差错率来衡量。差错率越大，表明系统可靠性越差。差错率通常有两种表示方法。

(1) 码元差错率 P_e

码元差错率 P_e 简称误码率，它是指接收错误的码元数在传送的总码元数中所占的比例，更确切地说，误码率就是码元在传输系统中被传错的概率。用表达式可表示成

$$P_e = \frac{\text{单位时间内接受的错误码元数}}{\text{单位时间内系统传输的总码元数}}$$

(2) 信息差错率 P_b

信息差错率 P_b 简称误信率，或误比特率，它是指接收错误的信息量在传送信息总量中所占的比例，或者说，它是码元的信息量在传输系统中被丢失的概率。用表达式可表示成

$$P_b = \frac{\text{单位时间内接收的错误比特数（错误信息量）}}{\text{单位时间内系统传输的总比特数（总信息量）}}$$

(3) P_e 与 P_b 的关系

对于二进制信号而言，误码率和误比特率相等。而 M 进制信号的每个码元含有 $n = 1bM$ 比特信息，并且一个特定的错误码元可以有 $(M-1)$ 种不同的错误样式。当 M 较大时，误比特率

$$P_b \approx \frac{1}{2} P_e$$

2.2 数据编码技术

所谓编码，是指将模拟数据或数字数据变换成数字信号，以便通过数字传输介质传输，在接收端，数字信号将变换成原来的形式。用于数据通信的数据编码方式有模拟数据编码和数字数据编码。

除了模拟数据的模拟信号传输外，数字数据的模拟信号传输、数字数据的数字信号传输和模拟数据的数字信号传输，这三种情况都需要对数据进行某种形式的表示，即数据编码。

2.2.1 数字数据的模拟信号编码

公共电话线是为了传输模拟信号而设计的，为了利用廉价的公共电话交换网实现计算机之

间的远程数据传输,就必须首先将发送端的数字信号调制成能够在公共电话网上传输的模拟信号,经传输后再在接收端将模拟信号解调成对应的数字信号。调制解调器实现了数字信号与模拟信号之间的转换。数据传输过程如图 2-3 所示。

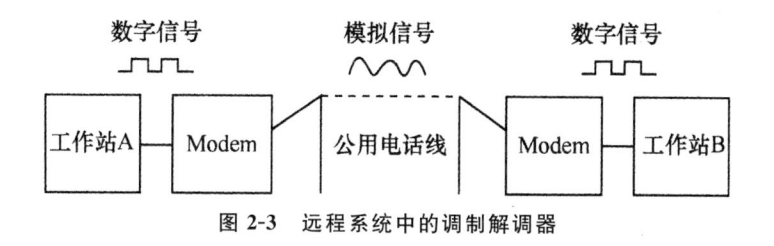

图 2-3 远程系统中的调制解调器

模拟信号传输的基础是载波,载波可以表示为

$$u(t) = V\sin(\omega t + \varphi)$$

由上式可以看出,载波具有三大要素:幅度 V、频率 ω 和相位 φ。可以通过变化载波的三个要素来进行编码。这样就出现了移幅键控法(ASK)、移频键控法(FSK)和移相键控法(PSK)这三种基本的编码方式。

1. 移幅键控法

ASK 方式就是通过改变载波的幅度 V 来表示数字"1"和"0"。例如,保持频率 ω 和相位 φ 不变,V 不等于 0 时表示"1",V 等于 0 时表示"0",如图 2-4(a)所示。

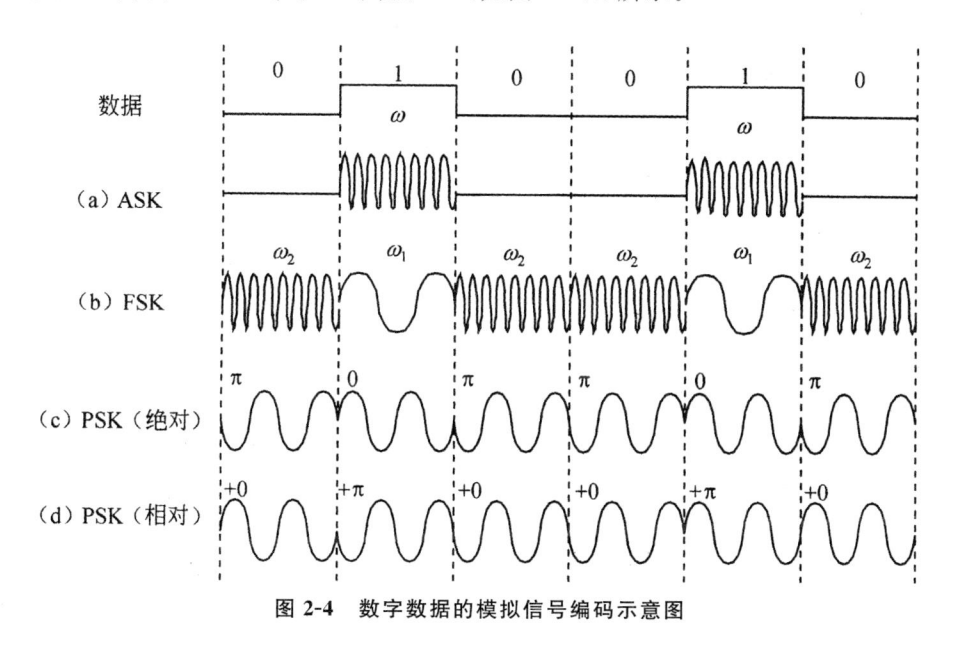

图 2-4 数字数据的模拟信号编码示意图

2. 移频键控法

FSK 方式就是通过改变载波的频率 ω 来表示数字"1"和"0"。例如,保持幅度 V 和相位 φ 不变,ω 等于某值时表示"1",ω 等于另一个值时表示"0",如图 2-4(b)所示。

3. 移相键控法

PSK 方式就是通过改变载波的相位 φ 来将数字"1"和"0"表示出来。如果用相位的绝对值表示数字"1"和"0",则称为绝对调相,如图 2-4(c)所示;如果用相位的相对偏移值表示数字"1"和"0",则称为相对调相,如图 2-4(d)所示。PSK 可以使用多于二相的相移,利用这种技术,可以对传输速率起到加倍的作用。

2.2.2 数字数据的数字信号编码

数字数据的数字信号编码问题是如何把数字数据用物理信号(如电信号)的波形表示。通常可以由许多不同形式的电信号的波形来表示数字数据。数字信号是离散的、不连续的电压或电流的脉冲序列,每个脉冲代表一个信号单元(或称码元)。这里主要讨论二进制的数据信号,即用两种码元形式分别表示二进制数字符号 1 和 0,每一位二进制符号和一个码元相对应。采用不同的编码方案,产生出的表示二进制数字码元的形式也不同。下面主要介绍最常用的非归零编码、归零编码、曼彻斯特编码、差分曼彻斯特编码等。

1. 非归零编码

在非归零编码(NRZ)方式中,信号的电压位或正或负。与采用线路空闲态代表 0 比特的单极性编码法不同,在非归零编码系统中,如果线路空闲意味着没有任何信号正在传输中。非归零编码有两种:非归零电平编码和非归零反相编码。

(1)非归零电平编码(NRZ-L)

在 NRZ-L 编码方式中,信号的电平是根据它所代表的比特位决定的。一个正电压值代表比特 1,而一个负电压值代表比特 0;从而信号的电平依赖于所代表的比特。

(2)非归零反相编码(NRZ-I)

在 NRZ-I 编码方式中,信号电平的一次反转代表比特 1,即从正电平到负电平的一次跃迁,而不是电压值本身来代表一个比特 1。没有电平变化的信号代表比特 0。

非归零反相编码相对非归零电平编码的优点在于:因为每次遇到比特 1 都发生电平跃迁,这能提供一种同步机制。一串 7 个比特 1 会导致 7 次电平跃迁,每次跃迁都使接收方能根据信号的实际到达来对本身时钟进行重同步调整。根据统计,连续的比特 1 出现的几率比连续的比特 0 要大,因此对比特 1 的连续串进行同步就在保持整体消息同步上前进了一大步。会造成麻烦的一串连续的比特 0 出现不频繁,对于解码来说不会造成很大妨碍。

在 NRZ-I 编码方式中,如果遇到比特 1,信号电平被反转。

如图 2-5 所示表现了非归零电平编码(NRZ-L)和非归零反相编码(NRZ-I)对同一串比特的结果。在 NRZ-L 编码序列中,正负电平有特定的含义:正代表比特 1,负代表比特 0。在 NRZ-I 编码序列中,每一间隙的电压值是没有意义的。相反,接收端以检测电平的跳变来作为识别比特 1 的基础。

2. 归零编码

如图 2-6 所示,出现连续的 1 或是 0 的任何时候,接收端都会失同步。有两种方法能够保证同步:第一种,是在一条独立的信道上发送单独的定时信号。但是,这个方案并不经济,又易于出错。第二种,是让编码信号本身携带同步信息,就如同非归零反相编码(NRZ-I)技术中使用的方案。与上述方法相比,这是一个更好的方案。但是同时还需要提供对连续比特0的同步。

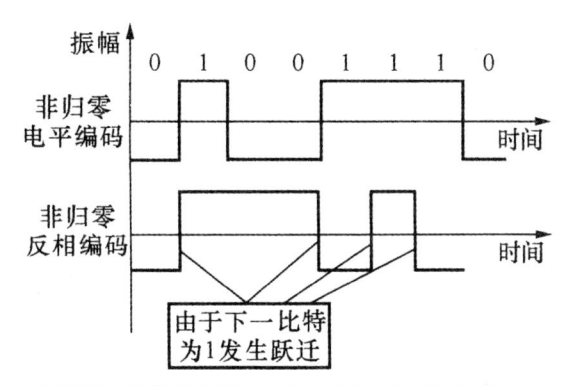

图 2-5 非归零电平编码(NRZ-L)和非归零反相编码(NRZ-I)的比较

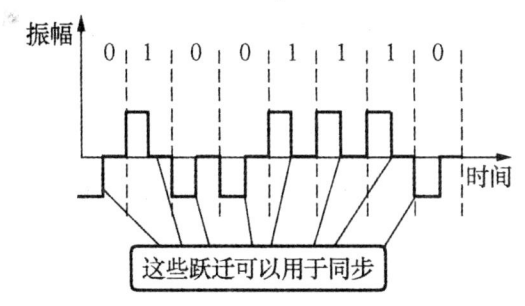

图 2-6 归零编码(RZ)

为保证同步,在每个比特中都必须有信号变化。接收端可以利用这些跳变来建立、更新和同步它的时钟。前面已经提到,NRZ-I编码技术对于连续的比特1实现了这一目标。但是为了在每比特都有信号变化,需要多于两个的电压值。

归零编码(RZ)是一种不错的方案,它使用了三个电平:正电平、负电平和零。在RZ编码中,信号变化不是发生在比特之间而是发生在比特内。和NRZ-L相比,二者的共同点为:正电平代表比特1,负电平代表比特0;不同点为:任何比特间隙的中段,信号将归零。一个比特1实际是由正电压到零的跳变代表,而比特0则是由负电压到零的跳变代表,而不仅仅是通过电平正负来表示。图2-6描述了此概念。

RZ编码的主要缺陷在于它每比特位需要两次信号变化从而增加了占用的带宽。但是它是相对于已经研究的三种方式而言最有效的。一个编码良好的数字信号必须携带同步信息。

3. 曼彻斯特编码

曼彻斯特编码是目前应用最广泛的编码方法之一。在曼彻斯特编码中,每个比特间隙中间引入跃迁来同时代表不同比特和同步信息。二进制1用一个负电平到正电平的跳变来表示,而二进制0则用一个正电平到负电平的跳变来表示。通过这种跃迁的双重作用,曼彻斯特编码获得了与归零编码相同的同步效果但仅需要两种电平振幅。

在曼彻斯特编码中,比特中的跃迁同时是同步信息和比特编码。

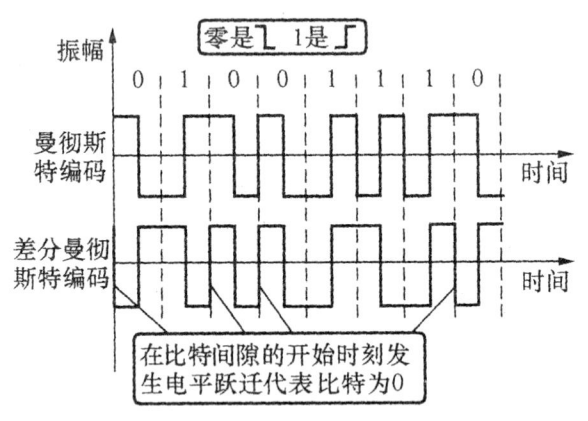

4. 差分曼彻斯特编码

差分曼彻斯特编码是在曼彻斯特编码的基础上改进而成的。在差分曼彻斯特编码中,比特间隙中间的跃迁用于携带同步信息,但是在比特间隙开始位置有一个附加的跃迁用来表示不同比特。开始位置有跃迁代表比特 0,没有跃进则代表比特 1。差分曼彻斯特编码需要两个信号变化来表示二进制 0,但对于二进制 1 只需要一个。

在差分曼彻斯特编码中,比特间隙中的电平跃迁只用来表示同步信息。不同比特通过在比特开始位置有无电平反转表示。

图 2-7 显示了对于同一个比特模式的曼彻斯特编码和差分曼彻斯特编码。两种曼彻斯特编码是将时钟和数据包含在数据流中,在传输代码信息的同时,也将时钟同步信号一起传输到对方,每位编码中有一跳变,不存在直流分量,因此具有自同步能力和良好的抗干扰性能。但每一个码元都被调制成两个电平,所以数据传输速率只有调制速率的 1/2。

图 2-7 曼彻斯特编码和差分曼彻斯特编码

假设两者都处于最坏状况下,可以比较曼彻斯特编码和差分曼彻斯特编码所需的带宽。对于曼彻斯特编码而言,最坏状况是出现连续 1 或是连续 0。对于每比特(每个比特周期)此时需要两次交换。对于差分曼彻斯特编码而言,最坏状况是出现每比特(每个比特周期)需要两次变换的连续 0。由于带宽与比特率成正比,两者所需的带宽是一样的。

2.2.3 模拟数据的数字信号编码

脉冲编码调制(Pulse Code Modulation,PCM)是对模拟数据进行数字信号编码最常用的方法。PCM 的典型应用是语音数字化。此外,还可以用于计算机中图形、图像数字化与传输处理。其缺点是由于使用的二进制位数较多,编码的速率比较低。

PCM 是以采样定理为基础的,该定理从数学上证明:若对连续变化的模拟信号进行周期性采样,只要采样频率大于等于有效信号最高频率或其带宽的两倍,则采样值便可包含原始信号的全部信息。设原始信号的最高频率为 F_{max},最低频率为 F_{min},采样频率为 F_s,则采样定理可以由下式表示:

$$F_s(=1/T_s) \geqslant 2F_{\max} \text{ 或 } F_s \geqslant 2B_s$$

式中，T_s 表示采样周期；B_s 表示原始信号的带宽（$B_s = F_{\max} - F_{\min}$）。

图 2-8 说明了脉冲编码调制的原理，图中的波形按幅度被划分为 8 个量化级，如要提高精度，则可以分成更多的量级。

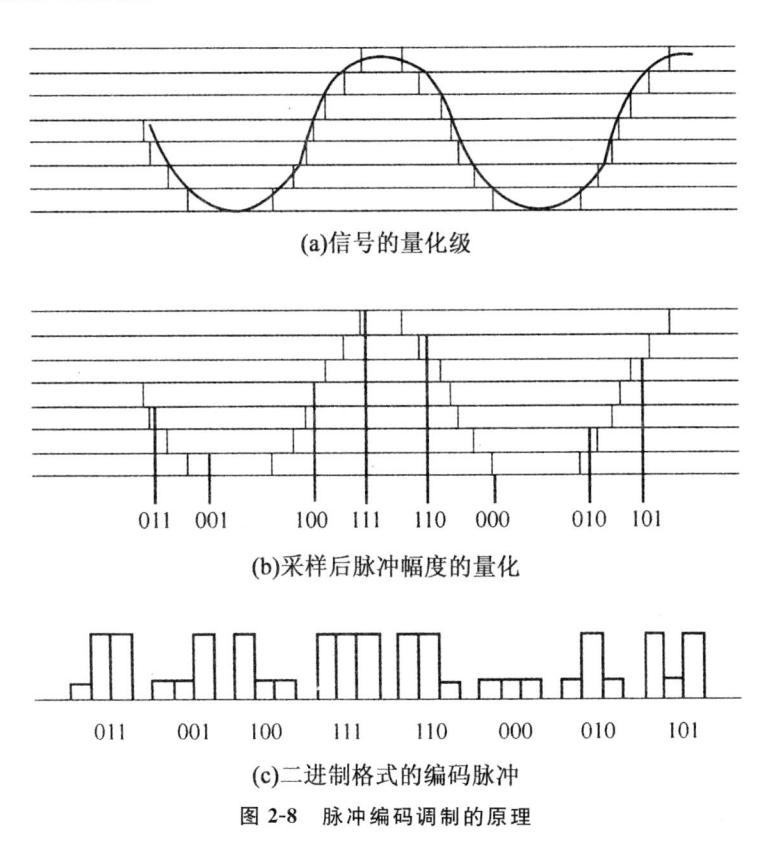

(a)信号的量化级

(b)采样后脉冲幅度的量化

(c)二进制格式的编码脉冲

图 2-8　脉冲编码调制的原理

PCM 的工作过程包括采样、量化和编码三个步骤。

第一步是采样，以采样频率 F_s 把模拟信号的值采出。每隔一定的时间间隔，将模拟信号的电平幅度值取出来作为样本，让其表示原来的信号。研究表明：如果以大于等于通信信道带宽 2 倍的速率定时对信号进行采样，其样本可以包含足以重构原模拟信号的所有信息。

第二步是量化，也就是分级的过程，把采样的值按级取整，从而将连续的模拟量变换为时间轴上的离散值。量化之前要规定将信号分为若干量化级，并规定好每一级对应的幅度范围，然后将采样所得样本幅值与上述量化级幅值比较。

第三步是编码，将离散值编成一定位数的二进制数码，称为一个码字。码字长度是量化级数 N 的对数 $\log_2 N$。如图中量化级数为 8，则每个采样值量化编码后对应的码字长为 $\log_2 8 = 3$ 位。脉冲编码调制的原理和过程与 A/D 转换类似。目前语音量化级数一般为 128 或 256，即用 7 位或 8 位二进制数表示一个采样值。量化级取得越多，量化精度就越高，需要二进制码的位数就越多。

在数字信道上传输语音等模拟数据的过程是这样的：首先，发送方使用 PCM 技术将其编码成二进制数字信号；其次，接收方收到二进制数码脉冲序列后对其进行解码，将二进制数码转换成代表原来模拟信号的幅度不等的量化脉冲;最后,再经过滤波还原成原来的模拟信号。

语音频率一般限定在 4000Hz 以下,根据采样定理在进行 PCM 时,采样频率为 8000Hz,如果每次采样值的量化等级为 128,显然在数字信道上传输一路话音需要的带宽为 $7\times 8000=56000 b/s$。

2.3 数据传输方式

在数据通信系统中,数据的传输方式不是唯一的,不同的传输方式使用的范围不同。

2.3.1 并行传输和串行传输

根据数据传输时数据位的多少,数据传输方式可分为并行传输和串行传输两种。

1. 并行传输

并行通信传输(图 2-9)中有多个数据位,同时在两个设备之间传输。发送设备将这些数据位通过对应的数据线传送给接收设备,还可附加一位数据校验位。接收设备可同时接收到这些数据,不需要做任何变换就可直接使用。

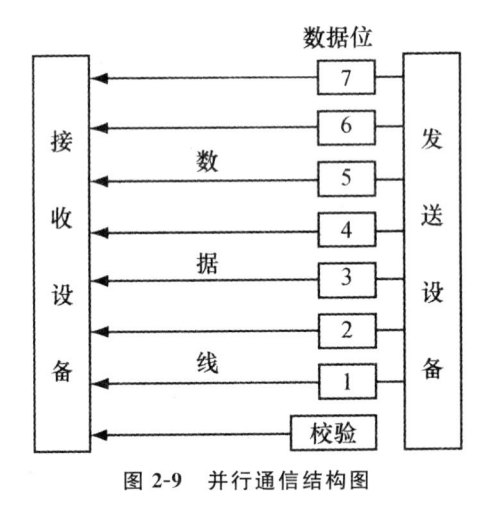

图 2-9 并行通信结构图

并行方式主要用于近距离通信,如计算机和打印机之间的通信(通过并口打印电缆进行连接),优点是传输速度快,处理简单。

2. 串行传输

串行数据传输(图 2-10)时,数据是一位一位地在通信线上传输的,先由具有几位总线的计算机内的发送设备,将几位并行数据经并串连转换硬件转换成串行方式,再逐位经传输线到达接收端的设备中,并在接收端将数据从串行方式重新转换成并行方式,以供接收方使用。串行数据传输的速度要比并行传输慢得多,处理复杂。计算机和 Modem 之间的通信属于串行通信方式。

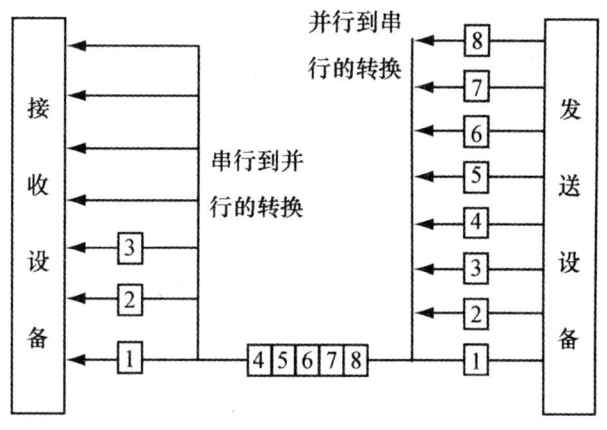

图 2-10 串行通信结构图

2.3.2 同步传输和异步传输

根据实现字符同步方式的不同,数据传输方式可分为同步传输和异步传输两种。

1. 同步传输

同步传输要求发送方和接收方时钟始终保持同步,即每个比特位必须在收发两端始终保持同步,中间没有间断时间。同步传输不是独立地发送每个字符,而是把它们组合起来发送,一般称这些组合为数据帧,简称帧。同步传输又可分为面向字符的同步和面向位的同步,如图 2-11 所示。

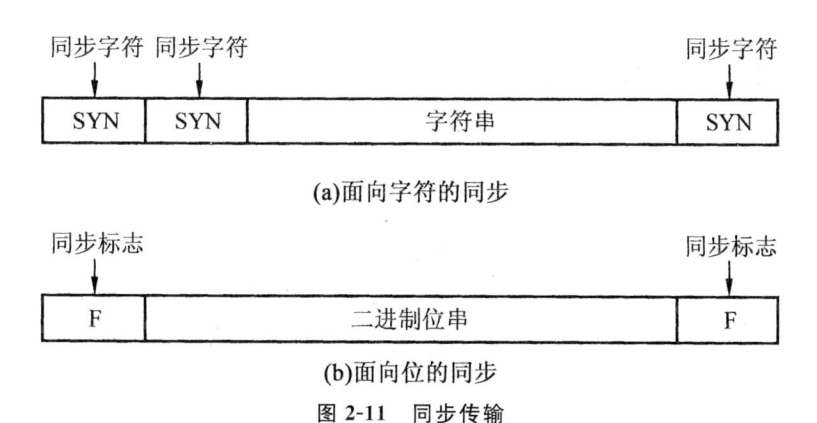

(a)面向字符的同步

(b)面向位的同步

图 2-11 同步传输

(1)面向字符的同步

在面向字符的同步传输中,数据都被看成字符序列,在字符序列的前后分别设有开始标志和结束标志。在传送一组字符之前加入 1 个(8bit)或 2 个(16bit)同步字符 SYN 使收发双方进入同步。同步字符之后可以连续地发送多个字符,每个字符不需任何附加位。

当接收方接收到同步字符时就开始接收数据,直到又收到同步字符时停止接收。典型的面向字符的同步通信规程有 IBM 公司的二进制同步通信规程(Binary Synchronous Communication,BSC)。

(2)面向位的同步

在面向位的同步传输中,每次发送一个二进制序列,都用某个特殊的 8 位二进制串 F(如 01111110)作为同步标志来表示发送的开始和结束。典型的面向位的同步通信规程有高级数据链路控制规程(High Level Data Link Control,HDLC)。

同步传输的特点:每次不是传输一个字符,而是传输一个数据块;随着数据比特的增加,开销比特所占的百分比将相应地减少。因此同步传输一般在高速传输数据的系统中采用。

2.异步传输

异步传输是指在被传送的字符前后加上起止位,实现定时的传输方式,因此又称为起止式同步。异步传输以字符作为数据传输的基本单位。各字符之间的间隔是任意的、不同步的,但在一个字符时间之内,收发双方的各数据位必须同步,这就是起止同步方式。

当没有传输字符时,传输线一直处于停止位,即高电平。一旦接收端检测到传输线状态的变化,即从高电平变为低电平,就意味着发送端已开始发送字符,接收端立即启动定时机构,按发送的速率顺序接收字符。

异步传输的数据格式如图 2-12 所示。在传送的每个字符首末分别设置 1 位起始位以及 1 位或 2 位停止位,起始位是低电平(编码为"0"),停止位为高电平(编码为"1");字符可以是 5 位或 8 位,当字符为 8 位时停止位是 2 位,8 位字符中包含 1 位校验位。

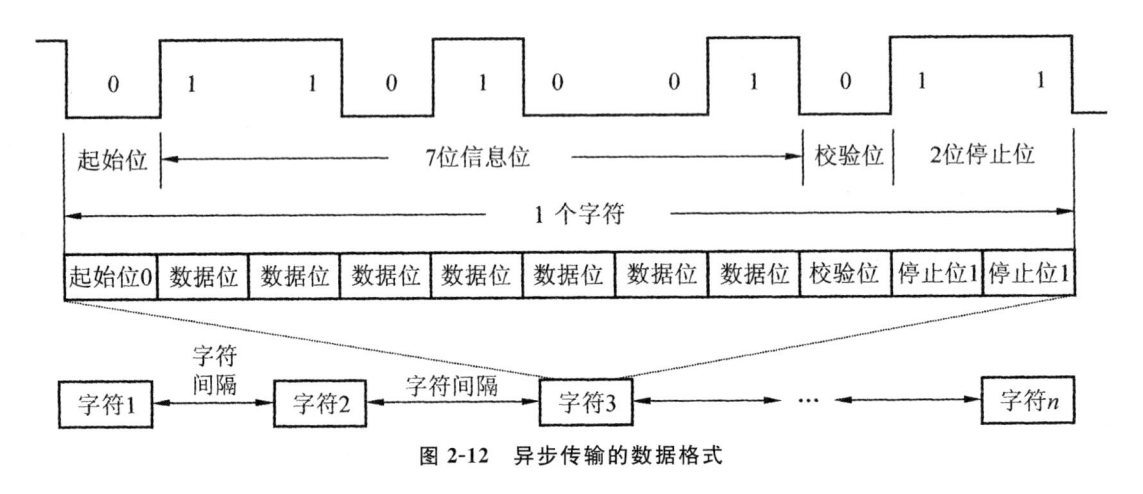

图 2-12 异步传输的数据格式

异步传输的特点:设备简单,技术易实现,费用低;但由于每一个字符都需补加专用的同步信息(起始位和停止位),所以效率低。异步传输适用于低速(10~1500 个字符/秒)的终端设备。

2.3.3 单工通信、半双工通信和全双工通信

根据信号传输的方向与时间不同,数据传输方式可分为单工通信、半双工通信和全双工通信 3 种。

1. 单工通信

单工通信方式是指信息仅能以一个固定的方向进行传送,传送的方向不能改变。如图 2-13 所示,发送端只能发送信息,不能接收信息。同样,接收端只能接收信息,不能发送信息。如打印机仅需从计算机接收数据来进行打印,故可采用单工通信方式。有时为保证数据传送的正确性,在接收端对接收到的数据进行校验,若校验出错,请求重发,这样还有另外一条监测控制信号线。

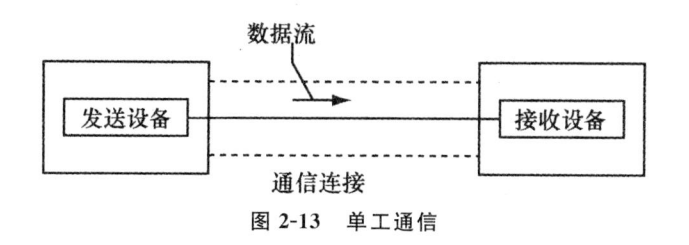

图 2-13 单工通信

单工通信的线路一般采用二进制,一个传送数据,一个传送检测控制信号。

单工通信在日常生活中很常见,例如,电视机、收音机等,它们只能接收电台发出的电磁波信息,但不能给电台返回信息。

2. 半双工通信

半双工通信方式是指在数据传输过程中,允许信号向任何一个方向传送,但不能同时进行,必须交替进行。也就是在某一时刻,只允许在某一方向上传输,一个设备发送数据,另一个设备接收数据,不能双向同时传输数据。若想改为反方向传输,还需利用开关进行切换。如图 2-14 所示,通信双方均有发送装置和接收装置,通过开关在发送装置与接收装置之间进行切换交替连接线路。如无线电对讲机,一方讲话另一方只能接听,需要等对方讲完切换传输方式后才可以向对方讲话。在计算机网络中,利用同轴电缆联网时,通信方式就属于半双工通信方式。

半双工通信方式仍是两线制,但在通信过程中要频繁地切换开关,以实现半双工通信。

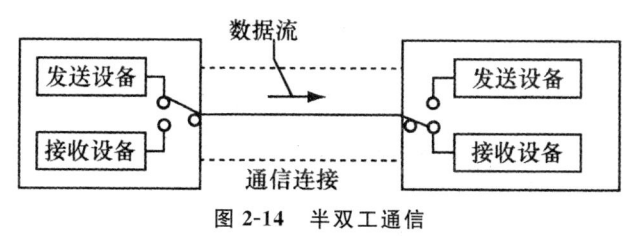

图 2-14 半双工通信

3. 全双工通信

全双工通信(Duplex Transmission)又简称为双工通信。在这种传输方式中,能实现在两个方向上同时进行数据发送和接收,但是必须使用两条通信信道。相当于两个相反方向的单工通信组合,因此可以提高总的数据流量。如图 2-15 所示,全双工通信方式要求发送设备和接收设备都具有独立的接收和发送能力。这里所说的两条不同方向的传输通道是个逻辑概念,它们可以由实际的两条物理线路来实现,也可以在一条线路上通过多路复用技术来实现。在计算机网络中,利用双绞线联网时,通信方式既可以采用半双工通信方式,也可以采用全双工通信方式。

在微机局域网中,如果传输介质采用同轴电缆,则只能采用半双工通信方式进行数据的传送。如果传输介质采用双绞线,则可以采用全双工通信方式进行数据的传送,当然,如果采用全双工通信方式,必须把网卡的工作方式也设置为全双工通信方式。

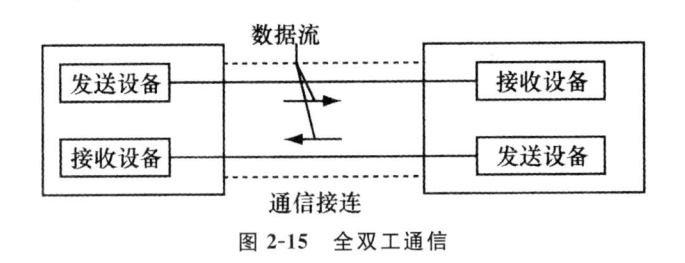

图 2-15 全双工通信

2.3.4 基带传输和频带传输

数据信号的传输方式有基带传输和频带传输(又称为宽带传输)两种。在计算机网络中,基带传输是指计算机信息的数字传输,频带传输是指计算机信息的模拟传输。

1. 基带传输

在数据通信中,表示计算机中二进制比特序列的数字数据信号是典型的矩形脉冲信号。人们把矩形脉冲信号的固有频带称作基本频带(简称为基带)。这种矩形脉冲信号就叫作基带信号。在数字通信信道上,直接传送基带信号的方法称为基带传输。

在发送端基带传输的信源数据经过编码器变换,变为直接传输的基带信号,在接收端由解码器恢复成与发送端相同的数据。基带传输是一种最基本的数据传输方式。

基带传输在基本不改变数字数据信号波形的情况下直接传输数字信号,具有速率高和误码率低等优点,在计算机网络通信中使用得比较多。

2. 频带传输

电话交换网是用于传输语音信号的模拟通信信道,并且是目前覆盖面最广的一种通信网络。因此,利用模拟通信信道进行数据通信也是最普遍使用的通信方式之一。为了利用模拟语音通信的电话交换网实现计算机的数字数据信号的传输,必须首先将数字信号转换成模拟信号。

我们将利用模拟信道传输数据信号的方法称为频带传输。在频带传输中,最典型的通信设备为调制解调器。调制解调器的作用是:当它作为数据的发送端时,将计算机中的数字信号转换成能够在电话线上传输的模拟信号;当它作为数据的接收端时,将电话线上的模拟信号转换成能够在计算机中识别的数字信号。

频带传输的优点是可以利于现有的大量模拟信道(如模拟电话交换网)通信,投入少,易实现。家庭用户拨号上网就属于这一类通信。它的缺点是速率低,误码率高。

2.4 多路复用技术

当传输介质的带宽超过了传输单个信号所需的带宽,人们就通过在一条介质上同时携带多个传输信号的方法来提高传输系统的利用率,这就是所谓的多路复用。多路复用技术能把多个信号组合在一条物理信道上进行传输,使多个计算机或终端设备共享信道资源,使得信道的利用率得以有效提高。特别是在远距离传输时,电缆的成本以及安装与维护费用可以在很大程度上得以减少。实现多路复用功能的设备叫作多路复用器,简称多路器,如图 2-16 所示。多路复用技术通常有频分多路复用、时分多路复用、波分多路复用和码分多路复用等。

图 2-16 多路复用示意图

2.4.1 频分多路复用

频分多路复用(Frequency Division Multiplexing,FDM)就是按照频率区分信号的方法,将具有一定带宽的信道分割为若干个有较小频带的子信道,每个子信道供一个用户使用。这样在信道中就可同时传送多个不同频率的信号。被分开的各子信道的中心频率不相重合,且各信道之间留有一定的空闲频带(也叫作保护频带),以保证数据在各子信道上的可靠传输。频分多路复用实现的条件是信道的带宽远远大于每个子信道的带宽,如每个子信道的信号频率在几十、几百或几千 Hz,而共享信道的频率在几百 MHz 或更高。频分多路复用的情况如图 2-17 所示。

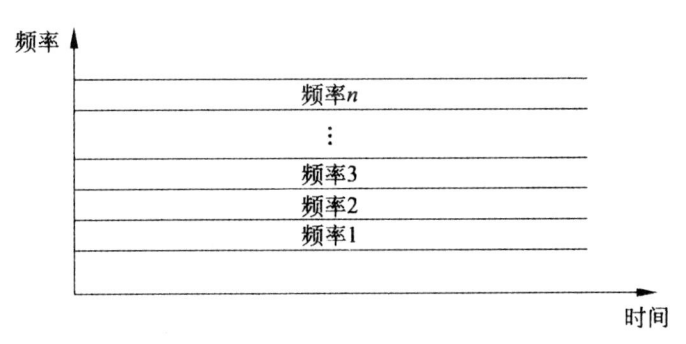

图 2-17 频分多路复用

频分多路复用技术适用于模拟信号。例如,将频分多路复用用在电话系统中,传输的每一路语音信号的频谱一般在 300~3000Hz,仅占用一根传输线的可用总带宽的一部分,通常双绞线电缆的可用带宽是 100kHz,因此,在同一对双绞电线上可采用频分复用技术传输多达 24 路电话信号。

2.4.2 时分多路复用

时分多路复用(Time Division Multiplexing,TDM)是指将传输信号的时间进行分割,使不同的信号在不同时间内传送,即将整个传输时间分为许多时间间隔(称为时隙、时间片等,Slot Time),每个时间片被一路信号占用。换言之,时分多路复用就是通过在时间上交叉发送每路信号的一部分来实现一条线路传送多路信号。线路上的每一时刻只有一路信号存在,而频分是同时传送若干路不同频率的信号。为了避免各路信号干扰,时分多路复用需要有警戒时间间隔。

时分多路复用技术特别适合于数字信号的传送。根据时间片的分配方法,时分多路复用又分为同步时分多路复用(Synchronous Time Division Multiplexing,STDM)和异步时分多路复用(Asynchronous Time Division Multiplexing,ATDM)。

1. 同步时分多路复用

同步时分多路复用采用固定时间片分配方式,即将传输信号的时间按特定长度连续地划分成特定时间段(一个周期),再将每一时间段划分成等长度的多个时隙,每个时隙以固定的方式分配给各路数字信号,各路数字信号在每一时间段都顺序分配到一个时隙,如图2-18所示。其中,一个周期的数据帧是指所有输入设备某个时隙发送数据的总和,比如第一周期;4个终端分别占用一个时隙发送A、B、C和D,则ABCD就是一帧。

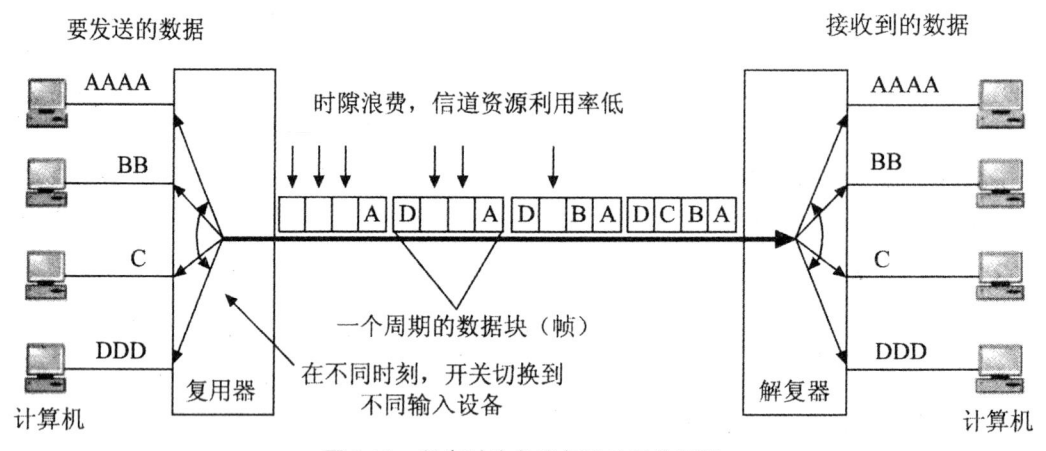

图2-18 同步时分多路复用的工作原理

由于在同步时分多路复用方式中,时隙预先分配且不会发生任何变化,无论时隙拥有者是否传输数据都占有一定时隙,这样的话,时隙浪费也是无法避免的,其时隙的利用率处于比较低的水平。为了克服同步时分多路复用的缺点,引入了异步时分多路复用技术。

2. 异步时分多路复用

异步时分多路复用又被称为统计时分多路复用,它能动态地按需分配时隙,以避免每个时间段中出现空闲时隙。异步时分多路复用就是只有当某一路用户有数据要发送时才把时隙分配给它;当用户暂停发送数据时,则不给它分配时隙。电路的空闲时隙可用于其他用户的数据传输,如图 2-19 所示。假设一个传输周期为 3 个时隙,一帧有 3 个数据。复用器轮流扫描每一个输入端,先扫描第 1 个终端,将其数据 A1 添加到帧里,然后扫描第 2 个终端、第 3 个终端,并分别添加数据 B2 和 C3,此时,第一个完整的数据帧得以顺利形成。此后,接着扫描第 4 个终端、第 1 个终端和第 2 个终端,将数据 D4、A1 和 B2 形成帧,如此反复地连续工作。

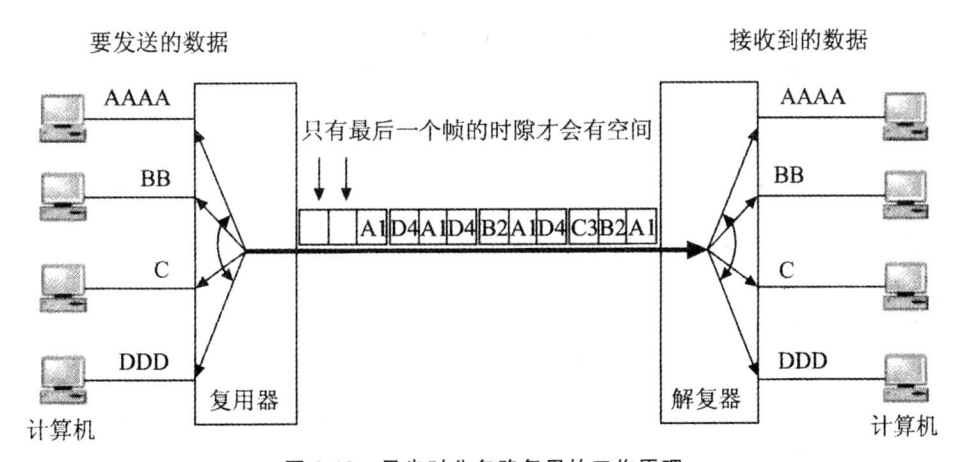

图 2-19 异步时分多路复用的工作原理

在扫描的过程中,若某个终端没有数据,则接着扫描下一个终端。因此,在所有的数据帧中,除最后一个帧外,其他所有帧不用担心会出现空闲时隙的情况,这就提高了信道资源的利用率,也提高了传输速率。

另外,在异步时分多路复用中,每个用户可以通过多占用时隙来获得更高的传输速率,而且传输速率可以高于平均速率,最高速率可达到电路总的传输能力,即用户占有所有的时隙。例如,电路总的传输能力为 28.8kb/s,3 个用户公用此电路,在同步时分多路复用方式中,每个用户的最高速率为 9600b/s,而在 ATDM 方式中,每个用户的最高速率可达 28.8kb/s。

2.4.3 波分多路复用

波分多路复用(Wave Division Multiplexing,WDM)技术是频率分割技术在光纤媒体中的应用,它主要用于全光纤网组成的通信系统中。所谓波分多路复用是指在一根光纤上同时传送多个波长不同的光载波的复用技术,如图 2-20 所示。通过波分多路复用,可使原来在一根光纤上只能传输一个光载波的单一光信道,变为可传输多个不同波长光载波的光信道,使得光纤的传输能力成倍增加。也可以利用不同波长沿不同方向传输来实现单根光纤的双向传输。

波分多路复用技术将是今后计算机网络系统主干的信道多路复用技术之一。波分多路复用实质上是利用了光具有不同波长的特征。波分多路复用技术的原理十分类似于频分多路复用,不同的是它利用波分复用设备将不同信道的信号调制成不同波长的光,并复用到光纤信道上。在接收方,采用波分设备分离不同波长的光。相对于电多路复用器,波分多路复用发送和接收端的器件分别称为分波器和合波器。

光波分多路复用技术具有以下优点:

① 在不增建光缆线路或不改建原有光缆的基础上,使光缆传输容量扩大几十倍甚至上百倍,

这在目前线路投资占很大比重的情况下，具有重要意义。

②目前使用的光波分多路复用器主要是无源光器件，它结构简单、体积小、可靠性高、易于光纤耦合、成本低且无中继长距离传输。

③在光波分多路复用技术中，各波长的工作系统是彼此独立的，各系统中所用的调制方式、信号传输速率等都可以不一样，甚至模拟信号和数字信号都可以在同一根光纤中用不同的波长来传输。这样，由于光波分多路复用系统传输的透明性，给使用带来了很大的方便性和灵活性。

④同一个光波分复用器采用掺铒光纤放大器（EDFA），既可进行合波，又可进行分波，具有方向的可逆性，因此，可以在同一光纤上实现双向传输。

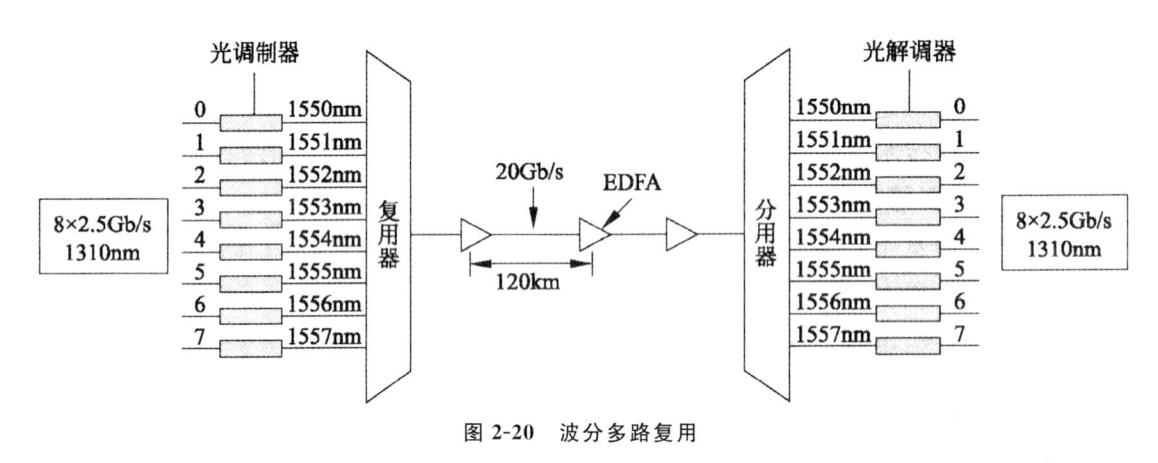

图 2-20 波分多路复用

2.4.4 码分多路复用

码分多路复用（Code Division Multiplexing，CDM）则是一种用于移动通信系统的新技术，笔记本电脑和掌上电脑等移动性计算机的联网通信将会大量使用码分多路复用技术。

码分多路复用技术的基础是微波扩频通信。扩频通信的特征是使用比发送的数据速率高许多倍的伪随机码对载荷数据的基带信号的频谱进行扩展，形成宽带低功率频谱密度的信号来发射，如图 2-21 所示。

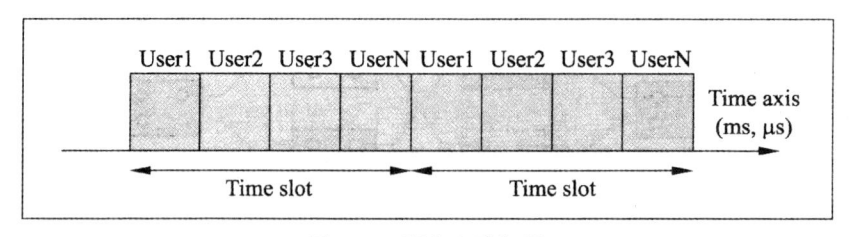

图 2-21 码分多路复用

码分多路复用就是利用扩频通信中的不同码型的扩频码之间的相关性，为每个用户分配一个扩频编码，以区别不同的用户信号。发送端可用不同的扩频编码，分别向不同的接收端发送数据；同样，接收端对不同的扩频编码进行解码，就可得到不同发送端送来的数据，实现了多址通信。码分多路复用的特点是频率和时间资源均为共享。因此，在频率和时间资源紧缺的情况下，码分多路复用技术是独占优势的,所以这也是码分多路复用技术受到关注的原因。

2.5 数据交换技术

数据经编码后在通信线路上进行传输的最简单形式,是在两个互联的设备之间直接进行数据通信。但是,网络中所有设备都直接两两相连是不现实的,通常要经过中间结点将数据从信源逐点传送到信宿,从而实现两个互联设备之间的通信。这些中间结点并不关心所传数据的内容,而是提供一种交换功能,使数据从一个结点传到另一个结点,直至到达目的地为止。通常将作为信源或信宿的一批设备称为网络站,而将提供中间通信的设备称为结点。这些结点以某种方式用传输链路相互连接起来,每个站都连接到一个结点上,这些结点的集合称为通信网络。如果所连接的设备是计算机和终端的话,那么结点集加上一些站就构成计算机网络。按所用的数据传送技术划分,数据交换技术可分为电路交换、报文交换和分组交换三种。

2.5.1 电路交换

电路交换是指为每次通话会话建立、保持和终止一条专用物理电路。可见,双方的通信活动的前提是首先在两者之间建立连接通道,而且这个连接一直被维持到双方的通信结束。在某次通信活动的整个过程中,这个连接将始终占用着连接建立伊始通信系统分配给它的资源(有线信道、无线信道、频段、时隙、码字等),这也体现了电路交换区别于分组交换的本质特征。

电路交换的速率较低,通常128kb/s以下,其线路使用率也较低。电路交换主要用于远程用户或移动用户连接企业局域网,或用作高速线路的备份。目前,公用电话交换网(Public Switched Telephone Network,PSTN)广泛使用的交换方式就是电路交换方式。电路交换链路的建立需要三个不同的阶段完成一次数据传输过程。

①电路建立阶段。该阶段是通过源结点请求建立链路完成交换网中相应结点的连接过程。这个过程建立了一条由源结点到目的结点的传输通道。该通道可以是物理通道,也可以是逻辑通道。

②数据传输阶段。当电路建立完成后,就可以在这条临时的专用电路上传输数据,通常为全双工传输。

③电路拆除阶段。在完成数据传输后,源结点发出释放请求信息,请求终止通信。若目的结点接受释放请求,则发回释放应答信息。在电路拆除阶段,各结点相应地拆除该电路的对应连接,释放由该电路占用的结点和信道资源。

电路交换的优点如下:

①数据传输可靠。

②传输延迟小,电路交换的主要时延是物理信号的传播时延。

③传输信道独占,双方一旦建立连接即可独享物理信道而不会与其他用户的通道发生冲突。

④实时性好,适用于交互式会话类通信。

但它难免也会存在一些缺点:

①呼叫建立时间长且存在呼损。在电路建立阶段,在两结点之间建立一条专用通路需要花

费一段时间,这段时间称为呼叫建立时间。在电路建立过程中由于交换网通信繁忙等原因而使建立失败,对于交换网则要拆除已建立的部分电路,用户需要挂断重拨,这个过程称为呼损。

②电路连通后提供给用户的是"透明通路",即交换网对用户信息的编码方法、信息格式以及传输控制程序等都不加以限制,但对通信双方而言,必须做到双方的收发速度、编码方法、信息格式和传输控制等一致时才能完成通信。

一旦电路建立后,数据以固定的速率传输,除通过传输链路时的传输延迟以外,没有别的延迟,且在每个结点上的延迟是可以忽略的,因此传输速度快并且效率高,适用于实时大批量连续的数据传输需求。

③电路信道利用率低。首先建立起链路,然后进行数据传输,直至通信链路拆除为止,信道是专用的,再加上通信建立时间、拆除时间和呼损,使其链路的利用率降低。

2.5.2 报文交换

对较为连续的数据流(如语音)来说,电路交换是一种易于使用的技术。但对于数字数据通信,广泛使用的则是报文交换技术。

报文交换是指网络中的每一个结点(交换设备)先将整个报文完整地接收并存储下来,然后选择合适的链路转发到下一个结点。报文交换方式的数据传输单位是报文,报文就是站点一次性要发送的数据块,其长度无限制且可变。一个站要发送报文时,先将一个目的地址附加到报文中,网络结点再根据报文上的目的地址信息,把报文发送到下一个结点,一直逐个结点地转送到目的结点。每个结点在收到整个报文并检查无误后,就暂存这个报文,然后利用路由信息找出下一个结点的地址,再把整个报文传送给下一个结点。因此,在报文交换中,中间设备必须有足够的内存,以便将接收到的整个报文完整地存储下来。端与端之间无需通过呼叫建立连接。

一个报文在每个结点的延迟时间,等于接收报文所需的时间加上向下一个结点转发所需的排队延迟时间之和。通常,一个结点对于一个报文所造成的时延是不确定的。

报文交换时交换机要对用户信息(报文)进行存储和处理。该交换技术适用于电报业务和电子信箱业务。

报文交换的优点如下:

①交换机以存储转发方式传输数据信息,不但可以起到匹配输入/输出传输速率的作用,还能起到防止呼叫阻塞、平滑通信业务量峰值的作用。

②线路利用率高。由于许多报文可以分时共享两个结点之间的通道,所以对于同样的通信量,该交换技术对线路的传输能力要求较低。

③报文交换系统可以把一个报文同时发送到多个目的地址。

④不需要发送、接收两端同时处于激活状态。发送端用户将报文全部发送到交换机存储起来,伺机转发出去,不存在呼损现象,而且也方便了对报文实现多种功能服务,包括优先级处理、差错控制和恢复等。

⑤不同类型终端之间的互通也比较容易实现。

同样,它也存在一些缺陷:

①不能满足实时或交互式的通信要求,报文经过网络的延迟时间长且不定。

②交换机必须具有存储报文的大容量和高速分析处理报文的功能,这样交换机的投资费用

的增加也是意料之中的。

2.5.3 分组交换

分组交换属于存储转发交换方式,但它不像报文交换那样以整个报文为单位进行交换和传输,而是以更短的、标准的"报文分组"为单位进行交换传输。

分组是一组包含数据和呼叫控制信号的二进制数,把它作为一个整体加以转接,这些数据、呼叫控制信号以及可能附加的差错控制信息都是按规定的格式排列的。假如 A 站有一份比较长的报文要发送给 C 站,则它首先将报文按规定长度划分成若干分组(小报文),每个分组附加上地址及纠错等其他信息,然后将这些分组顺序发送到交换网的结点 C,由结点对分组进行组装。

交换网可采用两种方式:数据报分组交换或虚电路分组交换。

1. 数据报分组交换

基于分组交换技术的数据报组网方式的思想实际上非常简单。交换网把进网的任一分组都当作单独的"小报文"来处理,而不管它是属于哪个报文的分组,就像报文交换中把一份报文进行单独处理一样。这种分组交换的方式简称为数据报传输,作为基本传输单位的"小报文"被称为数据报。数据报的工作方式如图 2-22 所示。

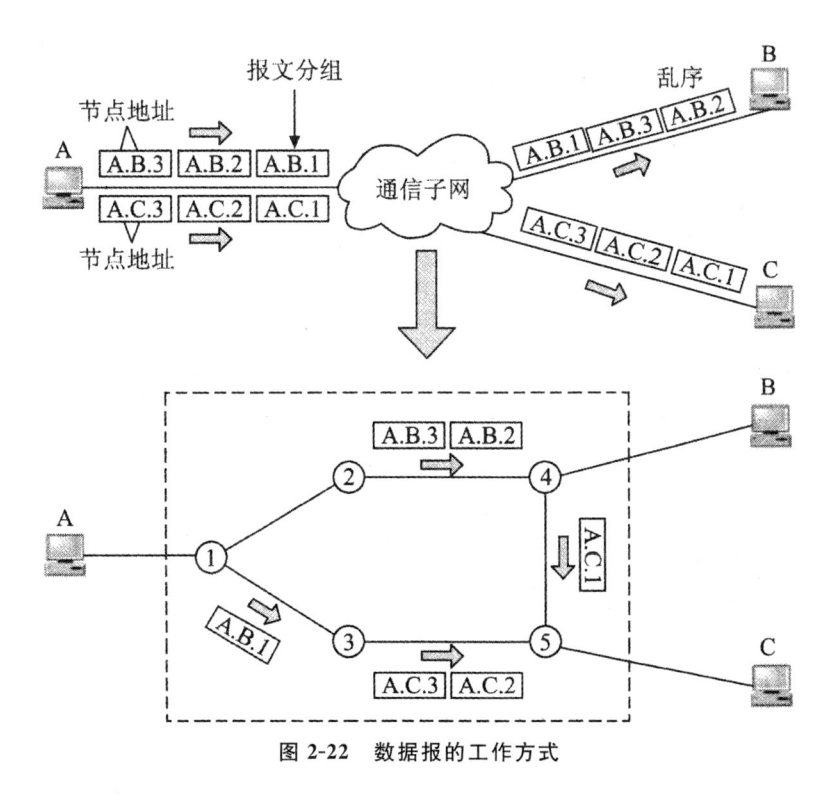

图 2-22 数据报的工作方式

数据报分组的特点如下:

① 同一报文的不同分组可以由不同的传输路径通过通信子网。

②同一报文的不同分组到达目的结点时可能出现乱序、重复或丢失现象。
③每一报文在传输过程中都必须带有源结点地址和目的结点地址。
④有别于报文交换,数据报不是将整个报文一次性转发的。

可见,使用数据报方式时,数据报文传输延迟较大,每个报文中都要带有源结点地址和目的结点地址,增大了传输和存储开销。基于数据报精炼短小的特点,特别适用于突发性通信,而不适用于长报文和会话式通信。

2. 虚电路分组交换

虚电路就是两个用户的终端设备在开始相互发送和接收数据之前需要通过通信网络建立起逻辑上的连接,而不是建立一条专用的电路。用户不需要在发送和接收数据时清除连接。

虚电路包括虚电路建立、数据传输和虚电路拆除三个阶段。与电路交换的实质上的区别在于:所有分组都必须沿着事先建立的虚电路传输,且存在一个虚呼叫建立阶段和拆除阶段(清除阶段)。如图 2-23 所示。

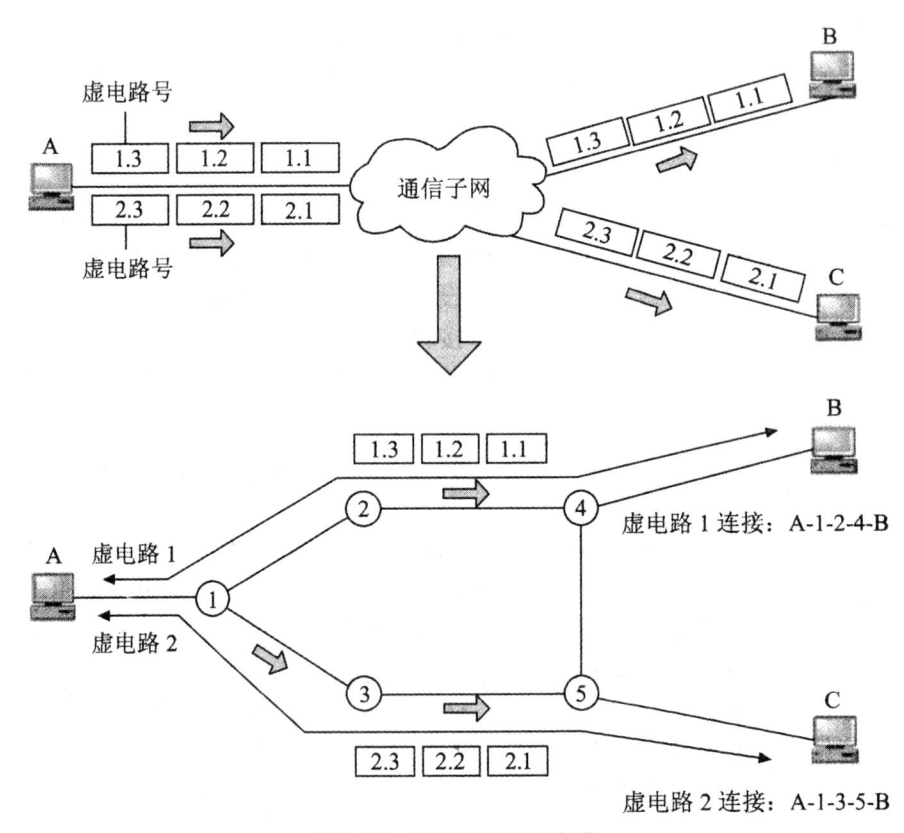

图 2-23 虚电路的工作方式

虚电路方式具有分组交换与线路交换两种方式的优点,在计算机网络中得到了广泛的应用。虚电路分组的特点如下:

①类似于电路交换但有别于电路交换。虚电路在每次报文分组发送之前必须在源结点与目的结点之间建立一条逻辑连接,包括虚电路建立、数据传输和虚电路拆除三个阶段。但与电路交

换相比,虚电路并不意味着通信结点间存在像电路交换方式那样的专用电路,而是选定了特定路径进行传输,报文分组途经的所有结点都对这些分组进行存储转发,而电路交换无此功能。

②临时性专用链路。一次通信的所有报文分组都从这条逻辑连接的虚电路上通过,因此,报文分组不必带目的地址、源地址等辅助信息,只需要携带虚电路标识号。报文分组到达目的结点时不会出现丢失、重复与乱序的现象。

③报文分组通过每个虚电路上的结点时,结点只需做差错检测,而不需做路径选择。

④通信子网中的每个结点可以和任何结点建立多条虚电路连接。

2.6 差错控制技术

通常,把通过通信信道接收到的数据与原来发送的数据不一致的现象称为传输差错,简称差错。由于差错的产生是不可避免的,因此,在网络通信技术中必须对此加以研究和解决。为了解决上述问题,需要研究几方面的问题,包括是否产生差错、产生的原因以及纠正差错的方法。

2.6.1 差错的产生

根据数据通信系统的模型,当数据从信源发出经过通信信道传输时,由于信道总存在一定的噪声,数据到达信宿端后,接收的信号实际上是数据信号和噪声信号的叠加。接收端在取样时钟作用下接收数据,并根据阈值电平判断信号电平。如果噪声对信号的影响非常大,就会造成数据的传输错误,如图 2-24 所示。

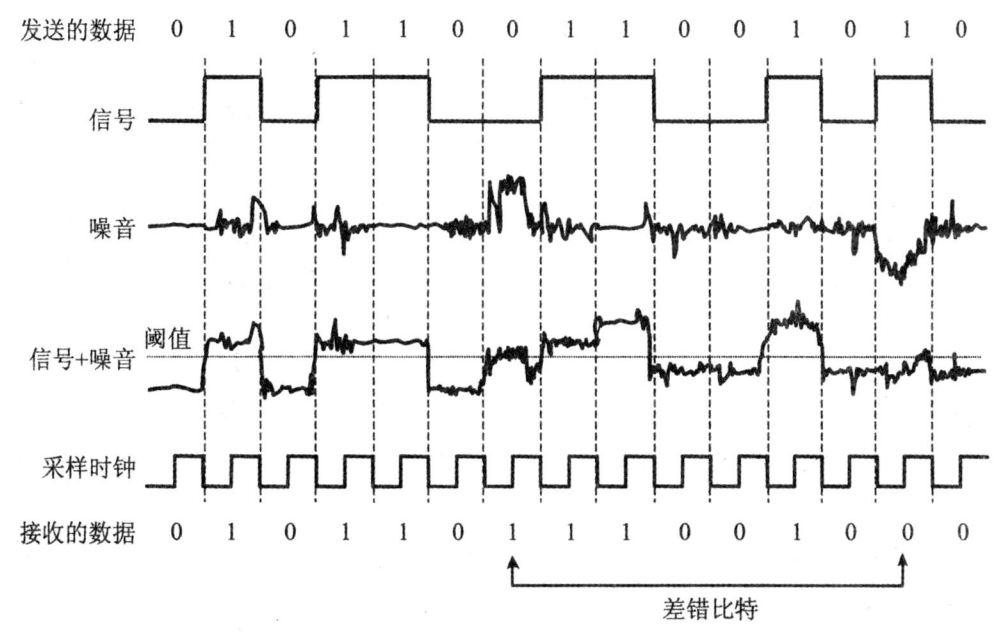

图 2-24 差错产生的过程

通信信道中的噪声分为热噪声和冲击噪声两类。

①热噪声。热噪声是由传输媒体的电子热运动产生的,其特点是持续存在,幅度小,但干扰强度与频率无关,但频谱很宽,属于随机噪声,由它引起的差错属于一种随机差错。

②冲击噪声。冲击噪声是由外界电磁干扰引起的,与热噪声相比,冲击噪声的幅度较大,是引起差错的主要原因,它的持续时间与数据传输中每个比特的发送时间相比可能较长,因冲击噪声引起的相邻多个数据位出错呈突发性,由它引起的传输差错称为突发差错。

在通信过程中出现的传输差错是由随机差错和突发差错共同构成的,而造成差错可能出现的原因还包括:

①在数据通信中,信号在物理信道上的线路本身的电气特性随机产生了信号幅度、频率、相位的畸形和衰减。

②电气信号在线路上产生反射噪声的回波效应。

③相邻线路之间的串线干扰。

④大气中的闪电、电源开关的跳火、自然界磁场的变化以及电源的波动等外界因素。

2.6.2　差错控制方法

差错控制方法主要是通过有效手段检错并纠错,通常采用前向差错控制、自动反馈重发控制来实现传输中的差错控制。

1. 前向差错控制

前向差错控制(Forward Error Control,FEC)也称为前向纠错。接收端通过所接收到的数据中的差错编码进行检测,判断数据是否存在差错。若使用了差错纠错编码,当判断数据存在差错后,还可以确定差错的具体位置,并自动加以纠正。当然,差错纠错编码也只能解决部分出错的数据,对于不能纠正的错误,就只能使用自动反馈重发控制的方法予以解决。

2. 自动反馈重发控制

自动反馈重发控制(Automatic Repeat Request,ARQ)又称为停止等待方式。接收端检测到接收信息有错后,通过反馈信道要求发送端重发原信息,直到接收端认可为止,从而达到纠正错误的目的。自动反馈重发控制的方法包括停止等待 ARQ 和连续 ARQ 方式,而连续 ARQ 又包括选择 ARQ 和 Go-Back-N 方式。图 2-25 显示了它们的工作原理。

(1) 停止等待 ARQ 方式

在停止等待 ARQ 方式中,发送端在发送完一个数据帧后,要等待接收端返回的应答信息,当应答为确认信息(ACK)时,发送端才可以继续发送下一个数据帧;当应答为不确认信息(NAK)时,发送端需要重发这个数据帧。停止等待 ARQ 协议非常简单,但由于是一种半双工的协议,因此系统的通信效率比较低。

(2) 选择 ARQ 和 Go-Back-N 方式

与停止等待 ARQ 方式不同,在选择 ARQ 和 Go-Back-N 方式中,发送端一次可以发送多个数据帧,与此同时,还可以接收对方发送的应答信息,如果接收中出错,则丢弃已接收的出错帧,只从出错的帧开始重发。它们是一种全双工的协议,效率高,应用非常广泛。

图 2-25　自动反馈重发控制的方法

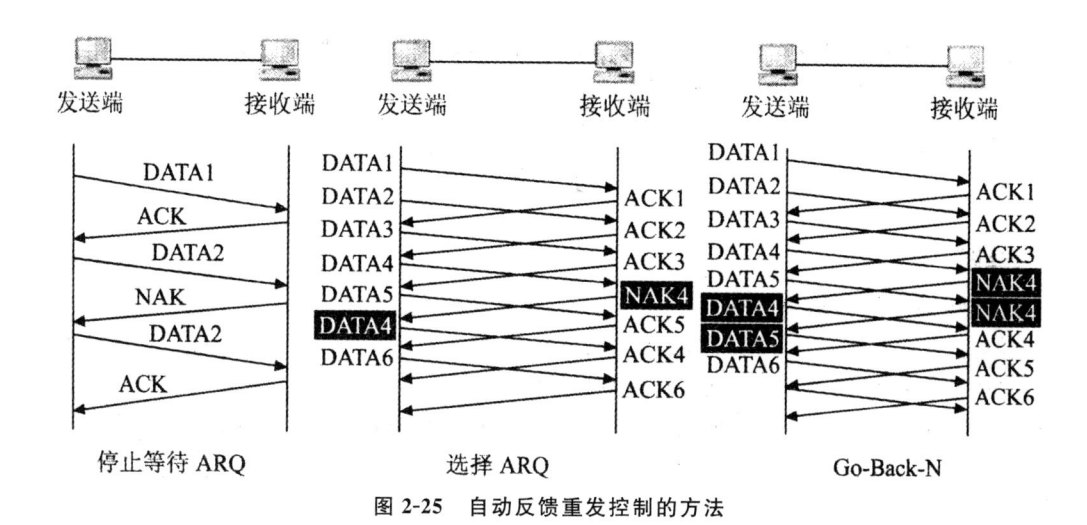

下面以一个实例说明选择 ARQ 和 Go-Back-N 方式的不同。

对于选择 ARQ 方式，假设发送端发出了 6 个数据帧，对于前 3 个数据帧，接收端都正确接收并分别返回 ACK 信息，对于第 4 个数据帧，由于出现错误，接收端返回了对第 4 个数据帧的 NAK 信息，此时，发送端只需要重新发送第 4 个数据帧即可。

对于 Go-Back-N 方式，同样假设发送端发出了 6 个数据帧，但接收端返回了对其中第 4 个数据帧的 NAK 信息，由于收到该 NAK 信息时，发送端已经发出了数据帧 5，因此，发送端需要重新发送从第 4 个数据帧开始的所有数据帧，即第 4、第 5 个数据帧。

由于采用选择 ARQ 方式时，接收到的数据帧有可能是乱序的。因此，接收端必须提供足够的缓存先将每个数据帧保存下来，然后对数据帧重新排序，但由于该方式仅重发出错的数据帧，因此，信道利用率高。对于 Go-Back-N 方式，由于接收到的数据帧是按照顺序排列的，因而接收端不需要太多的缓存，但由于发送端要将出错数据之后的已发送数据帧丢弃重新发送，致使信道利用率相对降低。

2.6.3　奇偶校验

奇偶校验码是一种最简单也是最基本的检错码，一维奇偶校验码的编码规则是把信息码元先分组，在每组最后加一位校验码元，使该码中 1 的数目为奇数或偶数，奇数时称为奇校验码，偶数时称为偶校验码。

在实际使用时奇偶校验又可分为垂直奇偶校验、水平奇偶校验和水平垂直奇偶校验等几种。

1. 垂直奇偶校验

（1）编码规则

偶校验：

$$r_i = I_{1i} + I_{2i} + \cdots + I_{pi}(i=1,2,\cdots,q)$$

奇校验：

$$r_i = I_{1i} + I_{2i} + \cdots + I_{pi} + 1(i=1,2,\cdots,q)$$

式中，p 为码字的定长位数；q 为码字的个数。

垂直奇偶校验的编码效率为 $R = p/(p+1)$。

(2) 特点

垂直奇偶校验又称为纵向奇偶校验，它能检测出每列中所有奇数个错，但偶数个错却无法被它检测出来。因而对差错的漏检率接近 1/2。

2. 水平奇偶校验

(1) 编码规则

偶校验：
$$r_i = I_{i1} + I_{i2} + \cdots + I_{iq}(i = 1, 2, \cdots, p)$$

奇校验：
$$r_i = I_{i1} + I_{i2} + \cdots + I_{iq} + 1(i = 1, 2, \cdots, p)$$

式中，p 为码字的定长位数；q 为码字的个数。

水平奇偶校验的编码效率为 $R = q/(q+1)$。

(2) 特点

水平奇偶校验又称为横向奇偶校验，它不但能检测出各段同一位上的奇数个错，而且还能检测出突发长度小于等于 p 的所有突发错误。其漏检率要比垂直奇偶校验方法低，但实现水平奇偶校验时，数据缓冲器的使用是肯定的。

3. 水平垂直奇偶校验

(1) 编码规则

若水平垂直都用偶校验，则
$$r_{i,q+1} = I_{i1} + I_{i2} + \cdots + I_{iq}(i = 1, 2, \cdots, p)$$
$$r_{p+1,j} = I_{1j} + I_{2j} + \cdots + I_{pj}(j = 1, 2, \cdots, q)$$
$$r_{p+1,q+1} = r_{p+1,1} + r_{p+1,2} + \cdots + r_{p+1,q}$$
$$= r_{1,q+1}, r_{2,q+2} + \cdots + r_{p,q+1}$$

水平垂直奇偶校验的编码效率为 $R = pq/[(p+1)(q+1)]$。

(2) 特点

水平垂直奇偶校验又称为纵横奇偶校验。它能检测出所有 3 位或 3 位以下的错误、奇数个错、大部分偶数个错以及突发长度小于等于 $p+1$ 的突发错。可使误码率降至原误码率的百分之一到万分之一。还可以用来纠正部分差错。有部分偶数个错不能测出。在中、低速传输系统和反馈重传系统该技术使用得比较多。

2.6.4 循环冗余校验

循环冗余编码(Cyclic Redundancy Code, CRC) 的检错能力很强，并且实现起来容易，是目前应用最广的检错码编码方法之一。

循环冗余编码方法是一种基于多项式的较为复杂的校验方法，它的工作原理如下：

① 将要发送的数据比特序列当作一个多项式 $f(x)$ 的系数，在发送端用收发双方预先约定

的生成多项式 $G(x)$ 去除。

②将求得的一个余数多项式加到数据多项式之后发送到接收端。

③在接收端用同样的生成多项式 $G(x)$ 去除接收数据多项式 $f(x)$,得到计算余数多项式。

将上述两个余数多项式进行比较。如果计算余数多项式与接收余数多项式相同,则表示传输无差错。如果计算余数多项式与接收余数多项式不相同,则表示传输有差错,应当由发送方来重发数据,直至正确为止。循环冗余编码的工作原理如图 2-26 所示。

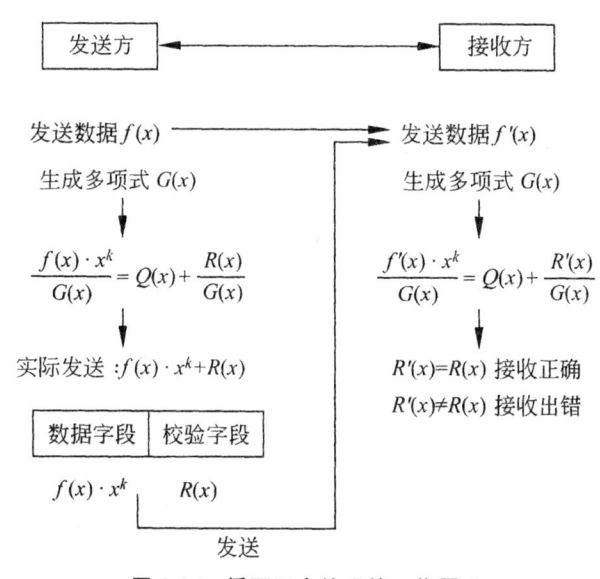

图 2-26 循环冗余编码的工作原理

在实际网络应用中,循环冗余编码的生成与校验过程可以用软件或硬件方法实现。目前,很多通信超大规模集成电路芯片的内部硬件,就可以非常方便、快速地实现标准循环冗余编码的生成与校验功能。

循环冗余校验具有良好的数据结构,它的检错能力很强,除了能检查出离散错外,还能检查出突发错。它是目前最广泛的检错码编码方法之一,具有以下检错能力:

①CRC 校验码能检查出全部单个错。

②CRC 校验码能检查出全部离散的二位错。

③CRC 校验码能检查出全部奇数个错。

④CRC 校验码能检查出全部小于或等于校验位长度的突发错。

⑤CRC 校验码能以 $[1-(1/2)^{k-1}]$ 的概率检查出长度为 $(k+1)$ 位的突发错。

2.6.5 校验和

在 IPv4 数据报的首部中有一个"首部校验和"字段,其计算方法如下:

①在发送方,把 IP 数据报首部划分为 16 位字的序列,并把校验和字段置 0,用反码算术运算把所有 16 位字相加后,将得到的和的反码写入校验和字段。

②接收方收到数据报后,将首部的所有 16 位字再使用反码算术运算相加一次,将得到的和

取反码,即得出接收方校验和的计算结果。若首部未发生任何变化,则结果必为0,于是就保留这个数据报;否则就认为出错,并将此数据报丢弃。

在UDP和TCP中,校验和是把首部和数据部分一起校验的,还包含一个96位的伪首部(它包含了源地址、目的地址、协议、UDP与TCP长度等字段),理论上它位于UDP、TCP首部的前面。

第3章 计算机网络体系结构

3.1 网络体系结构概述

不同网络体系结构的计算机网络,其网络协议影响着网络系统结构、网络软件和硬件设计,以及网络的功能和性能。为了实现计算机间的通信,需要制定一整套网络协议集。对于结构复杂的网络协议来说,通常采用分层的方法,将网络组织成层次结构。计算机网络协议就是按照层次结构模型来组织的。网络体系结构(Network Architecture)就是网络层次结构模型与各层协议的集合。

3.1.1 网络体系结构的形成

计算机网络是个非常复杂的系统。为了说明这一点,可以设想一个最简单的情况:连接在网络上的两台计算机要相互传送文件。

显然,在这两台计算机之间必须有一条传送数据的通路。但这还远远不够,至少还有以下几件工作需要去完成:

①发起通信的计算机必须将数据通信的通路进行激活。所谓"激活"就是要发出一些信令,保证要传送的计算机数据能在这条通路上正确发送和接收。

②要告诉网络如何识别接收数据的计算机。

③发起通信的计算机必须查明对方计算机是否已开机,并且与网络连接正常。

④发起通信的计算机中的应用程序必须弄清楚,在对方计算机中的文件管理程序是否已做好文件接收和存储文件的准备工作。

⑤若计算机的文件格式不兼容,则至少其中的一个计算机应完成格式转换功能。

⑥对出现的各种差错和意外事故,如数据传送错误、重复或丢失,网络中某个结点交换机出故障等,应当有可靠的措施保证对方计算机最终能够收到正确的文件。

还可以举出一些要做的其他工作。由此可见,相互通信的两个计算机系统必须高度协调工作才行,而这种"协调"是相当复杂的。为了设计这样复杂的计算机网络,早在最初的 ARPAnet 设计时即提出了分层的方法。"分层"可将庞大而复杂的问题,转化为若干较小的局部问题,而这些较小的局部问题就比较易于研究和处理。

1974年,美国的IBM公司宣布了系统网络体系结构(System Network Architecture,SNA)。这个著名的网络标准就是按照分层的方法制定的。现在用IBM大型机构建的专用网络仍在使用SNA。不久后,其他一些公司也相继推出自己公司的具有不同名称的体系结构。

不同的网络体系结构出现后,使用同一个公司生产的各种设备都能够很容易地互联成网。这种情况显然有利于一个公司垄断市场。用户一旦购买了某个公司的网络,当需要扩大容量时,就只能再购买原公司的产品。如果购买了其他公司的产品,那么由于网络体系结构的不同,就很难互相连通。

然而,全球经济的发展使得不同网络体系结构的用户迫切要求能够互相交换信息。为了使不同体系结构的计算机网络都能互联,国际标准化组织 ISO 于 1977 年成立了专门机构研究该问题。不久,他们就提出一个试图使各种计算机在世界范围内互联成网的标准框架,即著名的开放系统互联参考模型(Open Systems Interconnection Reference Model,OSI/RM),简称为 OSI。"开放"是指非独家垄断的。因此只要遵循 OSI 标准,一个系统就可以和位于世界上任何地方的、也遵循这同一标准的其他任何系统进行通信。这一点很像世界范围的电话和邮政系统,这两个系统都是开放系统。"系统"是指在现实的系统中与互联有关的各部分。所以开放系统互联参考模型 OSI/RM 是个抽象的概念。在 1983 年形成了开放系统互联参考模型的正式文件,即著名的 ISO 7498 国际标准,也就是所谓的七层协议的体系结构。

OSI 试图达到一种理想境界,即全世界的计算机网络都遵循这个统一的标准,因而全世界的计算机将能够很方便地进行互联和交换数据。在 20 世纪 80 年代,许多大公司甚至一些国家的政府机构纷纷表示支持 OSI。当时看来似乎在不久的将来全世界一定会按照 OSI 制定的标准来构造自己的计算机网络。然而到了 20 世纪 90 年代初期,虽然整套的 OSI 国际标准都已经制定出来了,但由于因特网已抢先在全世界覆盖了相当大的范围,而与此同时却几乎找不到什么厂家生产出符合 OSI 标准的商用产品。因此人们得出这样的结论:OSI 只获得了一些理论研究的成果,但在市场化方面 OSI 则事与愿违地失败了。现今规模最大的、覆盖全世界的因特网并未使用 OSI 标准。OSI 失败的原因可归纳如下:

①OSI 的专家们缺乏实际经验,他们在完成 OSI 标准时缺乏商业驱动力。
②OSI 的协议实现起来过分复杂,而且运行效率很低。
③OSI 标准的制定周期太长,因而使得按 OSI 标准生产的设备无法及时进入市场。
④OSI 的层次划分不太合理,有些功能在多个层次中重复出现。

按照一般的概念,网络技术和设备只有符合有关的国际标准才能大范围地获得工程上的应用。但现在情况却反过来了。得到最广泛应用的不是法律上的国际标准 OSI,而是非国际标准 TCP/IP。这样,TCP/IP 就常被称为是事实上的国际标准。从这种意义上说,能够占领市场的就是标准。在过去制定标准的组织中往往以专家、学者为主。但现在许多公司都纷纷挤进各种各样的标准化组织,使得技术标准具有浓厚的商业气息。一个新标准的出现,有时不一定反映其技术水平是最先进的,而是往往有着一定的市场背景。

顺便说一下,虽然 OSI 在一开始是由 ISO 来制定,但后来的许多标准都是 ISO 与原来的国际电报电话咨询委员会(CCITT)联合制定的。从历史上来看,CCITT 原来是从通信的角度考虑一些标准的制定,而 ISO 则关心信息的处理。但随着科学技术的发展,通信与信息处理的界限变得比较模糊了。于是,通信与信息处理就都成为 CCITT 与 ISO 所共同关心的领域。CCITT 的建议书 X.200 就是关于开放系统互联参考模型,它和上面提到的 ISO 7498 基本上是相同的。

3.1.2 网络体系结构的分层

网络通信的涉及面极广,包括网络硬件设备(如物理线路、通信设备、计算机等)和各种各样的软件,所以用于网络的通信协议必然很多。实践证明,结构化设计方法是解决复杂问题的一种有效手段,其核心思想就是将系统模块化,并按层次组织各模块。因此,在研究计算机网络的结构时,通常也按层次进行分析。

1. 网络分层的概念

所谓层次结构就是指把一个复杂的系统设计问题分解成多个层次分明的局部问题,并规定每一层次所必须完成的功能,类似于信件投递过程。层次结构提供了一种按层次来观察网络的方法,它描述了网络中任意两个结点间的逻辑连接和信息传输。

同一系统体系结构中的各相邻层间的关系是:下层为上层提供服务,上层利用下层提供的服务完成自己的功能,同时再向更上一层提供服务。因此,上层可看成是下层的用户,下层是上层的服务提供者。

系统的顶层执行用户要求做的工作,直接与用户接触,可以是用户编写的程序或发出的命令。除顶层外,各层都能支持其上一层的实体进行工作,这就是服务。系统的底层直接与物理介质相接触,通过物理介质使不同的系统、不同的进程沟通。

系统中的各层次内都存在一些实体。实体是指除一些实际存在的物体和设备外,还有客观存在的与某一应用有关的事物,如含有一个或多个程序、进程或作业之类的成分。实体既可以是软件实体(如进程),也可以是硬件实体(如某一接口芯片)。不同系统的相同层次称为同等层(或对等层),如系统 A 的第 N 层和系统 B 的第 N 层是同等层。不同系统同等层之间存在的通信叫作同等层通信。不同系统同等层上的两个正通信的实体叫作同等层实体。

同一系统相邻层之间都有一个接口(Interface),接口定义了下层向上层提供的原语(Primitive)操作和服务。同一系统相邻两层实体交换信息的地方称为服务访问点(Service Access Point,SAP),它是相邻两层实体的逻辑接口,也可说,N 层 SAP 就是 N+1 层可以访问 N 层服务的地方。每个 SAP 都有一个唯一的地址,供服务用户间建立连接之用。相邻层之间要交换信息,对接口必须有一个一致遵守的规则,这就是接口协议。从一个层过渡到相邻层所做的工作,就是两层之间的接口问题,在任何两相邻层间都存在接口问题。

2. 网络分层的特点

分层可以带来很多好处,具体如下所示。

(1) 各层之间是独立的

某一层并不需要知道它的下一层是如何实现的,而仅仅需要知道该层通过层间的接口(即界面)所提供的服务。由于每一层只实现一种相对独立的功能,因而可将一个难以处理的复杂问题分解为若干个较容易处理的更小一些的问题。这样,整个问题的复杂程度就下降了。

(2) 灵活性好

当任何一层发生变化时(如由于技术的变化),只要层间接口关系保持不变,则在这层以上或以下各层均不受影响。此外,对某一层提供的服务还可进行修改。当某层提供的服务不再需要时,甚至可以将这层取消。

(3) 结构上可分割开

各层都可以采用最合适的技术来实现。

(4) 易于实现和维护

这种结构使得实现和调试一个庞大而又复杂的系统变得易于处理,因为整个的系统已被分解为若干个相对独立的子系统。

(5)能促进标准化工作

因为每一层的功能及其所提供的服务都已有了精确的说明。分层时应注意使每一层的功能非常明确。若层数太少,就会使每一层的协议太复杂。但层数太多又会在描述和综合各层功能的系统工程任务时遇到较多的困难。通常各层所要完成的功能主要有以下一些(可以只包括一种,也可以包括多种):

①差错控制:使得和网络对等端的相应层次的通信更加可靠。
②流量控制:使得发送端的发送速率不要太快,要使接收端来得及接收。
③分段和重装:发送端将要发送的数据块划分为更小的单位,在接收端将其还原。
④复用和分用:发送端几个高层会话复用一条低层的连接,在接收端再进行分用。
⑤连接建立和释放:交换数据前先建立一条逻辑连接。数据传送结束后释放连接。

分层当然也有一些缺点,例如,有些功能会在不同的层次中重复出现,因而产生了额外开销。

3.2　ISO/OSI 参考模型

3.2.1　OSI 参考模型概述

1. OSI 参考模型的诞生

开放系统互联(Open System Internetwork,OSI)参考模型是 1974 年国际标准化组织 ISO 制定的,它是一个标准化的、开放式的计算机网络层次结构模型,是对计算机网络的概念性和功能性的抽象。ISO 在研究吸收各个计算机制造厂家的网络体系结构标准化经验的基础上制定了著名的 ISO/IEC 7498 标准,定义了网络互联的七层框架。它规定了开放系统中各层提供服务和通信时需要遵守的协议,其目的是为网络系统互联标准提供一个共同的基础,保证各种类型网络技术的兼容性和互操作性。OSI 体系结构只反映开放系统通信结构方面相互之间的逻辑关系,而不是互联的具体规范。

如果严格遵守 OSI 参考模型,那么不同的网络技术之间可以较容易地实现互操作。国际电报电话咨询委员会(Consultative Committee on International Telegraph and Telephone,CCITT)的建议书 X.400 也定义了一些相似的内容。

根据 OSI 参考模型,在网络数据通信的过程中,每一层完成一个特定的任务。对等层之间的逻辑通信的实现过程是:当传输数据时,每一层接收到上层格式化过的数据后对数据进行操作,然后把它传给下一层;当接收数据时,每一层接收到下层传过来的数据,对数据进行解包,然后把它传给上一层,从而 OSI 参考模型中网络的每一部分都不知道其上层和下层的行为和细节,它只是向上或向下传输数据。每层都不知道传输数据的实际细节。

2. OSI 参考模型的概念

在 OSI 中的"开放"是指:只要遵循 OSI 标准,一个系统就可以与位于世界上任何地方、同样遵循同一标准的其他任何系统进行通信。在 OSI 标准的制定过程中,采用的方法是将整个庞大而复杂的问题划分为若干个容易处理的小问题,这就是分层的体系结构方法。在 OSI 标准中,采用的是三级抽象,即体系结构、服务定义和协议规格说明。

OSI 参考模型定义了开放系统的层次结构、层次之间的相互关系及各层所包括的可能的服务。它是作为一个框架来协调和组织各层协议的制定,也是对网络内部结构最精炼的概括与描述。

OSI 的服务定义详细说明了各层所提供的服务。某一层的服务就是该层及其以下各层的一种能力,它通过接口提供给更高一层。各层所提供的服务与这些服务是怎样实现的无关。同时,各种服务定义还定义了层与层之间的接口与各层使用的原语,但不涉及接口是怎样实现的。

OSI 标准中的各种协议精确地定义了应当发送什么样的控制信息,以及应当用什么样的过程来解释这个控制信息。协议的规程说明具有最严格的约束。

OSI 参考模型并没有提供一个可以实现的方法。OSI 参考模型只是描述了一些概念,用来协调进程间通信标准的制定。在 OSI 的范围内,只有各种协议是可以被实现的,而各种产品只有和 OSI 的协议相一致时才能互联。也就是说,OSI 参考模型并不是一个标准,而是一个在制定标准时所使用的概念性的框架。

3. OSI 划分层次的原则

在 OSI 标准的制定过程中,采用的方法是将整个庞大、复杂的问题划分为若干个容易处理的小问题。这就是分层体系结构方法,在划分层次时遵守如下原则:

① 网中的各结点都有相同的层次,相同的层次具有相同的功能。层次不能太多,太多则系统的描述和集成都有困难;也不能太少,太少则会把不同的功能混杂在同一层次中。

② 每一层的功能尽量局部化,这样,随着软、硬件技术不断发展,层次的协议可以改变,层次内部的结构可以重新设计,但是不影响相邻层次的接口和服务关系。

③ 每一层应当实现一个有明确定义的功能,这种功能应在完成的操作过程方面或者在设计的技术方面与其他功能层次有明显不同,且每一层使用下层提供的服务,并向其上层提供服务。

④ 应在接口服务描述工作量最小、穿过相邻边界相互作用次数量最少或通信量最小的地方建立边界。

⑤ 同一结点内相邻层次之间通过接口通信,每一层只与它的上、下邻层产生接口,规定相应的业务在同一层相应子层的接口也适用这一原则。

⑥ 不同结点的同等层按照协议实现对等层之间的通信。

4. OSI 参考模型的结构

OSI 参考模型的结构如图 3-1 所示。将信息从一层传送到下一层是通过命令方式实现的,这里的命令称为原语。被传送的信息成为协议数据单元(Protocol Data Unit,PDU)。在 PDU 进入下层之前,将会在 PDU 中加入新的控制信息,这种控制信息称为协议控制信息(Protocol Control Information,PCI)。接下来,会在 PDU 中加入发送给下层的指令,这些指令称为接口控制信息(Interface Control Information,ICI)。PDU、PCI 与 ICI 共同组成了接口数据单元(Interface Data Unit,IDU)。下层接收到 IDU 后,就会从 IDU 中去掉 ICI,这时的数据包被称为服务数据单元(Service Data Unit,SDU)。随着 SDU 一层层向下传送,每一层都要加入自己的信息。

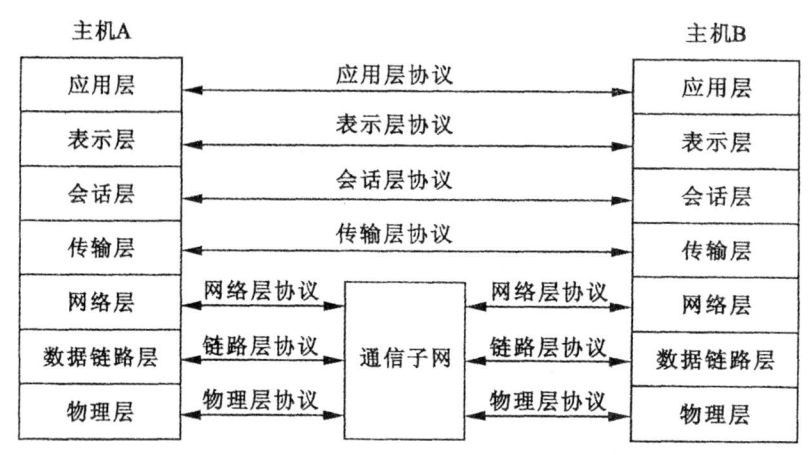

图 3-1 OSI 参考模型的结构

3.2.2 OSI 参考模型各层功能

1. 物理层

（1）物理层的定义

物理层（Physical Layer）是 OSI 参考模型的最低层，向下直接与物理传输介质相连接，向上服务于数据链路层。传输信息所利用的物理传输介质，包括双绞线、同轴电缆、光纤等，它们都是在物理层之下而非物理层之内。

设置物理层的目的是实现两个网络物理设备之间的二进制比特流的透明传输，当一方发送二进制比特流时，对方应该能够正确地接收。对数据链路层屏蔽物理传输介质的特性，以便对高层协议有最大的透明性。

（2）物理层协议

物理层协议是各种网络设备进行互联时必须遵守的底层协议。设立物理层的目的是实现两个网络物理设备之间二进制比特流的透明传输，对数据链路层屏蔽物理传输介质的特性，以便对高层协议有最大的透明性。

物理层向数据链路层提供的服务包括物理连接服务、物理服务数据单元服务和顺序化服务等。物理连接服务是指向数据链路层提供物理连接，数据链路层通过接口将数据传送给物理层，物理层就通过传输介质一位一位地送到对等的数据链路层实体，至于数据是如何传送的，数据链路层并不关心；物理服务数据单元服务是指在物理介质上传输非结构化的比特流。所谓非结构化的比特流，是指顺序地传输"0""1"信号，而不必考虑这些"0""1"信号表示什么意义；顺序化服务是指"0""1"信号一定要按照原顺序传送给对方。

物理层协议被设计来控制传输媒介，规定传输媒介本身及与其相连接接口的机械、电气、功能和过程特性，以提供传输媒介对计算机系统的独立性。传输可以通过有线传输介质（双绞线、同轴电缆、光纤）传输，也可以通过无线传输方式（地面微波通信和卫星通信微波等）传输，它们并不包括在 OSI 的七层之内,其位置处在物理层的下面。这些接口和传输媒介必须保证发送和接收信号的一致性,即发送的信号是比特"1"时,接收的信号也必须是"1",反之亦然。计算机和调制解调器的串行接口 RS-232C 标准就是物理层协议。

(3)物理接口标准

在几种常用的物理层标准中,通常将具有一定数据处理及发送、接收数据能力的设备称为数据终端设备(Data Terminal Equipment,DTE),而把介于 DTE 与传输介质之间的设备称为数据电路终接设备(Data Circuit-terminating Equipment,DCE)。DCE 在 DTE 与传输介质之间提供信号变换和编码功能,并负责建立、维护和释放物理连接。DTE 可以是一台计算机,也可以是一台 I/O 设备。DTE 的典型设备是与电话线路连接的调制解调器。

在物理层通信过程中,DCE 一方面要将 DTE 传送的数据按比特流顺序逐位发往传输介质,同时也需要将从传输介质接收到的比特流顺序传送给 DTE。因此在 DTE 与 DCE 之间,既有数据信息传输,也应有控制信息传输,这就需要高度协调地工作,需要制定 DTE 与 DCE 接口标准,而这些标准就是物理接口标准。

物理接口标准定义了物理层与物理传输介质之间的边界与接口。物理接口具有四个特性:机械特性、电气特性、功能特性和规程特性。

①机械特性。物理层的机械特性规定了物理连接时所使用可接插连接器的形状和尺寸,连接器中引脚的数量与排列情况等。

②电气特性。物理层的电气特性规定了在物理连接上传输二进制比特流时线路上信号电平高低、阻抗及阻抗匹配、传输速率与距离限制。早期的标准定义了物理连接边界点上的电气特性,而较新的标准定义了发送和接收器的电气特性,同时给出了互联电缆的有关规定。新的标准更有利于发送和接收电路的集成化工作。

③功能特性。物理层的功能特性规定了物理接口上各条信号线的功能分配和确切定义。物理接口信号线一般分为数据线、控制线、定时线和地线。

④规程特性。物理层的规程特性定义了信号线进行二进制比特流传输线的一组操作过程,包括各信号线的工作规则和时序。

不同物理接口标准在以上四个重要特性上都不尽相同。实际网络中广泛使用的物理接口标准有 EIA-232-D、EIA RS-449 和 CCITT 建议的 X.21。

①EIA-232-D 标准。EIA-232-D 是美国电子工业协会(Electronic Industries Association,EIA)制定的物理接口标准,也是目前数据通信与网络中应用最广泛的一种标准。RS 表示是 EIA 的一种"推荐标准",232 是标准号。

在机械特性方面,EIA-232-D 规定使用一个 25 根插针(DB-25)的标准连接器。这一点与 ISO 2110 标准是一致的。EIA-232-D 对 DB-25 连接器的机械尺寸及每根针排列的位置均做了明确的规定,从而保证符合 EIA-232-D 标准的接口在国际上是通用的。

在电气特性方面,EIA-232-D 与 CCITT V.28 建议书是一致的。EIA-232-D 采用负逻辑,即逻辑 0 用+5～+15V 表示,逻辑 1 用-5～-15V 表示。由于 EIA-232-D 电平与 TTL 电平不一致,目前采用专用的电平转换器实现 TTL 电平与 EIA-232-D 电平的转换,EIA-232-D 的发送器和接收器均采用非平衡电路,这就决定了 DTE 与 DCE 之间的 EIA-232-D 连接电缆的长度、数据传输速率与抗干扰能力。非平衡的 EIA-232-D 的 DTE 与 DCE 电缆长度为 15m 时,数据传输速率最大为 20kb/s。

在功能特性方面，EIA-232-D 与 CCITT V.24 建议书一致。EIA-232-D 定义了 DB-25 连接器中 20 条连接线的功能。其中，最常用的连接线功能如表 3-1 所示。

表 3-1　DB-25 常用连接线的功能

针号	功能	信号功能/传输方向
1	保护性接地(Protective Ground,PG)	地线
2	发送数据(Transmit Data,TxD)	数据/DTE→DCE
3	接收数据(Received Data,RxD)	数据/DTE←DCE
4	请求发送(Request To Send,RTS)	控制信号/DTE→DCE
5	清除发送(Clear To Send,CTS)	控制信号/DTE←DCE
6	数据设备准备好(Data Set Ready,DSR)	控制信号/DTE←DCE
7	信号地(Signal Ground,SG)	地线
8	载波检测(Data Carrier Detect,DCD)	控制信号/DTE←DCE
20	数据终端准备好(Data Terminal Ready,DTR)	控制信号/DTE→DCE
22	振铃指示(Ring Indication,RI)	控制信号/DTE←DCE

在规程特性方面，EIA-232-D 与 CCITI 的 V.24 建议书一致。EIA-232-D 的规程特性比较复杂。EIA-232-D 规程特性规定了 DTE 与 DCE 之间控制信号与数据信号的发送时序、应答关系与操作规程。

综上所述，若两台计算机通过 Modem 进行通信，采用 EIA-232-D 协议，那么 EIA-232-D 规程特性规定了作为 DTE 的计算机与作为 DCE 的 Modem，通过 EIA-232-D 接口，按以下规则与时序工作：物理连接建立阶段；比特流传输阶段；物理连接释放阶段。

②EIA RS-449 标准。RS-449 是 EIA 在 232 标准的基础上制定的一个新的标准。RS-449 由以下三个标准组成：

a. RS-449 标准规定了接口的机械、电气、功能与规程特性。其中，机械特性相当于 CCITT V.35 建议书，它采用了标准的 37 针连接器。

b. RS-423-A 规定了 DTE 与 DCE 连接中采用非平衡输出与平衡输入时的电气特性。当 DTE 与 DCE 连接电缆长度不超过 10m 时，数据传输速率可达 300kb/s。

c. RS-422-A 规定了 DTE 与 DCE 连接中采用平衡输出与平衡输入时的电气特性。在这种情况下，当 DTE 与 DCE 连接电缆长度为 10m 时，数据传输速率可达 10Mb/s，当连接电缆长度为 1000m 时，数据传输速率仍可达 100kb/s。

③CCITT 建议的 X.21。CCITT 建议的 X.21 规程实际上由两个部分组成：

a. 属于物理层，描述了在公共数据网上进行同步操作的 DTE 与 DCE 之间的通用接口。

b. 涉及许多数据链路层与网络层内容，它用于线路交换网的呼叫控制规程，适用于线路交换网中 DTE 之间的连接。

X.21 的特性如下：

a. X.21 的机械特性采用 15 针连接器。

b. X.21 的电气特性设计目标是达到 DTE 与 DCE 之间的长距离、高速传输。同步数据传输速率为 600b/s,2400b/s,4800b/s,9600b/s,48000b/s。

c. X.21 在功能特性方面的设计目标是减少信号线数目,仅定义了 8 条信号线的名称与功能。

d. X.21 在规程特性方面将 DTE 与 DCE 接口的工作定义为四个阶段:空闲、呼叫控制、数据传送和清除。

当数字信道到达用户端时,用户的 DTE 可以通过 X.21 接口进行远程通信。但是目前多数用户端还是模拟信道,并且多数计算机或终端只有 RS-232 接口。为了有利于从模拟接口向数字接口的过渡,CCITT 制定了相应的 X.21bis 建议。目前广泛应用的 CCITT 1976 年通过了用于数字信道的物理接口标准 X.21 建议书。X.25 建议的物理层使用的就是 X.21 标准。

2. 数据链路层

(1) 数据链路层的定义

在 OSI 参考模型,数据链路层(Data Link Layer)是参考模型的第二层。它介于物理层与网络层之间,是 OSI 参考模型中非常重要的一层。

由于外界噪声干扰,原始的物理连接在传输比特流时很有可能会发生差错。设置链路层的主要目的是将一条原始的、有差错的物理线路变为对网络层无差错的、可靠的数据链路。

(2) 数据链路层的功能

数据链路层的任务是在网络实体之间建立、保持和释放数据链路,确定信息怎样在链路中传输、信息的格式、成帧和拆帧、产生校验码、差错控制、数据流量控制及链路管理等。数据链路层的主要功能可以概括为成帧、差错控制、流量控制和传输管理等。

① 成帧。一个帧是含有数据的、具有一定格式的比特组合。帧是数据链路层的数据传输单位。数据链路层把从网络层传来的数据组装成帧,帧中包含源主机和目的主机的物理地址(即 MAC 地址),数据链路层利用数据帧中的 MAC 地址,在网络中实现数据帧的无差错传输。

② 差错控制。数据链路层需解决帧的破坏、丢失和重复等问题。

③ 流量控制。数据链路层需解决由于发送方和接收方速度不匹配而造成的接收方被数据包"淹没"的问题,即在数据链路层传送数据时,需要进行流量控制,使传送与接收双方达到同步,以保证数据传输的正确性。

④ 传输管理。如果线路上的多个设备要同时进行数据传输,数据链路层还必须解决数据帧竞争线路使用权的问题。

(3) 数据链路层协议

在 ISO 标准协议集中,数据链路层采用了高层数据链路控制(High-level Data Link Control,HDLC)协议,数据链路服务定义了连接和无连接两种运行方式。通常将 HDLC 协议看成是数据链路协议的超集,因为从中衍生出许多有影响的协议子集,如 CCITT 采用 HDLC 的一个子集 SDLC LAPB 作为 X.25 的数据链路级协议,而 LAPB 的一个子集 HDLC LAPD 又作为综合业务数据网(Integrated Service Digital Network,ISDN)的数据链路层协议。

IEEE 802 委员会为局域网定义了物理信号层、介质访问控制(MAC)层、逻辑链路控制(LLC)层。其中,介质访问控制层与逻辑链路控制层是属于 OSI 参考模型中数据链路层的两个子层。

数据链路层协议分为两类:面向字符型与面向比特型。早期的数据链路层协议多为面向字符型。典型的协议标准有 ANSI X3.28、ISO 1745 和 IBM 的 BSC(Binary Synchronous Communication)协议。面向字符型数据链路层协议的主要特点是利用已定义好的一组控制字符完成数据链路控制功能。随着计算机通信的发展,面向字符型数据链路层协议逐渐暴露出其弱点,主要表现在通信线路利用率低、只适于停止等待协议与半双工通信方式、数据传输不透明、系统通信效率低。

(4) HDLC 帧结构

1974 年 IBM 公司推出了面向比特型的数据链路规程(Synchronous Data Link Control, SDLC),美国国家标准化协会(American National Standard Institute,ANSI)将 SDLC 修改为 ADCCP(Advanced Data Communications Control Protocol),并作为国家标准,其后 ISO 将修改后的 SDLC 称为高级数据链路控制(High-level Data Link Control,HDLC),并将它作为国际标准。

数据链路层的数据传输是以帧为单位,在 OSI 模型中帧是数据链路层的协议数据单元。HDLC 帧结构如图 3-2 所示。

比特	8	8	8	可变	16	8
	标志	地址	控制	信息	帧校验序列	标志
	F	A	C	I	FCS	F

图 3-2 HDLC 帧结构

组成 HDLC 帧的字段如下:

①标志字段 F。帧首尾均有一个由固定比特序列 01111110 组成的帧标志字段 F,其作用主要有两个:帧起始与终止定界符、帧比特同步。为确保帧标志字段 F 在帧内的唯一性,在帧地址字段、控制字段、信息字段、帧检验字段中采用比特填充技术,从而保证了帧内数据传输的透明性。

②地址字段 A。在非平衡结构中,帧地址字段总是写入从站地址;在平衡结构中,帧地址字段填入应答站地址,全 1 地址为广播地址。按照协议规定,地址字段可以按 8 位的整数倍扩展。

③控制字段 C。控制字段 C 是 HDLC 帧的关键字段,它表示了帧类型、帧编号、命令和控制信息。

④信息字段 I。信息字段可以是任意的比特序列组合,信息字段长度通常不大于 256 字节。

⑤帧校验字段 FCS。FCS 字段为帧校验序列,HDLC 采用 CRC 循环冗余编码进行校验,校验范围为 A、C、I 字段。

3. 网络层

(1)网络层的定义

网络层(Network Layer)是 OSI 参考模型中最复杂、最重要的一层。网络层关心的是通信子网的运行控制,主要负责对通信子网进行监控,定义网络操作系统的通信协议,为信息确定地址,把逻辑地址(IP 地址)和名字翻译成物理地址(MAC 地址),为建立、保持及释放连接和数据传输提供数据交换、流量控制、拥塞控制、差错控制及恢复以及决定从源站通过网络到目的站的传输路径等。

设置网络层的主要目的是在通信子网中传送的数据分组寻找到达目的主机的最佳传输路径,而用户不必关心网络的拓扑结构和所使用的通信介质。

(2)网络层的功能

网络层的主要功能如下:

①确定地址。网络上的所有设备进行相互通信都应该有一个唯一的 IP 地址。

②选择传输路径。这是网络层所要完成的一个主要功能。在网络中,信息从一个源结点发出到达目的结点,中间要经过多个中间结点的存储转发。一般在两个结点之间会有多条路径可以选择。路径选择是指在通信子网中,源结点和中间结点为将数据分组传送到目的结点而对其下一个结点的选择。

③拥塞控制。为了避免通信子网中出现过多的分组时造成网络拥塞和死锁,网络层还应该具备拥塞控制的功能。通过对进入通信子网的通信量加以一定的控制,避免因通信量过大造成通信子网性能下降。

(3)网络层提供的服务类型

从 OSI 参考模型的角度看,网络层所提供的服务可分为两类:面向连接的网络服务和无连接网络服务。

①面向连接的网络服务。面向连接的网络服务又称为虚电路服务,它具有网络连接建立、数据传输和网络连接释放三个阶段,是可靠的报文分组按顺序传输的方式。

从网络互联角度讲,面向连接的网络服务应满足以下要求:

a.网络互联操作的细节与子网功能对网络服务用户应是透明的。

b.网络服务应允许两个通信的网络用户能在连接建立时就其服务质量和其他选项进行协商。

c.网络服务用户应使用统一的网络地址编码方案。

②无连接网络服务。无连接网络服务中两实体之间的通信不需要事先建立好一个连接。无连接网络服务有三种类型:数据报、确认交付和请求回复。数据报服务不要求接收端应答,这种方法开销较小,但可靠性无法保证。确认交付服务对每一个报文产生一个确认消息给发送端,只不过这个确认消息不是来自接收端而是来自服务层,类似于现实生活中的挂号信。请求回复服务是接收端每收到一个报文就向发送端发送一个应答报文,类似于事务处理中用户的"一问一答"。

4.传输层

(1)传输层的定义

传输层(Transfer Layer)也叫作运输层,是 OSI 参考模型中最关键的一层。实质上,传输层是网络体系结构中高低层之间衔接的一个接口层。

如果两个结点间通过通信子网进行通信,物理层可以通过物理传输介质完成比特流的发送和接收。链路层可以将有差错的原始传输变成无差错的数据链路。网络层可以使用报文分组以合适的路径通过通信子网。网络通信的实质是实现互联的主机进程之间的通信。互联主机进程通信面临以下几个问题:

①如何在一个网络连接上复用多对进程的通信？

②如何解决多个互联通信子网通信协议的差异和提供服务功能的不同？

③如何解决网络层及下两层自身不能解决的传输错误？

设置传输层的目的是在通信子网提供服务的基础上，使用传输层协议和增加的功能，高层用户就可以直接进行端到端的数据传输，而忽略通信子网的存在。通过传输层的屏蔽，高层用户看不到子网的交替和技术变化。对高层用户来说，两个传输层实体之间存在着一条端到端可靠的通信连接。高层用户不需要知道它们的物理层采用何种物理线路。

（2）传输层的功能

传输层的功能就是为高层用户提供可靠的、透明的、有效的数据传输服务。它可以为会话实体提供传输连接的建立、数据传输和连接释放，并负责错误的确认和恢复，保证源主机与目的主机间透明、可靠地传输报文，向会话层提供一个可靠的端到端的服务。

（3）传输层涉及的概念

传输层涉及以下几个概念。

①传输服务。传输服务包括的内容有：服务的类型、服务的等级、数据的传输、用户的接口、连接管理、快速数据传输、状态报告、安全保密等。

②服务质量。服务质量(Quality of Service,QoS)是指在传输两结点之间看到的某些传输连接的特征，是传输层性能的度量，反映了传输质量及服务的可用性。

服务质量可用一些参数来描述，如连接建立延迟、连接建立失败、吞吐量、输送延迟、残留差错率、连接拆除延迟、连接拆除失败概率、传输失败率等。

③传输层协议等级。传输层的功能是要弥补从网络层获得的服务和向传输服务用户提供的服务之间的差距，它所关心的是提高服务质量，包括优化成本。

传输层的功能按级别划分，可以分为五个协议级别：级别0(简单级)、级别1(基本差错恢复级)、级别2(多路复用级)、级别3(差错恢复和多路复用级)和级别4(差错检测和恢复级)。服务质量划分得较高的网络，仅需要较简单的协议级别；反之，服务质量划分得较低的网络，需要较复杂的协议级别。

④传输服务原语。服务在形式上是一组原语的描述。原语被用来统治服务提供者采取某些行动，或报告某同层实体已经采取的行动。在OSI参考模型中，服务原语划分为四种类型。

a.请求：用户利用它要求服务提供者提供某些服务，如建立连接或发送数据等。

b.指示：服务提供者执行一个请求以后，用指示原语通知收方的用户实体，告知有人想要与之建立连接或发送数据等。

c.响应：收到指示原语后，利用响应原语向对方做出反应。例如，同意或不同意建立连接等。

d.确认：请求对方可以通过接收确认原语来获悉对方是否同意接受请求。

5. 会话层

（1）会话层的定义

会话层(Session Layer)是OSI参考模型的第五层，建立在传输层之上。传输层是主机到主机的层次，会话层则是进程到进程的层次。

应用进程之间为完成某项处理任务而需进行一系列内容相关的信息交换。一次会话是指两个用户进程之间为完成一次完整的信息交换而建立的会话连接。会话层允许不同主机上各进程之间的会话。由于会话层得到传输层提供的服务,使得两个会话实体之间不论相隔多远、使用什么样的通信子网,都可进行透明的、可靠的数据传输。

(2)会话层的功能

会话层的主要功能是为两个主机上的用户进程建立会话连接,管理哪边发送、何时发送、占用多长时间等;使双方操作相互协调,对数据的传送提供有效的控制和管理机制。用户可以使用这个连接正确地进行通信,有序、方便地进行信息交换,最后结束会话。

会话层支持两个实体之间的交互作用,为表示层提供两类服务:一类叫会话管理服务,即把两个表示实体结合在一起或者分开;另一类叫会话服务,即控制两个表示实体之间的数据交换过程。

(3)会话服务

会话层定义了多种可选择的服务,并将相关的服务组成了功能单元。目前定义有12个功能单元,每个功能单元提供一种可选择的工作类型,在会话建立时可以就这些功能单位进行协商。最重要的功能单元提供会话连接、正常数据传送、有序释放、用户放弃与提供者放弃五种服务。为了方便用户选择使用合适的功能单元,会话服务定义了如下三个子集。

①基本组合子集。为用户提供会话连接建立、正常数据传送、令牌(TOKEN)的处理及连接释放等基本服务。

②基本同步子集。在基本组合子集的基础上增加为用户通信过程同步功能,能在出错时从双方确认的同步点重新开始同步。

③基本活动子集。在基本组合子集的基础上加入了活动的管理。

会话服务可分为两个部分:会话连接管理和会话数据交换。其中,会话连接管理服务使得一个应用进程在一个完整的活动或事务处理中,通过会话连接与另一个对等应用进程建立和维持一条会话通道。

在已经建立会话连接上的正常数据交换方式是双工通信方式。会话层也允许用户定义单工和半双工通信方式。

在以上基本服务的基础上,会话层还提供了可供选择的服务,如交互管理、会话连接同步及异常报告。

(4)会话层与传输层的区别

会话层与传输层有明显区别。传输层协议负责建立和维护端到端之间的逻辑连接,传输服务比较简单,目的是提供可靠的传输服务。但是由于传输层所使用的通信子网类型很多,而且网络通信质量也存在很大差异,这样就使得传输协议一般都很复杂。而会话层在发出一个会话协议数据单元时,传输层可以保证将它正确地传送到相对应的会话实体,这样就可以使会话协议得到简化。但是为了更好地为各种进程提供服务,会话层为数据交换定义的各种服务也是非常丰富和复杂的。

6.表示层

(1)表示层的定义

表示层(Presentation Layer)位于OSI参考模型的第六层,主要用于处理在两个通信系统中交换信息的表示方式。它是异种机、异种操作系统联网的关键层。

(2)表示层的功能

对于系统中用户之间交换的各种数据和信息都需要通过字符串、整型数、浮点数以及由简单类型组合而成的各种数据结构来表示。实际上，不同的机器采用的编码和表示方法不同，使用的数据结构也不同。

表示层的主要功能是通过一些编码规则定义在通信中传送这些信息所需要的传送语法，负责不同格式的字符、数据、字符编码、程序语言的语法和语义、数据库的不同结构或字段之间的映像或变换，以使用户在异构型环境下能实现互通和互访，保证所传输的数据经过传送后其意义不改变。

另外，数据压缩和加密也是表示层可以提供的表示变换功能。数据压缩可以减少传输的比特数，减少网络上的数据传输量。数据加密服务主要是处理通信的安全问题，通过防止敌意地窃听和篡改，从而提高网络的安全性。

表示层以下各层只关心如何可靠地传输数据，而表示层所关心的是所传输数据的表现形式、语法和语义，使之与机器无关。它从应用层获得数据并把它们格式化以供网络通信使用，并将应用程序数据排序成有含义的格式并提供给会话层。

7. 应用层

（1）应用层的定义

在 OSI 参考模型，应用层（Application Layer）是参考模型的最高层。它在 OSI/OSI 下面六层提供的数据传输和数据表示等各种服务的基础上，为网络用户或应用程序提供完成特定网络服务功能所需的各种应用协议。

常用的网络服务包括文件服务、电子邮件（E-mail）服务、打印服务、集成通信服务、目录服务、网络管理服务、安全服务、多协议路由与路由互联服务、分布式数据库服务及虚拟终端服务等。网络服务由响应的应用协议来实现，不同的网络操作系统提供的网络服务在功能、用户界面、实现技术、硬件平台支持以及开发应用软件所需的应用程序接口 API 等方面均存在较大差异，而采纳应用协议也各具特色，因此，需要进行应用协议的标准化。

（2）应用层的功能

应用层的主要功能如下：

① 用户接口。应用层是用户与网络，以及用户程序与网络间的直接接口，使得用户能够与网络进行交互式联系。

② 实现各种服务。该层具有的各种应用程序能够完成和实现用户请求的各种服务。

总而言之，OSI 参考模型的低三层属于通信子网，涉及为用户间提供透明连接，操作主要以每条链路（Hop-by-hop）为基础，在结点间的各条数据链路上进行通信。由网络层来控制各条链路上的通信，但要依赖于其他结点的协调操作。高三层属于资源子网，主要涉及保证信息以正确可理解的形式传送。传输层是高三层和低三层之间的接口，它是第一个端到端的层次，保证透明的端到端连接，满足用户的服务质量（QoS）要求，并向高三层提供合适的信息形式。

3.2.3 数据的封装与传递

在 OSI 参考模型中，对等层之间经常需要交换信息单元，对等层协议之间需要交换的信息单元叫作协议数据单元（Protocol Data Unit，PDU）。结点对等层之间的通信并不是直接通信（例如，两个结点的传输层之间进行通信），它们需要借助于下层提供的服务来完成，所以，通常说对等层之间的通信是虚通信，如图 3-3 所示。

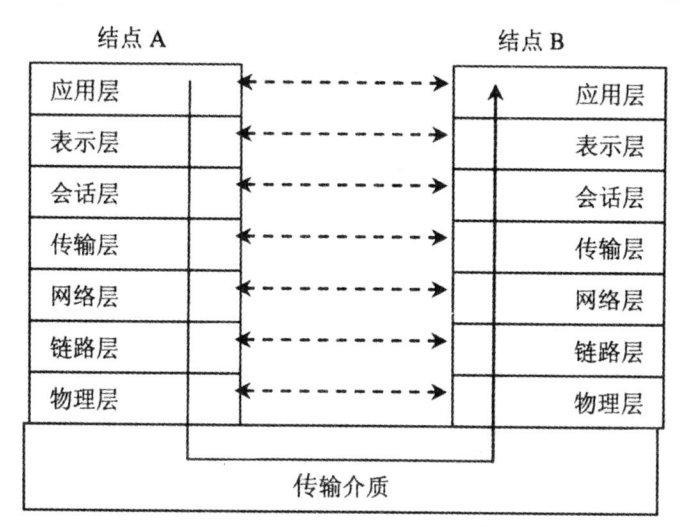

图 3-3 直接通信与虚通信

事实上，在某一层需要使用下一层提供的服务传送自己的 PDU 时，其当前层的下一层总是将上一层的 PDU 变为自己 PDU 的一部分，然后利用更下一层提供的服务将信息传递出去。如图 3-4 所示。结点 A 将其应用层的信息逐层向下传递，最终变为能够在传输介质上传输的数据（二进制编码），并通过传输介质将编码传送到结点 B。

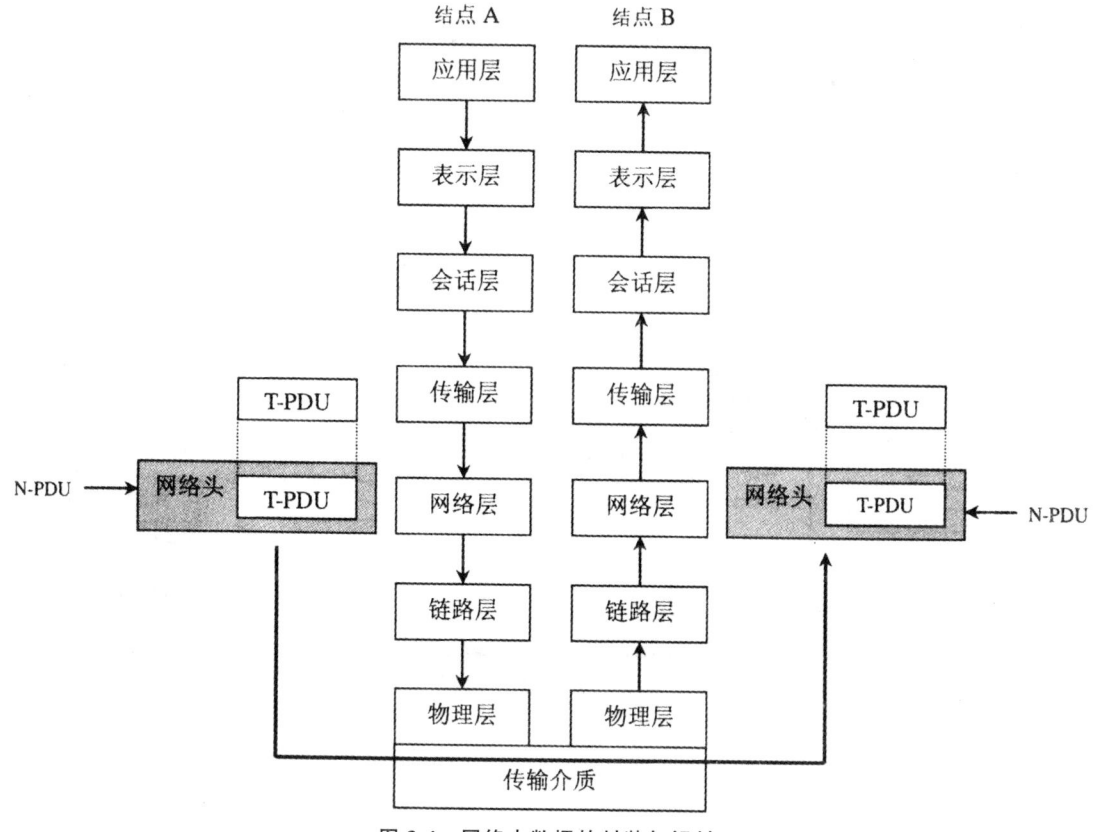

图 3-4 网络中数据的封装与解封

在网络中,对等层可以相互理解和认识对方信息的具体意义,如结点 B 的网络层收到结点 A 的网络层的 PDU(NH＋L4DATA 即 L3DATA)时,可以理解该 PDU 的信息并知道如何处理该信息。如果不是对等层,双方的信息就不可能也没有必要相互理解。

1. 数据封装

为了实现对等层之间的通信,当数据需要通过网络从一个结点传送到另一结点前,必须在数据的头部和尾部加入特定的协议头和协议尾。这种增加数据头部和尾部的过程称为数据打包或数据封装。

例如,在图 3-5 中,结点 A 的网络层需要将数据传送到结点 B 的网络层,这时,A 的网络层就需要使用其下邻层提供的服务。即首先将自己的 PDU(NH＋L4DATA)交给其下邻层——数据链路层,结点 A 的数据链路层在收到该 PDU(NH＋L4DATA)之后,将它变为自己 PDU 的数据部分 L3DATA,在其头部和尾部加入特定的协议头和协议尾 DH,封装为自己的 PDU(DH＋L3DATA＋DH),然后再传给其下邻层——物理层。最终将其应用层的信息变为能够在传输介质上传输的数据(二进制编码),并通过传输介质将编码传送到结点 B。

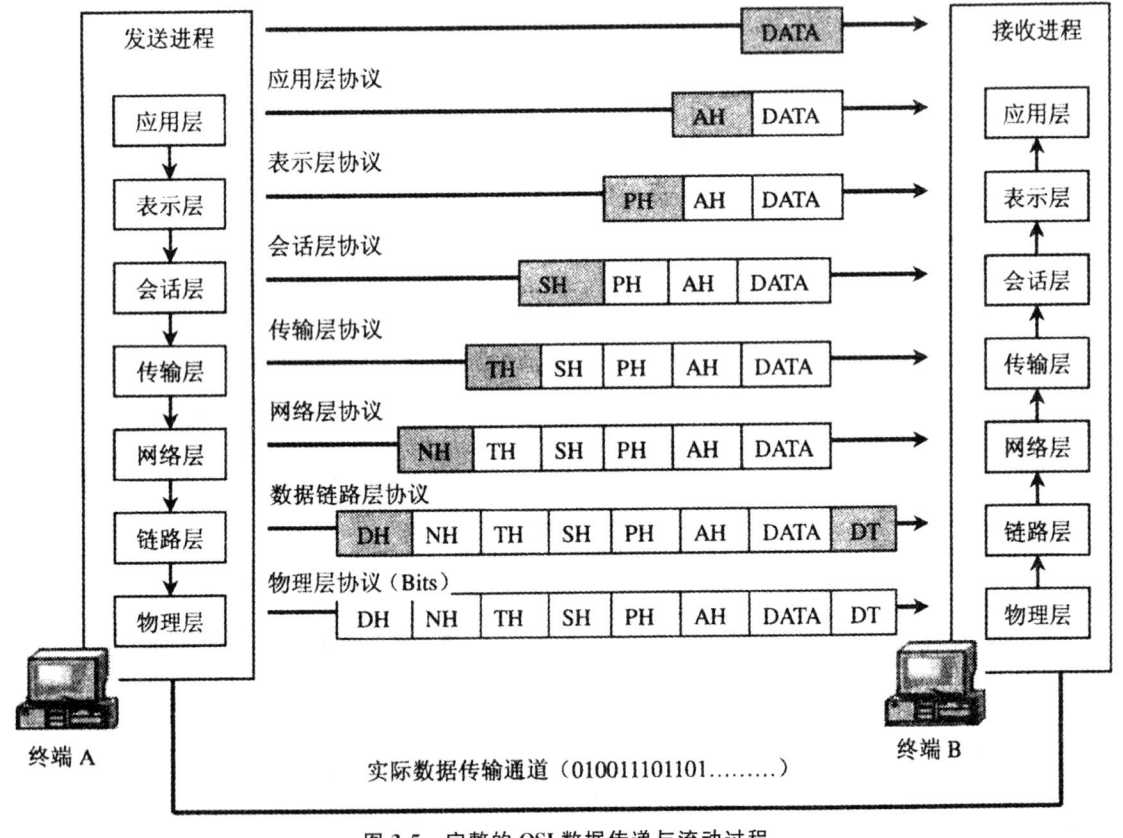

图 3-5　完整的 OSI 数据传递与流动过程

2. 数据拆包

在数据到达接收结点的对等层后,接收方将反向识别、提取和除去发送方对等层所增加的数据头部和尾部。接收方这种去除数据头部和尾部的过程叫作数据拆包或数据解封。如图 3-5 所示。

例如，在图 3-5 中，结点 B 的数据链路层在传给网络层之前，按照对等层协议相同的原则，首先将自己的 PDU(DH+L3DATA+DH)去除其头部和尾部的协议头和协议尾 DH，还原为本层 PDU 的数据部分 L3DATA(NH+L4DATA)即网络层的 PDU，传给其网络层。其他层依次进行类似处理，最后将数据传到其最高层——应用层。

事实上，数据封装和解封装的过程与通过邮局发送信件的过程是相似的。当需要发送信件时，首先需要将写好的信纸放入信封中，然后按照一定的格式书写收信人姓名、收信人地址及发信人地址，这个过程就是一种封装的过程。当收信人收到信件后，要将信封拆开，取出信纸，这就是解封的过程。在信件通过邮局传递的过程中，邮局的工作人员仅需要识别和理解信封上的内容。对于信纸上书写的内容，他不可能也没必要知道。

尽管发送的数据在 OSI 环境中经过复杂的处理过程才能送到另一接收结点，但对于相互通信的计算机来说，OSI 环境中数据流的复杂处理过程是透明的。发送的数据好像是"直接"传送给接收结点，这是开放系统在网络通信过程中最主要的特点。

3.3 TCP/IP 参考模型

3.3.1 TCP/IP 参考模型概述

TCP/IP 是 Transmission Control Protocol/Internet Protocol(传输控制协议/互联网协议)的缩写。世界上第一个分组交换网或者说是第一个使用计算机网络是美国军方的 ARPAnet。ARPAnet 体系结构也是采用分层结构，原来成为 ARM，代表 ARPAnet 参考模型。从 ARPAnet 发展起来的 Internet 最终连接了大学的校园网、政府部门和企业的局域网。最初 ARPAnet 使用的是租用线路，当卫星通信系统与通信网发展起来之后，ARPAnet 最初开发的网络协议使用在通信可靠性较差的通信子网中，且出现了不少问题，这就导致了新的网络协议 TCP/IP 的出现。虽然 TCP/IP 协议不是 OSI 标准，但它们是目前最流行的商业化的协议，并被公认为当前的工业标准或"事实上的标准"。在 TCP/IP 协议出现后，出现了 TCP/IP 参考模型。

TCP/IP 实际上是一组协议，它包括上百个具有不同功能且互为关联的协议，而 TCP 和 IP 是保证数据完整传输的两个基本的重要协议，有的书中也称为 TCP/IP 协议簇。如图 3-6 所示。

Internet 上的 TCP/IP 协议之所以能够迅速发展起来，不仅因为它是美国军方指定使用的协议，更重要的是它恰恰适应了世界范围内的数据通信的需要。

TCP/IP 协议具有以下几个特点。

①开放的协议标准，可以免费使用，并且独立于特定的计算机硬件与操作系统。
②独立于特定的网络硬件，可以运行在局域网、广域网，更适用于互联网中。
③统一的网络地址分配方案，使得整个 TCP/IP 设备在网中都具有唯一的地址。
④标准化的高层协议，可以提供多种可靠的用户服务。

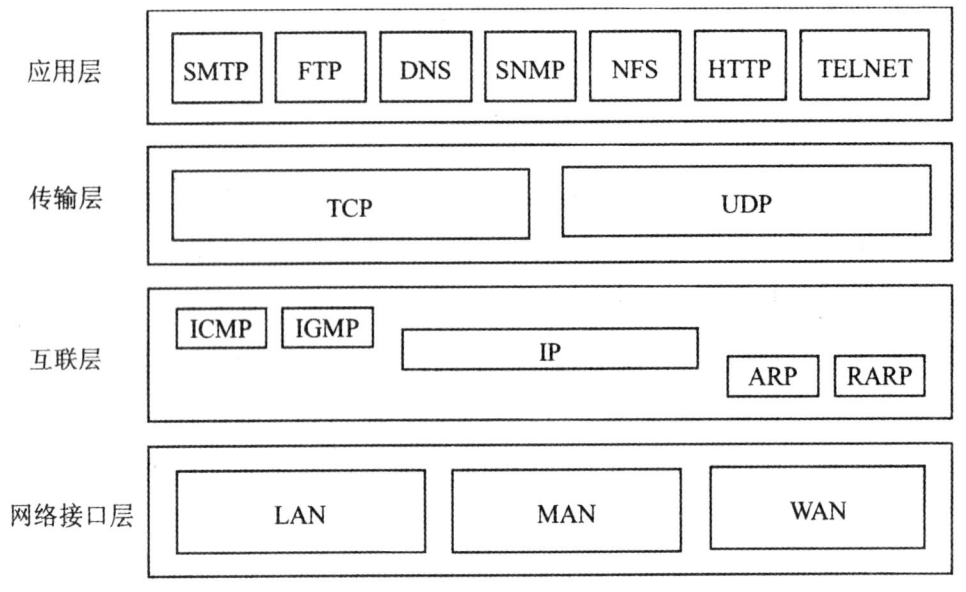

```
应用层    | SMTP | FTP | DNS | SNMP | NFS | HTTP | TELNET |

传输层    |      TCP      |      UDP      |

互联层    | ICMP | IGMP |  IP  | ARP | RARP |

网络接口层 |   LAN   |   MAN   |   WAN   |
```

图 3-6　TCP/IP 协议簇

3.3.2　TCP/IP 参考模型各层功能

TCP/IP 从更实用的角度出发,形成了具有高效率的四层体系结构,即网络接口层(Host to Network Layer)、互联层(Internet Layer)、传输层(Transport Layer)和应用层(Application Layer)。图 3-7 给出 TCP/IP 参考模型与 OSI 参考模型的层次对应关系。

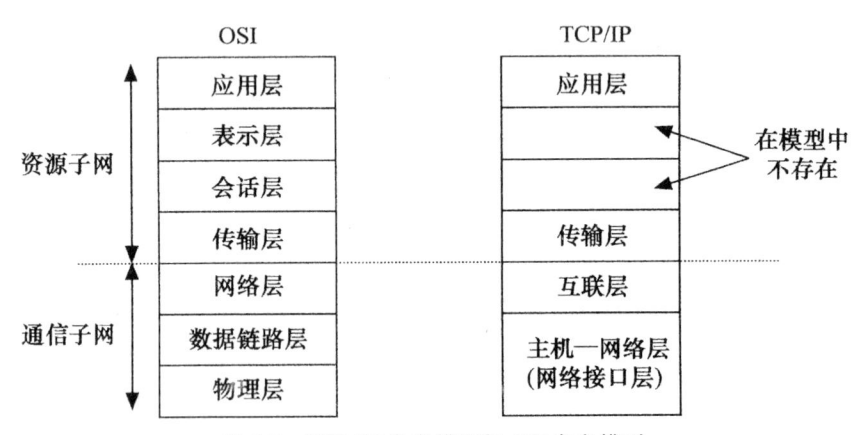

```
            OSI              TCP/IP
          应用层             应用层
资源子网   表示层                        ← 在模型中
          会话层                           不存在
          传输层             传输层
          网络层             互联层
通信子网   数据链路层         主机—网络层
          物理层             (网络接口层)
```

图 3-7　TCP/IP 参考模型与 OSI 参考模型

从图 3-7 上可以看出,OSI 参考模型与 TCP/IP 参考模型的层次对应如下:TCP/IP 参考模型的网络接口层与 OSI 参考模型的数据链路层和物理层相对应;TCP/IP 参考模型的互联层与 OSI 参考模型的网络层相对应;TCP/IP 参考模型的传输层与 OSI 参考模型的传输层相对应;TCP/IP 参考模型的应用层与 OSI 参考模型的应用层相对应。根据 OSI 参考模型的经验,会话层和表示层对大多数应用程序的用处不大,所以被 TCP/IP 参考模型排除在外。

1. 网络接口层

网络接口层(Host to Network Layer)是 TCP/IP 参考模型的最低层,又叫作 IP 子网层。一般网络接口层包括操作系统中的设备驱动程序和计算机中对应的网络接口卡。

网络接口层负责通过网络发送和接收 IP 数据报,负责网络层与硬件设备间的联系。另外,它定义了如何与不同的网络进行接口,允许主机连入网络时使用多种协议,如局域网的 Ethernet 协议、令牌环网的 Token Ring 协议、分组交换网的 X.25 协议等,这体现出 TCP/IP 的兼容性和适应性。

网络接口层与物理网络的具体实现技术有关系,实际上在 TCP/IP 参考模型中对这一层并没有真正意义上的描述,而只是指出主机必须使用某种协议与网络连接,以便能够在其上传递 IP 报文。事实上,能够传递 IP 报文的任何协议都是被允许的,这也是 TCP/IP 协议可以运行在当前几乎所有物理网络之上并能够实现网络无缝连接的一个重要原因。

2. 互联层

互联层(Internet Layer)是 TCP/IP 参考模型的第二层,它相当于 OSI 参考模型网络层的无连接网络服务。互联层负责将源主机的报文分组发送到目的主机,源主机与目的主机可以在一个网上,也可以在不同的网上。

(1)互联层的功能

互联层的主要功能包括以下几点:

①接收到分组发送请求后,将分组装入 IP 数据报,填充报头并选择发送路径,然后将数据报发送到相应的网络输出线路。

②接收到其他主机发送的数据报后,需要检查目的地址,如需要转发,则选择发送路径,并转发出去;如目的地址为本结点 IP 地址,则除去报头,并将分组交送传输层处理。

③处理互联的路径、流量控制与拥塞问题。

(2)互联层的四个核心协议

①网际协议(Internet Protocol,IP)。IP 的主要任务就是对数据包进行寻址和路由,把数据包从一个网络转发到另一个网络。即为要传输的数据分配地址、打包、确定收发端的路由,并提供端到端的"数据报"传递。IP 协议还规定了计算机在 Internet 通信时所必须遵守的一些基本规则,以确保路由的正确选择和报文的正确传输。

IP 是一个无连接的协议。无连接是指主机之间不建立用于可靠通信的端到端的连接,源主机只是简单地将 IP 数据包发送出去,而 IP 数据包可能会丢失、重复、延迟时间长或者次序会混乱。因此,要实现数据包的可靠传输,就必须依靠高层的协议或应用程序,如传输层的 TCP 协议。

②网际控制报文协议(Internet Control Message Protocol,ICMP)。ICMP 为 IP 协议提供差错报告。ICMP 用于处理路由,协助 IP 层实现报文传送的控制机制。由于 IP 是无连接的,且不进行差错检验,当网络上发生错误时,它不能进行检测错误,向发送 IP 数据包的主机报错误就是 ICMP 的责任。ICMP 能够报告的一些普通错误类型有:目标无法到达、阻塞、回波请求和回波应答等。ICMP 报文不是一个独立的报文,而是封装在 IP 数据报中。

③网际主机组管理协议(Internet Group Management Protocol,IGMP)。IP 协议只是负责

网络中点到点的数据包传输,而点到点的数据包传输则要依靠IGMP来完成。它主要负责报告主机组之间的关系,以便相关的设备(路由器)可支持多播发送。

④地址解析协议(Address Resolution Protocol,ARP)和反向地址解析协议(Reverse Address Resolution Protocol,RARP)。计算机网络中各主机之间要进行通信时,必须要知道彼此的物理地址。它们的作用就是完成主机的IP地址和物理地址之间的相互转换。如ARP用于完成IP地址到网卡物理地址的转换;RARP用于完成物理地址向IP地址的转换。

(3)互联层传输的IP分组格式

IP分组也称为IP数据报,它是以无连接方式通过网络传输的,在源主机和目的主机以及经过的每个路由器中,互联层都使用始终如一的IP协议和不变的IP分组格式。需要注意的是,IP是基于数据报服务的,而TCP是基于虚电路服务的协议。IP分组作为Internet的基本传送单元。类似于典型的其他网络帧,也分为分组头和数据信息,在分组头中包含源站和目的站地址。IP分组头的长度为4个字节的整数倍,如图3-8所示。

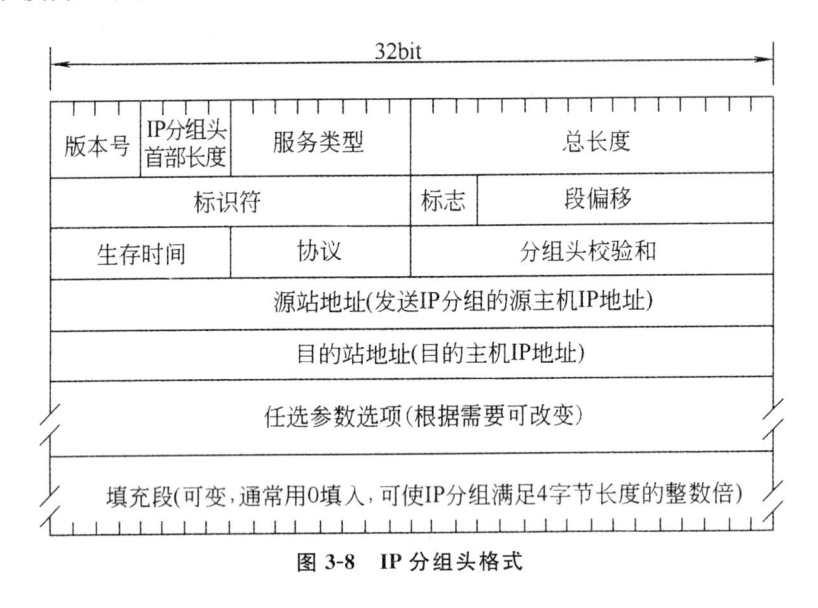

32bit				
版本号	IP分组头首部长度	服务类型	总长度	
标识符			标志	段偏移
生存时间		协议	分组头校验和	
源站地址(发送IP分组的源主机IP地址)					
目的站地址(目的主机IP地址)				
任选参数选项(根据需要可改变)				
填充段(可变,通常用0填入,可使IP分组满足4字节长度的整数倍)				

图3-8　IP分组头格式

其中,每一个字段的意义分别如下:

①版本号字段:该4位字段标识当前协议支持的IP版本号,在处理IP分组之前,所有的IP软件都要检查分组的版本号字段。以保证分组格式与软件期待的格式一样。如果标准有差异,机器将拒绝与其协议版式本不同的IP分组。本节给出的是对版本为4的IP的描述,版本1~3几乎已经过时不用。

②IP分组头首部长度字段:该4位字段表示IP分组头的长度,取值的范围是5~15。由于IP分组头格式的长度单位是4字节,因此首部长度的最大值是15×4=60字节。当IP分组头长度不是4字节的整数倍时,必须利用最后一个填充字段加以填充。这样,数据部分永远在4字节的整数倍时开始,方便实现。首部长度限制为60字节的缺点是有时不够用(如长的源路由),但这样做的用意是要用户尽量减少额外开销。

③服务类型字段:该8位字段说明分组所希望得到的服务质量,它允许主机制定网络上传输分组的服务种类及高层协议希望处理的当前数据报的方式,并设置数据报的重要性级别,允许选

择分组的优先级,以及希望得到的可靠性和资源消耗。

④总长度字段:该 16 位字段给出 IP 分组的字节总数,包括分组头和数据的长度,由于总长度字段有 16 位,所以最大 IP 分组允许有 65536 字节,这对某些子网来说是太长了,这时应将其划分成较短的分组报文段,每一段加上首部后构成一个完整的数据报。IP 的总长度跟未分段前的 IP 报文总长度并不是同一个概念,而是指分段后形成的 IP 分组的首部长度与数据长度的总和。

⑤标识符字段:该 16 位字段包含一个整数,用来使源站唯一地标识一个未分段的 IP 分组,该分组的标识符、源站和目的地址都相同,且"协议"字段也相同。该字段可以帮助将数据报再重新组合在一起。IP 分组在传输时,其间可能会通过一些子网,这些子网允许的最大协议数据单元 PDU 的长度可能小于该 IP 分组长度,针对这个情况,IP 为以数据报方式传送的 IP 分组提供了分段和重组的功能。当一个路由器分割一个 IP 分组时,要把 IP 分组头中的大多数段值拷贝到每个分组片段中。这里讨论的标识符段拷贝,它的主要目的是使目的站地址知道到达的哪些分组片段属于哪个 IP 分组。源站点计算机必须为发送的每个 IP 分组分别产生一个唯一的标识符字段值。为此,IP 软件在计算机存储中保持一个全局计数器,每建立一个 IP 分组就加 1。再把结果放到 IP 分组标识字符字段中。

⑥标志字段:3 位的标志段含有控制标志,如图 3-9 所示。不可分段位 DF(Don't Fragment)的意思是不许将数据报进行分段处理,因为有时目的站并不具备将收到的各段组装成原来数据报的能力。DF 置"1",禁止分段;DF 置"0",允许分段。当一个分组片到达时,分组头中的总长度是指该分组的长短,而不是原始报文的长短,这样该报文的所有分组是否已收集齐全就无法被准确判断。当还有分组段位 MF(More Fragment)置"0"即 MF=0 时,就说明这个分组段的数据为原始报文分组的尾部,置"1"即 MF=1 时,表明后面还有分组段。未定义字段必须是"0"。

图 3-9 标识段的含义

⑦段偏移字段:13 位的段偏移(Fragment Offset)字段表明当前分组段在原始 IP 数据分组报文中数据起点的位置,以便目的地站点能够正确地重组原始数据报。

⑧生存时间字段:8 位的生存时间字段是指 IP 分组能在 Internet 互联网中停留的最长时间,记为 TTL(Time To Live),计数器单位为秒。当该值降为 0 时,该 IP 分组就被放弃。该段的值在 IP 分组每通过一个路由器时就减去 1。源发 IP 分组在网上存活时间的最大值就由该段来决定,它保证 IP 分组不会在下一个互联网中无休止地循环往返传输,即使在路由表出现混乱,造成路由器为 IP 分组循环选择路由时也不会产生严重的后果。

⑨协议字段:8 位的协议字段表示哪一个高层协议将用于接收 IP 分组中的数据。高层协议的号码由 TCP/IP 中央权威管理机构予以分配,例如,该段值的十进制值表示对应于互联网控制报文协议 ICMP 是 1,对应于传输控制协议 TCP 是 6,对应于外部网关协议 EGP 是 8,对应于用户数据报协议 UDP 是 17,对应于 OSI/RM 等四类传输层协议 TP4 是 29。图 3-10 给出了协议与号码的对应图(图 3-10 中,我们将 ICMP 画在传输层的位置,根据 ICMP 协议的功能,我们认为它位于互联层)。

⑩分组头校验和字段:16位的分组头校验的字段保证了IP分组头的值的完整性,当IP分组头通过路由器时,分组头发生变化(如TTL生存时间段值减1),需要重新计算校验和。校验和的计算非常简单,首先,在计算前将校验和字段的所有16位均清零,然后IP分组头从头开始每两个字节为一个单位相加,若相加的结果有进位,则将和加1。如此反复,直至所有分组头的信息都相加完为止,将最后的和值对1求补,即得出16位的校验和。

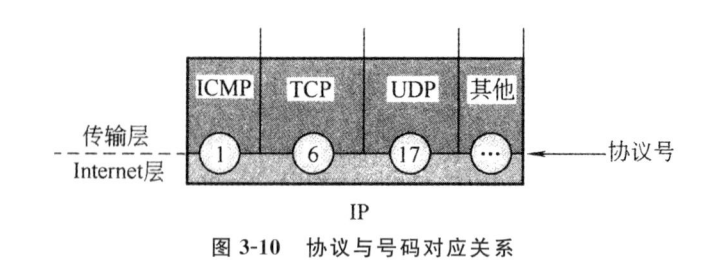

图3-10 协议与号码对应关系

3.传输层

传输层(Transport Layer)是TCP/IP参考模型的第三层,也被称为主机至主机层,与OSI的传输层类似,主要负责主机到主机之间的端对端通信。传输层的主要目的是:在互联网中源主机与目的主机的对等实体间建立用于会话的端对端连接。

(1)传输层的功能

传输层的主要功能有以下几点:

①实现端口到端口数据传输服务,提供在网络结点之间的预定通信和授权通信的能力,并可以将数据进行向上层或者向下层传输。

②实现数据传输特殊响应要求,如数据传输速率、可靠性、吞吐量等。

③实现面向连接传输服务和面向无连接传输服务。

(2)传输层的主要协议

传输层主要有两个协议,即传输控制协议(TCP)和用户数据报协议(UDP)。

①传输控制协议(TCP)。TCP(Transmission Control Protocol)是传输层的一种面向连接的通信协议,它可提供可靠的数据传输。大量数据通常都要求有可靠的传输。

TCP协议将源主机应用层的数据分成多个分段,然后将每个分段传送到互联层,互联层将数据封装为IP数据包,并发送到目的主机。目的主机的互联层将IP数据包中的分段传送给传输层,再由传输层对这些分段进行重组,还原成原始数据,并传送给应用层。另外,TCP协议还要完成流量控制和差错检验的任务,以保证可靠的数据传输。

②用户数据报协议(UDP)。UDP(User Datagram Protocol)是一种面向无连接的协议,因此,它不能提供可靠的数据传输,而且UDP不进行差错检验,必须由应用层的应用程序来实现可靠性机制和差错控制,以保证端到端数据传输的正确性。虽然UDP与TCP相比显得非常不可靠,但在一些特定的环境下还是非常有优势的。例如,要发送的信息较短,不值得在主机之间建立一次连接。另外,面向连接的通信通常只能在两个主机之间进行,若要实现多个主机之间的一对多或多对多的数据传输,即广播或多播,就需要使用UDP协议。

(3)TCP报文段格式

TCP在两台计算机之间传输的协议数据单元TPDU称为报文段。由于网络层不能保证数据的正确传送,因此 TCP 不仅承担超时和重传的责任,将收到的数据报按顺序再装配成报文上交用户也是需要由它来完成的。每个报文分为两个部分,前面是 TCP 首部,后面是数据。图 3-11 是 TCP 的 TPDU 首部的格式,其首部的最小长度为 5 个 32bit,即 20 个字节。下面介绍各字段的意义。

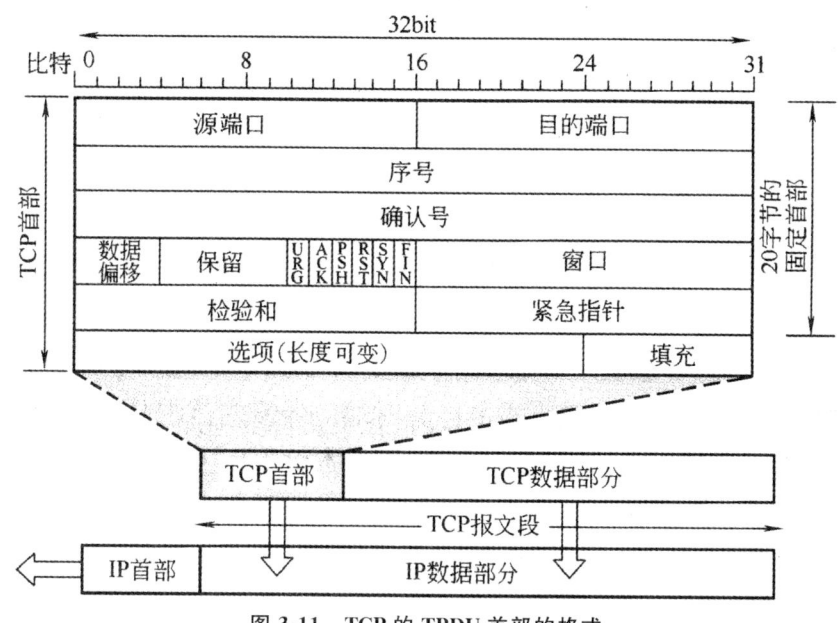

图 3-11　TCP 的 TPDU 首部的格式

①源端口字段和目的端口字段:都各占 16bit,分别是在源站和在目的站中传输层与高层的服务接口,实际上就是 OSI 的 TSAP 地址。

②序列号字段:占 32bit,它不是为每个 TPDU 编号,而是为所传数据的每个字节编上序号,序号字段就是指该 TPDU 所传数据的最大序号。

③确认号字段:占 32bit,它是捎带在本站发送的 TPDU 中,指出期望收到对方的数据字节中的最小序号,因而隐含地告诉对方,比确认号少一个号的数据字节已经正确收到。

④数据偏移字段:它是必要的,因为在首部的 20 个字节以后有一个长度不定的选项,用来在连接建立时指出允许的最大报文段长度,指出数据部分从 TPDU 中的多少个 32bit 以后才开始的。偏移字段之后有 6bit 的保留字段,供以后使用。接着是 6bit 的控制字段,下面分别说明其中每一个比特的意义。

a. 紧急指针标志 URG(Urgent):当 URG 置"1"时,表明此 TPDU 相当于加速数据,应尽快传送。例如,键盘的中断信号就属于紧急数据,此时要与第 5 个 32 比特字中的后一半"紧急指针"(Urgent Pointer)配合使用。紧急指针指出紧急数据的最后一个字节的序号(因为可能后面接着发送的几个 TPDU 都是紧急数据)。

b. 确认号段有效标志 ACK(Acknowledge):当 ACK 置"1"时,确认号段有效,否则无意义。

c. 急迫推动标志 PSH(Push):当 PSH 置"1"时,表明请求将本 TPDU 紧急投递。

d. 重置连接 RST(Reset):当 RST 置"1"时,表明要重建传输连接。

e. 同步序列号标志 SYN(Synchronization):当 SYN 置"1"而 ACK 置"0"时,表明这是一

个连接请求 TPDU。对方若同意建立连接,则应在发回的 TPDU 中将 SYN 和 ACK 均置为"1"。

f. 终止标志 FIN(Final):当 FIN 置"1"时,表明发送的数据已经发完,并会发生要求释放传输连接的请求。

⑤检验和字段:检验的范围包括 TPDU 的首部和数据部分。TPDU 长度的选择也很不容易。当 TPDU 长度变小时,网络的利用率就下降;但若 TPDU 太长,那么在 IP 层传输时就要分段,到达目的站后再将收到的各个段装成原来的 TPDU,一旦传输出错还要重传出错的数据报,这些都使网络开销增大。

(4)用户数据报协议(UDP)

UDP 只在 IP 的数据报服务之上增加了很少一点功能,这就是端口的功能。UDP 有两个字段:首部字段和数据字段。首部字段很简单,只有 8 个字节(图 3-12),由 4 个字段组成,每个字段都是两个字节。各字段意义如下:

①源端口字段:源端口号。
②目的端口字段:目的端口号。
③长度字段:UDP 数据报的长度。
④检验和字段:防止 UDP 数据报在传输中出错。

UDP 数据报首部中检验和的计算方法有些特殊。在计算检验和时在 UDP 数据报之前要增加 12 个字节的伪首部。所谓"伪首部"是因为这种伪首部并不是 UDP 数据报真正的首部。只是在计算检验和时,临时和 UDP 数据报连接在一起,得到一个过渡的 UDP 数据报。检验和就是按照这个过渡的 UDP 数据报来计算的。伪首部既不向下传送,也不向上递交。图 3-12 给出了伪首部各字段的内容。

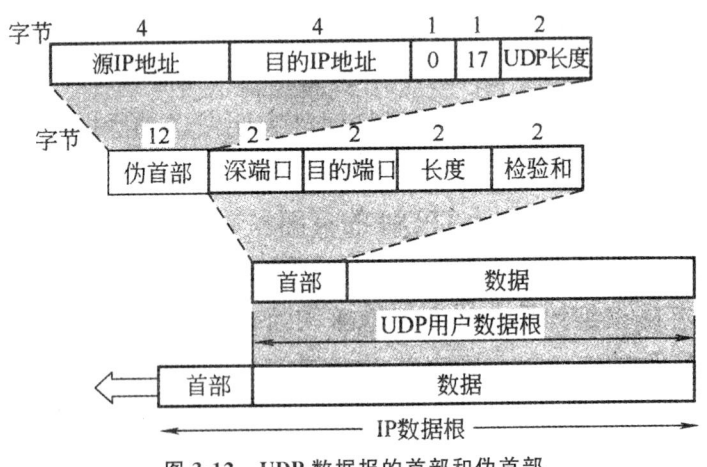

图 3-12 UDP 数据报的首部和伪首部

伪首部的第 3 字段是全零,第 4 字段是 IP 首部中的协议字段的值,对于 UDP,此协议字段值为 17。第 5 字段是 UDP 数据报的长度。

(5)TCP 协议和 UDP 协议的端口号

进程通信的首要问题是解决进程标识方法,TCP/IP 协议簇中用端口号来标识进程。TCP 协议和 UDP 协议端口号长度都是 16 位,端口号的取值范围是 0~65535 之间的整数。Internet

赋号管理局(IANA)定义的 UDP 端口号分为熟知端口号、注册端口号和临时端口号三类。熟知端口号值的范围是 0~1023,它被统一分配和注册;注册端口号值的范围是 1024~49151,用户根据需要可以在 IANA 注册,以防止重复;临时端口号值的范围是 49152~65535,它们之间可由任何进程来使用。TCP 协议规定:客户进程由本地主机上的 TCP 软件随机选取临时端口。运行在远程计算机上的服务器必须使用熟知端口号,其值的范围是 0~1023。UDP 协议端口号的分配方法与 TCP 基本保持一致。表 3-2 给出了 TCP 使用的一些主要的熟知端口号。

表 3-2 TCP 常用的熟知端口号

端口号	服务进程	说明
20	FTP	文件传输协议(数据连接)
21	FTP	文件传输协议(控制连接)
23	Telnet	虚拟终端网络
25	SMTP	简单邮件传输协议
53	DNS	域名服务器
80	HTTP	超文本传输协议
111	RPC	远程过程调用

4. 应用层

在 TCP/IP 参考模型中,应用层是参考模型的最高层,应用层包括了所有高层协议,并且总是不断有新的协议加入。到目前为止,互联网上的应用层协议有下面几种。

(1)远程终端通信协议(Telnet)

远程终端通信协议提供一种非常广泛的、双向的 8 位通信能力,这个协议提供了一种与终端进程连接的标准方法,支持连接(端到端)和分布式计算通信(进程到进程),允许一个用户的计算机通过远程登录仿真成某个远程主机的终端,来访问远程主机的进程和数据资源。

Telnet 提供了三种基本服务。第一种规定了一种网络虚拟终端(Network Virtual Terminal),针对远程系统建立客户进程提供一种接口;第二种是提供了允许客户和服务器协商选项及一组标准选项;第三种服务是 Telnet 对称地对待连接的两端即它允许把连接的任意一端与一个程序相连。

(2)文件传送协议(File Transfer Protocol,FTP)

FTP 用于两台主机之间的文件传输,FTP 在工作时使用两个 TCP 连接,一个用于交换命令和应答,另一个用于传送文件。FTP 支持用户在自己的主机上查询某个远程主机的文件目录,从中选择文件复制到用户主机。FTP 提供了很多重要的服务,如列出远程目录、执行远程命令及格式转换。

(3)简单邮件传送协议(Simple Mail Transfer Protocol,SMTP)

在计算机网络中,电子邮件是提供传送信息快速而方便的方法,是一个简单的面向文本的协议,用来有效和可靠的传递邮件。

(4)域名服务(Domain Naming System,DNS)

DNS 驻留在域名服务器上,维持着一个分布式数据库,提供了从域名到 IP 地址的相互转换,并给出命名规则。

(5)网络新闻传输协议(Network News Transfer Protocol,NNTP)

网络新闻传输协议为用户提供新闻订阅功能,它是网上特殊的一种功能强大的新闻工具,每个用户既是读者又是作者。

(6)超文本传输协议(Hyper Text Transfer Protocol,HTTP)

超文本传输协议提供 WWW 服务。

(7)简单网络管理协议(Simple Network Management Protocol,SNMP)

简单网络管理协议负责网络管理,用于管理与监视网络设备。

(8)路由信息协议(Routing Information Protocol/Open Shortest Path First,RIP/OSPF)

路由信息协议负责路由信息的交换。

(9)网络文件系统(Network File System,NFS)

网络文件系统用于网络中不同主机之间的文件共享。

其中,依赖 TCP 协议的主要有 Telnet、SMTP、FTP;依赖 UDP 协议的主要有 SNMP 等;既依赖 TCP 协议又依赖 UDP 协议的主要有 DNS 等。

3.4　ISO/OSI 参考模型与 TCP/IP 参考模型的比较

3.4.1　ISO/OSI 参考模型与 TCP/IP 参考模型的共同点

OSI 和 TCP/IP 作为计算机通信的国际性标准,OSI 原则上是国际通用的,TCP/IP 是当前工业界普遍使用的,它们有着许多共同点,可以概括为以下几个方面。

①采用了协议分层方法,将庞大且复杂的问题划分为若干个较容易处理的范围较小的问题。

②各协议层次的功能大体上相似,都存在网络层(或者是互联层)、传输层和应用层。网络层实现点到点通信,并完成路由选择、流量控制和拥塞控制功能,传输层实现端到端通信,将高层的用户应用与低层的通信子网隔离开来,并保证数据传输的最终可靠性。传输层的以上各层都是面向用户应用的,而以下各层都是面向通信的。

③两者都可以解决异构网的互联,实现世界上不同厂家生产的计算机之间的通信。

④两者都能够提供面向连接和无连接的两种通信服务机制,都是基于一种协议集的概念,协议集是一簇完成特定功能的相互独立的协议。

3.4.2　ISO/OSI 参考模型与 TCP/IP 参考模型的不同点

除了前面已经提到的基本的相似之处以外,两个模型还有许多不同的地方。这里主要比较的是参考模型,而不是对应的协议栈。

1. 基本思想不同

对于 OSI 参考模型,有三个概念是它的核心:服务、接口和协议。OSI 参考模型最大的贡献是使这三个概念的区别变得更加明确了。

① 每一层都为它的上一层执行一些服务。服务的定义指明了该层做些什么,而并没有说明上一层的实体如何访问这一层,或这一层是如何工作的。它定义了这一层的语义。

② 每一层的接口告诉它上面的进程应该如何访问本层。它规定了有哪些参数,以及结果是什么,但是并没有说明本层内部是如何工作的。

③ 每一层用到的对等协议是本层自己内部的事情。它可以使用任何协议,只要能够完成任务就行(也指提供所承诺的服务)。它也可以随意地改变协议,而不会影响上面的各层。

这些思想与现代面向对象的程序设计思想十分吻合。一个对象就如同一个层一样,它有一组方法(或者叫操作),对象之外的过程可以调用这些方法。这些方法的语义规定了该对象所提供的服务集合。方法的参数和结果构成了对象的接口。对象的内部代码是它的协议,对于外部而言是不可见的,也不需要外界的关心。

对于 TCP/IP 模型,最初并没有明确地区分服务、接口和协议这三个概念之间的差异。不过,它在成型之后便得到了人们的改进,从而更加接近于 OSI。例如,互联层提供的真正服务只有发送 IP 分组(SEND IP PACKET)和接收 IP 分组(RECEIVE IP PACKET)。

可见,OSI 参考模型中的协议较 TCP/IP 模型中的协议的隐蔽性而言更好。当技术发生变化的时候,OSI 参考模型中的协议相对更加容易被替换为新的协议。能够做这样的替换也正是最初采用分层协议的主要目的之一。

2. 产生时间不同

OSI 产生于协议发明之前。优点是:这种顺序关系意味着 OSI 参考模型不会偏向于任何某一组特定的协议,因而该模型更加具有通用性。这一顺序关系所带来的麻烦是,设计者在这方面没有太多的经验可以参考,因此对哪一层上应该放哪些功能并不是很清楚。

例如,数据链路层最初只处理点到点网络,当广播式网络出现以后,必须在模型中嵌入一个新的子层。当人们使用 OSI 参考模型和已有的协议来建立实际的网络时,才万分惊讶地发现这些网络并不能很好地匹配所要求的服务规范,因此只能在模型中加入一些子层,以便提供足够的空间来弥补这些差异。另外,标准委员会最初期望每一个国家都将有一个由政府来运行的网络并使用 OSI 协议,所以对网络互联的问题根本不予考虑。总而言之,情况并不像预期的那样。

而 TCP/IP 却正好相反,它产生于协议出现之后。TCP/IP 模型只是这些已有协议的一个描述而已。优点是:协议一定会符合模型,而且两者确实吻合得很好。唯一的问题在于,TCP/IP 模型并不适合任何其他的协议栈,因此,该模型在描述其他非 TCP/IP 网络时并不很有用。

3. 层数不同

现在我们从两个模型的基本思想转到更为具体的方面上来,它们之间一个很显然的区别是层的数目:OSI 参考模型有七层,而 TCP/IP 只有四层。它们都有网络层(或者是互联层)、传输层和应用层,TCP/IP 没有了表示层和会话层,并且将数据链路层和物理层合并为网络接口层。

4.通信范围不同

OSI和TCP/IP还有另一个区别,那就是无连接的和面向连接的通信范围有所不同。

OSI参考模型的网络层同时支持无连接和面向连接的通信,但是由于传输服务对于用户是可见的,所以传输层的特点决定了该层上只支持面向连接的通信。

TCP/IP模型的互联层上只有无连接通信这一种模式,但是在传输层上同时支持两种通信模式,这样可以给用户一个选择的机会。这对于简单的请求—应答协议是一种特别重要的机会。

第4章 局域网技术

4.1 局域网技术概述

4.1.1 局域网的产生与发展

局域网产生于 20 世纪 70 年代,由于微型计算机的发明和迅速流行,计算机应用的迅速普及与提高,计算机网络应用的不断深入和扩大,以及人们对信息交流、资源共享和高带宽的迫切需求,都直接推动着局域网的发展。将一个城市范围内的局域网互联起来的需求又推动了更大地理范围的局域网——城域网的发展。局域网技术与应用是当前研究与产业发展的热点问题之一。

在早期,人们将局域网归为一种数据通信网络。随着局域网体系结构和协议标准研究的进展、操作系统的发展、光纤通信技术的引入,以及高速局域网技术的快速发展,局域网的技术特征与性能参数发生了很大的变化,局域网的定义、分类与应用领域也已经发生了很大的变化。

目前,在传输速率为 10Mb/s 的以太网(Ethernet)广泛应用的基础上,速率为 100Mb/s、1Gb/s 的高速 Ethernet 已进入实际应用阶段。由于速率为 10Gb/s 以太网的物理层使用的是光纤通道技术,因此它有两种不同的物理层,一个应用于局域网的物理层,另一个应用于广域网与城域网的物理层。对于广域网应用,10Gb/s 以太网使用了光纤通道技术。由于 10Gb/s 以太网的出现,以太网工作的范围已经从校园网、企业网主流选型的局域网,扩大到了城域网与广域网。

光纤分布式数据接口(Fiber Distributed Data Interface,FDDI)是早期的城域网主干网的主要选择方案。由于它采用了光纤作为传输介质和双环拓扑结构,可以用于 100km 范围内的局域网互联,因此能够适应城域网主干网建设的需要。尽管目前 FDDI 已经不是主流技术,但是还有许多地方仍然在使用。设计 FDDI 的目的是为了实现高速、高可靠性和大范围局域网的连接。网络技术的发展已经使得局域网、城域网与广域网之间的差别越来越小了。FDDI 与局域网在基本技术上有很多相同之处,但是在实现技术与设计方法上,局域网与城域网有更多的相同之处。

4.1.2 局域网的定义

局域网(Local Area Network,LAN)是计算机网络的一种,它既具有一般计算机网络的特征,又具有自己的特征。为了完整的给出局域网的定义,通常使用两种方式。第一种是功能上的定义,将局域网定义为一组台式计算机和其他设备,在有限的地理范围内,通过传输媒体以允许用户相互通信和共享计算机资源的方式互联在一起的系统。这种局域网适用于公司、机关、校园、工厂等。另外一种是技术上的定义,由特定类型的传输媒体(如电缆、光缆和无线媒体)和网络适配器互联在一起的计算机,并受网络系统监控的系统。

4.1.3 局域网的特点与功能

1. 局域网的特点

不论是功能性定义还是技术性定义,总的来说,与广域网(Wide Area Network,WAN)相比,局域网具有以下的特点。

(1)较小的地域范围

局域网仅用于办公室、机关、工厂、学校等内部联网,其范围没有严格的定义,但一般认为距离为 0.1~25km。而广域网的分布是一个地区,一个国家乃至全球范围。

(2)高传输速率和低误码率

局域网传输速率一般为 10~1000Mb/s,万兆位局域网也已推出。而其误码率一般在 10^{-11}~10^{-8} 之间。

(3)局域网一般为一个单位所建

局域网在单位或部门内部控制管理和使用,而广域网往往是面向一个行业或全社会服务。局域网一般是采用同轴电缆、双绞线等建立单位内部专用线,而广域网则较多租用公用线路或专用线路,如公用电话线、光纤、卫星等。

(4)局域网与广域网侧重点不完全一样

局域网侧重共享信息的处理,而广域网一般侧重共享位置准确无误及传输的安全性。

2. 局域网的功能

局域网的主要功能与计算机网络的基本功能类似,但是局域网最主要的功能是实现资源共享和相互的通信交往。局域网通常可以提供以下主要功能。

(1)资源共享

①软件资源共享。为了避免软件的重复投资和重复劳动,用户可以共享网络上的系统软件和应用软件。

②硬件资源共享。在局域网上,为了减少或避免重复投资,通常将激光打印机、绘图仪、大型存储器、扫描仪等贵重的或较少使用的硬件设备共享给其他用户。

③数据资源共享。为了实现集中、处理、分析和共享分布在网络上各计算机用户的数据,一般可以建立分布式数据库;同时网络用户也可以共享网络内的大型数据库。

(2)通信交往

①数据、文件的传输。局域网所具有的最主要功能就是数据和文件的传输,它是实现办公自动化的主要途径,通常不仅可以传递普通的文本信息,还可以传递语音、图像等多媒体信息。

②电子邮件。局域网邮局可以提供局域网内和网外的电子邮件服务,它使得无纸办公成为可能。网络上的各个用户可以接收、转发和处理来自单位内部和世界各地的电子邮件,还可以使用网络邮局收发传真。

③视频会议。使用网络,可以召开在线视频会议。例如,召开教学工作会议,所有的会议参

加者都可以通过网络面对面地发表看法,讨论会议精神,从而节约人力物力。

4.1.4 局域网的分类与组成

1. 局域网的分类

按网络的通信方式,局域网可以分为三种:对等网、客户机/服务器网络、无盘工作站网络。

(1) 对等网

对等网络非结构化地访问网络资源。对等网络中的每一台设备可以同时是客户机和服务器。网络中的所有设备可直接访问数据、软件和其他网络资源,它们没有层次的划分。

对等网主要针对一些小型企业,因为它不需要服务器,所以对等网成本较低。它可以使职员之间的资料免去用软盘复制的麻烦。

(2) 客户机/服务器网络

通常将基于服务器的网络称为客户机/服务器网络。网络中的计算机划分为服务器和客户机。这种网络引进了层次结构,它是为了适应网络规模增大所需的各种支持功能设计的。

客户机/服务器网络应用于大中型企业,利用它可以实现数据共享,对财务、人事等工作进行网络化管理,并可以进行网络会议。它还提供强大的 Internet 信息服务,如 FTP、Web 等。

(3) 无盘工作站网络

无盘工作站顾名思义就是没有硬盘的计算机,是基于服务器网络的一种结构。无盘工作站利用网卡上的启动芯片与服务器连接,使用服务器的硬盘空间进行资源共享。

无盘工作站网络可以实现客户机/服务器网络的所有功能,在它的工作站上,没有磁盘驱动器,但因为每台工作站都需要从"远程服务器"启动,所以对服务器、工作站以及网络组建的需求较高。由于其出色的稳定性、安全性,因此,一些对安全系数要求较高的企业常常采用这种结构。

2. 局域网的组成

局域网由网络硬件和网络软件两大部分组成。

(1) 网络硬件

网络硬件主要包括网络服务器、工作站、外设、网络接口卡、传输介质。根据传输介质和拓扑结构的不同,局域网还需要集线器(Hub)、集中器(Concentrator)设备等,如果要进行网络互联,还需要网桥、路由器、网关以及网间互联线路等硬件。

① 服务器。在局域网中,服务器可以将其 CPU、内存、磁盘、打印机、数据等资源提供给所有工作站使用,并负责对这些资源进行管理,协调网络用户对这些资源的使用。因此要求服务器具有较高的性能,包括较快的处理速度、较大的内存、较大的容量和较快访问速度的磁盘等。

② 工作站。网络工作站的选择比较简单,任何微机都可以作为网络工作站,目前使用最多的网络工作站可能就是基于 Intel CPU 的微机了,这是因为这类微机的数量、用户和网络产品最多。

③ 外设。外设主要是指网络上可供网络用户共享的外部设备,通常,网络上的共享外设包括打印机、绘图仪、扫描器、Modem 等。

④网络接口卡。网络接口卡(简称网卡)提供数据传输功能,用于把计算机与电缆(即传输介质)连接起来,进而把计算机连入网络,所以每一台联网的计算机都需要有一块网卡。

⑤传输介质。网络接口卡的类型决定了网络所采用的传输介质的类型、物理和电气特征性、信号种类,以及网络中各计算机访问介质的方法等。局域网中常用的电缆主要有同轴电缆、双绞线和光纤。

(2)网络软件

局域网的网络软件包括网络协议软件、通信软件和网络操作系统等。其中,网络协议软件主要用于实现物理层及数据链路层的某些功能。通信软件用于管理各个工作站之间的信息传输。网络操作系统是指网络环境上的资源管理程序,主要包括文件服务程序和网络接口程序。文件服务程序用于管理共享资源,网络接口程序用于管理工作站的应用程序对不同资源的访问。局域网的操作系统主要有:UNIX、Novell NetWare 和 Windows 等。

4.2　局域网的关键技术

一般说来,决定局域网特性的主要技术有三个方面,即局域网的拓扑结构、用以传输数据的介质、用以共享媒体的介质访问控制方法。

4.2.1　局域网的拓扑结构

网络拓扑结构对网络采用的技术、网络的可靠性、网络的可维护性和网络的实施费用都有重大的影响,局域网在网络拓扑上主要采用了总线型、环型和星型结构。任何实际应用的局域网可能是一种或几种基本拓扑结构的扩展与组合。

4.2.2　局域网的传输介质

常用的传输介质包括双绞线、同轴电缆和光导纤维,另外,还有通过大气的各种形式的电磁传播,如微波、红外线和激光等。

1. 双绞线

双绞线是把两根绝缘铜线拧成有规则的螺旋形。双绞线的抗干扰性较差,易受各种电信号的干扰,可靠性差。若把若干对双绞线集成一束,并用结实的保护外皮包住,就形成了典型的双绞线电缆。把多个线对扭在一块可以使各线对之间或其他电子噪声源的电磁干扰最小。

用于网络的双绞线和用于电话系统的双绞线是有差别的。

双绞线主要分为两类,即非屏蔽双绞线(Unshielded Twisted-Pair,UTP)和屏蔽双绞线(Shielded Twisted-Pair,STP)。

EIA/TIA 为非屏蔽双绞线制定了布线标准,该标准包括五类 UTP。

①1类线。可用于电话传输,但不适合数据传输,这一级电缆没有固定的性能要求。

②2类线。可用于电话传输和最高为 4Mb/s 的数据传输,包括 4 对双绞线。

③3 类线。可用于最高为 10Mb/s 的数据传输,包括 4 对双绞线,常用于 10BaseT 以太网。

④4 类线。可用于 16Mb/s 的令牌环网和大型 10BaseT 以太网,包括 4 对双绞线。其测试速度可达 20Mb/s。

⑤5 类线。可用于 100Mb/s 的快速以太网,包括 4 对双绞线。

双绞线使用 RJ-45 接头连接计算机的网卡或集线器等通信设备。

2. 同轴电缆

同轴电缆是由一根空心的外圆柱形的导体围绕着单根内导体构成的。内导体为实芯或多芯硬质铜线电缆,外导体为硬金属或金属网。内外导体之间有绝缘材料隔离,外导体外还有外皮套或屏蔽物。

同轴电缆可以用于长距离的电话网络,有线电视信号的传输通道以及计算机局域网络。50Ω 的同轴电缆可用于数字信号发送,称为基带;75Ω 的同轴电缆可用于频分多路转换的模拟信号发送,称为宽带。在抗干扰性方面,对于较高的频率,同轴电缆优于双绞线。

有五种不同的同轴电缆可用于计算机网络,如表 4-1 所示。

表 4-1 同轴电缆的类型

电缆类型	网络类型	电缆电阻/端接器/Ω
RG-8	10Base5 以太网	50
RG-11	10Base5 以太网	50
RG-58A/U	10Base2 以太网	50
RG-59U	ARCnet,有线电视网	75
RG-62A/U	ARCnet	93

3. 光导纤维

它是采用超纯的熔凝石英玻璃拉成的比人的头发丝还细的芯线。光纤通信就是通过光导纤维传递光脉冲进行通信的。一般的做法是在给定的频率下以光的出现和消失分别代表两个二进制数字,就像在电路中以通电和不通电表示二进制数一样。

光导纤维导芯外包一层玻璃同心层构成圆柱体,包层比导芯的折射率低,使光线全反射至导芯内,经过多次反射,达到传导光波的目的。每根光纤只能单向传送信号,因此光缆中至少包括两条独立的导芯,一条发送,另一条接收。一根光缆可以包括二至数百根光纤,并用加强芯和填充物来提高机械强度。

光导纤维可以分为多模和单模两种。

①只要到达光纤表面的光线入射角大于临界角,便产生全反射,因此可以由多条入射角度不同的光线同时在一条光纤中传播,这种光纤称为多模光纤。

②如果光纤导芯的直径小到只有一个光的波长,光纤就成了一种波导管,光线则不必经过多

次反射式的传播,而是一直向前传播,这种光纤称为单模光纤。

在使用光导纤维的通信系统中采用两种不同的光源:发光二极管(LED)和注入式激光二极(ILD)。发光二极管当电流通过时产生可见光,价格便宜,多模光纤采用这种光源。注入式激光二极管产生的激光定向性好,用于单模光纤,价格昂贵。

光纤的很多优点使得它在远距离通信中起着重要作用,光纤有如下优点。

①有较大的带宽,通信容量大。

②传输速率高,能超过千兆位/秒。

③传输衰减小,连接的范围更广。

④不受外界电磁波的干扰,因而电磁绝缘性能好,适宜在电气干扰严重的环境中应用。

⑤光纤无串音干扰,不易被窃听和截取数据,因而安全保密性好。

目前,光缆通常用于高速的主干网络。

4. 无线介质

通过大气传输电磁波的三种主要技术是:微波、红外线和激光。这三种技术都需要在发送方和接收方之间有一条视线通路。

由于这些设备工作在高频范围内(微波工作在 300MHz~300GHz),因此有可能实现很高的数据的传输率。

在几公里范围内,无线传输有几 Mb/s 的数据传输率。

红外线和激光都对环境干扰特别敏感,对环境干扰不敏感的要算微波。微波的方向性要求不强,因此存在着窃听、插入和干扰等一系列不安全问题。

4.2.3 局域网的介质访问控制方法

介质访问控制方法是局域网最重要的一项基本技术,也是网络设计和组成的最根本问题,因为它对局域网体系结构、工作过程和网络性能产生决定性的影响。

局域网的介质访问控制包括两个方面的内容:一是要确定网络的每个结点能够将信息发送到介质上去的特定时刻;二是如何对公用传输介质进行访问并加以利用和控制。常用的局域网介质访问控制方法主要有以下三种:带有冲突检测的载波侦听多路访问(CSMA/CD)、令牌环(Token Ring)介质访问控制和令牌总线(Token Bus)介质访问控制。

1. 带有冲突检测的载波侦听多路访问

带有冲突检测的载波侦听多路访问(Carrier Sense Multiple Access With Collision Detection,CSMA/CD)方法是一种适用于总线型结构的分布式介质访问控制方法,在国内外广为流行。

CSMA/CD 是一种争用协议,网络中的每个站点都争用同一个信道,都能独立决定是否发送信息,如果有两个以上的站点同时发送信息就会产生冲突。如图 4-1 所示,网络中的计算机 A 和计算机 B 同时向计算机 D 传送数据,结果发生了冲突。一旦发生冲突,同时发送的所有信息都会出错,本次发送宣告失败。每个站点必须有能力判断冲突是否发生,如果发生冲突,则应等待随机时间间隔后重发,以免再次发生冲突。这种协议在轻负载时,只要介质空闲,发送站就能立即发送信息。在重负载时,仍能保持系统的稳定。由于在介质上传输的信号有衰减,为了能够正确地检测出冲突信号,一般要限制网络连接的最大电缆段长度。

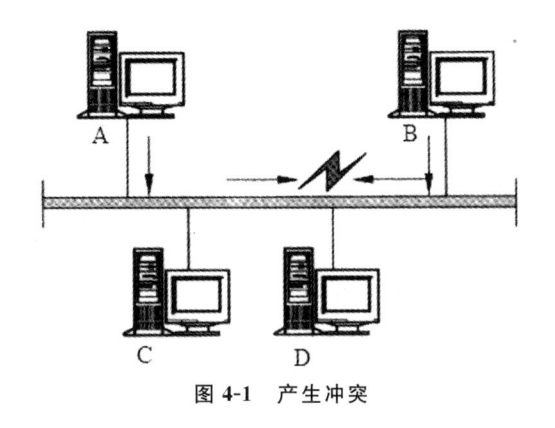

图 4-1　产生冲突

2. 令牌环介质访问控制

令牌环介质访问控制协议是由 IEEE 802.5 小组负责标准化工作,它适用于环型拓扑结构的局域网。令牌环的基本工作原理是:当环启动时,一个空令牌会沿着环的信息流方向转圈,想要发送信息的站点接收到此空令牌后,将它变成忙令牌(将令牌包中的令牌位置1)即可将信息包尾随在忙令牌后面进行发送。该信息包被环中的每个站点接收和转发,目的站点接收到信息包后经过差错检测后将它拷贝传送给站主机,并将帧中的地址识别位和帧拷贝位置为 1 后再转发。当原信息包绕环一周返回发送站点后,发送站检测地址识别位和帧拷贝位是否已经为 1,如果是则将该数据帧从环上撤销,并向环插入一个新的空令牌,以继续重复上述过程,其工作过程如图 4-2 所示。

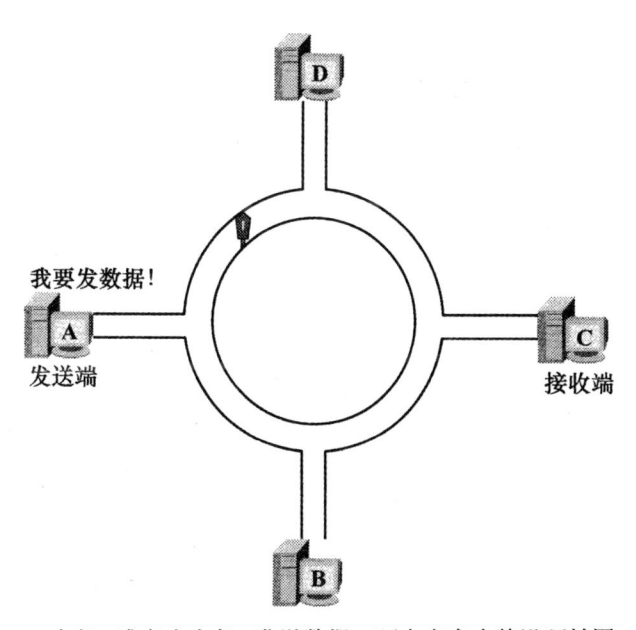

(a)主机A准备向主机C发送数据,环中有空令牌沿环转圈

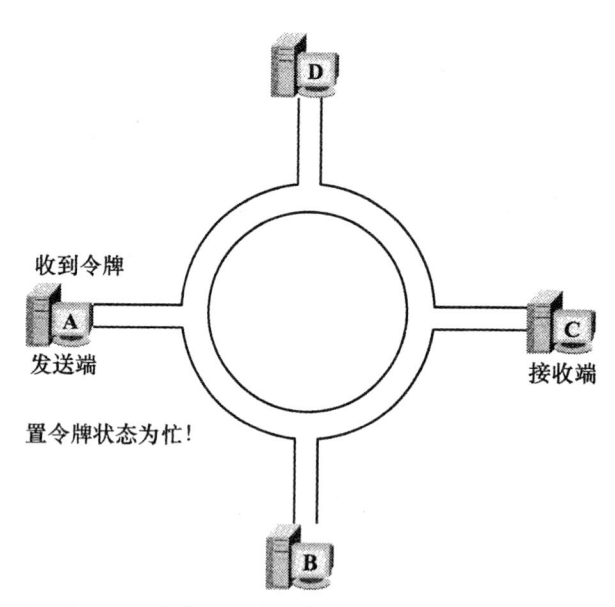

(b)主机A接收到空令牌,并将其设置为忙令牌,将信息包尾随在忙令牌后面进行发送

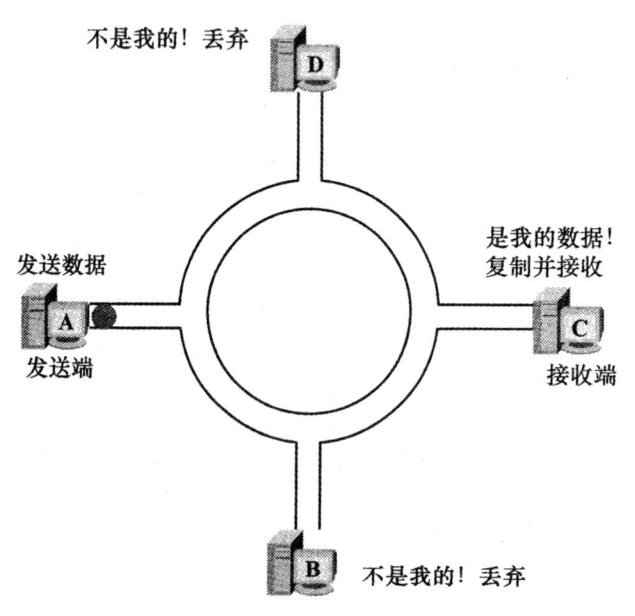

(c)主机C接收到信息并复制好信息帧后继续在环上转发

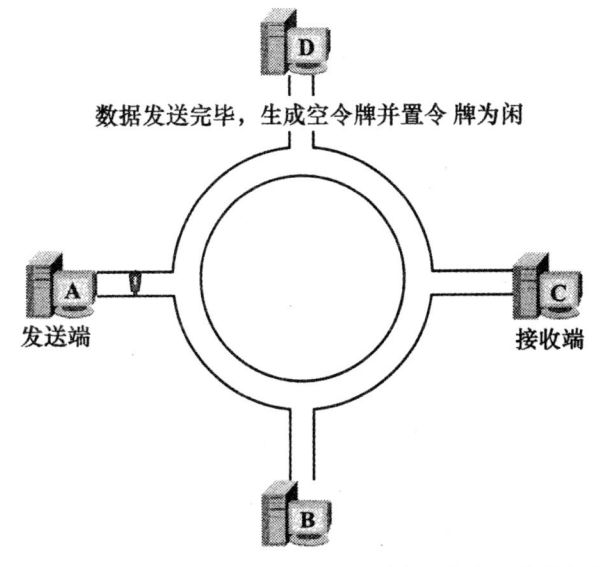

(d)主机A收到自己发送的数据帧后将其删除,并在环中置入空令牌

图 4-2 令牌环介质访问控制的工作过程

3. 令牌总线介质访问控制

令牌总线介质访问控制方式是一种在总线拓扑结构中利用令牌作为控制结点访问公共传输介质的控制方法。在令牌总线网络中,任何一个结点只有在拿到令牌后才能在共享总线上发送数据。若结点不需发送数据,则将令牌交给下一个结点。

IEEE 802.4 工作组负责令牌总线的标准化工作。令牌总线主要应用在工业通信中。

令牌总线访问控制方式综合了 CSMA/CD 与令牌环两种介质访问方式的优点。令牌总线主要适用于总线型或树型网络。采用此种方式时,各结点共享的传输介质是总线型的,每一结点都有一个本站地址,并且知道上一个结点地址和下一个结点地址,令牌传递规定由高地址向低地址,最后由最低地址向最高地址依次循环传递,从而在一个物理总线上形成一个逻辑环。环中令牌传递顺序与结点在总线上的物理位置无关。

图 4-3 给出了令牌总线的物理结构和逻辑结构。从物理结构上看,结点 A-E 组成的是总线型结构的局域网,如图 4-3(a)所示。但是从逻辑结构上看,也就是从介质访问控制的方法上看,其实它是环型拓扑结构,如图 4-3(b)所示。连接到总线上的结点 A-E 组成一个逻辑环,各结点被赋予一个顺序的逻辑位置。和令牌环一样,各结点只有取到令牌才能发送帧,令牌在逻辑环上依次传递,当某个结点发送完数据后,就要将令牌传送给下一个结点。

总线令牌网从逻辑上看,令牌从一个结点传送到下一个结点,使结点能获取令牌发送数据;从物理角度看,结点是将数据广播到总线上,总线上所有的结点都可以监测到数据,并对数据进行识别,但只有目的结点才可以接收处理数据。令牌总线访问控制也提供了对结点的优先级别服务。

令牌总线与令牌环有很多相似的特点,例如,适宜于重负载的网络中,数据发送的延迟时间确定,适合实时性的数据传输。但网络管理较为复杂,网络必须有初始化的功能,以生成一个顺序访问的次序。另外,当网络中的令牌丢失,则会出现多个令牌将新结点加入到环中以及从环中删除不工作的结点等,这些附加功能又大大增加了令牌总线访问控制的复杂性。

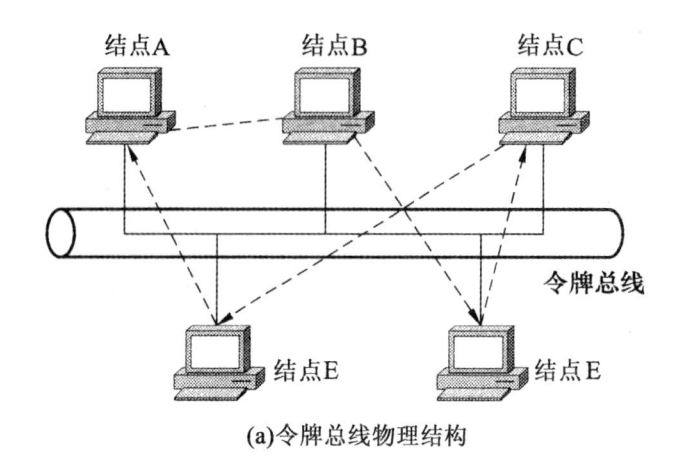

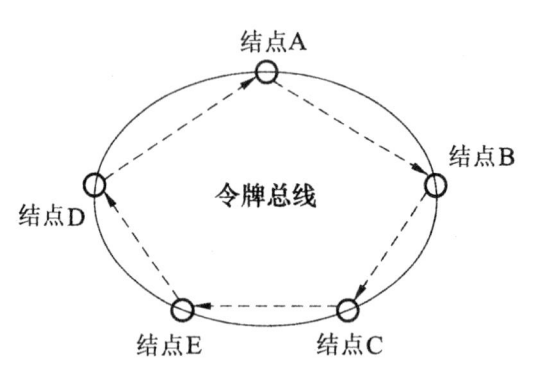

(a)令牌总线物理结构

(b)令牌总线逻辑结构

图 4-3 令牌总线介质访问控制的工作原理

4.3 局域网参考模型与标准

4.3.1 局域网参考模型

在第 3 章中,曾经介绍过计算机网络的体系结构和国际标准化组织 ISO 提出的开放系统互联参考模型 ISO/OSI。由于该模型已得到广泛认同,并提供了一个便于理解、易于开发和加强标准化的计算机网络体系结构,因此局域网参考模型参照了 OSI 参考模型。根据局域网的特征,局域网体系结构仅包含 OSI 参考模型最低两层:物理层和数据链路层。

在局域网中,为了实现多个设备共享单一信道资源,数据链路层首先需要解决多个用户争用信道的问题,也就是控制信道应该由谁占用,哪一对站点可以使用传输信道进行通信,这就是介质访问控制。由于不同的局域网技术、不同的传输介质和不同的网络拓扑结构其介质访问控制方法不尽相同,所以在数据链路层不可能定义一种与介质无关的、统一的介质访问控制方法。为了简化协议设计的复杂性,局域网参考模型将数据链路层又分为两个独立的部分:逻辑链路控制子层(Logical Link Control,LLC)和介质访问控制子层(Media Access Control,MAC)。LLC 子层完成与介质无关的功能,而 MAC 子层完成依赖于介质的数据链路层功能,这两个子层共同完成局域网的数据链路层全部功能。如图 4-4 所示,局域网参考模型包含物理层、MAC 子层和 LLC 子层。

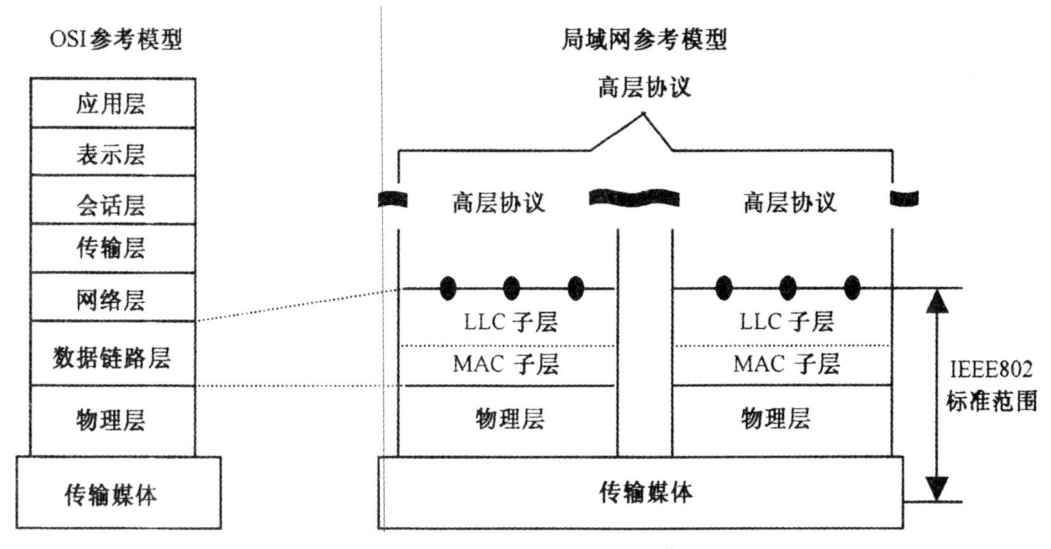

图 4-4 IEEE 802 局域网参考模型

1. 物理层

物理层涉及在通信信道上传输的原始比特流,它的主要作用是确保在一段物理链路上二进制位信号的正确传输。物理层的主要功能包括信号的编码/解码、同步前导码的生成与去除、二进制位信号的发送与接收。另外,为确保位流的正确传输,物理层还具有错误校验功能(CRC 校验),以保证位信号的正确发送与正确接收。这就是说,物理层必须保证在双方通信时,一方发送二进制"1",另一方接收的也是"1",而不是"0"。局域网物理层制定的标准规范的主要内容如下所示。

① 局域网所支持的传输介质与传输距离。
② 传输速率。
③ 物理接口的机械特性、电气特性、性能特性和规程特性。
④ 传输信号的编码方案,局域网常用的编码方案有:曼彻斯特、差分曼彻斯特、4B/5B、8B/6T 和 8B/10B 等。
⑤ 错误校验码及同步信号的产生与删除。
⑥ 拓扑结构。
⑦ 物理信令(PLS),物理层向 MAC 子层提供的服务原语,包括请求、证实、指示原语。

2. MAC 子层

介质访问控制子层(MAC)是数据链路层的一个功能子层,MAC 子层构成了数据链路层的下半部,它直接与物理层相邻。MAC 子层是与传输介质有关的一个数据链路层的功能子层,它主要制定管理和分配信道的协议规范。

MAC 子层的主要功能是进行合理的信道分配,解决信道竞争问题。它在支持 LLC 子层中,完成介质访问控制功能,为竞争的用户分配信道使用权,并具有管理多链路的功能。MAC 子层为不同的物理介质定义了介质访问控制标准。目前,IEEE 802 已制定的介质访问控制标准有著名的带有冲突检测的载波侦听多路访问(CSMA/CD)、令牌环(Token Ring)和令牌总线(Token Bus)等。介质访问控制方法决定了局域网的主要性能,它对局域网的响应时间、吞吐量和带宽利用率等性能都有十分重大的影响。

MAC 子层的另一个主要功能是在发送数据时,将从上一层接收的数据(PDU-LLC 协议数据单元)组装成带 MAC 地址和差错检测字段的数据帧;在接收数据时拆帧,并完成地址识别和差错检测。

3. LLC 子层

逻辑链路控制子层(LLC)也是数据链路层的一个功能子层。它构成了数据链路层的上半部,与网络层和 MAC 子层相邻。LLC 子层在 MAC 子层的支持下向网络层提供服务。它可运行于所有 802 局域网和城域网的协议之上。LLC 子层与传输介质无关,它独立于介质访问控制方法,隐藏了各种局域网技术之间的差别,向网络层提供一个统一的格式与接口。LLC 子层的作用是在 MAC 子层提供的介质访问控制和物理层提供的比特服务的基础上,将不可靠的信道处理为可靠的信道,确保数据帧的正确传输。

LLC 子层的主要功能是建立、维持和释放数据链路,提供一个或多个服务访问点,为网络层提供面向连接和无连接服务。另外,为保证通过局域网的无差错传输,LLC 子层还提供差错控制和流量控制,以及发送顺序控制等功能。

4.3.2 IEEE 802 局域网标准

1980 年 2 月 IEEE 成立了专门负责制定局域网标准的 IEEE 802 委员会。该委员会开发了一系列局域网(LAN)和城域网(MAN)标准,最广泛使用的标准是以太网(Ethernet)家族、令牌环、无线局域网、虚拟网等。IEEE 802 委员会于 1984 年公布了五项标准 IEEE 802.1～IEEE 802.5,随着局域网技术的迅猛发展,新的局域网标准不断被推出,最新的吉位以太网目前已经标准化。

IEEE 802 标准只包含 OSI 参考模型的物理层和数据链路层协议,其他较高层次的协议目前还没有制定,一般会参考使用 OSI 和其他的相应标准(如 TCP/IP)。IEEE 802 标准所描述的局域网参考模型与 OSI 参考模型的关系如图 4-5 所示。

第 4 章 局域网技术

图 4-5 IEEE 802 参考模型与 OSI 参考模型的关系

IEEE 802 已经增加到十几个分委员会,各分委员会的结构关系及其制定的局域网标准如图 4-6 所示。

图 4-6 IEEE 802 各分委员会结构关系与局域网标准图

IEEE 802.1——局域网概述、体系结构、网络管理和网络互联。
IEEE 802.2——逻辑链路控制。
IEEE 802.3——CSMA/CD 访问方法和物理层规范。
IEEE 802.4——令牌总线。
IEEE 802.5——令牌环访问方法和物理层规范。
IEEE 802.6——城域网访问方法和物理层规范。

IEEE 802.7——宽带技术咨询和物理层课题与建议实施。
IEEE 802.8——光纤技术咨询和物理层课题。
IEEE 802.9——综合语音/数据服务的访问方法和物理层规范。
IEEE 802.10——安全与加密访问方法和物理层规范。
IEEE 802.11——无线局域网访问方法和物理层规范,包括 IEEE 802.11a、IEEE 802.11b、IEEE 802.11c 和 IEEE 802.11q 标准。
IEEE 802.12——100VG-AnyLAN 快速局域网访问方法和物理层规范。

下面具体仅对 IEEE 802.4 标准和 IEEE 802.5 标准进行介绍。

1. IEEE 802.4 标准

IEEE 802.4 标准定义了总线拓扑的令牌总线(Token Bus)介质访问控制方法以及相应的物理规范。

令牌总线(Token Bus)是一种在总线拓扑中利用"令牌"(Token)作为控制结点访问公共传输介质的确定型介质访问控制方法。在采用 Token Bus 方法的局域网中,任何一个结点只有在取得令牌后才能使用共享总线去发送数据。令牌是一种特殊结构的控制帧,用来控制结点对总线的访问权。图 4-7 所示为正常的稳态操作时令牌总线的工作过程。

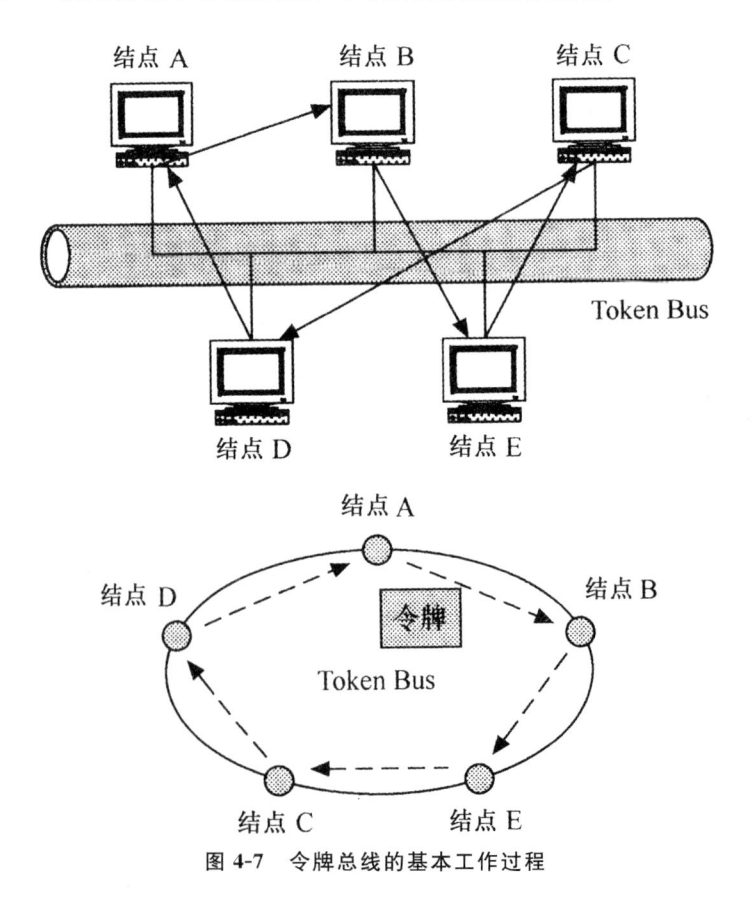

图 4-7 令牌总线的基本工作过程

所谓正常的稳态操作是指网络初始化完成之后,各结点之间正常传递令牌与数据,并且没有结点要加入或撤出,没有发生令牌丢失或网络故障的正常工作状态。此时,每个结点有本站地址(TS),并知道上一结点地址(PS)和下一结点地址(NS)。令牌传递规定先由高地址传向低地址,再由低地址传向高地址,依次循环传递,从而在一个物理总线上形成一个逻辑环。环中令牌传递顺序与结点在总线上的物理位置无关。因此,令牌总线网在物理上是总线网,而在逻辑上是环网。令牌帧含有一个目的地址,接收到令牌帧的结点可以在令牌持有最大时间内发送一个或多个帧。在发生以下情况时,令牌持有结点必须交出令牌。

①该结点已发送完所有待发送的数据帧。
②该结点没有数据帧等待发送。
③已到令牌持有最大时间。

令牌总线访问控制方法有以下几个主要特点。
①介质访问延迟时间有确定值。
②通过令牌协调各结点之间的通信关系,各结点之间不发生冲突,重负载下信道利用率高。
③支持优先级服务。

2. IEEE 802.5 标准

令牌环介质访问控制方法最早开始于 1969 年贝尔研究室的 Newhall 环网,IBM Token Ring 是最有影响的令牌环网。IEEE 802.5 标准就是在 IBM Token Ring 协议基础上发展和形成的。

图 4-8 所示为令牌环的基本工作过程。在令牌环中,结点通过环接口连接成物理环。令牌是一种特殊的 MAC 控制帧。令牌帧中有一个 bit 用于标志令牌的忙闲。当环正常工作时,令牌总是沿着物理环单向逐站传送,传送顺序与结点在环中排列的顺序相同。如图 4-8 所示,如果结点 A 有数据帧要发送,它必须等待空闲令牌的到来。当结点 A 获得空闲令牌后,它将令牌标志位由"闲"变为"忙",然后传送数据帧。结点 B、C、D 将依次接收到数据帧。如该数据帧的目的地址是结点 C,则结点 C 在正确接收该数据帧后,在帧中标志出帧已被正确接收和复制。当结点 A 重新接收到由自己发出并被目的结点正确接收的数据帧时,它将回收已发送的数据帧,并将忙令牌改成空闲令牌,再将空闲令牌向它的下一结点传送。

令牌环控制方法具有与令牌总线控制方法非常相似,如环中结点访问延迟时间是确定的,适用于重负载环境,支持优先级服务。令牌环控制方式的缺点主要在于环维护复杂、实现较困难。

IEEE 802.5 标准对以上技术进行了一些改进,主要表现如下所示。
①单令牌协议:环中只能存在一个有效令牌,单令牌协议可以简化优先级与环出错恢复功能的实现。
②优先级位:令牌环支持多优先级方案,它通过优先级位来设定令牌的优先级。
③监控站:环中设置一个中央监控站,通过令牌忙闲标志位执行环维护功能。
④预约指示器:通过令牌预约,控制每个结点利用空闲令牌发送不同优先级的数据帧所占用的时间。

IEEE 802.5 标准定义了 25 种 MAC 帧,用以完成环维护功能,这些功能主要包括环监控器竞争、环恢复、环查询、新结点入环、令牌丢失处理、多令牌处理、结点撤出以及优先级控制等。

图 4-8 令牌环的基本工作过程

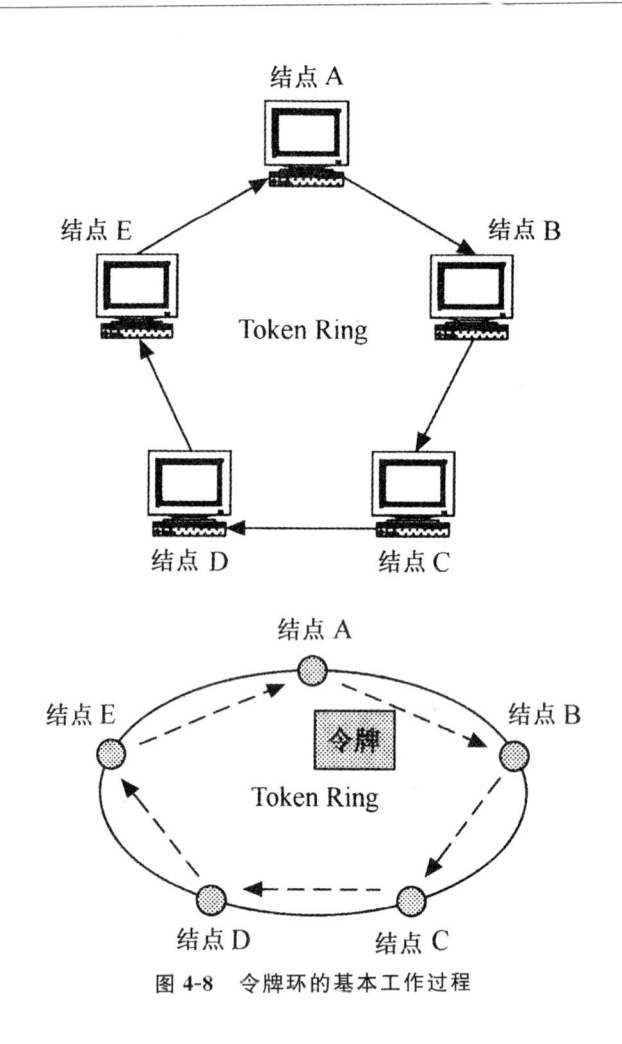

4.4 以太网技术

以太网(Ethernet)是基于总线型的广播式网络,采用 CSMA/CD 介质访问控制方法,在已有的局域网标准中,它是最成功的局域网技术,也是当前应用最广泛的一种局域网。

4.4.1 以太网的产生和发展

我们今天所知道的以太网是 Xerox 公司创立的,1973 年 Xerox 公司的工程师 Metcalfe 将它们建立的局域网络命名为以太网(Ethernet),其灵感来自"电磁辐射是可以通过发光的以太来传播的"这一想法。1980 年 DEC、Intel 和 Xerox 三家公司公布了以太网蓝皮书,也称为 DIX(三家公司名字的首字母)版以太网 1.0 规范。

在 DIX 开展以太网标准化工作的同时,世界性专业组织 IEEE 组成一个定义与促进工业 LAN 标准的委员会,并以办公室环境为主要目标,该委员会名叫 802 工程。DIX 集团虽已推出了以太网规范,但还不是国际公认的标准,所以在 1981 年 6 月,IEEE 802 工程决定组成 802.3 分委员会,以产生基于 DIX 工作成果的国际公认标准。一年半以后,即 1982 年 12 月 19 日,19 个公司宣布了新的 IEEE 802.3 草稿标准。1983 年该草稿最终以 IEEE 10Base-5 形式面世。802.3 与 DIX 以太网 2.0 在技术上是有差别的,不过这种差别甚微。今天的以太网和 802.3 可以认为是同义词。紧接着出现的技术是细缆以太网,定为 10Base-2,它比 10Base-5 所使用的粗缆技术有很多优点:不需要外加收发器和收发器电缆,价格便宜,且安装和使用更为方便。

接着发生的两件大事使得以太网再度掀起高潮:一是 1985 年 Novell 开始提交 NetWare,这是一个专为 IBM 兼容个人计算机联网用的高性能操作系统;二是 10Base-T,一个能在无屏蔽双绞线上全速以 10Mb/s 运行的以太网。它使结构化布线成为可能,用单根线将每结点连到中央集线器上(这是对传统星型结构的突破)。这样显然在安装、排除故障、重建结构上有许多优点,从而使安装费用和整个网络的成本下降。

在 20 世纪 80 年代末,有以下三个市场因素驱动网络基础结构向前发展。

①越来越多的 PC 加入到网络之中,导致网络流量水平上扬。

②市场上 PC 的销量越来越大,速度也越来越快。

③大量以太网 LAN 正在进行连接。由于以太网的共享介质技术能使这些不同的 LAN 连接起来,从而导致信息流量猛增。这些需求导致了快速型以太网和交换式以太网的产生。100Base-T 以太网已列为 IEEE 802 标准,千兆位以太网已有产品陆续上市。

4.4.2 以太网的工作原理

1. 以太网的体系结构

以太网只涉及 OSI 的物理层和数据链路层,它和 OSI 参考模型的关系如图 4-9 所示。

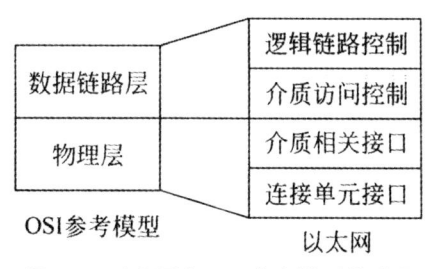

图 4-9 以太网和 OSI 参考模型的对照

以太网结构中,数据链路层被分割为两个子层,即介质访问控制子层(MAC)和逻辑链路控制子层(LLC)。这是因为在传统的数据链路控制中缺少对包含多个源地址和多个目的地址的链路进行访问管理所需的逻辑控制,因此在 LLC 不变的情况下,只需改变 MAC 便能够适应不同的介质和访问方法,LLC 与介质材料相对无关。

除数据链路层分割为两个子层外,物理层确定了两个接口,即介质相关接口(MDI)和连接单元接口(AUI)。MDI 随介质而改变,但不影响 LLC 和 MAC 的工作。AUI 是在粗缆 Ethernet 的收发器电缆,在细缆和 10Base-T 情况下,AUI 已不复存在。

2. 介质访问控制协议

IEEE 802.3 或 Ethernet MAC 层采用带有冲突检测的载波侦听多路访问(CSMA/CD)的介质访问控制协议,并用坚持算法和二进制指数退避算法,在系统低负载且传输介质空闲时站点立即发送信号,系统重负载时,仍能保证系统稳定可靠地运行。

CSMA/CD 介质访问控制协议可归纳为:工作站在发送信号前,首先监听传输介质是否空闲,如果空闲,站点可发送信息;如果忙,则继续监听,一旦发现空闲,便立即发送;如果在发送过程中发生冲突,则立即停止发送信号,转而发送阻塞信号,通知 LAN 上所有站点出现了冲突,之后,退避用随机时间,重新尝试发送。

4.4.3 传统以太网

早期的以太网速率只有 10Mb/s,人们把这种以太网称为传统以太网。传统以太网主要包括 10Base-5、10Base-2、10Base-T 和 10Base-F 等标准。以太网使用的传输介质有粗同轴电缆、细同轴电缆、双绞线和光缆。这样,以太网就有四种不同的物理层标准。常见传统以太网技术的各物理层标准比较如表 4-2 所示。

表 4-2 常见传统以太网物理标准的比较

特性	10Base-5	10Base-2	10Base-T	10Base-F
数据速率/(Mb/s)	10	10	10	10
信号传输方式	基带	基带	基带	基带
网段的最大长度	500m	185m	100m	2000m
网络介质	50Ω 粗同轴电缆	50Ω 细同轴电缆	双绞线	光缆
拓扑结构	总线型	总线型	星型	点对点

1. 10Base-5 网络

10Base-5 是总线型粗同轴电缆以太网(或称标准以太网)的简略标识符,是基于粗同轴电缆介质的原始以太网系统。目前由于 10Base-T 技术的广泛应用,在新建的局域网中,10Base-5 很少被采用,但有时 10Base-5 还会用作连接集线器(Hub)的主干网段。

10Base-5 的含义是:"10"表示传输速率为 10Mb/s;"Base"是 Baseband(基带)的缩写,表示 10Base-5 使用基带传输技术;"5"指的是最大电缆段的长度为 5×100m。10Base-5 标准中规定的网络指标和参数见表 4-2。图 4-10 所示为一段 10Base-5 网络。

10Base-5 网络所使用的硬件有:

①带有 AUI 插座的以太网卡。它插在计算机的扩展槽中,使该计算机成为网络的一个结点,以便连接入网。

②50Ω 粗同轴电缆。这是 10Base-5 网络定义的传输介质。

③外部收发器。两端连接粗同轴电缆,中间经 AUI 接口由收发器电缆连接网卡。

④收发器电缆。两头带有 AUI 接头,用于外部收发器与网卡之间的连接。

⑤50Ω 终端匹配器。电缆两端各接一个终端匹配器,用于阻止电缆上的信号散射。

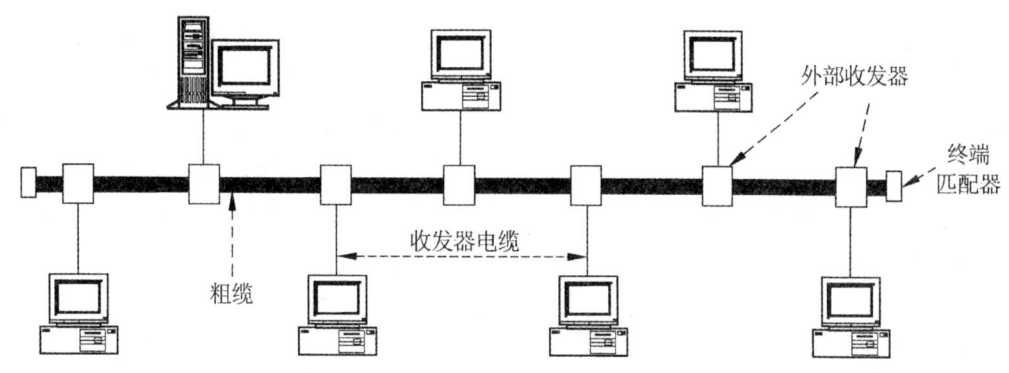

图 4-10　10Base-5 网络的物理结构

2. 10Base-2 网络

10Base-2 是总线型细同轴电缆以太网的简略标识符。它是以太网支持的第二类传输介质。10Base-2 使用 50Ω 细同轴电缆作为传输介质,组成总线型网。细同轴电缆系统不需要外部的收发器和收发器电缆,减少了网络开销,素有"廉价网"的美称,这也是它曾被广泛应用的原因之一。目前由于大部分新建局域网都使用 10Base-T 技术,安装细同轴电缆的已不多见,但是在一个计算机比较集中的计算机网络实验室,为了便于安装、节省投资,仍可采用这种技术。

10Base-2 中 10Base 的含义与 10Base-5 完全相同。"2"指的是最大电缆段的长度为 2×100m(实际是 185m)。10Base-2 标准中规定的网络指标和参数如表 4-2 所示。根据 10Base-2 网络的总体规模,它可以分割为若干个网段,每个网段的两端要用 50Ω 的终端匹配器端接,同时要有一端接地。如图 4-11 所示为一段 10Base-2 网络。

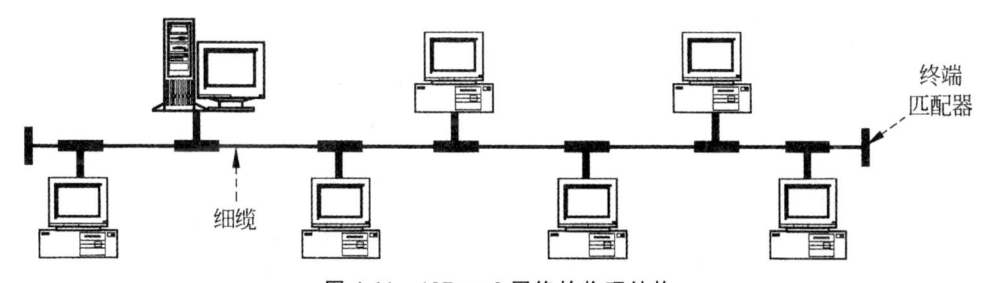

图 4-11　10Base-2 网络的物理结构

10Base-2 网络所使用的硬件有:

①带有 BNC 插座的以太网卡(使用网卡内部收发器)。它插在计算机的扩展槽中,使该计算机成为网络的一个结点,以便连接入网。

②50Ω 细同轴电缆。这是 10Base-2 网络定义的传输介质。

③50Ω 终端匹配器。电缆两端各接一个终端匹配器,用于阻止电缆上的信号散射。

④BNC 连接器。用于细同轴电缆与 T 型连接器的连接。

3. 10Base-T 网络

1990 年,IEEE 802 标准化委员会公布了 10Mb/s 双绞线以太网标准 10Base-T。该标准规定在无屏蔽双绞线(UTP)介质上提供 10Mb/s 的数据传输速率。每个网络站点都需要通过无屏蔽双绞线连接到一个中心设备 Hub 上,构成星型拓扑结构。10Base-T 双绞线以太网系统操作在两对 3 类无屏蔽双绞线上,一对用于发送信号,另一对用于接收信号。为了改善信号的传输特性和信道的抗干扰能力,每一对线必须绞在一起。双绞线以太网系统具有技术简单、价格低廉、可靠性高、易实现综合布线和易于管理、维护、易升级等优点。正因为它比 10Base-5 和 10Base-2 技术有更大的优越性,所以 10Base-T 技术一经问世,就成为连接桌面系统最流行、应用最广泛的局域网技术。

与采用同轴电缆的以太网相比,10Base-T 网络更适合在已铺设布线系统的办公大楼环境中使用。因为在典型的办公大楼中,95％以上的办公室与配电室的距离不超过 100m。同时,10Base-T 网络采用的是与电话交换系统相一致的星型结构,可容易地实现网络线与电话线的综合布线。这就使得 10Base-T 网络的安装和维护简单易行且费用低廉。此外,10Base-T 采用了 RJ-45 连接器,使网络连接比较可靠。10Base-T 标准中规定的网络指标和参数见表 4-2。图 4-12 所示为一段 10Base-5 网络。

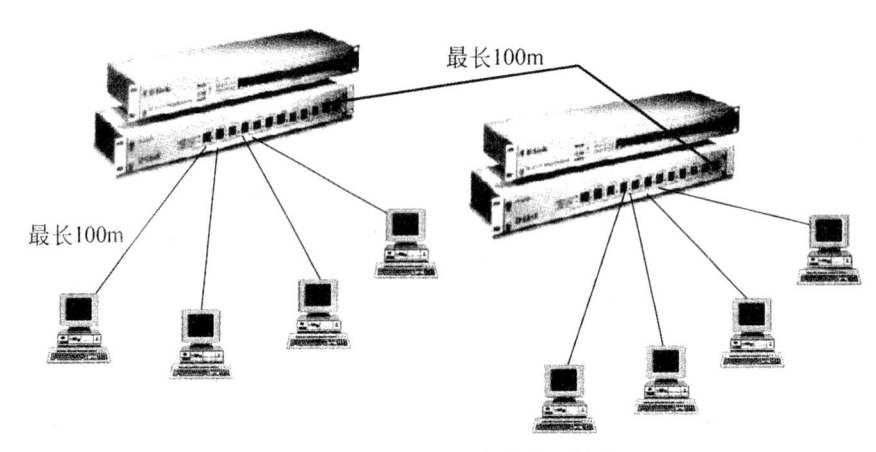

图 4-12 10Base-T 网络的物理结构

10Base-T 网络所使用的硬件有:

①带有 RJ-45 插座的以太网卡。它插在计算机的扩展槽中,使该计算机成为网络的一个结点,以便连接入网。

②3 类以上的 UTP 电缆(双绞线)。这是 10Base-T 网络定义的传输介质。

③RJ-45 连接器。电缆两端各压接一个 RJ-45 连接器,一端连接网卡,另一端连接集线器。

4. 10Base-F 网络

光缆以太网 10Base-F 使用一对光缆,一条光缆用于发送数据,另一条则接收数据。在所有情况下,信号都采用曼彻斯特编码,每一个曼彻斯特信号元素转换成光信号元素,用有光表示高电平,无光表示低电平,因此 10Mb/s 的曼彻斯特流在光纤上可达 20Mb/s。10Base-F 标准中规定的网络指标和参数见表 4-2。因为光信号传输的特点是单方向,适合于端到端式的通信,因此 10Base-F 以太网络呈星型结构,如图 4-13 所示。

10Base-F 定义了四种光缆规范:FOIRL、10Base-FP、10Base-FB 和 10Base-FL 规范。FOIRL 和 10Base-FP 规范允许每一段的最大距离为 1km,10Base-FB 和 10Base-FL 规范则允许最大距离达到 2km。

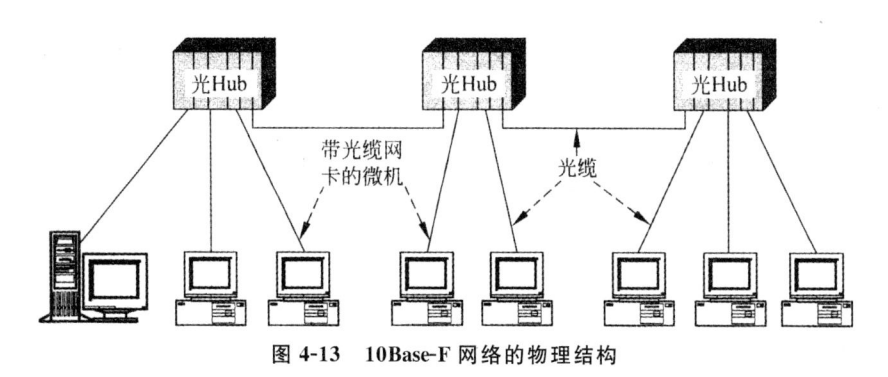

图 4-13 10Base-F 网络的物理结构

4.4.4 高速以太网

随着微型计算机的高速发展,局域网也得到了迅猛的发展。大型数据库、多媒体技术与网络互联的广泛应用,对局域网性能要求越来越高。为了适应信息化高速发展的要求,目前的局域网正向着高速、交换与虚拟局域网的方向发展。自 20 世纪 90 年代开始,高速以太网已成为网络应用中的热点问题之一。

1. 快速以太网

快速以太网(Fast Ethernet)源自 10Base-T,所以保留着传统的 10Base 系列 Ethernet 的所有特征,即相同的帧格式、相同的介质访问控制方法 CSMA/CD、相同的组网方法,只是把每个比特发送时间由 100ns 降至 10ns。因此,用户只要更换一张网卡,再安装一个 100Mb/s 的集线器或交换机,就可以很方便地由 10Base-T 以太网直接升级到 100Mb/s,而不必改变网络的拓扑结构。所有在 10Base-T 上的应用软件和网络软件的功能也都可以保持不变。

1995 年 5 月,IEEE 802 委员会正式通过作为新规范的快速以太网 100Base-T 标准 IEEE 802.3u,它是现行 IEEE 802.3 标准的补充。IEEE 802.3u 标准在 LLC 子层使用 IEEE 802.2 标准,在 MAC 子层使用 CSMA/CD 方法,只是在物理层作了一些调整,定义了新物理层标准 100Base-T。100Base-T 标准采用了介质独立接口(Media Independent Interface,MII)。它将 MAC 子层与物理层分割开,使物理层在达到 100Mb/s 的速率时,所使用的传输介质和信号编码方法不会影响 MAC 子层。

100Base-T 标准包括三种物理层标准,即 100Base-TX、100Base-T4 和 100Base-FX,如图 4-14 所示。

```
                    ┌─────────────────────┐
                    │   IEEE 802.2 LLC    │
                    └──────────┬──────────┘
                               ↓
                    ┌─────────────────────┐
                    │   IEEE 802.3 MAC    │
                    └──────────┬──────────┘
                               ↓
                    ┌─────────────────────┐
                    │ MII（功能与 AUI 相同） │
                    └──────────┬──────────┘
          ┌────────────────────┼────────────────────┐
          ↓                    ↓                    ↓
  ┌───────────────┐  ┌──────────────────┐  ┌──────────────┐
  │ 100Base-TX    │  │ 100Base-T4       │  │ 100Base-FX   │
  │ 两对 5 类线或 STP │  │ 四对 3,4,5 类 UTP │  │ 光纤          │
  └───────┬───────┘  └─────────┬────────┘  └──────┬───────┘
          └────────────────────┼──────────────────┘
                               ↓
                    ┌─────────────────────┐
                    │  100Base-T 集线器    │
                    └─────────────────────┘
```

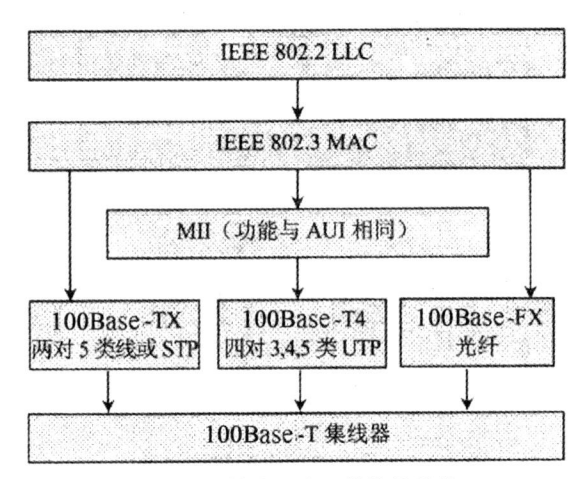

图 4-14　快速以太网的协议结构

(1) 100Base-TX

100Base-TX 基本上是以 ANSI 开发的铜质 FDDI 物理层相关子层为基础的。100Base-TX 与 10Base-T 有许多相似之处，都是使用两对(4 根)5 类非屏蔽双绞线或 STP，其中 1 对用于发送，另一对用于接收，其最大网段长度为 100m。因此，100Base-TX 是一个全双工系统，每个站点可以同时以 100Mb/s 的速度发送和接收数据。

100Base-TX 使用了比 10Base-T 更为高级的编码方法——4B/5B，因而，它可以以 125MHz 的串行数据流传输数据。目前常用的百兆快速以太网即为 100Base-TX 技术。

(2) 100Base-T4

100Base-T4 是一个崭新的物理层标准，与 100Base-TX 一样也是基于 ANSI FDDI 技术的。100Base-T4 是为 3 类无屏蔽双绞线的安装需要而设计的。它也支持 4 类或 5 类无屏蔽双绞线，其最大网段长度为 100m。

100Base-T4 使用 4 对无屏蔽双绞线，其中 3 对用于传输数据，第 4 对作为冲突检测时的接收信道。由于没有单独专用的发送和接收线，不能进行全双工操作。但就目前而言，100Base-T4 技术在实际中应用较少。

(3) 100Base-FX

100Base-FX 针对使用光纤或 FDDI 技术的应用领域，如高速主干网、超长距离连接、有电气干扰的环境和有较高保密要求的环境等。100Base-FX 支持两芯的多模光纤和单模光纤，最大网段长度是可以变化的。对于中继器-DTE 型的连接，最大网段长度可达 150m；对于 DTE-DTE 型的连接，最大网段长度可达 412m；对于全双工 DTE-DTE 型连接，最大网段长度可达 2000m；对于单模全双工 DTE-DTE 型连接，最大网段长度则可高达 1000m。100Base-FX 使用与 100Base-TX 相同的 4B/5B 编码方法。

目前，使用光纤作为传输介质的 100Base-FX 在原有的部分局域网中仍有应用，但新建网络中光纤的传输速率多为千兆或万兆。

(4) 三种快速以太网的比较

为了便于读者比较，表 4-3 所示为三种快速以太网的性能比较。

表 4-3　三种快速以太网的性能比较

类型特性	100Base-TX	100Base-FX	100Base-T4
传输介质	5 类 UTP 或 STP	多模或单模光纤	UTP/3/4/5 类
要求线对数	2	2	4
发送线对数	1	1	3
最大固定长度	100m	150/412/2000m	100m
全双工通信能力	有	有	无

2. 千兆位以太网

10Mb/s 和 100Mb/s 以太网在 20 世纪 80 年代和 90 年代主宰了网络市场,现在千兆位以太网已经向我们走来,有人预测,它会在 21 世纪独领风骚。现在,千兆位以太网标准 IEEE 802.3z 已顺利进入标准制定阶段,1996 年 7 月,IEEE 802.3 工作组成立了 802.3z 千兆位以太网特别小组。它的主要目标是制定一个千兆位以太网标准,其协议结构如图 4-15 所示,这项标准的主要任务如下:

① 允许以 1000Mb/s 的速度进行半双工和全双工操作。
② 使用 802.3 以太网帧格式。
③ 使用 CSMA/CD 访问方式,提供为每个冲突域分配一个转发器的支持。
④ 使用 10Base-T 和 100Base-T 技术,提供向后兼容性。

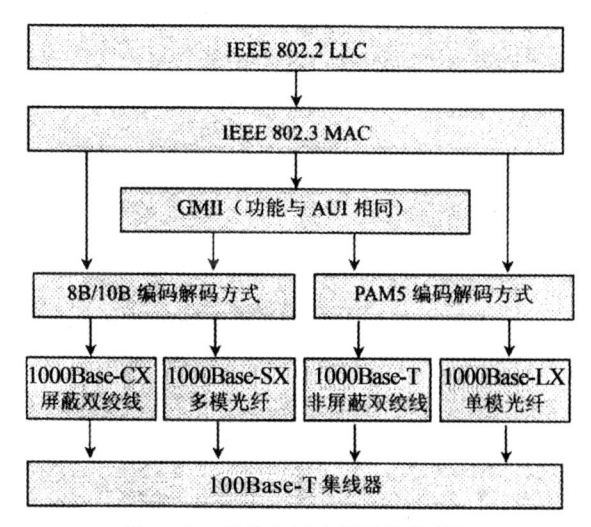

图 4-15　千兆位以太网的协议结构

在连接距离方面,特别小组确定了三个具体目标:最长 550m 的多模式光纤链接;最长 3km 的单模式光纤链接以及至少为 25m 的基于铜缆的链接。目前,IEEE 正积极探索可在 5 类非屏蔽双绞线(UTP)上支持至少 100m 连接距离的技术。

千兆位以太网将显著增加带宽,并通过与现有的10/100Mb/s以太网标准的向后兼容能力,提供卓越的投资保护。目前各大网络公司都在推出自己的千兆位以太网技术。

1000Base-T标准可以支持多种传输介质。目前,1000Base-T有以下四种有关传输介质的标准。

(1)1000Base-T

1000Base-T标准使用的是5类非屏蔽双绞线,双绞线长度可以达到100m。

(2)1000Base-CX

1000Base-CX标准使用的是屏蔽双绞线,双绞线长度可以达到25m。

(3)1000Base-LX

1000Base-LX标准使用的是波长为1300nm的单模光纤,光纤长度可以达到3000m。

(4)1000Base-SX

1000Base-SX标准使用的是波长为850nm的多模光纤,光纤长度可以达到300~550m。

3. 万兆位以太网

随着网络应用的快速发展,高分辨率图像、视频和其他大数据量的数据类型都需要在网上传输,促使对带宽的需求日益增长,并对计算机、服务器、集线器和交换机造成越来越大的压力。

1999年3月开始,经过3年多的工作,IEEE协会在2002年6月12日,批准了10Gb/s以太网的正式标准——802.3ae,全称为"10Gb/s工作的介质接入控制参数、物理层和管理参数"。万兆位以太网是在以太网技术的基础上发展起来的,是一种高速以太网技术,它适用于新型的网络结构,能够实现全网技术统一。这种以太网采用IEEE 802.3以太网介质访问控制(MAC)协议、帧格式和帧长度。万兆位以太网与快速以太网和千兆位以太网一样,是全双工的,因此它本身没有距离限制。它的优点是减少了网络的复杂性,兼容现有的局域网技术并将其扩展到广域网,同时有望降低系统费用,并提供更快、更新的数据业务。

不过,因为工作速率大大提高,适用范围有了很大的变化,所以它与原来的以太网技术相比也有很大的差异,主要表现在物理层实现方式、帧格式和MAC的工作速率及适配策略方面。

10Gb/s局域以太网物理层的特点是:支持802.3 MAC全双工工作方式,允许以太网复用设备同时携带10路1Gb/s信号,帧格式与以太网的帧格式一致,工作速率为10Gb/s。

10Gb/s局域网可用最小的代价升级现有的局域网,并与10/100/1000Mb/s兼容,使局域网的网络范围最大达到40km。

10Gb/s广域网物理层的特点是采用OC-192c帧格式在线路上传输,传输速率为9.58464Gb/s,所以10Gb/s广域以太网MAC层必须有速率匹配功能。当物理介质采用单模光纤时,传输距离可达300km;采用多模光纤时,传输距离可达40km。10Gb/s广域网物理层还可选择多种编码方式。

在帧格式方面,由于万兆位以太网实质是高速以太网,因此为了与以前的所有以太网兼容,必须采用以太网的帧格式承载业务。为了达到10Gb/s的高速率,并实现与骨干网无缝连接,在线路上采用OC-192c帧格式传输。

万兆位以太网标准包括10GBase-X、10GBase-R和10GBase-W三种类型。10GBase-X使用一种特紧凑包装,含有1个较简单的WDM器件、4个接收器和4个在1300nm波长附近以大约25nm为间隔工作的激光器,每一对发送器/接收器在3.125Gb/s速度(数据流速度为2.5Gb/s)下工作。10GBase-R是一种使用64B/66B编码(不是在千兆位以太网中所用的8B/10B)的串行接口,数据流为 10.000Gb/s,因而产生的时钟速率为 10.3Gb/s。10GBase-W 是广域网接口,与 SONETOC-192 兼容,其时钟速率为 9.953Gb/s,数据流为 9.585Gb/s。

万兆位以太网最主要的特点包括:

①保留 802.3 以太网的帧格式。
②保留 802.3 以太网的最大帧长和最小帧长。
③只使用全双工工作方式,彻底改变了传统以太网的半双工的广播工作方式。
④使用光纤作为传输介质(而不使用铜线)。
⑤使用点到点链路,支持星型结构的局域网。
⑥数据率非常高,不直接和端用户相连。
⑦创造了新的光物理介质相关(PMD)子层。

总之,万兆位以太网技术基本上承袭了过去的以太网、快速以太网及千兆位以太网技术,因此在用户普及率、使用的方便性、网络的互操作性及简易性上都占有很大的引进优势。在升级到万兆位以太网解决方案时,用户无需担心既有的程序或服务是否会受到影响,因此升级的风险是非常低的。这不仅在以往的以太网升级到千兆位以太网中得到了体现,同时在未来升级到万兆位以太网,甚至 4 万兆(40Gb/s)、10 万兆(100Gb/s)以太网时,都将是一个明显的优势,这也意味着未来一定会有广阔的市场前景。

4. 其他高速以太网

(1)光纤分布式数据接口

光纤分布式数据接口(Fiber Distributed Data Interface,FDDI)是 100Mb/s 的作为连接多个局域网的光纤主干环网,如图 4-16 所示。另外,FDDI-II(FDDI 的扩展)则使用了不同的 MAC 层协议,期望提供定时服务以支持对时间敏感的视频和多媒体信息的传输。光纤分布数据接口延续局域网(FDDI Follow-On LAN,FFOL)则处在其发展初期,指望在 150Mb/s~2.4Gb/s 数据传输率下运行,并提供高速主干网连接。

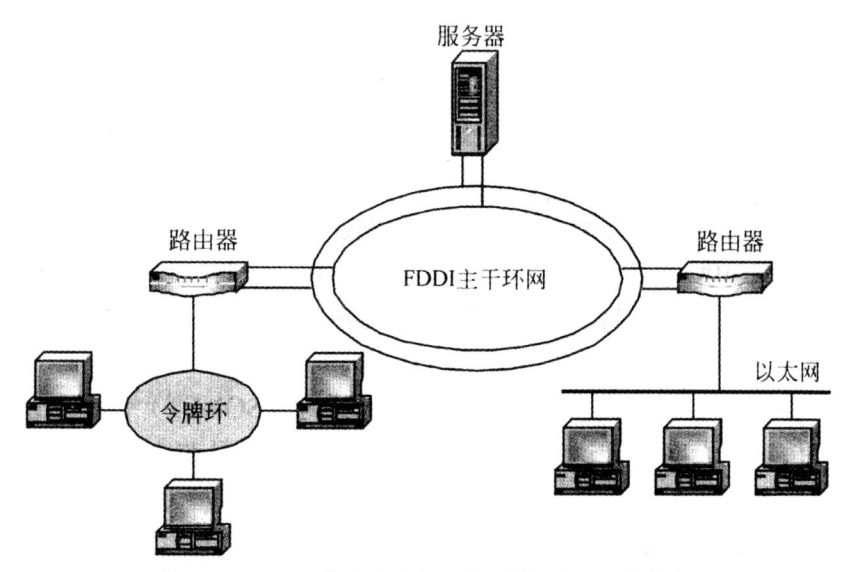

图 4-16 FDDI 作为连接多个局域网的主干环网结构

以上三类使用光纤介质,而铜线分布式数据接口(Copper Distributed Data Interface,CDDI)则使用 5 类 UTP 线。

FDDI 使用定时的、早释放的令牌传送方案。令牌沿着网络连续地转圈子,所有的工作站(或称端站)都有公平获取它的机会。当一个工作站控制着令牌的时候,可以保证它访问网络。目标令牌兜圈时间的长短在系统初始化时协商决定。这种协商是十分重要的,因为它允许需要较高带宽的用户比需要较低带宽的用户能更多地控制令牌,从而使高性能的工作站能更多地访问网络(或分享更大的带宽)以传送数据。因为 FDDI 网络上的工作站竞争并共享可用带宽,所以 FDDI 也是一种共享带宽网络。双环结构也提供高度的可靠性和容错能力,如图 4-17 所示。

在正常情况下,主环传递数据,如图 4-17(a)所示的 FDDI 双环结构;备份环在环失效时用于自动恢复,如图 4-17(b)所示在出现故障时双环连成单环。

(a)FDDI双环结构　　　　　　　　　　　(b)故障时双环连成单环

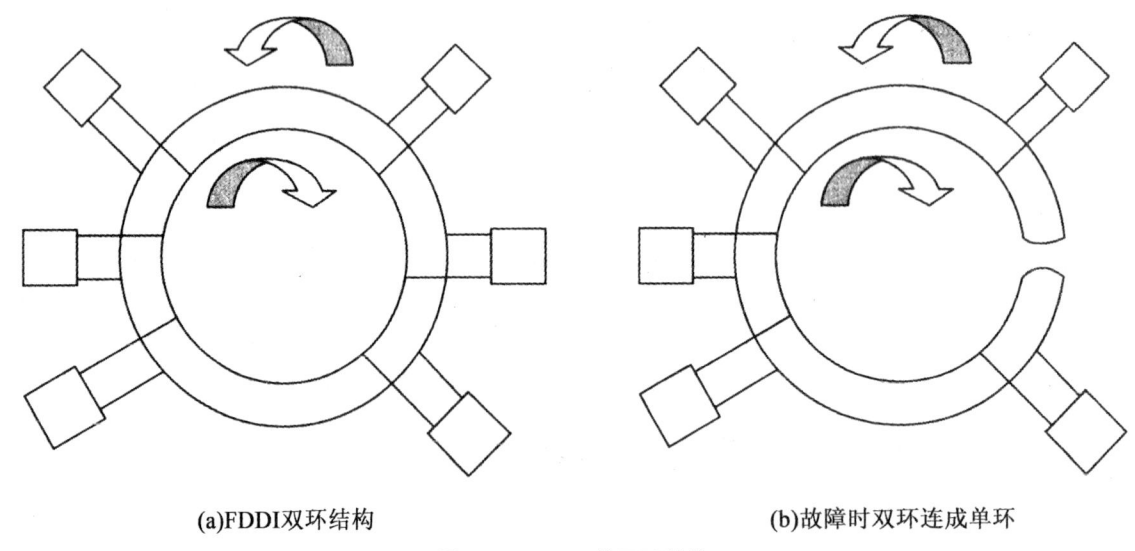

图 4-17　FDDI 的双环结构

当任务关键的数据必须有规则地传送,或者在一个局域网中网络结点有不同的带宽要求时,FDDI 的访问方式是很有用的。

FDDI 主要用于提供不同建筑物之间网络互联的能力,如校园网主干。可采用多模光纤或单模光纤。采用多模光纤时,两个结点之间最大距离为 2km,支持 500 个站点,整个环长达 200km,若使用双环,每个环最大 100km,但可用于故障自修复;采用单模光纤时,两站之间距离可超过 20km,全国光纤总长数千公里。

以下为 FDDI 提供的好处:
① 双环结构提供了容错功能。
② 使用了站管理的内建网络管理。
③ 令牌协议提供了有保证的访问和确定的性能。
④ FDDI 标准已处于成熟阶段。
⑤ 在现有的 100Mb/s 的网络技术中,其网络直径或覆盖距离为最大。
⑥ 作为一个主干网络的解决方案,得到了工业界和厂商的强有力支持。

⑦有很多产品可供选择,如工作站适配器、集线器、桥接器、路由器等。
⑧很多厂商产品的互操作性已经过验证。
⑨可用性广。
但是,FDDI 有如下制约因素:
①它是一种共享带宽网络。
②网络协议比较复杂。
③安装和管理相对困难。
④存在 FDDI 会被价格较廉的快速以太网代替的可能。
(2)高性能并行接口

高性能并行接口(High-Performance Parallel Interface,HIPPI)主要用于超级计算机与一些外围设备(如海量存储器、图形工作站等)的高速接口。1987 年设计的 HIPPI 的数据传送标准是 800Mb/s。这是因为对于 1024×1024 像素的画面,若每个像素使用 24bit 的色彩编码和每秒 30 个画面,则总的数据率为 750Mb/s。以后,又制定了 1600Mb/s 和 6.4Gb/s 的数据率标准,HIPPI 是一个 ANSI 标准。

4.5 交换式局域网

在传统的共享介质局域网中,所有结点共享一条公共通信传输介质,不可避免将会有冲突发生。随着局域网规模的扩大,网中结点数的不断增加,每个结点平均能分配到的带宽越来越少。因此,当网络通信负荷加重时,冲突与重发现象将大量发生,网络效率将会急剧下降。为了克服网络规模与网络性能之间的矛盾,人们提出将共享介质方式改为交换方式,从而促进了交换式局域网的发展。

4.5.1 交换式局域网的结构

交换式局域网是指以数据链路层的帧或更小的数据单元(信元)为数据交换单位,以交换设备为基础构成的网络。

以太网交换机(Ethernet Switch)作为最早出现的交换机确立了交换式局域网的结构,即以交换机为核心的星型结构。交换机可以在多个端口之间建立多个并发连接,比网桥有更快的数据转发速度。交换机可以用于连接局域网,也可以用于连接计算机,而网桥一般用于连接不同的局域网,端口数量较少。

交换机从根本上改变了局域网共享介质的结构,大大提升了局域网的性能。目前,主流的局域网都采用交换结构。

图 4-18 描述了目前典型的交换式局域网结构,多台计算机首先接入到工作组交换机,然后,用部门级交换机将多台工作组交换机连接起来,最后,将部门级交换机汇接到局域网所属机构的核心交换机。出于速度和管理方面的考虑,局域网的交换机通常与核心交换机相连。根据局域网的规模和机构自身的需要,实际中应用的交换式局域网结构可能比图 4-18 中表示的简单或者更复杂。

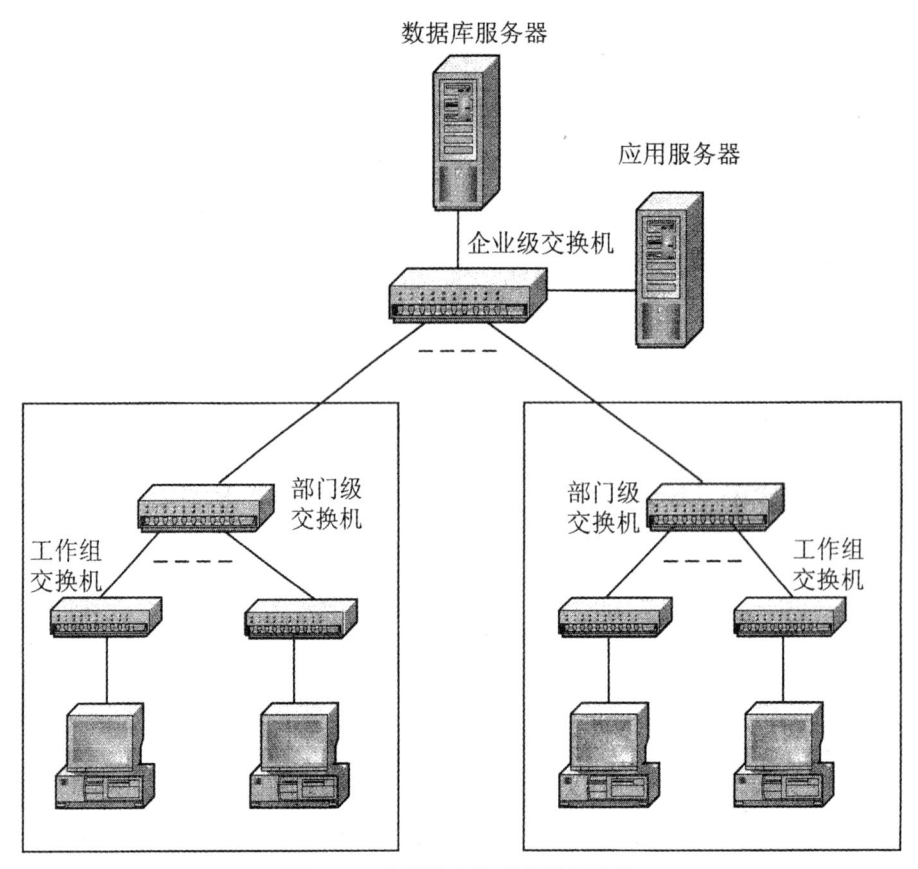

图 4-18 典型的交换式局域网结构

4.5.2 交换式局域网的特点

交换式局域网主要有如下几个特点。

(1) 独占传输通道，独占带宽

允许多对站点同时通信。共享式局域网中，在介质上是串行传输，任何时候只允许一个帧在介质上传送。交换机是一个并行系统，它可以使接入的多个站点之间同时建立多条通信链路（虚连接），让多对站点同时通信，所以交换式网络大大地提高了网络的利用率。

(2) 灵活的接口速度

在共享式网络中，不能在同一个局域网中连接不同速率的站点（如 10Base-5 仅能连接 10Mb/s 的站点）。而在交换式网络中，由于站点独享介质，独占带宽用户可以按需配置端口速率。在交换机上可以配置 10Mb/s、100Mb/s 或者 10Mb/s/100Mb/s 自适应的端口，用于连接不同速率的站点，接口速度有很大的灵活性。

(3) 高度的可扩充性和网络延展性

大容量交换机有很高的网络扩展能力，而独享带宽的特性使扩展网络没有带宽下降的后顾之忧。因此，交换式网络可以构建一个大规模的网络，如大的企业网、校园网或城域网。

(4)易于管理、便于调整网络负载的分布,有效地利用网络带宽

交换网可以构造"虚拟网络",通过网络管理功能或其他软件可以按业务或其他规则把网络站点分为若干个逻辑工作组,每一个工作组就是一个虚拟网(VLAN)。虚拟网的构成与站点所在的物理位置无关。这样可以方便地调整网络负载的分布,提高带宽利用率。

(5)交换式局域网可以与现有网络兼容

如交换式以太网与以太网和快速以太网完全兼容,它们能够实现无缝连接。

(6)互联不同标准的局域网

局域网交换机具有自动转换帧格式的功能,因此,它能够互联不同标准的局域网,如在一台交换机上能集成以太网、FDDI 和 ATM。

4.5.3 局域网交换机的工作原理

典型的局域网交换机是以太网交换机。以太网交换机可以通过交换机端口之间的多个并发连接,实现多结点之间数据的并发传输。这种并发数据传输方式与共享式以太网在某一时刻只允许一个结点占用共享信道的方式完全不同。

1. 以太网交换机的工作过程

典型的交换机结构与工作过程如图 4-19 所示。图中的交换机有 6 个端口,其中端口 1、4、5、6 分别连接了结点 A、结点 B、结点 C 和结点 D。于是,交换机"端口/MAC 地址映射表"就可以根据以上端口与结点 MAC 地址的对应关系建立起来。

当结点 A 需要向结点 C 发送信息时,结点 A 首先将目的 MAC 地址指向结点 C 的帧发往交换机端口 1。交换机接收该帧,并在检测到目的 MAC 地址后,在交换机的"端口/MAC 地址映射表"中查找结点 C 所连接的端口号。一旦查到结点 C 所连接的端口号 5,交换机将在端口 1 与端口 5 之间建立连接,将信息转发到端口 5。

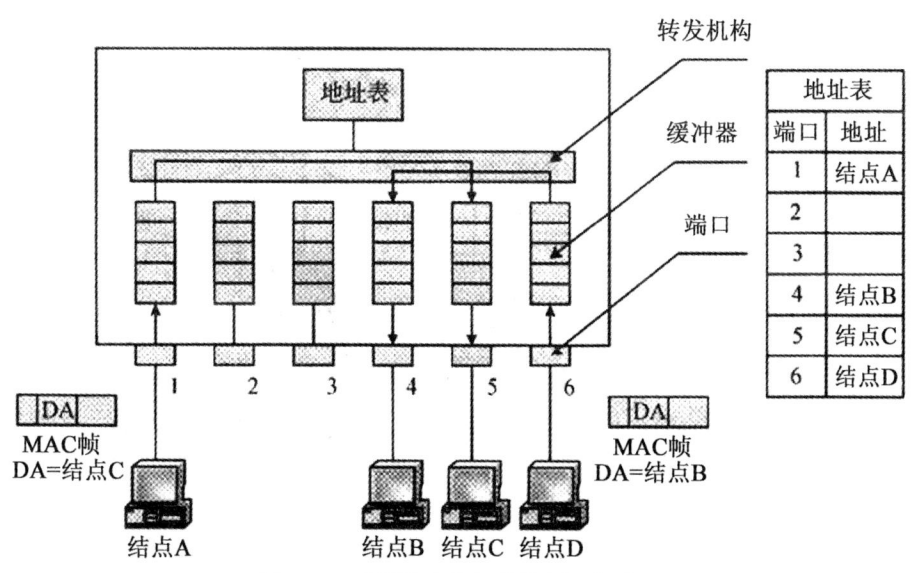

图 4-19 典型的交换机结构与工作过程

与此同时,结点 D 需要向结点 B 发送信息。于是,交换机的端口 6 与端口 4 也建立一条连接,并将端口 6 接收到的信息转发至端口 4。

这样,交换机在端口 1 至端口 5 和端口 6 至端口 4 之间建立了两条并发的连接。结点 A 和结点 D 可以同时发送信息,接入交换机端口 5 的结点 C 和接入交换机端口 4 的结点 B 可以同时接收信息。根据需要,交换机的各端口之间可以建立多条并发连接。交换机利用这些并发连接,对通过交换机的数据信息进行转发和交换。

2. 数据转发方式

LAN 交换模式决定了当交换机端口接收到一个帧时将如何处理这个帧。因此包(或分组)通过交换机所需要的时间取决于所选的交换模式。交换模式有三种:存储转发模式、直通模式和不分段模式。

(1) 存储转发模式

存储转发交换是一种基本的交换类型。在这种方式下,交换机将接收整个帧并拷贝到它的缓冲器中,同时计算循环冗余校验(CRC)。如果这个帧有 CRC 差错,或者太短(包括 CRC 在内,帧长少于 64 字节),或者太长(包括 CRC 在内,帧长多于 1518 字),那么这个帧将被丢弃,否则确定输出接口,并将帧发往其目的端口。由于这种类型的交换要拷贝整个帧,并且运行 CRC,因此转发速度较慢,且其延迟将随帧长度不同而变化。

(2) 直通模式

直通模式交换是另一种主要交换类型。在这种方式下,交换机仅仅将帧的目的地址(前缀之后的 6 个字节)拷贝到它的缓冲器中。然后,在交换表中查找该目的地址,从而确定输出接口,然后将帧发往其目的端口。这种直通模式减少了延迟,因为交换机一读到帧的目的地址,确定了输出接口,就立即转发帧。有些交换机可以自适应地址选择交换模式,可以工作在直通模式,直到某个端口上的差错达到用户定义的差错极限,交换机会由直通模式自动切换成存储转发模式,而当差错率降低到这个极限以下时,交换机又会由存储转发模式切换成直通模式。

(3) 不分段模式

不分段模式是直通模式的一种改进形式,因此也称为改进的直通模式。在这种方式下,交换机在转发之前等待 64 字节的冲突窗口。如果一个包有错,那么差错一般都会发生在前 64 字节中。不分段模式较之直通模式提供了较好的差错检验,而几乎没有增加延迟。

3. 地址学习

以太网交换机利用"端口/MAC 地址映射表"进行信息的交换,因此,"端口/MAC 地址映射表"的建立和维护显得相当重要。一旦地址映射表出现问题,就可能造成信息转发错误。那么,交换机中的"端口/MAC 地址映射表"是怎样建立和维护的呢?

这里有两个问题需要解决,一是交换机如何知道哪台计算机连接到哪个端口;二是当计算机在交换机的端口之间移动时,交换机如何维护地址映射表。显然,通过人工建立交换机的地址映射表是不切实际的,交换机应该自动建立地址映射表。

通常,以太网交换机利用"地址学习"法来动态建立和维护"端口/MAC 地址映射表"。以太网交换机的地址学习是通过读取帧的源地址并记录帧进入交换机的端口进行的。当得到 MAC 地址与端口的对应关系后,交换机将检查地址映射表中是否已经存在该对应关系。如果不存在,交换机就将该对应关系添加到地址映射表；如果已经存在，交换机将更新该表项。因此，在以太网交换机中，地址是动态学习的。只要这个结点发送信息，交换机就能捕获到它的 MAC 地址与其所在端口的对应关系。

在每次添加或更新地址映射表的表项时，添加或更改的表项被赋予一个计时器。这使得该端口与 MAC 地址的对应关系能够存储一段时间。如果在计时器溢出之前没有再次捕获到该端口与 MAC 地址的对应关系，该表项将被交换机删除。通过移走过时的或老化的表项，交换机维护了一个精确且有用的地址映射表。

4. 生成树协议

生成树协议（Spanning Tree Protocol，STP）是网桥或交换机使用的协议，在后台运行，用于阻止网络第二层上产生回路（Loop）。STP 一直监视着网络，找出所有的链路并关闭多余的链路，保证不产生回路。

STP 首先选择一个根网桥，这个根网桥将决定网络拓扑。对任何一个已知网络，只能有一个根网桥。根网桥端口是指定端口，指定端口运行在转发状态。转发状态的端口收发信息。如果在网络中还有其他交换机，都是非根网桥。到根网桥代价最小的端口称为指定端口，它们收发信息。代价由链路带宽决定。

被确定到根网桥有最小代价路径的端口称为指定端口，也称为转发端口，和根网桥端口一样，也运行在转发状态。网桥上的其他端口称为非指定端口，不收发信息，处于阻塞（Block）状态。

（1）生成树端口状态

生成树端口状态有如下几种状态。

①阻塞。不转发帧，监听 BPDU（网桥之间必须要进行一些信息的交流，这些信息交流单元就称为配置消息 BPDU，Bridge Protocol Data Unit）。当交换机启动后，所有端口默认状态下处于阻塞状态。

②监听。监听 BPDU，确保在传送数据帧之前网络上没有回路。

③学习。学习 MAC 地址，建立过滤表，但不转发帧。

④转发。能在端口上收发数据。

交换机端口一般处于阻塞或转发状态。

（2）收敛

收敛发生在网桥和交换机状态在转发和阻塞之间切换的时候。在这段时间内不转发数据帧。所以，收敛的速度对于确保所有设备具有相同的数据库来说是很重要的。

4.6 虚拟局域网

交换式局域网是虚拟局域网的基础。近年来，随着交换式局域网技术的飞速发展，交换式局域网结构逐渐取代了传统的共享介质局域网。交换技术的发展为虚拟局域网的实现提供了技术基础。

4.6.1 虚拟局域网概述

VLAN(Virtual Local Area Network)即虚拟局域网,虽然 VLAN 所连接的设备来自不同的网段,但是相互之间可以进行直接通信,如同处于一个网段当中。它是一种将局域网内的设备逻辑地而不是物理地划分为一个个网段从而实现虚拟工作组的新兴技术。IEEE 于 1999 年颁布了用以标准化 VLAN 实现方案的 802.1Q 协议标准草案。

VLAN 技术允许网络管理者将一个物理的 LAN 逻辑地划分成不同的广播域(或称虚拟 LAN,即 VLAN),每一个 VLAN 都包含一组有着相同需求的计算机工作站,与物理上形成的 LAN 有着相同的属性。但由于它是逻辑地而不是物理地划分,所以同一个 VLAN 内的各个工作站无需被放置在同一个物理空间里,即这些工作站不一定属于同一个物理 LAN 网段。如图 4-20 所示,显示了虚拟局域网的物理结构与逻辑结构的对比。一个 VLAN 内部的广播和单播流量都不会转发到其他 VLAN 中,从而有助于控制流量、减少设备投资、简化网络管理、提高网络的安全性。

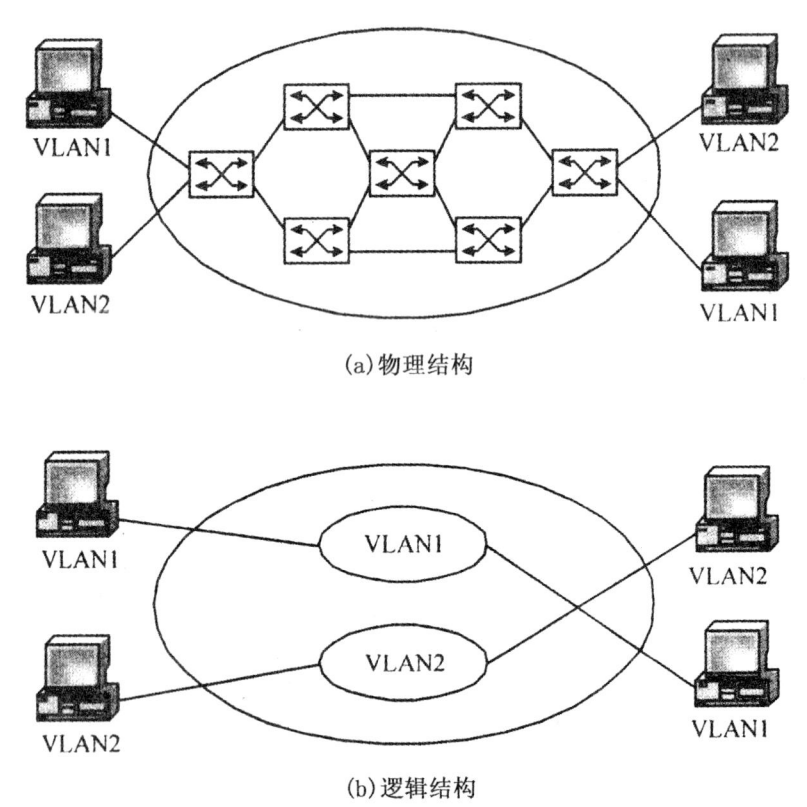

(a)物理结构

(b)逻辑结构

图 4-20 虚拟局域网的物理结构与逻辑结构

VLAN 是为解决以太网的广播问题和安全性而提出的一种协议,它在以太网帧的基础上增加了 VLAN 头,用 VLAN ID 把用户划分为更小的工作组,限制不同工作组间的用户二层互访,每个工作组就是一个虚拟局域网。虚拟局域网的好处是可以限制广播范围,并能够形成虚拟工作组,动态管理网络。

4.6.2 虚拟局域网的特点

在使用带宽、灵活性、性能等方面,虚拟局域网都显示出很大优势。虚拟局域网的使用能够方便地进行用户的增加、删除、移动等工作,提高网络管理的效率。它具有以下特点。

(1)减少开销

使用 VLAN 最大的优点就是能够减少网络中用户的增加、删除、移动等工作带来的隐含开销。

(2)减少路由器的使用

在没有路由器的情况下,使用 VLAN 的可支持虚拟局域网的交换机可以很好地控制广播流量。在 VLAN 中,从服务器到客户端的广播信息只会在连接在虚拟局域网客户机的交换机端口上被复制,而不会广播到其他端口,只有那些需要跨越虚拟局域网的数据包才会穿过路由器,在这种情况下,交换机起到路由器的作用。因为在使用 VLAN 的网络中,路由器用于连接不同的 VLAN。

(3)提高网络访问的速度

虚拟局域网在同一个虚拟局域网成员之间提供低延迟、线速的通信,其能够在网络内划分网段或者微网段,提高网络分组的灵活性。VLAN 技术通过把网络分成逻辑上的不同广播域,使网络上传送的包只在与位于同一个 VLAN 的端口之间交换。这样就限制了某个局域网只与同一个 VLAN 的其他局域网互相连,避免浪费带宽,从而消除了传统网络的固有缺陷,即数据帧经常被传送到并不需要它的局域网中。这也改善了网络配置规模的灵活性,尤其是在支持广播/多播协议和应用程序的局域网环境中,会遭遇到如潮水般涌来的包。而在 VLAN 结构中,可以轻松地拒绝其他 VLAN 的包,从而大大减少网络流量。

(4)支持虚拟工作组

虚拟工作组就是完成同一任务的不同成员不必集中到同一办公室中,工作组成员可以在网络中的任何物理位置通过 VLAN 联系起来,同一虚拟工作组产生的网络流量都在工作组建立完毕,也可以减少网络负担。虚拟工作组也能够带来巨大的灵活性,当有实际需要时,一个虚拟工作组可以建立起来,当工作完成后,虚拟工作组又可以很简单地予以撤除,这样无论是网络用户还是管理员使用虚拟局域网都是最理想的选择。

(5)有效地控制网络广播风暴

控制网络广播风暴的最有效的方法是采用网络分段的方法,这样,当某一网段出现过量的广播风暴后,不会影响到其他网段的应用程序。网络分段可以保证有效地使用网络带宽,最小化过量的广播风暴,提高应用程序的吞吐量。使用交换式网络的优势是可以提供低延时和高吞吐量,但是增加了整个交换式网络的广播风暴。使用 VLAN 技术可以防止交换式网络的过量广播风暴,将某个交换端口或者用户定义给特定的 VLAN,在这个 VLAN 中的广播风暴就不会送到 VLAN 之处相邻的端口,这些端口不会受到其他 VLAN 产生的广播风暴的影响。

(6)有利于网络的集中管理

网络管理员可以对 VLAN 的划分和管理进行远程配置,如设置用户、限制广播域的大小、安全等级、网络带宽分配、交通流量控制等工作都可以在办公室里完成,还可以对网络使用情况进行监视和管理。

(7)增加了网络的安全性

不使用 VLAN 时,网络中的所有成员都可以访问整个网络的其他所有计算机,资源安全性没有保证,同时加大了产生广播风暴的可能性。使用 VLAN 后,根据用户的应用类型和权限划分不同的虚拟工作组,可以对网络用户的访问范围以及广播流量进行控制,使网络安全性能大大提高。

4.6.3 虚拟局域网标准

VLAN 的定义方式以及交换机的通信方式是多种多样的。每个厂家都有自己专用的解决方案。例如,Cisco 公司的交换机与 3COM 公司的交换机就很难在虚拟局域网上集成。因此,在建设和规划网络时,最好是整个系统采用同一厂家的产品。

为了解决设备不兼容的问题,IEEE 定义了两种 VLAN 标准。

1. 802.10 标准

1995 年,Cisco 公司倡议使用 IEEE 802.10 标准,因为此前,IEEE 802.10 曾经是 VLAN 安全性的统一规范,Cisco 公司试图采用优化后的 802.10 帧格式在网络上传输帧标志(Frame Tagging)模式所必需的 VLAN 标志,但大多数的 802 委员会的成员都反对推广 802.10 协议,因为该协议是基于 Frame Tagging 方式的,这样将导致不定长的数据帧,使 ASCII 字符流的传输变得非常困难。

2. 802.1Q 标准

在 1996 年 3 月,IEEE 802.1 Internetworking 委员会结束了对 VLAN 初期标准的修订工作。新出台的标准进一步完善了 VLAN 的体系结构,统一了 Frame Tagging 方式中不同厂商的标签格式,并制定了 VLAN 标准在未来一段时间内的发展方向,形成的 802.1Q 的标准在业界获得了广泛的推广。它成为 VLAN 史上的一块里程碑。802.1Q 的出现打破了虚拟网依赖于单一厂商的僵局,从一个侧面推动了 VLAN 的迅速发展。另外,来自市场的压力使各大网络厂商立刻将新标准融合到他们各自的产品中。

4.6.4 虚拟局域网的实现

由于交换技术本身就涉及网络的多个层次,因此,虚拟局域网也可以在网络的不同层次上实现。

1. 基于端口的 VLAN

基于端口的 VLAN 是最常用的划分 VLAN 的方式,也是最广泛、最有效的 VLAN 应用,目前绝大多数 VLAN 协议的交换机都提供这种 VLAN 配置方法。这种 VLAN 是根据以太网交换机的交换端口来划分的,它是将 VLAN 交换机上的物理端口和 VLAN 交换机内部的 PVC(永久虚电路)端口分成若干个组,每个组构成一个虚拟网,类似于一个独立的 VLAN 交换机。通常由网络管理员使用网络管理软件或直接设置交换机,将某些端口直接分配给特定 VLAN,

除非网络管理员重新设置，否则，这些端口将一直属于该 VLAN，这种划分方式也称为静态 VLAN。

由于不同 VLAN 间的端口是无法直接相互通信的，因此，每个 VLAN 内部都有自己独立的生成树。此外，交换机之间在不同 VLAN 中可以有多个并行链路，使得 VLAN 的内部传输速率得以提高，增加交换机之间的带宽。VLAN 划分的原理如图 4-21 所示。

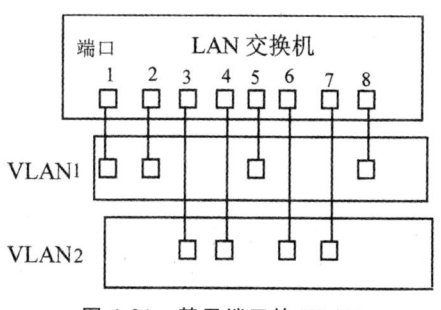

图 4-21　基于端口的 VLAN

设置交换机端口时，可以将同一交换机的不同端口划分为同一 VLAN，而且还可以设置跨越交换机的 VLAN，即将不同交换机的不同端口划分至同一 VLAN，这就完全解决了如何将位于不同物理位置、连接至不同交换机中的用户划分到同一 VLAN 中的问题。

在许多设备中，不仅可以将不同端口划分至同一 VLAN，而且还可以将同一端口划分至多个 VLAN，从而提供更大的灵活性。这种被设置到多个 VLAN 中的端口，称之为公共端口。例如，某企业为安全起见，将财务部门和技术部门划分到两个 VLAN 中，然而打印服务器和文件服务器却只有一个，此时可以将打印机和服务器所连接的端口设置为公共端口，让其属于所有的 VLAN。这样，两个部门间的计算机就无法相互看到，数据的安全性也得到了保证，部门员工又能同时使用打印机和服务器，节省了资金。

基于端口的 VLAN 方法的优点是定义 VLAN 成员较简单、相对比较安全，缺点是网络管理员操作比较麻烦，另外，当用户离开原来的端口更换到一个新的端口时，需要管理员重新定义。

2. 基于 MAC 地址的 VLAN

基于 MAC 地址的 VLAN 是根据每个主机的 MAC 地址来定义 VLAN 的，即对每个 MAC 地址的主机都配置它属于哪个组，它实现的机制就是每一块网卡都对应唯一的 MAC 地址，VLAN 交换机跟踪属于 VLAN 的 MAC 地址。

当某一站点刚连接到交换机时，交换机端口尚未分配，此时，交换机通过读取站点的 MAC 地址，动态地将该端口划分到特定 VLAN 中。一旦网络管理员配置好后，用户的计算机就可以随机改变其连接的交换机端口，而不会由此改变自己的 VLAN。当网络中出现未定义的 MAC 地址时，交换机可以按照预先设定的方式向网络管理员报警，具体如何处理是由网络管理员来操作的。

例如，网络内有几台笔记本电脑，当某笔记本电脑从端口 A 移动到端口 B 时，交换机能自动识别经过端口 B 的源 MAC 地址已自动把端口 A 从当前 VLAN 中删除，而把端口 B 定义到当前 VLAN 中。这种方法的优点是当终端在网络中移动时，不必重新定义 VLAN，交换机能够自动识别和定义。因此，基于 MAC 地址的 VLAN 也称为动态 VLAN。由于 MAC 地址具有世界唯一性,因此,该VLAN划分方式的安全性较高。

基于MAC地址的VLAN划分方法的最大优点就是当用户物理位置移动时,即从一个交换机换到其他的交换机时,VLAN无需重新配置,因为它是基于用户,而不是基于交换机的端口。这种方法的缺点是要求所有的用户在初始阶段必须配置到一个VLAN中,初始配置由人工完成,随后自动跟踪用户。在规模较大的网络中,这显然是一件比较繁重的工作,所以这种划分方法通常在小型局域网中使用得比较多。另外,这种划分方法也导致了交换机执行效率的降低,因为在每一个交换机的端口都可能存在很多个VLAN组的成员,保存了许多用户的MAC地址,查询起来相当不容易。

3. 基于网络层的VLAN

基于网络层的VLAN就是根据网络层协议划分VLAN,根据网络层协议可分为IP、IPX、DECnet、AppleTalk、Banyan等VLAN网络,通常用网络协议地址来对VLAN成员进行定义。该方法有助于网络管理员针对具体应用和服务来组织用户,而且,用户可以在网络内部自由移动,其VLAN成员身份仍然保持不变。以太网中通常使用的是基于IP地址的VLAN,也就是指根据IP地址来划分VLAN。

交换机属于OSI参考模型的第二层,因此,普通交换机无法识别出数据帧中的网络层报文,但随着第三层交换机的出现,交换机也能够识别网络层报文,可以使用报文中的IP地址来定义VLAN。因此,当某一用户设置有多个IP地址时,通过基于IP地址的VLAN,该用户就可以同时访问多个VLAN,如同在端口VLAN方式下设置为公共端口的情况。在该模式下,将一台网络服务器设置多个IP,使其处于不同VLAN中,则企业中的不同部门(每个部门设置成一个VLAN)均可同时访问这台网络服务器,多个VLAN间的连接也只需一个路由端口即可完成。

基于网络层的VLAN有很多优点。首先,它允许按照协议类型组成VLAN,这对组成基于业务或应用相同的VLAN非常有帮助;其次,用户可随意移动工作站而不必重新配置网络地址,这对于TCP/IP协议的用户特别有利。

与基于端口的VLAN和基于MAC地址的VLAN相比,基于网络层的VLAN性能要相对差一些,这主要是因为检查数据的网络地址比检查数据的MAC地址要消耗更多的处理时间,使其速度低于其他两类VLAN。

4. 基于IP组播的VLAN

基于IP组播的VLAN是由网络中被称作代理的设备对虚拟网络的各站点进行管理。当有IP广播分组要发送时,就动态建立虚拟局域网的代理,并通知各IP站点。如果站点响应,可以加入IP广播组,成为虚拟局域网中的一员,还可以和虚拟局域网中的其他站点通信。设备代理和各个响应的IP站构成IP组播VLAN,所有成员只是特定时间段内的特定IP组播VLAN的成员。

基于IP组播的VLAN具有的动态性和灵活性都比较强,而且可以通过路由器扩展到广域网,具有广泛的覆盖范围。但同时由于管理较为复杂,与前几种VLAN相比网络传输效率仍有可提高的空间。

5. 基于策略的VLAN

基于策略的VLAN也称为基于规则的VLAN,是最灵活的VLAN划分方法。组成的VLAN能实现多种分配方法,包括VLAN交换机端口、MAC地址、IP地址、网络层协议等。网络管理人员可以使用网管软件设定划分VLAN的规则,当一个站点加入网络时,网络设备会发现该站点并将其自动加入正确的VLAN。该方法能够实现自动配置,并且对站点的移动和改变实现自动跟踪。

本部分提到的五种VLAN划分方法,除基于端口的VLAN是静态VLAN配置外,其他四种都属于动态VLAN配置。从OSI参考模型的角度看,基于端口的VLAN属物理层划分方法,基于MAC地址的VLAN属数据链路层划分,基于网络层的VLAN和基于IP组播的VLAN属网络层划分,而基于策略的VLAN属于前面四种的组合。

4.7 无线局域网

随着信息技术的发展,人们对网络通信的需求不断提高,希望不论在何时、何地与何人都能够进行包括数据、语音、图像等任何内容的通信,并希望主机在网络环境中漫游和移动,无线局域网是实现移动网络的关键技术之一。

4.7.1 无线局域网的定义

无线局域网(Wireless Local Area Networks,WLAN)是指以无线信道作为传输媒体的局域网,它是利用无线电波或红外线来进行数据交换的网络。无线局域网是计算机网络与无线通信技术相结合的产物。它利用电磁波在空气中发送和接收数据,而无需任何线缆介质。在无线局域网中,各网络结点之间的连接和数据通信仅依赖于无线电波或红外线等无线传输介质。因此,无线局域网可以在不使用传统的有线传输介质的情况下,提供以太网、令牌环网等有线网络的功能和好处。

无线局域网与有线网络的最大区别是,无线局域网摆脱了线缆的束缚,不用布线即可灵活地组成可移动的网络。它能克服有线局域网需要布线或改线的施工难度大、费用高、工程量大的限制,克服各网络站点不可移动的局限性,快速方便地解决使用有线局域网技术不易实现的网络连通问题。无线局域网可以很方便地将处于任何位置的计算机接入网络,并使计算机网络具有可移动性和可漫游性,满足人们任何时间、任何地点都能与任何人进行包括数据、语音和图像等各种内容的通信的需求。因此,无线局域网是有线局域网的一种补充、延伸或替代,是实现移动网络的关键技术之一。

4.7.2 无线局域网的特点

无线局域网与有线局域网相比,具有以下一些特性与优势。

1. 可移动性

无线局域网与有线局域网相比,最大的优势在于它的可移动性,可移动性满足了各类便携设备的入网需求。

由于无线网络摆脱了线缆的束缚,网络中各个结点之间的通信是通过无线方式进行的,因此,无线局域网不仅能够在任何时间、任何地点为用户提供实时的信息服务,而且连在无线网络中的每个站点都能在网络覆盖的范围内任意移动和漫游,且在移动和漫游中始终保持与网络连通。无线局域网的可移动性和可漫游性满足了人们在一定区域内实现不间断移动办公的需求。

2. 灵活性

在有线网络中,网络设备安放的位置要受预先已布好的网络信息点位置的限制。而在无线局域网中,因可以不受电缆布线的限制,所以允许用户在无线信号覆盖区域内的任何一个位置安放设备。网络上的各个站点可以根据需求轻易地接入或脱离网络。同时,也能不受地理位置和环境限制地增加或减少网络站点。

另外,无线局域网有多种组建方式。它既可以以有线网络为依托,作为有线网络的补充和备份,也可以以一种独立于有线网络的形式存在,在需要时可以随时建立临时网络,而不依赖有线骨干网。无线局域网的多种连接方式,使无线局域网的组建非常灵活。

3. 易于扩展

在组建无线局域网的应用中,有多种配置方式,可以根据实际需要灵活选择。另外,无线网络接入点(Access Point,AP)是组建无线局域网的基本设备之一,它能够将用户接入到网络中,一般每台 AP 可以支持 100 多个用户的接入。当用户需要扩大无线局域网的规模、增加网络用户时,只需在现有无线局域网的基础上增加 AP 设备即可。这样,无线局域网就能很容易地将只有几个用户的小型网络扩展为拥有上千用户的大型网络,使网络易于扩展。

4. 安装便捷

一般在有线局域网的建设中,施工周期最长、难度最高、对周边环境影响最大的就是网络布线施工工程。在施工过程中,往往需要破墙掘地、穿线架管。而无线局域网的最大优势就是免去或最大程度地减少了网络布线的工作量,一般只需要在有线局域网的基础上,安装一个或多个 AP 设备,就可以建成一个覆盖整个建筑物或地区的局域网。而 AP 设备的安装也只需要解决设备供电和与有线网络的连接问题,大大减少了网络布线和网络安装的工作量,使无线局域网的安装十分便捷。

5. 节省建设投资

由于有线局域网受电缆布线的限制,因此,在有线局域网的建设中,网络规划者要尽可能地考虑未来网络发展的需求,必须预铺充裕的缆线和预设大量的信息点,这就使网络建设的投资大大地增加。而无线局域网则无需这种超前投资,节省了布线工程的费用,从而就节省了网络建设的投资。

4.7.3 无线局域网的物理结构

无线局域网的物理组成或物理结构如图 4-22 所示，它主要包括以下几个部分：站（Station，STA）、无线介质（Wireless Medium，WM）、基站（Base Station，BS）或接入点（Access Point，AP）和分布式系统（Distribution System，DS）等。

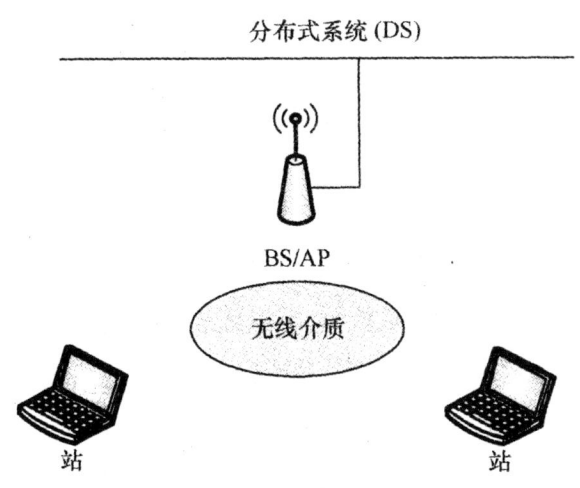

图 4-22 无线局域网的物理结构

1. 站

站（点）也称为主机或终端，是无线局域网的最基本组成单元。网络就是进行站间数据传输的，我们把连接在无线局域网中的设备称为站。站在无线局域网中通常用作客户端，它是具有无线网络接口的计算机设备。它包括终端用户设备、无线网络接口、网络软件等几个部分。

终端用户设备是站与用户的交互设备。这些终端用户设备可以是台式计算机、便携式计算机和掌上电脑等，也可以是 PDA 等其他智能终端设备。

无线网络接口是站的重要组成部分，它与终端用户设备之间通过计算机总线（如 PCI）或接口（如 RS-232、USB）等相连，并由相应的软件驱动程序提供客户应用设备或网络操作系统与无线网络接口之间的联系。无线网络接口主要负责处理从终端用户设备到无线介质间的数字通信，一般采用调制技术和通信协议的无线网络适配器（无线网卡）或调制解调器（Modem）。

网络软件如网络操作系统（NOS）、网络通信协议等运行于无线网络的不同设备上。客户端的网络软件运行在终端用户设备上，它负责完成用户向本地设备软件发出命令，并将用户接入无线网络。当然，对无线局域网的网络软件有其特殊的要求。

无线局域网中的站之间可以有不同的通信方式，一是直接相互通信，二是通过基站或接入点进行通信。在无线局域网中，由于天线的辐射能力有限和应用环境的不同而限制了站之间的通信距离。

通常，把无线局域网所能覆盖的区域范围称为服务区域（Service Area，SA），而把由无线局域网中移动站的无线收发信机及地理环境所确定的通信覆盖区域称为基本服务区（Basic Service Area,BSA)。基本服务区是组成无线局域网的最小组成单元。考虑到无线资源的利用率和通信技术等因素,基本服务区不可能太大,通常在 100m 以内,也就是说,同一基本服务区中的移动站之间的距离应小于 100m。

2. 无线介质

无线介质是无线局域网中站与站之间、站与接入点之间通信的传输媒介。这里所说的介质为空气。空气是无线电波和红外线传播的良好介质。

通常,由无线局域网物理层标准定义无线局域网中的无线介质。

3. 无线接入点

无线接入点是无线局域网的重要组成单元。它类似于蜂窝结构中的基站,是一种特殊的站。无线接入点通常处于基本服务区的中心,固定不动。

无线接入点具有如下基本功能:第一,作为接入点,完成其他非 AP 的站对分布式系统的接入访问和同一基本服务区中的不同站间的通信连接;第二,作为无线网络和分布式系统的桥接点完成无线局域网与分布式系统间的桥接功能;第三,作为基本服务集(Basic Service Set,BSS)的控制中心完成对其他非 AP 的站的控制和管理。

4. 分布式系统

环境和主机收发信机特性能够限制一个基本服务区所能覆盖区域的范围。为了能覆盖更大的区域,就需要把多个基本服务区通过分布式系统连接起来,形成一个扩展业务区(Extended Service Area,ESA),而通过分布式系统互相连接起来的属于同一个 ESA 的所有主机构成了一个扩展业务组(Extended Service Set,ESS)。

分布式系统(Wireless Distribution System,WDS)就是用来连接不同基本服务区的通信通道,称为分布式系统媒体(Distribution System Medium,DSM)。分布式系统媒体可以是有线信道,也可以是频段多变的无线信道。这为组织无线局域网提供了充分的灵活性。

通常,有线分布式系统与骨干网都采用有线局域网(如 IEEE 802.3)。而无线分布式系统使用 AP 间的无线通信(通常为无线网桥)将有线电缆取而代之,从而实现不同 BSS 的连接,如图 4-23 所示。分布式系统通过入口(Portal)与骨干网相连。无线局域网与骨干网(通常是有线局域网,如 IEEE 802.3)之间相互传送的数据都必须经过 Portal,通过 Portal 就可以把无线局域网和骨干网连接起来,如图 4-24 所示。

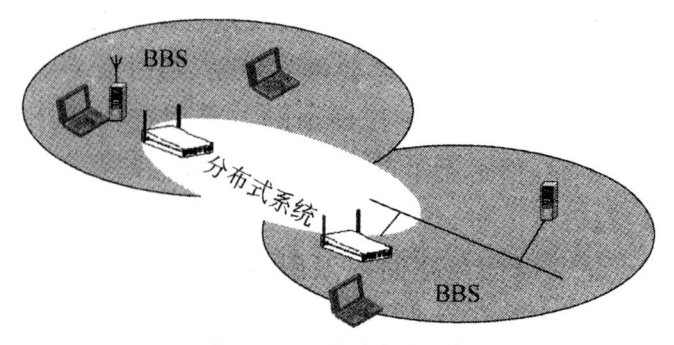

图 4-23 无线分布式系统

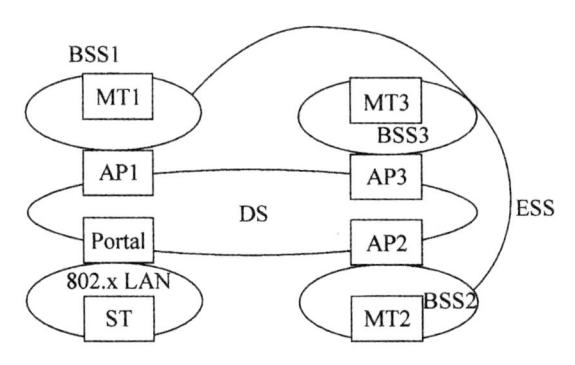

```
        BSS1
         ┌─────┐        ┌─────┐
         │ MT1 │        │ MT3 │
         └─────┘        └─────┘  BSS3
         ┌─────┐        ┌─────┐
         │ AP1 │────────│ AP3 │
         └─────┘  DS    └─────┘   ESS
         ┌─────┐        ┌─────┐
         │Portal│       │ AP2 │
         └─────┘        └─────┘
        802.x LAN              BSS2
         ┌─────┐        ┌─────┐
         │ ST  │        │ MT2 │
         └─────┘        └─────┘
```

ST: 固定终端; MT: 移动终端;
AP: 接入点; Portal: 入口

图 4-24 Portal 与 WLAN 拓扑

4.7.4 无线局域网的拓扑结构

WLAN 的拓扑结构有多种，按照物理拓扑分类，可分为单区网(Single Cell Network,SCN)和多区网(Multiple Cell Networks,MCN)；按照逻辑结构分类，可分为对等式、基础结构式和线型、星型、环型等；按照控制方式分类，可分为无中心分布式和有中心集中控制式两种；从与外网的连接性来分类，可分为独立 WLAN 和非独立 WLAN。

BSS 也称为一个无线局域网工作单元。它有两种基本拓扑结构或组网方式，分别是分布对等式拓扑和基础结构集中式拓扑。单个 BSS，称为单区网，多个 BSS 通过 DS 互联构成多区网。当一个 BSS 内部站点可以直接通信并且没有到其他 BSS 的连接时，我们称该 BSS 为独立 BSS (Independent BSS)，简称 IBSS。

1. 分布对等式拓扑

分布对等式网络是一种独立的 BSS，是一种典型的、以自发方式构成的单区网。对于 IBSS，需要分清两个问题：第一，IBSS 是一种单区网，而单区网并不一定就是 IBSS；第二，IBSS 不能接入 DS。

在可以直接通信的范围内，IBSS 中任意站之间可直接进行通信而不需要 AP 进行转接，如图 4-25 所示。从而站之间的关系是对等的、分布式的或无中心的。IBSS 工作模式又被称为特别网络或自组织网络(Ad Hoc Network)，主要是因为 IBSS 网络不需要预先计划，可以在需要的时候随时构建。

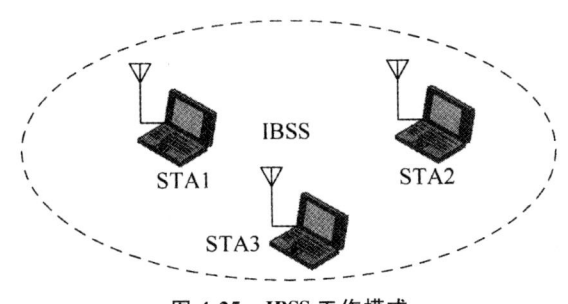

图 4-25 IBSS 工作模式

采用这种拓扑结构的网络,各站点竞争公用信道。当站点数过多时,信道竞争成为限制网络性能的要害。因此,在小规模、小范围的 WLAN 系统中适合采用这种网络。

这种网络的显著特点是受时间与空间的限制,而也正是这些限制使得 IBSS 的构造与解除非常方便简单,为网络设备中非专业用户的操作提供了很大的方便。也就是说,除了网络中必备的 STA 之外,不需要任何专业的技能训练或花费更多的时间及其他额外资源。IBSS 具有结构简单、组网迅速、使用方便、抗毁性强的优点,多用于临时组网和军事通信中。

2.基础结构集中式拓扑

在 WLAN 中,基础结构是扩展业务组的分布和综合业务功能的逻辑位置,它包括分布式系统媒体、AP 和端口实体。

一个基础结构除 DS 外,还包含一个或多个 AP 及零个或多个端口。因此,在基础结构 WLAN 中,至少要有一个 AP。如图 4-26 所示为只包含一个 AP 的单区基础结构网络。AP 是 BSS 的中心控制站,网中的站在该中心站的控制下与其他站进行通信。

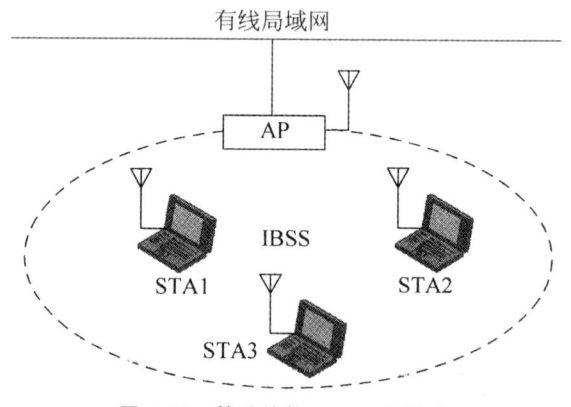

图 4-26　基础结构 BSS 工作模式

与 IBSS 相比,基础结构 BSS 的抗毁性较差,AP 一旦遭到破坏,整个 BSS 就会瘫痪。此外,作为中心站的 AP 具有较高的复杂度,同时实现成本也比较高。

在一个基础结构 BSS 中,一个站与同一 BSS 内的另一个站通信,必须经过源站到 AP 和 AP 到宿站的两跳过程,并由 AP 进行转接。显然这样需要较多的传输容量,并且增加了传输时延,但比各站直接通信有以下许多优势:

①AP 决定着基础结构 BSS 的覆盖范围或通信距离。一般情况下,两站可进行通信的最大距离是进行直接通信时的两倍。BSS 内的所有站都需在 AP 的通信范围之内,而对各站之间的距离没有限制,即网络中的站点的布局受环境的限制较小。

②由于各站不需要保持邻居关系,其路由的复杂性和物理层的实现复杂度较低。

③AP 作为中心站,控制着所有站点对网络的访问,当网络业务量增大时网络的吞吐性能和时延性能并不会出现太过于剧烈的恶化。

④AP 可以很方便地对 BSS 内的站点进行同步管理、移动管理和节能管理等,即具有极好的可控性。

⑤为接 ADS 或骨干网提供了一个逻辑接入点,具有较强的可伸缩性。

在一个 BSS 中，AP 只能管理有限的站的数量。为了扩展无线基础结构网络，可以采用增加 AP 的数量，选择 AP 合适位置等方法，从而扩展覆盖区域和增加系统容量。实际上，即为将一个单区的 BSS 扩展成为一个多区的扩展业务组。

最后需要说明的是，在一个基础结构 BSS 中，如果 AP 没有通过 DS 与其他网络（如有线骨干网）相连接，则此种结构的 BSS 也是一种独立的 BSS WLAN。

3. ESS 网络拓扑

扩展业务区（ESA）是由多个基本服务区通过 DS 连接形成的一个扩展区域，它的覆盖范围可达数公里。属于同一个扩展业务区的所有站组成 ESS，如图 4-27 所示即为一个完整的 ESS 无线局域网的拓扑结构。在扩展业务区中，AP 不但能够完成其基本功能（如无线到 DS 的桥接），还可以确定一个基本服务区的地理位置。

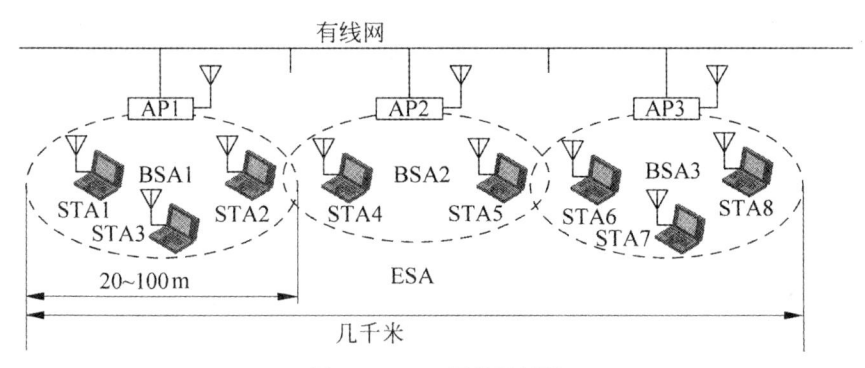

图 4-27 ESS 无线局域网

ESS 是一种由多个 BSS 组成的多区网，其中每个 BSS 都被分配了一个标识号 BSSID。如果一个网络由多个 ESS 组成，则每个 ESS 也被分配一个标识号 ESSID，所有的 ESSID 组成一个网络标识 NID（Network ID），用以标识由这几个 ESS 组成的网络（实际上是逻辑网段，也就是通常所说的子网）。

从图 4-27 中可以发现，BSA1 和 BSA2、BSA2 和 BSA3 之间都有一定程度的重叠（Overlap）。其实在实际中，一个 ESS 中的基本服务区之间并不一定要有重叠。当一个站（如 STA1）从一个 BSA（如 BSA1）移动到另外一个 BSA（如 BSA2），称这种移动为散步或越区切换，这是一种链路层的移动。当一个站（如 STA1）从一个 ESA 移动到另外一个 ESA，也就是说，从一个子网移动到另一个子网，称这种移动为漫游，这是一种网络层或 IP 层的移动。这种移动过程同样也伴随着越区切换操作。

同样需要说明的是，对于 ESS 网络，如果没有通过 DS 与其他网络（如有线网）相连接，则此种结构的 ESS 仍然是一种独立的 WLAN。

4. 中继或桥接型网络拓扑

采用中继或桥接型网络拓扑是拓展 WLAN 覆盖范围的另一种有效方法。

两个或多个网络（LAN 或 WLAN）或网段可以通过无线中继器、无线网桥或无线路由器等无线网络互联设备连接起来。如果中间只通过一级无线互联设备，称为单跳网络。如果中间需要通过多级无线互联设备,则称为多跳网络。

4.7.5 无线局域网标准

为了确保在网络中使用不同厂商网络设备的兼容,必须使用统一的业界标准,这样才能推动无线网络的发展。

1. IEEE 802.11 标准

IEEE 802.11 是 IEEE 于 1997 年颁布的无线网络标准,当时规定了一些诸如介质接入控制层功能、漫游功能、保密功能等。而随着网络技术的发展,IEEE 对 802.11 进行了更新和完善使很多厂商对无线网络设备的开发和应用有了进一步的提高。IEEE 802.11 标准分为 802.11b、802.11a、802.11g 等几种。

(1) IEEE 802.11b 标准

IEEE 802.11b 标准使用 2.4GHz 的频段,采用直接序列扩频技术(DSSS)和补偿码键控调制技术(CCK),数据传输速率可达到 11Mb/s。

(2) IEEE 802.11a 标准

IEEE 802.11a 标准使用 5GHz 的频段,采用跳频扩频技术(FHSS),数据传输速率可达到 54Mb/s。由于 IEEE 802.11b 的最高数据传输速率仅达到 11Mb/s,这就使在无线网络中的视频和音频传输存在很大问题,这就需要提高基本数据传输速率,相应的发展出 IEEE 802.11a 标准。

(3) IEEE 802.11g 标准

2001 年 11 月,推出了新的技术标准 IEEE 802.11g,它混合了 IEEE 802.11b 采用的补偿码键控调制技术(CCK)和 IEEE 802.11a 采用的跳频扩频技术(FHSS)。它既可以在 2.4GHz 的频段提供 11Mb/s 的数据传输速率,也可以在 5GHz 的频段提供 54Mb/s 的数据传输速率。

2. HyperLAN 标准

如果说 IEEE 802.11 系列是美国标准的话,那么 HyperLAN 就是典型的欧洲标准。HyperLAN 标准是由欧洲通信标准协会(European Telecommunications Standards Institute,ETSI)制定的。

HyperLAN 标准使用 5GHz 的频段,采用跳频扩频技术,数据传输可在不同的速度进行,最高可达到 54Mb/s。

3. HomeRF 标准

HomeRF 主要为家庭网络设计,是 IEEE 802.11 与数字无绳电话标准的结合,旨在降低语音数据成本,建设家庭语音、数据内联网。HomeRF 也采用了扩频技术,工作在 2.4GHz 频带,能同步支持 4 条高质量语音信道。但目前 HomeRF 的传输速率只有 1~2Mb/s。

4. 蓝牙(Bluetooth)技术

蓝牙(IEEE 802.15)是一项新标准。对于 IEEE 802.11 标准来说,它的出现不是为了竞争而是相互补充。蓝牙是一种极其先进的大容量近距离无线数字通信的技术标准,其目标是实现最高数据传输速度 1Mb/s(有效传输速率为 721kb/s)、最大传输距离为 10cm~10m,通过增加发射功率可达到 100m。蓝牙比 IEEE 802.11 更具移动性,例如,IEEE 802.11 限制在办公室和校园内,而蓝牙却能把一个设备连接到局域网和广域网,甚至支持全球漫游。此外,蓝牙成本低、体积小,可用于更多的设备。蓝牙最大的优势还在于,在更新网络骨干时,如果搭配蓝牙架构进行,可使整体网络的成本比铺设线缆低。

4.7.6 无线局域网的主要类型

无线局域网使用的是无线传输介质,按照所采用的技术可以分为三类:红外线无线局域网、扩频无线局域网和窄带微波无线局域网。

1. 红外线无线局域网

红外线是按视距方式传播的,也就是说,发送点可以直接看到接收点,中间没有阻挡。红外线相对于微波传输方案来说有一些明显的优点。首先,红外线频谱是非常宽的,所以就有可能提供极高的数据传输率。由于红外线与可见光有一部分特性是一致的,所以它可以被浅色物体漫反射,这样就可以用天花板反射来覆盖整个房间。红外线不会穿过墙壁或其他的不透明的物体,因此红外线无线局域网具有以下几个优点。

① 红外线通信比起微波通信不易被入侵,因此也就保证了较高的安全性。

② 安装在大楼中每个房间里的红外线网络可以互不干扰,因此建立一个大的红外线网络是可行的。

③ 红外线无线局域网设备相对便宜又简单。红外线数据基本上是用强度调制,所以红外线接收器只要测量光信号的强度,而大多数的微波接收器则是要测量信号的频谱或相位。

红外线无线局域网的数据传输有三种基本技术。

① 定向光束红外线。定向光束红外线可以被用于点到点链路。在这种方式中,传输的范围是由发射的强度与接收装置的性能所决定的。红外线连接可以被用于连接几座大楼的网络,但是每幢大楼的路由器或网桥都必须在视线范围内。

② 全方位红外传输技术。一个全方位配置要有一个基站。基站能看到红外线无线局域网中的所有结点。典型的全方位配置结构是将基站安装在天花板上。基站的发射器向所有的方向发送信号,所有的红外线收发器都能接收到信号,所有结点的收发器都用定位光束瞄准天花板上的基站。

③ 漫反射红外传输技术。全方位配置需要在天花板安装一个基站,而漫反射配置则不需要在天花板安装一个基站。在漫反射红外线配置中,所有结点的发射器都瞄准天花板上的漫反射区。红外线射到天花板上,被漫反射到房间内的所有接收器上。

红外线无线局域网也存在一些缺点。例如,室内环境中的阳光或室内照明的强光线,都会成为红外线接收器的噪声部分,因此限制了红外线无线局域网的应用范围。

2. 扩频无线局域网

扩展频谱技术是指发送信息带宽的一种技术,又称为扩频技术。它是一种信息传输方式,其信号所占有的频带宽度远大于所传信息必须的最小带宽。频带的扩展是通过一个独立的码序列来完成,用编码及调制的方法来实现的,与所传信息数据没有直接关系;在接收端也用同样的码进行相关同步接收、解扩及恢复所传信息数据。

扩展频谱技术第一次是被军方公开介绍,用来进行保密传输。一开始它就被设计成抗噪声、抗干扰、抗阻塞和抗未授权检测。在这种技术中,信号可以跨越很宽的频段,数据基带信号的频谱被扩展至几倍至几十倍,然后才搬移至射频发射出去。这一做法虽然牺牲了频带带宽,但由于其功率密度随频谱扩宽而降低,甚至可以将通信信号淹没在自然背景噪声中。因此,其保密性很强,要截获或窃听、侦察信号难度比较大,除非采用与发送端相同的扩频码与之同步后再进行相关的检测,否则对扩频信号无能为力。目前,最普遍的无线局域网技术是扩展频谱(简称扩频)技术。扩频的第一种方法是跳频,第二种方法是直接序列扩频。这两种方法都被无线局域网所采用。

(1)跳频通信

在跳频方案中,发送信号频率按固定的间隔从一个频谱跳到另一个频谱。接收器与发送器同步跳动,从而正确地接收信息。而那些可能的入侵者只能得到一些无法理解的标记。发送器以固定的间隔一次变换一个发送频率。IEEE 802.11 标准规定每 300ms 的间隔变换一次发送频率。发送频率变换的顺序由一个伪随机码决定,发送器和接收器使用相同变换的顺序序列。数据传输可以选用移频键控(FSK)或移相键控(PSK)方法。

(2)直接序列扩频通信

在直接序列扩频方案中,输入数据信号进入一个通道编码器并产生一个接近某中央频谱的较窄带宽的模拟信号。这个信号将用一系列看似随机的数字(伪随机序列)来进行调制,调制的结果是要传输信号的带宽得以大大拓宽,因此称为直接序列扩频通信。在接收端,使用同样的数字序列来恢复原信号,信号再进入通道解码器来还原传送的数据。

3. 窄带微波无线局域网

窄带微波是指使用微波无线电频带来进行数据传输,其带宽刚好能容纳信号。以前所有的窄带微波无线网产品都使用申请执照的微波频带,直到最近有一些制造商提供了在工业、科学和医药(Industrial Scientific and Medicine, ISM)频带内的窄带微波无线网产品。

(1)申请执照的窄带 RF

申请执照的窄带 RF 用于声音、数据和视频传输的微波无线电频率需要申请执照和进行协调,以确保在一个地理环境中的各个系统之间不会相互干扰。在美国,由 FCC 控制执照。每个地理区域的半径为 28km,并可以容纳 5 个执照,每个执照覆盖两个频率。在整个频带中,每个相邻的单元都避免使用互相重叠的频率。为了提供传输的安全性,所有的传输都经过加密。申请执照的窄带无线网的一个优点是,它保证了无干扰通信。和免申请执照的 ISM 频带比起来,申请执照的频带执照拥有者,其无干扰数据通信的权利在法律上得到保护。

(2)免申请执照的窄带 RF

1995 年,Radio LAN 成为第一个使用免申请执照 ISM 的窄带无线局域网产品。Radio LAN 的数据传输速率为 10Mb/s,使用 5.8GHz 的频率,在半开放的办公室有效范围是 50m,在开放的办公室是 100m。Radio LAN 采用了对等网络的结构方法。传统局域网(如 Ethernet 网)组网一般需要有集线器,而 Radio LAN 组网不需要有集线器,它可以根据位置、干扰和信号强度等参数来自动地选择一个结点作为动态主管。当联网的结点位置发生变化时,动态主管也会自动变化。这个网络还包括动态中继功能,它允许每个站点像转发器一样工作,以使不在传输范围内的站点之间也能进行数据传输。

4.7.7 无线局域网的应用

随着无线局域网技术的发展,人们越来越深刻地认识到,无线局域网不仅能够满足移动和特殊应用领域网络的要求,有线网络难以涉及的范围通过它也可得以覆盖。无线局域网作为传统局域网的补充,目前已成为局域网应用的一个热点。

无线局域网的应用领域主要有以下几个方面。

1. 作为传统局域网的扩充

传统的局域网用非屏蔽双绞线实现了 10Mb/s,甚至更高速率的传输,使得结构化布线技术得到广泛的应用。很多建筑物在建设过程中已经预先布好了双绞线。但是在某些特殊环境中,无线局域网却能发挥传统局域网起不了的作用。这一类环境主要是建筑物群之间、工厂建筑物之间的连接、股票交易场所的活动结点以及不能布线的历史古建筑物、临时性小型办公室、大型展览会等。在上述情况中,无线局域网提供了一种更有效的联网方式。在大多数情况下,传统局域网用来连接服务器和一些固定的工作站,而移动和不易于布线的结点可以通过无线局域网接入。图 4-28 给出了典型的无线局域网结构示意图。

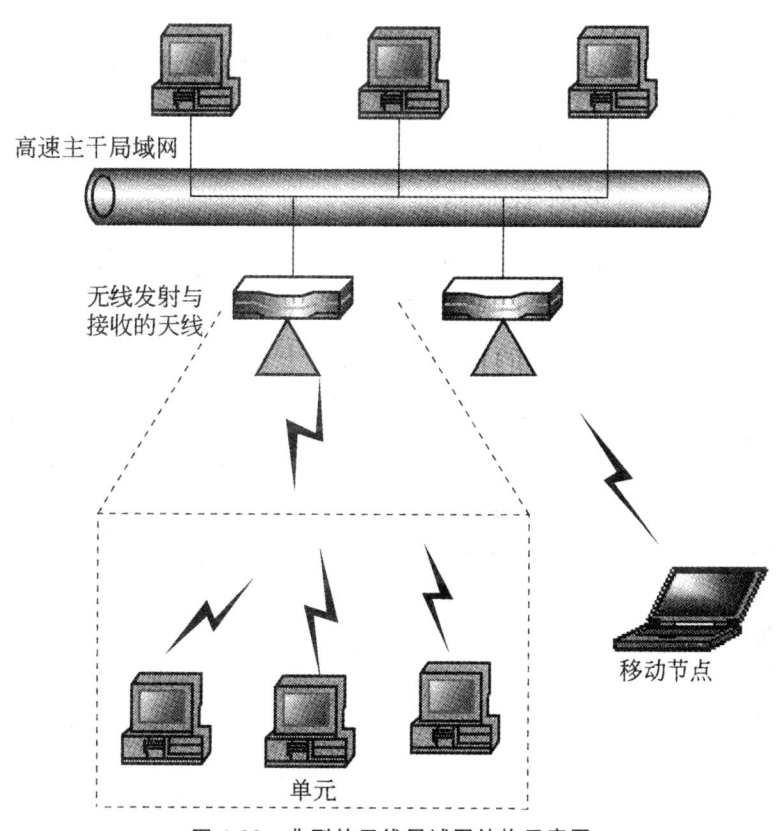

图 4-28 典型的无线局域网结构示意图

2. 漫游访问

带有天线的移动数据设备(如笔记本电脑)与无线局域网集线器之间可以实现漫游访问。如在展览会会场的工作人员,在向听众做报告时,通过他的笔记本电脑访问办公室的服务器文件。漫游访问在大学校园或是业务分布于几栋建筑物的环境中也是很有用的。用户可以带着他们的笔记本电脑随意走动,可以从任何地点连接到无线局域网集线器上。

3. 建筑物之间的互联

无线局域网的另一个用途是连接临近建筑物中的局域网。在这种情况下,两座建筑物使用一条点到点无线链路,网桥或路由器即为连接的典型设备。

4. 特殊网络

特殊网络(如 Ad Hoc Network)是一个临时需要的对等网络(无集中的服务器)。例如,一群工作人员每人都有一个带天线的笔记本电脑,他们被召集到一间房里开业务会议或讨论会,他们的计算机可以连到一个暂时网络上,会议完毕后网络将不再存在。这种情况在军事应用中也是很常见的。

第5章 广域网技术

5.1 广域网技术概述

5.1.1 广域网的概念

广域网(Wide Area Networks,WAN)并没有严格的定义,通常是指覆盖范围可达一个地区、国家甚至全球的长距离网络。它将不同城市、省区甚至国家之间的 LAN、MAN 利用远程数据通信网连接起来的网络,可以提供计算机软、硬件和数据信息资源共享。因特网就是最典型的广域网,VPN 技术也可以属于广域网。

在广域网内,结点交换机和它们之间的链路一般由电信部门提供,网络由多个部门或多个国家联合组建而成,规模很大,能实现整个网络范围内的资源共享和服务。广域网一般向社会公众开放服务,因而通常被称为公用数据网(Public Data Network,PDN)。

传统的广域网采用存储转发的分组交换技术构成,目前帧中继和 ATM 快速分组技术也开始大量使用。

随着计算机网络技术的不断发展和广泛应用,一个实际的网络系统常常是 LAN、MAN 和 WAN 的集成。三者之间在技术上也不断融合。

广域网的线路一般分为传输主干线路和末端用户线路,根据末端用户线路和广域网类型的不同,有多种接入广域网的技术。使用公共数据网的一个重要问题就是与它们的接口,拥有主机资源的用户只要遵循通信子网所要求的接口标准,提出申请并付一定的费用,都可接入该通信子网,利用其提供的服务来实现特定资源子网的通信任务。

与覆盖范围较小的局域网相比,广域网具有以下几个特点。
①覆盖范围广,可达数千甚至数万公里。
②广域网没有固定的拓扑结构。
③广域网通常使用高速光纤作为传输介质。
④局域网可以作为广域网的终端用户与广域网连接。
⑤广域网主干带宽大,但提供给终端用户的带宽小。
⑥数据传输距离远,往往要经过多个广域网设备转发,延时较长。
⑦广域网管理、维护困难。

对照 OSI 参考模型,广域网技术主要位于底层的三个层次,分别是物理层、数据链路层和网络层。图 5-1 列出了一些经常使用的广域网技术与 OSI 参考模型之间的对应关系。

	OSI层		WAN规范
Network Layer(网络层)			X.25 PLP
DataLink Layer (数据链路层)	LLC	SMDS	LAPB
			Frame Relay
			HDLC
	MAC		PPP
			SDLC
Physical Layer (物理层)			X.21Bis
			EIA/TIA-232
			EIA/TIA-449
			V.24 V.35
			HSSI G.73
			EIA-530

图 5-1 广域网技术与 OSI 参考模型的对应关系

5.1.2 广域网的组成

广域网是由一些结点交换机以及连接这些交换机的链路组成的。结点交换机执行数据分组的存储和转发功能,结点交换机之间都是点到点的连接,并且一个结点交换机通常与多个结点交换机相连,而局域网则通过路由器与广域网相连。如图 5-2 所示。

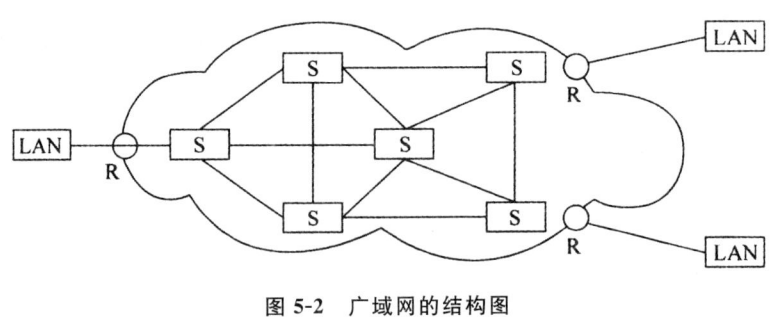

图 5-2 广域网的结构图
S—结点交换机;R—路由器

5.1.3 广域网的拓扑结构

广域网的拓扑结构是由大量点到点的连接构成的网状结构,如图 5-3 所示。广域网和局域网是互联网的重要组成构件,从互联网的层面上来看,广域网和局域网是平等的。广域网和局域网的共同点是:连接在一个广域网和一个局域网上的主机在该网内进行通信时,只需要使用其网络的物理地址即可。

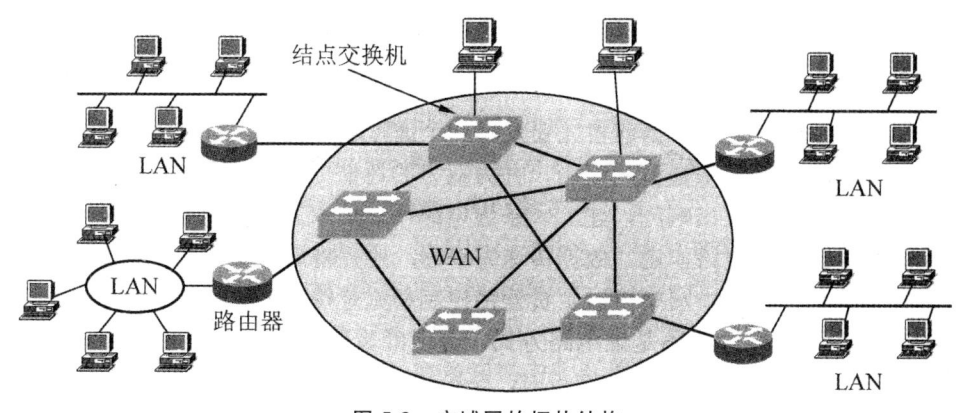

图 5-3 广域网的拓扑结构

5.1.4 广域网的层次结构

广域网是为用户提供远距离数据通信业务的网络,通常使用电信部门的传输设备,利用公共通信链路和公共载波进行数据传输,如本地电话公司或长途电话公司提供的电话主干网、电信运营商提供的光纤传输网等。显然,广域网实质就是通常意义上的通信子网,因此,广域网协议一般只包含 OSI 参考模型的下面三层:物理层、数据链路层和网络层。

1. DTE 和 DCE 的连接

广域网中涉及设备非常多。放置在用户端的设备称为客户端设备(Customer Premises Equipment,CPE),又称为数据终端设备(Data Terminal Equipment,DTE),它是 WAN 上进行通信的终端系统,如路由器、终端或 PC。大多数 DTE 的数据传输能力有限,两个相距较远的 DTE 不能直接连接起来进行通信。所以,DTE 首先使用铜缆或光纤连接到最近服务提供商的中心局(Central Office,CO)设备,再接入 WAN。从 DTE 到 CO 的这段线路称为本地环路。DTE 和 WAN 网络之间提供接口的设备称为数据电路终接设备(Data Circuit-terminating Equipment,DCE),如 WAN 交换机或调制解调器。DCE 将来自 DTE 的用户数据转变为 WAN 设备可接受的形式,提供网络内的同步服务和交换服务。DTE 和 DCE 之间的接口要遵循物理层协议即物理层接口标准,如 EIA/TIA-232、X.21、EIA/TIA-449、V.24、V.35 和 HSSI 等。当通信线路是数字线路时,设备还需要一个信道服务单元(Channel Service Unit,CSU)和一个数据服务单元(Data Service Unit,DSU)。这两个单元往往合并为同一个设备,内建于路由器的接口卡中。而当通信线路是模拟线路时,则调制解调器的使用就非常有必要。图 5-4 所示的实例说明了 DTE 和 DCE 的联系。

2. 广域网的层次结构

广域网是电信运营级网络,对 CoS、QoS、安全性等方面的要求更高一些,必须按照一定的网络体系结构进行组织，以便不同系统间的互联和相互协同得以顺利实现。根据网络设计和网络功能的不同，将广域网分为四层结构，如图5-5所示。图5-5中的每个结点对应一个单独的地理位置或结点交换机。广域网通过交换机的点到点链路将所有结点连接起来。

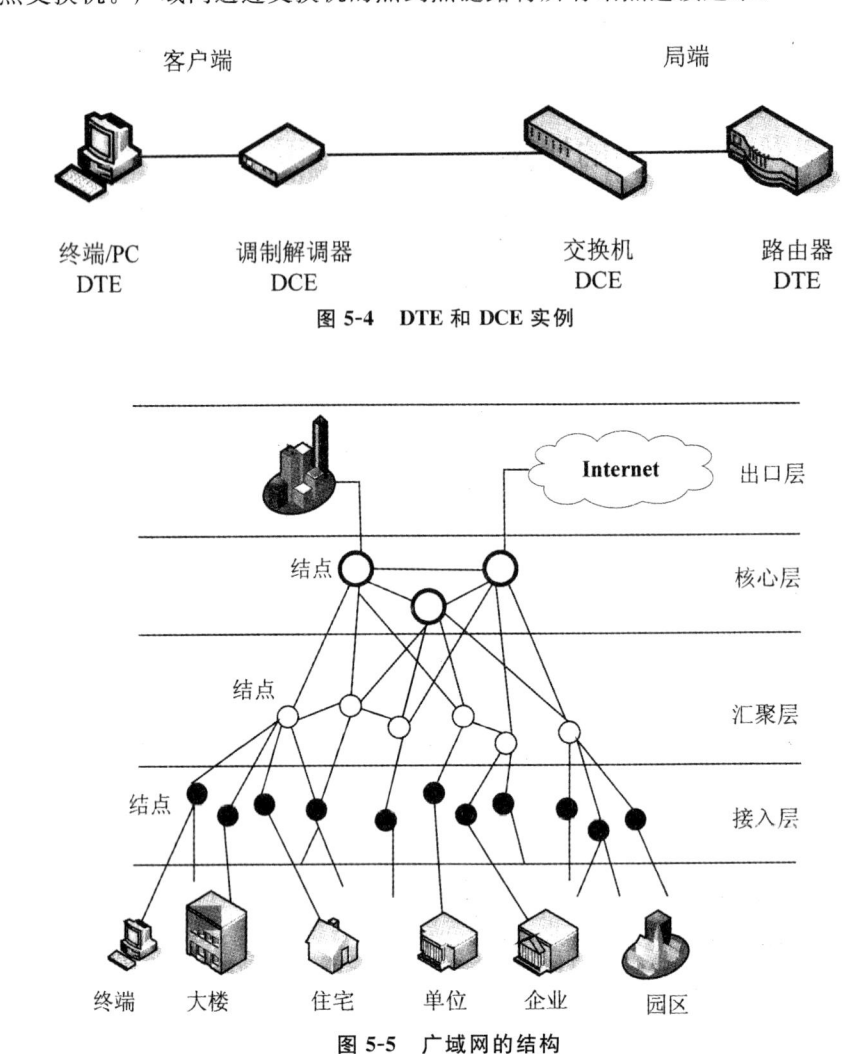

图5-4　DTE和DCE实例

图5-5　广域网的结构

（1）出口层（Gateway Layer）

提供了广域网与互联网或者其他公共/专用网络的连接。将企业或专用广域网通过公共通信链路连接入范围更加广阔的网络中。

（2）核心层（Core Layer）

提供较远距离结点间的快速连接，将多个园区网和企业网连接在一起。核心层结点之间通常是点到点连接，任何复杂的路由处理均不执行，以便网络的传输速度得到保证。

（3）汇聚层（Distribution Layer）

通常基于快速以太网连接多个建筑物，为多个局域网提供网络服务。汇聚层的主要功能是网络地址或区域聚合、将部门或工作组接入核心层、广播/多播域的定义等。汇聚层可以是园区网的骨干连接，也可以是非园区网中远程接入公司网络的结点连接。

(4)接入层(Access Layer)

为工作组或用户提供网络接入。接入层通常是一个或一组局域网,是所有主机接入网络的地方。接入层将网络按部门类别等方式分段,如市场部门、行政部门、工程部门等,并将广播流量隔离在单个工作组或局域网内。

5.1.5 广域网服务及其常用设备

1. 广域网提供的服务

广域网提供的服务主要有面向无连接的网络服务和面向连接的网络服务。

(1)面向无连接的网络服务

面向无连接的网络服务的具体实现就是数据报服务,其特点如下所示。

①在数据发送前,通信的双方不建立连接。

②每个分组独立进行路由选择,具有高度的灵活性。但也需要每个分组都携带地址信息,而且,先发出的分组不一定先到达,没有服务质量保证。

③网络也不保证数据不丢失,用户自己来负责差错处理和流量控制,网络只是尽最大努力将数据分组或包传送给目的主机,称为尽最大努力交付。

(2)面向连接的网络服务

面向连接的网络服务的具体实现是虚电路服务,其特点如下所示。

①在数据发送前要建立虚拟连接,每个虚拟连接对应一个虚拟连接标识,网络中的结点交换机看到这个虚拟连接标识,就知道该将这个分组转发到哪个端口。

②建立虚拟连接要消耗网络资源。但是,虚拟连接的建立相当于一次就为所有分组进行了路由选择,分组只需要携带较短的虚拟连接标识,而不用携带较长的地址信息。不过,如果虚电路中有一段故障,则所有分组都无法到达。

③虚电路服务可以保证按发送的顺序收到分组,有服务质量保证。而且差错处理和流量控制可以选择是由用户负责还是由网络负责。

(3)两种服务的比较

计算机网络上传送的报文长度,一般较短。如果采用 128 个字节为分组长度,则往往一次传送一个分组就够了。在这种情况下,用数据报既迅速,又经济。如果用虚电路服务,为了传送一个分组而建立和释放虚拟连接就显得太浪费网络资源了。

两种服务的根本区别在于由谁来保证通信的可靠性。虚电路服务认为,网络作为通信的提供者,有责任保证通信的可靠性,网络来负责保证可靠通信的一切措施,这样,用户端就可以做得很简单。数据报服务认为,网络应在任何恶劣条件下都可以生存。同时,多年实践证明,不管网络提供的服务多么可靠,用户仍需要负责端到端的可靠性。不如干脆由用户负责通信的可靠性,以简化网络结构。虽然网络出了差错由主机来处理要耗费一定时间,但由于技术的进步使网络出错的几率越来越小,所以让主机负责端到端的可靠性不会给主机增加很大的负担,反而利于更多的应用在简单网络上运行。

采用数据报服务的广域网的典型代表是 Internet,而采用虚电路服务的广域网主要有 X.25 网络、帧中继网络和 ATM 网络。

2. 广域网服务的常用设备

广域网服务的常用设备包括路由器、通信网络交换机、信道服务单元/数据服务单元(Channel Service Unit/Data Service Unit,CSU/DSU)和 ISDN 终端适配器等。

(1)路由器

路由器属于用户方设备,是实现远程通信的关键设备。它提供网络层服务,可以选择 IP、IPX、AppleTalk 等不同协议,也可以为线路和子网提供各种同步或异步串行接口和以太网的接口。路由器是一种智能化设备,能够动态地控制资源并支持网络的任务和需求,实现远程通信的连通性、可靠性和可管理性。路由器的配置被视为用户终端设备 DTE,其配置是最为复杂的一种网络通信设备。

(2)通信网络交换机

通信网络交换机在一般资料中称为广域网交换机,是远程通信网的关键设备,属于电信公司或 ISP 所有。它是一种多端口交换设备,如专用小型电话交换机(Private Branch telephone eXchange,PBX)等。其交换方式如帧中继和 X.25 等,通信网络交换机在全国、省市县之间采用混合网络拓扑进行互联,能够提供极其充分的四通八达的数据链路。它工作在数据链路层,可以选择运行 PPP、HDLC 等链路层协议,在通信连接中被视为数据电路终接设备 DCE。

(3)信道服务单元/数据服务单元

信道服务单元(CSU)是连接 DTE 到本地数字电路的一个装置,它能将 LAN 的数据帧转化为适合通信网使用的数据传送方式,或者相反。CSU 还能够向通信网线路发送信号,或者从通信网线路接收信号,并为该单元的输入/输出端提供屏蔽电子干扰的功能,同时,CSU 还能够返回电信公司用于信道检测的信号。数据服务单元(DSU)能够提供对电信线路保护与故障诊断的功能。

这两种服务单元的典型应用组合成一个具有独立功能的单元,实际上相当于一个调制解调器的作用。在使用中首先要从电信公司或 ISP 租用一条如 DDN 数据专线,然后在用户终端和电信线路两端安装 CSU/DSU 设备,使 DTE 上的物理接口与数据专线传输设备相适应,从而对传输系统提供控制、管理与服务的功能。

(4)ISDN 终端适配器

ISDN 终端适配器(ISDN Terminal Adapter,ISDN-TA)是通过 ISDN 基本速率接口与其他接口连接的设备,实质上就是一个 ISDN 调制解调器。

5.2 广域网交换技术

5.2.1 线路交换方式

线路交换方式与电话交换方式的工作过程很类似。两台计算机通过通信子网进行数据交换之前,首先要在通信子网中建立一个实际的物理线路连接。典型的线路交换过程如图 5-6 所示。

图 5-6　线路交换方式的工作过程

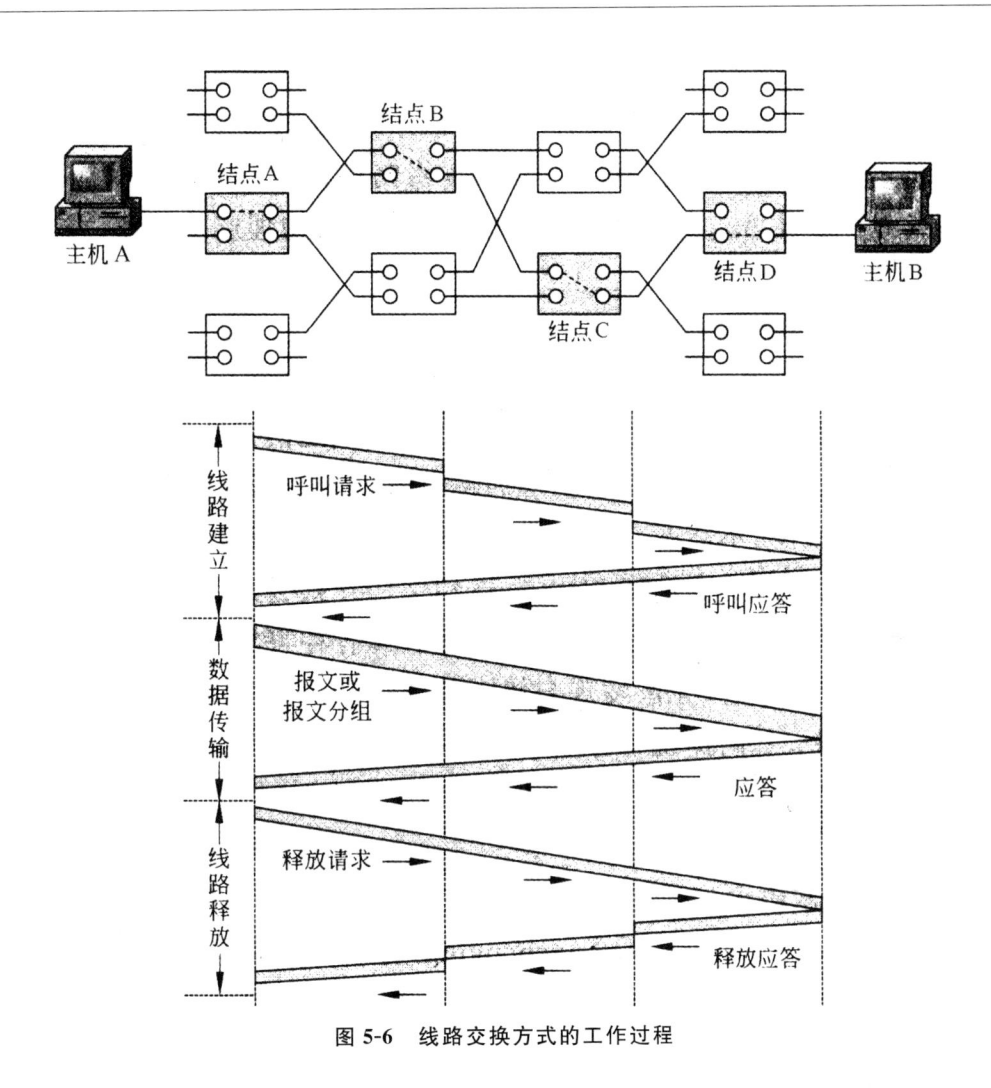

1. 线路交换方式的工作过程

线路交换方式的工作过程分为以下三个阶段。

(1) 线路建立阶段

如果主机 A 要向主机 B 传输数据，首先要通过通信子网在主机 A 与主机 B 之间建立线路连接。主机 A 首先向通信子网中结点 A 发送"呼叫请求包"，其中含有需要建立线路连接的源主机地址与目的主机地址。结点 A 根据目的主机地址，根据路选算法，如选择下一个结点为 B，则向结点 B 发送"呼叫请求包"。结点 B 接到呼叫请求后，同样根据路选算法，如选择下一个结点为结点 C，则向结点 C 发送"呼叫请求包"。结点 C 接到呼叫请求后，也要根据路选算法，如选择下一个结点为结点 D，则向结点 D 发送"呼叫请求包"。结点 D 接到呼叫请求后，向与其直接连接的主机 B 发送"呼叫请求包"。主机 B 如接受主机 A 的呼叫连接请求，则通过已经建立的物理线路连接"结点 D—结点 C—结点 B—结点 A"，向主机 A 发送"呼叫应答包"。至此，从"主机 A—结点 A—结点 B—结点 C—结点 D—主机 B"的专用物理线路连接建立完成。该物理连接为此次主机 A 与主机 B 的数据交换服务。

(2)数据传输阶段

在主机 A 与主机 B 通过通信子网的物理线路连接建立以后,主机 A 与主机 B 就可以通过该连接实时、双向交换数据。

(3)线路释放阶段

在数据传输完成后,就要进入路线释放阶段。一般可以由主机 A 向主机 B 发出"释放请求包",主机 B 同意结束传输并释放线路后,将向结点 D 发送"释放应答包",然后按照结点 C—结点 B—结点 A—主机 A 次序,依次将建立的物理连接释放。这时,此次通信结束。

2. 线路交换方式的特点

线路交换方式的特点是:通信子网中的结点是用电子或机电结合的交换设备来完成输入与输出线路的物理连接。交换设备与线路分为模拟通信与数字通信两类。线路连接过程完成后,在两台主机之间已建立的物理线路连接为此次通信专用。通信子网中的结点交换设备不能存储数据,不能改变数据内容,并且不具备差错控制能力。

5.2.2　存储转发交换方式

在进行线路交换方式研究的基础上,人们提出了存储转发交换方式。

1. 存储转发交换方式与线路交换方式的区别

存储转发交换方式与线路交换方式的主要区别表现在以下两个方面:发送的数据与目的地址、源地址、控制信息按照一定格式组成一个数据单元(报文或报文分组)进入通信子网;通信子网中的结点是通信控制处理机,它负责完成数据单元的接收、差错校验、存储、路选和转发功能。

2. 存储转发交换方式的特点

存储转发交换方式具有以下几个特点。

①由于通信子网中的通信控制处理机可以存储报文(或报文分组),因此多个报文(或报文分组)可以共享通信信道,线路利用率较高。

②通信子网中通信控制处理机具有路选功能,可以动态选择报文(或报文分组)通过通信子网的最佳路径,同时可以平滑通信量,提高系统效率。

③报文(或报文分组)在通过通信子网中的每个通信控制处理机时,均要进行差错检查与纠错处理,因此可以减少传输错误,提高系统可靠性。

④通过通信控制处理机,可以对不同通信速率的线路进行速率转换,也可以对不同的数据代码格式进行变换。

正是由于存储转发交换方式有以上明显的优点,因此,它在计算机网络中得到了广泛的使用。

3. 存储转发交换方式的分类

存储转发交换方式可以分为两类:报文交换与报文分组交换。因此,在利用存储转发交换原理传送数据时,被传送的数据单元相应可以分为两类:报文与报文分组。

如果在发送数据时,不管发送数据的长度是多少,都把它当作一个逻辑单元,那么就可以在发送的数据上加上目的地址、源地址与控制信息,按一定的格式打包后组成一个报文。另一种方法是限制数据的最大长度,典型的最大长度是 1000 或几千比特。发送站将一个长报文分成多个报文分组,接收站再将多个报文分组按顺序重新组织成一个长报文。

报文分组通常也被称为分组。报文与报文分组结构的区别如图 5-7 所示。

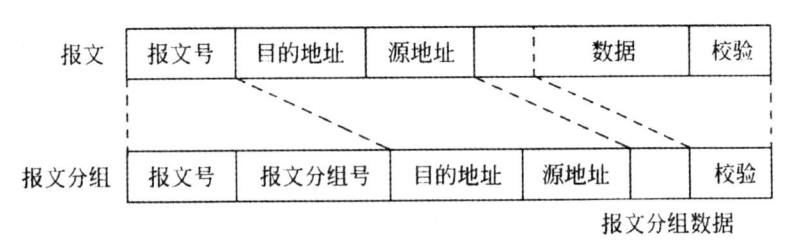

图 5-7 报文和报文分组结构

由于分组长度较短,在传输出错时,检错容易并且重发花费的时间较少,这就有利于提高存储转发结点的存储空间利用率与传输效率,因此成为当今公用数据交换网中主要的交换技术。目前,美国的 TELENET、TYMNET 以及中国的 CHINAPAC 都采用了分组交换技术。这类通信子网称为分组交换网。

分组交换技术在实际应用中,又可以分为以下两类:数据报方式(DG)和虚电路方式(VC)。

5.2.3 数据报方式

数据报是报文分组存储转发的一种形式。与线路交换方式相比,在数据报方式中,分组传送之间不需要预先在源主机与目的主机之间建立"线路连接"。源主机所发送的每一个分组都可以独立地选择一条传输路径。每个分组在通信子网中可能是通过不同的传输路径从源主机到达目的主机。典型的数据报方式的工作过程如图 5-8 所示。

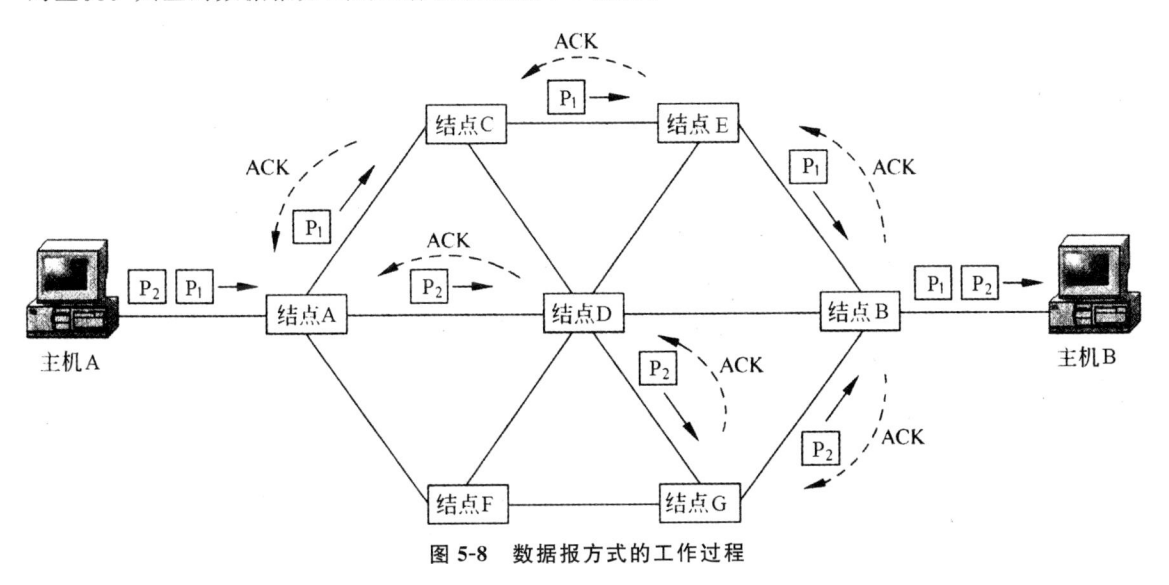

图 5-8 数据报方式的工作过程

1. 数据报方式的工作过程

数据报方式的工作过程可以分为以下三个步骤。

①源主机 A 将报文 M 分成多个分组 $P_1, P_2, \cdots, P_n$,依次发送到与其直接连接的通信子网的通信控制处理机 A(即结点 A)。

②结点 A 每接收一个分组均要进行差错检测,以保证主机 A 与结点 A 的数据传输的正确性;结点 A 接收到分组 $P_1, P_2, \cdots, P_n$ 后,要为每个分组进入通信子网的下一结点启动路选算法。由于网络通信状态是不断变化的,分组 P_1 的下一个结点可能选择为结点 C,而分组 P_2 的下一个结点可能选择为结点 D,因此同一报文的不同分组通过子网的路径可能是不同的。

③结点 A 向结点 C 发送分组 P_1 时,结点 C 要对 P_1 传输的正确性进行检测。如果传输正确,结点 C 向结点 A 发送正确传输的确认信息 ACK;结点 A 接收到结点 C 的 ACK 信息后,确认 P_1 已正确传输,则废弃 P_1 的副本。其他结点的工作过程与结点 C 的工作过程相同。这样,报文分组 P_1 通过通信子网中多个结点存储转发,最终正确地到达目的主机 B。

2. 数据报方式的特点

从以上讨论可以看出,数据报方式具有以下几个特点。

①同一报文的不同分组可以由不同的传输路径通过通信子网。
②同一报文的不同分组到达目的结点时可能出现乱序、重复与丢失现象。
③每一个分组在传输过程中都必须带有目的地址与源地址。
④数据报方式报文传输延迟较大,适用于突发性通信,不适用于长报文、会话式通信。
在研究数据报方式的优缺点的基础上,人们进一步提出了虚电路方式。

5.2.4 虚电路方式

虚电路方式试图将数据报方式与线路交换方式结合起来,发挥两种方法的优点,达到最佳的数据交换效果。虚电路方式在分组发送之前,需要在发送方和接收方建立一条逻辑连接的虚电路。典型的虚电路方式的工作过程如图 5-9 所示。

1. 虚电路方式的工作过程

虚电路方式的工作过程可以分为以下三个步骤。

(1) 虚电路建立阶段

在虚电路建立阶段,结点 A 启动路选算法选择下一个结点(如结点 B),向结点 B 发送呼叫请求分组;同样,结点 B 也要启动路选算法选择下一个结点。依此类推,呼叫请求分组经过结点 A—结点 B—结点 C—结点 D,发送到目的结点 D。目的结点 D 向源结点 A 发送呼叫接收分组,至此虚电路建立。

(2) 数据传输阶段

在数据传输阶段,虚电路方式利用已建立的虚电路,逐站以存储转发方式顺序传送分组。

(3) 虚电路拆除阶段

在虚电路拆除阶段,将按照结点 D—结点 C—结点 B—结点 A 的顺序依次拆除虚电路。

图 5-9 虚电路方式的工作过程

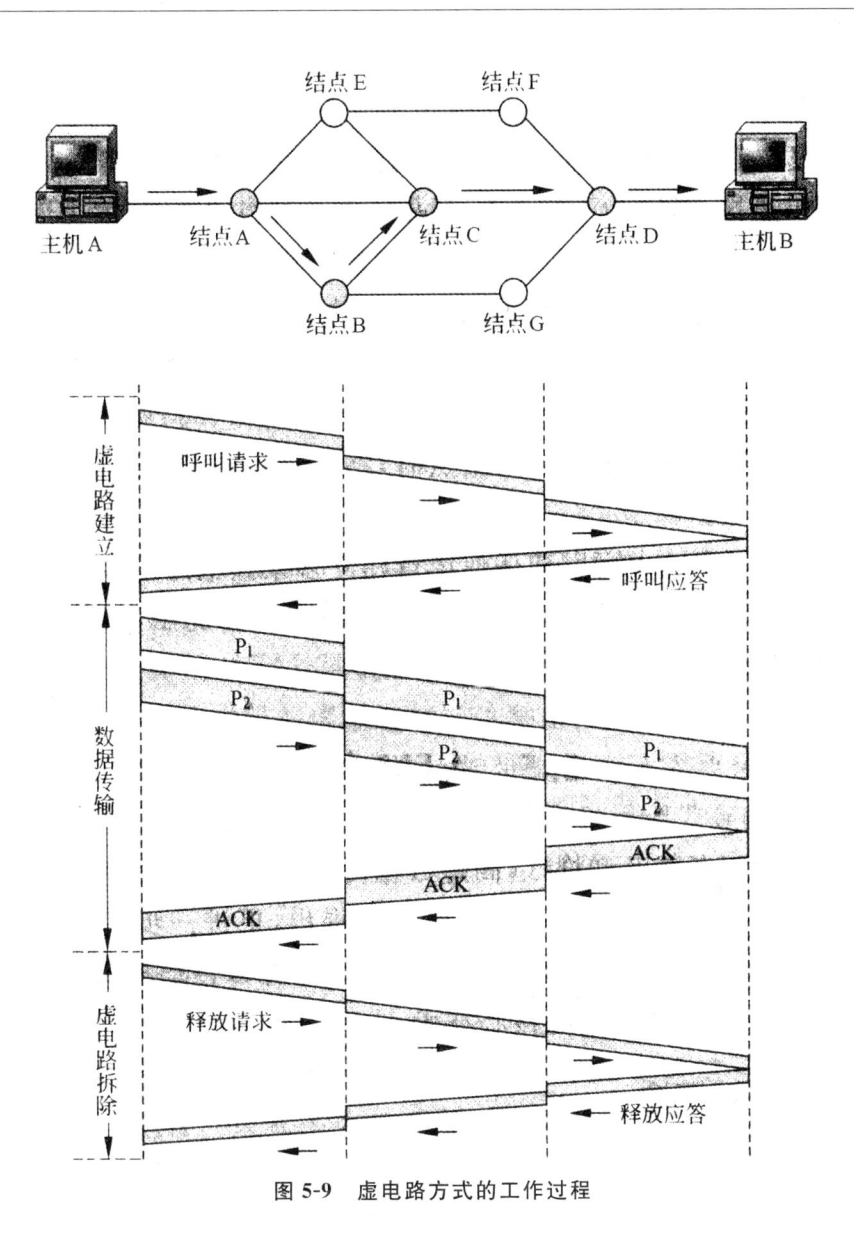

2. 虚电路方式的特点

虚电路方式具有以下几个特点。

①在每次报文分组发送之前,必须在发送方与接收方之间建立一条逻辑连接。之所以说是一条逻辑连接,是因为不需要真正去建立一条物理链路,因为连接发送方与接收方的物理链路已经存在。

②一次通信的所有报文分组都通过这条虚电路顺序传送,因此报文分组不必带目的地址、源地址等辅助信息。报文分组到达目的结点时不会出现丢失、重复与乱序的现象。

③报文分组通过虚电路上的每个结点时,结点只需要做差错检测,而不需要做路径选择。

④通信子网中每个结点可以和任何结点建立多条虚电路连接。

由于虚电路方式具有分组交换与线路交换两种方式的优点,因此在计算机网络中得到了广泛的应用。X.25 网支持虚电路方式。

5.3 X.25 协议

5.3.1 X.25 协议概述

X.25 是最古老的广域网协议之一,20 世纪 70 年代由当时的国际电报电话咨询委员会(Consultative Committee on International Telegraph and Telephone,CCITT)提出,于 1976 年 3 月正式成为国际标准,1980 年和 1984 年又经过补充修订。习惯上,将采用 X.25 协议的公用分组交换网叫作 X.25 网络。

使用 X.25 协议的公共分组交换网是一个以数据通信为目标的公共数据网(PDN)。在 PDN 内,各结点由交换机组成,交换机间用存储转发的方式交换分组。

X.25 能接入不同类型的用户设备。由于 X.25 内各结点具有存储转发能力,并向用户设备提供了统一的接口,从而能够使得不同速率、码型和传输控制规程的用户设备都能接入 X.25,并能相互通信。

X.25 协议是数据终端设备(DTE)和数据电路终接设备(DCE)之间的接口规程。

X.25 网络设备分为数据终端设备(Data Terminal Equipment,DTE)、数据电路终接设备(DCE)和分组交换设备(PSE)。X.25 协议规定了 DTE 和 DCE 之间的接口通信规程。

X.25 使得两台 DTE 可以通过现有的电话网络进行通信。为了进行一次通信,通信的一端必须首先呼叫另一端,请求在它们之间建立一个会话连接;被呼叫的一端可以根据自己的情况接收或拒绝这个连接请求。一旦这个连接建立,两端的设备可以全双工地进行信息传输,并且任何一端在任何时候均有权拆除这个连接。

X.25 是 DTE 与 DCE 进行点到点交互的规程。DTE 通常指的是用户端的主机或终端等,DCE 则常指同步调制解调器等设备。DTE 与 DCE 直接连接,DCE 连接至分组交换机的某个端口,分组交换机之间建立若干连接,这样,便形成了 DTE 与 DCE 之间的通路。在一个 X.25 网络中,各实体之间的关系如图 5-10 所示。

5.3.2 X.25 的组成

X.25 分组交换网主要由分组交换机、用户接入设备和传输线路组成。

1. 分组交换机

分组交换机是 X.25 的枢纽,根据它在网中所在的地位,可分为中转交换机和本地交换机。其主要功能是为网络的基本业务和可选业务提供支持,进行路由选择和流量控制,实现多种协议的互联,完成局部的维护、运行管理、故障报告、诊断、计费及网络统计等。

现代的分组交换机大都采用功能分担或模块分担的多处理器模块式结构来构成。具有可靠性高、可扩展性好、服务性好等特点。

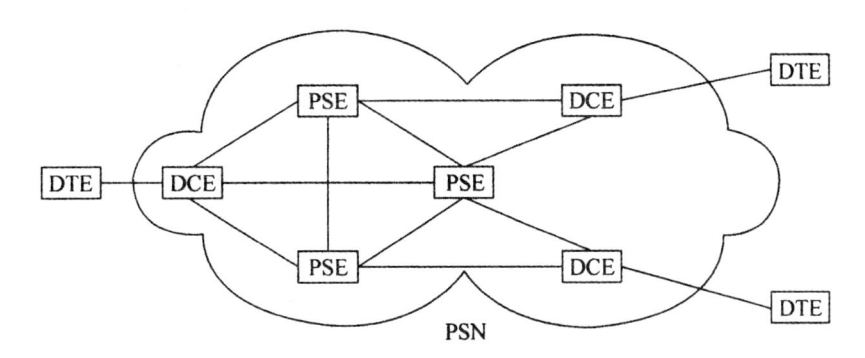

```
DTE  数据终端设备(Data Terminal Equipment)
DCE  数据电路终接设备(Data Circuit-terminating Equipment)
PSE  分组交换设备(Packet Switching Equipment)
PSN  分组交换网(Packet Switching Network)
```

图 5-10　X.25 网络模型

2. 用户接入设备

X.25 的用户接入设备主要是用户终端。用户终端分为分组型终端和非分组型终端两种。X.25 根据不同的用户终端来划分用户业务类别，提供不同传输速率的数据通信服务。

3. 传输线路

X.25 的中继传输线路主要有模拟信道和数字信道两种形式。模拟信道利用调制解调器进行信号转换，传输速率为 9.6kb/s、48kb/s 和 64kb/s，而 PCM 数字信道的传输速率为 64kb/s、128kb/s 和 2Mb/s。

5.3.3　X.25 的网络层次结构

虽然 X.25 协议出现在 OSI 参考模型之前，但是 ITU-T 规范定义了 DTE 和 DCE 之间的分层通信，与 OSI 参考模型的下三层对应，分别为物理层、数据链路层和网络层，如图 5-11 所示。

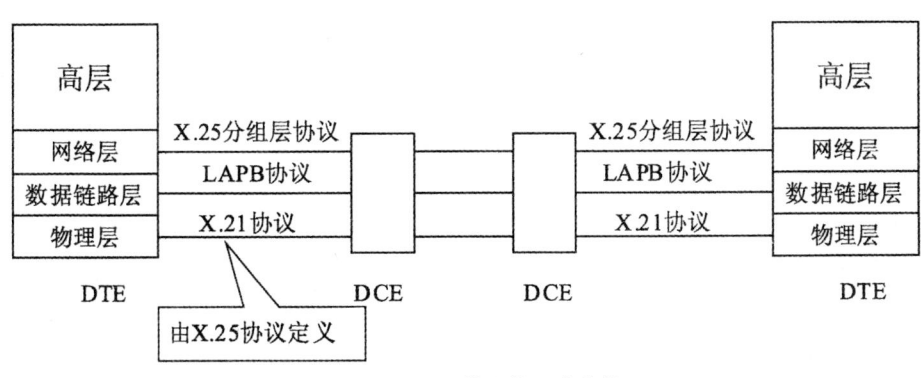

图 5-11　X.25 的网络层次结构

1. 物理层

X.25 的物理层协议是 X.21,定义了主机与网络之间的物理、电气、功能以及过程等特性,控制通信适配器和通信电缆的物理和电子连接。物理层使用同步方式传输帧,电压级别、数据位表示、定时及控制信号均包含在内。但实际上,支持该物理层标准的公用网非常少,原因是其要求用户在电话线路上使用数字信号,而不能使用模拟信号。作为一个临时性措施,CCITT 定义了一个类似 PC 串行通信端口 RS-232 标准的模拟接口标准。

2. 数据链路层

X.25 的数据链路层描述了用户主机与分组交换机之间的可靠传输,负责处理数据传输、编址、错误检测/校正、流控制和 X.25 帧的组成等。X.25 数据链路层包含了以下四种协议。

①均衡式链路访问过程协议(Link Access Procedure-Balanced,LAPB):源自 HDLC,具有 HDLC 的所有特征,通过它得以建立或断开虚拟连接,形成逻辑链路连接。

②链路访问协议(Link Access Protocol,LAP):是 LAPB 协议的前身,已经较少使用。

③ISDN D 信道链路访问协议(Link Access Protocol Channel D,LAPD):源自 LAPB,用于 ISDN 网络,在 D 信道上完成 DTE 之间(特别是 DTE 和 ISDN 结点之间)的数据传输。

④逻辑链路控制(Logical Link Control,LLC):一种 IEEE 802 局域网协议,使得 X.25 数据包能在 LAN 信道上传输。

3. 网络层

X.25 的网络层采用分组级协议(Packet Level Protocol,PLP),描述主机与网络之间相互作用,处理信息的顺序交换,使虚连接的可靠性得到保证。X.25 网络层处理诸如分组定义、寻址、流量控制以及拥塞控制等问题,主要功能是允许用户建立虚电路,然后在已建立的虚电路上发送最大长度为 128 字节的数据报文。一条电缆上可以同时支持多个虚连接,每个虚连接在两个通信结点之间提供一条数据路径。

5.3.4　X.25 的传输模式

X.25 网络是面向连接的,确保每个包都可以到达目的地。其通过以下三种模式传输数据。

(1)交换型虚拟电路

交换型虚拟电路(Switched Virtual Circuit,SVC)是通过 X.25 交换机建立的一种从结点到结点的双向信道,是逻辑连接,只在数据传输期间存在。一旦两结点间的数据传输结束,SVC 就被释放,以供其他结点使用。

(2)永久型虚拟电路

永久型虚拟电路(Permanent Virtual Circuit,PVC)是一种始终保持的逻辑连接,在数据传输结束后仍会保持。PVC 类似于租用的专用线路,由用户和电信公司经过商讨预先建立,用户可直接使用。

(3)数据报

数据报是面向无连接的 X.25 封装 IP 数据报,并将 IP 网络地址简单映射到 X.25 网络的目标地址。

X.25 网络是在物理链路传输质量很差的情况下提出的。所以,为了使数据传输的可靠性得到保障,在每一段链路上都要执行差错校验和出错重传机制。这限制了传输效率,但为用户数据的安全传输提供了良好保障。X.25 还提供流量控制,以防止发送方的发送速度远大于接收速度时,网络产生拥塞。

5.4 帧中继技术

5.4.1 帧中继概述

异步传输模式在帧中继技术被提出之前,X.25 分组交换在广域网中被大量采用,如前所述,X.25 是一种借助于虚电路来提供面向连接服务的广域网技术,有丰富的检错、纠错机制。据统计:在 X.25 网中,分组在传输过程中每个结点大约有 30 次左右的差错处理或其他处理步骤。这样做确实使 X.25 网络成为低速分组服务十分有效的工具,特别适合于当时广泛使用铜缆的环境,但不能提供高速服务,在高速分组交换中无法使用。

由于当今的数字光纤网络比传统电话网的误码率低得多,可以认为基本上不会出现传输差错,在这样的环境下就可以简化某些差错控制过程,减少交换结点对每个分组的处理时间,降低分组通过网络的时延,增大结点对分组的处理能力。于是人们开始寻求一种能在较为可靠的链路上高速传输数据的技术,这最终推动了帧中继(Frame Relay,FR)技术的产生。

帧中继就是一种减少结点处理时间的技术,设帧的传送基本上不出错,在这一条件下,一个结点只要知道帧的目的地址就立即开始转发该帧,即一个结点在接收到帧的首部后就立即开始转发,使一个帧的处理时间减少一个数量级,而帧中继网络的吞吐量要比 X.25 网络的吞吐量提高一个数量级以上。

帧中继的用户接入速率一般为 64kb/s~2Mb/s,局间中继传输速率一般为 2Mb/s、34Mb/s,最高可达 155Mb/s。

帧中继具有如下几个特点。

(1)高效

帧中继在 OSI 的第二层以简化的方式传送数据,仅完成物理层和链路层核心层的功能,简化结点机之间的处理过程,智能化的终端设备把数据发送到链路层,并封装在帧的结构中,实施以帧为单位的信息传送,网络不进行纠错、重发、流量控制等,帧不需要确认,就能在每个交换机中直接通过。一些第二、三层的处理,如纠错、流量控制等,留给智能终端去处理,从而简化了结点机之间的处理过程。

(2)经济

帧中继采用统计复用技术(即宽带按需分配)向客户提供共享的网络资源,每一条线路和网络端口都可以由多个终端按信息流共享,同时,由于帧中继简化了结点之间的协议处理,将更多的带宽留给客户数据,客户不仅可以使用预定的带宽,在网络资源富裕时,网络允许客户数据突发占用为预定的带宽。

(3) 可靠

帧中继传输质量好,保证网络传输不容易出错,网络为保证自身的可靠性,采取了 PVC 管理和拥塞管理,客户智能化终端和交换机可以清楚了解网络的运行情况,不向发生拥塞和已删除的 PVC 上发送数据,以避免造成信息的丢失,保证网络的可靠性。

5.4.2 帧中继的帧格式

帧中继的帧格式如图 5-12 所示,与 HDLC 帧格式相比,其主要区别体现在没有控制字段。帧中各字段的作用如下。

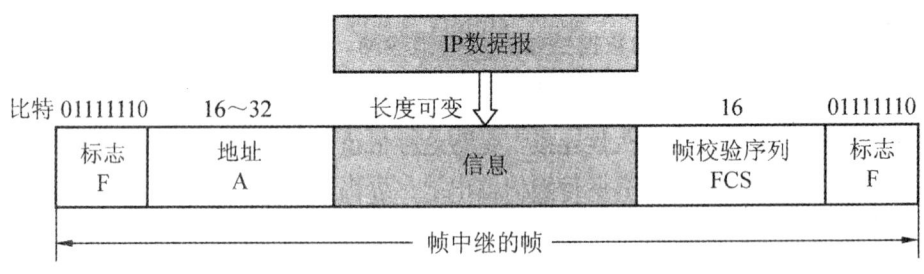

图 5-12 帧中继的帧格式

① 标志字段:8bit。用来指示一个帧的开始和结束,比特序列为 01111110。
② 信息字段:是长度可变的用户数据。
③ 帧校验序列字段:16bit,采用 CRC 检验,当检测出错时就将此帧丢弃。
④ 地址字段:一般为 2 字节,但也可扩展为 3 或 4 字节。主要作为数据链路标识符,用于标识永久虚电路、呼叫控制或管理信息,还用作正、反向显式拥塞通知、丢弃指示等。

5.4.3 帧中继的工作过程

图 5-13 给出了帧中继网络结构示例。当用户在局域网上传送的 MAC 帧传到与帧中继网络相连接的路由器时,该路由器就剥去 MAC 帧的首部,将 IP 数据报交给路由器的网络层,网络层再将 IP 数据报传送给帧中继接口卡。帧中继接口卡将 IP 数据报加以封装,加上帧中继的首部和尾部,然后帧中继接口卡将封装好的帧通过从电信公司租来的专线发送给帧中继网络中的帧中继交换机。帧中继交换机在收到一个帧时,就按虚电路号对帧进行转发(若检查有差错则丢

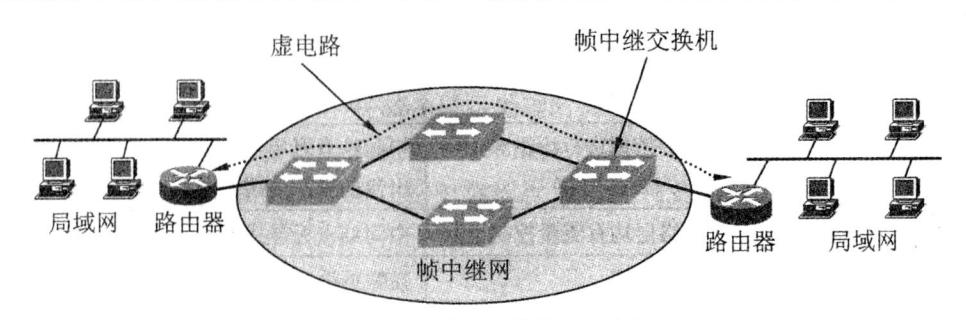

图 5-13 帧中继网络结构示意图

弃),当将这个帧转发到虚电路的终点路由器时,该路由器剥去帧中继的首部和尾部,加上局域网的首部和尾部,交付给连接在此局域网上的目的主机。目的主机若发现差错,则上层的 TCP 协议就会收到报告进而进行相关处理。

5.4.4 帧中继提供的服务

帧中继是面向连接的方式,它的目标是为局域网互联提供合理的速率和较低的价格。它可以提供点对点的服务,也可以提供一点对多点的服务。它采用了两种关键技术,一是虚拟租用线路,一是"流水线"方式。

所谓虚拟租用线路是与专线方式相对而言的。例如,一条总速率 640kb/s 的线路,如果以专线方式平均地租给 10 个用户,每个用户最大速率为 64kb/s,这种方式有两个缺点:一是每个用户速率都不可以大于 64kb/s;二是不利于提高线路利用率。采用虚拟租用线路的情况就不一样了,同样是 640kb/s 的线路租给 10 个用户,每个用户的瞬时最大速率都可以达到 640kb/s,也就是说,在线路不是很忙的情况下,每个用户的速率经常可以超过 64kb/s,而每个用户承担的费用只相当于 64kb/s 的平均值。

所谓的"流水线"方式是指数据帧只在完全到达接收结点后再进行完整的差错校验,在传输中间结点位置时,几乎不进行校验,尽量减少中间结点的处理时间,从而减少了数据在中间结点的逗留时间。每个中间结点所做的额外工作就是识别帧的开始和结尾,也就是识别出一帧新数据到达后就立刻将其转发出去。X.25 的每个中间结点都要进行繁琐的差错校验、流量控制等等,这主要是因为它的传输介质可靠性低所造成的。帧中继正是因为它的传输介质差错率低才能够形成"流水线"工作方式。

帧中继通过其虚拟租用线路与专线竞争,而在 PVC 市场,又通过其较高的速率(一般为 1.5Mb/s)与 X.25 竞争,在目前还是一种比较有市场的数据通信服务。

5.5 ATM 技术

5.5.1 ATM 概述

ATM 技术问世于 20 世纪 80 年代末,是一种正在兴起的高速网络技术。国际电信联盟(ITU)和 ATM 论坛正在制定其技术规范。ATM 被电信界认为是未来宽带基本网的基础。与 FDDI 和 100Base-T 不同,是一种新的交换技术——异步传输模式(Asynchronous Transfer Mode,ATM),也是实现 B-ISDN 的核心技术,也是目前多媒体信息的新工具。ATM 网络被公认为是传输速率达 Gb/s 数量级的新一代局域网的代表。

ATM 以大容量光纤传输介质为基础,以信元(Cell)为基本传输单位。ATM 信元是固定长度的分组,共有 53 个字节,分为两个部分。前面 5 个字节为信头,主要完成寻址的功能;后面的 48 个字节为信息段,用来装载来自不同用户、不同业务的信息。语音、数据、图像等所有的数字信息都要经过切割,封装成统一格式的信元在网络中传递,并在接收端恢复成所需格式。由于

ATM技术简化了交换过程,免去了不必要的数据校验,采用易于处理的固定信元格式,所以ATM交换速率大大高于传统的数据网,另外,对于如此高速的数据网,ATM网络采用了一些有效的业务流量监控机制,对网上用户数据进行实时监控,把网络拥塞发生的可能性降到最小。对不同业务赋予不同的"特权",如语音的实时性特权最高,一般数据文件传输的正确性特权最高,网络对不同业务分配不同的网络资源,这样不同的业务在网络中才能做到"和平共处"。

在交互式的通信中不要求大的帧,小的信元可以通过ATM交换机有效地进行交换,按时到达它们的目标,故小的信元是最为重要的因素。这种技术中,交换的虚通道(Virtual Channel,VC)和交换的虚路径(Virtual Path,VP)用来建立和控制对ATM网络的访问。当一个工作站要访问该网络时,就制造出一个"请求"来,在传输和接收端间建立传输所需的带宽。仅当有足够的可用带宽时,网络的ATM交换机才允许连接。当网络结点需要时,ATM访问方法保证了带宽。这对传送实时的、交互式的信息(语音和视频等)特别有用。既然ATM不争夺并共享带宽,我们就把ATM称为分配带宽网络(Allocated Bandwidth Network)。ATM将在很大的距离范围内(从几米到数千公里之外)传送各种各样的实时数据。

ATM的一般入网方式如图5-14所示,与网络直接相连的可以是支持ATM协议的路由器或装有ATM卡的主机,也可以是ATM子网。在一条物理链路上,可同时建立多条承载不同业务的虚电路,如语音、图像和文件的传输等。

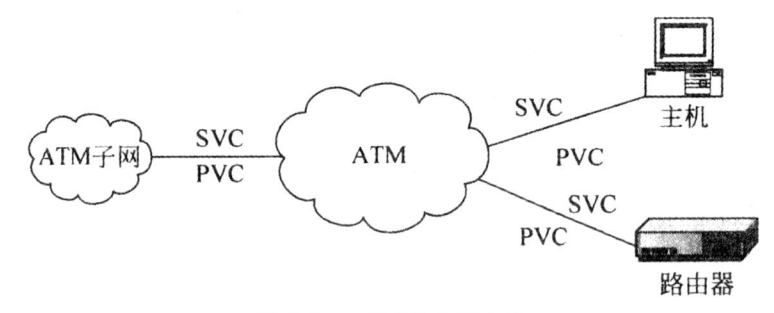

图 5-14 ATM 的入网方式

ATM可用于广域网(WAN)、城域网(MAN)、校园主干网、大楼主干网以及连到台式机等。ATM与传统的网络技术,如以太网、令牌环网、FDDI相比,有很大的不同,归纳起来有以下特点。

①ATM是面向连接的分组交换技术,综合了电路交换和分组交换的优点。

②允许声音、视频、数据等多种业务信息在同一条物理链路上传输,它能在一个网络上用统一的传输方式综合多种业务服务。

③提供质量保证QoS服务。ATM为不同的业务类型分配不同等级的优先级,如为视频、声音等对时延敏感的业务分配高优先级和足够的带宽。

④极端灵活和可变的带宽而不是固定带宽。不同于传统的LAN和WAN标准,ATM的标准被设计成与传送的技术无关。为了提高存取的灵活性和可变性,ATM支持的速率一般为155Mb/s~24Gb/s,现在也有25Mb/s和50Mb/s的ATM。ATM可以工作在任何一种不同的速度、不同的介质上和使用不同的传送技术。

⑤交换并行的点对点存取而不是共享介质,交换机对端点速率可做适应性调整。

⑥以小的、固定长的信元(Cell)为基本传输单位,每个信元的延迟时间是可预计的。

⑦通过局域网仿真(LANE),ATM可以和现有以太网、令牌环网共存。由于ATM网与以太网等现有网络之间存在着很大差异,所以必须通过LANE、MPOA和IP Over ATM等技术,它们才能结合,而这些技术会带来一些局限性,如影响网络性能和QoS服务等。

ATM目前的不足之处是设备昂贵,并且标准还在开发中,未完全确定。此外,因为它是全新的技术,在网络升级时几乎要换掉现行网络上的所有设备。因此,目前ATM在广域网中的应用并不广泛。

5.5.2 ATM的体系结构和参考模型

1. ATM的体系结构

在ATM交换网络中,称为端点的用户接入设备通过用户-网络接口(UNI)连接到网络中的交换机,而交换机之间是通过网络-网络接口(NNI)连接的。图5-15给出了ATM网络的例子。

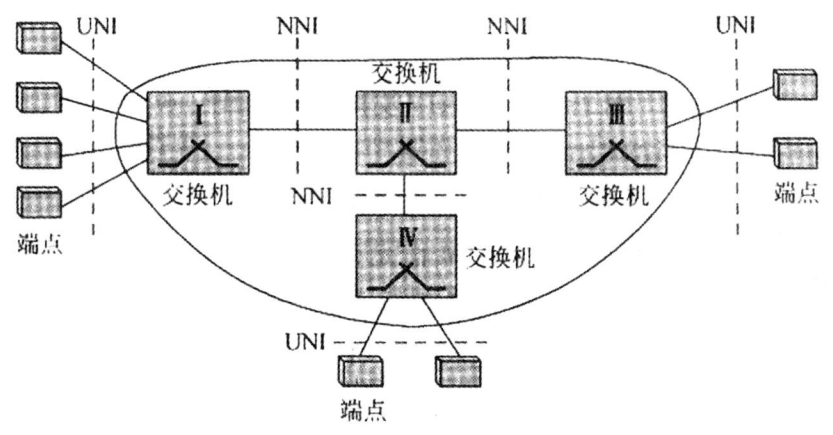

图5-15 ATM网络的体系结构

2. ATM的参考模型

ATM的参考模型如图5-16所示,它包括用户面、控制面和管理面三个面,而在每个面中还可以进一步分为物理层、ATM层、ATM适配层和高层。

协议参考模型中的三个面分别完成不同的功能:

①用户面:采用分层结构,提供用户信息流的传送,同时也具有一定的控制功能,如流量控制、差错控制等。

②控制面:采用分层结构,完成呼叫控制和连接控制功能,利用信令进行呼叫和连接的建立、监视和释放。

③管理面:包括层管理和面管理。其中层管理采用分层结构,完成与各协议层实体的资源和参数相关的管理功能。同时层管理还处理与各层相关的OAM信息流;面管理不分层,它完成与整个系统相关的管理功能,并对所有平面起协调作用。

(1) 物理层

物理层在 ATM 设备间提供 ATM 信元传输通道。它分成物理媒体子层（Physical Media sublayer, PM）和传输会聚子层（Transmission Convergence sublaye, TC）。

①PM 子层：对物理媒体接口的电气功能和规程特征进行相关约定，提供比特同步，实现物理媒体上的比特流传送。

②TC 子层：相当 OSI 的数据链路层，实现物理媒体上定时传输的比特流与 ATM 信元间的转换。它完成传输帧的生成与恢复、信元同步、信元定界、信元头的差错检验、信元速率适配，在 ATM 层不提供信元期间插入或删除未分配信元等功能。

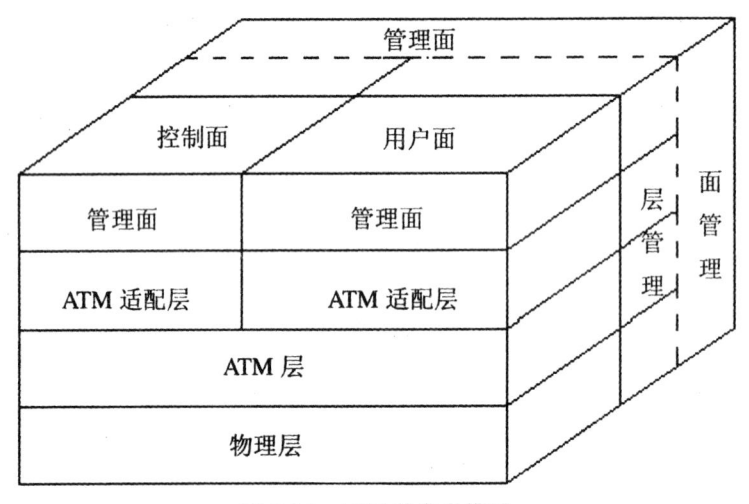

图 5-16　ATM 的参考模型

(2) ATM 层

ATM 层提供与业务类型无关的统一的信元传送功能。ATM 层具有网络层协议的功能，例如，端到端虚电路连接交换、路由选择等。

ATM 网络只提供到 ATM 层为止的信元传送功能，而流量控制、差错控制等与业务有关的功能全部由终端系统完成。ATM 层利用虚通路 VC 和虚通道 VP 来描述逻辑信息传输线路。

①一个虚通路 VC 是在两个或两个以上的端点之间的一个运送 ATM 信元的通信通路。

②一个虚通道 VP 包含有许多相同端点的虚通路，而这许多虚通路都使用同一个虚通道标识符 VPI。在一个给定的接口，复用在一个传输有效载荷上的许多不同的虚通道，用它们的虚通道标识符来识别。而复用在一个虚通道 VP 中的不同的虚通路，用它们的虚通路标识符 VCI 来识别，如图 5-17 所示。

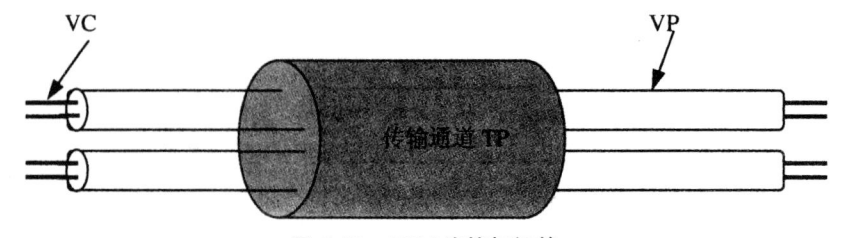

图 5-17　ATM 连接标识符

ATM 层的功能包括以下几个方面。

①利用 VC 和 VP 进行信元交换：在 ATM 交换机中读取各输入信元的 VCI 和 VPI 值，依据信令进行信元交换并更新输出信元的 VCI 和 VPI 值。

②信元的复用与解复用：在 ATM 交换机中把多个虚通路和虚通道合成一个信元流进行传送。

③信头的生成与删除：在与 AAL 层交流的 48 字节用户数据前添加或删除信头以进行传送。

④一般流量控制：在 B-ISDN 的用户网络接口提供接入流量控制，支持用户网的 ATM 流量控制。

(3) ATM 适配层

ATM 适配层记为 AAL(ATM Adaptation Layer)，其作用是增强 ATM 层所提供的服务，并向上层提供各种不同的服务。AAL 向上提供的服务主要有以下几个。

①用户的应用数据单元 ADU 划分信元或将信元重装成为应用数据单元 ADU。

②对比特差错进行监控和处理。

③处理丢失和错误交付的信元。

④流量控制和定时控制。

ATM 网络可向用户提供四种类别的服务，从 A 类到 D 类。服务类别的划分是根据以下几个条件。

①比特率是固定的还是可变的。

②源站和目的站的定时是否需要同步。

③是面向连接的还是无连接的。

ITU-T 最初定义了四种类别的 AAL，分别支持上述四种服务。但后来就将 AAL 定义成四种类型，并且一种类型的 AAL 能够支持的服务不止一种类别。此外，ITU-T 发现没有必要划分类型 3 和类型 4。于是将这两个类型合并，取名 3/4，它可支持 C 类或 D 类服务(注意：区分服务的是"类别"，区分 AAL 的是"类型")，如表 5-1 所示。

表 5-1　ATM 网络向用户提供的四种服务

服务类别	A 类	B 类	C 类	D 类
AAL 类型	AAL1,AAL5	AAL2,AAL5	AAL3/4,AAL5	AAL3/4,AAL5
比特率	恒定	可变		
是否需要同步	需要		不需要	
连接方式	面向连接			无连接
应用举例	64kb/s 话音	变比特率图像	面向连接的数据	无连接数据

为了方便起见，AAL 层分成两个子层，即拆装子层 SAR 和会聚子层 CS。

①拆装子层 SAR：下层在发送方将高层信息拆成一个虚连接上的连续信元，在接收方将一个虚连接上的连续信元组装成数据单元并交给高层。

②会聚子层CS：上层依据业务质量要求，控制信元的延时抖动，进行差错控制和流量控制。

(4) 高层

提供用户数据传送控制和网络管理功能，支持各种用户服务。

5.5.3 ATM信元格式

ATM信元是固定长度的分组。每个ATM信元有53个字节，分为两个部分。前面5个字节为信元头，主要完成寻址和路由功能；后面的48个字节为信息段，用来封装用户信息。话音、数据、图像等信息都要经过分段，封装成ATM信元在ATM网络中传输，并在接收端恢复成所需格式。

ATM信元通常有两种不同的格式，其头部格式如图5-18所示。带有GFC字段的是用户-网络接口(User-Network Interface,UNI)格式，而不带GFC字段的是网络-网络接口(Network-Network Interface,NNI)格式。在主机和交换机之间传输信元时采用UNI格式，它就像电话公司和用户之间的接口。而NNI格式用于在交换机之间传输信元，就像两个电话公司之间的接口。UNI格式和NNI格式唯一的不同点就是NNI格式中将UNI格式中的各种GFC字段合并为VPI字段。

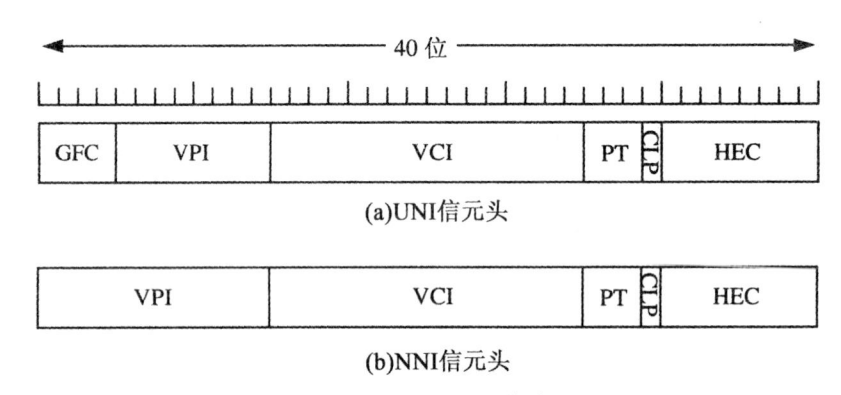

图5-18　ATM信元格式

GFC—通用流量控制；PT—有效载荷类型；VPI—虚通路标识符；
CLP—信元丢弃优先权；VCI虚通道标识符；HEC—信头错误校验

UNI信元有4位用于通用流量控制(Generic Flow Control,GFC)。引入GFC的想法是：如果ATM终端使用共享介质连接到ATM交换机上，那么GFC就提供一个介质访问控制的手段。

接下来的24位是8位虚路径标识符(Virtual Path Identifier,VPI)和16位虚通道标识符(Virtual Channel Identifier,VCI)，用于标识ATM虚电路。

有效载荷类型标识符(Payload Type Identifier,PTI)用于标识有效载荷区字段内的数据类型，也有可能包括用户数据或者管理信息。当PTI字段的第1比特为"1"时，其4个值用于管理。当PTI字段的第1比特为"0"时，表明信元是用户数据，在这种情况下，第2比特是转发拥塞指示EFCI位，第3比特是用户信令位。

信元丢弃优先级(Cell Loss Priority,CLP)位用来指示信元是否能够丢弃。主机或交换机可以设置这一位来指示信元可以被丢弃。

最后一个字段是信元头错误控制(Header Error Control,HEC),它是 8bit CRC 校验码。

5.5.4 ATM 交换机

1. ATM 基本排队原理

ATM 交换有信元交换和各虚连接间的统计复用两个根本点。信元交换将 ATM 信元通过各种形式的交换媒体,从一个 VPNC 交换到另一个 VP/VC 上。统计复用表现在各虚连接的信元竞争传送信元的交换介质等交换资源,为解决信元对这些资源的竞争,必须对信元进行排队,在时间上将各信元分开,借用电路交换的思想,可以认为统计复用在交换中体现为时分交换,并通过排队机制实现。

排队机制是 ATM 交换中一个至关重要的内容,队列的溢出会引起信元丢失,信元排队是交换时延和时延抖动的主要原因,因此排队机制对 ATM 交换机性能能够造成非常重要的作用。基本排队机制有输入排队、输出排队和中央排队三种。这三种方式各有缺点,如输入排队有信头阻塞,交换机的负荷达不到 60%;输出排队存储器利用率低,平均队长要求长;中央排队存储器速率要求高、存储器管理复杂。同时,各种排队机制各有优点,输入排队对存储器速率要求低,中央排队效率高,输出排队则处于两者之间,所以在实际应用中并没有直接利用这三种方式,而是加以综合,并采取一些改进的措施。改进的方法主要有:

① 减少输入排队的队头阻塞。
② 采用带反压控制的输入输出排队方式。
③ 带环回机制的排队方式。
④ 共享输出排队方式。
⑤ 在一条输出线上设置多个输出子队列,这些输出子队列在逻辑上作为一个单一的输出队列来操作。

2. ATM 交换机构

为了使大容量交换得以顺利实现,也为了增加 ATM 交换机的可扩展性,往往构造小容量的基本交换单元,再将这些交换单元按一定的结构构造成 ATM 交换机构,对于 ATM 交换机构来说,研究的主要问题是各交换单元之间的传送介质结构及选路方法,以及如何降低竞争,减少阻塞。

3. ATM 信元交换机

ATM 信元交换机的通用模型如图 5-19 所示。它有一些输入线路和一些输出线路,通常在数量上相等(因为线路是双向的)。在每一周期从每一输入线路取得一个信元。通过内部的交换结构,并且逐步在适当的输出线路上传送。

交换机可以是流水线的,即进入的信元可能过几个周期后才出现在输出线路上。信元实际上是异步到达输入线路的,因此有一个主时钟指明周期的开始。当时钟滴答时完全到达的任何信元都可以在该周期内交换,未完全到达的信元必须等到下一个周期。

信元通常以 ATM 速率到达,一般在 150Mb/s 左右,即大约超过 360000 信元/s,这意味着交换机的周期大约为 2.7μs。一台商用交换机可能有 16～1024 条输入线路,即它必须能在每 2.7μs 内接收和交换 16～1024 个信元。在 622Mb/s 的速率上,每 700ns 就有一批信元进入交换结构。由于信元是固定长度并且较小(53 字节),这就可能制造出这样的交换机。若使用更长的可变长分组,高速交换的复杂程度就会更高,这就是 ATM 使用短的、固定长度信元的原因。

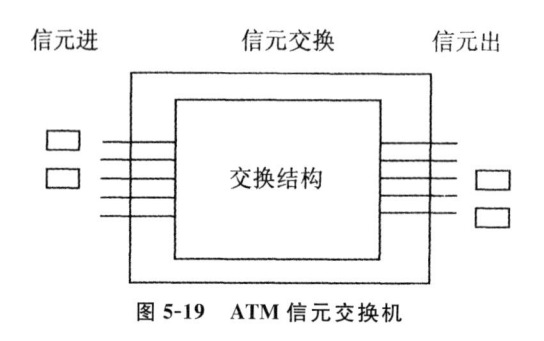

图 5-19 ATM 信元交换机

4. ATM 交换机的分类

各种 ATM 交换设备由于应用场合的不同,完成的功能也会有一定的差异,主要区别有接口种类、交换容量、处理的信令这几个方面。

在公用网中,有接入交换机、结点交换机和交叉连接设备。接入交换机在网络中的位置类似于电话网中的用户交换机,它位于 ATM 网络的边缘,将各种业务终端连入 ATM 网中。结点交换机的地位类似于现有电话网中的局用交换机,它完成 VP/VC 交换,要求交换容量较大,但接口类型比接入交换机简单,只有标准的 ATM 接口,主要是 NNI 接口和 UNI 接口。信令方面,只要求处理 ATM 信令。交叉连接设备与现有电话网中的交叉连接设备作用相似,它在主干网中完成 VP 交换,不需要进行信令处理,从而实现极高速率的交换。

在 ATM 专用网中,有专用网交换机、ATM 局域网交换机。专用网交换机作用相当于公用网中的结点交换机,具有专用网的 UNI 和 NNI 接口,完成 P-UNI 和 P-NNI 的信令处理,有较强的管理和维护功能。ATM 局域网交换机完成局域网业务的接入,ATM 局域网交换机应具有局域网接口和 ATM P-UNI 接口,处理局域网的各层协议以及 ATM 信令。

5.5.5　ATM 的应用举例

LANE 指的是 LAN Emulation Over ATM,即在 ATM 网上进行 LAN 局域网的模拟。大多数数据目前都是在 LAN 上传送,如 Ethernet 等。在 ATM 网上应用 LANE 技术,就可以把分布在不同区域的网互联起来,在广域网上实现局域网的功能,对于用户来讲,他们所接触到的仍然是传统的局域网的范畴,根本感觉不到 LANE 的存在。

LANE 技术主要用到了 LANE Server,它可以存在于一个或多个交换机内,也可以放在一台单独的工作站中,LANE Server 可简写为 LES,主要功能就是进行 MAC-to-ATM 的地址转换,因为 Ethernet 用的是 MAC 地址,ATM 用的是自己的地址方案,通过 LES 地址转换可以把分布在 ATM 边缘的 LANE Client 连接起来。图 5-20 所示表示了 LANE 的工作方式。

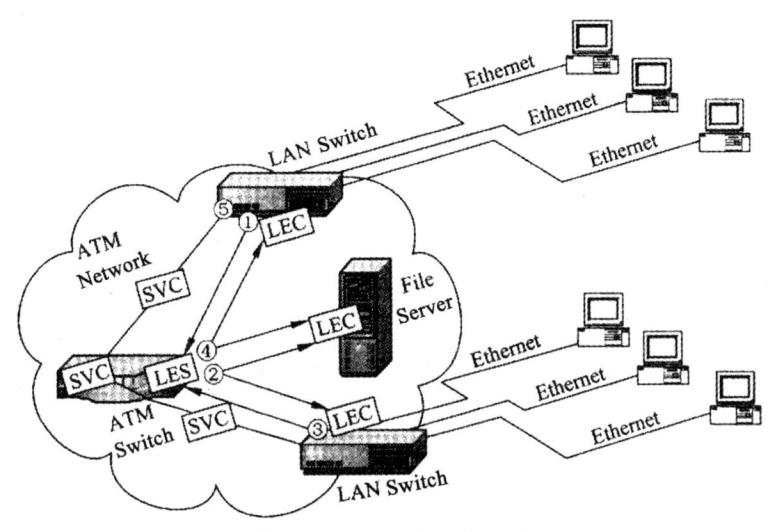

图 5-20 LANE 的工作方式

①LAN Switch 从 Ethernet 终端接收到一个帧,这个帧的目的地址是 ATM 网络另一端的一台 Ethernet 终端。LEC 即 LANE Client(LEC 驻留在 LAN Switch 中)于是就发送一个 MAC-to-ATM 地址转换请求到 LES(LES 驻留在 ATM Switch 中)。

②LES 发送多点组播至网络上的其他 LEC。

③在地址表中含有被叫 MAC 地址的 LEC 向 LES 做出响应。

④LEC 接着便向其他 LEC 广播这个响应。

⑤发送地址转换请求的 LEC 认知这个响应,并得到目的地的 ATM 地址,接着便通过 ATM 网建立一条 SVC 至目的 LEC,用 ATM 信元传送数据。

为了提高处理速度、保证质量、降低时延和信元丢失率,ATM 以面向连接的方式工作。通信开始时先建立虚电路,并将虚电路标志写入信头(即前面说的地址信息),网络根据虚电路标志将信元送往目的地。虚电路是可以拆除释放的。在 ATM 网络的结点上完成的只是虚电路的交换。为了简化网络的控制,ATM 将差错控制和流量控制交给终端去做,不许逐段链路的差错控制和流量控制。因此,ATM 兼顾了分组交换方式统计复用、灵活高效和电路交换方式传输时延小、实时性好的优点。

5.6 DDN 网络

5.6.1 DDN 概述

数字数据网(Data Network,DDN)是一种利用数字信道提供数据信号传输的数据传输网,也是面向所有专线用户或专用网用户的基础电信网。它为专线用户提供中、高速数字型点对点传输电路,或为专用网用户提供数字型传输网通信平台。

DDN 由数字通道、DDN 结点、网管控制和用户环路组成。由 DDN 提供的业务又称为数字业务 DDS。

DDN 的传输媒介有光缆、数字微波、卫星信道以及用户端可用的普通电缆和双绞线，DDN 主干及延伸至用户端的线路铺设十分灵活、便利，采用计算机管理的数字交叉(PXC)技术，为用户提供半永久性连接电路。

DDN 实际上是我们常说的数据租用专线，有时简称专线。它也是近年来广泛使用的数据通信服务，我国的 DDN 网叫作 ChinaDDN。ChinaDDN 一般提供 N×64kb/s 的数据速率，目前最高为 2Mb/s。它由 DDN 交换机和传输线路(如光缆和双绞线)组成。现在，中国教育科研网(CERNET)的许多用户就是通过 ChinaDDN 实现跨省市连接的。

DDN 具有以下几个特点。

(1) 传输速率高，网络时延小

DDN 采用了时分多路复用技术，根据事先约定的协议，用户数据信息在固定的时间片内以预先设定的通道带宽和速率进行顺序传输，只需按时间片识别通道就可以准确地将数据信息送到目的终端。信息是顺序到达目的终端的，所以目的终端无需对信息进行重组，因而减小了时延。目前 DDN 可达到的最高传输速率为 155Mb/s，平均时延小于 450μs。

(2) 传输质量较高

DDN 的主干传输为光纤传输，用户之间有专有的固定连接，高速安全。

(3) 协议简单

采用交叉连接技术和时分多路复用技术，由智能化程度较高的用户端设备来完成协议的转换，任何规程都不会对它造成约束，因此是一个全透明的、面向各类数据用户的通信网络。

(4) 灵活的连接方式

DDN 可以支持数据、语音、图像传输等多种业务，不仅可以和用户终端设备进行连接，也可以和用户网络连接，为用户提供灵活的组网环境。

(5) 网络运行管理简便，电路可靠性高

DDN 的网络管理中心能以图形化的方式对网络设备进行集中监控，电路的连接、测试、路由迂回均由计算机自动完成，使网络管理的智能化程度越来越高，并使电路安全可靠。

5.6.2　DDN 提供的业务和服务

DDN 可提供的基本业务和服务除专用电路业务外，还具有多种增值业务功能，包括帧中继、压缩话音/G3 传真以及虚拟专用网等多种业务和服务。DDN 提供的帧中继业务即为虚宽带业务，把不同长度的用户数据段包封在一个较大的帧内，加上寻址和校验信息，帧的长度可达 1000 字节以上，传输速率可达 2.048Mb/s。帧中继主要用于局域网和广域网的互联，适应于局域网中数据量大和突发性强的特点。此外，用户可以租用部分公用 DDN 的网络资源构成自己的专用网，即虚拟专用网。

5.6.3　DDN 的应用

DDN 的应用领域十分广泛，其中，以下两个应用比较典型。

1. DDN 在计算机联网中的应用

DDN 作为计算机数据通信联网传输的基础,提供点对点、一点对多点的大容量信息传送通道,如利用全国 DDN 网组成的海关、外贸系统网络就是一个典型的例子。各省的海关、外贸中心首先通过省级 DDN,经长途 DDN 到达国家 DDN 骨干核心结点。国家网络管理中心按照各地所需通达的目的地分配路由,建立一个灵活的、全国性的海关外贸数据信息传输网络,并且可以通过国际出口局与海外公司互通信息,足不出户就可以进行外贸交易。

此外,通过 DDN 线路进行局域网互联的应用也较广泛。一些海外公司设立在全国各地的办事处在本地先组成内部局域网络,通过路由器等网络设备经本地、长途 DDN 与公司总部的局域网相连,实现资源共享、文件传送和其他各种事务处理等业务。

2. DDN 在金融业中的应用

DDN 不仅适用于气象、公安、铁路、医院等行业,而且在证券业、银行、金卡工程等实时性较强的数据交换中也应用的比较多。

通过 DDN 将银行的自动提款机(ATM)连接到银行系统大型计算机主机。银行一般租用 64kb/s DDN 线路将各个营业点的 ATM 进行全市乃至全国联网。在用户提款时,对用户的身份验证、提取款额、余额查询等工作都是由银行主机来完成的。这样的话,一个可靠、高效的信息传输网络就得以顺利形成。

通过 DDN 网发布证券行情也是许多券商采取的方法。证券公司租用 DDN 专线与证券交易中心实行联网,大屏幕上的实时行情随着证券交易中心的证券行情变化而动态地改变,而远在异地的股民们也能在当地的证券公司同步操作来决定自己的资金投向。

5.7 PPP(点对点)协议

5.7.1 PPP 协议的组成

点对点协议(Point-to-Point Protocol,PPP)是用户计算机与因特网服务提供商 ISP 进行通信时所使用的数据链路层协议,如利用调制调解器进行拨号上网就是使用 PPP 实现主机接入网络的。PPP 协议是互联网工程任务组(Internet Engineering Task Force,IETF)在 1992 年制定的,后经过修改于 1994 年成为因特网的正式标准。

PPP 是个协议簇,包括链路控制协议(Link Control Protocol,LCP)、网络控制协议(Network Control Protocol,NCP)、口令验证协议(Password Authentication Protocol,PAP)、挑战-握手验证协议(Challenge Handshake Authentication Protocol,CHAP)和将 IP 数据报封装成 PPP 帧的方法。

链路控制协议 LCP 用于提供建立、配置、维护和终止点对点的链接的方法。

网络控制协议 NCP 包括一组用于配置和支持不同网络层协议的协议,如支持 IP 的 IPCP,支持 IPX(Internetwork Packet Exchange Protocol,Novell 公司的一种联网协议)的 IPXCP。IPCP

负责点对点链路通信双方的 IP 协议模块的配置、使用和禁止,还负责通信双方 IP 地址的协商。

口令验证协议 PAP 利用双向的握手信号建立通信双方的认证,这一过程在链路初始化阶段完成,一旦链路建立完成,通信一方向授权者不断地发送 ID 口令对,直到授权被认可,否则连接被终止。

挑战-握手验证协议 CHAP 比 PAP 的安全系数要高一些,CHAP 利用三次握手周期性地检验对方的身份。

对于将 IP 数据报封装成 PPP 帧的方法,PPP 既支持异步链路(无奇偶检验的 8 比特数据),也支持面向比特的同步链路。

5.7.2 PPP 协议的帧格式

PPP 协议总的设计思想简单,它是不可靠传输协议。只有检错功能,没有纠错功能,没有流量控制功能,无需使用帧的序号。只支持点对点线路,不支持多点线路。只支持全双工链路,不支持单工或半双工链路。

PPP 协议的帧格式如图 5-21 所示,PPP 帧的首部和尾部分别为 4 个字段和两个字段。

① 标志字段(Flag):规定为 0x7E(符号 0x 表示它后面的字符是用十六进制表示的),二进制表示为 01111110,指示一个帧的开始或结束。

② 地址字段(Address):规定为 0xFF,二进制表示为 11111111,是标准的广播地址,PPP 不指定单个工作站的地址。

③ 控制字段(Control):规定为 0x03,二进制表示为 00000011。

地址字段和控制字段最初曾考虑以后再对这两个字段的值进行其他定义。然而,截止到目前为止仍然没有明确给出,这两个字段实际上并没有携带 PPP 帧的信息。

④ 协议字段(Protocol):用于标识封装在帧的信息域中的协议类型。当协议字段为 0x0021 时,PPP 帧的信息字段就是 IP 数据报;为 0xC021 时,则信息字段是 PPP 链路控制协议 LCP 的数据;为 0x8021 时,则表示这是网络层的控制数据。

⑤ 数据字段(Information):长度为零或多个字段,最多为 1500 字节。

⑥ 帧检测序列字段(FCS):通常为 2 个字节,可以使用 4 字节来提高错误检测能力。

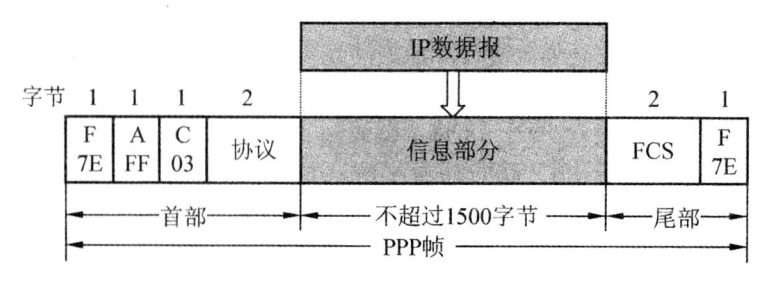

图 5-21 PPP 协议的帧格式

5.7.3 PPP 协议的工作过程

为了建立点对点的通信连接,发送端的 PPP 首先发送 LCP 帧,以便对数据链路进行配置和调试。在 LCP 建立好数据链路并协调好所选设备之后,发送端 PPP 发送 NCP 帧,以选择和配置一个或多个网络协议。当所选的网络层协议配置好后,便可将各网络层协议的数据包封装成 PPP 帧发送到数据链路上。配置好的链路一直保持通信状态,直到 LCP 帧或 NCP 帧明确提示关闭链路或其他外部事件发生为止。

例如,用户通过调制解调器拨号上网,当用户拨号接入 ISP 后,就建立了一条从用户 PC 到 ISP 的物理连接。这时,用户 PC 向 ISP 发送一系列的 LCP 分组(封装成多个 PPP 帧),以便建立 LCP 连接。这些分组及响应选择了将要使用的一些 PPP 参数,接着还要进行网配置,NCP 给新接入的用户 PC 分配一个临时的 IP 地址,这样,用户 PC 就成为因特网上的一个有 IP 地址的主机了。当用户通信完毕时,NCP 释放网络层连接,收回原来分配出去的 IP 地址。接着 LCP 释放数据链路层连接,最后释放物理层的连接。

第 6 章　Internet 接入技术

6.1　Internet 接入概述

6.1.1　接入网的引入

　　当前的通信网中还是以传统的电信网为基础,电话业务占整个电信业务的主要地位。而电话网又是以干线传输和中继传输构成多级结构,从整体结构上分为长途网和本地网。在本地网中,本地交换机到每个用户是通过双绞线来实现的,这一网路称为用户线或称为用户环路。一个交换机可以连接许多用户,对应不同用户的多条用户线就可组成树状结构的本地用户网,具体结构如图 6-1 所示。

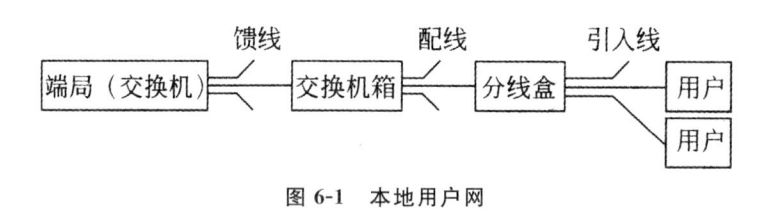

图 6-1　本地用户网

　　随着 20 世纪 80 年代的经济的发展和人们生活水平的提高,整个社会对通信业务的需求不断提高,传统的电话通信已不能满足人们对通信的宽带化和多样化的要求。对非话音业务,如数据、可视图文、电子信箱、会议电视等新业务的要求促进了电信网的发展,而同时传统电话网的本地用户环路却制约了这样的新业务的发展。因此,为了适应通信发展的需要,用户环路必须向数字化、宽带化、灵活可靠、易于管理等方向发展。由于复用设备、数字交叉连接设备、用户环路传播系统等新技术在用户环路中的使用,用户环路的功能和能力不断增强,接入网的概念便应运而生。

　　接入网是由传统的用户环路发展而来的,是用户环路的升级,它负责将电信业务透明地传送到用户,即用户通过接入网的传输,能够灵活地接入不同的电信业务。接入网在电信网中的位置如图 6-2 所示。接入网处于电信网的末端,是本地交换机与用户之间的连接部分。它包括本地

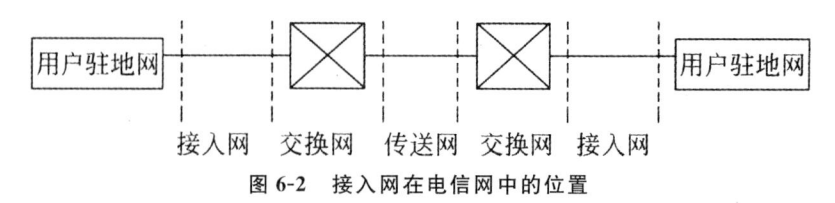

图 6-2　接入网在电信网中的位置

交换机与用户终端设备之间的所有设备与线路,通常由用户线传输系统、复用设备、交叉连接设备等部分组成。

6.1.2 接入网的定义

接入网(Access Network,AN)也称为用户环路,是指交换局到用户终端之间的所有通信设备,主要用来完成用户接入核心网(骨干网)的任务。国际电联电信标准化部门(ITU-T)G.902标准中定义接入网由业务结点接口(Service Node Interface,SNI)和用户网络接口(User to Network Interface,UNI)之间一系列传送实体(诸如线路设备和传输)构成,具有传输、复用、交叉连接等功能,可以被看作与业务和应用无关的传送网。它的范围和结构如图6-3所示。

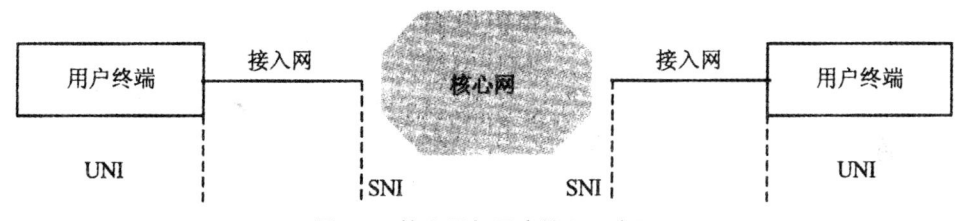

图6-3 核心网与用户接入示意图

接入网处于通信网的末端,直接与用户连接,它包括本地交换机与用户端设备之间的所有实施设备与线路,可部分或全部替代传统的用户本地线路网,可含复用、交叉连接和传输功能。

如图6-4所示,PSTN表示公用电话网;ISDN表示综合业务数字网;B-ISDN表示宽带综合业务数字网;PSDN表示分组交换网;FRN表示帧中继网;LL表示租用线;TE表示对应以上各种网络业务的终端设备;AN表示接入网;LE表示本地交换机;ET表示交换设备。

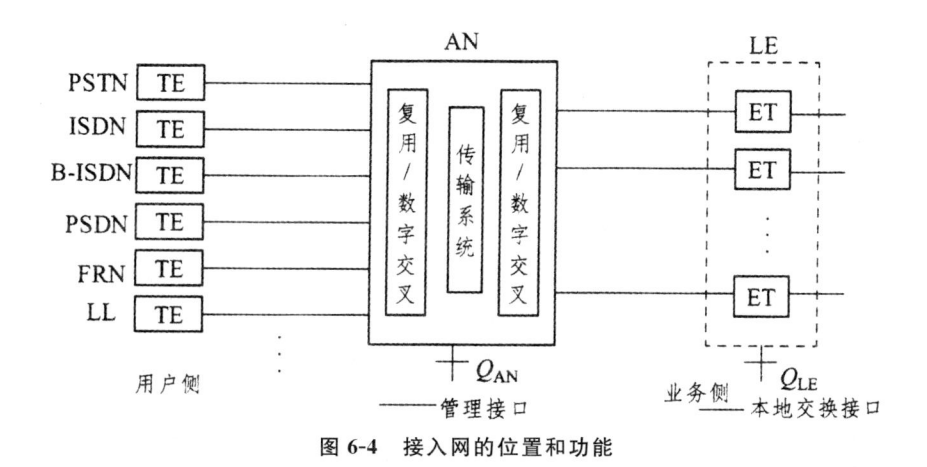

图6-4 接入网的位置和功能

Internet接入网分为主干系统、配线系统和引入线三个部分。其中,主干系统为传统电缆和光缆;配线系统也可能是电缆或光缆,长度一般为几百米,而引入线通常为几米到几十米,多采用铜线,其物理模型如图6-5所示。

在实际应用与配置时,可以有各种不同程度的简化,最简单的一种就是用户与端局直接相连,这对于离端局不远的用户是最为简单的连接方式。

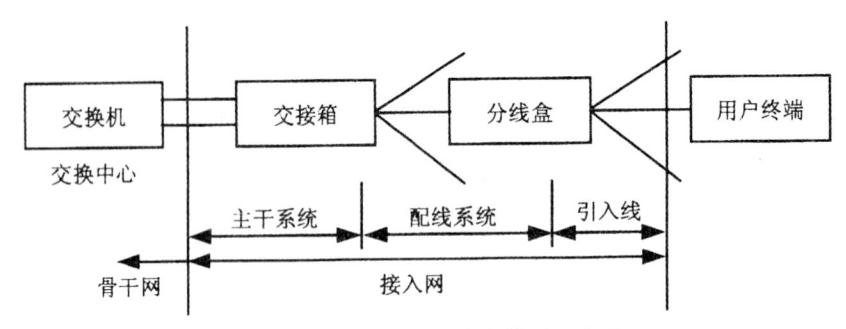

图 6-5 接入网的物理参考模型示意图

根据上述结构,可以将接入网的概念进一步明确。接入网一般是指端局本地交换机或远端交换模块与用户终端设备(TE)之间的实施系统。其中,端局至灵活点(FP)的线路称为馈线段,FP 至分配点(DP)的线路称为配线段,DP 至用户驻地网(CPN)的线路称为引入线,交换局(SW)称为交换模块,远端交换模块(RSU)和远端设备(RT)可根据实际需要来决定是否设置。

接入网的研究目的就是:综合考虑本地交换局、用户环路和终端设备,通过有限的标准化接口,将各种用户终端设备接入用户网络业务结点。接入网所使用的传输介质是多种多样的,可以灵活地支持各种不同的或混合的接入类型的业务。

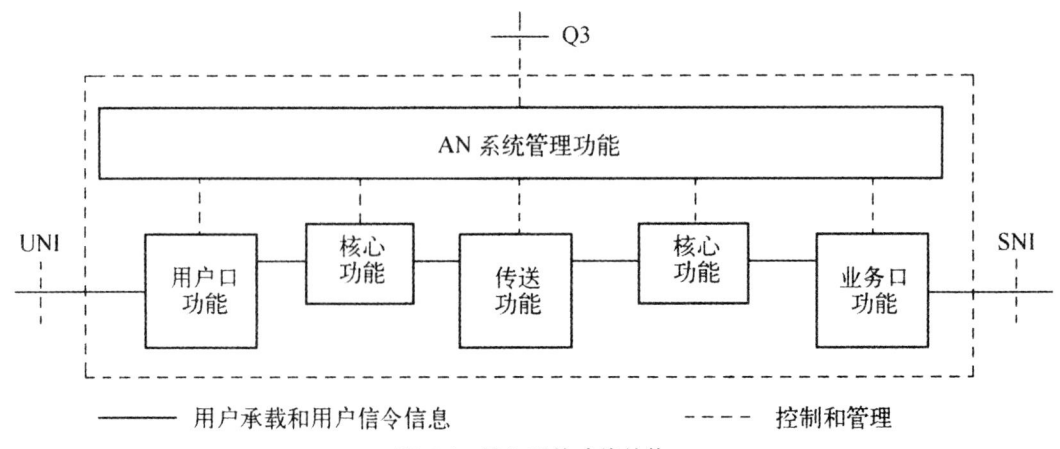

6.1.3 接入网的功能结构

接入网的功能结构如图 6-6 所示,它主要完成用户口功能(UPF)、业务口功能(SPF)、核心功能(CF)、传送功能(TF)和 AN 系统管理功能(AN-SMF)。

图 6-6 接入网的功能结构

1. 用户口功能

用户口功能(User Port Function,UPF)的主要作用是将特定的 UNI 要求与核心功能和管理功能相适配。接入网可以支持多种不同的接入业务并要求特定功能的用户网络接口。具体的

UNI 要根据相应接口规定和接入承载能力的要求,即传送信息和协议的承载来确定。具体功能包括:与 UNI 功能的终端相连接、A/D 转换、信令转换、UNI 的激活/去激活、UNI 承载通路/能力处理、UNI 的测试和控制功能。

2. 业务口功能

业务口功能(Service Port Function,SPF)直接与业务结点接口相连,主要作用是将特定的 SNI 要求与公用承载通路相适配,以便核心功能处理,同时还负责选择收集有关的信息,以便在 AN 系统管理功能中进行处理。具体功能包括:终结 SNI 功能、将承载通路的需要和即时的管理及操作映射进核心功能、特殊 SNI 所需的协议映射、SNI 测试和 SPF 的维护、管理和控制功能。

3. 核心功能

核心功能(Core Function,CF)处于 UPF 和 SPF 之间,主要作用是将个别用户口承载通路或业务口承载通路的要求与公用承载通路相适配,另外,还负责对协议承载通路的处理。核心功能可以分散在 AN 之中。具体的功能包括:接入的承载处理、承载通路集中、信令和分组信息的复用、对 ATM 传送承载的电路模拟、管理和控制功能。

4. 传送功能

传送功能(Transport Function,TF)的主要作用是为 AN 中不同地点之间提供网络连接和传输媒质适配。具体功能包括:复用功能、业务疏导和配置的交叉连接功能、管理功能、物理媒质功能。

5. AN 系统管理功能

AN 系统管理功能(Access Network-System Management Function,AN-SMF)的主要作用是协调 AN 内其他四个功能(UPF、SPF、CF 和 TF)的指配、操作和维护,同时也负责协调用户终端(经过 UNI)和业务结点(经过 SNI)的操作功能。具体功能包括:配置和控制、指配协调、故障检测和指示、使用信息和性能数据收集、安全控制、对 UPF 及经 SNI 的 SN 的即时管理及操作请求的协调、资源管理。

AN-SMF 经 Q3 接口与 TMN 通信以便接受监视和/或接受控制,同时为了实时控制的需要也经 SNI 与 SN-SMF 进行通信。

6.1.4 接入网的分层模型

接入网的分层模型用来定义接入网中各实体间的互联关系,该模型由接入系统处理功能(AF)、电路层(CL)、传输通道层(TP)、传输媒质层(TM)以及层管理和系统管理组成。如图 6-7 所示,其中,接入承载处理功能层是接入网所特有的,这种分层模型对于简化系统设计、规定接入网 Q3 接口的管理目标是非常有用的。

接入网中各层对应的内容如下:

①接入承载处理功能层:用户承载体、用户信令、控制、管理。

②电路层：电路模式、分组模式、帧中继模式、ATM 模式。
③传输通道层：PDH、SDH、ATM 及其他。
④产生媒质层：双绞电缆系统（HDSL/ADSL 等）、同轴电缆系统、光纤接入系统、无线接入系统、混合接入系统。

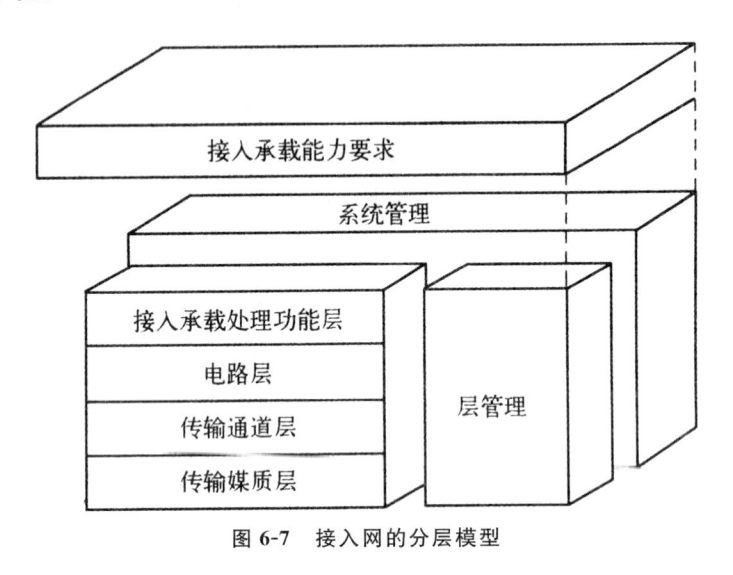

图 6-7 接入网的分层模型

6.2 拨号接入方式

6.2.1 PSTN 接入技术

公用电话交换网（Public Switch Telephone Network，PSTN）也被称为电话网，是人们打电话时所依赖的传输和交换网络。PSTN 是一种以模拟技术为基础的电路交换网络，通过 PSTN 进行互联所要求的通信费用最低，但其数据传输质量及传输速率也最差最低，同时 PSTN 的网络资源利用率也比较低。

通过公用电话交换网可以实现以下几个功能。
①拨号接入 Internet、Intranet 和 LAN。
②实现两个或多个 LAN 之间的互联。
③实现与其他广域网的互联。

PSTN 提供的是一个模拟的专用信息通道，通道之间经由若干个电话交换机结点连接而成，PSTN 采用电路交换技术实现网络结点之间的信息交换。当两个主机或路由器设备需要通过 PSTN 连接时，在两端的网络接入点（即用户端）必须使用调制解调器来实现信号的调制与解调转换。

从 OSI/ISO 参考模型的角度来看，PSTN 可以看成是物理层的一个简单的延伸，它没有向用户提供流量控制、差错控制等服务。而且，由于 PSTN 是一种电路交换的方式，因此，一条通路自建立、传输直至释放，即使它们之间并没有任何数据需要传送时，其全部带宽仅能被通路两端的设备占用。因此,这种电路交换的方式不能实现对网络带宽的充分利用。尽管 PSTN 在进行数据传输时存在一定的缺陷,但它仍是种不可替代的联网技术。

PSTN 的入网方式比较简单灵活,通常有以下几种选择方式。

(1)通过普通拨号电话线入网

只要在通信双方原有的电话线上并接 Modem,再将 Modem 与相应的入网设备相连即可。目前,大多数入网设备(如 PC)都提供有若干个串行端口,在串行口和 Modem 之间采用 RS-232 等串行接口规范进行通信。

Modem 的数据传输速率最大能够提供到 56kb/s。这种连接方式的费用比较经济,收费价格与普通电话的费率相同,适用于通信不太频繁的场合(如家庭用户入网)。

(2)通过租用电话专线入网

与普通拨号电话线方式相比,租用电话专线可以提供更高的通信速率和数据传输质量,但相应的费用比前一种方式高。使用专线的接入方式与使用普通拨号线的接入方式没有太大区别,但是省去了拨号连接的过程。通常,当决定使用专线方式时,用户必须向所在地的电信部门提出申请,由电信部门负责架设和开通。

6.2.2 ISDN 接入技术

综合业务数字网(Integrated Services digital network,ISDN)俗称一线通,是普通电话(模拟 Modem)拨号接入和宽带接入之间的过渡方式。目前在我国只提供 N-ISDN(窄带综合业务数字网)接入业务,而基于 ATM 技术的 B-ISDN(宽带综合业务数字网)尚未开通。

ISDN 接入 Internet 与使用 Modem 普通电话拨号方式类似,也有一个拨号的过程。不同的是,它不用 Modem 而是用另一设备 ISDN 适配器来拨号,另外,普通电话拨号在线路上传输模拟信号,有一个 Modem"调制"和"解调"的过程,而 ISDN 的传输是纯数字过程,通信质量较高,其数据传输比特误码率比传统电话线路至少改善十倍,此外,它的连接速度快,一般只需几秒钟即可拨通。

1. ISDN 接入用户端设备

ISDN 接入在用户端主要应用两类终端设备,一个是必不可少的统一专用终端设备 NT1,即多用途用户-网络接口,ISDN 所有业务都通过 NT1 来提供;另一类是用户设备,有计算机、ISDN 电视会议系统、PC 桌面系统(包括可视电话)、ISDN 小交换机、ISDN 路由器、ISDN 拨号服务器、数字电话机、四类传真机、ISDN 无线转换器等。

对于用户设备中的非 ISDN 设备(如计算机)必须配置 ISDN 适配器,将其转换连接到 ISDN 线路上。ISDN 适配器和 Modem 一样又分为内置和外置两类,内置的一般称为 ISDN 内置卡或 ISDN 适配卡,而外置的则称为 TA。

2. ISDN 的接入方式

用户通过 ISDN 接入 Internet 有如下几种方式。

(1)单用户 ISDN 适配器直接接入

此方式是 ISDN 接入中最简单的一种连接方式。将 ISDN 适配器安装于计算机(及其他非

ISDN 终端)上,通过 ISDN 适配器拨号接入 Internet,具体端口连接方式如图 6-8 所示。

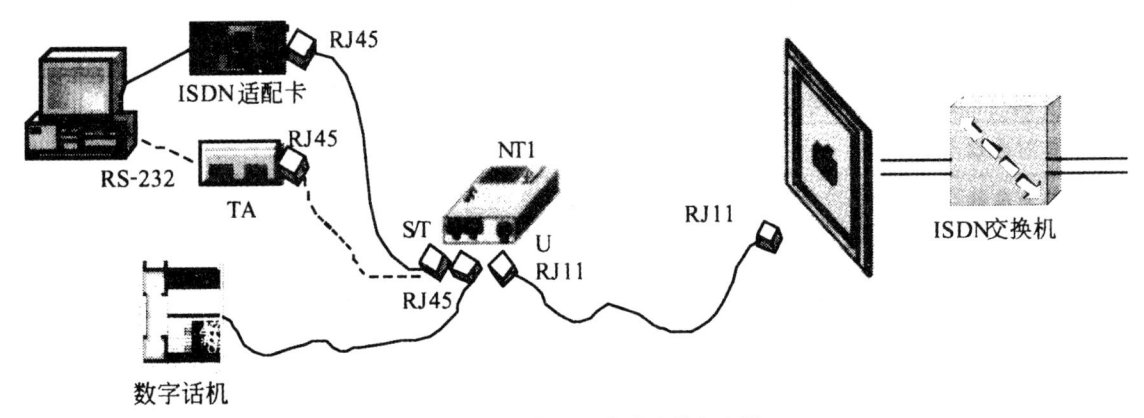

图 6-8 ISDN 接入用户端连接示意图

NT1 提供两种端口:S/T 端口和 U 端口。S/T 采用 RJ45 插头,即网线接头,一般可以同时连接两台终端设备,如果有更多终端设备需要接入时,可以采用扩展的连接端口。U 端口采用 RJ11 插头,即普通电话接头,用来连接普通话机、ISDN 入户线等。

如图 6-8 所示,NT1 一端通过 RJ11 接口与电话线相连,另一端通过 S/T 接口与 ISDN 适配器、ISDN 设备相连,NT1 为 ISDN 适配器提供了接口和接入方式。图中虚线表示可以任选 ISDN 适配卡或 TA。

由此可见,对用户而言,虽然用户端线路和普通模拟电话线路完全相同,但是用户设备不再直接与线路连接。所有终端设备都是通过 S/T 端口或 U 端口接入网络的。

(2) ISDN 适配器+小型局域网

对于小型局域网,利用 ISDN 上网时,须将装有 ISDN 适配器的计算机设为服务器,由它拨号接入 Internet,连接方式与(1)中相同,其上另配一块网卡,连接内部局域网 Hub,其他计算机作为客户端,从而实现整个局域网连入 Internet。这种方案的最大优点是节约投资,除 ISDN 适配器外,无需添加任何网络设备,但速度较慢。

(3) ISDN 专用交换机方式

这种接入方式适用于局域网中用户数较多(如中型企事业单位)的情况。它可用于实现多个局域网、多种 ISDN 设备的互联及接入 Internet,这种方案比租用线路更加灵活和经济。

此方式仅用 NT1 已不能满足需要,必须增加一个设备——ISDN 专用交换机 PBX,即第 2 类网络端接设备 NT2。NT2 一端和 NT1 连接,另一端和电话、传真机、计算机、集线器等各种用户设备相连,为它们提供接口。

3. ISDN 的服务类型

ISDN 是第一部定义数字化通信的协议,该协议支持标准线路上的语音、数据、视频、图形等的高速传输服务。ISDN 的承载信道(B 信道)负责同时传送各种媒体,占用带宽为 64kb/s。数据信道(D 信道)主要负责处理信令,传输速率从 16kb/s 到 64kb/s 不定,这主要取决于服务类型。

ISDN 有两种基本服务类型,如下所示。

(1) 基本速率接口(Basic Rate Interface,BRI)

BRI 由两个 64kb/s 的 B 信道和一个 16kb/s 的 D 信道构成,总速率为 144kb/s。该服务主要适用于个人计算机用户。

Telco 提供的 U 接口的 BRI 支持双线、传输速率为 160kb/s 的数字连接。通过回波抵消操作降低噪音影响。各种数据编码方式(北美使用 2B1Q,欧洲国家使用 4B3T)可以为单线本地环路提供更高的数据传输率。

(2) 主要速率接口(Primary Rate Interface,PRI)

PRI 能够满足用户的更高要求。PRI 由 23 个 B 信道和一个 64kb/s 的 D 信道构成,总速率为 1536kb/s。在欧洲,PRI 由 30 个 B 信道和一个 64kb/s 的 D 信道构成,总速率为 1984kb/s。通过 NFAS(Non-Facility Associated Signaling),PRI 也支持具有一个 64kb/s D 信道的多 PRI 线路。

6.3 ADSL 接入技术

6.3.1 ADSL 的调制技术

随着基于 IP 的互联网在世界的普及应用,具有宽带特点的各种业务,如 Web 浏览、远程教学、视频点播和电视会议等业务越来越受欢迎,这些业务除了具有宽带的特点外,还有一个特点就是上下行数据流量不对称,在这种情况下,一种采用频分复用方式实现上下行速率不对称的传输技术——非对称数字用户线(Asymmetric Digital Subscriber Line,ADSL)由美国 Bellcore 提出,并在 1989 后得到迅速发展。

ADSL 先后采用多种调制技术,如正交幅度调制(QAM)、无载波幅度相位调制(CAP)和离散多音频调制(DMT)技术,其中 DMT 是 ADSL 的标准线路编码,而 QAM 和 CAP 还处于标准化阶段,因此下面主要介绍 DMT 技术。

DMT 技术是一种多载波调制技术,它利用数字信号处理技术,根据铜线回路的衰减特性,自适应的调整参数,使误码和串音达到最小,从而使回路的通信容量最大。具体应用中,它把 ADSL 分离器以外的可用带宽(10kHz~1MHz 以上)划分为 255 个带宽为 4kHz 的子信道,每个子信道相互独立,通过增加子信道的数目和每个子信道中承载的比特数目可以提高传输速率,即把输入数据自适应的分配到每个子信道上。如果某个子信道无法承载数据,就简单的关闭;对于能够承载传送数据的子信道,根据其瞬时特性,在一个码元包络内传送数量不等的信息。这种动态分配数据的技术可有效提高频带的平均传信率。

6.3.2 ADSL 的系统结构

1. 系统构成

ADSL 的系统构成如图 6-9 所示,它是在一对普通铜线两段,各加装一台 ADSL 局端设备和远端设备而构成。它除了向用户提供一路普通电话业务外,还能向用户提供一个中速双工数据通信通道(速率可达 576kb/s)和一个高速单工下行数据传送通道(速率可达 6~8Mb/s)。

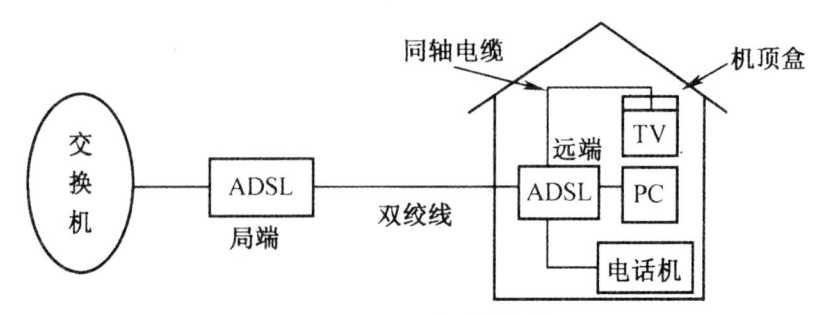

图 6-9 ADSL 的系统构成

ADSL 系统的核心是 ADSL 收发信机(即局端机和远端机),其原理框图如图 6-10 所示。应当注意,局端的 ADSL 收发信机结构与用户端的不同。局端 ADSL 收发信机中的复用器(MULtiplexer,MUL)将下行高速数据与中速数据进行复接,经前向纠错(Forward Error Correction,FEC)编码后送发信单元进行调制处理,最后经线路耦合器送到铜线上;线路耦合器将来自铜线的上行数据信号分离出来,经接收单元解调和 FEC 解码处理,恢复上行中速数据;线路耦合器还完成普通电话业务(POTS)信号的收、发耦合。用户端 ADSL 收发信机中的线路耦合器将来自铜线的下行数据信号分离出来,经接收单元解调和 FEC 解码处理,送分路器(DeMULtiplexer,DMUL)进行分路处理,恢复出下行高速数据和中速数据,分别送给不同的终端设备。来自用户终端设备的上行数据经 FEC 编码和发信单元的调制处理,通过线路耦合器送到铜线上。普通电话业务经线路耦合器进、出铜线。

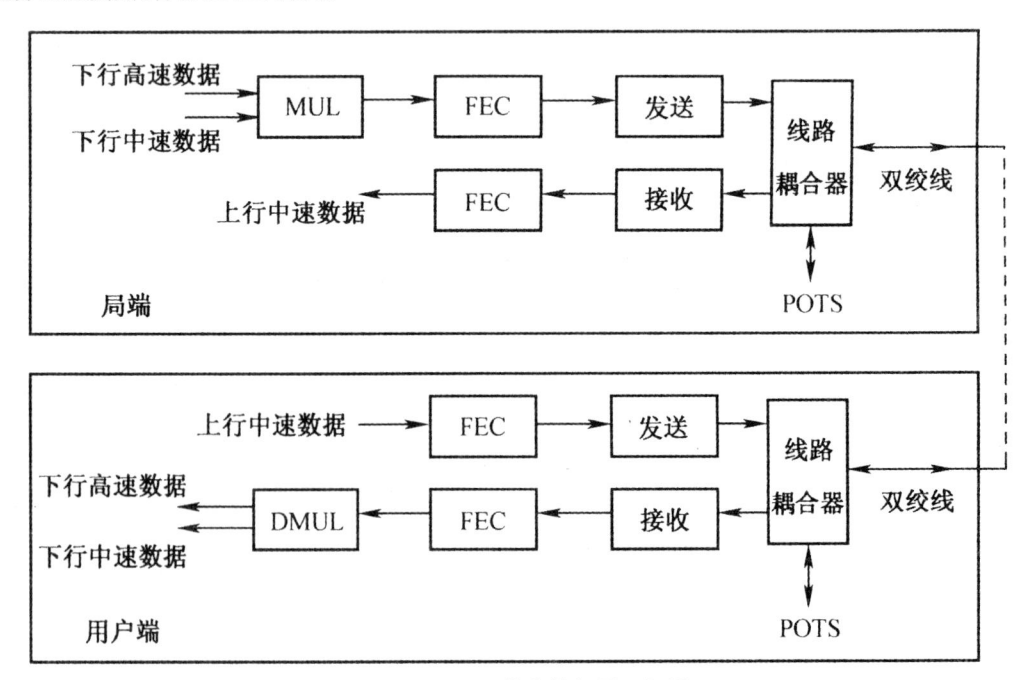

图 6-10 ADSL 收发信机原理框图

2. 传输带宽

ADSL 基本上是运用频分复用(FDM)或是回波抵消(EC)技术,将 ADSL 信号分割为多重信道。简单地说,一条 ADSL 线路(一条 ADSL 物理信道)可以分割为多条逻辑信道。如图 6-11 所示的为这两种技术对带宽的处理。由图 6-11(a)可知,ADSL 系统是按 FDM 方式工作的。POTS 信道占据原来 4kHz 以下的电话频段,上行数字信道占据 25~200kHz 的中间频段(约 175kHz),下行数字信道占据 200kHz~1.1MHz 的高端频段。

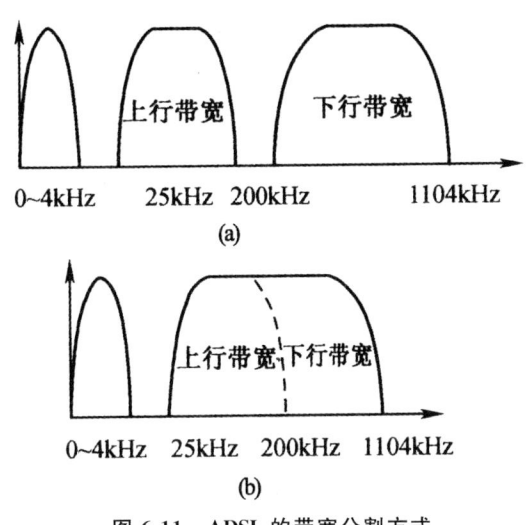

图 6-11 ADSL 的带宽分割方式

频分复用法将带宽分为两个部分,分别分配给上行方向的数据以及下行方向的数据使用。然后,再运用时分多路复用(Time Division Multiplexing,TDM)技术将下载部分的带宽分为一个以上的高速次信道(AS0,AS1,AS2,AS3)和一个以上的低速次信道(LS0,LS1,LS2),上传部分的带宽分割为一个以上的低速信道(LS0,LS1,LS2,对应于下行方向),这些次信道的数目最多为 7 个。FDM 方式的缺点是下行信号占据的频带较宽,而铜线的衰减随频率的升高迅速增大,所以,其传输距离有较大局限性。为了延长传输距离,需要压缩信号带宽。一种常用的方法是将高速下行数字信道与上行数字信道的频段重叠使用,两者之间的干扰用非对称回波抵消器予以消除。

由图 6-11(b)可见,回波抵消技术是将上行带宽与下行带宽产生重叠,再以局部回波抵消的方法将两个不同方向的传输带宽分离,这种技术也用在一些模拟调制解调器上。

美国国家标准学会(ANSI) TI.413-1998 规定,ADSL 的下行(载)速度须支持 32kb/s 的倍数,从 32kb/s~6.144Mb/s,上行(传)速度须支持 16kb/s 以及 32kb/s 的倍数,从 32~640kb/s。但现实的 ADSL 最高则可提供约 1.5~9Mb/s 的下载传输速度,以及 640kb/s~1.536Mb/s 的上传传输速度,视线路的长度而定,也就是从用户到网络服务提供商(Network Service Provider,NSP)距离对传输的速度有绝对的影响。ANSI TI.413 规定,ADSL 在传输距离为 2.7~3.7km 时,下行速率为 6~8Mb/s,上行速率为 1.5Mb/s(和铜线的规格有关);在传输距离为 4.5~5.5km 时,下行数据速率降为 1.5Mb/s,上行速率为 64kb/s。换句话说,实际传输速度需视线路的质量而定,从 ADSL 的传输速率和传输距离上看,ADSL 都能够较好地满足目前用户接入

Internet 的要求。这里所提出的数据则是根据 ADSL 论坛对传输速度与线路距离的规定,其所使用的双绞电话线为 AWG24(线径为 0.5mm)铜线。为了降低用户的安装和使用费用,随后又制定了 ADSL Lite,这个版本的 ADSL 无需修改客户端的电话线路便可以为客户安装 ADSL,但是付出的是传输速率的下降。

ADSL 系统用于图像传输可以有多种选择,如 1~4 个 1.536Mb/s 通路或 1~2 个 3.072Mb/s 通路或 1 个 6.144Mb/s 通路以及混合方式。其下行速率是传统 T1 速率的 4 倍,成本也低于 T1 接入。通常,一个 1.5/2Mb/s 速率的通路除了可以传送 MPEG-1 数字图像外,还可外加立体声信号。其图像质量可达录像机水平,传输距离可达 5km 左右。如果利用 6.144Mb/s 速率的通路,则可以传送一路 MPEG-2 数字编码图像信号,其质量可达演播室水准,在 0.5mm 线径的铜线上传输距离可达 3.6km。有的厂家生产的 ADSL 系统,还能提供 8.192Mb/s 下行速率通路和 640kb/s 双向速率通路,从而可支持 2 个 4Mb/s 广播级质量的图像信号传送。当然,传输距离要比 6.144Mb/s 通路减少 15% 左右。

ADSL 可非常灵活地提供带宽,网络服务提供商(NSP)能以不同的配置包装销售 ADSL 服务,通常为 256kb/s 到 1.536Mb/s 之间。当然也可以提供更高的速率,但仍是以上述的速率为主。表 6-1 所示为某公司所推出的网易通的应用实例,总计有五种不同传输等级的选择方案。最低的带宽为 512kb/s 的下载速率以及 64kb/s 的双工信道速率;最高为 6.144Mb/s 的下载速率以及 640kb/s 的双工信道速率。事实上有很多厂商开发出来的 ADSL 调制解调器都已超过 8Mb/s 的下载速率以及 1Mb/s 的上传速率。但无论如何,这些都是在一种理想的条件下测得的数据,实际上需要根据用户的电话线路质量而定,不过至少必须满足前面列出的标准才行。

表 6-1 ADSL 的传输分级

传输分级	一	二	三	四	五
下载速率	512kb/s	768kb/s	1536kb/s	3.072Mb/s	6.144Mb/s
上传速率	64kb/s	128kb/s	384kb/s	512kb/s	640kb/s

另外,互联网络以及相配合的局域网也可改变这种接入网的结构。由于网络服务提供商(NSP)已经了解到,第 3 层(L3)网络协议的 Internet 协议(Internet Protocol,IP)掌握了现有的专用网络和互联网络,因此,它们必须建立接入网来支持 Internet 协议(IP);而网络服务提供商(NSP)同时也察觉到第 2 层(L2)网络协议的异步传输模式(Asynchronous Transfer Mode,ATM)的潜力,可支持未来包括数据、视频、音频的混合式服务,以及服务质量(Quality of Service,QoS)的管理(特别是在延迟参数和延迟变化方面)。因此,ADSL 接入网将会沿着 ATM 的多路复用和交换逐渐进化,以 ATM 为主的网络将会改进传输 IP 信息的效率,ADSL 论坛和 ANSI 都已经将 ATM 列入 ADSL 的标准中。

6.3.3 影响 ADSL 性能的因素

影响 ADSL 系统性能的因素主要有以下几点。

1. 衰耗

衰耗是指在传输系统中,发射端发出的信号经过一定距离的传输后,其信号强度都会减弱。ADSL 传输信号的高频分量通过用户线时,衰减更为严重。如一个 2.5V 的发送信号到达 ADSL 接收机时,幅度仅能达到毫伏级。这种微弱信号很难保证可靠接收所需要的信噪比。因此,有必要进行附加编码。在 ADSL 系统中,信号的衰耗同样跟传输距离、传输线径以及信号所在的频率点有密切关系。传输距离越远,频率越高,其衰耗越大;线径越粗,传输距离越远,其衰耗越小,但所耗费的铜越多,投资也就越大。

现在,有些电信部门已经开始铺设 0.6mm 或直径更大的铜线,以提供速度更高的数据传输。在 ADSL 实际应用中,衰耗值已经成为必须测试的内容,同时也是衡量线路质量好坏的重要因素。用户端设备与局端设备距离的增加而引起的衰耗加大,将直接导致传输速率的下降。在实际测量中,线间环阻无疑是衡量传输距离远近的重要参数。例如,在同等情况下,实际测得:线间环阻为 245Ω 时,其衰耗值为 18dB;线间环阻为 556Ω 时,其衰耗值将增大到 33dB。

衰耗在所难免,但是又不能一味增加发射功率来保证收端信号的强度。随着功率的增加,串音等其他干扰对传输质量的影响也会加大,而且,还有可能干扰邻近无线电通信。对于各 ADSL 生产厂家,一般其 Modem 的衰耗适应范围在 0~55dB 之间。

2. 噪声干扰

传输线路可能受到若干形式噪声干扰的影响,为达到有效数据传输,应确保接收信号的强度、动态范围、信噪比在可接受的范围之内。噪声产生的原因很多,可能是家用电器的开关、电话摘机和挂机以及其他电动设备的运动等,这些突发的电磁波将会耦合到 ADSL 线路中,引起突发错误。由于 ADSL 是在普通电话线的低频语音上叠加高频数字信号,因而从电话公司到 ADSL 分离器这段连接中,加入任何设备都将影响数据的正常传输,故在 ADSL 分离器之前不要并接电话和加装电话防盗器等设备。目前,从电话公司接线盒到用户电话这段线很多都是平行线,这对 ADSL 传输非常不利,大大降低了上网速率。例如,在同等情况下,使用双绞线下行速率可达到 852kb/s,而使用平行线下行速率只有 633kb/s。

3. 串音干扰

由于电容和电感的耦合,处于同一主干电缆中的双绞线发送器的发送信号可能会串入其他发送端或接收器,造成串音。一般分为近端串音和远端串音。串音干扰发生于缠绕在一个束群中的线对间干扰。对于 ADSL 线路来说,传输距离较长时,远端串音经过信道传输将产生较大的衰减,对线路影响较小,而近端串音一开始就干扰发送端,对线路影响较大。但传输距离较短时,远端串音造成的失真也很大,尤其是当一条电缆内的许多用户均传输这种高速信号时,干扰尤为显著,而且会限制这种系统的回波抵消设备的作用范围。此外,串音干扰作为频率的函数,随着频率升高增长很快。ADSL 使用的是高频,会产生严重后果。因而,在同一个主干上,最好不要有多条 ADSL 线路或频率差不多的线路。

4. 反射干扰

桥接抽头是一种伸向某处的短线,非终接的抽头发射能量,降低信号的强度,并成为一个噪声源。从局端设备到用户,至少有两个接头(桥结点),每个接头的线径也会相应改变,再加上电缆损失等造成阻抗的突变会引起功率反射或反射波损耗。在话音通信中其表现是回声,而在 ADSL 中复杂的调制方式很容易受到反射信号的干扰。目前大多数都采用回波抵消技术,但当信号经过多处反射后,回波抵消就变得几乎无效了。

6.4 HFC 技术

6.4.1 HFC 概述

光纤同轴电缆混合网(Hybrid Fiber Coaxial,HFC)是一种新型的宽带网络,也可以说是有线电视网的延伸。它采用光纤从交换局到服务区,而在进入用户的"最后一公里"采用有线电视网同轴电缆。它可以提供电视广播(模拟及数字电视)、影视点播、数据通信、电信服务(电话、传真等)、电子商贸、远程教学与医疗以及丰富的增值服务(如电子邮件、电子图书馆)等。

HFC 接入技术是以有线电视网为基础,采用模拟频分多路复用技术,综合应用模拟和数字传输技术、射频技术和计算机技术所产生的一种宽带接入网技术。以这种方式接入 Internet 可以实现 10~40Mb/s 的带宽,用户可享受的平均速度是 200~500kb/s,最快可达 1500kb/s,用它可以非常舒心地享受宽带多媒体业务,并且可以绑定独立 IP。

HFC 支持双向信息的传输,因而其可用频带划分为上行频带和下行频带。所谓上行频带是指信息由用户终端传输到局端设备所需占用的频带;下行频带是指信息由局端设备传输到用户端设备所需占用的频带。各国目前对 HFC 频谱配置还未取得完全的统一。我国分段频率如表 6-2 所示。

表 6-2 我国 HFC 频谱配置表

频段	数据传输速率	用途
5~50MHz	320kb/s~5Mb/s 或 640kb/s~10Mb/s	上行非广播数据通信业务
50~550MHz		普通广播电视业务
550~750MHz	30.342Mb/s 或 42.884Mb/s	下行数据通信业务,如数字电视和 VOD 等
750MHz	暂时保留使用	

6.4.2 HFC 接入系统

HFC 网络中传输的信号是射频信号(Radio Frequency,RF),即一种高频交流变化电磁波信号,类似于电视信号,在有线电视网上传送。整个 HFC 接入系统由三个部分组成,即前端系统、HFC 接入网和用户终端系统,如图 6-12 所示。

1. 前端系统

有线电视有一个重要的组成部分——前端，如常见的有线电视基站，它用于接收、处理和控制信号，包括模拟信号和数字信号，完成信号调制与混合，并将混合信号传输到光纤。其中，处理数字信号的主要设备之一就是电缆调制解调器端接系统（Cable Modem Termination System，CMTS），它包括分复接与接口转换、调制器和解调器。

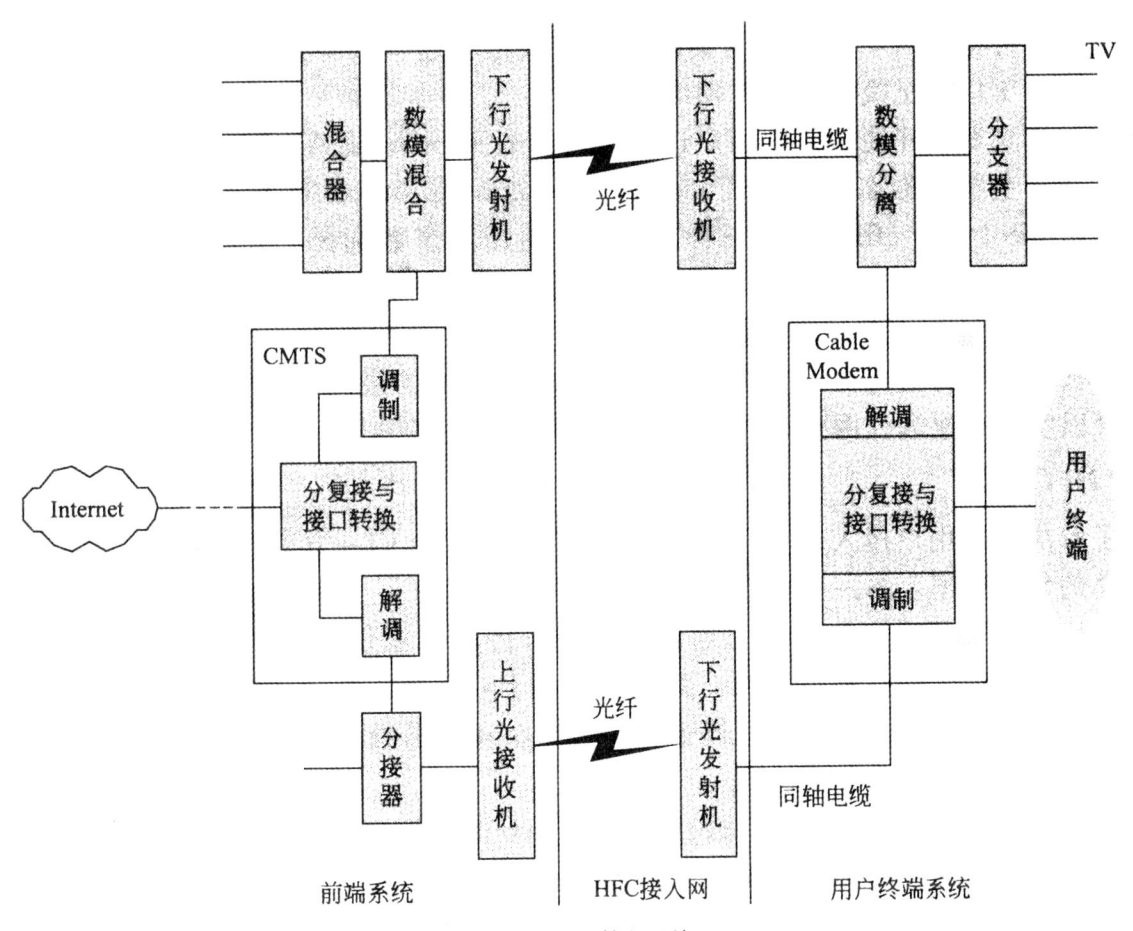

图 6-12 HFC 接入系统

2. HFC 接入网

HFC 接入网是前端系统和用户终端之间的连接部分，如图 6-13 所示，它由馈线网、配线网和引入线三个部分组成。

（1）馈线网

馈线网（即干线）是前端到服务区光结点之间的部分，为星型拓扑结构。它与有线电视网不同的是采用一根单模光纤代替了传统的干线电缆和有源干线放大器，传输上下行信号更快、质量更高、带宽更宽。

（2）配线网

配线网是服务区光结点到分支点之间的部分，采用同轴电缆，并配以干线/桥接放大器，为树型拓扑结构,覆盖范围可达 5～10km,这一部分非常重要,其好坏往往决定了整个 HFC 网的业务量和业务类型。

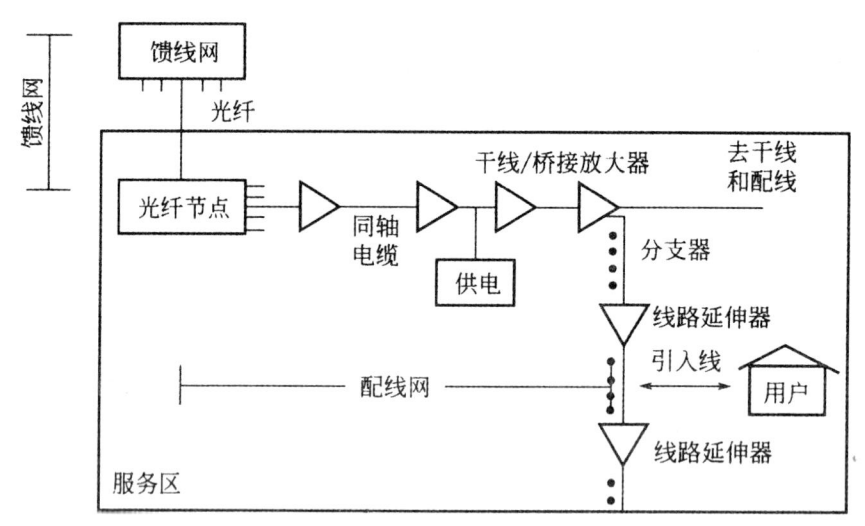

图 6-13　HFC 接入网结构

(3) 引入线

引入线是分支点到用户之间的部分,其中一个重要的元器件为分支器,它作为配线网和引入线的分界点,是信号分路器和方向耦合器结合的无源器件,用于将配线的信号分配给每一个用户,一般每隔 40～50m 就有一个分支器。引入线负责将分支器的信号引入到用户,使用复合双绞线的连体电缆(软电缆)作为物理媒介,与配线网的同轴电缆不同。

3. 用户终端系统

用户终端系统是指以电缆调制解调器(Cable Modem)为代表的用户室内终端设备连接系统。Cable Modem 是一种将数据终端设备连接到 HFC 网,以使用户能和 CMTS 进行数据通信、访问 Internet 等信息资源的连接设备。它主要用于有线电视网进行数据传输,它彻底解决了由于声音图像的传输而引起的阻塞,传输速率高。

Cable Modem 工作在物理层和数据链路层,其主要功能是将数字信号调制到模拟射频信号以及将模拟射频信号中的数字信息解调出来供计算机处理。此外,Cable Modem 还提供标准的以太网接口,部分完成网桥、路由器、网卡和集线器的功能。CMTS 与 Cable Modem 之间的通信是点到多点、全双工的,这与普通 Modem 的点到点通信和以太网的共享总线通信方式不同。

在图 6-12 中,分别从下行和上行两条线路来看 HFC 系统中信号传送过程。

(1) 下行线路

在前端,所有服务或信息经由相应调制转换成模拟射频信号,这些模拟射频信号和其他模拟音频、视频信号经数模混合器由频分复用方式合成一个宽带射频信号,加到前端的下行光发射机上,并调制成光信号用光纤传输到光结点并经同轴电缆网络、数模分离器和 Cable Modem 将信号分离解调并传输到用户。

(2) 上行线路

用户的上行信号采用多址技术(如 TDMA、FDMA、CDMA 或它们的组合)通过 Cable

Modem 复用到上行信道,由同轴电缆传送到光结点进行电光转换,然后经光纤传至前端,上行光接收机再将信号经分接器分离、CMTS 解调后传送到相应接收端。

6.4.3　HFC 的入网特点

HFC 接入网可传输多种业务,具有较为广阔的应用领域,尤其是目前,绝大多数用户终端均为模拟设备(如电视机),与 HFC 的传输方式能够较好地兼容。

1. 传输频带较宽

HFC 具有双绞铜线对无法比拟的传输带宽,它的分配网络的主干部分采用光纤,其间可以用光分路器将光信号分配到各个服务区,在光结点处完成光/电变换,再用同轴电缆将信号分送到各用户家中,这种方式兼顾到提供宽带业务所需带宽及节省建立网络开支两个方面的因素。

2. 与目前的用户设备兼容

HFC 网的最后一段是同轴网,它本身就是一个 CATV 网,因而视频信号可以直接进入用户的电视机,以保证现在大量的模拟终端可以使用。

3. 支持宽带业务

HFC 网支持全部现有的和发展的窄带及宽带业务,可以很方便地将语音、高速数据及视频信号经调制后送出,从而提供了简单的、能直接过渡到 FTTH 的演变方式。

4. 成本较低

HFC 网的建设可以在原有网络基础上改造,根据各类业务的需求逐渐将网络升级。例如,若想在原有 CATV 业务基础上,增设电话业务,只需安装一个设备前端,以分离 CATV 和电话信号,而且何时需要何时安装,十分方便与简洁。

5. 全业务网

HFC 网的目标是能够提供各种类型的模拟和数字通信业务,包括有线和无线、数据和语声、多媒体业务等,即全业务网。

6.5　光纤接入技术

6.5.1　光纤接入技术概述

光纤接入技术实际就是在接入网中全部或部分采用光纤传输介质,构成光纤用户环路(Fiber In The Loop,FITL),实现用户高性能宽带接入的一种方案。

光纤接入网(Optical Access Network,OAN)是指在接入网中用光纤作为主要传输媒介来实现信息传输的网络形式,它不是传统意义上的光纤传输系统,而是针对接入网环境所专门设计的光纤传输网络,属于城域网的范畴,即是通过光纤将 LAN 接入 MAN,在实现与其他同城 LAN 高速连接的同时,共享与上级结点的 Internet 高速连接。现已建立的 MAN,其 Internet 出口带宽通常都在 10Gb/s 以上。如此高的带宽,自然适用于各类 LAN 的 Internet 接入。光纤接入是局域网专线接入的一种,它实际上是以太网接入,即光纤+局域网接入。例如,住宅小区住户计算机通过小区的交换机组成一个局域网,然后通过光纤与 MAN 连接,而 MAN 已接入 Internet。如图 6-14 所示为一个光纤+局域网接入示例。

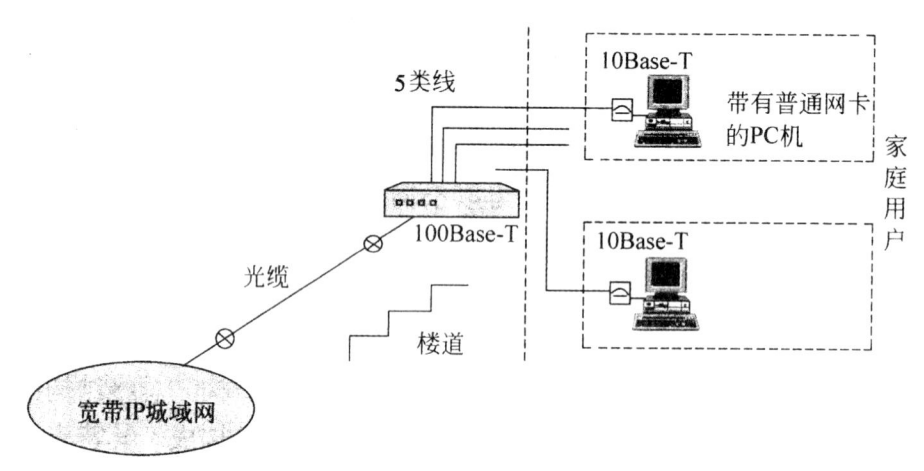

图 6-14 光纤+局域网接入示例

基于强大的光纤传输网络,利用光纤+5 类线传输方式实现千兆到路边,百兆到大楼,十兆到桌面。对单位采用光纤直驱接入用户,对住宅用户采用 5 类线到户。适用于新建住宅、写字楼、网吧、大型单位等用户。

光纤通信具有通信容量大、质量高、性能稳定、防电磁干扰和保密性强等优点,它在数据传输网和交换网中都有广泛应用,在接入网中,也得到了发展。

目前,光纤接入网正在或将在各城市开展,以 2~10Mb/s 作为最低标准的光纤宽带网的接入正走进寻常百姓家。相信光纤宽带接入将会取代现有的电话拨号、ISDN 和 ADSL,成为未来接入 Internet 的主要方式。

6.5.2 光纤接入网的结构

光纤接入网的基本结构包括用户、交换局、光纤、电/光交换模块(E/O)和光/电交换模块(O/E),如图 6-15 所示。由于交换局交换的和用户接收的均为电信号,而在主要传输介质光纤中传输的是光信号,因此两端必须进行电/光和光/电转换。

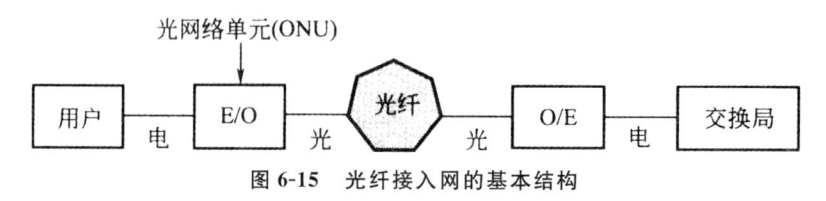

图 6-15 光纤接入网的基本结构

光纤接入在用户端必须有一个光纤收发器(或带有光纤端口的网络设备)和一个路由器。光纤收发器用于实现光纤到双绞线的连接,进行光/电转换;路由器需有高速端口,实现 10Mb/s 或更高速率的连接。在与 Internet 接入时,路由器的主要作用有两个,即一是连接不同类型的网络,二是实现网络安全保护(防火墙)。直接将光纤收发器连接至局域网交换机端口时,可以不需要路由器。因此,光纤宽带接入网的硬件设备有光收发器、路由器和光缆网卡。

6.5.3　光纤接入网的拓扑结构

光网络单元(ONU)的主要功能是为用户侧提供直接的或远端的接口。ONU 设备可以灵活地放置在用户室内、路边、公寓内和办公大楼等地,在接入网中的位置既可以设置在用户端,也可以在分线盒或交接箱处。

按 ONU 放置位置的不同,可以将 OAN 划分为多种基本类型:FTTC、FTTB、FTTO、FTTH 等。另外,ONU 还可以通过不同的物理硬件连接构成多种拓扑形式,如总线型、星型、树型和环型等,如图 6-16 所示。

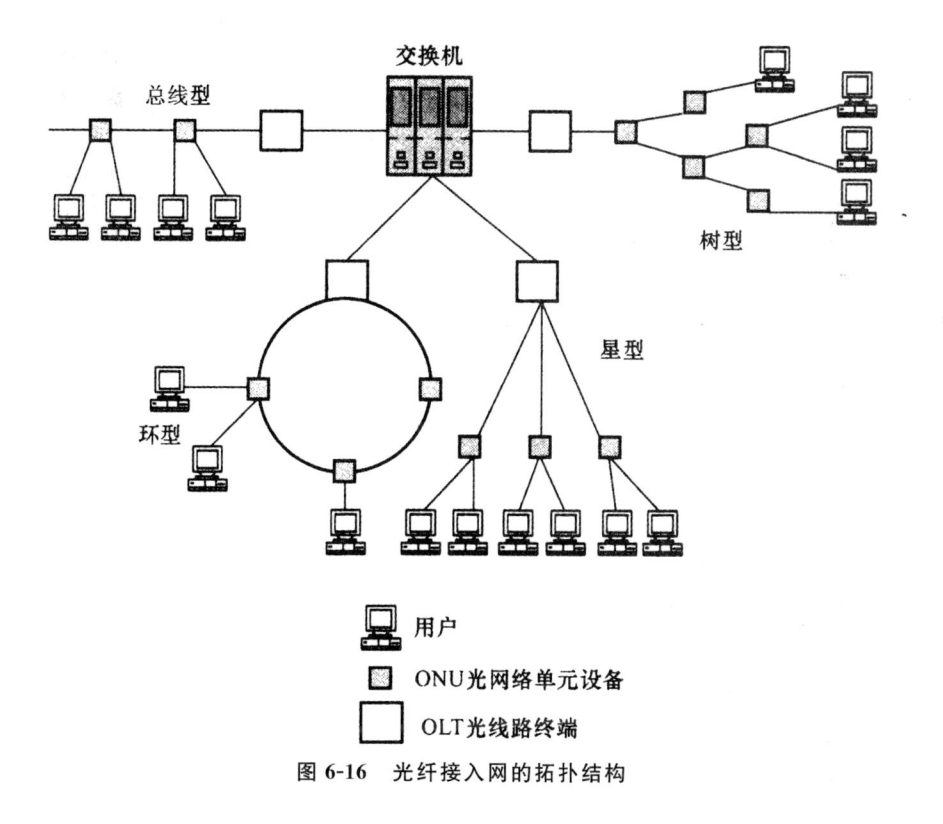

图 6-16　光纤接入网的拓扑结构

1. 总线型拓扑结构

以光纤作为公共总线,各用户终端通过耦合器与总线直接连接构成总线型拓扑结构。其特点是:共享主干光纤、节省线路投资、互相间干扰小,其缺点是损耗积累、对主干的依赖性强等。这种方式适用于中等规模的用户群。

2. 星型拓扑结构

由光纤线路和端局内结点上的星型耦合器构成星状的结构称为星型拓扑结构。该结构无损耗积累，易于实现升级和扩充，各用户间相对独立，保密性好，业务适应性强；但所需光纤代价高、组网灵活性差、对中央结点的可靠性要求极高。适用于有选择性的用户。

3. 树型拓扑结构

由光纤线路和结点构成的树状分级结构称为树型拓扑结构，是光纤接入网中使用最多的一种结构。采用多个分路器，将信号逐级分配，最高端级具有很强的控制和协调能力。适用于大规模的用户群。

4. 环型拓扑结构

环型拓扑结构的光纤接入网是所有结点共用一条光纤线路，首尾相连成封闭回路构成环型网络拓扑结构。其突出优点是可实现自愈，即网络可在较短时间内自动从失效故障中恢复业务；其缺点为单环挂接数量有限，多环又很复杂，且不符合分配型业务等。适用于大规模的用户群。

6.5.4 光纤接入网的分类

根据不同的分类原则，OAN 可划分为多个不同种类。

1. 按光网络单元在光接入网中所处的位置分类

按照光网络单元（ONU）在光接入网中所处的具体位置不同，OAN 可分为光纤到路边（FTTC）、光纤到大楼（FTTB）、光纤到家（FTTH）和光纤到办公室（FTTO）几种不同的应用类型，如图 6-17 所示。

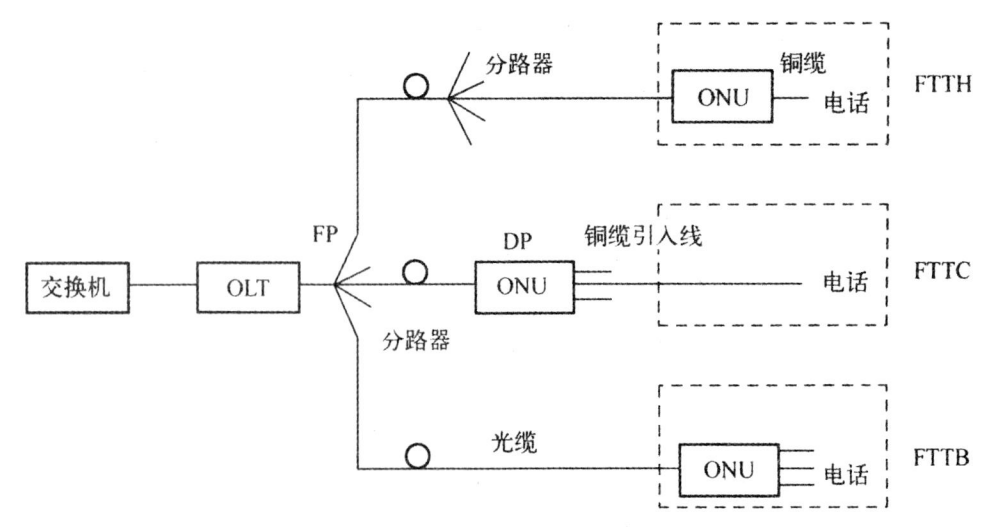

图 6-17 光纤接入网的应用类型

(1) 光纤到路边(FTTC)

在 FTTC 结构中,ONU 设置在路边的入孔或电线杆上的分线盒处,有时也可能设置在交接箱处。此时从 ONU 到各个用户之间的部分仍为双绞线铜缆。若要传送宽带图像业务,则除了距离很短的情况外,这一部分可能会需要同轴电缆。这样 FTTC 将比传统的数字环路载波(DLC)系统的光纤化程度更靠近用户,增加了更多的光缆共享部分。

(2) 光纤到大楼(FTTB)

FTTB 也可以看作是 FTTC 的一种变形,不同之处在于将 ONU 直接放到楼内(通常为居民住宅公寓或小企事业单位办公楼),再经多对双绞线将业务分送给各个用户。FTTB 是一种点到多点结构,通常不用于点到点结构。FTTB 的光纤化程度比 FTTC 更进一步,光纤已敷设到楼,因而更适用于高密度区,也更接近于长远发展目标。

(3) 光纤到家(FTTH)和光纤到办公室(FTTO)

在原来的 FTTC 结构中,如果将设置在路边的 ONU 换成无源光分路器,然后将 ONU 移到用户房间内即为 FTTH 结构。如果将 ONU 放在办公大楼的终端设备处并能提供一定范围的灵活的业务,则构成所谓的光纤到办公室(FTTO)结构。FTTO 主要用于企事业单位的用户,业务量需求大,因而结构上适用于点到点或环型结构。而 FTTH 用于居民住宅用户,业务量较小,因而经济的结构必须是点到多点方式。总的来看,FTTH 结构是一种全光纤网,即从本地交换机到用户全部为光连接,中间没有任何铜缆,也没有有源电子设备,是真正全透明的网络。

2. 按接入网的室外传输设备是否含有有源设备来分类

按接入网的室外传输设备是否含有有源设备,可将 OAN 分为无源光网络(PON)和有源光网络(AON)。

(1) 无源光网络(PON)

如图 6-18 所示,在无源光网络中,用户侧的 ONU 设备通过无源结点(无源分光器)与局端相连接,PON 技术的原理是利用光放大和分光耦合器的发射功能,使局端设备能同时与多个 ONU 设备通信,每个 ONU 可连接几个到几十个用户,从而实现用户接入的功能。

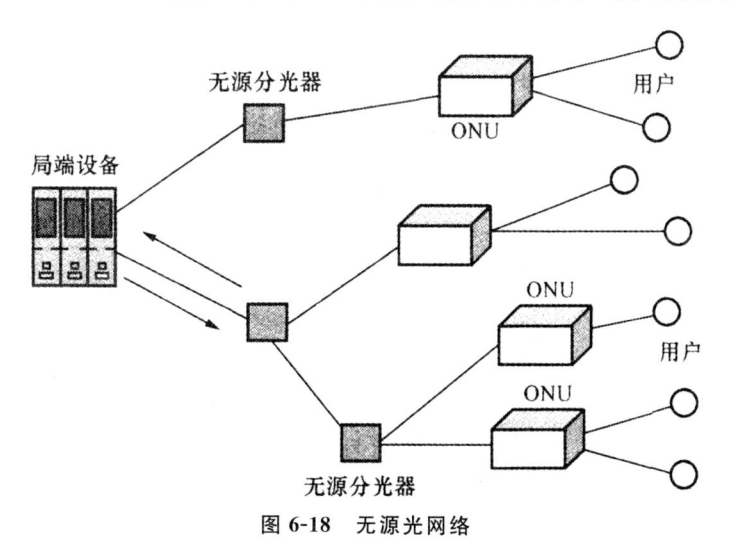

图 6-18 无源光网络

PON 技术采用了无源的光器件,简化了设备的操作和维护。PON 可以支持 ISDN 基群或同等速率的各类业务,并且可以实现宽带数据业务与 CATV 业务的共同传送。在 PON 技术中上下行信号可以采用不同的技术,如上行信号采用 TDM 技术,下行信号采用 TDMA 技术。目前无源光网络技术应用较为广泛,如视频点播 VOD、广播电视等。

(2)有源光网络(AON)

在有源光网络中,用户侧的 ONU 设备通过有源结点与局端相连接,网络的馈线段和配线段全部采用光纤媒质,ONU 与局端设备既可以直接连接,也可以通过设备(分插复用器)转接。如图 6-19 所示,有源光网络技术较为简单,容易实现。但由于网络中使用了有源设备,所以增加了设备维护和供电的问题。

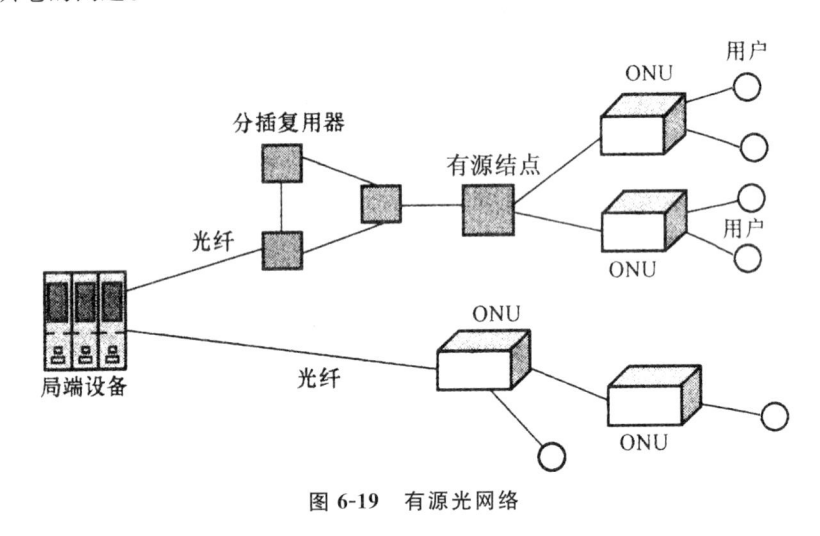

图 6-19 有源光网络

两者的主要区别是分路方式不同,PON 采用无源光分光器,AON 采用分插复用器。PON 的主要特点是易于展开和扩容,维护费用较低,但对光器件的要求较高。AON 的主要特点是对光器件的要求不高,但在供电及远端电器件的运行维护和操作上有一些困难,并且网络的初期投资较大。

3.按接入网能够承载的业务带宽来分类

按接入网能够承载的业务带宽,可将 OAN 分为窄带 OAN 和宽带 OAN 两类。窄带和宽带的划分以 2.048Mb/s 速率为界线,速率低于 2.048Mb/s 的业务称为窄带业务,速率高于 2.048Mb/s 的业务称为宽带业务。

6.5.5 ATM 无源光网络(APON)接入技术

在 PON 中采用 ATM 技术,就称为 ATM 无源光网络(ATM-PON,简称 APON)。PON 是实现宽带接入的一种常用网络形式,电信骨干网绝大部分采用 ATM 技术进行传输和交换,显然,无源光网络的 ATM 化是一种自然的做法。APON 将 ATM 的多业务、多比特速率能力和统计复用功能与无源光网络的透明宽带传送能力结合起来,从长远来看,这是解决电信接入"瓶颈"的较佳方案。APON 实现用户与四个主要类型业务结点之一的连接,即 PSTN/ISDN 窄带业务、B-ISDN 宽带业务、非 ATM 业务(数字视频付费业务)和 Internet 的 IP 业务。

APON 的模型结构如图 6-20 所示。其中,UNI 为用户网络接口,SNI 为业务结点接口,ONU 为光网络单元,OLT 为光线路终端。

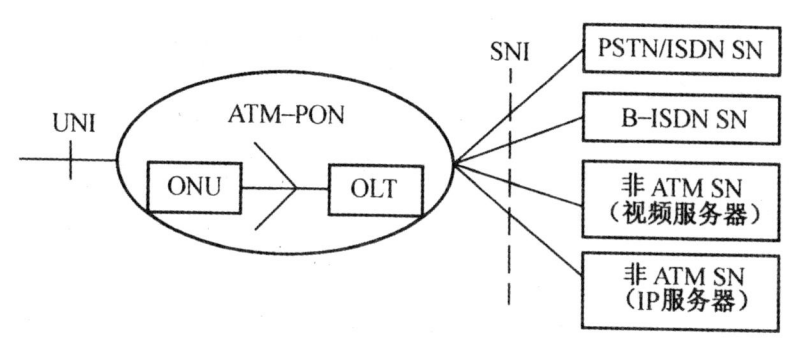

图 6-20 APON 的模型结构

PON 是一种双向交互式业务传输系统,它可以在业务结点(SNI)和用户网络结点(UNI)之间以透明方式灵活地传送用户的各种不同业务。基于 ATM 的 PON 接入网主要由光线路终端 OLT(局端设备)、光分路器(Splitter)、光网络单元 ONU(用户端设备),以及光纤传输介质组成。其中 ODN 内没有有源器件。局端到用户端的下行方向,由 OLT 通过分路器以广播方式发送 ATM 信元给各个 ONU。各个 ONU 则遵循一定的上行接入规则将上行信息同样以信元方式发送给 OLT,其关键技术是突发模式的光收发机、快速比特同步和上行的接入协议(媒质访问控制)。ITU-T 于 1998 年 10 月通过了有关 APON 的 G.983.1 建议。该建议提出下行和上行通信分别采用 TDM 和 TDMA 方式来实现用户对同一光纤带宽的共享。同时,主要规定标称线路速率、光网络要求、网络分层结构、物理媒质层要求、会聚层要求、测距方法和传输性能要求等。G.983.1 对 MAC 协议并没有详细说明,只定义了上下行的帧结构,对 MAC 协议作了简要说明。

1999 年 ITU-T 又推出 G.983.2 建议,即 APON 的光网络终端(Optical Network Terminal, ONT)管理和控制接口规范,目标是实现不同 OLT 和 ONU 之间的多厂商互通,规定了与协议无关的管理信息库被管实体、OLT 和 ONU 之间信息交互模型、ONU 管理和控制通道以及协议和消息定义等。该建议主要从网络管理和信息模型上对 APON 系统进行定义,以使不同厂商的设备实现互操作。该建议在 2000 年 4 月份正式通过。

在宽带光纤接入技术中,电信运营者和设备供应商普遍认为 APON 是最有效的,它构成了既提供传统业务又提供先进多媒体业务的宽带平台。APON 主要特点有:采用点到多点式的无源网络结构,在光分配网络中没有有源器件,比有源光网络和铜线网络简单,更加可靠,更加易于维护;如果大量使用 FTTH(光纤到家),有源器件和电源备份系统从室外转移到了室内,对器件和设备的环境要求降低,使维护周期加长;维护成本的降低使运营者和用户双方受益;由于它的标准化程度很高,可以大规模生产,从而降低了成本;另外,ATM 统计复用的特点使 APON 能比 TDM 方式的 PON 服务于更多用户,ATM 的 QoS 优势也得以继承。

根据 G.983.1 规范的 ATM 无源光网络,OLT 最多可寻址 64 个 ONU,PON 所支持的虚通路(VP)数为 4096,PON 寻址使用 ATM 信元头中的 12 位 VP 域。由于 OLT 具有 VP 交叉互联功能,所以局端 VB5 接口的 VPI 和 PON 上的 VPI(OLT 到 ONU)是不同的。限制 VP 数为

4096使ONU的地址表不会很大,同时又保证了高效地利用PON资源。

以ATM技术为基础的APON,综合了PON系统的透明宽带传送能力和ATM技术的多业务多比特率支持能力的优点,代表了接入网发展的方向。APON系统主要有下述优点。

(1)理想的光纤接入网

无源纯介质的ODN对传输技术体制的透明性,使APON成为未来光纤到家、光纤到办公室、光纤到大楼的最佳解决方案。

(2)低成本

树型分支结构,多个ONU共享光纤介质使系统总成本降低;纯介质网络,彻底避免了电磁和雷电的影响,维护运营成本大为降低。

(3)高可靠性

局端至远端用户之间没有有源器件,可靠性较有源OAN大大提高。

(4)综合接入能力

能适应传统电信业务PSTN/ISDN;可进行Internet Web浏览;同时具有分配视频和交互视频业务(CATV和VOD)能力。

虽然APON有一系列优势,但是由于APON树型结构和高速传输特性,还需要解决诸如测距、上行突发同步、上行突发光接收和带宽动态分配等一系列技术及理论问题,这给APON系统的研制带来一定的困难。目前这些问题已基本得到解决,我国的APON产品已经问世,APON系统正逐步走向实用阶段。

6.6 无线接入技术

6.6.1 无线接入技术概述

无线接入技术是基于MPEG(活动图像数字压缩编码)技术,从MUDS(微波视像分布系统)发展而来,是为适应交互式多媒体业务与IP应用的一种双向宽带接入技术。无线接入技术是指从业务结点到用户终端之间的全部或部分传输设施采用无线手段,向用户提供固定和移动接入服务的技术。采用无线通信技术将各用户终端接入到核心网的系统,或者是在市话端局或远端交换模块以下的用户网络部分采用无线通信技术的系统都统称为无线接入系统。无线接入网是由部分或全部采用无线电波作为传输介质连接业务接入结点和用户终端构成的网络。

无线接入的方式有很多,如微波传输技术(包括一点多址微波)、卫星通信技术、移动蜂窝通信技术(包括FDMA、TDMA、CDMA和S-CDMA)、CTZ、DECT、PHS集群通信技术、无线局域网(WLAN)和无线异步传输模式(WATM)等,尤其是WLAN以及刚刚兴起的WATM将成为宽带无线本地接入(WWLL)的主要方式。与有线宽带接入方式相比,虽然无线接入技术的应用还面临着开发新频段、完善调制和多址技术、防止信元丢失、时延等方面的问题,但其以特有的无需敷设线路、建设速度快、初期投资小、受环境制约不大、安装灵活、维护方便等特点正在成为接入网领域的新生力量。

6.6.2 卫星技术

利用卫星的宽带 IP 多媒体广播可解决 Internet 带宽的瓶颈问题,由于卫星广播具有覆盖面大、传输距离远、不受地理条件限制等优点,利用卫星通信作为宽带接入网技术,在我国复杂的地理条件下,是一种有效方案并且有很大的发展前景。目前,应用卫星通信接入 Internet 主要有两种方案,即全球宽带卫星通信系统和数字直播卫星接入技术。

全球宽带卫星通信系统,将静止轨道卫星(Geosynchronous Earth Orbit,GEO)系统的多点广播功能与低轨道卫星(Low Earth Orbit,LEO)系统的灵活性和实时性相结合,能够为固定用户提供 Internet 高速接入、会议电视、可视电话、远程应用等多种高速的交互式业务。也就是说,利用全球宽带卫星系统可建设宽带的"空中 Internet"。

数字直播卫星接入(Direct Broadcasting Satellite,DBS)利用位于地球同步轨道的通信卫星将高速广播数据送到用户的接收天线,所以一般也称为高轨卫星通信。DBS 主要为广播系统,Internet 信息提供商将网上的信息与非网上的信息按照特定组织结构进行分类,根据统计的结果将共享性高的信息送至广播信道,由用户在用户端以订阅的方式接收,能充分满足用户的共享需求。用户通过卫星天线和卫星接收 Modem 接收数据,回传数据则要通过电话 Modem 送到主站的服务器。DBS 广播速率最高可达 12Mb/s,通常下行速率为 400kb/s,上行速率为 33.6kb/s,下行速率比传统 Modem 高出 8 倍,不但能为用户节省 60% 以上的上网时间,还可以享受视频、音频多点传送、点播等服务。

6.6.3 WAP 技术

无线应用协议(Wireless Application Protocol,WAP)是由 WAP 论坛制定的一套全球化无线应用协议标准。它基于已有的 Internet 标准,如 IP、HTTP、URL 等,并针对无线网络的特点进行了优化,使得互联网的内容和各种增值服务适用于手机用户和各种无线设备用户。

WAP 独立于底层的承载网络,可以运行于多种不同的无线网络之上,如移动通信网(移动蜂窝通信网)、无绳电话网、寻呼网、集群网、移动数据网等。WAP 标准和终端设备也相对独立,适用于各种型号的手机、寻呼机和个人数字助手等。

WAP 采用了客户机/服务器结构,提供了一个灵活而强大的编程模型,如图 6-21 所示。其中,WAP 网关起着协议的"翻译"作用,是联系移动通信网与 Internet 的桥梁,WAP 内容服务器存储着大量的信息,以提供 WAP 用户来访问、查询、浏览。

当用户通过 WAP 终端提出要访问的 WAP 内容服务器的 URL 后,信号经过无线网络,以 WAP 协议方式发送请求至 WAP 网关,然后经过"翻译",再以 HTTP 协议方式与 WAP 内容服务器交互,最后 WAP 网关将返回的内容压缩,处理成 WAP 客户所能理解的紧缩二进制流方式返回到 WAP 终端屏幕上。编程人员所要做的是编写 WAP 内容服务器上的程序,即 WAP 网页。

WAP 定义了一个分层的体系结构,为移动通信设备上的应用开发提供了一个可伸缩的和可扩充的环境,如图 6-22 所示。

图 6-21 WAP 编程模型

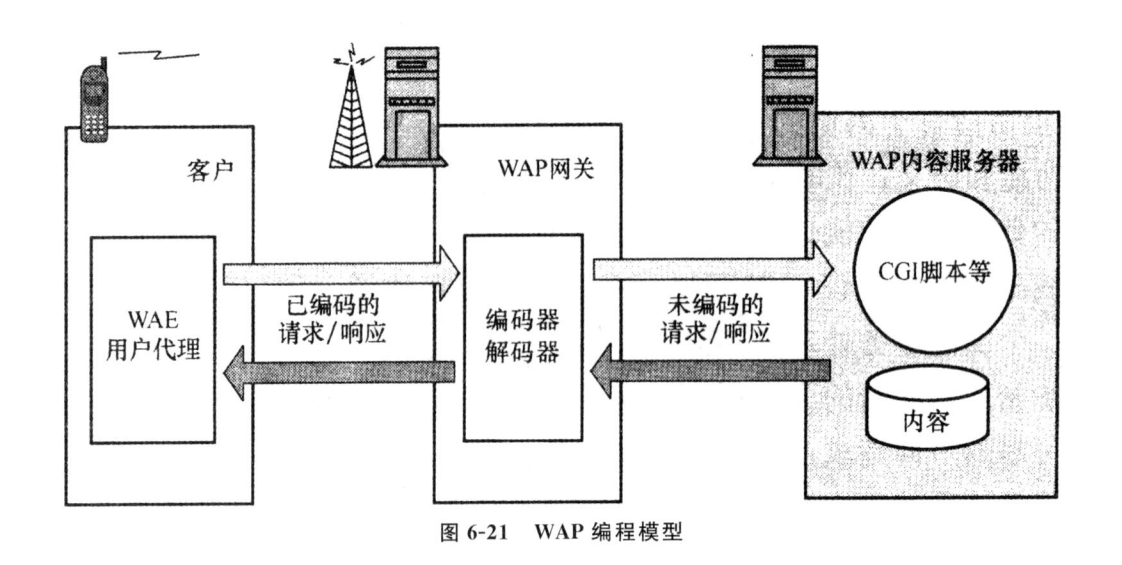

图 6-22 WAP 协议栈

WAP 协议栈包括以下几层。

(1) 无线应用环境 (WAE)——应用层协议

WAE 是建立在 WWW 技术和移动通信技术相结合的基础上的一个多用途应用环境。它的主要目标就是使得网络系统及内容提供者,通过微浏览器(Micro Browser)提供给用户不同的内容及应用服务。

WAE 包含了以下几个部分。

① 无线标记语言(WML):一种轻型标记语言,与 HTML 类似,但它是专门为手持式移动终端设计的。

② WML 描述语言:一种轻型描述语言,与 JavaScript 类似。

③无线电话应用(WTA,WTA1):语音电话服务和程序接口。

④内容格式:一套精心定义的数据格式,包括图片、电话号码记录本和日历信息等。

(2)无线会话协议(WSP)——会话层协议

WSP提供两种不同的会话服务,即一种是面向连接的会话服务,运行于无线事务协议(WTP)之上;另一种是面向非连接的服务,运行于加密或非加密的无线数据报协议(WDP)之上。WSP为这两种不同的会话服务向WAE提供一致的接口。

WSP目前由适合于浏览的业务(WSP/B)组成,WSP/B提供以下功能:压缩编码的HTTP/1.1功能和语义;长时间的会话状态;带有会话转移的会话终止和恢复;普通的可靠和非可靠的数据推送功能;协议特征协商。

(3)无线事务协议(WTP)——事务层协议

WTP运行于数据报服务层之上,提供了一个面向事务处理的轻量级协议,特别适合于小型客户(移动站),WTP可有效地运行于加密或非加密的无线数据报网络之上,WTP提供了三种等级的服务,即不可靠的单向请求、可靠的单向请求、可靠的双向请求和应答。

(4)无线传输层的安全协议(WTLS)——安全层协议

WTLS是工业标准TLS协议(Secure Sockets Layer,SSL)用于无线传输的安全协议。WTLS的目标是使用WAP传输层协议,并为在窄带通信信道上使用进行优化。WTLS提供数据的完整性、保密性、验证、拒绝性业务保护等功能。

(5)无线数据报协议(WDP)——传输层协议

WDP作为WAP的传输层协议,它对上层协议提供一致性服务,并与各种可能的承载服务进行透明通信。因此,安全层、会话层和应用层都可以各自独立地在WDP之上运行。

(6)无线载体

WAP可以应用于各种类型的承载服务,包括短消息、电路交换数据和分组交换数据。如果考虑到吞吐量、差错率以及时延,WAP协议可以容许不同的业务等级,也可以对其进行补偿。WDP规范说明书列举了它所支持的各种承载业务以及WAP承载这些业务所要用到的各种技术。随着无线市场的发展,新的承载业务将会不断地加入。

(7)其他应用和服务

WAP的分层结构使得其他服务和应用通过一系列精心定义的接口就可以充分利用WAP协议的功能。外部应用可以直接访问会话层、事务处理层、安全层和传输层。这就使得虽然目前没有被WAP所确定,但是对无线市场来说很有市场价值的一些服务和应用也可以使用WAP协议,例如,电子邮件、日历、电话号码簿、记事本,以及电子商务、白页、黄页等。

6.6.4 LMDS技术

本地多点分布业务(Local Multipoint Distribution Service,LMDS)系统是一种宽带固定无线接入系统。它工作在微波频率的高端(20~40GHz频段),以点对多点的广播信号传送方式为电信运营商提供高速率、大容量、高可靠性、全双工的宽带接入手段,为运营商在"最后一公里"宽带接入和交互式多媒体应用提供了经济、简便的解决方案。

LMDS是首先由美国开发的,其不支持移动业务。LMDS采用小区制技术,根据各国使用频率的不同,其服务范围约为1.6~4.8km。运营商利用这种技术只需购买所需的网元就可以向用户提供无线宽带服务。LMDS 是面对用户服务的系统,具有高带宽和双向数据传输的特点,可以提供多种宽带交互式数据业务及话音和图像业务,特别适用于突发性数据业务和高速 Internet 接入。

LMDS 是结合高速率的无线通信和广播的交互性系统。LMDS 网络主要由网络运行中心(Network Operating Center,NOC)、光纤基础设施、基站和用户站设备组成。NOC 包括网络管理系统设备,它管理着用户网的大部分领域;多个 NOC 可以互联。光纤基础设施一般包括 SONET OC-3 和 DS-3 链路、中心局(CO)设备、ATM 和 IP 交换机系统,可与 Internet 及 PSTN 互联。基站用于进行光纤基础设施向无线基础设施的转换,基站设备包括与光纤终端的网络接口、调制解调器和微波传输与接收设备,可不含本地交换机。基站结构主要有两种:一种是含有本地交换机的基站结构,则连到基站的用户无需进入光纤基础设施即可与另一个用户通信,这就表示计费、信道接入管理、登记和认证等是在基站内进行的。另一种基站结构是只提供与光纤基础设施的简单连接,此时所有业务都接向光纤基础设施中的 ATM 交换机或 CO 设备。如果连接到同一基站的两个用户希望建立通信,那么通信以及计费、认证、登记和业务管理功能都在中心地点完成。用户站设备因供货厂商不同而相差甚远,但一般都包括安装在户外的微波设备和安装在室内的提供调制解调、控制、用户站接口功能的数字设备。用户站设备可以通过 TDMA、FDMA 及 CDMA 方式接入网络。不同用户站地点要求不同的设备结构。

如图 6-23 所示的是目前被广泛接受的 LMDS 系统。用户站由一个安装在屋顶的天线及室外收发信机和一个用户接口单元组成。而中心站是由一个安装在室外的天线及收发信机以及一个室内控制器组成,此控制器连接到一个 ATM 交换机的光纤环路中。此系统目前仍是以 4 个扇区进行匹配的,今后可能发展到 24 个扇区。

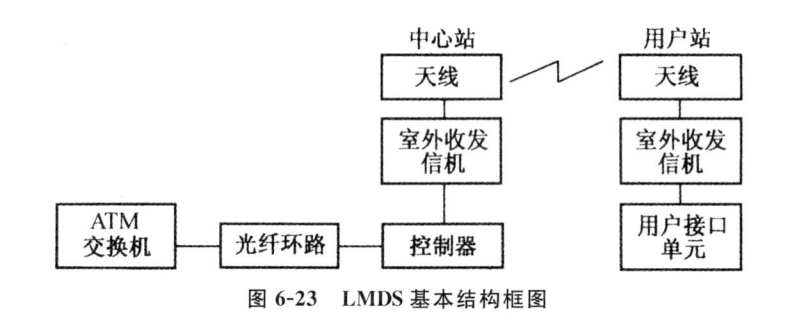

图 6-23 LMDS 基本结构框图

LMDS 技术的特点主要有以下几个方面。

(1)可提供极高的通信带宽

LMDS 工作在 28GHz 微波波段附近,是微波波段的高端部分,属于开放频率,可用频带为 1GHz 以上。

(2)蜂窝式的结构配置可覆盖整个城域范围

LMDS 属无线访问的一种新形式,典型的 LMDS 系统为分散的类似蜂窝的结构配置。它由多个枢纽发射机(或称为基地站)管理一定范围内的用户群,每个发射机经点对多点无线链路与服务区内的固定用户通信。每个蜂窝站的覆盖区为 2~10km,覆盖区可相互重叠。每个覆盖区又可以划分多个扇区,可根据用户远端的地理分布及容量要求而定,不同公司的单个基站的接入容量可达 200Mb/s。LMDS 天线的极化特性用来降低同一个地点不同扇区以及不同地点相邻扇区的干扰,即假如一个扇区利用垂直极化方式,那么相邻扇区便使用水平极化方式,这样理论上能保证在同一地区使用同一频率。

(3) LMDS 可提供多种业务

LMDS 在理论上可以支持现有的各种语音和数据通信业务。LMDS 系统可提供高质量的语音服务,而且没有延迟,用户和系统之间的接口通常是 RJ11 电话标准,与所有常用的电话接口是兼容的。LMDS 还可以提供低速、中速和高速数据业务。低速数据业务的速率为 1.2~9.6kb/s,能处理开放协议的数据,网络允许本地接入点接到增值业务网并可以在标准话音电路上提供低速数据。中速数据业务速率为 9.6kb/s~2Mb/s,这样的数据通常是增值网络本地接入点。在提供高速数据业务(2~55Mb/s)时,要用 100Mb/s 的快速以太网和光纤分布的数据接口(Fiber Distributed Data Interface,FDDI)等,另外,还要支持物理层、数据链路层和网络层的相关协议。除此之外,LMDS 还能支持高达 1Gb/s 速率的数据通信业务。

(4) LMDS 能提供模拟和数字视频业务

如远程医疗、高速会议电视、远程教育、商业及用户电视等。此外,LMDS 有完善的网管系统支持,发展较成熟的 LMDS 设备都具有自动功率控制、本地和远端软件下载、自动故障汇报、远程管理及自动性能测试等功能。这些功能可方便用户对网络的本地和远程进行监控,并可降低系统维护费用。

与传统的光纤接入、以太网接入和无线点对点接入方式相比,LMDS 有许多优势。首先,LMDS 的用户能根据自身的市场需求和建网条件等对系统设计进行选择,并且 LMDS 有多种调制方式和频段设备可选,上行链路可选择 TDMA 或 FDMA 方式,因此,LMDS 的网络配置非常灵活。其次,这种无线宽带接入方式配备多种中心站接口(如 N×E1,E3,155Mb/s 等)和外围站接口(如 E1、帧中继、ISDN、ATM、10MHz 以太网等)。再次,LMDS 的高速率和高可靠性,以及它便于安装的小体积低功耗外围站设备,使得这种技术极适合于市区使用。在具体应用方面,LMDS 除可以代替光纤迅速建立起宽带连接外,利用该技术还可建立无线局域网以及 IP 宽带无线本地环。

6.6.5 GPRS 技术

通用分组无线业务(General Packet Radio Service,GPRS)是在现有的 GSM 系统上发展出来的一种新的承载业务。在某种意义上,可以认为 GPRS 是 GSM 向 IP 和 X.25 数据网的延伸;反过来也可以说 GPRS 是互联网在无线应用上的延伸。在 GPRS 上可实现 FTP、Web 浏览器、E-mail 等互联网应用。

GPRS 无线分组数据系统与现有的 GSM 语音系统最根本的区别是,GSM 是一种电路交换系统,而 GPRS 是一种分组交换系统。分组交换的基本过程是把数据先分成若干个小的数据包,通过不同的路由,以存储转发的接力方式传送到目的端,再组装成完整的数据。

在 GSM 无线系统中,无线信道资源非常宝贵,如采用电路交换,每条 GSM 信道只能提供 9.6kb/s 或 14.4kb/s 传输速率。如果多个组合在一起(最多 8 个时隙),虽可提供更高的速率,但只能被一个用户独占,在成本效率上显然缺乏可行性。而采用分组交换的 GPRS 则可灵活运用无线信道,让其为多个 GPRS 数据用户所共用,从而极大地提高了无线资源的利用率。

理论上讲,GPRS 可以将最多 8 个时隙组合在一起,给用户提供高达 171.2kb/s 的带宽。

同时，与 GSM 所不同的是，它可同时供多个用户共享。从无线系统本身的特点来看，GPRS 使 GSM 系统实现无线数据业务的能力产生了质的飞跃，从而提供了便利高效、低成本的无线分组数据业务。

GPRS 特别适用于间断的、突发性的或频繁的、少量的数据传输，也适用于偶尔的大数据量传输。而这正是大多数移动互联应用的特点。由于 GPRS 网是通过软件升级和增加必要的硬件，利用 GSM 现有的无线系统实现分组数据传输，GSM 在承载 GPRS 业务时可以不必中断其他业务，如语音业务等。因此，GPRS 是 GSM 向 3G 系统演进的重要一环，它的引入将大大延长 GSM 系统的生存周期，同时为 3G 的发展奠定基础。

6.6.6 蓝牙技术

蓝牙技术是由爱立信公司在 1994 年提出的一种最新的无线技术规范。其最初的目的是希望采用短距离无线技术将各种数字设备（如移动电话、计算机及 PDA 等）连接起来，以消除繁杂的电缆连线。随着研究的进一步发展，蓝牙技术可能的应用领域得到扩展。如蓝牙技术应用于汽车工业、无线网络接入、信息家电及其他所有不便于进行有线连接的地方。最典型的应用是无线个域网（Wireless Personal Area Network，WPAN），它可用于建立一个便于移动、连接方便、传输可靠的数字设备群，其目的是使特定的移动电话、便携式计算机以及各种便携式通信设备的主机之间在近距离内实现无缝的资源共享。蓝牙协议能使包括蜂窝电话、掌上电脑、笔记本电脑、相关外设和家庭 Hub 等包括家庭 RF 的众多设备之间进行信息交换。

蓝牙技术定位在现代通信网络的最后 10m，是涉及网络末端的无线互联技术，是一种无线数据与语音通信的开放性全球规范。它以低成本的近距离无线连接为基础，为固定与移动设备通信环境建立一个特别连接。

蓝牙工作频段为全球通用的 2.4GHz 工业、科学和医学（Industry Science and Medicine，ISM）频段，由于 ISM 频段是对所有无线电系统都开放的频带，因此，使用其中的某个频段都会遇到不可预测的干扰源。为此，蓝牙技术特别设计了快速确认和调频方案以确保链路稳定，并结合了极高跳频速率（1600 跳/s）和调频技术，这使它比工作在相同频段而跳频速率均为 50 跳/s 的 802.11 FHSS 和 HomeRF 无线电更具抗干扰性。蓝牙的数据传输速率为 1Mb/s。采用时分双工方案来实现全双工传输，支持物理信道中的最大带宽，其调制方式为 BT＝0.5 的 GFSK。蓝牙基带协议是电路交换与分组交换的结合。信道上信息以数据包的形式发送，即在保留的时隙中可传输同步数据包，每个数据包以不同的频率发送。蓝牙支持多个异步数据信道或多达 3 个并发的同步话音信道，还可以用一个信道同时传送异步数据和同步话音。每个话音信道支持 64kb/s 同步话音链路。异步信道可支持一端最大速率为 721kb/s 而另一端速率为 57.6kb/s 的不对称连接，也可以支持 432.6kb/s 的对称连接。

一个蓝牙网络由一台主设备和多个辅设备组成，它们之间保持时间和跳频模式同步，每个独立的同步蓝牙网络可称为一个"微微网"。由于蓝牙网络面向小功率、便携式的应用场合，在一般情况下，一个典型的"微微网"的有效范围大约在 10m 之内。微微网的结构如图 6-24 所示。当有多个辅设备时，通信拓扑即为点到多点的网络结构。在这种情况下，微微网中的所有设备共享信道及带宽。一个微微网中包含一个主设备单元和可多达 7 个激活的辅设备单元。多个微微网交迭覆盖形成一个分散网。事实上，一个微微网中的设备可以作为主设备或辅设备加入到另一个微微网中,并通过时分多路复用技术来完成。

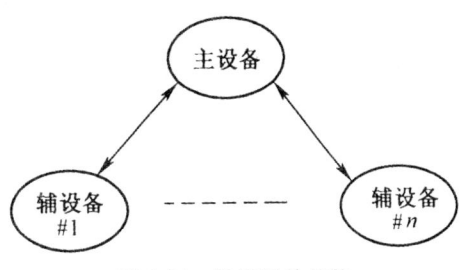

图 6-24　微微网的结构

从理论上讲,蓝牙技术可以被植入到所有的数字设备中,用于短距离无线数据传输。目前可以预计的应用场所主要是计算机、移动电话、工业控制及无线个域网(WPAN)的连接。蓝牙接口可以直接集成到计算机主板或者通过 PC 卡或 USB 接口连接,实现计算机之间及计算机与外设之间的无线连接。这种无线连接对于便携式计算机可能更有意义。通过在便携式计算机中植入蓝牙技术,便携式计算机就可以通过蓝牙移动电话或蓝牙接入点连接远端网络,方便地进行数据交换。从目前来看,移动电话是蓝牙技术的最大应用领域。在移动电话中植入蓝牙技术,可以实现无线耳机、车载电话等功能,还能实现与便携式计算机和其他手持设备的无电缆连接,组成一个方便灵活的无线个域网(WPAN)。无线个域网(WPAN)将会是全球个人通信世界中的重要环节之一,所以蓝牙技术的战略含义不言而喻。蓝牙技术普及后,蓝牙移动电话还能作为一个工具,实现所有的商用卡交易。

至今已有 250 种以上各种已认证通过的蓝牙产品,而且目前蓝牙设备一般由 2～3 个芯片(9mm×9mm)组成,价格较低。可以说,借助蓝牙技术才可能实现"手机电话遥控一切",而其他应用模式还可以进一步开发。

虽然蓝牙在多向性传输方面上具有较大的优势,但也需防止信息的误传和被截取。如果你带一台蓝牙的设备来到一个装备 IEEE 802.11 无线网卡的局域网的环境,将会引起相互干扰;蓝牙具有全方位的特性,若是设备众多,识别方法和速度会出现问题;蓝牙具有一对多点的数据交换能力,故它需要安全系统来防止未经授权的访问;蓝牙的通信速度为 750kb/s,而现在带 4Mb/s IR 端口的产品比比皆是,最近 16Mb/s 的扩展也已经被批准。尽管如此,蓝牙应用产品的市场前景仍然看好,蓝牙为语音、文字及影像的无线传输大开方便之门。蓝牙技术可视为一种最接近用户的短距离、微功率、微微小区型无线接入手段,将在构筑全球个人通信网络及无线连接方面发挥其独特的作用。

第 7 章 Internet 基础及服务

7.1 Internet 的基础知识

7.1.1 Internet 的产生与发展

Internet 的产生与发展经历了从研究试验、应用发展和商业应用的三个阶段。

1. 研究试验阶段

Internet 起源于苏美冷战时期美国军方的一项研究计划。其前身是美国国防部(Department of Defence,DOD)高级研究计划局(Advanced Research Projects Agency,ARPA)于 1968 年主持研制的用于支持军事研究的计算机实验网络(ARPAnet)。

1969 年,美国国防部高级研究计划署建立了一个具有 4 个结点(位于加州大学洛杉矶分校 UCLA、加州大学圣巴巴拉分校 UCSB、犹他大学 Utah 和斯坦福研究所 SRI)的基于存储转发方式交换信息的分组交换广域网——ARPAnet,该网是为了验证远程分组交换网的可行性而进行的一项试验工程。建网的初衷旨在帮助为美国军方工作的研究人员利用计算机进行信息的交换。ARPAnet 的设计与实现主要基于这样的一个主导思想:网络应能够经受住故障的考验而维持正常工作,当网络的某个部分遭受敌方攻击、摧毁而失去作用时,也能保证网络其他部分运行并仍能维持正常通信而不瘫痪。

在建立 ARPAnet 的过程中,建立了一种计算机通信协议,被称为 IP 协议(Internet Protocol)。当时,这个网络通过一条 50kb/s 的环路连接在一起,而 IP 协议则较好地解决了异种网络互联的一系列理论与技术问题,而由此产生的关于网络共享、分散控制、分组交换、使用专用的通信控制处理机和网络通信协议分层思想,则成为了当今计算机网络的理论基础。1983 年,TCP/IP 协议诞生并在 ARPAnet 上正式启用,这就是全球 Internet 正式诞生的标志。

与此同时,局域网和其他广域网的产生,对 Internet 的进一步发展也起到了重要作用。20 世纪 80 年代初,局域网上的工作站大多是运行 UNIX 操作系统的计算机,而 IP 协议则是 UNIX 的组成部分。当建立这些局域网的机构纷纷接入 ARPAnet 后,各局域网上的计算机用户使用 IP 协议通过 ARPAnet 进行通信就立即成为可能。随着 TCP/IP 协议的标准化,ARPAnet 的规模不断扩大,在世界范围内很多国家都开始远程通信,将本地的计算机和网络接入 ARPAnet,并采用相同的通信协议 TCP/IP。网络上的成员们,除了使用 ARPAnet 讨论研究工作之外,逐渐开始谈点别的,如天气、新闻时事、文学艺术、共同爱好等。这是 Internet 发展的第一阶段,称为研究网,ARPAnet 即为早期的主干网。从 1969 年 ARPAnet 的诞生到 1983 年 Internet 的形成是 Internet 发展的第一阶段,也就是研究试验阶段,当时接入 Internet 的计算机约有 220 台左右。

2. 应用发展阶段

Internet 的真正发展从 1986 年 NSFnet 的建立开始。由于 ARPAnet 的军用性质,并且受控于政府机构,把它作为 Internet 的基础并不是容易的事情。20 世纪 80 年代是网络技术取得巨大进展的年代,1986 年美国国家科学基金会(National Science Foundation,NSF)制定了一个使用超级计算机的计划,即在全美设置若干个超级计算中心,并建设一个高速主干网,把这些中心的计算机连接起来,形成 NSFnet,并成为 Internet 的主体部分。1988 年底,NSF 把在全国建立的五大超级计算机中心用通信干线连接起来,组成基于 IP 协议的计算机通信网络 NSFnet,并以此作为 Internet 的基础,实现同其他网络的连接。采用 Internet 的名称是在 NSFnet 实现与 MILnet(由 ARPAnet 分离出来)连接后开始的。以后,其他联邦部门的计算机网相继并入 Internet,如能源科学网 ESnet、航天技术网 NASAnet、商业网 COMnet 等。从这以后,NSF 巨型计算机中心一直肩负着扩展 Internet 的使命。NSFnet 最终将 Internet 向全社会开放,它至今仍是 Internet 最重要的主干。这是 Internet 发展的第二阶段。

3. 商业应用阶段

Internet 最初的宗旨是用来支持教育和科学研究活动,不是用于营业性的商业活动。但是随着 Internet 规模的扩大,应用服务的发展以及市场全球化需求的增长人们提出了一个新概念——Internet 商业化。由于 Internet 取得的成功,一些原来不采用 TCP/IP 协议的商用网络,也试图转向为客户提供 Internet 的服务。办法是开发异型网络的连接技术,把诸如 BITnet,USEnet,DECnet 这样一些不执行 TCP/IP 协议的网络也同 Internet 连接起来。NSFnet 与商用通信主干网共同形成了早期的 Internet。今天,NSFnet 作为 Internet 的主干网之一,连接了全美上千万台计算机,拥有几千万用户,是 Internet 最主要的成员网。

以美国 Internet 为中心的网络互联迅速向全球发展,联入的国家和地区日益增加,其上的信息流量也不断增加,特别是 WWW(World Wide Web)超文本服务的普及,是 Internet 上信息剧增的主要原因。

20 世纪 80 年代后期到现在是 Internet 获得长足发展的时期。许多大公司发现 Internet 是与遍及全球的雇员保持联系以及与其他公司合作的极好方式,这使得 Internet 进入了一个极度增长期。Internet 服务提供商(ISP)开始为个人访问 Internet 提供各种服务,而随着计算机逐渐进入家庭,Internet 的成员也成指数增长。Internet 从研究试验阶段发展到用于教育、科研的实用阶段,进而发展到商用阶段,反映了 Internet 技术应用的成熟和被人们所共识。

7.1.2 Internet 的基本概念

Internet 是由 Interconnection 和 Network 两个词组合而成。它的称呼有很多种,如因特网、国际互联网等。Internet 实际上是由世界范围内众多的计算机网络共同联合而成的网络,它并非一个具有独立形态的网络,而是由计算机网络相互的连接而形成的一个网络集合体,它将遍布世界各地的计算机、计算机网络及设备互联在一起,使网上的每一台计算机或终端都像在同一个网络中那样实现信息交换,因而 Internet 也被称为计算机网络的网络。与 Internet 相连,意味着你可以分享其上丰富的信息资源,并可以和其他 Internet 用户以各种方式进行信息的交流分享。

Internet 是一个完全自由开放的空间,它建立在高度灵活的通信技术之上,正在迅速发展为全球的数字化信息库,它提供了用以创建、浏览、访问、搜索、阅读、交流信息等形形色色的服务。它所涉及的信息范围极其广泛,包括自然科学、社会科学、体育、娱乐等各个方面。有许多单位组织和个人自愿将他们的时间和精力投入到 Internet 中进行开发,创造出有用的东西,提供给其他人使用,从而形成了一个互惠互利的合作团体。Internet 是知识、信息和概念的巨大集合,可以说它的出现改变了人们的生活方式,加速了社会向信息化发展的步伐,其重要意义如同工业革命带给人类社会的巨大影响。

与 Internet 打交道常常会接触一些常用的名词或术语,以下是对其中部分名词或术语的解释。

①万维网(WWW,World Wide Web):亦称环球网,是基于超文本的、方便用户在 Internet 上搜索和浏览信息的信息服务系统。

②超文本(Hypertext):一种全局性的信息结构,它将文档中的不同部分通过关键字建立连接,使信息得以用交互方式搜索。它是超级文本的简称。

③超媒体(Hypermedia):是超文本和多媒体在信息浏览环境下的结合,是超级媒体的简称。

④主页(HomePage):通过万维网进行信息查询时的起始信息页,即常说的网络站点的 WWW 首页。

⑤浏览器(Browser):万维网服务的客户端浏览程序,可以向万维网服务器发送各种请求,并对服务器发来的、由 HTML 语言定义的超文本信息和各种多媒体数据格式进行解释、显示和播放。

⑥防火墙(Firewall):用于将 Internet 的子网和 Internet 的其他部分相隔离,以达到网络安全和信息安全效果的软件和硬件设施。

⑦Internet 服务提供者(Internet Services Provider,ISP):向用户提供 Internet 服务的公司或机构。其中,大公司在许多城市都设有访问站点,小公司则只提供本地或地区性的 Internet 服务。一些 Internet 服务提供者在提供 Internet 的 TCP/IP 连接的同时,也提供他们自己各具特色的信息资源。

⑧地址:是到达文件、文档、对象、网页或者其他目的地的路径。地址可以是 URL(Internet 结点地址,简称网址)或 UNC(局域网文件地址)网络路径。

⑨UNC:是 Universal Naming Convention 的缩写,意为通用命名约定,它对应于局域网服务器中的目标文件的地址,常用来表示局域网地址。这种地址分为绝对 UNC 地址和相对 UNC 地址。绝对 UNC 地址包括服务器共享名称和文件的完整路径。如果使用了映射驱动器号,则称之为相对 UNC 地址。

⑩URL:是 Uniform Resource Locator 的缩写,称之为统一资源定位地址或固定资源位置。它是一个指定因特网(Internet)上或内联网(Intranet)服务器中目标定位位置的标准。

⑪HTTP:是 Hypertext Transmission Protocol 的缩写,是一种通过全球广域网,即 Internet 来传递信息的一种协议,常用来表示互联网地址。利用该协议,可以使客户程序键入 URL 并从 Web 服务器检索文本、图形、声音以及其他数字信息。

7.1.3　Internet 的特点与功能

1. Internet 的特点

(1) Internet 是由全世界众多的网络互联组成的国际 Internet

组成 Internet 的计算机网络包括小规模的局域网、城市规模的城域网以及大规模的广域网。网络上的计算机包括 PC、工作站、小型机、大型机甚至巨型机。这些成千上万的网络和计算机通过电话线、高速专线、光缆、微波、卫星等通信介质连接在一起,一个四通八达的网络得以在全球范围内构建完成。在这个网络中,其核心的几个最大的主干网络组成了 Internet 骨架,主要属于美国 Internet 的供应商(ISP),如 GTE、MCI、Sprint 和 AOL 的 ANS 等。通过相互连接,主干网络之间建立起一个非常快速的通信线路,承担了网络上大部分的通信任务。由于 Internet 最早是从美国发展起来的,所以这些线路主要在美国交织,并扩展到欧洲、亚洲和世界其他地方。

(2) Internet 是世界范围的信息和服务资源宝库

Internet 能为每一个入网的用户提供有价值的信息和其他相关的服务。通过 Internet,用户不仅可以互通信息、交流思想,同时,全球范围的电子邮件服务、WWW 信息查寻和浏览、文件传输服务、语音和视频通信服务等功能也能够得以实现。目前,Internet 已成为覆盖全球的信息基础设施之一。

(3) 组成 Internet 的众多网络共同遵守 TCP/IP

TCP/IP 从功能、概念上描述 Internet,由大量的计算机网络协议和标准的协议簇所组成,但主要的协议是 TCP 和 IP。凡是遵守 TCP/IP 标准的物理网络,与 Internet 互联便成为全球 Internet 的一部分。

2. Internet 的功能

Internet 从早期的远程登录服务(Telnet)、文件传输服务(FTP)、电子邮件(E-mail)、网络新闻服务(News)、电子公告牌(BBS),到目前最为流行的 WWW 信息浏览,服务形式多样,功能各异。这些信息服务基本上可以归类为三个主要功能:共享资源、交流信息、发布和获取信息,在 Internet 上的任何活动都离不开这三个基本功能。

(1) 共享资源

Internet 上的信息资源非常丰富,比如通过浏览器可以浏览 Internet 上的网站,了解到个人感兴趣的信息,可以访问到世界上著名的大学、图书馆、博物馆等。通过远程登录服务(Telnet)可以通过网络来共享计算机资源,包括硬件和软件资源,比如可以在家里或在外地通过远程登录服务访问在单位的各种服务器,但需要在这些服务器上拥有合法的账号。一旦登录到服务器上,就可以执行各种命令,如同坐在服务器的终端前操作一样。人们使用远程登录服务不仅仅是为了使用远地系统的硬件资源,而通常是为了享用远地系统的特殊服务,典型的有访问电子公告牌服务(BBS),用户可以登录到 BBS 服务器上,参与各类讨论。此外,通过文件传输服务(FTP)可以将远地资源取到本地计算机来使用。不管两台计算机之间相距多远,也不管它们上面运行的是什么操作系统,通过 FTP 它们之间就可以传输文件。Internet 所提供的共享资源的方式有多种多样,它打破了传统的人们获取信息的时空障碍。

(2)交流信息

人们组成社会是为了相互交流和协作。Internet 突破了空间距离和物体媒介的限制,极大地拓展了人与人之间的联系。Internet 上交流的方式很多,最常见的应用是电子邮件(E-mail)。与打电话、发传真相比,电子邮件可以说是又便宜又方便,一封电子邮件的费用通常仅仅需花几分钱,而且通常在几分钟内就可以将信息发送到世界上任何有 Internet 连接的地方。此外,Internet 提供了很多人们可以就某些感兴趣话题进行交流的方式和场所,如在 Internet 上有成千上万个讨论组、新闻组,把兴趣相同的人聚合在一起,使相隔万里的人们一起讨论所喜欢的问题,而电子公告牌(BBS)则更加灵活,大家都通过同一台 BBS 服务器分享个人感受、交流思想、相互学习、结交朋友。随着网络运行速度的提高,网上信息交流的形式也迅速发展,增加了实时的、多媒体的通信手段,如网络电视、网络会议、网络学校、网络游戏、网络寻呼(ICQ)等。Internet 所带给人们的是一次交流方式的变革。

(3)发布和获取信息

Internet 作为一种新的信息传播媒体,为人们提供了一种让外界了解自己的窗口,提供了广阔的空间。特别是 WWW 应用出现以后,Internet 真正变成了一个多媒体的信息发布海洋。网上报刊、网上广播、网上书店、网上画廊、网上图书馆、网上招聘,应有尽有。许多大学、科研机构、政府部门、企业公司、团体和个人都在 Internet 上设立了图文并茂、内容独特、不断更新的 WWW 网站,作为自己对外宣传和联络的窗口。

Internet 在发布和获取信息方面突破了传统媒体的限制,其主要特点如下:

① 24 小时不间断播放。存放信息的服务器通常 24 小时都在运行,这样世界各地的人都可以在任何时间里来访问发布的信息。这是传统的媒体不可比拟的。

② 跨越了空间限制。Internet 已经连接了全世界 180 多个国家。这就意味着,只要信息在网上,那么在联网国家的任何一个人都可以访问到信息。

③ 了解信息的人们由被动变为主动。人们可以主动地、自主地选择要访问的信息。

Internet 突破了以往传统的信息获得的方式,变被动为主动,使人们对信息的搜集获取变得非常简单。"信息就在你的指尖"是人们对今天获取知识非常形象的描述。在 Internet 上,只要敲击键盘或移动鼠标,就可以获得信息。为了给人们在 Internet 上搜寻信息提供方便,Internet 上有不少专门的信息检索站点,称之为搜索引擎。用户只要通过 WWW 浏览器(Internet Explorer 或 Netscape 等)访问其站点,输入关键词就可以获得要查找的信息,现在国内外有很多搜索引擎,较知名的有 www.google.com.hk、www.yahoo.com、www.baidu.com 等。

随着 Internet 的发展,越来越多的服务以 Internet 为媒体来进行。如电子商务——人们可以通过网络购物、进行证券交易、了解股市行情等;远程教学——使人们不需要走进学校就可以接受教育,不受时间、空间的限制;远程医疗——可以对疑难病症进行专家会诊,及时抢救病人。

7.1.4 Internet 的基本原理

Internet 连接着全球的计算机,让不同的计算机和计算机网络进行信息交流与共享,它的核心是开放的,贯穿于整个体系结构中,Internet 的结构组成如图 7-1 所示。

第 7 章　Internet 基础及服务

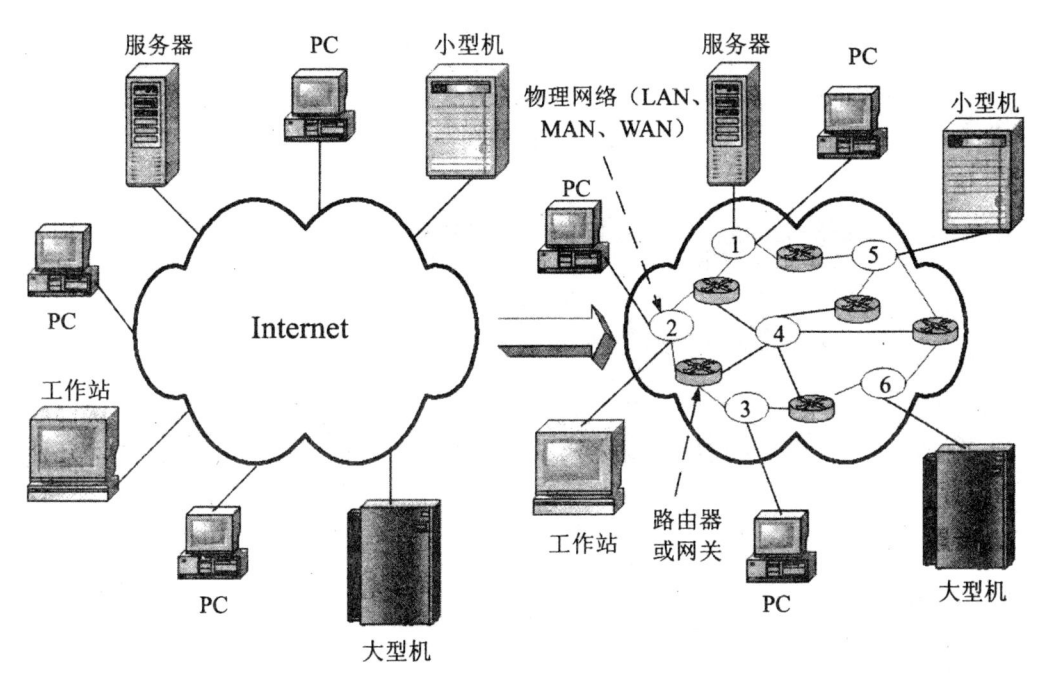

图 7-1　Internet 的结构组成

Internet 是由多个网络互联而形成的逻辑网络。由于网络互联最主要的互联设备是路由器，因此，也有人称 Internet 是用传输媒体连接路由器形成的网络。Internet 中的计算机使用的核心协议是 TCP/IP 协议。

从物理结构上看，Internet 是基于多个通信子网的互联网络，如图 7-2 所示。

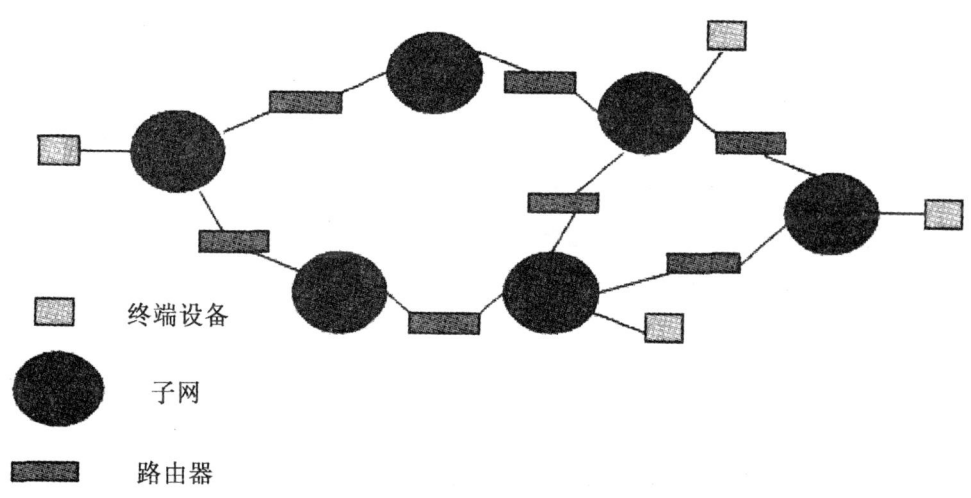

图 7-2　Internet 的组成

从逻辑上看，为了便于管理，Internet 采用了层次网络的结构，即采用主干网、次级网和园区网的逐级覆盖的结构，如图 7-3 所示。

①主干网：由代表国家或者行业的有限中心结点通过专线连接形成，覆盖到国家一级，连接

各个国家的 Internet 互联中心。

②次级网(区域网):由若干个作为中心结点的代理的次中心结点组成,如教育网各地区网络中心,电信网各省互联网中心等。

③园区网(校园网、企业网):直接面向用户的网络。

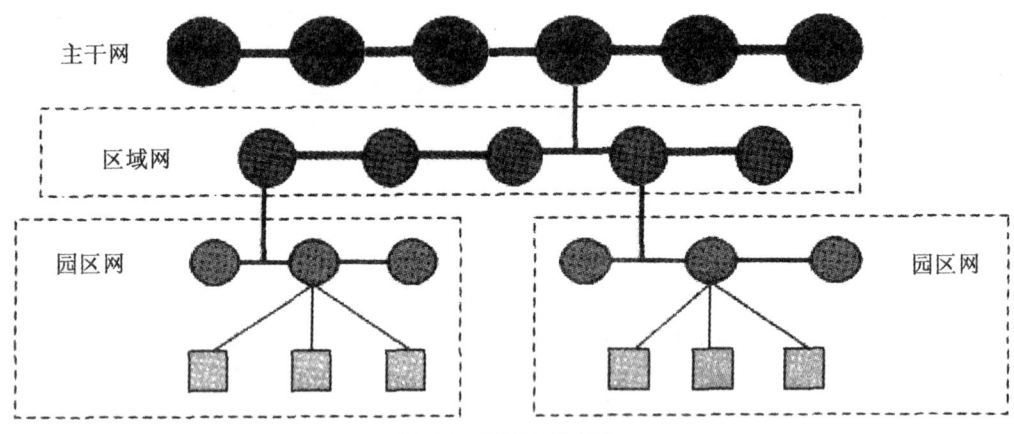

图 7-3 网络层次结构

1. 物理传输媒介

Internet 可以建立在任何物理传输网上,包括线缆和各种网络平台,如 PSTN 网、X.25 网、ISDN、Ethernet、FDDI、ATM 以及无线网、卫星网等。

2. TCP/IP 协议

Internet 允许世界各地的网络接入作为它的子网,而连入的各个子网的计算机可以是不同类型的,计算机所使用的操作系统也可以是不同的。那么在这样一个复杂的系统中,用什么方法才能保证 Internet 能够正常工作呢?那就是要求所有连入 Internet 的计算机都使用相同的通信协议。这个协议就是 TCP/IP 协议。

如同世界上人与人之间的交谈需要使用同一种语言。如果一个人讲中文,另一个人讲英文,就必须找一个翻译,否则这两人之间便无法形成有效地交流。计算机之间的通信过程与人与人之间的交谈过程非常相似,只是前者由计算机来控制,后者由参加交谈的人来控制。

TCP/IP 协议是 Internet 协议簇,TCP 和 IP 只是协议簇中的两个协议。该协议也是一种计算机之间的通信规则,它规定了计算机之间通信的所有细节,规定了每台计算机信息表示的格式与含义,规定了计算机之间通信所使用的控制信息,以及在接到控制信息后应该做出的反应。TCP/IP 协议是 Internet 中计算机之间通信时必须共同遵循的一种通信协议。

TCP/IP 协议包括一组协议和网络应用两个部分,是实现 Internet 网络连接和互操作性的关键。现在,几乎每一种网络平台都支持 TCP/IP 协议。

3. Internet 服务器

Internet 上的信息资源主要都存放在 Internet 服务器上。同局域网不同的是,Internet 服务器不仅仅用来存放文件、数据等,还有数据库、数据列表以及提供各种 Internet 服务的信息。

在 Internet 上,有许多类型服务器,或叫作主机。其中,有负责域名与 IP 地址转换的 DNS 服务器,有 FTP 服务器,有存放电子邮件的 E-mail 服务器,有文件查询工具 Archie 服务器,有分布式文本检索系统 WAIS 服务器,有提供菜单选择功能的 Gopher 服务器以及 Web 服务器等。

其中,Web 服务即 World Wide Web(即万维网,又称为 WWW),是 Internet 服务的一种最重要的类型,它具有传输文字、图像、声音等多媒体数据的能力。若要提供 Web 服务,首先应建立 Web 服务器,由于操作系统平台的不同,Web 服务器的建立也不尽相同。目前,比较流行的有基于 UNIX 操作系统的 Netscape Server 和基于 Windows NT 系统的 IIS(Internet Information-tion Server)等。

4. Internet 工作模式

(1)客户/服务器模式

客户/服务器(Client/Server,简称 C/S)系统是目前分布式网络普遍采用的一种技术,也是 Internet 所采用的最重要的技术之一。网络是一种允许资源共享的平台,这种共享是通过两个独立的程序来完成的,程序分别运行在不同的计算机上。一个程序称为服务器程序(简称服务器),提供特定的资源,通常用"服务器"来表示运行服务器程序的那台计算机;另一个程序称为客户机程序(简称客户机),用来使用资源。目前,Internet 许多应用服务,如 E-mail、WWW、FTP 等都是采用 C/S 工作模式,这种方式大大减少了网络数据传输量,具有较高的效率,并能减少局域网上的信息阻塞,能够充分实现网络资源共享。C/S 模式的典型运作过程如图 7-4 所示。

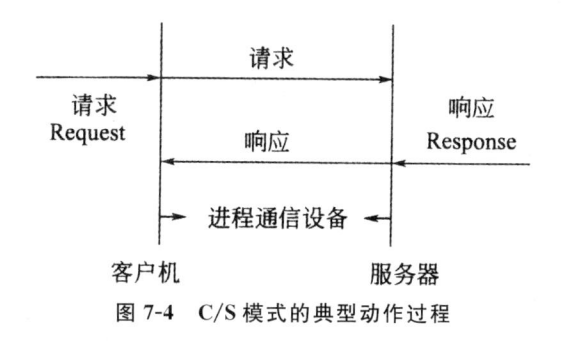

图 7-4　C/S 模式的典型动作过程

C/S 模式的典型运作过程主要包括以下几个步骤。
①服务器监听相应窗口的输入。
②客户机发出请求。
③服务器接收到此请求。
④服务器处理此请求,并将结果返回给客户机。
⑤重复上述过程,直至完成任务一次回话过程。

(2)浏览器/服务器模式

近年来,浏览器/服务器模式(Browser/Server,简称 B/S)结构已经成长为 Internet 网络中一种新的模式。这是一种分布式的 C/S 结构,中间多了一层 Web 服务器,用户可以通过浏览器向分布在网络上的许多服务器发出请求。B/S 具有 C/S 所不及的很多特点:更加开放、与软硬件平台的无关性、应用开发速度快、生命周期长、应用扩充和系统维护升级方便等。B/S 结构简化了客户机的管理工作,客户机上只需安装、配置少量的客户端软件,而服务器将承担更多工作,对数据库的访问和应用系统的执行将在服务器上完成。

B/S 结构的组成包括硬件和软件两个部分。硬件主要为一台或多台高档服务器、微机或终端、集线器、交换机、网卡和网线等。软件主要为浏览器、服务器端软件、网络操作系统和应用软件。

B/S 模式的典型运作过程如图 7-5 所示。

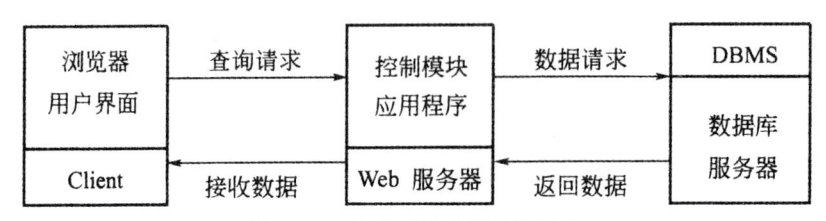

图 7-5　B/S 模式的典型运作过程

B/S 的处理流程是：在客户端，用户通过浏览器向 Web 服务器中的控制模块和应用程序输入查询要求，Web 服务器将用户的数据请求提交给数据库服务器中的数据库管理系统(DBMS)；在服务器端，数据库服务器将查询的结果返回给 Web 服务器，再以网页的形式发回给客户端。在这个过程中，对数据库的访问要通过 Web 服务器来执行。用户端以浏览器作为用户界面，既使用简单又方便操作。

7.1.5　Internet 的组织与管理

Internet 的最大特点是开放性，任何接入者都是自愿的，它是一个互相协作、共同遵守一种通信协议的集合体。

1. Internet 的国际管理者

Internet 最权威的管理机构是因特网协会(Internet Society，ISOC)。它是一个完全由志愿者组成的指导 Internet 政策制定的非赢利、非政府性组织，目的是推动 Internet 技术的发展与促进全球化的信息交流。它兼顾各个行业的不同兴趣和要求，注重 Internet 上出现的新功能与新问题，其主要任务是发展 Internet 的技术架构。

因特网体系结构委员会(Internet Architecture Board，IAB)是因特网协会专门负责协调 Internet 技术管理与技术发展的分委员会，它的主要职责是：根据 Internet 的发展需要制定 Internet 技术标准，制定与发布 Internet 工作文件，进行 Internet 技术方面的国际协调与规划 Internet 发展战略。

因特网体系结构委员会下设两个具体的部门：因特网工程任务部(Internet Engineering Task Force，IETF)与因特网研究任务部(Internet Research Task Force，IRTF)。其中，IETF 负责技术管理方面的具体工作，包括 Internet 中、短期技术标准和协议制定以及 Internet 体制结构的确定等；而 IRTF 负责技术发展方面的具体工作。

Internet 的日常管理工作由网络运行中心(Network Operation Center，NOC)与网络信息中心(Network Information Center，NIC)承担。其中，NOC 负责保证 Internet 的正常运行与监督 Internet 的活动；而 NIC 负责为 ISP 与广大用户提供信息方面的支持，包括地址分配、域名注册和管理等。

2. Internet 的中国管理者

中国互联网络信息中心（China Internet Network Information Center，CNNIC）是中国的 Internet 管理者。它作为中国信息社会基础设施的建设者和运行者，负责管理维护中国互联网地址系统，引领中国互联网地址行业发展，权威发布中国互联网统计信息，代表中国参与国际互联网社群。它承担的与 Internet 管理有关的工作如下所示。

(1) 互联网地址资源注册管理

CNNIC 是中国域名注册管理机构和域名根服务器运行机构，它负责运行和管理国家顶级域名.cn、中文域名系统及通用网址系统，为用户提供不间断的域名注册、域名解析和 Whois 查询服务。它是亚太互联网络信息中心（Asia-Pacific Network Information Center，APNIC）的国家级 IP 地址注册机构成员。以 CNNIC 为召集单位的 IP 地址分配联盟，负责为中国的 ISP 和网络用户提供 IP 地址的分配管理服务。

(2) 互联网调查与相关信息服务

CNNIC 负责开展中国互联网络发展状况等多项公益性互联网络统计调查工作。CNNIC 的统计调查，其权威性和客观性已被国内外广泛认可。

(3) 目录数据库服务

CNNIC 负责建立并维护全国最高层次的网络目录数据库，提供对域名、IP 地址、自治系统号等方面信息的查询服务。

7.2 Internet 地址

7.2.1 Internet 地址概述

1. Internet 地址的意义及构成

Internet 将位于世界各地的大大小小的物理网络通过路由器互联起来，形成一个巨大的虚拟网络。在任何一个物理网络中，各个站点的机器都必须有一个可以识别的地址，才能在其中进行信息交换，这个地址称为物理地址。网络的物理地址给 Internet 统一全网地址带来了两个方面的问题：第一，物理地址是物理网络技术的一种体现，不同的物理网络，其物理地址的长短、格式各不相同，这种物理地址管理方式给跨越网络通信设置了障碍；第二，一般来说，物理网络的地址不能修改，否则，将与原来的网络技术发生冲突。

Internet 针对物理网络地址的现实问题采用由 IP 协议完成"统一"物理地址的方法。IP 协议提供了一种全网统一的地址格式。在统一管理下，进行地址分配，保证一个地址对应一台主机，这样，物理地址的差异就被 IP 层所屏蔽。因此，这个地址称为 Internet 地址，也称为 IP 地址。

在 Internet 中，IP 地址所要处理的对象比局域网复杂得多，所以必须采用层次型结构进行编址。地址包含对象的位置信息,采用的是层次型的结构。

Internet 在概念上可以分为三个层次:最高层是 Internet;第二层为各个物理网络,简称为网络层;第三层是各个网络中所包含的许多主机,称为主机层。这样,IP 地址便由网络号和主机号两个部分构成,如图 7-6 所示。IP 地址结构明显带有位置信息,给出一台主机的地址,马上就可以确定它在哪一个网络上。

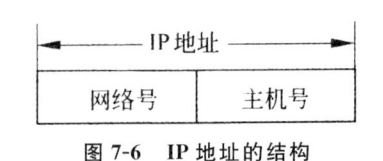

```
┌─────────── IP 地址 ───────────┐
│   网络号   │      主机号      │
└────────────┴──────────────────┘
```

图 7-6　IP 地址的结构

网络号用来标识一个逻辑网络,主机号用来标识网络中的一台主机。一台 Internet 主机至少有一个 IP 地址,而且这个 IP 地址是全网唯一的。如果一台 Internet 主机有两个或多个 IP 地址,则该主机属于两个或多个逻辑网络。

2.IP 地址的表示方法

一个 IP 地址共有 32 位二进制数,即由 4 个字节组成,平均分为 4 段,每段 8 位二进制数(1 个字节)。为了方便记忆,用户实际使用 IP 地址时,几乎都将组成 IP 地址的二进制数记为 4 个十进制数表示,每个十进制数的取值范围是 0~255,每相邻两个字节的对应十进制数间用"."分隔。IP 地址的这种表示法称为点分十进制表示法,显然比全是 1、0 容易记忆。

下面是一个将二进制 IP 地址用点分十进制来表示的例子。

二进制地址格式:11001010 01100011 01100000 01001100

十进制地址格式:204.99.96.76

计算机的网络协议软件很容易将用户提供的十进制地址格式转换为对应的二进制 IP 地址,再供网络互联设备识别。

3.IP 地址的分类

IP 地址的长度确定后,其中网络号的长度将决定 Internet 中能包含多少个网络,主机号的长度将决定每个网络能容纳多少台主机。根据网络的规模大小,IP 地址一共可分为五类:A 类、B 类、C 类、D 类和 E 类。其中,A 类、B 类和 C 类地址是基本的 Internet 地址,是用户使用的地址,为主类地址;D 类和 E 类为次类地址。A 类、B 类、C 类 IP 地址的表示如图 7-7 所示。

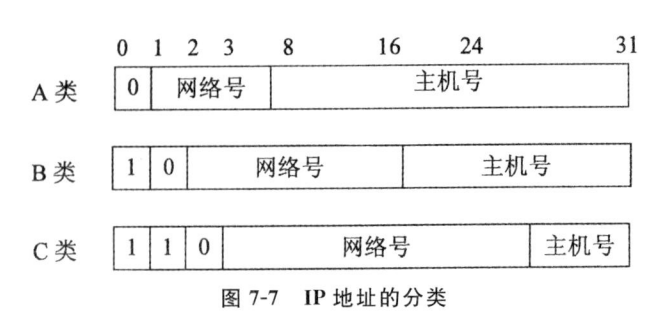

```
      0 1 2 3      8        16       24       31
A 类 │ 0 │  网络号  │          主机号           │

B 类 │ 1 0 │     网络号       │     主机号      │

C 类 │ 1 1 0 │        网络号            │ 主机号 │
```

图 7-7　IP 地址的分类

A 类地址的前一个字节表示网络号,且最前端一个二进制数固定是"0"。因此其网络号的实际长度为 7 位,主机号的长度为 24 位,表示的地址范围是 1.0.0.0~126.255.255.255。A 类地址允许有 $2^7-2=126$ 个网络(网络号的 0 和 127 保留,用于特殊目的),每个网络有 $2^{24}-2=16777214$ 个主机。A 类 IP 地址主要分配给具有大量主机而局域网络数量较少的大型网络。

B 类地址的前两个字节表示网络号,且最前端的两个二进制数固定是"10"。因此其网络号的实际长度为 14 位,主机号的长度为 16 位,表示的地址范围是 128.0.0.0~191.255.255.255。B 类地址允许有 $2^{14}=16384$ 个网络,每个网络有 $2^{16}-2=65534$ 个主机。B 类 IP 地址适用于中等规模的网络,一般一些国际性大公司和政府机构等会使用到 B 类地址。

C 类地址的前 3 个字节表示网络号,且最前端的 3 个二进制数是"110"。因此其网络号的实际长度为 21 位,主机号的长度为 8 位,表示的地址范围是 192.0.0.0~223.255.255.255。C 类地址允许有 $2^{21}=2097152$ 个网络,每个网络有 $2^8-2=254$ 个主机。C 类 IP 地址结构适用于小型的网络,如一般的校园网、一些小公司的网络或研究机构的网络等。

D 类 IP 地址不标识网络,一般用于其他特殊用途,如供特殊协议向选定的结点发送信息时使用,又被称为广播地址,表示的地址范围是 224.0.0.0~239.255.255.255。

E 类 IP 地址尚未使用,暂时保留将来使用,表示的地址范围是 240.0.0.0~247.255.255.255。

从 IP 地址的分类方法来看,A 类地址的数量最少,共可分配 126 个网络,每个网络中最多有 1700 万台主机;B 类地址共可分配 16000 多个网络,每个网络最多有 65000 台主机;C 类地址最多,共可分配 200 多万个网络,每个网络最多有 254 台主机。

需要注意的是,五类地址是完全平级的,没有任何从属关系。但由于 A 类 IP 地址的网络号数目有限,因此现在仅能够申请的是 B 类或 C 类两种。当某个企业或学校申请 IP 地址时,实际上申请到的只是一个网络号,而主机号则由该单位自行确定分配,只要主机号不重复即可。

近年来,随着 Internet 用户数目的急剧增长,可供分配的 IP 地址数目也日益减少。现在 B 类地址已基本分配完,只有 C 类地址尚可分配,原有 32 位长度的 IP 地址的使用已经显得相当紧张,而新的 IPv6 方案的 128 位长度的 IP 地址将会缓解目前 IP 地址的紧张状况。

4. IP 地址和物理地址的转换

TCP/IP 的物理层所连接的都是具体的物理网络,物理网络都有确切的物理地址。IP 地址和物理地址还是有区别的,IP 地址只是在网络层中使用的地址,其长度为 32 位。物理地址是指在一个网络中对其内部的一台计算机进行寻址所使用的地址。物理地址工作在网络最底层,其长度为 48 位。通常将物理地址固化在网卡的 ROM 芯片中,因此有时也称之为硬件地址或 MAC 地址。

IP 地址通常将物理地址隐藏起来,使 Internet 表现出统一的地址格式。但在实际通信时,物理网络使用的依然是物理地址,因为物理网络无法识别 IP 地址。对于以太网而言,当 IP 数据报通过以太网发送时,以太网设备并不识别 32 位 IP 地址,而是以 48 位的 MAC 地址传输以太网数据的。因此,在两者之间要建立映射关系,地址之间的这种映射称为地址解析。硬件编址方案不同,地址解析的算法也是不同的。例如,将 IP 地址解析为以太网地址的方案和将 IP 在地址解析为令牌环网地址的方法是不同的,因为以太网编址方案与令牌环网编址方案不同。通常,Internet 中使用较多的是查表法,即在计算机中存放一个从 IP 地址到物理地址的映射表,并将该表经常动态更新,通过查表找到对应的物理地址。

地址解析工作由 ARP 来完成,如图 7-8 所示。ARP 是一个动态协议,之所以用"动态",是因为地址解析这个过程是自动完成的,一般用户无需关心此过程。网络中的每台主机都有一个 ARP 缓存,其中装有 IP 地址到物理地址的映射表。ARP 协议定义了两种基本信息:一种是请求信息,其中包含了一个 IP 地址和对应物理地址的请求;另一种是应答信息,其中包含了发来的 IP 地址和相应的物理地址。

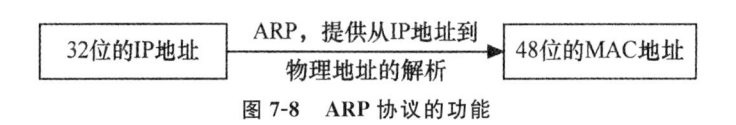

图 7-8 ARP 协议的功能

下面通过一个具体的例子来对 ARP 协议的具体工作过程进行讲述。

假设在一个局域网中,如果主机 A 要向另一台主机 E 发送 IP 数据报,如图 7-9 所示,具体的地址解析过程如下所示。

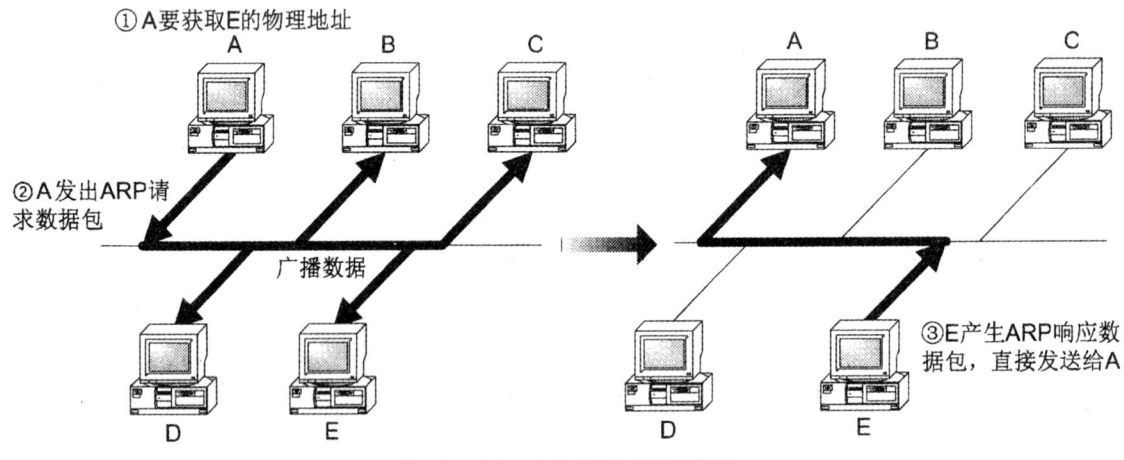

图 7-9 ARP 地址解析过程示意图

①主机 A 在本地 ARP 缓存中查找是否有主机 E 的 IP 地址。如果有,就将其对应的物理地址找出来,然后写入数据帧中发送到此物理地址。

②如果找不到主机 E 的 IP 地址,主机 A 就将一个包含另一台主机 E 的 IP 地址的 ARP 请求消息写入一个数据帧中,以广播的形式发送给网上所有主机。

③每台主机收到该请求后都检测其中的 IP 地址,相匹配的目标主机 E 会向请求者发出一个 ARP 响应数据包,其中写入自己的物理地址;不匹配的其他主机则丢弃收到的请求,不回复任何消息。

④主机 A 在收到主机 E 的 ARP 应答消息后,向 ARP 缓存中写入主机 E 的 IP 地址和物理地址的映射关系,以备后用。

在一个网络中如果经常会发生添加计算机、撤掉计算机以及更换网卡的情况,都会使物理地址发生改变,通过 ARP 协议可以很好地建立并动态刷新映射表,以保证地址转换的正确性。在地址转换时,另一个协议——RARP(反向地址解析协议)涉及的可能性是有的。RARP 的作用和 ARP 刚好相反,是在只知道物理地址的情况下解析出对应的 IP 地址。

5. IP 地址的管理

IP 地址的最高管理机构称为 Internet 网络信息中心,即 Inter NIC(Internet Network Information center),专门负责向提出 IP 地址申请的网络分配网络地址,然后,各网络再在本网络内部对其主机号进行本地分配。Inter NIC 由 AT&T 拥有和控制,读者可以通过电子邮件地址 mailserv@ds.internic.net 访问 Inter NIC。

Internet 的地址管理模式是层次型结构,管理模式与地址结构相对应。层次型管理模式既解决了地址的全局唯一性问题,也分散了管理负担,使各级管理部门都承担着相应的责任。在这种层次型的地址结构中,每一台主机均有唯一的 IP 地址,全世界的网络正是通过这种唯一的 IP 地址而彼此取得联系。因此,用户在入网之前,一定要向网络部门申请一个地址以避免造成网络上的混乱。

7.2.2 子网技术

出于对网络管理、性能和安全方面的考虑,许多单位把较大规模的单一网络划分为多个彼此独立的物理网络,并使用路由器将它们连接起来。子网划分技术能够使一类网络地址横跨几个物理网络,并将这些物理网络统称为子网。

1. 划分子网的原因

划分子网的原因主要包括以下几个方面。
(1) 充分使用地址

由于 A 类网或 B 类网的地址空间太大,造成在不使用路由设备的单一网络中无法使用全部地址,比如,对于一个 B 类网络 172.17.0.0,可以有 2^{16} 个主机,这么多的主机在单一的网络下是不能工作的。因此,为了能更有效地使用地址空间,有必要把可用地址分配给更多较小的网络。

(2) 划分管理职责

划分子网更易于管理网络。当一个网络被划分为多个子网时,每个子网就变得更易于管理与协调。每个子网的用户、计算机及其子网资源可以由不同的管理员进行管理,减轻了网络管理员管理大型网络的超大负载。

(3) 提高网络性能

在一个网络中,随着网络用户数量的增长、主机数量的增加以及网络业务的不断增值,网络通信也将变得非常繁忙。繁忙的网络通信很容易导致冲突、丢失数据包以及造成数据包重传等问题,不仅增加了网络开销,还降低了主机之间的通信效率。如果将一个大型的网络划分为若干个子网,通过路由器将其连接起来,对于减少网络拥塞就非常有效,如图 7-10 所示。这些路由器就像一堵墙把各个子网物理性隔离开,使本地网的通信不会转发到其他子网中。同一子网中主机之间彼此进行广播和通信,只能在各自的子网中进行。

另外,利用路由器的隔离作用还可以将网络划分为内、外两个子网,并限制外部网络用户对内部网络的访问,进一步提高内部子网的安全性。

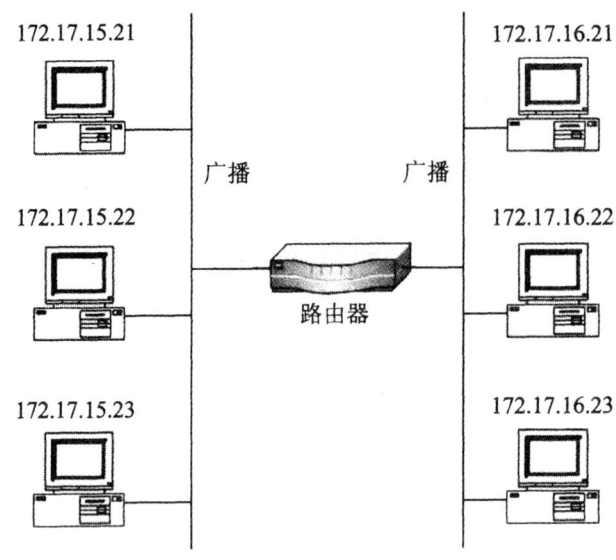

图 7-10　使用路由器划分子网

2. 子网划分的层次结构

IP 地址总共 32 位，按照对每个位的划分，可以知道某个 IP 地址属于哪一个网络（网络号）以及是哪一台主机（主机号）。因此，IP 地址实际上是一种层次型编址方案。对于标准的 A 类、B 类和 C 类 IP 地址来说，它们只具有两层结构，即网络号和主机号，这种两层地址结构并不完善。前面已经提到，对于一个拥有 B 类地址的单位来说，必须将其进一步划分成若干个小的网络使得 IP 地址得到充分利用，否则不但会造成 IP 地址的大量浪费，还会影响网络运行和管理的效率。

3. 子网的划分方法

子网划分的基础是将网络 IP 地址中原属于主机地址的部分进一步划分成网络地址（子网地址）和主机地址。子网划分实际上就是产生了一个中间层，形成了一个三层的地址结构，即网络号、子网号和主机号。通过网络号确定了一个站点，通过子网号确定一个物理子网，而通过主机号则确定了与子网相连的主机地址。因此，一个 IP 数据包的路由涉及三个部分：传送到站点、传送到子网、传送到主机。

子网的划分方式如图 7-11 所示。为了划分子网，可以将单个网络的主机号再分成两个部分，一部分用于子网号编址，另一部分用于该子网内的主机号编址。

划分子网号的位数取决于具体的需要。子网号所占的位数越多，则划分的子网数就越多，可分配给子网内主机的数量就越少，也就是说，在这个子网段中所包含的主机数就越少。例如，一个 B 类网络 172.17.0.0，将主机号分为两个部分，其中，8 位用于子网号，另外 8 位用于主机号，那么这个 B 类网络就被分为 254 个子网，每个子网可以容纳 254 台主机。

图 7-12 所示是两个地址，其中，一个是未划分子网的主机 IP 地址，而另一个是划分子网后的 IP 地址。在图中，这两个地址从表面上看没有任何差别，那么，路由器应该如何区分这两个地

址呢？这就需要用到子网掩码。

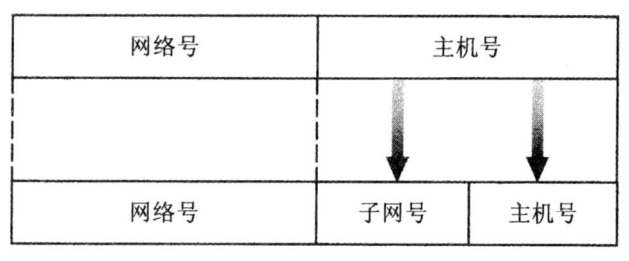

网络号	主机号
网络号	子网号 / 主机号

图 7-11　子网的划分

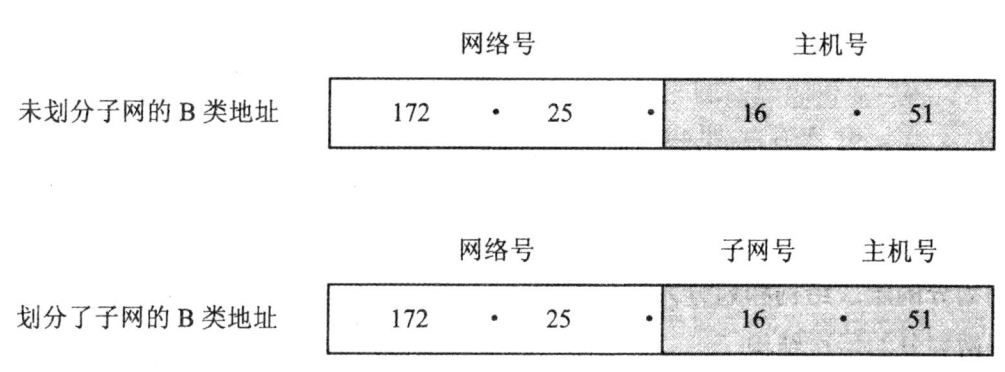

未划分子网的 B 类地址　网络号 | 主机号
172 . 25 . 16 . 51

划分了子网的 B 类地址　网络号 | 子网号 | 主机号
172 . 25 . 16 . 51

图 7-12　使用与未使用子网划分的 IP 地址

4.子网掩码

进行子网划分时,必须引入子网掩码的概念。子网掩码是一个 32 位二进制的数字,用于屏蔽 IP 地址的一部分以区分网络号和主机号,并说明该 IP 地址是在局域网上还是在远程网上。子网掩码的表示形式和 IP 地址的表示类似,也是用圆点"."分隔开的 4 段共 32 位二进制数。为了便于记忆,通常用十进制数来表示。

用子网掩码判断 IP 地址的网络号与主机号的方法是用 IP 地址与相应的子网掩码进行 AND 运算,这样可以区分出网络号部分和主机号部分。二进制 AND 运算规则如表 7-1 所示。

表 7-1　二进制"AND"运算规则

组合类型	结果	组合类型	结果
0 AND 0	0	1 AND 0	0
0 AND 1	0	1 AND 1	1

例如：

```
IP 地址：    11000000.00001010.00001010.00000110    192.10.10.6
子网掩码：  11111111.11111111.11111111.00000000    255.255.255.0
AND _____
            11000000.00001010.00001010.00000000    192.10.10.0
```

这是一个 C 类 IP 地址和子网掩码,该 IP 地址的网络号为"192.10.10.0",主机号为"6"。上述子网掩码的使用实际上是把一个 C 类地址作为一个独立的网络,前 24 位为网络号,后 8 位为主机号,一个 C 类地址可以容纳的主机数为 $2^8-2=254$ 个(全 0 和全 1 除外)。

(1)A 类、B 类、C 类 IP 地址的标准子网掩码

子网掩码的定义不难获知 A 类、B 类和 C 类地址的标准子网掩码,如表 7-2 所示。

表 7-2　IP 地址的标准子网掩码

地址类型	二进制子网掩码表示	十进制子网掩码表示
A 类	11111111 00000000 00000000 00000000	255.0.0.0
B 类	11111111 11111111 00000000 00000000	255.255.0.0
C 类	11111111 11111111 11111111 00000000	255.255.255.0

(2)子网掩码的确定

由于表示子网号和主机号的二进制位数分别决定了子网的数目和每个子网中的主机个数,因此在确定子网掩码前,对实际要使用的子网数和主机数目必须要清楚明白。下面通过一个例子进行简单的介绍。

例如,某一私营企业申请了一个 C 类网络,假设其 IP 地址为"192.73.65.0",该企业由 10 个子公司构成,每个子公司都需要自己独立的子网络。确定该网络的子网掩码一般分为以下几个步骤。

①确定是哪一类 IP 地址。该网络的 IP 地址为"192.73.65.0",说明是 C 类 IP 地址,网络号为"192.73.65"。

②根据现在所需的子网数以及将来可能扩充到的子网数用二进制位来定义子网号。现在有 10 个子公司,需要 10 个子网,将来可能扩建到 14 个,所以将第 4 字节的前 4 位确定为子网号 ($2^4-2=14$)。前 4 位都置为"1",即第 4 字节为"11110000"。

③把对应初始网络的各个二进制位都置为"1",即前 3 个字节都置为"1",则子网掩码的二进制表示形式为"11111111.11111111.11111111.11110000"。

④将该子网掩码的二进制表示形式转化为十进制形式"255.255.255.240",即为该网络的子网掩码。

5.子网虚拟划分技术

因为在使用多个交换机互联(堆叠)形成一个较大局域网时,子网的物理划分会受到一定限制。因此在这种情况下,便采用交换机上的虚拟网技术,实现局域网虚拟划分。

虚拟局域网(VLAN)指的是在一个较大规模的平面物理的局域网上,根据用途、工作组、应用业务等不同对网络实现逻辑划分。一个逻辑网络称为一个 VLAN,一个 VLAN 是一个独立的广播域,如图 7-13 所示。

VLAN 不仅可以按交换机端口进行划分,也可以按 MAC 地址划分、按 IP 地址划分以及按网络层协议划分等。划分时既可以采用静态方式进行,也可以采用动态方式进行。

图 7-13 VLAN 划分示意图

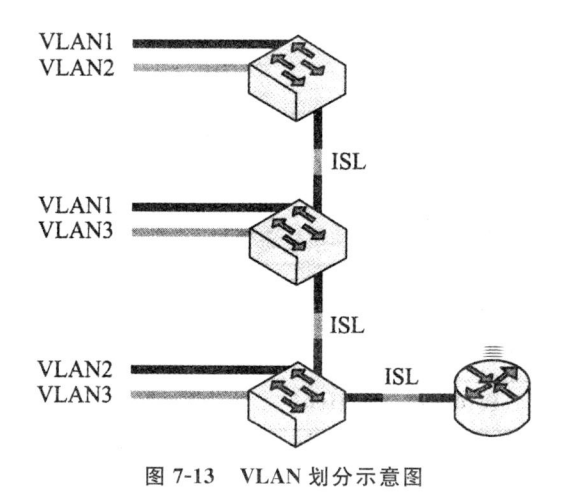

(1) 按 MAC 地址划分

VLAN 的划分基于设备的 MAC 地址,是按要求将某些设备的 MAC 地址划分在同一个 VLAN 中,交换机跟踪属于自己 VLAN 的 MAC 地址。是一种基于用户的网络划分方式,因为 MAC 地址是在用户计算机的网卡上。

(2) 按 IP 地址划分

每个 VLAN 都和一段独立的 IP 网段相对应,将 IP 网段的广播域和 VLAN 一对一地结合起来。用户可以在该 IP 网段内移动工作站而不会改变 VLAN 所属关系,便于网络的管理。

(3) 按网络层协议划分

VLAN 按网络层协议来划分,将某种协议的应用划分为同一个 VLAN,这样的划分会使一个广播域横跨多个交换机。这对于希望集中某种应用或服务来组织用户的网络管理员来说是一种十分方便有利的划分机制。

7.2.3 域名系统

Internet 主机地址有两种表示形式,一种是我们所说的 IP 地址,另一种是域名。

IP 地址是 Internet 通用地址,直接使用 IP 地址就可以访问 Internet 中的主机。但对于一般用户来说,IP 地址太抽象,而且由于使用数字表示,不容易记忆。因此,TCP/IP 为人们记忆方便而设计了一种字符型的计算机命名机制,即域名系统(Domain Name System,DNS)。

在 Internet 中,由于采用了统一的 IP 地址,才使网上任意两台主机的上层软件能够相互通信。这可以说明,IP 地址为上层软件提供了极大的方便和通信的透明性。然而由于 IP 地址抽象的数学特性,使得 IP 地址在记忆时毫无规律和意义可循。例如,用点分十进制表示的某个主机的 IP 地址为 202.113.19.122,大家就很难记住这样一串数字。但是,如果告诉你南开大学 Web 服务器地址,用字符表示为 www.nankai.edu.cn,每个字符都有一定的意义,并且书写有一定的规律。这样用户就容易理解,又容易记忆。

因此,为了向一般用户提供一种直观明了的主机识别符,TCP/IP 协议专门设计了一种字符型的主机命名机制,也就是给每台主机一个有规律的名字,这种主机名相对于 IP 地址来说是一种更为高级的地址表示形式，这就是网络域名系统 DNS。DNS 除了给每台主机一个容易记忆和具有规律的名字，以及建立一种主机名与计算机 IP 地址之间的映射关系外，域名系统还能够完成咨询主机各种信息的工作。另外，几乎所有的应用层协议软件都要使用域名系统。例如，远程登录 Telnet、文件传输协议 FTP 和简单邮件传送协议 SMTP 等。

1. 域名系统的规定和管理

Internet 的域名结构由 TCP/IP 协议集的 DNS 定义。域名系统也与 IP 地址的结构一样，是一种分层命名系统，名字由若干标号组成，标号之间用实心圆点分隔。最右边的标号是主域名，最左边的标号是主机名。中间的标号是各级子域名，从左到右按由小到大的顺序排列。例如，lib.xust.edu 是一个域名，其中 lib 是主机名，xust 是子域名，edu 是主域名。域名系统将整个 Internet 划分为多个顶级域，并为每个顶级域规定了通用的顶级域名，由 Inter NIC 管理，如表 7-3 所示。

表 7-3　顶级域名分配

顶级域名	域名类型
.com	商业组织等赢利性组织
.net	网络和网络服务提供商
.edu	教育机构、学术组织、国家科研中心等
.gov	政府机关或组织
.mil	军事组织
.org	各种非赢利性组织
.int	国际组织
.firm	商业组织或公司
.stop	提供货物的商业组织（原名.TORE）
.web	Web 有关的组织
.arts	文化娱乐组织
.rec	娱乐消遣组织
.info	信息服务组织
.nom	个人

主域名也包含国家代码，由于美国是 Internet 的发源地，因此美国的顶级域名是以组织模式划分。对于其他国家，它们的顶级域名是以地理模式划分的，每个申请接入 Internet 的国家都可以作为一个顶级域出现。例如，cn 代表中国，jp 代表日本，fr 代表法国，uk 代表英国，ca 代表加拿大。表 7-4 列出了部分国家和地区的主域名代码。

表 7-4 部分国家和地区代码

域名代码	国家或地区	域名代码	国家或地区
at	奥地利	fr	法国
au	澳大利亚	gr	希腊
ca	加拿大	jp	日本
ch	瑞士	nz	新西兰
dk	丹麦	uk	英国
es	西班牙	us	美国
ie	爱尔兰	hk	中国香港特别行政区
il	以色列	ru	俄罗斯
it	意大利	om	印度
cn	中国	de	德国
is	冰岛	li	列支敦士登
th	泰国	lu	卢森堡
tn	突尼斯	mx	墨西哥
tw	中国台湾	my	马来西亚
ec	厄瓜多尔	nl	荷兰
pr	波多黎各	no	挪威
hr	克罗爱尼亚	pl	波兰
eg	埃及	re	留尼汪岛
ve	委内瑞拉	sg	新加坡

网络信息中心(NIC)将顶级域的管理权授予指定的管理机构,各个管理机构再为它们所管理的域分配二级域名,并将二级域名的管理权授予其下属的管理机构,如此层层细分,就形成了 Internet 层次状的域名结构,如图 7-14 所示。

域名到 IP 地址的变换由分布式数据库系统 DNS 服务器实现。一般子网中都有一个域名服务器,它管理本地子网所连接的主机,也为外来的访问提供 DNS 服务。这种服务采用典型的客户机/服务器访问方式。客户机程序把主机域名发送给服务器,服务器返回对应的 IP 地址。有时被询问的服务器不包含查询的主机记录,根据 DNS 协议,服务器会提供进一步查询的信息,也许是包括相近信息的另外一台 DNS 服务器的地址。

需要特别指出的是,域名与网络 IP 地址是两个不同的概念。虽然大多数联网的主机不但有一个唯一的网络 IP 地址,还有一个域名,但是,也存在有的主机没有网络 IP 地址,只有域名。这种计算机用电话线连接到一个有 IP 地址的主机上（电子邮件网关），通过拨号方式访问 IP 主机。

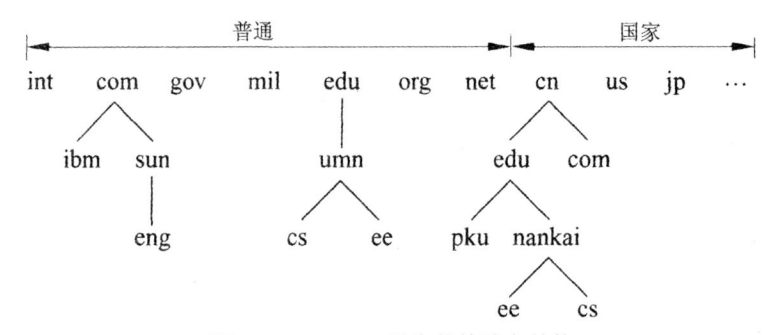

图 7-14　Internet 层次状的域名结构

目前，由于主域名的数量有限，考虑到即便全世界一百多个国家和地区的地理域名，再加上 8 个组织结构型域名，总共也不会超过 200 个。而且这些域名均已做了标准化的规定，使 NIC 对这些域名的管理非常简便。因此，Internet 管理委员会决定将子域名也纳入 NIC 进行集中管理。

2. 我国的域名规定

中国互联网络信息中心（CNNIC）负责管理我国的顶级域，它将 cn 域划分为多个二级域。我国二级域的划分采用两种划分方式：组织模式与地理模式。其中，前七个域对应于组织模式，而行政区代码对应于地理模式。

CNNIC 将我国教育机构的二级域（edu 域）的管理权授予中国教育科研网（CERNET）网络中心。CERNET 网络中心将 edu 域划分为多个三级域，并将三级域名分配给各个大学与教育机构。例如，edu 域下的 nankai 代表南开大学，并将 nankai 域的管理权授予南开大学网络管理中心管理。南开大学网络管理中心又将 nankai 域划分为多个四级域，将四级域名分配给下属部门或主机。例如，nankai 域下的 cs 代表计算机系。

Internet 主机域名的排列原则是低层的子域名在前面，而它们所属的高层域名在后面。Internet 主机域名的一般格式如下：

四级域名. 三级域名. 二级域名. 顶级域名

例如，主机域名：

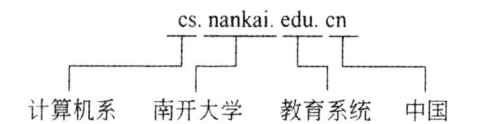

cs. nankai. edu. cn
计算机系　南开大学　教育系统　中国

表示的是南开大学计算机系的主机。

在域名系统 DNS 中，每个域都是由不同的组织来管理的，而这些组织又可将其子域划分给其他的组织来管理。这种层次结构的优点是：各个组织在它们的内部可以自由选择域名，只要保证组织内的唯一性，而不用担心与其他组织内的域名冲突。

例如，南开大学是一个教育机构，那么学校的主机域名都包括 nankai.edu 后缀；如果有一家名为 nankai 的公司想用 nankai 来命名它的主机，由于它是一个商业机构，那么它的主机域名就会带 nankai.com 后缀。在 Internet 中，nankai.edu.cn 与 nankai.com.cn 这两个域名是相互独立的个体。

· 200 ·

3. 域名服务器

Internet 上的主机之间是通过 IP 地址来进行通信的,而为了用户使用和记忆方便,通常习惯使用域名来表示一台主机。因此,在网络通信过程中,主机的域名必须要转换成 IP 地址,实现这种转换的主机称为域名服务器(DNS Server)。域名服务器是一个基于客户机/服务器的数据库,在这个数据库中,每个主机的域名和 IP 地址是保持一一对应关系的。域名服务器的主要功能是回答有关域名、地址、域名到地址或地址到域名的映射的询问以及维护关于询问类型、分类或域名的所有资源记录的列表。

为了对询问提供快速响应,域名服务器一般对以下两种类型的域名信息进行管理。

①区域所支持的或被授权的本地数据。本地数据中可包含指向其他域名服务器的指针,而这些域名服务器可能提供所需要的其他域名信息。

②包含有从其他服务器的解决方案或回答中所采集的信息。

4. 域名的解析过程

域名与 IP 地址之间的转换,具体可分为两种情况。一种是当目标主机(要访问的主机)在本地网络时,由于本地域名服务器中含有本地主机域名与 IP 地址的对应表,因此这种情况下的解析过程相对要简单一些。首先客户机向本地域名服务器发出请求,请求将目标主机的域名解析成 IP 地址,本地域名服务器检查其管理范围内主机的域名,查出目标主机的域名所对应的 IP 地址,并将解析出的 IP 地址返回给客户机。另一种是目标主机不在本地网络,这种情况下的解析过程要相对复杂一些。

例如,当某个客户机发出一个请求,要求 DNS 服务器解析 www.sina.com.cn 的地址时,具体的解析过程如下:

①客户机先向自身指定的本地 DNS 服务器发送一个查寻请求,请求得到 www.sina.com.cn 的 IP 地址。

②收到查寻请求的本地 DNS 服务器若未能在数据库中找到对应 www.sina.com.cn 的 IP 地址,就从根域层的域名服务器开始自上而下地逐层查寻,直到找到对应该域名的 IP 地址为止。

③sina.com.cn 域名服务器给本地 DNS 服务器返回 www.sina.com.cn 所对应的 IP 地址。

④本地 DNS 服务器向客户机发送一个回复,其中包含有 www.sina.com.cn 的 IP 地址。

整个域名的解析过程如图 7-15 所示。

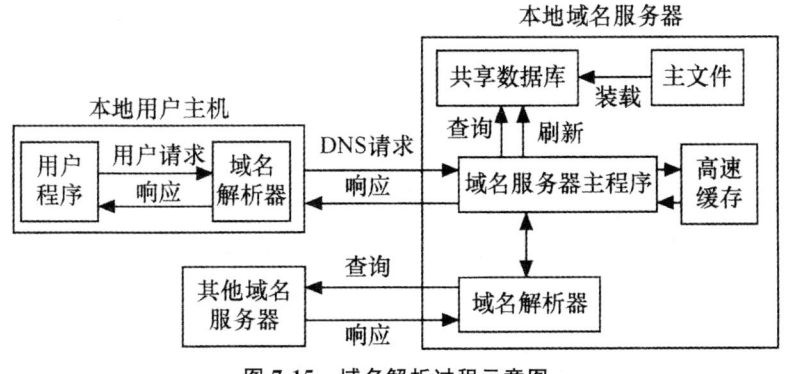

图 7-15 域名解析过程示意图

7.3 WWW 服务

7.3.1 WWW 的相关概念

1. 超文本与超链接

对于文字信息的组织,通常是采用有序的排列方法,比如一本书,读者一般是从书的第一页到最后一页顺序地查阅他所需要了解的知识。随着计算机技术的发展,人们不断推出新的信息组织方式,以方便人们对各种信息的访问,超文本就是其中之一。所谓超文本就是指它的信息组织形式不是简单地按顺序排列,而是用由指针链接的复杂的网状交叉索引方式,对不同来源的信息加以链接。可以链接的有文本、图像、动画、声音或影像等,而这种链接关系则被称为超链接。图 7-16 显示了 WWW 中各种信息网状交叉索引的关系。

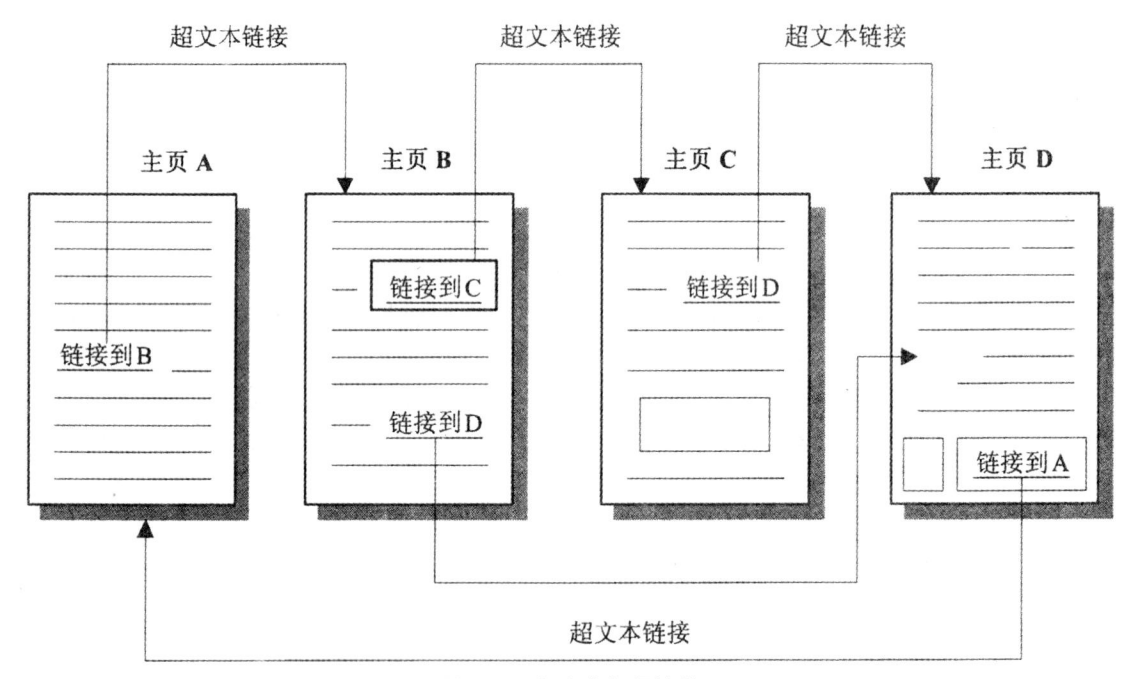

图 7-16 超文本与超链接

2. 主页

主页(Homepage)是指个人或机构的基本信息页面,用户通过主页可以访问有关的信息资源。主页通常是用户使用 WWW 浏览器访问 Internet 上的任何 WWW 服务器(即 Web 主机)所看到的第一个页面。

主页通常是用来对运行 WWW 服务器的单位进行全面介绍,同时它也是人们通过 Internet

了解一个学校、公司、政府部门的重要手段。WWW 在商业上的重要作用就体现在这里,人们可以使用 WWW 介绍一个公司的概况、展示公司新产品的图片、介绍新产品的特性,或利用它来公开发行免费的软件等。

3. 超文本传输协议

由于 WWW 支持各种数据文件,当用户使用各种不同的程序来访问这些数据时,就会变得非常复杂。此外,对于用户的访问,还要求具有高效性和安全性。因此,在 WWW 系统中,需要有一系列的协议和标准来完成复杂的任务,这些协议和标准就称为 Web 协议集,其中一个重要的协议就是超文本传输协议(HyperText Transfer Protocol,HTTP)。

HTTP 负责用户与服务器之间的超文本数据传输。HTTP 是 TCP/IP 协议组中的应用层协议,建立在 TCP 之上,它面向对象的特点和丰富的操作功能,能满足分布式系统和多种类型信息处理的要求。HTTP 会话过程包括几个步骤。

① 使用浏览器的客户机与服务器建立连接。
② 客户机向服务器提交请求,在请求中指明所要求的特定文件。
③ 如果请求被接受,那么服务器便发回一个应答。在应答中至少应当包括状态编号和该文件内容。
④ 客户机与服务器断开连接。

4. 统一资源定位器

统一资源定位器(Uniform Resource Locator,URL)是一种标准化的命名方法,它提供一种 WWW 页面地址的寻找方式。对于用户来说,URL 是一种统一格式的 Internet 信息资源地址表达方法,它将 Internet 提供的各种服务统一编址。我们也可以把 URL 理解为网络信息资源定义的名称,它是计算机系统文件名概念在网络环境下的扩充。用这种方式标记信息资源时,不仅要指明信息文件所在的目录和文件名本身,而且要指明它存在于网络上的哪一台主机上以及可以通过何种方式访问它,甚至在必要时还要说明它具有的比普通文件对象更为复杂的属性。例如,它可能深藏于某个数据库系统内部只有使用数据库查询语句才能获取的信息等。

7.3.2 WWW 的工作方式

WWW 以超文本标记语言(Hypertext Marked Language,HTML)与超文本传输协议(HTTP)为基础,能够提供面向 Internet 服务的、一致的用户界面的信息浏览系统。WWW 的工作是采用浏览器/服务器体系结构,它主要由两个部分组成,Web 服务器和客户端的 Web 浏览器。服务器负责对各种信息按超文本的方式进行组织,并形成一个存储在服务器上的文件,这些文件既可放置在同一服务器上,也可放置在不同地理位置的服务器上,对于这些文件或内容的链接由统一资源定位器 URL 来确定;Web 浏览器安装在用户的计算机上,用户通过浏览器向 Web 服务器提出请求,服务器负责向用户发送该文件,当客户机接收到文件后,解释该文件并显示在客户机上,WWW 的工作方式如图 7-17 所示。

图 7-17　WWW 的工作方式

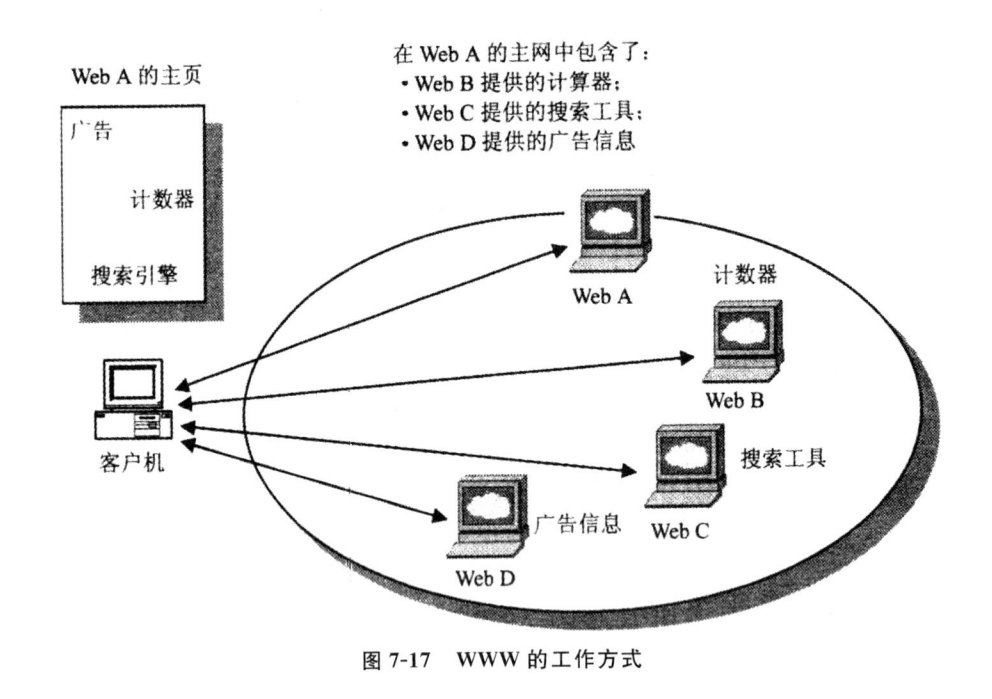

7.3.3　HTML 语言与 Web 页面生成

HTML 是构成 Web 页面的信息排版语言，是浏览器生成网页的基础，是一种基于符号标记的文本语言。HTML 语言以设置标记(Tag)的方式来控制页面信息呈现，Tag 一般成对出现，分别表示控制的开始和结束，其间为标签作用域。

格式为：<标记>控制的内容</标记>

HTML 生成可由浏览器解释执行的 Web 页面。因为 HTML 语言文件实质是标准的 ASCII 码文本文件，所以可以使用任何文本编辑器(如记事本)程序书写，其文件扩展名为.html 或.htm。

HTML 语言逻辑结构简单明了，易于理解和掌握，这也是基于 Web 的 WWW 服务能够迅速风靡世界的原因。HTML 把文件结构简单分为头部(head)和主体(body)两大部分，从文件开始标记<html>开始，至开始标记的对称标记</html>为止，中间内容以多种代表不同控制功能的 Tag 来控制 Web 页面呈现内容，下面是一个简单 Web 页面的 HTML 源代码。

```
<html>                                   <!——页面开始>
<head>                                   <!——页面头部开始>
<title>网页标题：HTML 简介</title>         <!——页面标题开始/结束>
</head>                                  <!——页面头部结束>
<body>                                   <!——页面主体开始>
<font face="华文中宋" size="48" color="blue">计算机网络</font><!——文字控
制开始/结束>是大学生学习知识、掌握信息的重要媒介！<!——无格式以默认状态呈现的文
                                                           字内容>
```

```
</body>                          <!——页面主体结束>
</html>                          <!——页面结束>
```

从例子中可以很容易地看出，HTML 文件的基本结构以及标题控制标记<tatle>、</tatle>和字体控制标记<font>、</font>控制的具体实现和作用域。其中字体控制标记<font>要复杂一些，带有文字字体（face）、大小（size）和颜色（color）三个参数。

HTML 超文本标记语言作为网页编辑语言，其语法直观，容易理解，可以通过各种标记的运用制作出理想的网页效果，标记的主要功能有以下几点：

①格式化文本。如设置标题、字体、字号、颜色；设置文本的段落、对齐方式等。

②建立超链接。通过超链接检索在线的信息，只需用鼠标单击，就可以到达任何一处。

③创建列表。把信息用一种易读的方式表现出来。

④插入图像。使网页图文并茂，还可以设置图像的各种属性，如大小、边框、布局等。

⑤建立表格。表格为浏览者提供了快速找到所需信息的显示方式，还可以用表格来设定整个网页的布局。

⑥加入多媒体。可以在网页中加入音频、视频、动画，还能设定播放的时间和次数。

⑦实现交互式窗体。为获取远程服务而设计窗体（form），可用于递交信息、检索查询等服务。一些常见的 HTML 标记如表 7-5 所示。

表 7-5　常用的 HTML 标记

标记名称	功能描述
<html></html>	文件开始/结束
<head></head>	Web 头部
<title></title>	设定标题
<body></body>	页面主体部分
 	换行
<table></table>	定义表格
<script></script>	插入脚本语句
<style></style>	定义 CSS 样式表
<div></div>	定义层
<form></form>	定义交互窗体
<font face="",size="",colour=""></font>	文字风格（字体、大小、颜色）
<A></A>	定义在页面跳转的锚点
<p></p>	定义段落
<!——注释语句>	定义注释语句

续表

标记名称	功能描述
<ahref="URL"></a>	定义超链接
<img src="图片文件路径/文件名"/>	显示图片

近年来，HTML 语言进一步发展，出现了使 Web 页面更加结构化，控制内容功能更强的可扩展标记语言（XML）和可扩展样式语言（eXtensible Style Language，XSL），弥补了 HTML 语言在内容和信息结构混合方面的不足。

Web 页面类型一般按照包含信息类型分为静态页面、动态页面和活动页面三类。

静态页面用 HTML 语言创作完毕后就作为资料存放在 WWW 服务器中，除非页面制作人员对其进行内容上的修改，否则页面信息是不会发生改变的。

动态页面上呈现的信息通常反映变化的情况，如外汇牌价、股票行情、新闻动态等，页面在服务器端自动进行更新。动态页面通常涉及一些交互访问、数据库浏览过程，动态页面的文档依然是 HTML 格式，与静态页面有所不同的是，动态页面的创建通常由运行在服务器端的服务程序结合服务器内部存储数据动态生成的，生成的依据来自于用户在客户端浏览器 Web 上递交的人机交互信息。目前，在互联网上应用比较普遍的动态页面服务有通用网关接口（Common Gateway Interface，CGI）、超文本预处理技术（Hypertext Preprocessor，PHP）、Java 服务器页面（Java Server Pages，JSP）和活动服务器页面（Active Server Pages，ASP）。它们都可以接受客户端浏览器从 Web 表单内提取的交互信息，结合服务器数据库，生成动态 Web 页面，返回给用户。

比动态页面更新速度更快的是活动页面，页面刷新直接由本地浏览器负责，活动页面通常涉及一些在客户浏览器端需要快速响应的服务，如电子地图、注册验证等。实现活动页面的工具常用的是基于 Java 语言的应用程序和脚本，以及微软针对活动页面开发的 ActiveX 控件技术等。

7.3.4 超文本传输协议

HTTP 是客户端浏览器或其他程序与 Web 服务器之间的应用层通信协议，客户机需要通过 HTTP 协议传输所要访问的超文本信息。HTTP 包含命令和传输信息，不仅可用于 Web 访问，也可以用于其他互联网/内联网应用系统之间的通信，从而实现各类应用资源超媒体访问的集成。

HTTP 访问的资源由 URL 标识。URL 是对能从 Internet 上得到的资源位置和访问方法的一种简洁表示。这里，资源是指所有可访问的 Web、文件、目录、图像、声音和影像等对象。URL 给资源在网络上分布的具体位置提供一种抽象识别方法，并利用这种方法给资源进行定位，使每一个被定位的资源都具有在整个 Internet 上唯一的标识——URL。通过 URL 即可对资源进行访问、存取、修改、删除和更新等操作。URL 可以看成是联网主机内任何一个可访问对象的指针，其具体格式如下：

<应用服务或协议名称>://主机域名[:端口号]/<文件路径/文件名>

URL 分为左、右两个部分，中间以"//"隔开。左边部分为<应用服务或协议名称>，常见的有超文本传输协议 HTTP、文件传输协议 FTP、微软媒体服务器协议 MMS（Microsoft Media

Server Protocol）、远程登录协议 Telnet、电子邮件服务地址 Mailto 等。右边部分是主机域名、端口号、<文件路径/文件名>，在 URL 实际应用中，[:端口号]与<文件路径/文件名>部分常常因为处于服务默认设置而被省略。

例如，URL ftp://ftp.situ.edu.cn/pub/software/putty/pscp.exe

其中，ftp:表示当前应用服务协议是文件传输协议 FTP。ftp.sit.edu.cn 是上海交通大学的匿名 ftp 服务器的主机域名。本 URL 地址中的[:端口号]部分，因为本 URL 访问的端口是 FTP 服务的保留端口号 21，所以省略了。后边部分的字符串"/pub/software/putty/pscp.exe"是在 FTP 服务器上目标文件的相对路径和文件名称部分。

再如，对本节介绍的超文本传输协议 HTTP，基于 HTTP 服务的 URL 访问地址格式如下：

http://www 服务器主机域名[:端口号]/<文件路径/文件名>

通常，HTTP 应用层服务程序的默认端口号是 80，一般可省略掉。当客户应用 HTTP 服务访问站点的主页时，主机域名后面的部分全部处于默认状态，都可省略掉。例如，访问上海交大站点主页的 URL 地址为 http://www.sjtu.edu.cn。

该 URL 省略了处于默认状态的[:端口号]部分":80"和<文件路径/文件名>部分"/index.html"。在实际 HTTP 应用中，上述情况是比较常见的。

超文本传输协议 HTTP 属于面向事物的应用层协议，用于在 WWW 空间内可靠传输各种格式的媒体文件。目前，HTTP 协议版本多为 HTTP 1.0[RFC 1945 草案标准]和 HTTP 1.1 [RFC 2616 草案标准]。HTTP 协议作用于 TCP/IP 体系应用层，主要依靠传输层 TCP 协议提供端到端的网络连接支持。

HTTP 主要使用 TCP 协议，这是因为传输一个网页必须传送很多数据，而 TCP 协议提供传输控制，按顺序组织数据和纠正错误。所以说 HTTP 是面向事物的协议，HTTP 为每个 Web 事物都建立一个 TCP 连接，这样可以保证物理距离相距分布不均的一系列主页各自独立地迅速传输信息。

TCP 协议对应 HTTP 协议的端口号为固定端口 80（也可定义为其他端口），在 WWW 服务器端的 HTTP 应用程序进程总是在 80 端口进行监听，一旦发现有 HTTP 客户端应用进程（浏览器）发送的请求，意味着 WWW 客户端和 WWW 服务器已经建立了 TCP 连接，就立即转入服务处理程序，向客户端返回要求的信息（Web 页面）作为响应，最后释放 TCP 连接。

HTTP 协议规定交互必须以客户端发出一个由 ASCII 码字符串构成的服务请求开始，服务器端接受请求，以一个状态行作为响应，相应的内容包括消息协议的版本、成功或者错误的编码加上包含服务器信息、实体元信息及可能的实体内容。

HTTP 协议采用了请求/响应模型，并定义了与客户端和服务器交互的不同方法。HTTP 请求报文的头部包含了交互方法、URL、协议版本以及包含请求修饰符、客户信息和内容类似于 MIME[RFC 822]的消息结构。服务器以一个状态行作为响应，相应的内容包括消息协议的版本、成功或者错误的编码信息、实体信息等内容。

HTTP 定义的交互方法包括 OPTIONS、GET、HEAD、POST、PUT、DELETE 和 TRACE 等。方法 GET 和 HEAD 可以为所有通用的 WWW 服务器支持，其他方法的实现则是可选的。而常见的交互方法是 GET 方法和 POST 方法。

GET 方法一般用于从服务器获取/查询资源信息，不会修改、增加数据，不会影响被访问资源的状态。HEAD 方法也是取回由 Request-URI 标识的信息，只是可以在响应时不返回消息体。POST 方法可以请求服务器接收包含在请求中的交互实体信息，可以用于提交表单，向新闻组、BBS、邮件群组和数据库发送消息。所以 POST 方法可能导致服务器上的资源发生变化。

当用户在客户端浏览器地址栏中输入 URL 地址，或用鼠标单击当前 Web 内的超链接进行万维网访问时，浏览器进程作为客户端应用进程，就通过 HTTP 协议向 WWW 服务器发起连接请求，开始万维网访问服务过程。

7.3.5 浏览器与互联网搜索引擎

WWW 浏览器的内部结构比 WWW 服务器应用程序更为复杂，WWW 服务器要完成的任务比较明确，即监听端口、接受请求、发送页面、释放连接这一特定服务过程。而浏览器则要处理 Web 页面显示细节、实现文件访问、递交网络交互信息等多方面任务，需要组成浏览器的各个软件模块有机地协同工作。

浏览器的功能模块包括 HTML 语言解释器[可选解释器]、HTTP 客户[可选客户]和控制器三类。

控制器是浏览器的核心控制模块，它的功能是接受用户指令（鼠标单击或键盘输入）并调用浏览器内部其他功能模块去完成用户要求的任务。

HTTP 客户模块完成浏览器访问功能，当用户在浏览器地址栏输入网址或用鼠标单击 Web 页面上的超链接时，浏览器中的控制器接受用户要求，调用一个 HTTP 客户去和目标 WWW 服务器建立 HTTP 连接，获取相应的 Web 文件，浏览器在完成 Web 浏览任务之外，还可以通过可选客户模块完成额外的应用层任务，如 IE 浏览器集成了 FTP、Gopher 等客户模块，用户不需要额外使用专门的软件来完成服务访问任务，可以把任务全部交给浏览器去隐式地执行。浏览器通过 URL 中左半部分＜应用服务或协议名称＞来确定调用客户模块类型。

HTML 语言解释器是浏览器解释 HTML 语言，实现 Web 呈现细节的核心功能模块。它将浏览器从 WWW 服务器下载的 Web 文件变成用户屏幕的输出，负责解释和执行 HTML 文件功能标签的 Web 页面排版指令，如无法执行则选择系统默认值显示。例如，在执行 HTML 语句＜font face="方正魏碑",size="",colour=""＞时，如果用户客户端没有安装相应的字库文件，浏览器将以默认的宋体 12 号字显示文字内容。浏览器的内部结构如图 7-18 所示。

搜索引擎是指根据一定的策略、运用特定的计算机程序来搜集互联网上的信息，在对信息进行组织和处理后，并将处理后的信息显示给用户，是为用户提供检索服务的系统。

互联网发展早期，以雅虎为代表的网站分类目录查询非常流行。网站分类目录由人工整理维护，精选互联网上的优秀网站，并简要描述，分类放置到不同目录下。用户查询时，通过一层层的单击来查找自己想找的网站。也有人把这种基于目录的检索服务网站称为搜索引擎，但从严格意义上来讲，它并不是搜索引擎。

1990 年，加拿大麦吉尔大学计算机学院的师生们开发出 Archie 系统。当时，WWW 还没有出现，人们通过 FTP 来共享交流资源。Archie 能定期搜集并分析 FTP 服务器上的文件名信息，提供查找分别在各个 FTP 主机中的文件。用户必须输入精确的文件名进行搜索，Archie 告诉用户哪个 FTP 服务器能下载该文件。虽然 Archie 搜集的信息资源不是 HTML 文件，但和现代搜索引擎的基本工作原理是相似的，在后来的搜索引擎中，其核心思想都是采用能够自主在网络上的 Web 空间中，通过超链接漫游的程序（该种程序也称为网络爬虫 Crawler）来自动搜集信息资源、建立索引、提供检索服务。所以,Archie 被公认为现代搜索引擎的鼻祖。

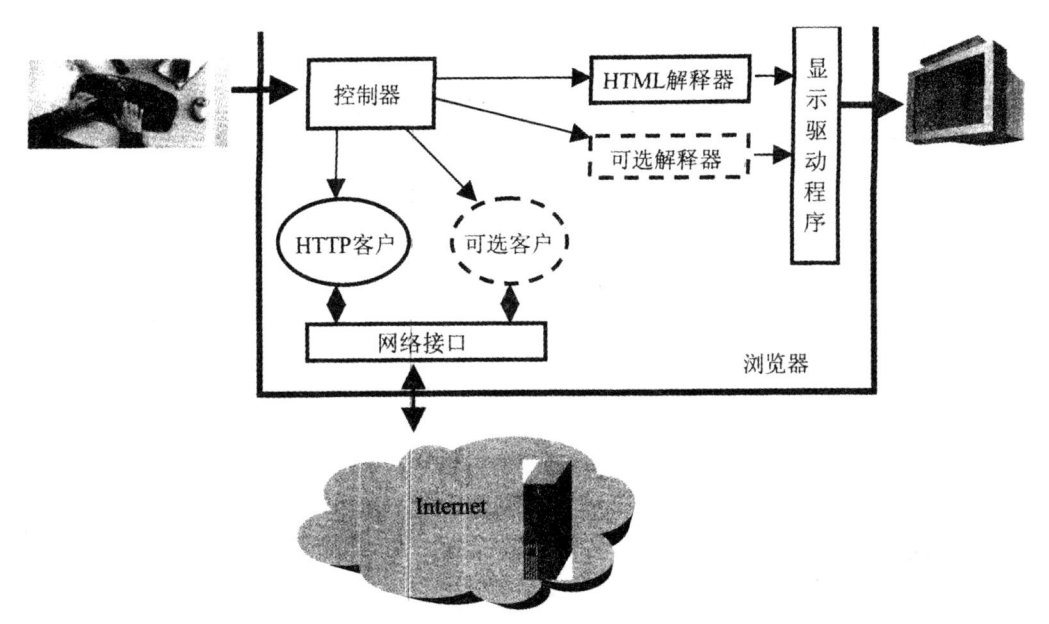

图 7-18 浏览器的内部结构

搜索引擎技术是当今计算机应用技术的前沿学科,搜索引擎技术目前已经发展了三代。

第一代是基于人工登录、检索、排序的目录式搜索引擎,这一代搜索引擎的局限在于查全率(检出的文档与相关文档之比)比较低。目录式搜索引擎的信息分类是按分类者或分类软件的分析而定,不一定与用户的意见一致,忽略了事物的横向客观联系。当要查找一个容易引起多意理解的概念,如病毒、神经网络等,用户可能就会深入多个目录树型结构中去查找。

第二代搜索引擎是基于用户输入的查询关键词检索型的搜索引擎,以 Google、Baidu 和 AltaVista 为代表,通过使用网络机器人(Web Robot)自动遍历绝大多数 Internet 网页,并存储其中的主要文本内容、图片或多媒体信息。在本地维护一个海量的网页存储数据库,存储数十亿至几百亿个网页,根据关键词的使用频度建立索引(这也是个巨量的工作)并维护更新,利用特有的页面排序算法(如 Google 的 Page Rank)返回给用户查询结果。由于页面权值算法有其特点,尽管查全率(检出文档数与全部相关文档数之比)比第一代搜索引擎有很大提高,但仍不能保证查准率(检出的文档与用户目标文档之比)。另外,在用户方面,关键词的选择可能导致查询结果有较大的差异。例如,有用户想了解黑龙江省完达山的旅游情况介绍,在 Google 中如果输入"完达山"这个关键字,返回页面将几乎全部是完达山乳业和制药业的情况,就是再加上"旅游"这个关键字,返回结果仍然不尽如人意。这是因为各个搜索引擎的页面权值算法有其特异性,如 Google 就比较偏重早期的网页和综合网站。检索型的搜索引擎的优点是信息量大、更新及时、无需人工干预。缺点是返回信息过多,有很多无关信息,用户必须从结果中进行筛选,且会产生大的网络负载和服务器负载。

第三代搜索引擎的发展趋势是更加智能化、个性化,并在此基础上力求具备更高的查全率与查准率及更全面的查询功能。

首先,通过目录型和检索型的搜索引擎技术相互结合,提供多样化和个性化的服务。以

Yahoo 为例,用户可以从它的首页上查看新闻、金融证券信息、天气预报、浏览黄页,可以进行网上购物、拍卖、找人,或者使用免费 E-mail 和网上寻呼等服务。近期许多搜索引擎已开始提供个性化的服务,如 Yahoo 的"My Yahoo"、InfoSeek 的"personalized start page"等,它们允许用户为自己定制起始页面,并选择感兴趣的内容和经常使用的服务放在该页面上。除了简单的 AND、OR 和 NOT 逻辑外,不少搜索引擎还支持相似查询,如 Alta Vista、Northern light、Lycos 等支持短语查询,Alta Vista 的高级搜索功能支持 NEAR 逻辑等。

其次,在搜索引擎的智能化研究方面,通过前端获取网页时采用多个 Crawler 并行协作,能够自动识别网页的内容是否满足作为目标的条件,自动进行网页内容降噪和无效网页剔除;在后端制定索引时采用更先进的网页权值算法,制定全文索引,并且引进自然语言理解技术,可以支持基于中文自然语言、语句的查询请求。目前,国内的主要研究点在前端主要有基于 Web 本体的搜索、元搜索技术的改进和多智能体(Agent)协作的智能搜索思想。在后端主要是对已经获取的网页建立全中文索引(如通过 Lucene Java 软件包),然后在交互中通过用户输入的中文语句的自然用词来达到查询的智能化。元搜索引擎技术也日益得到人们的重视。元搜索引擎是一种集成化搜索引擎,它是多个独立型搜索引擎的集合体,没有自己的数据库,是通过一个统一的用户界面帮助用户在多个搜索引擎中选择和利用,甚至是同时利用多个搜索引擎实现检索操作。元搜索引擎有代表性的是国外的 Profusion、Mamma 及国内的万纬搜索等,而离线式桌面搜索引擎 Webseeker、Echosearch、飓风搜索等也属于元搜索引擎,与上述不同的是,这些搜索引擎需在本机安装客户端方可使用,其中功能最完善的当属 Webseeker,安装后可以任意添加或删除其中的搜索引擎。元搜索引擎技术是一种基于多引擎协同搜索的搜索引擎技术。因而,它的研究侧重点应主要在于解决好以下几个问题:用户查询需求的分解、查询的派发和返回结果的过滤(消重)、综合(相关度排序)其总的发展趋势以达到搜索操作的个性化目的。元搜索引擎技术能支持多信息类型的搜索,由于网络上不仅有文本类型的信息,而且还有音频文件、视频文件、图像文件等信息类型。将来,实用的搜索引擎必将具备对多种信息类型文件的检索功能。

现代搜索引擎系统的结构组成如图 7-19 所示。搜索引擎系统主要由六个部分组成,分别是网页内容搜索器 Crawler、初始页面内容存储器 Repository、主索引器 Indexer、有序内容存储桶 Barrel、检索器 Searcher 及人机交互界面 UI(User Interface)。

①网页内容搜索器 Crawler。实际是一组分布式自动运行的网络爬虫程序,负责从浩瀚的 Internet 网页中获取遍历到的网页信息,并将内容压缩(实际为把网页文件分解,抽取文本、图像、多媒体实际内容,去除控制标签)后存入初始页面存储器。

②初始页面内容存储器 Repository。存储内容搜索器获取到的网页内容。

③主索引器 Indexer。是整个系统的核心部分,它将页面存储器中的网页内容分解,按照特定的用户词典把网页进行归类、主关键词语索引甚至是全文索引,排序后存入存储桶中。

④存储桶 Barrel。存储经过索引器索引、排序的网页内容信息。供检索器调用。

⑤检索器 Searcher。根据 UI 输入的查询语句和关键词语及其逻辑关系在存储桶中查找相关内容,并按照特定的网页相关度计算已查得各网页的信息内容相关度,以此排序后向 UI 输出。

⑥人机交互界面 UI。提供用户输入查询词语的界面,并提供词语间逻辑关系(AND、OR、NOT)或关键词语限制条件(如时间、大小、类型等信息文件属性)的选项。

第 7 章 Internet 基础及服务

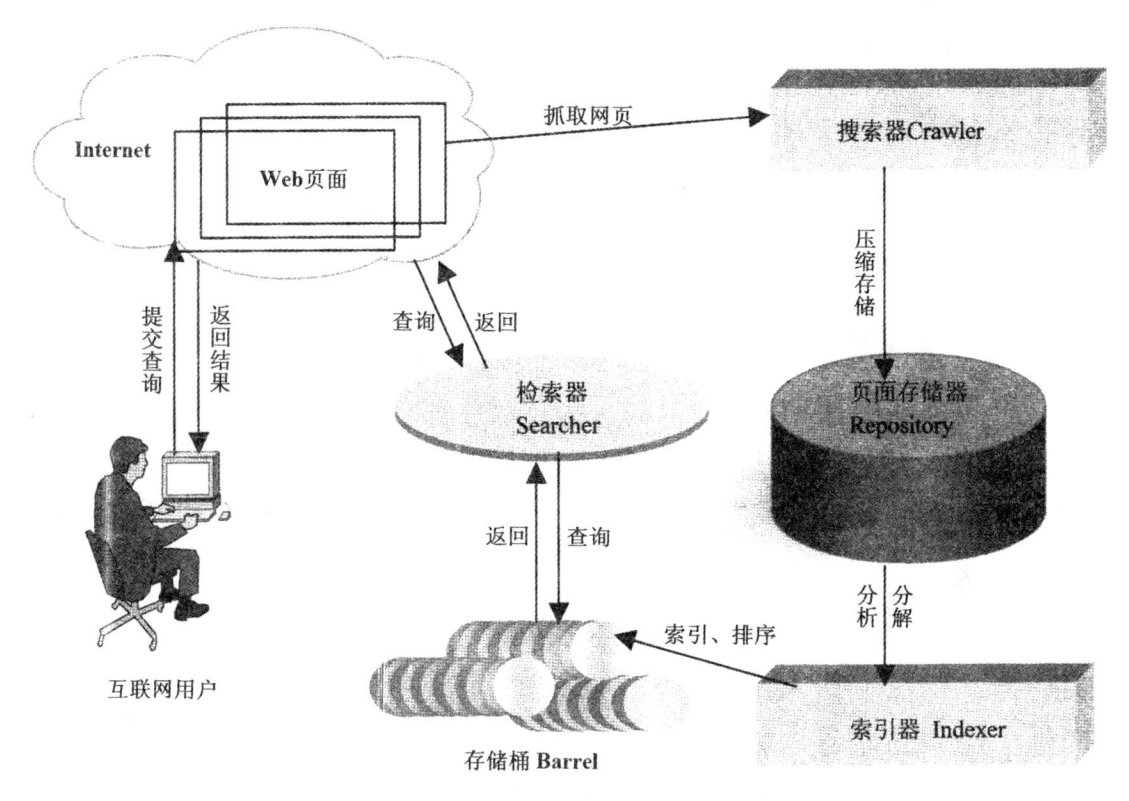

图 7-19 现代搜索引擎系统的结构组成

现代搜索引擎系统的工作流程可分为前端网页信息获取和后端存储、索引排序、查询输出两个部分。

前端系统主要是网页爬虫及其控制模块,它依据后端传递来的初始 URL 来维护一个 URL 序列{UI…}。先将一个初始的 URL(U0)向爬虫分发,然后爬虫访问该 URL 页面,抽取信息内容,并从该页面所有的 URL 连接中(假设有 A 个)删除失效的 URL 和非本站点 URL,然后将剩余的有效链接(Ua)(假设有 a 个)加入 URL 队列并递归调用(深度优先遍历方式)该过程,直到所有网页信息都获取完毕。爬虫在获取的同时将信息压缩后存入初始页面内容存储器 Repository 中。

后端存储、索引排序、查询输出部分首先由主索引器 Indexer 抽出页面存储器中存储的网页信息,将关键词在页面中出现的状态如字符串本身、在页面中的位置、字体、首字母等放入存储桶中,并生成前向索引(Word ID 号)。同时将关键词提取到词典库中,供主检索器匹配用。检索器将页面中的锚点记入锚点库(记录每个 URL 的来源及去向),从锚点中分离出 URL 待 URL 分析器调用。将文档信息按生成文档索引(Doc ID 号)存入文档索引库,以供主检索器调用。然后是 URL 分析器,作用是根据分离出的 URL 建立 URL 与所在文档的索引(Doc ID)的映射关系,以便文档索引库生成向前端系统的反馈(如已存在网页、需要获取的网页等)。其次,URL 分析器还将 URL 输入 URL 信息库,后者供页面优先权计算模块调用,生成一个按权值排列的页面 URL 序列,该序列最后将影响文档信息库向主检索器的文档信息输出顺序。索引器为存储桶中的内容排序,并根据存储桶的存储内容生成一个关键词标号(Word ID)及其在存储桶中存储位

· 211 ·

置的列表。以供主检索器以单词相关文档查询方式递交查询。最后是检索器检索相关词语内容，并按照特定的网页相关度算法计算已查得各网页的信息内容相关度，以此排序后向用户端 UI 分页输出。

7.4 E-mail 电子邮件服务

7.4.1 E-mail 概述

电子邮件(Electronic Mail,E-mail)诞生在1971年，当时在BBN公司服务的Ray Tonlinson发现虽然网络已经连接上了，但还缺少一种简单方便的交流工具，于是他开发了一个可以在网络上分发邮件的系统(SendMsg)。该软件分为两个部分：一部分是内部机器使用的电子邮件软件；另一部分是用于文档传送的软件(CpyNET)。

电子邮件的符号为@，即为"at"的意思。也就是说，不论你在(at)什么地方，E-mail都可以发送到。1972年7月，大名鼎鼎的Larry Roberts开发了第一个E-mail管理软件，功能包括列表、选读、转发和回复，这种邮件管理系统同现在的邮件系统几乎没什么区别。

到了1973年，ARPA的研究表明ARPAnet网75%的流量是E-mail带来的，E-mail开始成为ARPA网研究人员之间主要的交流工具。1976年2月，英国女王伊丽莎白二世发出一封电子邮件，让E-mail走到了面向普通用户的门槛上。

1987年9月20日，钱天白教授发出我国第一封电子邮件"越过长城，通向世界"，揭开了中国人使用E-mail的序幕。

E-mail是一种普遍的交流方式，但不是唯一的交流方式。1979年使用UUCP协议建立起来的USEnet就是一种非常著名的应用，并且逐渐发展成了全球最大的讨论组。讨论内容从早期的与计算机技术相关的论题，到现在成为一个无所不包的全球社区。另一种交流方式就是实时聊天，最著名的应用是1988年由Jarkko Oikarinen开发的IRC软件，该软件可以让用户通过Internet进行实时聊天。但是最早的网上聊天行为，却发生在1972年的斯坦福大学神经科的病人Parry，他当时通过ARPA网同位于BBN的医生进行交谈。

电子邮件是传统邮件的电子化。它的诱人之处在于传递迅速、风雨无阻，比人工邮件快了许多。通过连接全世界的Internet，可以实现各类信号的传送、接收、存储等处理，将邮件送到世界的各个角落。到目前为止，可以说电子邮件是Internet资源使用最多的一种服务，E-mail不只局限于信件的传递，还可用来传递文件、声音及图形、图像等不同类型的信息。

电子邮件不是一种终端到终端的服务，是被称为存储转发式服务。这正是电子信箱系统的核心，利用存储转发可进行非实时通信，属异步通信方式。即信件发送者可随时随地发送邮件，不要求接收者同时在场，即使对方现在不在，仍可将邮件立刻送到对方的信箱内，且存储在对方的电子邮箱中。接收者可在他认为方便的时候读取信件，不受时空限制。另外，电子邮件还可以进行一对多的邮件传递，同一邮件可以一次发送给许多人。最重要的是，电子邮件是整个网间网以至所有其他网络系统中直接面向人与人之间信息交流的系统，它的数据发送方和接收方都是人，所以极大地满足了大量存在的人与人通信的需求。

在这里，"发送"邮件意味着将邮件放到收件人的信箱中，而"接收"邮件则意味着从自己的信箱中读取信件，信箱实际上是由文件管理系统支持的一个实体。因为电子邮件是通过邮件服务器（Mail Server）来传递文件的。通常邮件服务器是执行多任务操作系统的计算机，提供 24 小时的电子邮件服务，用户只要向管理人员申请一个信箱账号，就可使用这项快速的邮件服务。

Internet 电子邮件的另一特点是可靠性极高。原因在于 Internet 电子邮件建立在 TCP 基础上，而 TCP 是能提供端到端可靠连接的。假如客户和服务器之间未成功建立 TCP 连接，并将邮件成功发送到服务器邮箱中，客户就不会将待发邮件从发送缓冲区删除。

由于上述优点，电子邮件深受用户欢迎。出乎 ARPAnet 设计者意料，人与人之间电子邮件的通信量一开始就大大超出进程间的通信量，使电子邮件成为 ARPAnet 上最繁忙的业务。因此，后来出现的通用的网络体系结构，几乎无一例外地均把电子邮件作为一个重要的应用，纳入自己的协议族。

7.4.2 E-mail 的工作原理

E-mail 的工作过程遵循客户/服务器模式。每份电子邮件的发送都会涉及发送方与接收方，发送方称为客户端，接收方称为服务器，服务器用于管理客户的电子邮件。在邮件服务器端，包括用来发送邮件的 SMTP 服务器，用来接收邮件的 POP3 服务器或 IMAP 服务器，以及用来存储电子邮件的电子邮箱；在邮件客户端，包括用来发送邮件的 SMTP 代理，用来接收邮件的 POP3 代理，以及为用户提供管理界面的用户接口程序。发送方通过邮件客户程序，将编辑好的电子邮件向邮局服务器（SMTP 服务器）发送；邮局服务器识别接收者的地址，并向管理该地址的邮件服务器（POP3 服务器）发送消息；邮件服务器将消息存放在接收者的电子信箱内，并告知接收者有新邮件到来；接收者通过邮件客户程序连接到服务器后，就会看到服务器的通知，进而打开自己的电子信箱来查收邮件，如图 7-20 所示。

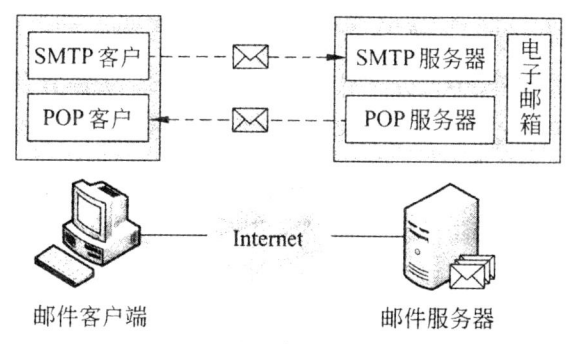

图 7-20 电子邮件的工作原理

ISP（Internet Service Provider）主机起着"邮局"的作用，管理着众多用户的电子信箱。每个用户的电子信箱实际上就是用户所申请的账号名。每个用户的电子信箱都要占用 ISP 主机一定容量的硬盘空间。

电子邮件在发送与接收过程中分别要遵循 SMTP、POP3 等协议，这些协议确保了电子邮件在各种不同系统之间的传输。邮件客户端使用简单邮件传输协议 SMTP 向邮件服务器中发送邮件;邮件客户端使用邮局协议 POP3 或 IMAP 从邮件服务器中接收邮件。

SMTP(Simple Mail Transfer Protocol,简单邮件传输协议)是一组用于由源地址到目的地址传送邮件的规则,由它来控制信件的中转方式。SMTP 协议属于 TCP/IP 协议簇,帮助每台计算机在发送或中转信件时找到下一个目的地。通过 SMTP 协议所指定的服务器,就可以把 E-mail 寄到收信人的服务器上。SMTP 服务器就是遵循 SMTP 协议的发送邮件服务器,用于发送或转发出的电子邮件。

POP3(Post Office Protocol3)即邮局协议的第 3 个版本,用于接收电子邮件。它规定了怎样将个人计算机连接到 Internet 的邮件服务器和下载电子邮件的电子协议。POP3 是因特网电子邮件的第一个离线协议标准,它允许用户从服务器上把邮件存储到本地主机上,同时删除保存在邮件服务器上的邮件,而 POP3 服务器则是遵循 POP3 的邮件接收服务器,负责电子邮件的接收。图 7-21 为使用 POP 的一种形式。IMAP(Interactive Mail Access Protocol)即交互式邮件存取协议,是因特网报文存取协议,也是邮件下载协议,但它与 POP 协议不同,它支持在线对邮件的处理,邮件的检索与存储等操作不必先下载到本地。用户若不发送删除命令,邮件会一直保存在邮件服务器上。至于使用哪种协议接收邮件,取决于邮件服务器与邮件客户端支持的协议类型,一般的邮件服务器与客户端应用程序都支持 POP3 协议。

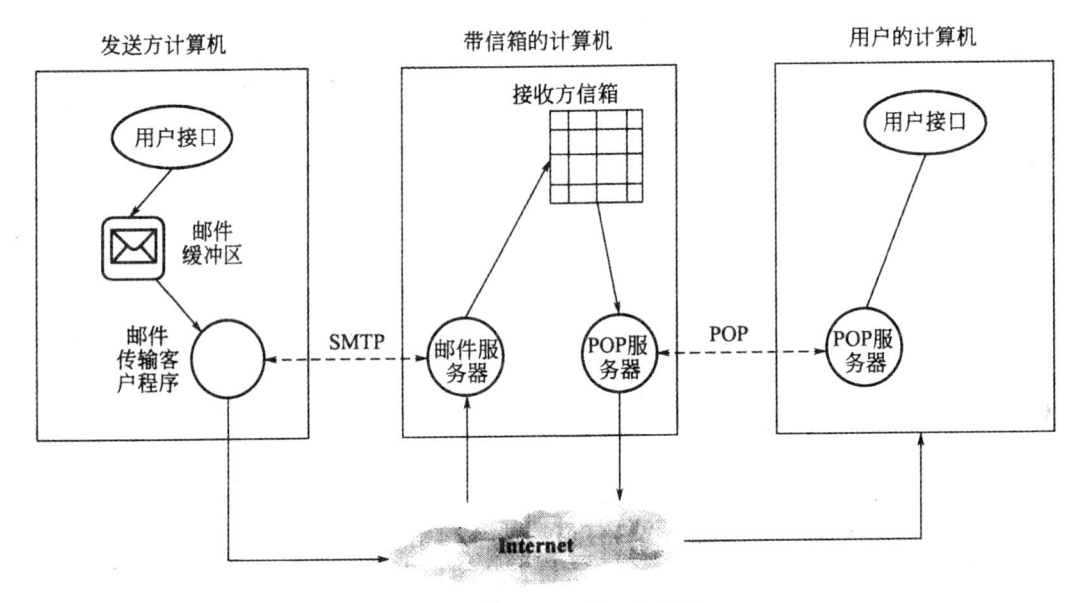

图 7-21 使用 POP 的工作过程

还有一种是电子邮件网关(E-mail Gateway)。电子邮件网关是一台专门的计算机,它可以使用清单管理程序在没有人工干预的情况下自动处理邮件。清单管理程序自动接收用户的电子邮件,处理用户的注册登记,保存分发器的邮件清单数据库。电子邮件网关的工作过程如图 7-22 所示。

常用的收发电子邮件的软件有 Exchange、Outlook Express、Foxmail 等,这些软件都提供了电子邮件的接收、编辑、发送及管理功能。

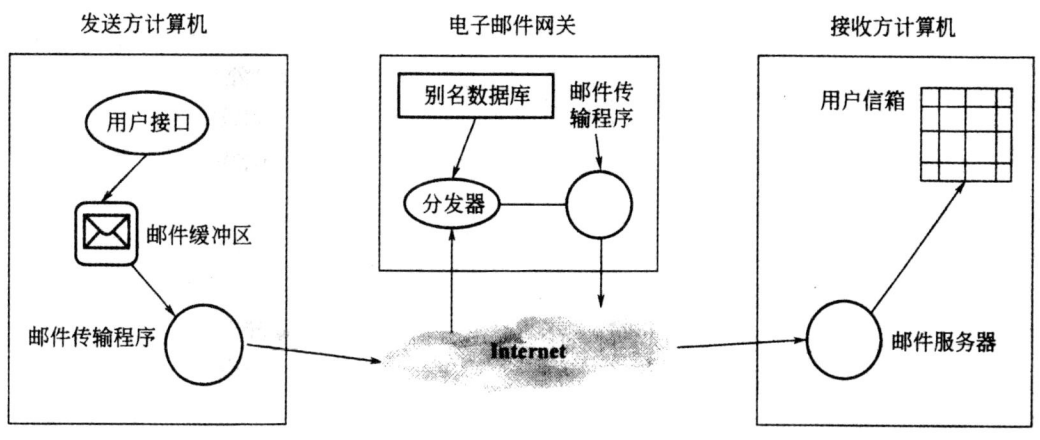

图 7-22 电子邮件网关的工作过程

7.4.3 电子邮件的地址与信息格式

1. 电子邮件地址的组成

电子邮件与传统邮件一样也需要一个地址。在 Internet 上，每一个使用电子邮件的用户都必须在各自的邮件服务器上建立一个邮箱，拥有一个全球唯一的电子邮件地址，也就是邮箱地址。每台邮件服务器就是根据这个地址将邮件传送到每个用户的邮箱中。Internet 电子邮件地址由用户名和邮件服务器的主机名(包括域名)组成，中间用@隔开，其格式如下所示：

Username@Hostname.Domain-name

①Username 表示用户名，代表用户在邮箱中使用的账号。
②Hostname 表示用户邮箱所在的邮件服务器的主机名。
③Domain-name 表示邮件服务器所在的域名。

例如，某台邮件服务器的主机名为 mail，该服务器所在的域名为 buui.ac.cn，在该服务器上有一个邮件用户，用户名为 cnb，那么该用户的电子邮件地址为"cnb@mail.buui.ac.cn"。

2. 电子邮件的信息格式

SMTP 协议规定电子邮件的信息由封皮(Envelope)、邮件头(Headers)和邮件体(Body)组成。

封皮就像传统邮件系统中的信封。它被邮件服务器使用来传输电子邮件。RFC 822 定义了封皮的内容和含义以及用于通过 T(=)P 连接交换邮件的协议。封皮中包括发信人和收信人的电子邮件地址。当用户将一封邮件发送到本地的邮件服务器上时，该服务器必须使用封皮将邮件发送到远端的邮件服务器(收信人电子邮件地址中的域名)上。

邮件头被客户端的邮件应用程序使用，并将邮件头内容显示给用户。用户可以了解邮件的来源、来信日期、时间等有关信息。邮件头的内容是可读的文本信息，一般它有许多行组成，每行开头是关键词，其后跟一个冒号，在冒号后边是该关键词域的值，图 7-23 显示了一封邮件的邮件头。RFC 822 定义了邮件头的内容、格式和含义,但其中 X 域由用户定义。

```
Received:from anheng.com ([168.160.186.34])          接收邮件的路径(包括发信人和收信人的
        by rays.cma.gov.cn (8.9.3/8.9.3) with SMTP id KAA11273   邮件服务器域名或 IP 地址、转发邮件服
        for<yaoh@ rays.cma.gov.cn>;Sat,30Oct2021 10:15:37+0800 (BST)  务器的域名或 IP 地址)、时间、日期等
Message-Id:<202110300215.KAA11273@ rays.cma.gov.cn>    表示分配给该邮件的唯一标识
Date:Tue,30Oct2001 10:7:20+0800    邮件发送的日期和时间
From:marketing atanheng <seminar@ anheng.com>    发信人的姓名和电子邮件地址
To:yaoh@ rays.cma.gov.cn             收信人的电子邮件地址
Subject:《网络现场故障诊断实战光盘》!  邮件的主题
Organization:安恒公司网络维护与故障诊断邮件列表
X-mailer:FoxMail4.0 beta 2 [cn]   发信人使用的客户端电子邮件应用程序
Mime-Version:1.0                               MIME 的版本号,MIME 的信
Content-Type:text/plain;charset="GB2312"       息格式(字符格式、编码类型)
Content-Transfer-Encoding:8bit                 以及编码的转换等
X-MIME-Autoconverted:form base64 to 8bitby rays.cm a.gov.cn id KAA11273
X-UIDL:72b1fed0a0b80c3650b54c9f8580d55f
```

图 7-23 电子邮件的邮件头

邮件体是用户要传送的信息,也就是邮件的内容。RFC 822 定义邮件体为 7 位的 ASCII 正文,使用 MIME 的邮件体可以是 8 位的二进制数据。

发送邮件的过程为:用户写好一封邮件后,由客户端的邮件应用程序将邮件体加上邮件头传送给邮件服务器,该服务器在邮件头再加上一些信息,并加上封皮,然后传送给另一台邮件服务器。

7.5 FTP 文件传输服务

7.5.1 FTP 概述

文件传送协议(File Transfer Protocol,FTP)是一种专门用于在网络上的计算机之间传输文件的协议。通过该协议,用户可以将文件从一台计算机上传输到另一台计算机上,并保证其传输的可靠性。FTP 是应用层协议,采用了 Telnet 协议和其他低层协议的一些功能。

无论两台与 Internet 相连的计算机地理位置上相距多远,通过 FTP 协议,用户都可以将一台计算机上的文件传输到另一台计算机上。

FTP 方式在传输过程中不对文件进行复杂的转换,具有很高的效率。不过,这也造成了 FTP 的一个缺点:用户在文件下载到本地之前无法了解文件的内容。无论如何,Internet 和 FTP 完美结合,让每个联网的计算机都拥有了一个容量无穷的备份文件库。

FTP是一种实时联机服务,在进行工作时用户首先要登录到对方的计算机上,登录后仅可以进行与文件搜索和文件传输有关的操作。使用FTP几乎可以传输任何类型的文件:文本文件、二进制可执行程序、图像文件、声音文件、数据压缩文件等。

与大多数Internet服务一样,FTP也是一个客户机/服务器系统。用户通过一个支持FTP协议的客户机程序,连接到在远程主机上的FTP服务器程序。用户通过客户机程序向服务器程序发出命令,服务器程序执行用户所发出的命令,并将执行的结果返回到客户机。比如说,用户发出一条命令,要求服务器向用户传送某一个文件的一份副本,服务器会响应这条命令,将指定文件送至用户的机器上。客户机程序代表用户接收到这个文件,将其存放在用户目录中。

在FTP的使用当中,用户经常遇到两个概念:下载(Download)和上传(Upload)。下载文件就是从远程主机复制文件至自己的计算机上;上传就是将文件从自己的计算机中复制至远程主机上。用Internet语言来说,用户可通过客户机程序向(从)远程主机上传(下载)文件。

7.5.2 FTP的工作原理

FTP最早的设计是支持在两台不同的主机之间进行文件传输,这两台主机可能运行不同的操作系统,使用不同的文件结构,并可能使用不同的字符集。FTP支持种类有限的文件类型(如ASCII、二进制文件类型等)和文件结构(如字节流、记录结构)。

FTP应用需要建立两条TCP连接,一条为控制连接,另一条为数据连接。FTP服务器被动打开21号端口,并且等待客户的连接建立请求。客户则以主动方式与服务器建立控制连接。客户通过控制连接将命令传给服务器,服务器通过控制连接将应答传给客户,命令和响应都是以NVT ASCII形式表示的。

而客户与服务器之间的文件传输则是通过数据连接来进行的。图7-24给出了FTP客户和服务器之间的连接情况。

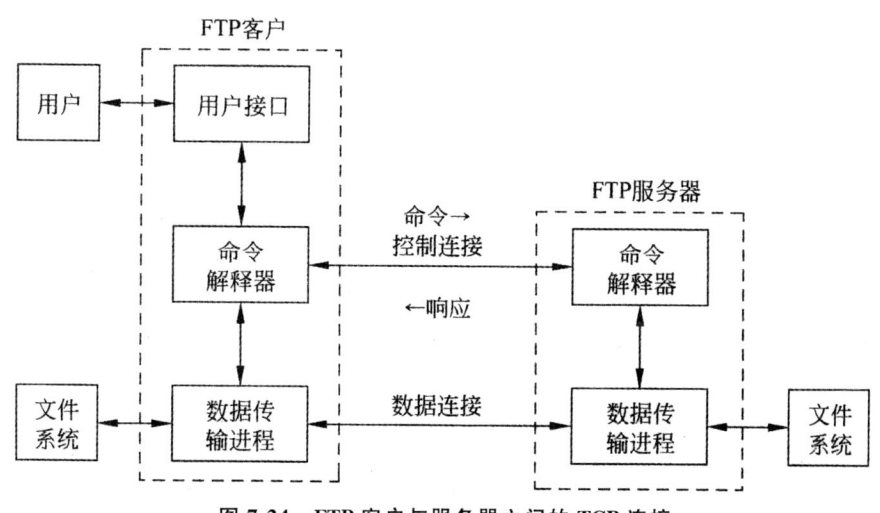

图7-24 FTP客户与服务器之间的TCP连接

从图7-24中可以看出,FTP客户进程通过用户接口向用户提供各种交互界面,并将用户键入的命令转换成相应的FTP命令。

7.5.3 FTP 的访问方式

FTP 支持授权访问，即允许用户使用合法的账号访问 FTP 服务。这时，使用 FTP 时必须首先登录，在远程主机上获得相应的权限以后，方可上传或下载文件。也就是说，要想同哪一台计算机传送文件，就必须具有哪一台计算机的适当授权。换言之，除非有用户 ID 和口令，否则便无法传送文件。

这种方式有利于提高服务器的安全性，但违背了 Internet 的开放性，Internet 上的 FTP 主机何止千万，不可能要求每个用户在每一台主机上都拥有账号。所以许多时候，允许匿名 FTP 访问行为。

匿名 FTP 是这样一种机制，用户可通过它连接到远程主机上，并从其下载文件，而无需成为其注册用户。系统管理员建立了一个特殊的用户 ID，名为 anonymous，Internet 上的任何人在任何地方都可使用该用户 ID。

通过 FTP 程序连接匿名 FTP 主机的方式同连接普通 FTP 主机的方式差不多，只是在要求提供用户标识 ID 时必须输入 anonymous，该用户 ID 的口令可以是任意的字符串。习惯上，用自己的 E-mail 地址作为口令，使系统维护程序能够记录下来谁在存取这些文件。

值得注意的是，匿名 FTP 不适用于所有 Internet 主机，它只适用于那些提供了这项服务的主机。

当远程主机提供匿名 FTP 服务时，会指定某些目录向公众开放，允许匿名存取。系统中的其余目录则处于隐匿状态。作为一种安全措施，大多数匿名 FTP 主机都允许用户从其下载文件，而不允许用户向其上传文件，也就是说，用户可将匿名 FTP 主机上的所有文件全部复制到自己的机器上，但不能将自己机器上的任何一个文件复制到匿名 FTP 主机上。即使有些匿名 FTP 主机确实允许用户上传文件，用户也只能将文件上传至某一指定上传目录中。随后，系统管理员会去检查这些文件，他会将这些文件移至另一个公共下载目录中，供其他用户下载，利用这种方式，远程主机的用户得到了保护，避免了有人上传有问题的文件，如带病毒的文件。

作为一个 Internet 用户，可通过 FTP 在任何两台 Internet 主机之间复制文件。但是，实际上大多数人只有一个 Internet 账户，FTP 主要用于下载公共文件，例如，共享软件、各公司技术支持文件等。

Internet 上有成千上万台匿名 FTP 主机，这些主机上存放着数不清的文件，供用户免费复制。实际上，几乎所有类型的信息，所有类型的计算机程序都可以在 Internet 上找到。这是 Internet 吸引我们的重要原因之一。

7.5.4 访问 FTP 站点

基于不同的操作系统，有不同的 FTP 应用程序，而所有这些应用程序都遵守同一种协议，这样，用户就可以把自己的文件传送给其他用户，或者从其他用户环境中获取文件。访问 FTP 站点的方法也有很多，这里主要讨论以下几种方法。

1. 传统的 FTP 命令行

传统的 FTP 命令行是最早的 FTP 客户端程序，它在 Windows 95 中仍然能够使用，需要在 MS-DOS 窗口。FTP 命令行包括了 50 多条命令，对初学者来说是比较难于使用。

选择"开始"→"运行"命令，打开"运行"对话框，在其中直接输入 FTP 站点地址，然后单击"确认"按钮即可进行访问，如图 7-25 所示。

图 7-25　"运行"对话框

2. 在浏览器地址栏中直接输入 FTP 站点地址

例如，在地址栏中输入清华大学 FTP 站点的地址 ftp://ftp.tsinghua.edu.cn，即可访问匿名服务的资源。双击选择的文件夹，可以直接打开该文件夹，查看其内容，操作方法与打开本地计算机上的文件夹类似。如果需要下载，可以在所选文件夹或文件上单击鼠标右键，在弹出的快捷菜单中选择"复制到文件夹"命令，然后在打开的对话框中选择合适的路径存放文件即可下载文件。

使用 FTP 命令行或从 FTP 服务器下载文件时，如果在下载过程中网络连接意外中断，我们下载完的那部分文件将会前功尽弃。FTP 下载工具就可以为我们解决这个问题，通过断点续传功能就可以继续进行剩余部分的传播。

3. FTP 下载工具

随着 Windows 图形界面的流行，出现了基于图形界面的 FTP 程序。虽然大部分浏览器，如 IE、Netscape 也支持 FTP 协议，但是浏览器的 FTP 功能只是用来作为 WWW 的辅助工具，完成基本操作，不够专业，一般不支持断点续传。所以就涌现出一些 FTP 程序，方便用户访问 FTP 服务。目前常用的 FTP 下载工具主要有：CuteFTP、LeapFTP、AceFTP、BulletFTP、WS-FTP。其中，CuteFTP 是较早出现的一种 FTP 下载软件，它的功能比较强大，支持断点续传、文件拖放、上传、标签与自动更名等功能。CuteFTP 的使用方法很简单，但使用它只能访问 FTP 服务器。CuteFTP 是一种共享软件，可以从很多提供共享软件的站点获得。

4. 使用 FTP 命令

FTP 命令格式如下：
FTP -v -d -I -n[主机名]
其中，各项参数的意义如下：

①-v:显示远程服务器的所有响应信息。
②-d:使用调试方式。
③-i:在多文件传输时,关闭提示。
④-n:限制 FTP 的自动登录。

下面是常用的 FTP 内部命令列于表 7-6。

表 7-6 常用的 FTP 内部命令

命令	作用	例子
ascii	设置以 ASCII 方式传送文件	ascii
binary	设置以二进制方式传送文件	binary
cd	改变用户在服务器中的当前目录	cd/put
quit	终止主机 FTP 进程,并退出 FTP 管理方式	quit
close	终止远端的 FTP 进程,返回 FTP 命令状态	close
get	将文件从远端主机中传送至本地主机中	get *.exe
help	输出命令的帮助信息	Help
?	输出命令的帮助信息(同 help)	?
lcd	改变当前本地主机的工作目录,如果默认,就转到当前用户的 HOME 目录	lcd\internet
dir	列出当前远端主机目录中的文件	Dir
Is	列出当前远端主机目录中的文件	Is
mget	从远端主机接收一批文件至本地主机	mget *.exe
mput	将本地主机中一批文件传送至远端主机	mput *.exe
open	重新建立一个新的连接	open ftp.tsinghua.edu.cn
prompt	交互提示模式	prompt
put	将本地一个文件传送至远端主机中	put index.txt
pwd	列出远端主机的当前目录	pwd

使用 FTP 命令访问 FTP 站点的操作如下所示。

选择"开始"→"运行"命令,打开"运行"对话框,如图 7-26 所示。在文本框中输入 ftp,单击"确定",打开字符界面窗口,如图 7-27 所示。

在提示符下输入"?",运行 FTP 帮助命令可以查看所有的命令信息,如图 7-28 所示。

输入命令:

? 命令名称

即可查看命令的具体内容,如图 7-29 所示。

图 7-26 打开"运行"对话框

图 7-27 FTP 客户端程序界面

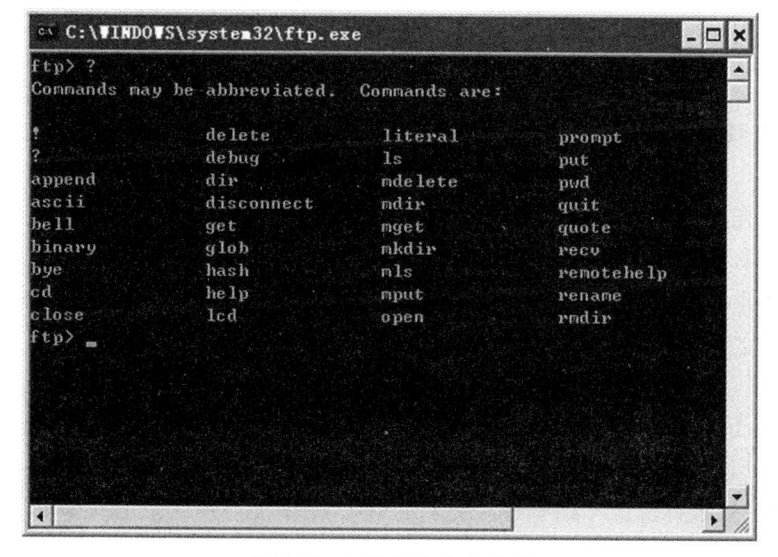

图 7-28 查看所有命令信息

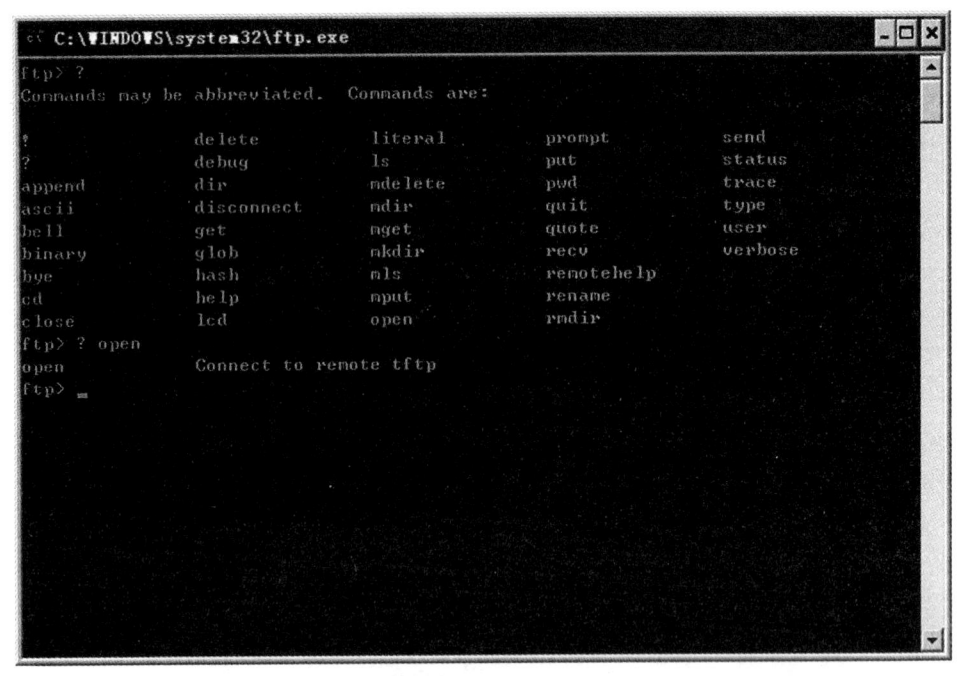

图 7-29　查看 open 命令的具体内容

若想要连接到某个 FTP 站点,可以输入命令:open 站点,进行访问。

输入 dir 可以查看 FTP 站点的文件信息。

使用 FTP 命令也可以进行文件的上传和下载,但稍微复杂些,现在已经不太普及。目前访问 FTP 站点使用较为方便的是 FTP 软件,目前应用比较广泛的是 CuteFTP 软件。

7.6　远程登录服务

7.6.1　远程登录概述

以前人们使用的个人计算机功能较弱,而在分布式计算环境中,我们常常需要调用远程计算机资源同本地计算机协同工作,这样就可以用多台计算机来共同完成一个较大的任务。协同操作的工作方式要求用户能够登录到远程计算机中,启动某个进程并使进程之间能够相互通信。为了达到这个目的,人们开发了 Telnet 协议。Telnet 协议定义了客户机与远程服务器之间的交互过程。

用户使用 Telnet 命令,把自己的计算机连接到远程的大型计算机上。一旦用户连接上,用户的计算机就可以像一台与远程计算机直接相连的本地终端一样工作,像使用自己的计算机一样输入命令,运行远程计算机中的程序。这种把用户计算机连接到远程计算机的操作方式称为远程登录。

远程登录的目的在于访问远程计算机系统的资源,就像远程服务器的一个当地用户。一个本地用户通过远程登录进入远程系统后,远程系统内核并不将它与本地用户登录相区别。即远程登录和远程系统的本地登录一样可以访问权限允许的远程系统资源。远程系统提供给用户与本地登录几乎完全相同的界面。当然远程登录也有其限制,即当 Internet 的网络通信量大时,来自远程主机的响应较慢。

远程登录允许任意类型的计算机之间进行通信。远程登录之所以能提供这种功能,主要是因为所有的运行操作都是在远程计算机上完成的,用户的计算机仅仅是作为一台仿真终端向远程计算机传送击键信息与显示结果。

远程登录程序 Telnet 的作用就是让用户以模拟终端的方式登录到网络上或 Internet 上的一台主机,进而使用该主机上的资源与服务。远程登录为本地用户共享远程主机资源的提供了实现的手段。

7.6.2 远程登录的工作原理

远程登录服务采用客户/服务器模型。图 7-30 显示的是一个 Telnet 客户和 Telnet 服务器的典型连接图。

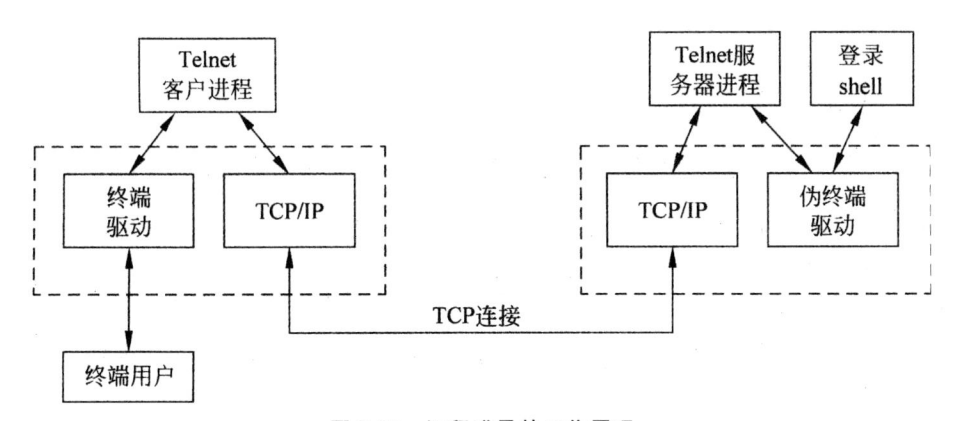

图 7-30 远程登录的工作原理

对于图 7-30,需要注意以下几点:

①Telnet 客户进程同时与终端用户(通过终端驱动)和 TCP/IP 协议模块进行交互。通常,终端用户所键入的任何信息都通过 TCP 连接传输到 Telnet 服务器端,而 Telnet 服务器所返回的任何信息都通过 TCP 连接输出到终端用户的显示器上。

②Telnet 服务器进程通常要和一种"伪终端设备"打交道,至少在 UNIX 系统下是这样的,这就使得对于登录外壳进程来说,它是被 Telnet 服务器进程直接调用,而且任何运行在登录外壳进程处的应用程序都感觉是直接和一个终端进行交互。对于像全屏幕编辑器这样的应用程序来说,它就好像直接和某个物理终端直接打交道一样。实际上,如何对 Telnet 服务器进程的登录外壳进程进行处理,使得它好像是在直接与终端交互,往往是编写 Telnet 服务器程序中难度最大的一个问题。

③需要注意的是,我们用虚线框把终端驱动和伪终端驱动以及 TCP/IP 都框了起来。在 TCP/IP 实现中,虚线框的内容一般是操作系统内核的一部分。Telnet 客户进程和 Telnet 服务

器进程一般只是属于应用程序。

④Telnet 客户进程和 Telnet 服务器进程之间只使用了一条 TCP 连接,而 Telnet 客户进程和 Telnet 服务器进程之间要进行各种通信,某些方法的使用是必然的,以便来有效区分在 TCP 连接上传输的是数据还是控制命令。

⑤把 Telnet 服务器进程的登录外壳进程画出来是为了说明当 Telnet 客户进程想登录到 Telnet 服务器进程所在的机器时,必须要有一个账号。

现在,不断有新的 Telnet 选项被添加到 Telnet 中,这就使得 Telnet 的复杂程度越来越高。

远程登录不是有大量数据传输的应用。有人做过统计,发现客户进程发出的字节(用户在终端上键入的信息)和服务器进程发出的字节数之比是 1∶20,这是因为用户在终端上键入的一条短命令往往令服务器进程产生很多输出。

7.6.3 网络虚拟终端

为了使远程登录可以工作在任何主机(任何操作系统)与任何终端类型之间,Telnet 协议定义了一个网络虚拟终端(Network Virtual Terminal,NVT)。Telnet 协议的双方,即 Telnet 客户进程和 Telnet 服务器进程都要在它们的物理终端和 NVT 之间进行转换和映射。在客户和服务器系统两端,输入及输出都采用各自的物理终端格式。Telnet 客户进程把本地用户物理终端格式的输入转换成 NVT 数据和命令,经 TCP 连接传送到远端的 Telnet 服务器进程。Telnet 服务器进程把 NVT 数据和命令转换成远端系统的物理终端的格式,作为远端系统的输入,交给远端系统处理。同样,Telnet 服务器进程把远端系统产生的远端的物理终端格式的输出转换成 NVT 数据和命令格式,经 TCP 连接传回 Telnet 客户进程。Telnet 客户进程将 NVT 数据和命令转换成本地物理终端的格式,在本地用户终端上显示出来。在远程登录中 NVT 的作用如图 7-31 所示。

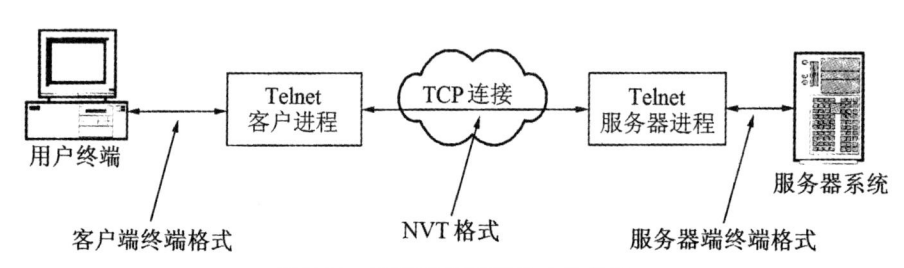

图 7-31 NVT 在远程登录中的作用

NVT 是一个虚拟的字符型设备,由键盘和打印机两个部分构成,键盘是 NVT 的输入装置,打印机是它的输出装置。它的字符集是 8 位格式的 7 位 ASCII 字符集,最高位为 0,称为 NVT ASCII。该字符集包括可打印字符和控制字符。可打印字符是标准 ASCII 字符集中定义的 95 个符号,包括字母、数字、标点符号和一些特殊符号。NVT 的这 95 个字符的意义与标准 ASCII 字符集相同。控制字符是标准 ASCII 字符集的 33 个控制字符(码值 0~31 和码值 127),Telnet 协议规定其中的 8 个控制字符对 NVT 有控制作用,其他 25 个控制字符都不引起 NVT 的任何动作。这 8 个控制字符对 NVT 的控制作用如表 7-7 所示。

表 7-7　NVT 的控制字符

名称	ASCII 代码	NVT 的动作
NUL(无效)	0	无操作
BEL(响铃)	7	产生声音或可见信号,但不改变当前打印位置
BS(退格)	8	向左边界移动一个打印字符
HT(水平跳格)	9	打印头水平移至下一个水平制表符位置
LF(换行)	10	移动打印机到下一个打印行,保持相同的水平位置
VT(垂直跳格)	11	移动打印位置到下一个垂直制表停止位置
FF(换页)	12	移动打印位置到下一页顶端,而不改变当前水平位置
CR(回车)	13	移动打印机到当前行的左边界

由于许多实际系统不是把"CR"和"LF"当成互相独立的控制字符进行处理,在控制功能上,协议规定"CR LF"应作为一个(不是两个)控制字符看待,"CR LF"表示的是一个"新行"控制字符,其控制作用是打印头移至下一行的行首。与此类似,"回车"控制功能用"CR NUL","CR"不单独使用。

许多实际系统都为终端提供一些控制命令,使终端用户可以通过这些控制命令控制用户应用进程的运行,例如,挂起、夭折或终止用户应用进程和对键盘输入进行编辑等。这些控制命令在不同的系统和不同的物理终端上的具体表示形式各不相同。在 Telnet 协议的 TCP 连接上,Telnet 协议用 8 位的扩展 ASCII 码(最高位为 1)序列来表示这些控制命令。此外,Telnet 客户进程与 Telnet 服务器进程之间 Telnet 协议也以 8 位的扩展 ASCII 码序列就选项进行协商。所有这些 8 位的扩展 ASCII 码序列称为 Telnet 命令集。

7.6.4　Telnet 选项协商

Telnet 协议定义了标准的网络虚拟终端来解决异种系统和终端之间的通信问题,另外,Telnet 协议还定义了选项协商机制,从而使 Telnet 协议具有灵活的可扩展性,允许为网络虚拟终端创造更巧妙有效的特性。在 Telnet 连接时可以协商使用某项特性或停止某项特性。选项协商是对称的,任何一方都可以主动发起选项协商。不过远程登录 Telnet 不是对称的应用,某些选项只适合 Telnet 客户进程,有的只适合 Telnet 服务器进程。

对于任何给定的选项,选项协商的发起者可以发出以下几种请求中的任何一种。
① WILL 表示选项协商的发起者请求对方允许本方使用指定的选项。
② DO 表示选项协商的发起者请求对方使用指定的选项。
③ WON'T 表示选项协商的发起者请求对方允许本方停止使用指定的选项。
④ DON'T 表示选项协商的发起者请求对方停止使用指定的选项。
Telnet 协议规定,对激活选项的请求协商的响应方可以同意也可以不同意,对于停止选项

的请求协商的被动方必须同意。因此,选项的协商有六种情况,如表 7-8 所示。

表 7-8　Telnet 选项协商的六种情况

	协商的发起方	协商的响应方	说明
1	WILL→	←DO	协商发起方请求对方允许本方使用指定的选项 协商响应方表示同意
2	WILL→	←DON'T	协商发起方请求对方允许本方使用指定的选项 协商响应方表示不同意
3	DO→	←WILL	协商发起方请求对方使用指定的选项 协商响应方表示同意
4	DO→	←WON'T	协商发起方请求对方使用指定的选项 协商响应方表示不同意
5	WON'T→	←DON'T	协商发起方请求对方允许本方不使用指定的选项 协商响应方表示允许请求方不使用指定的选项
6	DON'T→	←WON'T	协商发起方请求对方允许本方不使用指定的选项 协商响应方表示同意不使用指定的选项

第8章 网络互联技术

8.1 网络互联概述

8.1.1 网络互联的定义

随着计算机应用技术和通信技术的飞速发展,计算机网络得到了更为广泛的应用,各种网络技术丰富多彩,令人目不暇接。

网络互联是指将分布在不同地理位置的网络、设备相连接,以构成更大规模的互联网络系统,实现互联网络中的资源共享。互联的网络和设备可以是同种类型的网络、不同类型的网络,以及运行不同网络协议的设备与系统。

在互联网络中,每个网络中的网络资源都应成为互联网中的资源。互联网络资源的共享服务与物理网络结构是分离的。对于网络用户来说,互联网络结构对用户是透明的。互联网络应该屏蔽各子网在网络协议、服务类型与网络管理等方面的差异。

如果要实现网络互联,就必须做到以下几点。

①在互联的网络之间提供链路,至少有物理线路和数据线路。
②在不同的网络结点的进程之间提供适当的路由来交换数据。
③提供网络记账服务,记录网络资源的使用情况。
④提供各种互联服务,应尽可能不改变互联网的结构。

8.1.2 网络互联的类型

目前,计算机网络可以分为广域网、城域网与局域网三种。因此,网络互联类型主要有以下几种:局域网-局域网互联、局域网-广域网互联、局域网-广域网-局域网互联、广域网-广域网互联。

1. 局域网-局域网互联(LAN-LAN)

在实际的网络应用中,局域网-局域网互联是最常见的一种,它的结构如图8-1所示。局域网-局域网互联进一步可以分为两种,即同种局域网互联和异种局域网互联。

(1)同种局域网互联

同种局域网互联是指符合相同协议的局域网之间的互联。例如,两个以太网之间的互联,或者是两个令牌环网之间的互联。

同种局域网之间的互联比较简单,使用网桥就可以将分散在不同地理位置的多个局域网互联起来。

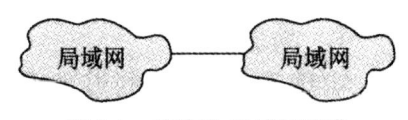

图 8-1　局域网-局域网互联

(2) 异种局域网互联

异种局域网互联是指不符合相同协议的局域网之间的互联。例如，一个以太网与一个令牌环网之间的互联，或者是以太网与 ATM 网络之间的互联。

异种局域网之间的互联也可以用网桥来实现，但是网桥必须支持要互联的网络使用的协议。

以太网、令牌环网与令牌总线网都属于传统的共享介质局域网，ATM 网络与传统共享介质局域网在协议与实现技术上不同。因此，ATM 网络与传统局域网的互联必须解决局域网仿真问题。

2. 局域网-广域网互联(LAN-WAN)

局域网-广域网互联也是常见的方式之一，它的结构如图 8-2 所示。局域网-广域网互联可以通过路由器(Router)或网关(Gateway)来实现。

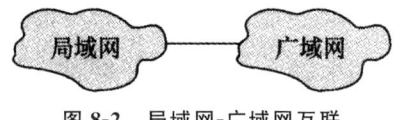

图 8-2　局域网-广域网互联

3. 局域网-广域网-局域网互联(LAN-WAN-LAN)

两个分布在不同地理位置的局域网通过广域网实现互联，也是常见的互联类型之一，它的结构如图 8-3 所示。局域网-广域网-局域网互联结构可以通过路由器或网关来实现。

图 8-3　局域网-广域网-局域网互联

局域网-广域网-局域网互联结构正在改变传统接入模式，即主机通过广域网中的通信控制处理机(CCP)的传统接入模式。大量的主机通过局域网接入广域网是今后接入广域网的重要方法。

4. 广域网-广域网互联(WAN-WAN)

广域网-广域网互联也是目前常见的方式之一，它的结构如图 8-4 所示。广域网与广域网之间的互联可以通过路由器或网关实现，这样连入各个广域网的主机资源可以实现共享。

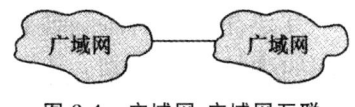

图 8-4 广域网-广域网互联

8.1.3 网络互联的层次

网络互联从通信协议的角度来看可以分成四个层次，如图 8-5 所示。

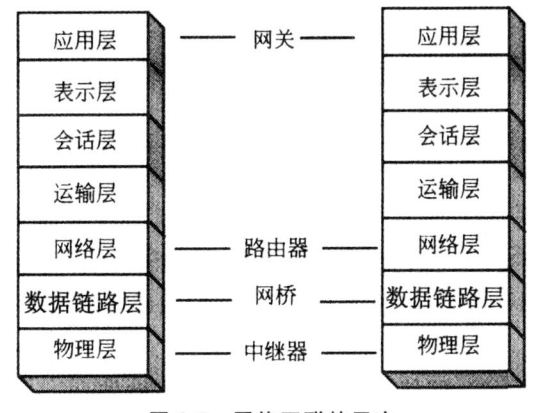

图 8-5 网络互联的层次

1. 物理层互联

在不同的电缆段之间复制位信号是物理层互联的基本要求。物理层的连接设备主要是中继器。中继器是最低层的物理设备，用于在局域网中连接几个网段，只起简单的信号放大作用，用于延伸局域网的长度。严格地说，中继器是网段连接设备而不是网络互联设备，随着集线器等互联设备的功能拓展，中继器的使用正在逐渐减少。

2. 数据链路层互联

数据链路层互联要解决的问题是在网络之间存储转发数据帧。互联的主要设备是网桥。网桥在网络互联中起到数据接收、地址过滤与数据转发的作用，它用来实现多个网络系统之间的数据交换。用网桥实现数据链路层互联时，允许互联网络的数据链路层与物理层协议相同，但也可以不同。

3. 网络层互联

网络层互联要解决的问题是在不同的网络之间存储转发分组。互联的主要设备是路由器。网络层互联包括路由选择、拥塞控制、差错处理与分段技术等。如果网络层协议相同，则互联主要是解决路由选择问题；如果网络层协议不同，则需使用多协议路由器。用路由器实现网络层互联时，允许互联网络的网络层及以下各层协议是相同的，也可以是不同的。

4. 高层互联

传输层及以上各层协议不同的网络之间的互联属于高层互联。实现高层互联的设备是网关。高层互联使用的网关很多是应用层网关,通常简称为应用网关。如果使用应用网关来实现两个网络高层互联,那么允许两个网络的应用层及以下各层网络协议是不同的。

8.1.4 网络互联的实现方法

网络互联的具体方式有很多,但总体来说,进行网络互联时应注意:
①不同网络进程之间提供合适的路由,以便交换数据。
②网络之间至少提供一条物理上连接的链路及对这条链路的控制协议。
③选定一个相应的协议层,使得从该层开始,被互相连接的网络设备中的高层协议都是相同的,其低层协议和硬件差异可通过该层屏蔽,从而使得不同网络中的用户可以互相通信。

在提供上述服务时,要求在不修改原有网络体系结构的基础上,能适应各种差别,如不同的寻址方案,不同的最大分组长度,不同的网络访问控制方法,不同的检错纠错方法,不同的状态报告方法,不同的路由选择方法,不同的用户访问控制,不同的服务(面向连接服务和无连接服务),不同的管理与控制方式以及不同的传输速率等。因此,一个网络与其他网络连接的方式与网络的类型密切相关。

通过互联设备连接起来的两个网络之间要能够进行通信,两个网络上的计算机使用的协议(在某一个协议层以上所有的协议)必须是一致的。因此,根据网络互联所在的层次,常用的互联设备有:
①物理层互联设备,即转发器(Repeater)。
②数据链路层互联设备,即桥接器(Bridge)。
③网络层互联设备,即路由器(Router)。
④网络层以上的互联设备,统称网关(Gateway)。但目前的路由器通常已可实现网关的功能。

网络的互联有三种方法构建互联网,它们分别与五层实用参考模型的低三层一一对应。例如,用来扩展局域网长度的中继器(即转发器)工作在物理层,用它互联的两个局域网必须是一模一样的。因此,中继器提供物理层的连接并且只能连接一种特定体系的局域网,图8-6所示就是一个基于中继器的互联,两个局域网体系结构要保持一致。

在数据链路层,提供连接的设备是网桥和第二层交换机。这些设备支持不同的物理层并且能够互联不同体系结构的局域网,图8-7所示是一个基于桥式交换机的互联网,两端的物理层不同,并且连接不同的局域网体系。

由于网桥和第二层交换机独立于网络协议,且都与网络层无关,这使得它们可以互联有不同网络协议(如 TCP/IP、IPX 协议)的网络。网桥和第二层交换机根本不关心网络层的信息,它通过使用硬件地址而非网络地址在网络之间转发帧来实现网络的互联。此时,由网桥或第二层交换机连接的两个网络组成一个互联网,可将这种互联网络视为单个的逻辑网络。对于在网络层的网络互联,所需要的互联设备应能够支持不同的网络协议(如 IP、IPX 和 AppleTalk),并完成协议转换。用于连接异构网络的基本硬件设备是路由器。使用路由器连接的互联网可以具有不同的物理层和数据链路层。图 8-8 所示就是一个基于路由器和第三层交换机的互联网,它工作在网络层,连接使用不同网络协议的网络。

图 8-6　基于中继器的互联

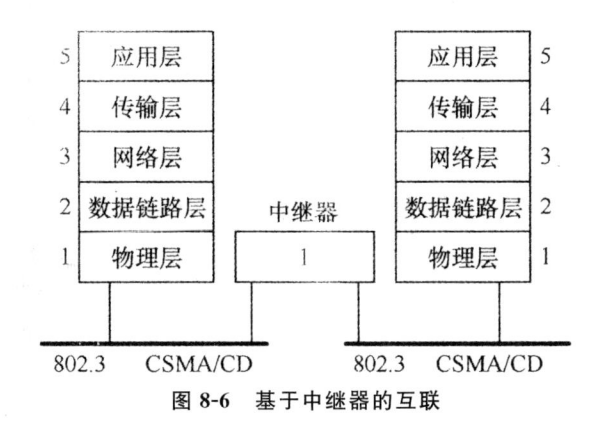

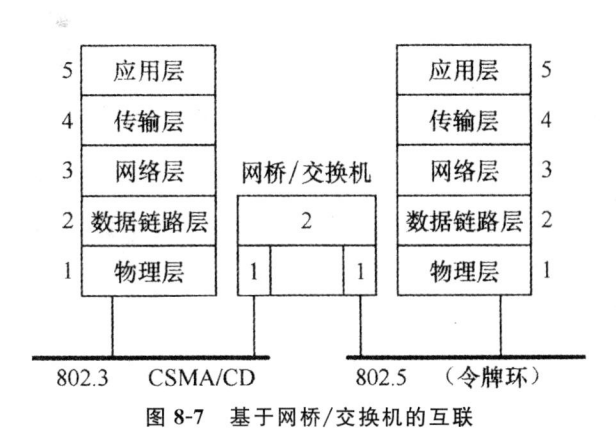

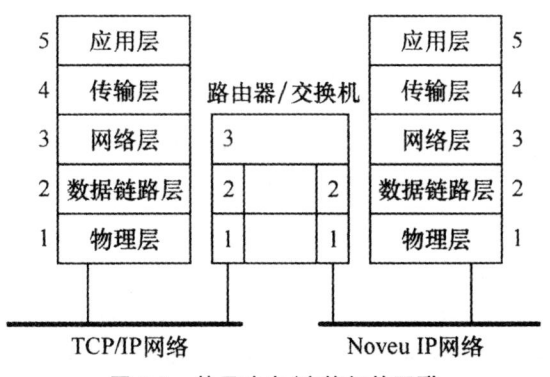

图 8-7　基于网桥/交换机的互联

图 8-8　基于路由/交换机的互联

在一个异构联网环境中,网络层设备还需要具备网络协议转换功能。在网络层提供网络互联的设备之一是路由器。实际上,路由器是一台专门完成网络互联任务的计算机。它可以将多个使用不同的传输介质、物理编址方案或者帧格式的网络互联起来,利用网络层的信息(比如网络地址)将分组从一个网络路由到另一个网路。具体而言,它首先确定到一个目的结点的路径,然后将数据分组转发出去。支持多个网络层协议的路由器被称为多协议路由器。因此,如果一个 IP 网络的数据分组要转发到几个 AppleTalk 网络,两者之间的多协议路由器必须以适当的形式重建该数据分组以便 AppleTalk 网络的结点能够识别该数据分组。由于路由器工作在网络层,如果没有特意配置,它们并不转发广播分组。路由器使用路由协议来确定一条从源结点到特定目的地结点的最佳路径。

8.2 常见的网络互联设备

8.2.1 中继器

基带信号沿线路传播时会产生衰减,所以,当需要传输较长的距离时,或者说需要将网络扩展到更大的范围时,就要采用中继器。中继器(Repeater)是 OSI 模型中的物理层的设备,是最简单的网络互联设备,它可以将局域网的一个网段和另一个网段连接起来,主要用于局域网-局域网互联,起到信号放大和延长信号传输距离的作用。中继器的应用如图 8-9 所示。

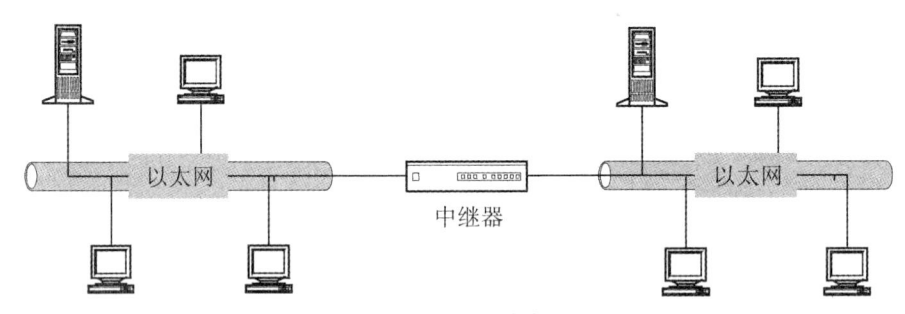

图 8-9 中继器的应用

中继器的主要工作就是复制收到的比特流。当中继器的某个输入端输入"1",输出端就立即复制、放大并输出"1"。收到的所有信号都被原样转发,并且延迟很小。中继器不能过滤网络流量,到达中继器一个端口的信号会发送到所有其他端口上。中继器不能识别数据的格式和内容,错误信号也会原样照发。中继器不能改变数据类型,即不能改变数据链路报头类型;不能连接不同的网络,如令牌环网和以太网。

中继器最典型的应用是连接两个以上的以太网电缆段,其目的是为了延长网络的长度。但延长是有限的,中继器只能在规定的信号延迟范围内进行有效的工作。根据"四中继器原则",在网络上任何两台计算机之间不能安装超过 4 台中继器,这就是 5-4-3-2-1 规则或称为 5-4-3 原则,即网络可以被 4 台中继器分成五个部分,其中允许三个部分有主机,并且主机数目可达该网段规定的最大主机数。如在 10Base-5 粗缆以太网的组网规则中规定,每个电缆段最大长度为 500m,最多可用 4 个中继器连接 5 个电缆段,延长后的最大网络长度为 2500m。

中继器具有如下一些特性:

①中继器仅作用于物理层,只具有简单的放大和再生物理信号的功能,所以中继器只能连接完全相同的局域网,也就是说,用中继器互联的局域网应具有相同的协议和速率,如 802.3 以太

网到以太网之间的连接和 802.5 令牌环网到令牌环网之间的连接。用中继器连接的局域网在物理上是一个网络,也就是说,中继器把多个独立的物理网络互联成为一个大的物理网络。

②中继器可以连接相同传输介质的同类局域网(例如,粗同轴电缆以太网之间的连接),也可以连接不同传输介质的同类局域网(例如,粗同轴电缆以太网与细同轴电缆以太网或粗同轴电缆以太网与双绞线以太网的连接)。

③由于中继器在物理层实现互联,所以它对物理层以上各层协议(数据链路层到应用层)完全透明,中继器支持数据链路层及其以上各层的任何协议,也就是说,只有物理层以上各层协议完全相同才可以实现互联。

8.2.2 集线器

集线器(Hub)最初的功能是把所有结点集中在以它为中心的结点上,有力地支持了星型拓扑结构,简化了网络的管理。集线器的网络结构如图 8-10 所示。

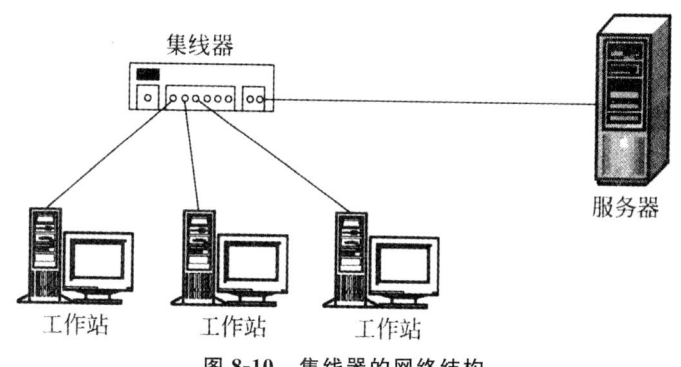

图 8-10 集线器的网络结构

集线器工作在物理层,逐位复制某一个端口收到的信号,放大后输出到其他所有端口,从而使一组结点共享信号。集线器的功能主要有:信息转发、信号再生、减少网络故障。

集线器一般用在以下场合:①连接网络:计算机—网卡—集线器—网络;②网络扩充:集线器级联,扩充网络接口;③网络分区:不同办公室、楼层集中连接。

目前市场上的集线器,按其功能的强弱可分为三档。

1. 低档集线器

初期的集线器仅将分散的用于连接网络设备的线路集中在一起,以便管理和维护,故称为集线器或集中器。低档集中器是非智能型的,其性质类似于多端口中继器。除完成集线功能处,还具有信号再生能力。在集线器上有固定数目的端口,如 8 个或 12 个端口,每个设备可使用无屏蔽双绞线连接到一个端口上,而 Hub 本身又可连接到粗同轴电缆(10Base-5 标准)或细同轴电缆(10Base-2 标准)上。由于集线器价格低廉,所以被广泛用于连接局域网设备。

2. 中档集线器

中档集线器又称为低档智能集线器,具有一定的智能。它在低档集线器功能的基础上增加了一些新的功能。如配置了网桥软件，使它能连接多个同构局域网，如连接符合 IEEE 802 标准的以太网、令牌环网等。当然，此时集线器应具有多个插槽，以便在连接这些网络时根据网络类型的不同将相应的网卡插入槽中，连接给定的网络。又如，配置一定管理功能，对本地网络和少量远地站点的管理。10Base-T 的 Hub 除具有集线器和再生信号的功能外，还能承担部分网络管理功能，能自动检测"碰撞"，在检测到"碰撞"后发阻塞信号，以强化"冲突"，还能自动指示和隔离有故障的站点并切断其通信。因此，中档 Hub 已不再是物理层的产品，已向数据链路层和智能化方向发展，微处理器配有操作系统，能实现网桥功能。

3. 高档集线器

高档集线器又称为高档智能集线器。高档 Hub 是为组建企业网而设计的，企业网络经常配置多种不同类型的网络。因此，高档 Hub 应具有以下几个功能。

①网络管理功能。例如，把符合简单网络管理规程 SNMP 的管理功能纳入 Hub，用于对工作站、服务器和集线器等进行集中管理，如实时监测、分析、调整资源及错误告警、故障隔离等功能。

②支持多种协议、多种媒体，具有不同类型的端口，以便互联相同或不同类型的网络，如以太网、令牌环网、FDDI 网和 X.25 网等，具有内置式网桥或路由功能。

③交换功能。智能交换集线器是 Hub 的最新发展，它是集线器与交换器功能的组合，既具有普通集线器集成不同类型功能模块的作用，又具有交换功能。交换器具有类似桥路器的功能，但转换和传输速率快得多。目前，多以交换集线器为基干来集成为同类型局域网及路由器、访问服务器等，构成以星型结构为主的企业网络结构体系。

所谓新一代的智能集线器就是将多协议多媒体切换功能、网桥和路由功能、管理功能、交换功能等组合成一体，不同类型的集线器产品就是这些功能的不同组合。

集线器在结构上可分为两种。第一种是机箱式集线器，这类集线器除提供高"背板"外，还提供多个插槽，用以插入不同类型的功能模块（板）。模块类型包括不同类型的局域网端口、管理模块、网桥、路由、ATM 及其转换功能的互联模块。第二种是堆叠式集线器，它可以把多个独立集线器堆叠互联为一个集线器。每个集线器有 12/24 个端口，每个端口可利用无屏蔽双绞线 UTP 连接一台工作站或服务器。可把多个集线器堆叠成一个集线器，如 10 个。这样，最多能连接 120~240 个工作站。堆叠式集线器的管理功能往往由其中一个 Hub 提供，管理整个堆叠。

为完成上述多种任务，在高档 Hub 中配置一个或多个高性能的处理器，采用对称多重处理技术。所采用的操作系统也都是多用户或多任务 32 位操作系统，如 UNIX、OS/2 或 Windows NT，这使高档 Hub 具有很高的智能，可以作为核心来构建大、中型企业网络系统。

8.2.3 网桥

当两个相同或不同的局域网互联是要使用网桥。网桥（Bridge）是一种在数据链路层实现互联的存储转发设备，大多数网络结构上的差异体现在介质访问控制协议之中，因而网桥广泛用于局域网的互联。因而网桥的作用一般是互联多个局域网以组成更大的局域网。

1. 网桥的功能

(1) 帧的接收与发送

从所连接的局域网端口中接收帧,从中获得目标站地址,分析目的站是否属于本网桥所连接的另一个局域网,以决定对该帧是转发还是丢弃。

(2) 缓存管理

在网桥中通常设置两类缓冲区,一类是接收缓冲区,用于暂存从端口收到的、待处理的帧;另一类是发送缓冲区,用于暂存经协议转换等处理后待发的帧。存储空间要足够大,以适应峰值通信的需要。另外,当两个网络的数据传输率不同,也需要由缓存区来暂存数据,以协调不同的数据传输率。

(3) 协议转换

网桥的协议转换功能仅限于 MAC 子层和物理层,即将源局域网中所采用的帧格式和物理层规程转换为目的局域网所采用的帧格式和物理层规程。也就是说,将网络 A 的帧格式中帧头的目的地址转换成网络 B 中帧的格式。当两个网络中定义的帧长度不同时,网桥还需要把长帧进行分段。

(4) 路径选择

当一个网桥连接了多个网络时,网桥还需要有路径选择功能,即根据 MAC 地址判断走哪条路。在透明桥中有此功能,但在源路径桥中则无此功能。

(5) 差错控制

首先进行差错检测,然后对经协议转换后的 MAC 帧生成新的 CRC 码,并填入到新 MAC 帧的 CRC 字段。

2. 网桥的工作原理

网桥的网络结构如图 8-11 所示。

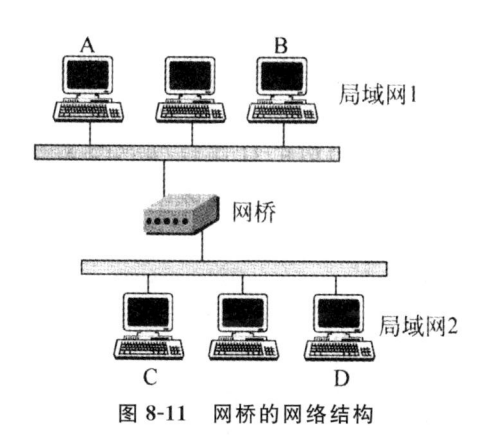

图 8-11 网桥的网络结构

网桥工作在 OSI 参考模型的第二层,它在数据链路层对数据帧进行存储转发,实现网络互联。网桥能够连接的局域网可以是同类网络(使用相同的 MAC 协议的局域网,如 802.3 以太网),也可以是不同的网络(使用不同的 MAC 协议和相同的 LLC 协议的网络,如 802.3 以太网、802.5 令牌环网和 FDDI),而且这些网络可以是不同的传输介质系统(如粗、细同轴电缆以太网系统和光纤以太网系统)。使用远程网桥还能够实现局域网的远程连接,即 LAN-WAN-LAN 的互联方式。

网桥不是一个复杂的设备,它的工作原理是:网桥接收一个完整的帧,然后分析进入的帧,并基于包含在帧中的信息,根据帧的目的地址(MAC 地址)段来决定是删除这个帧还是转发这个帧。如果目的站点和发送站点在同一个局域网,换句话说,就是源局域网和目的局域网是同一个物理网络,即在网桥的同一边,网桥将帧删除,不进行转发;如果目的局域网和源局域网不在同一个网络时,网桥则进行路径选择,并按着指定的路径将帧转发给目的局域网。网桥的路径选择方法有两种,不同类型的网桥所采用的路径选择方法不同。透明桥通过向后自学习的方法,建立一个 MAC 地址与网桥的端口对应表,通过查表获得路径信息,以此实现路径选择的功能;源路由网桥的路径选择是根据每一个帧所包含的路由信息段的内容而定。

网桥的主要作用是将两个以上的局域网互联为一个逻辑网,以减少局域网上的通信量,提高整个网络系统的性能。网桥的另一个作用是扩大网络的物理范围。另外,由于网桥能隔离一个物理网段的故障,所以网桥能够提高网络的可靠性。网桥与中继器相比有更多的优势,它能在更大的地理范围内实现局域网互联。网桥不像中继器,只是简单地放大再生物理信号,没有任何过滤作用。网桥在转发数据帧的同时,能够根据 MAC 地址对数据帧进行过滤,而且网桥可以连接不同类型的网络。

3. 网桥与广播风暴

从网络体系结构看,网络系统的最低层是物理层,第二层是数据链路层,第三层是网络层。在介绍网桥的工作原理时已经指出,网桥工作在第二层(数据链路层)。网桥以接收数据帧、地址过滤、存储与转发数据帧的方式,来实现多个局域网系统的互联。网桥根据局域网中数据帧的源地址与目的地址来决定是否接收和转发数据帧。根据网桥的工作原理,网桥对同一个子网中传输的数据帧不转发,因此可以达到隔离互联子网通信量的目的。因为网桥要确定传输到某个目的结点的数据帧要通过哪个端口转发,就必须在网桥中保存一张"端口-结点地址表"。但是,随着网络规模的扩大与用户结点数的增加,会不断出现"端口-结点地址表"中没有的结点地址信息。当带有这一类目的地址的数据帧出现时,网桥将无法决定应该从哪个端口转发。

图 8-12 显示了网桥与广播风暴的形成过程。图中有 4 个局域网(局域网 1、局域网 2、局域网 3 与局域网 4)分别通过端口号为 N.1、N.2、N.3 与 N.4 的端口与网桥相连,通过网桥实现了局域网之间的互联。网桥为了确定接收数据帧的转发路由,需要建立"端口-结点地址表"。如果局域网 4 中结点号为 504 的计算机刚接入,那么"端口-结点地址表"的记录中:N.1 对应结点 101,N.2 对应结点 803,N.3 对应结点 205,N.4 对应结点 504。在这种情况下,如果局域网 1 中结点号为 101 的计算机希望给结点号为 205 的计算机发送数据帧,网桥可以通过"端口-结点地址表"中保存的信息,很容易确定通过 N.3 端口线路转发到局域网 3,结点号为 205 的计算机一定能接收到该数据帧。如果"端口-结点地址表"里没有结点号为 504 的计算机的记录,那么网桥采取的方法是:将该数据帧从网桥除输入端口之外的其他端口广播出去。这样,在与网桥连接的 N.2、N.3 与 N.4 端口,网桥都转发了同一个数据帧。这种盲目发送数据帧的做法,势必大大增加网络的通信量,这样就会发生常说的"广播风暴"。

由于实际网桥的"端口-结点地址表"的存储能力是有限的,而网络结点又不断增加,从而使网络互联结构始终处于变化状态,因此网桥工作中通过广播方式来解决结点位置不明确而引起的数据帧传输"风暴"问题,必然造成网络中重复、无目的的数据帧传输急剧增加,给网络带来很大的通信负荷。这个问题已经引起了人们的高度重视。

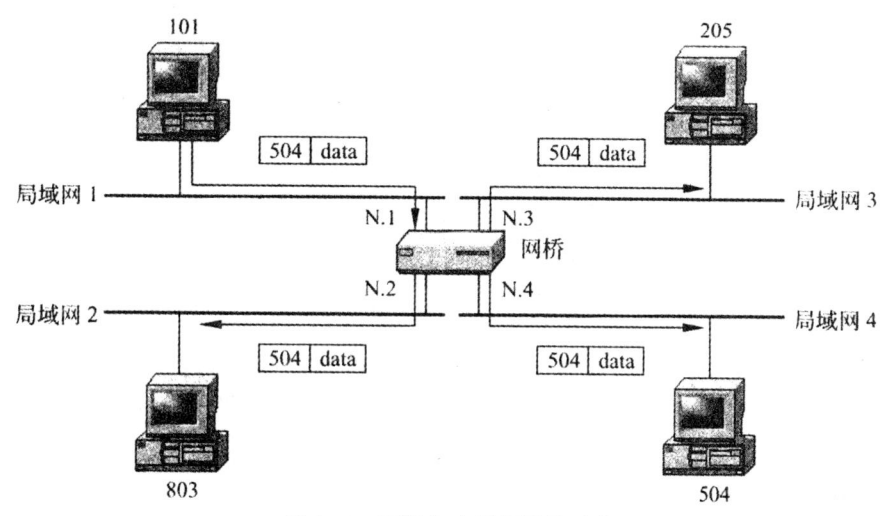

图 8-12　网桥与广播风暴的形成

8.2.4　交换机

交换机工作在 OSI 的数据链路层的 MAC 子层。在以太网交换机上有许多高速端口,这些端口分别连接不同的局域网网段或单台设备。以太网交换机负责在这些端口之间转发帧。交换和交换机最早起源于电话通信系统,由电话交换技术发展而来。

交换机属数据链路层设备,可以识别数据包中的 MAC 地址信息,根据 MAC 地址进行转发,并将这些 MAC 地址与对应的端口记录在自己内部的一个地址表中。具体的工作流程如下:

①当交换机从某个端口收到一个数据包,它先读取包头中的源 MAC 地址,这样它就知道源 MAC 地址的机器是连在哪个端口上的。

②再去读取包头中的目的 MAC 地址,并在地址表中查找相应的端口。

③如表中有与这目的 MAC 地址对应的端口,把数据包直接复制到这端口上。

④如表中找不到相应的端口则把数据包广播到所有端口上,当目的机器对源机器回应时,交换机又可以学习一目的 MAC 地址与哪个端口对应,在下次传送数据时就不再需要对所有端口进行广播了。

不断的循环这个过程,对于全网的 MAC 地址信息都可以学习到,二层交换机就是这样建立和维护它自己的地址表。

1. 共享工作模式

所谓共享工作模式即在一个逻辑网络上的所有结点共享同一信道。如图 8-13 所示。

以太网采用 CSMA/CD 机制,这种冲突检测方法保证了只能有一个站点在总线上传输。如果有两个站点试图同时访问总线并传输数据,这就意味着"冲突"发生了,两站点都将被告知出错。然后它们都被拒发,并等待一段时间以备重发。

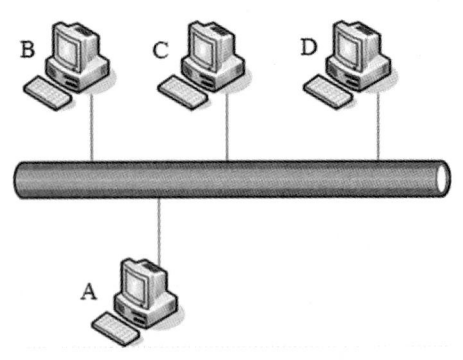

图 8-13　共享工作模式

这种机制就如同许多汽车抢过一座窄桥,当两辆车同时试图上桥时,就发生了"冲突",两辆车都必须退出,然后再重新开始抢行。当汽车较多时,这种无序的争抢会极大地降低效率,造成交通拥堵。

网络也是一样,当网络上的用户量较少时,网络上的交通流量较轻,冲突也就较少发生,在这种情况下冲突检测法效果较好。当网络上的交通流量增大时,冲突也增多,同时网络的吞吐量也将显著下降。在交通流量很大时,工作站可能会被一而再再而三地拒发。

而且在同一网段内的结点 A 向结点 B 发送数据时,是以广播方式向网络上的所有结点同时发送同一信息,再由每一个结点通过验证帧头部包含的目的 MAC 地址信息来决定是否接收该帧。接收数据的只是一个或少数几个结点,但是信息对所有的结点都发送,因此有一大部分的流量是无效的,造成网络传输的效率低下,同时还很容易造成网络阻塞。由于所发送的信息每个结点都能够监听到,很容易造成泄密,不安全。

2. 交换工作模式

交换工作模式是为对使用共享工作模式的网络提供有效的网段划分的解决方案而出现的,它可以使每个用户尽可能地分享到最大带宽。如图 8-14 所示。

交换技术是在 OSI 七层网络模型中的第二层,即数据链路层进行操作的,因此交换机对数据帧的转发是建立在 MAC(Media Access Control)地址——物理地址基础之上的,对于 IP 网络协议来说,它是透明的,即交换机在转发数据包时,不知道也无需知道信源机和信宿机的 IP 地址,只需知其物理地址即 MAC 地址。

交换机在操作过程当中会不断地收集资料去建立它本身的一个地址表,这个表相当简单,它说明了某个 MAC 地址是在哪个端口上被发现的。

交换机有一条很宽的背部总线和内部交换矩阵。所有端口都挂在背部总线上。某一个端口收到帧,交换机会根据帧头包含的目的 MAC 地址,查找内存中的地址对照表,确定将该帧发往哪个端口,再通过内部交换矩阵直接将帧转发到目的端口,而不是所有端口。这样每个端口就可以独享交换机的一部分总线带宽,不仅提高了效率,节约了网络资源,也可以保证数据传输的安全性。

而且由于这个过程比较简单,多使用硬件 ASIC(Application Specific Integrated Circuit)来实现,因此速度相当快,一般只需几十微秒,交换机便可决定一个数据帧该往哪里送。万一交换机收到一个不认识的数据帧，即如果目的 MAC 地址不能在地址表中找到时，交换机会把该帧"扩散"出去，即转发到所有其他端口。

交换机的交换模式有以下四种。

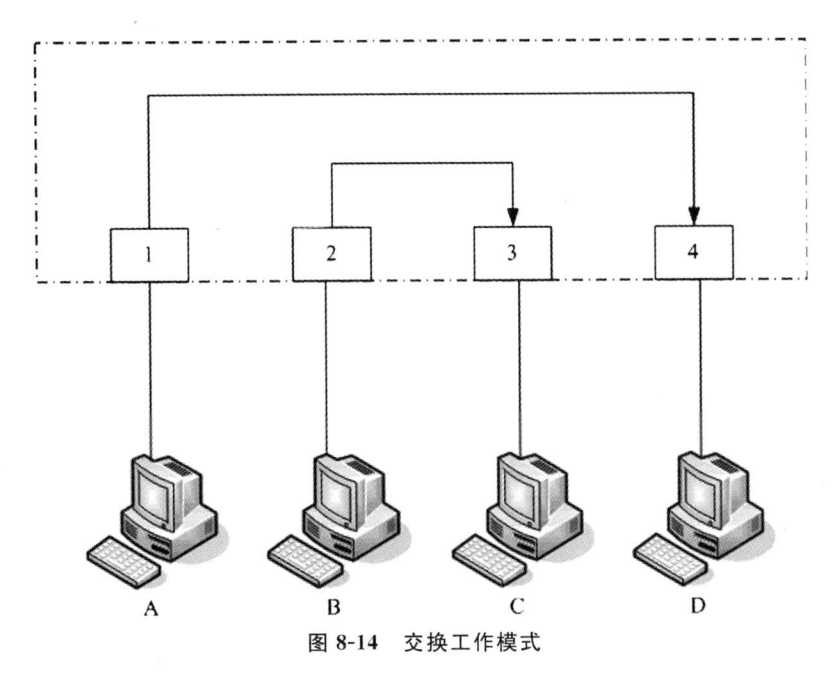

图 8-14　交换工作模式

(1) 直通转发模式

交换机在输入端口收到一帧，立即检查该帧的帧头，获取目的 MAC 地址，查找自己内部的交换表，找到相应的输出端口，在输入和输出的交叉处接通，数据被直通到输出端口。直通式交换如图 8-15 所示。

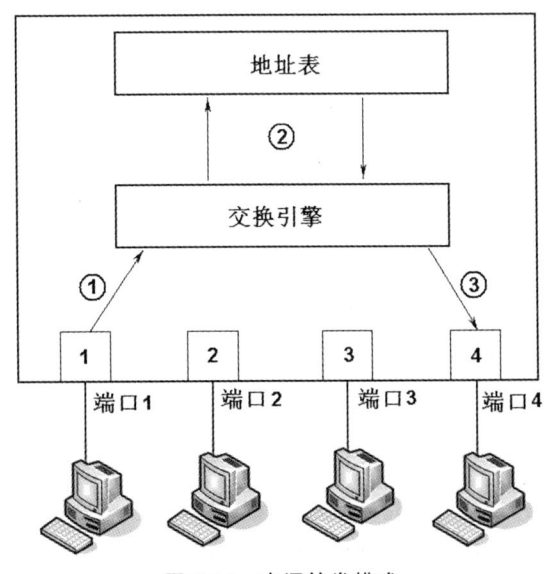

图 8-15　直通转发模式

直通式交换只检查帧头,获取目的 MAC 地址,但是不存储帧,因此延迟小,交换速度快。但也正是由于不存储帧,所以不具有错误检测能力,易丢失数据,而且要增加端口的话,交换矩阵十分复杂。

(2)存储转发模式

交换机将输入的帧缓存起来,首先校验该帧是否正确,如果不正确,则将该帧丢弃;如果该帧是长度小于 64 字节的侏儒帧,也将它丢弃。只有该帧校验正确,且是有效帧,才取出目的 MAC 地址,查交换表,找出其对应的端口并将该帧发送到这个端口。

存储转发式交换的优点是能进行错误检测,并且由于缓存整个帧,能支持不同速度端口之间的数据交换。其缺点是延迟较大。

在局域网中使用交换技术比起让所有用户共享整个总线来说,网络的效率更高,每个用户能够得到更多的带宽。随着贷款的需求不断增长,交换机越来越多地用于局域网,互联局域网的网段。

(3)准直通转发模式

准直通转发模式,只转发长度至少为 512bit(64 字节)的帧。既然所有残帧的长度都小于512bit 的长度,那么,该种转发模式自然也就避免了残帧的转发。

为了实现该功能,准直通转发交换机使用了一种特殊的缓存。这种缓存是一种先进先出的FIFO,比特从一端进入然后再以同样的顺序从另一端出来。如果帧以小于 512bit 的长度结束,那么 FIFO 中的内容(残帧)就会被丢弃。因此,它是一个非常好的解决方案,也是目前大多数交换机使用的直通转发方式。

(4)智能交换模式

智能交换模式是指交换机能够根据所监控网络中错误包传输的数量,自动智能地改变转发模式。如果堆栈发觉每秒错误少于 20 个,将自动采用直通转发模式;如果堆栈发觉每秒错误大于 20 个或更多,将自动采用存储转发模式,直到返回的错误数量为 0 时,再切换回直通转发模式。

8.2.5 网关

网关(Gateway)又称为协议转换器。它作用在 OSI 参考模型的四到七层,即传输层到应用层。网关的基本功能是实现不同网络协议的互联,也就是说,网关是用于高层协议转换的网间连接器。网关可以被描述为"不相同的网络系统互相连接时所用的设备或结点"。不同体系结构、不同协议之间在高层协议上的差异是非常大的。网关依赖于用户的应用,是网络互联中最复杂的设备,没有通用的网关。而对于面向高层协议的网关来说,其目的就是试图解决网络中不同的高层协议之间的不同性问题,完全做到这一点是非常困难的。所以对网关来说,通常都是针对某些问题而言的。网关的构成是非常复杂的。综合来说,其主要的功能是进行报文格式转换、地址映射、网络协议转换和原语连接转换等。

按照网关的功能不同,大体可以将网关分为三大类:协议网关、应用网关和安全网关。

1. 协议网关

协议网关通常在使用不同协议的网络区域间做协议转换工作,这也是一般公认的网关的功能。

例如，IPv4 数据由路由器封装在 IPv6 分组中，通过 IPv6 网络传递，到达目的路由器后解开封装，把还原的 IPv4 数据交给主机。这个功能是第三层协议的转换。又如，以太网与令牌环网的帧格式不同，要在两种不同网络之间传输数据，就需要对帧格式进行转换，这个功能就是第二层协议的转换。

协议转换器必须在数据链路层以上的所有协议层都运行，而且要对结点上使用这些协议层的进程透明。协议转换是一个软件密集型过程，必须考虑两个协议栈之间特定的相似性和不同之处。因此，协议网关的功能相当复杂。

2. 应用网关

应用网关是在不同数据格式间翻译数据的系统。

例如，E-mail 可以以多种格式实现，提供 E-mail 的服务器可能需要与多种格式的邮件服务器交互，因此要求支持多个网关接口。

3. 安全网关

安全网关就是防火墙。一般认为，在网络层以上的网络互联使用的设备是网关，主要是因为网关具有协议转换的功能。但事实上，协议转换功能在 ISO/OSI 的每一层几乎都有涉及。所以，网关的实际工作层次其实并非十分明确，正如很难给网关精确定义一样。

8.2.6 路由器

路由器(Router)又称为选径器，是网络层的互联设备，主要用于局域网-广域网互联。路由器的每个端口分别连接不同的网络，因此每个端口有一个 IP 地址和一个 MAC 地址。路由器中有路由表，记录着远程网络的网络号以及去往该远程网络的路径信息，即下一站路由器的 IP 地址。它利用 IP 地址中的网络号部分来识别不同网络，实现网络的互联。路由器不转发广播消息，能分隔广域网，因此它也隔离了不同网络，保持了各个网络的独立性。

路由器连接的物理网络可以是同类网络，也可以是异类网络。多协议路由器能支持多种不同的网络层协议（如 IP、IPX、DECnet、AppleTalk、XNS、CIND 等）。路由器能够很容易的实现 LAN-LAN、LAN-WAN、WAN-WAN 和 LAN-WAN-LAN 的多种网络连接形式。国际互联网 Internet 就是使用路由器加专线技术将分布在各个国家的几千万个计算机网络互联在一起的。

1. 路由器的基本功能

路由器在网络层实现网络互联，它主要完成网络层的功能。路由器负责将数据分组（包，Packet）从源端主机经最佳路径传送到目的端主机。为此，路由器必须具备两个最基本的功能，那就是确定通过互联网到达目的网络的最佳路径和完成信息分组的传送，即路由选择和数据转发。

(1) 路由选择

当两台连在不同子网上的计算机需要通信时，必须经过路由器转发，由路由器把信息分组通过互联网沿着一条路径从源端传送到目的端。在这条路径上可能需要通过一个或多个中间设备（路由器），所经过的每台路由器都必须要知道怎么把信息分组从源端传送到目的端，需要经过哪些中间设备。为此，路由器需要确定到达目的端下一跳路由器的地址，也就是要确定一条通过互联网到达目的端的最佳路径。所以路由器必须具备的基本功能之一就是路由选择功能。

所谓路由选择就是通过路由选择算法确定到达目的地址（目的端的网络地址）的最佳路径。路由选择实现的方法是：路由器通过路由选择算法，建立并维护一个路由表。在路由表中包含着目的地址和下一跳路由器地址等多种路由信息。路由表中的路由信息告诉每一台路由器应该把数据包转发给谁，它的下一跳路由器地址是什么。路由器根据路由表提供的下一跳路由器地址，将数据包转发给下一跳路由器。通过一级一级地把包转发到下一跳路由器的方式，最终把数据包传送到目的地。

当路由器接收一个进来的数据包时，它首先检查目的地址，并根据路由表提供的下一跳路由器地址，将该数据包转发给下一跳路由器。如果网络拓扑发生变化，或某台路由器产生失效故障，这时路由表需要更新。路由器通过发布广告或仅向邻居发布路由表的方法使每台路由器都进行路由更新，并建立一个新的、详细的网络拓扑图。拓扑图的建立使路由器能够确定最佳路径。目前，广泛使用的路由选择算法有距离矢量路由选择算法和链路状态路由选择算法。

（2）数据转发

路由器的另一个基本功能是完成数据分组的传送，即数据转发，通常也称为数据交换（Switching）。在大多数情况下，互联网上的一台主机（源端）要向互联网上的另一台主机（目的端）发送一个数据包，通过指定默认路由（与主机在同一个子网的路由器端口的 IP 地址为默认路由地址）等办法，源端计算机通常已经知道一个路由器的物理地址（即 MAC 地址）。源端主机将带着目的主机的网络层协议地址（如 IP 地址、IPX 地址等）的数据包发送给已知路由器。路由器在接收了数据包之后，检查包的目的地址，再根据路由表确定它是否知道怎样转发这个包，如果它不知道下一跳路由器的地址，则将包丢弃。如果它知道怎么转发这个包，路由器将改变目的物理地址为下一跳路由器的地址，并且把包传送给下一跳路由器。下一跳路由器执行同样的交换过程，最终将包传送到目的端主机。当数据包通过互联网传送时，它的物理地址是变化的，但它的网络地址是不变的，网络地址一直保留原来的内容直到目的端。值得注意的是，为了完成端到端的通信，在基于路由器的互联网中的每台计算机都必须分配一个网络层地址（IP 地址），路由器在转发数据包时，使用的是网络层地址。但是在计算机与路由器之间或路由器与路由器之间的信息传送，仍然依赖于数据链路层完成，因此路由器在具体传送过程中需要进行地址转换并改变目的物理地址。

2. 路由器的工作原理

路由器是用来连接多个网络或网段的网络设备，它能将不同网络或网段之间的数据信息进行"翻译"，这样，它们便能够相互"读懂"对方的数据，从而构成一个更大的网络。路由器之所以能在不同网络之间起到"翻译"的作用，是因为它不再是一个纯硬件设备，而是具有相当丰富路由协议的软件和硬件结构的设备，如 RIP、OSPF、EIGRP、IPv6 等。这些路由协议就是用来实现不同网段或网络之间的相互"理解"。

在一个局域网中，如果不需与外界网络进行通信，内部网络的各工作站都能识别其他各结

第 8 章 网络互联技术

点,完全可以通过交换机就可以实现目的发送,根本用不上路由器来记忆局域网的各结点 MAC 地址。

路由器识别不同网络的方法是通过识别不同网络的网络 ID 号进行的,因此,为了保证路由成功,每个网络都必须有一个唯一的网络编号。路由器要识别另一个网络,首先要识别的就是对方网络的路由器 IP 地址的网络 ID,看是否与目的结点地址中的网络 ID 号相一致。如果一致,就向这个网络的路由器发送,接收网络的路由器在接收到源网络发来的报文后,根据报文中所包括的目的结点 IP 地址中的主机 ID 号来识别是发给哪一个结点的,然后再直接发送。

为了更清楚地说明路由器的工作原理,假设有一个如图 8-16 所示的简单网络。其中一个网段网络 ID 号为"A",在同一网段中有 4 台终端设备连接在一起,这个网段的每个设备的 IP 地址分别假设为 A1、A2、A3 和 A4。连接在这个网段上的一台路由器是用来连接其他网段的,路由器连接于 A 网段的那个端口 IP 地址为 A5。同样,路由器连接另一网段为 B 网段,这个网段的网络 ID 号为"B",连接在 B 网段的另几台工作站设备的 IP 地址设为 B1、B2、B3 和 B4,同样,连接于 B 网段的路由器端口的 IP 地址设为 B5。

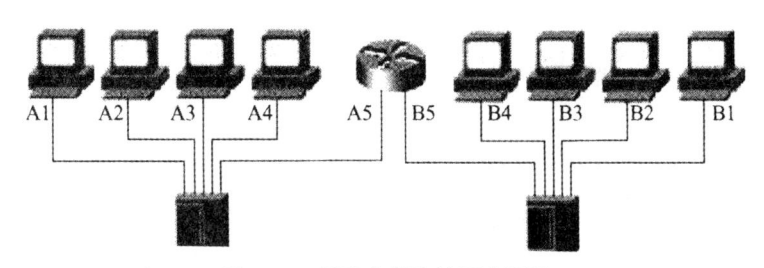

图 8-16 用路由器连接两个网段

在这样一个简单的网络中同时存在着两个不同的网段,如果 A 网段中的 A1 用户想发送一个数据给 B 网段的 B2 用户,有了路由器就非常简单了,具体过程如下所示。

首先,A1 用户把所发送的数据及发送报文准备好,以数据帧的形式通过左边的集线器广播发给同一网段的所有结点(集线器都是采取广播方式,而交换机因为不能识别这个地址,也采取广播方式),路由器在侦听到 A1 发送的数据帧后,从中分析出目的结点的 IP 地址信息(路由器在得到数据包后总是要先进行分析),得知不是本网段的地址,就把数据帧接收下来,根据其路由表进一步分析可知,接收结点的网络 ID 号与 B5 端口的网络 ID 号相同。这时,路由器的 A5 端口就直接把数据帧发给路由器 B5 端口。B5 端口再根据数据帧中的目的结点 IP 地址信息中的主机 ID 号来确定最终目的结点为 B2,然后再发送数据到右边的集线器,该集线器将数据帧以广播方式发送给其他的所有结点,从而将结点 A1 发送的数据发送给结点 B2。这样一个完整的数据帧的路由转发过程就完成了,数据也正确、顺利地到达目的结点。

当然,这样的网络算是非常简单的。路由器的功能还不能从根本上体现出来,一般一个网络都会同时连接其他多个网段或网络,如图 8-17 所示,A、B、C、D 4 个网络通过路由器连接在一起。

那么,在如图 8-17 所示的网络环境下路由器又是如何发挥其路由、数据转发作用的。假设网络 A 中一个用户 A1 要向网络 C 中的用户 C3 发送数据,其数据传输的步骤如下所示。

① 用户 A1 将目的用户 C3 的地址 C3,连同数据信息以数据帧的形式通过集线器 A 以广播的方式发送给同一网络中的所有结点,当路由器端口 A5 侦听到这个数据帧后,分析得知所发目

的结点不是本网段的,需要路由转发,就把数据帧接收下来。

②路由器端口 A5 接收到用户 A1 的数据帧后,先从报头中取出目的用户 C3 的 IP 地址,并根据路由表计算出发往用户 C3 的最佳路径。从分析得知到 C3 的网络 ID 号与路由器端口 C5 的网络 ID 号相同,因此,路由器的 A5 端口直接发向路由器的 C5 端口应是信号传递的最佳途经。

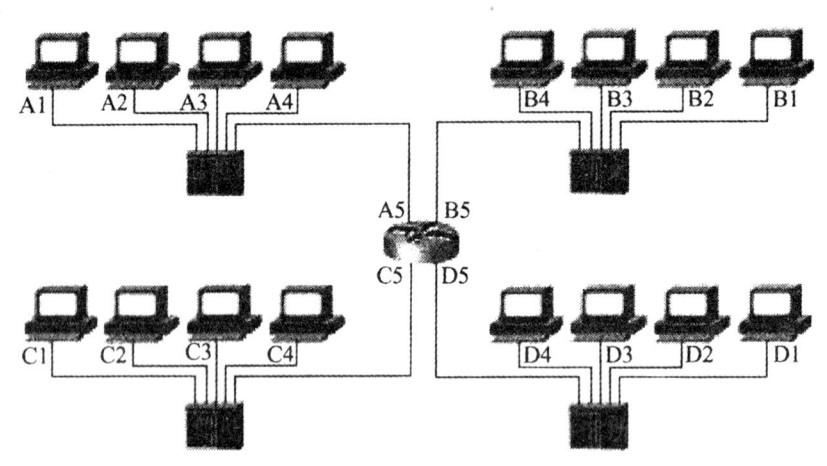

图 8-17 用路由器连接 4 个网段

③路由器的端口 C5 再次取出目的用户 C3 的 IP 地址,找出 C3 的 IP 地址中的主机 ID 号,并将数据发送给集线器 C;集线器 C 直接以广播方式把数据帧分发到其所有端口;用户 C3 侦听到并接收该数据帧后,经分析可知是发送给自己的,用户 C3 便接收该数据帧。这样一个完整的数据通信转发过程也完成了。

总的来说,不管网络有多么复杂,路由器其实所做的工作就是这么几步,因此,整个路由器的工作原理都差不多。当然,在实际中的网络还远比图 8-16 和图 8-17 所示的网络复杂得多,实际的步骤也会更加复杂,但总的过程是这样的。

路由器的主要工作就是为经过路由器的每个数据帧寻找一条最佳传输路径,并将该数据有效地传送到目的站点。由此可见,选择最佳路径的策略即路由算法是路由器的关键所在。为了完成"路由"的工作,在路由器中保存着各种传输路径的相关数据——路由表,供路由选择时使用。

路由表中保存着子网的标志信息、网上路由器的个数和下一个路由器的名字等内容。路由表可以由系统管理员设置,也可以由系统动态修改,可以由路由器自动调整,也可以由主机控制。

在路由器中涉及两个有关地址的名字概念,即静态路由表和动态路由表。由系统管理员事先设置好固定的路由表称之为静态路由表,一般是在系统安装时就根据网络的配置情况预先设定的,它不会随未来网络结构的改变而改变;动态路由表是路由器根据网络系统的运行情况而自动调整的路由表。路由器根据路由选择协议提供的功能,自动学习和记忆网络运行情况,在需要时自动计算数据传输的最佳路径。

3.路由器的主要特点

由于路由器作用在网络层,因此它比网桥具有更强的异种网互联能力、更好的隔离能力、更强的流量控制能力、更好的安全性和可管理可维护性,其主要特点如下所示。

①路由器可以互联不同的 MAC 协议、不同的传输介质、不同的拓扑结构和不同的传输速率的异种网,它有很强的异种网互联能力。

②路由器也是用于广域网互联的存储转发设备,它有很强的广域网互联能力,被广泛地应用于 LAN-WAN-LAN 的网络互联环境。

③路由器具有流量控制、拥塞控制功能,能够对不同速率的网络进行速度匹配,以保证数据包的正确传输。

④路由器互联不同的逻辑子网,每一个子网都是一个独立的广播域,因此,路由器不在子网之间转发广播信息,具有很强的隔离广播信息的能力。

⑤路由器工作在网络层,它与网络层协议有关。多协议路由器可以支持多种网络层协议(如 IP、IPX 和 DECnet 等),转发多种网络层协议的数据包。

⑥路由器检查网络层地址,转发网络层数据分组或包。因此,路由器可以基于 IP 地址进行包过滤,具有包过滤的初期防火墙功能。路由器分析进入的每一个包,并与网络管理员制定的一些过滤策略进行比较,凡符合允许转发条件的包被正常转发,否则丢弃。为了网络的安全,防止黑客攻击,网络管理员经常利用这个功能,拒绝一些网络站点对某些子网或站点的访问。路由器还可以过滤应用层的信息,限制某些子网或站点访问某些信息服务,如不允许某个子网访问远程登录。

⑦对大型网络进行分段化,将分段后的网段用路由器连接起来。这样可以达到提高网络性能,提高网络带宽的目的,而且便于网络的管理和维护。这也是共享式网络为解决带宽问题所经常采用的方法。

⑧路由器不仅可以在中、小型局域网中应用,也适合在广域网和大型、复杂的互联网环境中应用。

4.路由器的分类

路由器的产品众多,按照不同的划分标准有多种类型。常见的分类方法有以下几种。

(1)按功能分类

从功能上划分,可将路由器分为骨干级路由器、企业级路由器和接入级路由器。

①骨干级路由器。骨干级路由器实现企业级网络的互联。对它的要求是速度和可靠性,而代价则处于次要地位。硬件可靠性可以采用电话交换网中使用的技术,如热备份、双电源、双数据通路等来获得。这些技术对所有骨干路由器而言差不多是标准的。

骨干 IP 路由器的主要性能瓶颈是在转发表中查找某个路由所耗的时间。当收到一个包时,输入端口在转发表中查找该包的目的地址以确定其目的端口,当包越短或者当包要发往许多目的端口时,势必增加路由查找的代价。因此,将一些常访问的目的端口放到缓存中能够提高路由查找的效率。不管是输入缓冲还是输出缓冲路由器,都存在路由查找的瓶颈问题。除了性能瓶颈问题,路由器的稳定性也是一个常被忽视的问题。

②企业级路由器。企业或校园级路由器连接许多终端系统,其主要目标是以尽量便宜的方法实现尽可能多的端点互联,并且进一步要求支持不同的服务质量。

路由器连接的网络系统因能够将机器分成多个碰撞域,因此,可以方便地控制一个网络的大小。此外,路由器还支持一定的服务等级,至少允许分成多个优先级别。但是路由器的每端口造价要贵些,并且在能够使用之前要进行大量的配置工作。因此,企业路由器的成败就在于是否提供大量端口且每端口的造价很低,是否容易配置,是否支持 QoS。另外,还要求企业级路由器有效地支持广播和组播。企业网络还要处理历史遗留的各种 LAN 技术,支持多种协议,包括 IP、IPX 和 Vine。

③接入级路由器。接入级路由器连接家庭或 ISP 内的小型企业客户。接入级路由器已经开始不只是提供 SLIP 或 PPP 连接,还支持诸如 PPTP 和 IPSec 等虚拟私有网络协议。这些协议要能在每个端口上运行。

(2)按结构分类

从结构上划分,可将路由器分为模块化路由器和非模块化路由器两种。模块化结构可以灵活地配置路由器,以适应企业不断增加的业务需求;非模块化路由器就只能提供固定的端口。一般而言,中高端路由器为模块化结构,低端路由器为非模块化结构。

(3)按性能分类

从性能上划分,路由器可分为线速路由器以及非线速路由器。线速路由器完全可以按传输介质带宽进行通畅传输,基本上没有间断和延时。通常线速路由器是高端路由器,具有非常高的端口带宽和数据转发能力,能以媒体速率转发数据包。中低端路由器是非线速路由器,但是一些新的宽带接入路由器也有线速转发能力。

(4)按性能档次分类

按路由器的性能档次分为高、中、低档,通常将路由器吞吐量大于 40Gb/s 的路由器称为高档路由器,吞吐量在 25～40Gb/s 之间的路由器称为中档路由器,而将低于 25Gb/s 的看作低档路由器。

(5)按所处网络位置分类

从路由器所处的网络位置划分,路由器可分为边界路由器和中间结点路由器两类。边界路由器是处于网络边缘,用于不同网络路由器的连接;而中间结点路由器则处于网络的中间,通常用于连接不同网络,起到一个数据转发的桥梁作用。

由于各自所处的网络位置有所不同,其主要性能也就有相应的侧重。如中间结点路由器因为要面对各种各样的网络,识别这些网络中的各结点靠的就是中间结点路由器的 MAC 地址记忆功能。

基于上述原因,选择中间结点路由器时就需要在 MAC 地址记忆功能方面更加注重,也就是要求选择缓存更大、MAC 地址记忆能力较强的路由器。但是边界路由器由于它可能要同时接受来自许多不同网络路由器发来的数据,因此,这就要求这种边界路由器的背板带宽要足够宽,当然这也要与边界路由器所处的网络环境而定。

(6)按应用场合分类

从应用场合划分,路由器可分为通用路由器与专用路由器。一般所说的路由器皆为通用路由器。专用路由器通常为实现某种特定功能对路由器接口、硬件等作专门优化。例如,接入服务器用作接入拨号用户,增强 PSTN 接口以及信令能力;VPN 路由器用于为远程 VPN 访问用户提供路由,它需要在隧道处理能力以及硬件加密等方面具备特定的能力;宽带接入路由器则强调接口带宽及种类。

第 8 章　网络互联技术

8.3　路由选择协议

8.3.1　路由算法

路由选择协议的核心就是路由算法，即需要何种算法来获得路由表中的各项目。一个理想的路由算法应具有以下一些特点。

①算法必须是正确的和完整的。这里"正确"的含义是：沿着各路由表所指引的路由，分组一定能够最终到达的目的网络和目的主机。

②算法在计算上应简单。进行路由选择的计算必然要增加分组的时延。因此，路由选择的计算不应使网络通信量增加太多的额外开销。若为了计算合适的路由必须使用网络其他路由器发来的大量状态信息时，开销就会过大。

③算法应能适应通信量和网络拓扑的变化，即要有自适应性。当网络中的通信量发生变化时，算法能自适应地改变路由以均衡各链路的负载。当某个或某些结点、链路发生故障不能工作，或者修理好了再投入运行时，算法也能及时地改变路由。有时称这种自适应性为"稳健性"。

④算法应具有稳定性。在网络通信量和网络拓扑相对稳定的情况下，路由算法应收敛于一个可以接受的解，而不应使得出的路由不停地变化。

⑤算法应是公平的。即算法应对所有用户（除对少数优先级高的用户）都是平等的。例如，若使某一对用户的端到端时延为最小，但却不考虑其他的广大用户，这就明显地不符合公平性的要求。

⑥算法应是最佳的。这里的"最佳"是指以最低的代价实现路由算法。这里特别需要注意的是，在研究路由选择时，需要给每一条链路指明一定的代价。这里的"代价"并不是指"钱"，而是由一个或几个因素综合决定的一种度量，如链路长度、数据率、链路容量、是否要保密、传播时延等，甚至还可以是一天中某一个小时内的通信量、结点的缓存被占用的程度、链路差错率等。可以根据用户的具体情况设置每一条链路的"代价"。

由此可见，不存在一种绝对的最佳路由算法。所谓"最佳"只能是相对于某一种特定要求下得出的较为合理的选择而已。

一个实际的路由选择算法，应尽可能接近于理想的算法。在不同的应用条件。对以上提出的六个方面也可有不同的侧重。

应当指出，路由选择是个非常复杂的问题，因为它是网络中的所有结点共同协调工作的结果。其次，路由选择的环境往往是不断变化的，而这种变化有时无法事先知道，例如，网络中出了某些故障。此外，当网络发生拥塞时，就特别需要有能缓解这种拥塞的路由选择策略，但恰好在这种条件下，很难从网络中的各结点获得所需的路由选择信息。

如果从路由算法能否随网络的通信量或拓扑自适应地进行调整变化来划分，则只有两大类，即静态路由选择策略和动态路由选择策略。

1. 静态路由

静态路由,又成为非自适应路由选择,是指在路由器中设置固定的路由表,除非管理员干预,否则静态路由不会发生变化,由于静态路由不能对网络的改变做出反应,一般用于网络规模不大,拓扑结构固定的网络中。

静态路由选择的优点有以下几点:

①不需要动态路由选择协议,减少了路由器的日常开销。

②在小型互联网络上很容易配置。

③可以控制路由选择。

总的来说,静态路由的优点是简单、高效、可靠,在所有的路由中,静态路由优先级别最高。当动态路由和静态路由发生冲突时,以静态路由为准。

2. 动态路由

动态路由又称为自适应路由。动态路由是由路由器从其他路由器中周期性地获得路由信息而生成的,具有根据网络链路的状态变化自动修改更新路由的能力,具有较强的容错能力。这种能力是静态路由所不具备的。同时,动态路由比较多地应用于大型网络,因为使用静态路由管理大型网络的工作过于繁琐且容易出错。

动态路由也有多种实现方法。目前在 TCP/IP 协议中使用的动态路由主要分为两种类型:距离矢量路由选择协议和链路状态路由协议。

(1)距离矢量路由选择协议

距离矢量路由选择协议也称为 Bellman-Ford 算法,它使用到远程网络的距离去求最佳路径。每经过一个路由器为一跳,到目的网络最少跳数的路由被确定为最佳路由。

路由信息协议(RIP)和内部网关路由协议(IGRP)就使用这种算法。

距离矢量路由算法定期向相邻路由器发送自己完整的路由表,相邻路由器将收到的路由表与自己的合并以更新自己的路由表,称为流言路由(Rumor),因为收到来自相邻路由器的信息后,路由器本身并没有亲自发现就相信有关远程网络的信息。更新后,它向所有邻居广播整个路由表。

一个网络可能有多条链路到达同一个远程网络。如果这样,首先检查管理距离,如果相等,就要用其他度量方法来确定选用哪条路。路由信息协议仅使用跳步数来确定到达远程网络的最佳路径,如果发现不止一条链路到达同一目的网络且又跳相同步数,那么就自动执行循环负载平衡。通常可以为 6 个等开销链路执行负载平衡。

距离矢量路由协议通过广播路由表来跟踪网络的改变,占用 CPU 进程和链路的带宽。由于距离矢量路由选择算法的本质是每个路由器根据它从其他路由器接收到的信息而建立它自己的路由选择表,当网络对一个新配置的收敛反应比较慢,从而引起路由选择条目不一致时,就会产生路由环路。如图 8-18 所示。

网络 1 发生故障前,网络收敛。假定 C 到网络 1 的最佳路径是通过 B,且 C 的路由表中计数的到网络 1 的跳数为 3。

E 发现网络 1 故障,向 A 发更新,A 停止向网络 1 发送数据包,但 B、C、D 仍然向网络 1 发送。它们还没有收到故障通知。此时 A 发更新,B、D 收到,B、D 停止向网络 1 发送数据包,但 C

还没有收到更新,C 仍然认为网络 1 可达。

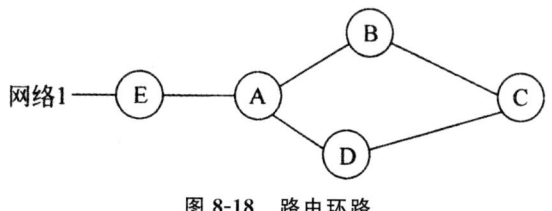

图 8-18 路由环路

现在 C 向 D 发定期更新,说经过 B 可以达到网络 1,距离是 3 跳。D 收到后,更新自己的路由选择表,确定到达网络 1 的路径为经过 C,到 B 的距离是 4 跳,就可达网络 1。于是 D 又将这个信息传递给 A,A 又再修改自己的路由表,将这个信息转发给 B 和 E。任何发到网络 1 的数据包就会经过 C 到 B,再到 A 到 D,这样循环传送,这就是路由环路问题。

解决方法如下:

①定义最大跳数,数据包每经过下一路由器,跳计数的距离矢量递增,计数到超过距离矢量的默认最大值,RIP 规定为 15 跳,就被丢弃,认为不可达。

②水平分割,不将路由信息回传给发来该路由的路由器。

③抑制,用于防止定时更新信息错误地恢复一个已坏的路由。

一个路由器从相邻路由器收到更新信息,指示原先一个可达的网络现在不可达。该路由器将这条路由标记为不可达,同时启动一个抑制定时器,在期满前任何时刻,从相同的相邻路由器收到更新信息,指示网络重新可达,这时,路由器会重新标记这条路由为可达,同时,卸下抑制定时器。

如果从另一个邻居路由器收到更新信息,指示一条比以前路径跳数更少的路径,则路由器把该网络标记为可达,同时卸下抑制定时器。

在抑制定时器期满前的任何时刻,任何另外的邻居路由器指示一条不如以前的路径,都会被忽略。

(2)链路状态路由协议

基于链路状态的路由选择协议,也被称为最短路径优先算法(SPF)。距离矢量算法没有关于远程网络和远端路由器的具体信息,而链路状态路由选择算法保留远程路由器以及它们之间是如何连接的等全部信息。

每个链路状态路由器提供关于它邻接的拓扑结构的信息,包括它所连接的网段(链路),以及链路的情况(状态)。

链路状态路由器,将这个信息或改动部分向它的邻居们发送呼叫消息,称为链路状态数据包(LSP)或链路状态通告(LSA),然后,邻居将 LSP 赋值到它们自己的路由选择表中,并传递那个信息到网络的其余部分,这个过程称为"泛洪(Flooding)"。

这样,每个路由器并行地构造一个拓扑数据库,数据库中有来自互联网的 LSA。

SPF 算法计算网络的可达性,挑出代价最小的路径,生成一个由自己作为树根的 SPF 树。

路由器根据 SPF 树建立一个到每个网络的路径和端口的路由选择表。

链路状态路由选择协议中最复杂和最重要的是要确保所有路由器得到所有必要的 LSA 数据包,拥有不同 LSA 数据包的路由器会基于不同拓扑计算路由,那么各个路由器关于同一链路信息不一致会导致网络不可达。

例如,两难问题,如图 8-19 所示。

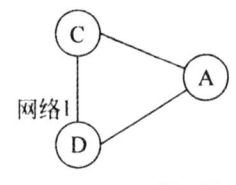

图 8-19 两难问题

①C 与 D 之间网络故障,二者都会构造一个 LSA 数据包反映这种状态。
②之后很快网络恢复工作,又要另一个 LSA 数据包反映这种变化。
③如果之前从 C 发出的网络 1 不可达的消息经由了一条较慢的路径,D 发出的网络 1 已经恢复到达 A 后,C 的不可达 LSA 才到 A。
④A 陷入两难,不知该建哪个 SPF 树,到底网络 1 可不可达?

如果向所有路由器的 LSA 分发不正确,链路状态路由选择可能会导致不正确的路由,若网络规模很大,会产生严重问题。

8.3.2 内部网关协议

前面介绍的距离矢量路由选择协议和链路状态路由协议都工作在一个自治系统(Autonomous System,简称 AS。一个自治系统通常是指一个网络管理区域)。根据路由协议工作的范围可以将动态路由协议划分为内部网关协议(Interior Routing Protocol)和外部网关协议(Exterior Routing Protocol)。所以,距离矢量路由选择协议和链路状态路由协议都属于内部网关协议。

下面介绍几种常见的内部网关协议。

1. 路由信息协议

(1) RIP 基础

路由信息协议(Routing Information Protocol,RIP)是内部网关协议(Interior Gateway Protocol,IGP)中最先得到广泛应用的协议。RIP 是一种分布式的基于距离矢量的路由选择协议,是因特网的标准协议。

RIP 通过 UDP 报文交换路由信息,每隔 30s 向外发送一次更新报文。如果路由器经过 180s 没有收到更新报文,则将所有来自其他路由器的路由信息标记为不可达,若在其后的 130s 内仍未收到更新报文,就将这些路由从路由表中删除。

RIP 协议要求网络中的每一个路由器都要维护从它自己到其他每一个目的网络的距离记录。在这里,"距离"的意义是:源主机到目的主机所经过的路由器的数目。因此,从一路由器到直接连接的网络的距离为 0。从一个路由器到非直接连接的网络的距离定义为所经过的路由器数加 1。

RIP 协议中的"距离"也称为"跳数",因为每经过一个路由器,跳数就加 1。RIP 认为一个好的路由就是它通过的路由器的数目少,即"距离短"。即 RIP 衡量路由好坏的标准是信息转发的次数(所经过的路由器的数目)。但有时这未必是最好的,因为有可能存在这样一种情况:所经过的路由器数目多一些,但信息传输的效率更高,速度更快。这就像开车有的路段比较短,但堵车严重,若绕道,尽管走的路长一些,也会更快地到达目的地。

RIP 允许一条路径最多只能包含 15 个路由器,"距离"的最大值为 16 时,即相当于不可达,可见 RIP 只适用于小型互联网。RIP 不能在两个网络之间同时使用多条路由。RIP 选择一个具有最少路由器的路由(即最短路由),哪怕还存在另一条高速(低时延)但路由器较多的路由。

所以,路由表中最主要的信息就是:到达本自治系统某个网络的最短距离和下一跳路由器的地址。那么,RIP 采取一种什么机制使得每个路由器都知道到达本自治系统任意网络的最短距离和下一跳路由器的地址呢,即如何来构建自己的路由表呢?

RIP 协议有如下规定:

①仅和相邻路由器交换信息,不相邻的路由器不交换信息。

②交换的信息是当前本路由器所知道的全部信息,即自己的路由表。也就是说,一个路由器把它自己知道的路由信息转告给与它相邻的路由器。主要信息包括到某个网络的最短距离和下一跳路由器的地址。

③按固定的时间间隔交换路由信息,例如,每隔 30s。然后路由器根据收到的路由信息更新路由表,保证自己到目的网络的距离是最短的。当网络拓扑结构发生变化时,路由器能及时地得知最新的信息。

RIP 作为 IGP 协议的一种,通过这些机制使路由器了解到整个网络的路由信息。

(2) RIP 的应用环境与存在的问题

由于 RIP 的简单、可靠,便于配置,使其被广泛使用。但是 RIP 也有它自身的局限性,它只适用于小型的同构网络,因为它允许的最大站点数为 15,任何超过 15 个站点的目的地均被标记为不可达。而且 RIP 每隔 30s 一次的路由信息广播也容易造成广播风暴。除此之外,RIP 还存在以下一些问题。

①收敛问题。收敛是所有的路由器使它们的路由选择信息表同步的过程,或者某个路由选择信息的变换反映到所有路由器中所需要的时间。收敛过程越快,路由选择表的准确性就越高,它会提高网络的效率。如果互联网络的拓扑结构永远不会发生变化,则收敛不会成为一个问题。然而,网络上可能会出现多种改变:加入新的跳、加入路由器、路由器接口故障、整个路由器出现故障,带宽分配改变,网络链路的网络带宽改变,路由器 CPU 使用情况的增加或减少。所有这些条件都可以改变一个路由选择协议如何选择最佳路由。快速收敛也避免路由循环。

距离向量路由器定期向相邻的路由器发送它们的整个路由选择表。距离相邻路由器在从相邻路由器接收到的信息的基础之上建立自己的路由选择信息表;然后,将信息传递到它的相邻路由器。结果是路由选择表是在第 2 手信息的基础上建立的,如图 8-20 所示。

当在互联网络上无法使用某个路由时,距离向量路由器将通过路由变化或者网络链路寿命而获知这种变化。和故障链路相邻的路由器将在整个网络上发送"路由改变传输"(或者"路由无效")消息。寿命将在所有的路由选择信息中设置。当无法使用某个路由,并且并没有用新信息向网络发出这个信息时,距离向量路由选择算法在那个路由上设置一个寿命计时器。当路由达到寿命计时器的终点时,它将从路由选择表中删除。寿命计时器根据所使用的路由选择协议不同而不同。

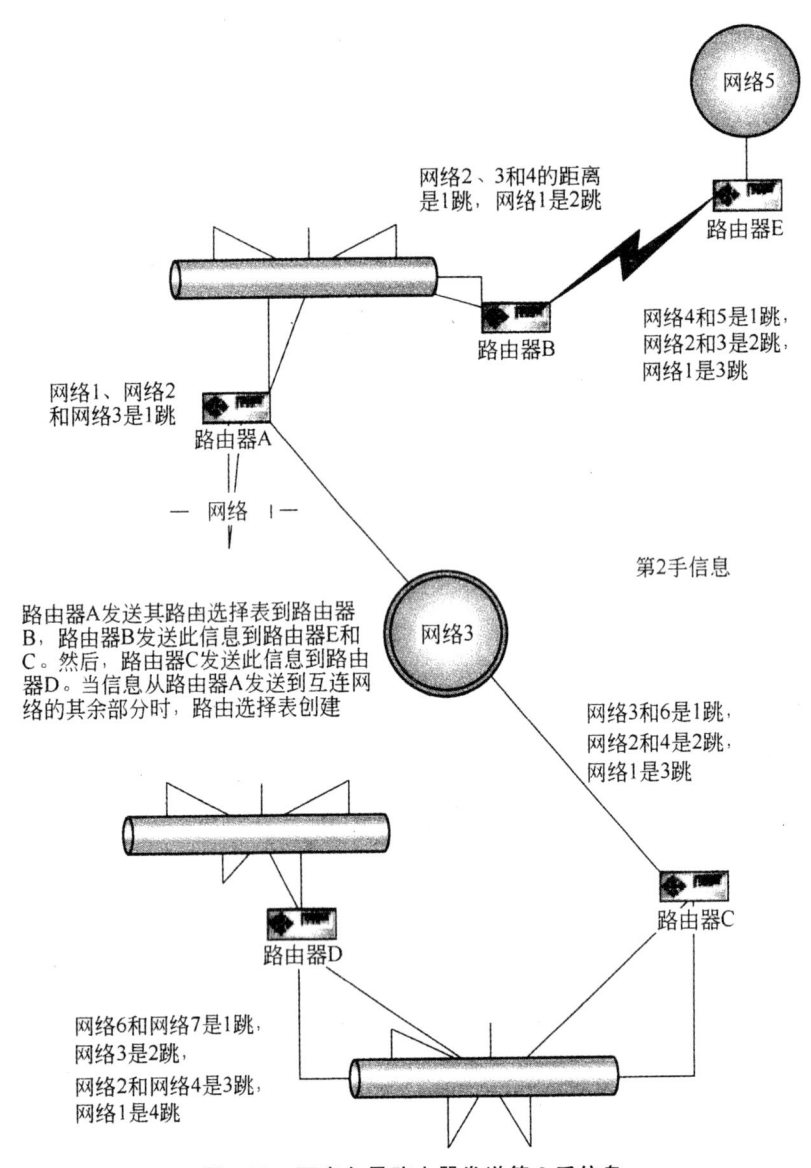

图 8-20 距离向量路由器发送第 2 手信息

无论使用何种类型的路由选择算法,互联网络上的所有路由器都需要时间以更新它们的路由选择表,这个过程称为聚合。因而,在距离向量路由选择中,聚合包括以下过程。

a. 每个路由器接收到更新的路由选择信息。
b. 每个路由器用它自己的信息(如加入一个跳)更新其度量值。
c. 每个路由器更新它自己的路由选择信息表。
d. 每个路由器向它的邻居广播新信息。

距离向量路由选择是最古老的一种路由选择协议算法。正如前面说明的,算法的本质就是,每个路由器根据它从其他路由器接收到的信息而建立它自己的路由选择表。这意味着,当路由器在它们的表格中使用第 2 手信息时,至少会遇到一个问题,即无限问题的数量。

第 8 章　网络互联技术

无限问题的数量就是一个路由选择循环,它是由于距离向量路由选择协议在某个路由器出现"故障",或者因为别的原因而无法在网络上使用时,使用第 2 手信息造成的。

② 路由选择环路。任何距离向量路由选择协议(如 RIP)都会面临同一个问题,即路由器不了解网络的全局情况。路由器必须依靠相邻路由器来获取网络的可达信息。由于路由选择更新信息在网络上传播慢,距离向量路由选择算法有一个慢收敛问题,这个问题将导致不一致性。RIP 使用以下机制减少因网络上的不一致带来的路由选择环路的可能性:计数到无穷大、水平分割、保持计数器、破坏逆转更新和触发更新。

a.计数到无穷大。RIP 允许最大跳数为 15。大于 15 的目的地被认为是不可达。这个数字限制了网络大小的同时也防止了一个叫作计数到无穷大的问题,如图 8-21 所示。

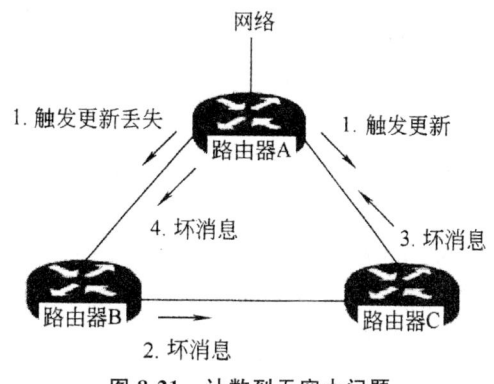

图 8-21　计数到无穷大问题

计数到无穷大按照以下方式进行工作。

- 路由器 A 丢失了以太网接口后产生一个触发更新送往路由器 B 和路由器 C。这个更新信息告诉路由器 B 和路由器 C 路由器 A 不再到达网络 A 的路径。这个更新信息传输到路由器 B 被推迟了(CPU 忙、链路拥塞等)但到达了路由器 C。路由器 C 从路由表中去掉到网络 A 的路径。
- 路由器 B 仍未收到路由器 A 的触发更新信息,并发出它的常规路由选择更新信息,通告网络 A 以 2 跳的距离可达。路由器 C 收到这个更新信息,认为出现了一条新路径到网络 A。
- 路由器 C 告诉路由器 A 它能以 3 跳的距离到达网络 A。
- 路由器 A 告诉路由器 B 它能以 4 跳的距离到达网络 A。
- 这个循环将进行到跳数为无穷,在 RIP 中定义为 16。一旦一个路由器达到无穷,它将声明这条路径不可用并将此路径从路由表中删除。

由于计数到无穷大问题,路由选择信息将从一个路由器传到另一个路由器,每次加 1。路由选择环路问题将无限制地进行下去,直到达到某个限制。这个限制就是 RIP 的最大跳数。当路径的跳数超过 15,这条路径就从路由表中删除。

b.水平分割。水平分割规则如下:路由器不向路径到来的方向回传此路径。当打开路由器接口后,路由器记录路径是从哪个接口来的,并且不向此接口回传此路径。

Cisco 可以对每个接口关闭水平分割功能。这个特点在非广播多路访问 hub-and-spoke 环境下十分有用。如图 8-22 所示,路由器 B 通过帧中继连接路由器 A 和路由器 C,两个 PVC 都在路由器 B 的同一个物理接口上。

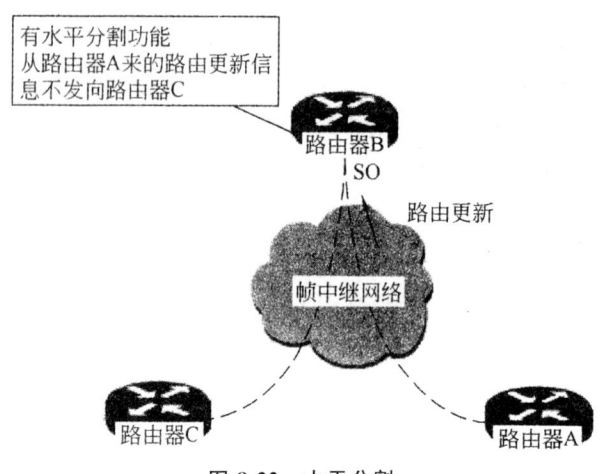

[图示：帧中继网络中路由器A、B、C的连接关系，路由器B标注"有水平分割功能，从路由器A来的路由更新信息不发向路由器C"，路由器B通过S0接口连接帧中继网络，显示路由更新方向]

图 8-22 水平分割

在图 8-22 中，如果在路由器 B 的水平分割未被关闭，那么路由器 C 将收不到路由器 A 的路由选择信息（反之亦然）。用 no ip split-horizon 接口子命令关闭水平分割功能。

c. 保持计数器。保持计数器防止路由器在路径从路由表中删除后一定的时间内接受新的路由信息。它的思想是保证每个路由器都收到了路径不可达信息，而且没有路由器发出无效路径信息。例如，在图 8-22 中，由于路由更新信息被延迟，路由器 B 向路由器 C 发出错误信息。使用保持计数器这种情况将不会发生，因为路由器 C 将在 180s 内不接受通向网络 A 的新的路径信息。到那时路由器 B 将存储正确的路由信息。

d. 破坏逆转更新。水平分割是路由器用来防止把一个接口得来的路径又从此接口传回导致的问题的方案。水平分割方案忽略在更新过程中从一个路由器获取的路径又传回该路由器。有破坏逆转的水平分割的更新信息中包括这些路径，但这个处理过程把这些路径的度量设为 16（无穷）。

通过把跳数设为无穷并把这条路径告诉源路由器，有可能立刻解决路由选择环路。否则，不正确的路径将在路由表中驻留到超时为止。破坏逆转的缺点是它增加了路由更新的数据大小。

e. 触发更新。有破坏逆转的水平分割将任何两个路由器构成的环路打破。三个或更多个路由器构成的环路仍会发生，直到无穷（16）时为止。触发式更新想加速收敛时间。当某个路径的度量改变了，路由器立即发出更新信息，路由器不管是否到达常规信息更新时间都发出更新信息。

2. 开放最短路径优先协议

(1) OSPF 基础

开放式最短路径优先 (Open Shortest Path First, OSPF) 是为了克服 RIP 的缺点在 1989 年被开发出来的。OSPF 的原理很简单，但实现起来却较复杂。"开放"表明 OSPF 协议不是受某一家厂商控制，而是公开发表的。"最短路径优先"是因为使用了 Dijkstra 提出的最短路径算法 SPF。OSPF 的第二个版本 OSPF3 已成为因特网标准协议。

需要注意的是，OSPF 只是一个协议的名字，它并不表示其他的路由选择协议不是"最短路径优先"。实际上，所有的在自治系统内部使用的路由选择协议（包括 RIP 协议）都是要寻找一条最短的路径。

OSPF 最主要的特征就是使用分布式的链路状态协议,而不是像 RIP 那样的距离矢量协议。与 RIP 协议相比,OSPF 的三个要点和 RIP 的都不一样。

① 向本自治系统中所有路由器发送信息(RIP 协议是仅仅向自己相邻的几个路由器发送信息)。这里使用的方法是洪泛法,就是路由器通过所有输出端口向所有相邻的路由器发送信息。而每一个相邻路由器又再将此信息发往其所有的相邻路由器(但不再发送给刚刚发来信息的那个路由器)。这样,最终整个区域中所有的路由器都得到了这个信息的一个副本。

② 发送的信息就是与本路由器相邻的所有路由器的链路状态,但这只是路由器所知道的部分信息(RIP 协议发送的信息是"到所有网络的距离和下一跳路由器")。所谓"链路状态"就是说明本路由器都和哪些路由器相邻,以及该链路的"度量"。OSPF 将这个"度量"用来表示费用、距离、时延、带宽等。这些都由网络管理人员来决定,因此,较为灵活。有时为了方便就称这个度量为"代价"。

③ 只有当链路状态发生变化时,路由器才用洪泛法向所有路由器发送此信息(RIP 协议是不管网络拓扑有无发生变化,路由器之间都要定期交换路由表的信息)。

由于各路由器之间频繁地交换链路状态信息,因此,所有的路由器最终都能建立一个链路状态数据库,OSPF 的链路状态数据库能较快进行更新,使各个路由器能及时更新其路由表。

OSPF 规定,每两个相邻路由器每隔 10s 要交换一次问候分组,这样就能确切知道哪些邻站是可达的。对相邻路由器来说,"可达"是最基本的要求,因为只有可达邻站的链路状态信息才存入链路状态数据库(路由表就是根据链路状态数据库计算出来的)。

在正常情况下,网络中传送的绝大多数 OSPF 分组都是问候分组。若有 40s 没有收到某个相邻路由器发来的问候分组,则认为该相邻路由器是不可达的,应立即修改链路状态数据库,并重新计算路由表。

(2) OSPF 的网络拓扑结构

OSPF 有四种网络类型或模型(广播式、非广播式、点到点式和点到多点式),根据网络的类型不同,OSPF 工作方式也不同,掌握 OSPF 在各种网络模型上如何工作很重要,特别是在设计一个稳定的强有力的网络时。

① 广播式。广播式网络类型是 LAN 上的默认类型(如令牌环、以太网和 FDDI),任何接口在使用了 ip ospf network 接口命令后都可被配置成广播式。

a. 在一个广播式模型上,DR 和 BDR 都被选出,所有的路由器都与它们形成邻接,达到了一个最佳扩散,因为所有的 LSA 发送给了 DR,而 DR 将它们扩散到网络中的每个单独的路由器。

b. 邻居不需要定义。

c. 所有的路由器都在同一个子网。

d. 必须注意广播式模型用在 NBMA 网中,如帧中继或 ATM。一个 DR 已选出,所有的路由器都必须与它有一个物理连接,要么使用一个完整的网状式的环境,要么给 DR 静态的配置使用优先级命令来确认物理连接。

e. Hello 的计时器是 10s,而终结间隔是 40s,等待间隔是 40s。

② 非广播式。非广播式网络是串行接口上的默认类型,它们装备是为了简化帧中继,任何非广播式的接口,都使用了 ip ospf network interface 命令。

a. 有了非广播式模型,DR 和 BDR 被选出,并且所有路由器与它们形成邻接,这个联盟实现了优化扩散,因为所有 LSA 被送到 DR,同时 DR 将它们扩散到网络中每一个单独的路由器上。

b. 因为广播式性能的缺陷,必须定义邻居来使用邻居命令。

c. 所有路由器在同一个子网。

d. 与广播式模型相同,也要选出 DR,必须注意确认 DR 与所有的路由器有逻辑连接。

e. Hello 计时器是 30s,终结间隔是 120s,等待间隔是 120s。

③点到点式。点到点的网络类型是串行口的默认类型,它没有使用帧中继简化或者被作为子接口的点到点型,一个子接口是一种定义接口的逻辑方式,同样的物理接口能被分成多个逻辑接口,这个概念的产生是为了处理在 NBMA 网络中的水平分割问题。

点到点式模型能被配置到任何一个使用了 ip ospf network point-to-point 接口命令的接口上。

a. 在点到点模型中,既没有 DR 也没有 BDR,直接相连的路由器形成邻接。

b. 每个点到点链路要求一个分开的子网。

c. Hello 计时器为 10s,终结间隔为 40s,等待间隔为 40s。

④点到多点式。点到多点式网络可以被装配到使用了 ip ospf point-to-multi point 的接口命令的任何接口上。

a. 没有 DR。

b. 不需要定义邻居,因为额外的 LSA 被用来传播邻居路由器连接。

c. 整个网络使用一个子网。

d. Hello 计时器为 30s,终结间隔为 120s,等待间隔为 120s。

(3) OSPF 的优点

OSPF 的链路状态数据库能较快地进行更新,使各个路由器能及时更新其路由表。OSPF 的更新过程收敛得快是其主要优点。

为了使 OSPF 能够用于规模很大的网络,一般采用分层的方法,将一个自治系统再划分为若干个更小的范围,称为区域。划分区域最大的好处是将利用洪泛法交换链路状态信息的范围局限于每一个区域而不是整个自治系统,这样就减少了整个网络上的通信量。每一个区域都有一个 33 位的区域标识符(用点分十进制表示)。区域也不能太大,在一个区域内的路由器最好不超过 300 个。

图 8-23 展示了一个自治系统被划分为 4 个区域。在一个区域内部的路由器只知道本区域的完整网络拓扑,而不知道其他区域的网络拓扑的情况。

为了使一个区域能够与其他的区域通信,OSPF 使用层次结构的区域划分。在上层的区域叫作主干区域(Backbone Area)。主干区域的标识符规定为 0.0.0.0。主干区域的作用是连通其他在下层的区域。在主干区域的路由器叫作主干路由器,如 R3、R4、R5、R6、R7。负责区域间信息交换的路由器叫作区域边界路由器,如 R3、R4、R7。当然,在一个自治系统中,还应该有负责与其他自治系统进行信息交换的路由器,将其称为自治系统边界路由器,如 R6。

采用分层次划分区域的方法使交换的信息增多了,使 OSPF 协议更加复杂了,但却使每个区域内部交换的路由信息的通信量大大减少,从而使 OSPF 协议能够用在规模很大的自治系统中,从这里也能体会到分层的思维方式在解决规模庞大的问题时,是十分有效的。

OSPF 还能够防止出现回路,这种能力对于网状网络或使用多个网桥连接的不同局域网是非常重要的。所有的路由器并行运行同样的算法,根据该路由器的拓扑数据库构造出以它自己为根结点的最短路径树,该最短路径树的叶子结点是自治系统内部的其他路由器。当到达同一目的路由器存在多条相同代价的路由时,OSPF 能够实现在多条路径上分配流量。

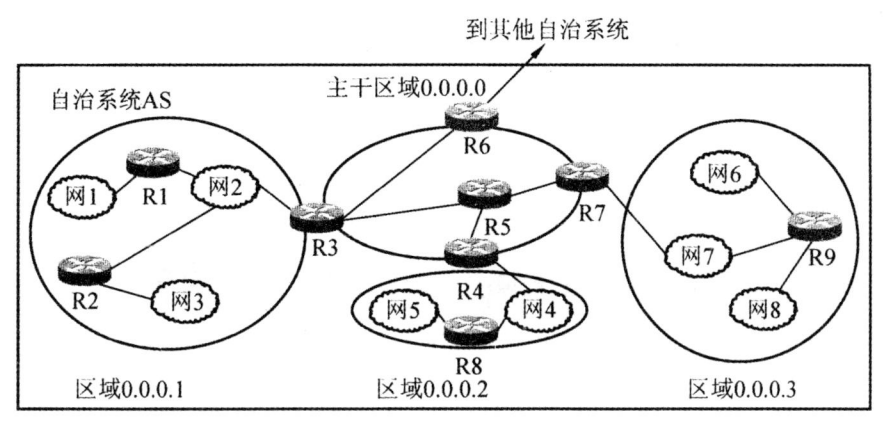

图 8-23 OSPF 划分区域

3. 内部网关路由协议

(1) IGRP 基础

内部网关路由协议(Interior Gateway Routing Protocol,IGRP)开发于 1986 年,是 Cisco 专有的距离向量路由选择协议,致力于解决 RIP 协议的限制。虽然 RIP 在小型同构网络上工作得相当好,但它的跳数小(16)的特点严重限制了网络的规模,并且单一的度量(跳数)不能给复杂网络提供有弹性的路由选择。IGRP 通过使网络跳数增加到 255 跳和为满足当今复杂网络路由选择弹性的需要而提供的多种度量(带宽、链路可靠性、网络间延迟和负载),对 RIP 的不足进行了弥补。IGRP 使用一组 metric 的组合(向量),网络延迟、带宽、可靠性和负载都被用于路由选择,网管可以为每种 metric 设置权值,IGRP 可以用管理员设置的或默认的权值来自动计算最佳路由。

IGRP 维护一组计时器和含有时间间隔的变量。包括更新计时器、失效计时器、保持计时器和清空计时器。更新计时器规定路由更新消息应该以什么频度发送,IGRP 中此值默认为 90s。失效计时器规定在没有特定路由的路由更新消息时,在声明该路由失效前路由器应等待多久,IGRP 中此值默认为更新周期的 3 倍。保持计时器规定 hold-down 周期,IGRP 中此值默认为更新周期加 10s。最后,清空计时器规定路由器清空路由表之前等待的时间,IGRP 的默认值为路由更新周期的 7 倍。

如图 8-24 所示,IGRP 发出三类路径信息:内部、系统和外部。内部路径是指连接同一路由器接口的子网间的路径。系统路径是指同一自治系统内网络间的路径。外部路径是指自治系统外网络间的路径。

(2) IGRP 的应用环境与存在的问题

由于 IGRP 是距离向量协议,它也有与 RIP 同样的局限——慢收敛。然而,与 RIP 不同,IGRP 能用于大的网络。IGRP 的最大跳数为 255,这使它能在较大甚至是最大的网络上运行。由于 IGRP 用了 4 个度量(网络间的延迟、带宽、可靠性和负载)而不是 1 个度量(跳数)计算路径的可能性,即使在最复杂的网络上这种直觉的路径选择方法也能有最佳性能。

第一、二代距离向量路由选择协议如 IGRP,都有一个问题,路由器不知道网络的全局情况。路由器必须依靠相邻路由器来获取网络的可达信息。由于路由选择更新信息在网络上传播慢,距离向量路由选择协议有一个慢收敛问题,可能会导致不一致性产生。IGRP 使用以下机制减少因网络上的不一致带来的路由选择环路的可能性:破坏逆转更新、水平分割、保持计数器和触发更新。

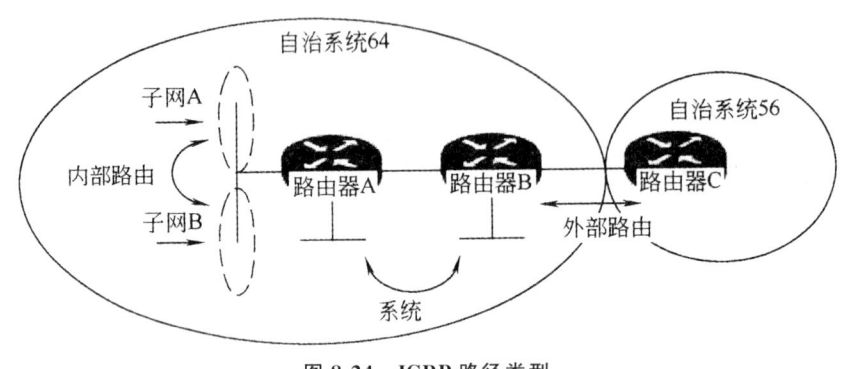

图 8-24　IGRP 路径类型

8.3.3　外部网关协议

1989 年,公布了新的外部网关协议——边界网关协议(Border Gateway Protocol,BGP)。BGP 是不同自治系统的路由器之间交换路由信息的协议。BGP 的较新版本是 1995 年发表的 BGP-4 已成为因特网草案标准协议。本节后面都将 BGP-4 简写为 BGP。

在不同自治系统之间的路由选择之所以不使用前面讨论的内部网关协议,主要有以下几个原因。

①因特网的规模太大,使得自治系统之间路由选择非常困难。连接在因特网主干网上的路由器,必须对任何有效的 IP 地址都能在路由表中找到匹配的目的网络。

目前主干网路由器中的路由表的项目数早已超过了 5 万个网络前缀。这些网络的性能相差很大。如果用最短距离(即最少跳数)找出来的路径,可能并不是应当选用的路径。例如,有的路径的使用代价很高或很不安全。如果使用链路状态协议,则每一个路由器必须维持一个很大的链路状态数据库。对于这样大的主干网用 Dijkstra 算法计算最短路径时花费的时间也太长。

②对于自治系统之间的路由选择,要寻找最佳路由是很不现实的。由于各自治系统是运行自己选定的内部路由选择协议,使用本自治系统指明的路径度量,因此,当一条路径通过几不同的自治系统时,要想对这样的路径计算出有意义的代价是不可能的。例如,对某个自治系统来说,代价为 1000 可能表示一条比较长的路由。但对另一个自治系统代价为 1000 却可能表示不可接受的坏路由。因此,自治系统之间的路由选择只可能交换"可达性"信息(即"可到达"或"不可到达")。

③系统之间的路由选择必须考虑有关策略。例如,自治系统 A 要发送数据报到自治系统 B,同本来最好是经过自治系统 C。但自治系统 C 不愿意让这些数据报通过本系统的网络,另一方面,自治系统 C 愿意让某些相邻的自治系统的数据报通过自己的网络,尤其是对那些付了服

务费的某些自治系统更是如此。

  自治系统之间的路由选择协议应当允许使用多种路由选择策略。这些策略包括政治、安全或经济方面的考虑。例如,我国国内的站点在互相传送数据报时不应经过国外兜圈子,尤其是不要经过某些对我国的安全有威胁的国家。这些策略都是由网络管理人员对每一个路由器进行设置的,但这些策略并不是自治系统之间的路由选择协议本身。

  由于上述情况,边界网关协议 BGP 只能是力求寻找一条能够到达目的网络且比较好的路由(不能兜圈子),而并非要寻找一条最佳路由。BGP 采用了路径矢量路由选择协议,它与距离矢量协议和链路状态协议都有很大的区别。

  在配置 BGP 时,每一个 AS 的管理员要至少选择一个路由器作为该 AS 的"BGP 发言人"。一个 BGP 发言人通常就是 BGP 边界路由器。一个 BGP 发言人负责与其他自治系统中的 BGP 发言人交换路由信息。图 8-25 表示了 BGP 发言人和 AS 的关系。

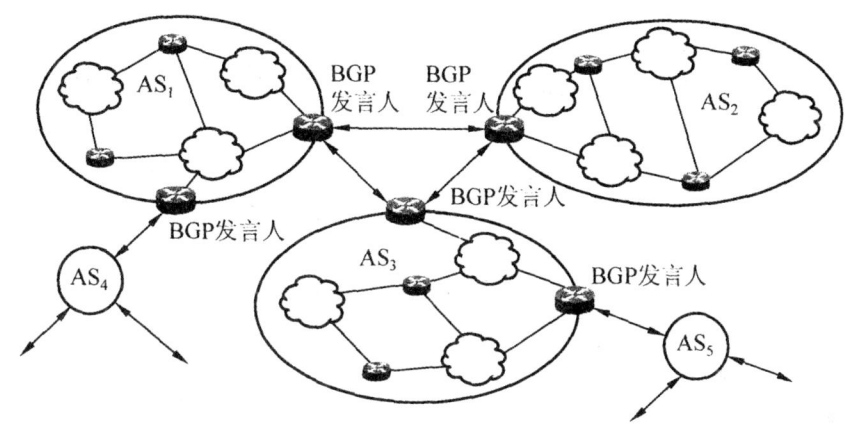

图 8-25 BGP 发言人和 AS 的关系

  一个 BGP 发言人与其他自治系统中的 BGP 发言人要交换路由信息,就要先建立 TCP 连接,然后在此连接上交换 BGP 报文以建立 BGP 会话,利用 BGP 会话交换路由信息。使用 TCP 连接能提供可靠的服务,也简化了路由选择协议。即 BGP 报文用 TCP 封装后,采用 IP 报文传送,其封装关系如图 8-26 所示。

图 8-26 BGP 报文的封装

  各 BGP 发言人根据所采用的策略从收到的路由信息中找到各 AS 的较好路由。它们传递的信息表明"到某个网络可经过某个自治系统"。

  从上面的讨论可知,BGP 协议有如下几个特点。

①BGP 协议交换路由信息的结点数量级是自治系统数的量级,这要比这些自治系统中的网络数少很多。

②在每一个自治系统中 BGP 发言人(或边界路由器)的数目是很少的,这样就使得自治系统之间的路由选择不致过分复杂。

③BGP 支持 CIDR,因此,BGP 的路由表也就应当包括目的网络前缀、下一跳路由器,以及到达该目的网络所要经过的各个自治系统序列。

④在 BGP 刚刚运行时,BGP 的邻站要更新整个的 BGP 路由表,但以后只需要在发生变化时更新有变化的部分,这样做对节省网络带宽和减少路由器的处理开销都有好处。

第9章 网络操作系统

9.1 网络操作系统概述

9.1.1 网络操作系统的定义及特点

1. 网络操作系统的定义

网络操作系统(Network Operating Systems,NOS)是指能使网络上个计算机方便而有效的共享网络资源,为用户提供所需的各种服务的操作系统。网络操作系统是网络用户和计算机网络的接口,是网络的核心组成部分,可实现操作系统的所有功能,并且能够对网络中资源进行管理和共享。由于网络操作系统常常运行于网络服务器中,所以有时也把它称之为服务器操作系统。

2. 网络操作系统的特点

网络操作系统除了具有一般操作系统的特征外,还具有自己的特点,一个典型的网络操作系统一般具有以下特点。

(1) 与硬件系统无关

网络操作系统可以在不同的网络硬件上运行。以网络中最常用的联网设备网卡来说,一般网络操作系统都支持多种类型的网络接口卡,如 D-Link、3Com、Intel 以及其他厂家的以太网卡或令牌环网卡等。不同的硬件设备可以构成不同的拓扑结构,如星型、环型、总线型或网状,网络操作系统应独立于网络的拓扑结构。

然而,任何一种网络操作系统都不可能支持所有的联网硬件,从而对联网硬件的支持能力也就成了选择网络操作系统时需要考虑的一个重要因素。

(2) 多用户支持

网络操作系统应能同时支持多个用户对网络的访问。在多用户环境下,网络操作系统给应用程序以及数据文件提供了足够的、标准化的保护。网络操作系统能够支持多用户共享网络资源,包括磁盘处理、打印机处理、网络通信处理等面向用户的处理程序和多用户的系统核心调度程序。

(3) 互操作性

这是网络工业的一种潮流,允许多种操作系统和厂商的产品共享相同的网络电缆系统,并且彼此可以连通访问。例如,Windows NT 中提供的 NetWare 网关可以方便地访问 NetWare 的服务器。

(4) 路由连接

为了提供网络的互联性，一个功能齐全的网络操作系统可以通过网桥、路由器等网络互联设备将具有相同或不同的网络接口卡及不同协议与不同拓扑结构的网络（包括广域网）连接起来。

(5) 网络目录服务

网络目录服务采用目录和目录服务这两个基本组件来实现。目录是指存储了各种网络对象及其属性的全局数据库；目录服务是指提供一种存储、更新、定位和保护目录中信息的方法。

系统提供了目录服务，用户就无需了解网络中共享资源的位置，只需通过一次登录就可以定位并访问所有的共享资源。这意味着不必每访问一个共享资源就要在提供资源的那台计算机上登录一次。

(6) 网络管理

网络操作系统提供许多网络管理软件。例如，用户注册管理、分组管理、系统备份、调整网络主机/服务器的各种工作参数、监视系统工作状态、监视服务器状态等。支持专用网管软件的运行。

(7) 用户界面

网络操作系统提供给用户丰富的界面功能，具有多种网络控制方式。

(8) 安全和存取控制

对用户资源进行控制，并提供控制用户对网络访问的方式。

9.1.2 网络操作系统的结构

计算机网络中有两种基本的网络结构类型：对等网络和基于服务器的网络。由于计算机网络的主要功能是实现资源的共享，因此，从资源的分配和管理的角度来看，对等网络和基于服务器的网络最大的差异就在于共享网络资源是分散到网络的所有计算机上，还是使用集中的网络服务器。对等网络采用分散管理的结构，基于服务器的网络采用集中管理的结构。对于这两种结构的网络，网络中各台计算机使用的操作系统也是各不相同的。

1. 对等网络

在对等网络中，网络上的计算机平等地进行通信。每一台计算机都负责提供自己的资源，供网络上的其他计算机使用。可共享的资源可以是文件、目录、应用程序等，也可以是打印机、调制解调器或传真卡等硬件设备。另外，每一台计算机还负责维护自己资源的安全性。对等网络的结构如图 9-1 所示。

对等网络的优点如下：
① 计算机硬件的成本低。
② 易于管理。
③ 不需要网络操作系统的支持。

对等网络的缺点：
如果一个网络的用户多、规模大或者是网络复杂、要求较高时，对等网络的缺点就显得很突出了。

①影响用户计算机的性能。
②网络的安全性无法保证。
③备份困难。

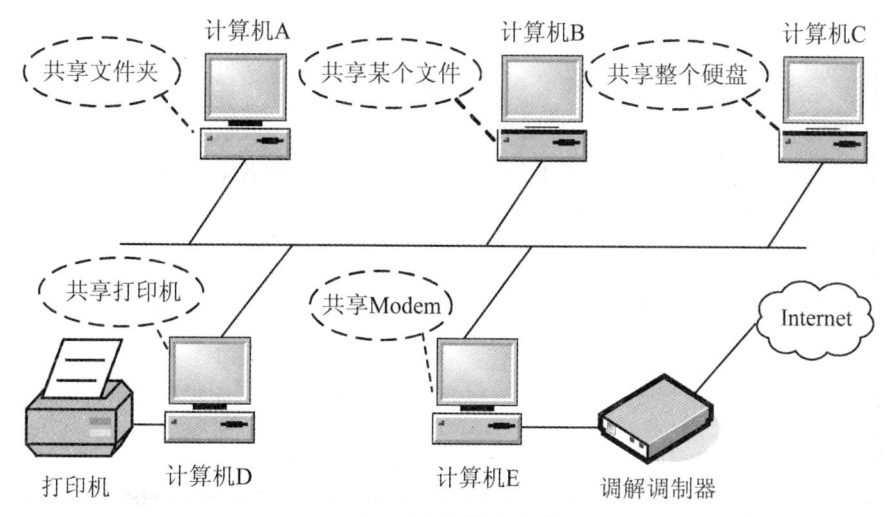

图 9-1 对等网络的结构图

2.基于服务器的网络

在基于服务器的网络中,通常使用一台高性能的计算机用于存储共享资源,并向用户计算机分发文件和信息。在网络中,用户计算机通常也被称为客户机或工作站,而高性能的计算机使用的是专用网络服务器,如图 9-2 所示。

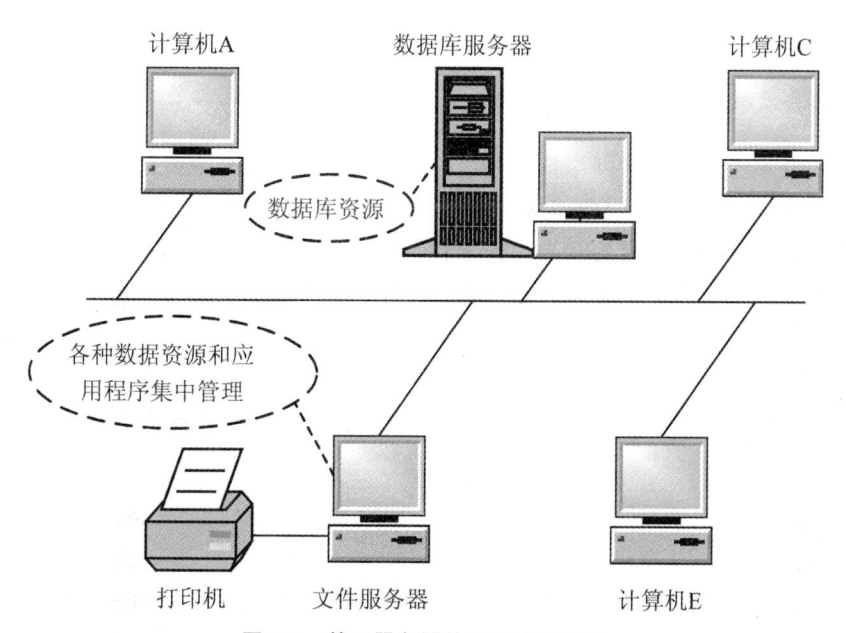

图 9-2 基于服务器的网络的结构图

基于服务器的网络的优点如下：

①安全性高。

②更好的性能。

③集中备份。

④可靠性高。

同样,基于服务器的网络同样存在着一些缺点,与对等网络相比,由于投入了专用的网络服务器和配件(如大容量硬盘、内存等),且安装了网络操作系统,造成了整个网络的成本较高。另外,基于服务器的网络通常需要一定水平的专业管理,即便是网络中只有几台计算机也是一样,网络管理人员需要了解网络操作系统、网络的管理等知识。

9.1.3 网络操作系统的实现策略

网络操作系统的实现可以采用三种结构设计模式：对象模式、客户/服务器模式和对称多处理模式。

1. 对象模式

所谓对象,是指将一组数据和使用它的一组基本操作或过程封装在一起,并将此封装体看作是一个实体,该实体就称为对象。从程序设计者来看,对象是一个程序模块；从用户角度看,对象为他们提供了所需要的行为。采用面向对象的方法,程序员可以按照自己的意图去构造自己的对象,并将问题映射到该对象上。这种方法符合人的思维方式,直观且自然。

网络操作系统 Windows NT 中广泛使用对象来表示共享的系统资源,它是一个基于对象的系统。无论是面向对象还是基于对象的系统,我们都认为是采用对象模式来进行操作系统的结构设计的。

2. 客户/服务器模式

采用客户/服务器模式构造网络操作系统的基本思想是：把网络操作系统划分成若干进程,其中每个进程实现单独的一套服务。每一种服务对应一个服务器,每个服务器运行在用户态,并执行一个循环,不断检测是否有客户提出请求该服务器提供的某种服务。客户可以是一个应用程序,也可以是另一个服务器。客户通过发送一个消息给服务器来请求一项服务,运行在核心态下的网络操作系统内核把该消息传送给服务器,由服务器执行具体操作,其结果以消息的形式经过内核返回给客户,如图 9-3 所示。客户/服务器模式中所提供的功能不仅仅是文件、数据库服务,还有计算、通信等。这种模式有效地使用了资源,提高了系统效率,降低了成本,提高了系统的可靠性。

3. 对称多处理模式

对称多处理模式主要支持多处理机操作系统的设计。如果一个操作系统在所有处理机上运行,并且它们共享同一个内存,这样的系统就是一个对称多处理系统(SMP),如图 9-4 所示。

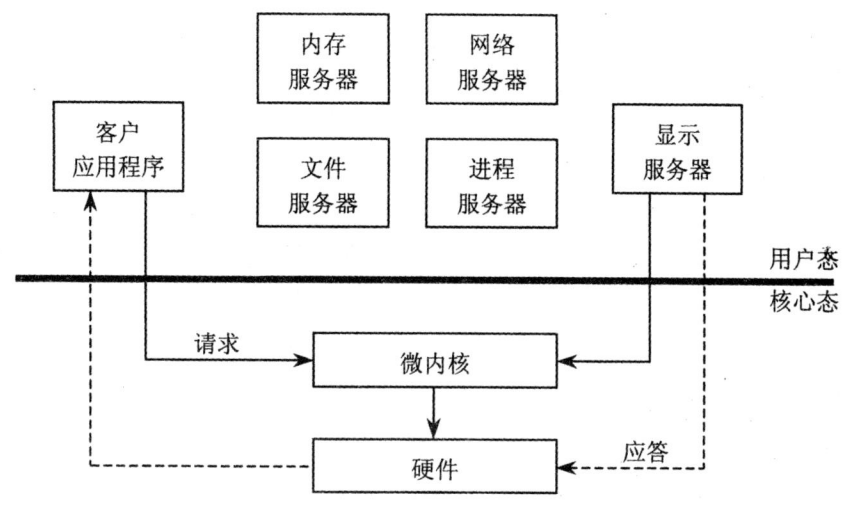

图 9-3 客户/服务器模式下的操作系统模型

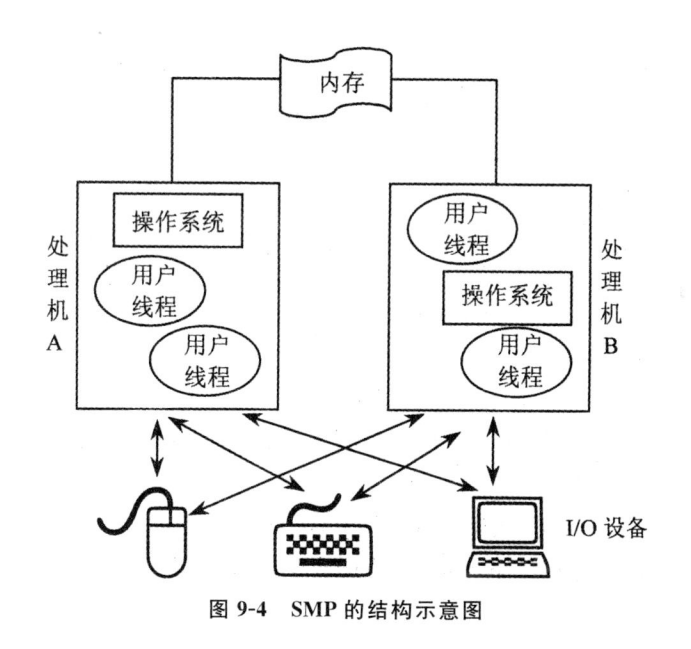

图 9-4 SMP 的结构示意图

9.2 Windows NT 操作系统

9.2.1 Windows NT 的起源

Microsoft(微软)公司开发 Windows 3.1 操作系统的出发点是在 DOS 环境中增加图形用户界面(Graphic User Interface,GUI)。Windows 3.1 操作系统的巨大成功与用户对网络功能的强烈需求是分不开的。微软公司很快又推出了 Windows for Workgroup 操作系统,这是一种对等结构的操作系统。但是,这两种产品仍没有摆脱 DOS 的束缚。

直到 Windows NT 3.1 操作系统推出后,这种状况得到了改观。Windows NT 3.1 操作系统摆脱了 DOS 的束缚,并具有很强的联网功能,是一种真正的 32 位操作系统。然而,Windows NT 3.1 操作系统对系统资源要求过高,并且网络功能明显不足,这就限制了它的广泛应用。

针对 Windows NT 3.1 操作系统的缺点,Microsoft 公司又推出了 Windows NT 3.5 操作系统,它不仅降低了对微型机配置的要求,而且在网络性能、网络安全性与网络管理等方面都有了很大的提高。Windows NT 3.5 操作系统推出后,立即受到了网络用户的欢迎。至此,Windows NT 操作系统才成为 Microsoft 公司具有代表性的网络操作系统。

后来 Microsoft 公司推出 Windows 2000 操作系统,它是在 Windows NT Server 4.0 基础上开发而来。Windows NT Server 4.0 是整个 Windows 网络操作系统最为成功的一套系统,目前还有很多中小型局域网把它当作标准网络操作系统。

9.2.2 Windows NT 的组成及特点

1. Windows NT 的组成

一般来说,Windows NT 操作系统分为两个部分,即 Windows NT Server 和 Windows NT Workstation。

其中,Windows NT Server 是服务器端软件,而 Windows NT Workstation 是客户端软件。

Windows NT 操作系统的设计定位在高性能台式机、工作站、服务器,以及政府机关、大型企业网络、异型机互联设备等多种应用环境。

Windows NT 操作系统继承了 Windows 友好易用的图形用户界面,又具有很强的网络功能与安全性,使得它适用于各种规模的网络系统。同时,Windows NT 系统对 Internet 的支持,使得它成为了运行 Internet 应用程序的重要网络操作系统之一。

尽管 Windows NT 操作系统的版本不断变化,但是从它的网络操作与系统应用角度来看,有两个概念是始终不变的,那就是工作组模型与域模型。

2. Windows NT 的特点

Windows NT Server 是 Microsoft Windows 操作系统系列中的高级产品,是一套功能强大、可靠性高并可进行扩充的网络操作系统。该操作系统适用于目前大多数计算机,除了符合客户机/服务器结构计算机的要求外,还结合了 Windows 的许多优点。总体来说,Windows NT Server 是一个非常理想的操作平台,其特点如下所示。

(1)良好的用户界面

Windows NT Server 采用全图形化的用户界面,用户可以方便地通过鼠标进行操作。

(2)开放的体系结构

Windows NT Server 支持网络驱动接口(NDIS)与传输驱动接口(TDI),允许用户同时使用不同的网络协议。Windows NT Server 内置有以下四种标准网络协议,即 TCP/IP 协议、Microsoft 公司的 MWLink 协议、NetBIOS 的扩展用户接口 NetBEUI 和数据链路控制协议。

(3)内存与任务管理

Windows NT Server 内部采用 32 位体系结构,使得应用程序访问的内存空间可达 4GB。内存保护通过为操作系统与应用程序分配分离的内存空间的方法防止它们之间的冲突。

Windows NT Server 采用线程进行管理与占先式多任务,使得应用程序能够更有效地运行。

(4)内置管理

Windows NT Server 通过操作系统内部的安全保密机制,使得网络管理人员可以为每个文件设置不同的访问权限,规定用户对服务器操作权限与用户审计。

(5)用户工作站管理

Windows NT Server 通过用户描述文件,来对工作站用户的优先级、网络连接、程序组与用户注册进行管理。

(6)集中式管理

Windows NT Server 利用域与域信任关系实现对大型网络的管理。

9.2.3　Windows NT 的工作模式

Windows NT 网在两种模式下运行,即用户模式和内核模式。

1. 用户模式

用户的应用在用户模式下运行,不直接访问硬件,限制在一个被分配的地址空间中,可以使用硬盘作为虚拟内存,访问权限低于内核模式。用户模式进程对资源的访问须经过内核模式组件授权,这有利于限制无权限用户的访问。

2. 内核模式

集中了所有主要操作系统功能的服务在内核模式下运行,与用户模式的应用进程是分开的。内核模式进程可访问计算机的所有内存,只有内核模式组件可直接访问资源。

9.2.4　Windows NT 的网络模型

Windows NT 可以组成两种类型的网络模型,即工作组模型和域模型。支持所有的硬件平台及所有硬件拓扑结构,支持多种网络通信协议,装上 Windows NT 网络操作系统,即成为 Windows NT 网。

1. 工作组模型

工作组是一组由网络连接在一起的计算机,它们的资源、管理和安全性分散在网络各个计算机上。工作组中的每台计算机既可作为工作站又可作为服务器,同时它们也分别管理自己的用户账号和安全策略,只要经过适当的权限设置,每台计算机都可以访问其他计算机中的资源,也可提供资源给其他计算机使用,如图 9-5 所示。

这种工作组模式的特点如下所示。

优点:对少量较集中的工作站很方便,容易共享分布式的资源,管理员维护工作少,实现简单。

缺点:对工作站数量较多的网络不适,无集中式账号管理、资源管理及安全性管理。

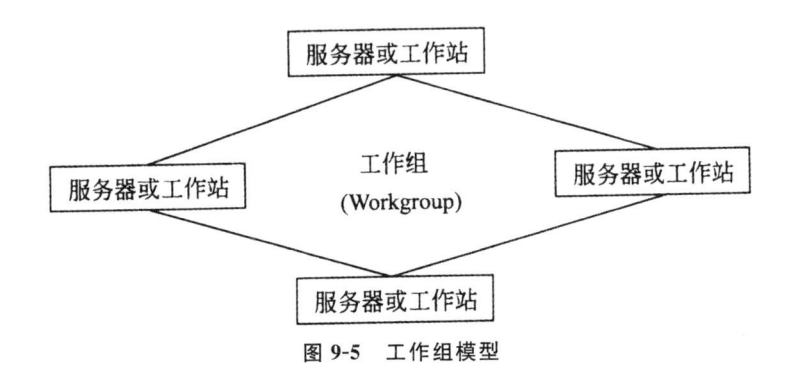

图 9-5　工作组模型

2. 域模型

Windows NT Server 操作系统以"域"为单位实现对网络资源的集中管理。在一个 Windows NT 域中,只能有一个主域控制器,它是一台运行 Windows NT Server 操作系统的计算机;同时,还可以有后备域控制器与普通服务器,它们都是运行 Windows NT Server 操作系统的计算机。

主域控制器负责为域用户与用户组提供信息,同时具有与 NetWare 中的文件服务器相似的功能。

后备域控制器的主要功能是提供系统容错,它保存着域用户与用户组信息的备份。后备域控制器可以像主域控制器一样处理用户请求,在主域控制器失效情况下它将会自动升级为主域控制器。

图 9-6 给出了典型的 Windows NT 域的组成。由于 Windows NT Server 操作系统在文件、打印、备份、通信与安全性方面的诸多优点,因此,它得到了越来越广泛的应用。

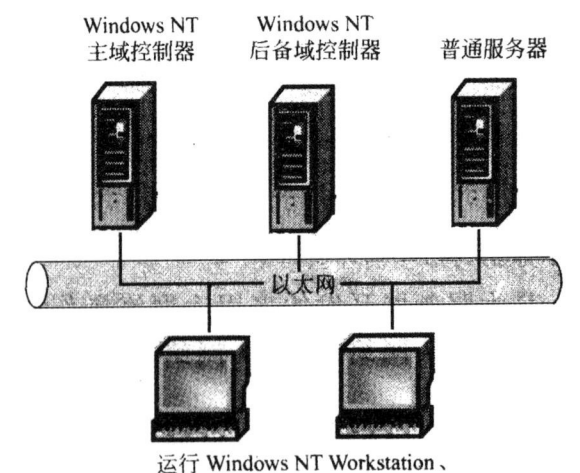

图 9-6　Windows NT 域的组成

Windows NT 网络提供了以下四种域的模型。

(1) 单域模型

在单域模型下,整个网络只有一个域,域中的所有账号和安全信息都保存在主域控制器上,如图 9-7 所示。

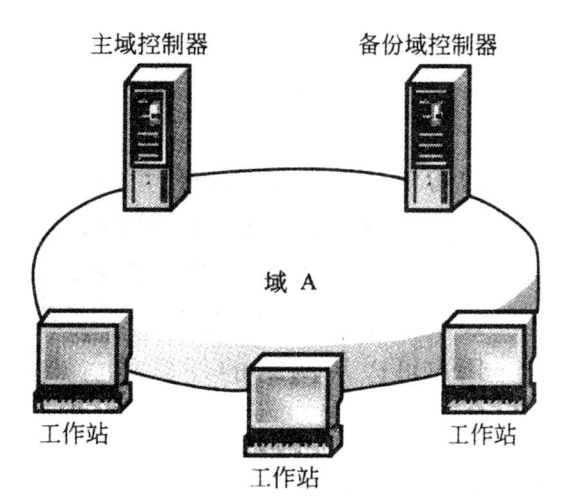

图 9-7 单域模型

单域模型是四种模型中最简单的一种,它具有设计简单,维护和使用方便的特点。在保持高效率工作的情况下,单域模型可以有多达 26000 个用户账号。

对于那些网络用户和组的数量较少,要求能对用户账号进行集中管理,并且管理工作简单的单位来说,最好选择单域模型。

(2) 单主域模型

单主域模型至少有两个以上的域组成,每个域都有自己的域控制器,如图 9-8 所示。

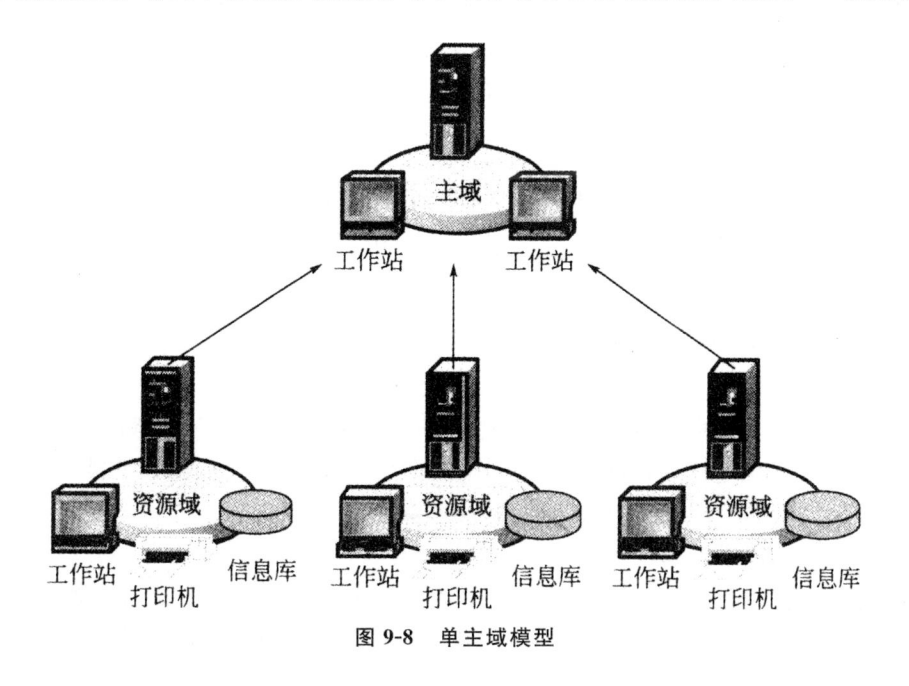

图 9-8 单主域模型

其中,有一个域作为主域,其他的域作为资源域。所有的用户账号信息保存在主域控制器上,而资源域只负责维护文件、目录和打印机等资源。用户按主域上的账号登录,所有的资源都安装在资源域中。每个资源域都与主域(也称为账号域)建立单向的委托关系,使得主域中所有账号的用户可以使用其他域中的资源。

当网络由于工作的需要必须分为多个域,而用户和组的数量又较少时,可采用单主域模型。

(3) 多主域模型

多主域模型中有多个主域存在,每个域的所有账号和安全信息保存在自己的域控制器上。当然,在多主域模型的网络中也可以存在着资源域,它的账号由其中的某个主域提供。

与单主域模型类似,主域用作账号域,用于创建和维护用户账号。网络中其他的成为资源域,它们不存储和管理用户账号,但可以提供共享文件服务器和打印机等网络资源。

在该模型中,每个主域通过双向委托关系与其他主域相连。每个资源域通过单向委托关系委托每个主域。由于每个用户账号总存在于某个主域中,且每个资源域又委托每个主域,因此,在任意一个主域中都可以使用任何一个用户账号。

多主域模型包括单主域模型的全部特性,适用于 40000 用户以上的组织;用户可以从网络的任意位置或世界上的任意一个地方登录,并可进行集中和分散管理;组织的特殊需要可对域进行配置,使其对应于特定的部门或公司内部组织。

多主域模型适合用在一些大型的网络中,使网络具有良好的操作性和管理性,并可进行远程登录。

(4) 完全信任模型

完全信任模型是多个单域之间的相互信任模型,即网络中每个域信任其他任何域,而每个域都不管理其他域。

该模型把对用户账号和资源的管理权分散到不同的部门中去,而不进行集中化管理,每个部门管理自己的域,定义自己的用户账号,这些用户账号可以在任意域内使用。

完全信任模型对没有中央 MIS 部门的公司非常合适,它可扩展到有任何用户数的大型网络,且每个部门对它自己的用户和资源拥有完全控制权,用户账号和资源可按部门单元进行分组。且当其他域中的用户访问本域资源时可能导致安全危机。

9.3　Windows Server 2003 操作系统

9.3.1　Windows Sever 2003 概述

Windows Server 2003 是微软公司在 Windows NT、Windows 2000 基础上开发的新一代网络操作系统。它的高安全性、高可靠性、高可用性和高可伸缩性几乎可以满足现代企业所需的全部功能,Windows Server 2003 的优点主要体现在以下几个方面。

(1) 便于部署、管理和使用

经由熟悉的 Windows 界面,Windows Server 2003 使用容易上手。有效的新向导简化了特定服务器角色的安装和日常服务器管理任务,即便是没有专职的系统管理员也一样容易管理。

另外，系统管理员还有一些新增和改进的功能设计，让部署活动目录更为容易。大型的 Active Directory 副本可以从备份媒体部署，而通过使用 Active Directory 迁移工具（ADMT），从早期的服务器操作系统（如 Windows NT）升级则更简单。新功能（如重命名域和重新定义架构的功能）使维护 Active Directory 变得更加简单，并赋予管理员更好的灵活性以处理可能出现的组织更改。另外，交叉林信任使得管理员可以将 Active Directory 目录林连接起来，从而既可以拥有自治权，又无需牺牲整体性。最后，改进的部署工具（如远程安装服务）可协助管理员快速创建系统映像及部署服务器。

(2) 安全的基础结构

对于保持企业的竞争力而言，高效、安全的网络计算的重要性不言而喻。Windows Server 2003 使组织可以利用现有 IT 投资的优势，并通过部署关键功能（如 Microsoft Active Directory 服务中的交叉林信任以及 Microsoft .NET Passport 集成）将这些优势扩展到合作伙伴、顾客和供应商。Active Directory 中的标识管理的范围跨越整个网络，有助于确保整个企业的安全。加密敏感数据非常容易，而且软件限制策略可用于防止由病毒和其他恶意代码造成的破坏。Windows Server 2003 是部署公钥结构（PKI）的最佳选择，而且其自动注册和自动更新功能使在企业中部署智能卡和证书非常简单。

(3) 增强和采用最新技术，降低了 TCO

Windows Server 2003 提供许多技术革新以帮助企业降低拥有总成本（TCO）。例如，Windows 资源管理器使管理员可以设置服务器应用程序的资源使用情况（处理器和内存）并通过组策略设置来管理。网络附加存储（NAS）帮助合并文件服务。其他改进包括对非唯一内存访问（NUMA）、Intel 超线程技术和多路输入/输出（I/O）等有助于服务器扩展性的支持。

(4) 企业级可靠性、可用性、可伸缩性和性能

通过一连串的新功能和改进功能（包括内存镜像、热添加内存以及 Internet 信息服务（IIS）6.0 中的状态检测等），增强了可靠性。为了寻求更高的可用性，Microsoft 群集服务目前支持高达八结点的群集以及地理散布的结点。支持从单处理器到 32 路系统的多种系统，提供了更好的可扩展性。整体而言，Windows Server 2003 更快，其文件系统性能比以往的操作系统好 140%，并且 Active Directory、XML Web 服务、终端服务和网络方面的性能也显著提高。

(5) 便于创建动态 Intranet 和 Internet Web 站点

IIS 6.0 是 Windows Server 2003 中内置的 Web 服务器，它提供增强的安全性和可靠的结构（该结构提供对应用程序的隔离并极大地提高了性能）。结果获得了更高的总体可靠性和运行时间。Microsoft Windows 媒体服务使得生成具有动态内容编程以及更快、更可靠的性能让建立数据流媒体解决方案变得更容易。

(6) 用 Integrated Application Server 加快开发速度

Microsoft .NET 框架是深深集成在 Windows Server 2003 操作系统中的。Microsoft ASP.NET 可以编写高性能的 Web 应用程序。由于有了 .NET-connected 技术，开发人员将可以从编写单调的错综复杂的代码中解脱出来，并且可以用他们已经掌握的编程语言和工具高效率地工作。Windows Server 2003 提供许多提高开发人员生产效率和应用程序价值的功能。现有的应用程序可以被简便地重新打包成为 XML Web 服务。UNIX 应用程序可以被简便地集成或迁移。并且，开发人员可以通过 ASP.NET 移动 Web 窗体控件和其他工具快速生成与移动有关的 Web 应用程序和服务。

(7)便于查找、共享和重新利用 XML Web 服务

Windows Server 2003 包含了名为企业通用描述、发现与集成(Enterprise Universal Description,Discovery,and Integration,UDDI)的服务。这一基于标准的 XML Web Services 的动态弹性基础结构可让组织运行自己的 UDDI 目录,用于在内部或外部网络更方便地搜索 Web Service 及其他编程资源。开发人员可以简便快速地发现并重新使用组织内的 Web Service。IT 管理人员可以分类和管理网络中的编程资源。企业 UDDI 服务也帮助企业建立更智能、更可靠的应用。

(8)降低支持成本,增强用户功能

由于有了新的影像复制功能,用户无需得到支持专业人员的价格不菲的帮助,即可立即检索到以前版本的文件。文件复制服务(FRS)和分布式文件系统(DFS)的增强为用户提供一种一致的方法,使它们无论身在何处都能访问其文件。对于需要高级别安全性的远程用户,远程访问连接管理器可以被配置为给予用户对虚拟专用网络(VPN)的访问权,而不必要这些用户了解技术连接配置信息。

(9)稳定的管理工具

新的组策略管理控制台(GPMC)预计可作为外接组件使用,它使管理员可以更好地部署并管理那些自动调整关键配置区域(如用户的桌面、设置、安全和漫游配置文件)的策略。管理员可以用一套新的命令行工具使管理功能脚本化和自动化,如果需要,大多数管理任务都能从命令行完成。对 Microsoft 软件更新服务(SUS)的支持帮助管理员使最新系统更新自动化。并且卷影像复制服务将改进备份、还原和系统区域网(SAN)管理性任务。

(10)利用全球伙伴和认证专业人士网的专家知识

使用单位可获得全球范围内的广泛的解决方案和专门技术,其中包括 7500000 家提供硬件、软件和服务的合作伙伴以及 450000 和 Microsoft 认证专家(MCP)。

9.3.2 Windows Server 2003 的体系结构

Windows Server 2003 网络操作系统是一个模块化的、基于组件的操作系统。操作系统按功能层次进行模块划分,并以组件对象的形式为用户进程或其他对象提供调用接口,从而利用这些组件所提供的各种功能和服务。这些组件对象协同工作便能执行特定的操作系统任务。

Windows Server 2003 的体系结构包含两个主要的层次:用户模式和内核模式。这两种模式和各种子系统如图 9-9 所示。

1. 用户模式

操作系统中与用户交互的这组模块或组件称为用户模式。用户模式包含若干环境子系统:Win32、POSIX、OS/2 和其他子系统。通过子系统可以将用户进程与对系统设备进行 I/O 操作的核心进程进行隔离,降低用户程序与设备之间的耦合度,很大程度上提高了应用程序的可移植性。

Win32 子系统主要为 Win32 应用程序提供与系统交互的接口,这个子系统也支持 16 位 Windows 和 DOS 应用程序。所有应用程序的 I/O 和 GUI 功能都在这里处理,并且为了支持终端服务,Windows Server 2003 中的 Win32 子系统已经较 Windows NT 有很大的增强。

第 9 章 网络操作系统

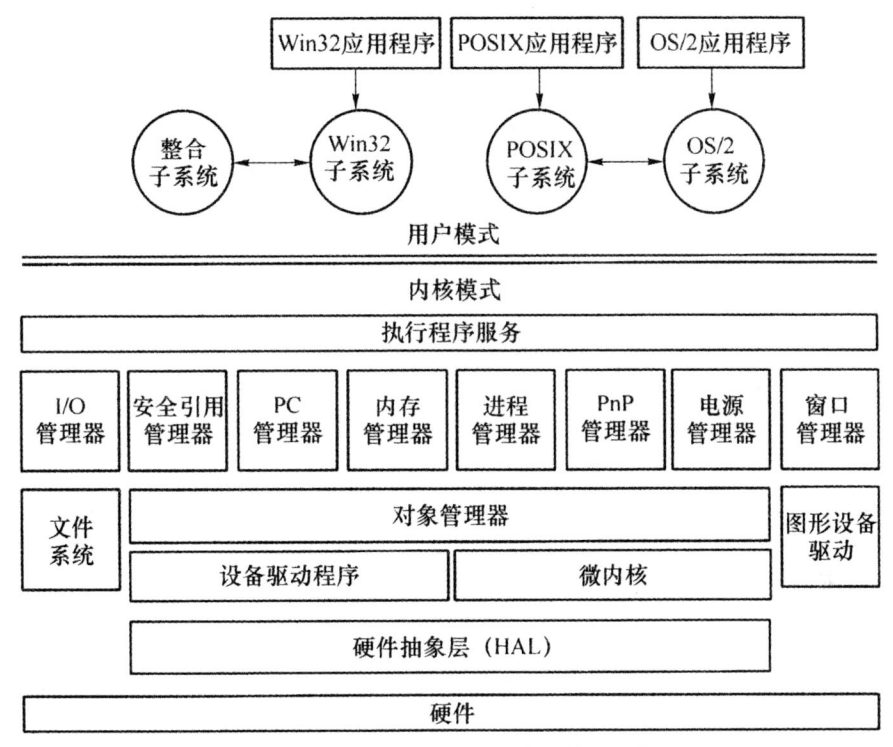

图 9-9 Windows Server 2003 的体系结构

POSIX（Portable Operating System Interface，缩写为 POSIX 是为了读音更像 UNIX）是 UNIX 类型操作系统接口集合的国际标准。在系统中集成 POSIX 子系统是为了在 Windows Server 2003 上运行符合 POSIX 标准的 UNIX 应用程序和脚本。

与 POSIX 子系统类似，可使 Windows Server 2003 支持 16 位 OS/2 应用程序（主要是 Microsoft OS/2）。

整合子系统用于执行某些关键操作系统功能，其中包括以下几个方面。

（1）服务器服务

该服务使 Windows Server 2003 成为网络操作系统。所有网络服务都源于服务器服务。

（2）工作站服务

这项服务在用途上与服务器服务相类似。它更多地面向用户对网络的访问（在禁用这项服务的机器上也能进行工作）。

（3）安全子环境

执行与用户权利和访问控制有关的服务。访问控制包括对整个网络及操作系统对象的保护，这些对象是以一定的方法在操作系统中定义或抽象的。安全子环境也处理登录请求并开始登录验证过程。

2. 内核模式

操作系统中控制硬件和访问系统数据的这组模块或组件称为内核模式。内核模式在不能被用户应用程序直接访问的 CPU 保护空间中执行。内核模式由以下几个部分组成。

(1) Windows Server 2003 执行体程序

执行程序是对系统中关键对象进行管理(特别是安全性方面)的操作系统层,它包含一些具有特殊功能的系统模块,并为用户模式的应用软件提供调用接口。这些内核模块有:

①I/O 管理器。该模块用于管理文件系统、设备驱动程序和高速缓存管理器的输入与输出。

②进程间通信管理器。该组件的作用是管理客户端和服务器进程间的通信。它由本地过程调用(LPC)工具和远程过程调用(RPC)工具组成,前者用来管理同一台计算机上的客户端和服务器进程间的通信,后者用来管理不同机器上客户端和服务器之间的通信。

③安全性引用监视器。该模块用于对文件、进程、地址间和 I/O 设备等的受保护对象实施存取确认审核。

④内存管理器或虚拟内存管理器。该组件用来管理虚拟内存。它为每个进程提供一段虚拟地址空间,每个进程占有并保护它的虚拟地址空间以维护系统的完整性。它同时还控制虚拟 RAM 对硬盘的访问要求,这就是通常所说的分页技术。

⑤进程管理器。该组件可以创建和终止由系统服务或应用程序产生的进程和线程。

⑥即插即用管理器。该组件用于识别即插即用设备,并加载与这些设备相应的驱动程序。利用各种设备驱动程序,为即插即用硬件提供服务及通信。

⑦窗口管理器和图形设备接口(GDI)。该组件负责窗口显示和界面图形的绘制与处理。

⑧电源管理器。该组件利用各种电源管理 API 进行工作,管理与电源管理请求有关的事件。

⑨对象管理器。该组件负责管理系统对象。它可以创建、删除对象。它同时可以进行资源管理,例如,创建对象时需要分配的内存。

(2) 设备驱动程序

设备驱动程序包括文件系统和硬件设备的驱动程序。设备驱动程序是一些与硬件设备进行通信的翻译例程,通过设备驱动程序可以把用户的 I/O 功能调用转换成特定硬件设备的 I/O 请求。设备驱动程序通常有以下几种。

①文件系统驱动程序。接受面向文件系统的 I/O 请求,并把其转化为对特殊设备的 I/O 请求。

②硬件设备驱动程序。将输出写入物理设备或网络,或者从物理设备或网络获得输入。

③过滤器驱动程序。截获 I/O 请求,并在传递 I/O 请求到下一层之前执行某些增值处理。

④网络重定向程序和服务器。是文件系统驱动程序,用于传输远程 I/O 请求到网络中的主机上。

(3) 微内核

微内核是操作系统的核心,它提供了一组最基本的服务:线程调度、进程调度、异常和中断处理以及多处理器间的同步等。这部分代码不能以线程的方式运行,因此,这是操作系统中唯一不能被剥夺或调页的部分。

(4) 硬件抽象层

硬件抽象层是位于真实硬件之上的一层抽象的软件接口,所有对硬件的存取操作都通过它进行。通过硬件抽象层将完成类似功能的不同厂家的硬件的调用方式抽象为统一的调用接口提供给上层调用,因此不管系统使用何种厂商的硬件,用户对系统的使用及用户程序的执行均显现不出任何差异。

9.3.3　Windows Server 2003 的内存管理

Windows Server 2003 的内存管理与 Windows 2000 Server 的管理方式几乎相同，但与 Windows NT 4.0 相比已有巨大的改进。它由一个内存模型组成，这个内存模型基于一个平面的、线性的 32 位地址空间，因此 Windows Server 2003 可以访问 4GB 地址空间，这个空间是虚拟的，可能由 RAM 和硬盘空间组成。可以在 Boot.ini 中使用 3GB 或者 PAE(Physical Address Extension)来更改默认的地址空间，以获得大于 4GB 的地址空间。

操作系统使用虚拟内存管理器(Virtual Memory Manager，VMM)来管理系统内存。它具有以下两个主要功能。

①在物理内存用完时，VMM 会根据适当的页面替换算法将暂时用不到的内存页面内容移动到硬盘中去。

②VMM 拥有一个内存映射表，在这张表中记录着每个进程的真实物理地址与内存虚拟地址的对应关系。当进程需要进行内存的存取操作时，VMM 根据这张表找到相应物理内存的位置，并负责将进程对虚拟内存的操作映射到相应的物理内存上。VMM 这种映射操作对于进程是透明的，进程就像直接访问物理内存一样运行。

不同版本的 Windows Server 2003 对 RAM 容量的支持是不一样的，Windows 2003 Web 版本最多可以支持 2GB RAM，Windows Server 2003 Enterprise 版可支持 64GB，Windows Server 2003 Standard 版最多可以支持 4GB RAM，在 64 位处理器上 Windows Server 2003 Datacenter 版可以支持 512GB RAM。

9.3.4　Windows Sever 2003 的存储和文件系统服务

1．磁盘管理

Windows Server 2003 的"磁盘管理"替代了 Windows NT 4.0 中使用的"磁盘管理器"实用工具，并提供了许多新的功能，具体如下所示。

(1)简化的任务和直观的用户界面

磁盘管理程序易于使用。可通过鼠标右键访问的菜单能够显示可对选定对象执行的任务，并指导用户进行创建分区或卷以及初始化或转换磁盘等操作。

(2)本地和远程磁盘管理

只要用户有足够的管理权限，可使用"磁盘管理"来管理运行 Windows 2000、Windows XP Professional 或 Windows Server 2003 家族操作系统的任何远程计算机。

(3)基本和动态磁盘存储

基本磁盘包含有基本卷，例如，主磁盘分区和扩展分区中的逻辑驱动器。可在便携机上或打算在同一磁盘的不同分区上安装多个操作系统时使用基本磁盘。

动态磁盘包含所提供的功能比基本磁盘要多的动态卷，如在 Windows 2000 Server 家族或 Windows Server 2003 家族操作系统上创建容错卷。而且还可以在不重新启动计算机的情况下扩展动态卷(除了系统或启动卷外)、镜像动态卷，并添加新的动态磁盘。

(4)支持 MBR 和 GPT 磁盘

磁盘管理在基于 x86 的计算机上提供对主启动记录(MBR)磁盘的支持,以及在基于 Itanium 的计算机中提供对 MBR 和 GUID 分区表(GPT)磁盘的支持。

(5)装入的驱动器

系统支持在本地 NTFS 卷上的任何空文件夹中连接或装入本地驱动器。装入的驱动器使数据访问更加容易,并赋予用户基于工作环境和系统使用情况管理数据存储的灵活性。装入的驱动器不受 26 个驱动器号限制的影响,因此可以使用装入的驱动器在计算机上访问 26 个以上的驱动器。

(6)支持存储区域网络(SANs)

为了在 Windows Server 2003 Enterprise Edition 和 Windows Server 2003 Datacenter Edition 之间的存储区域网络有良好的互操作性,新磁盘上的卷加入系统时,不默认自动装入和分配驱动器符。

(7)支持从命令行管理磁盘

使用 DISKPART 命令可以通过命令行执行与磁盘相关的任务,而不必使用"磁盘管理"。使用 DISKPART,可以创建自动执行任务的脚本,例如,创建卷或将基本磁盘转化为动态磁盘。

2.远程存储

启用远程存储服务后,远程存储会自动将被管理卷上的合格的文件复制到磁带库或光盘上,然后监视被管理卷的可用空间量。当被管理的卷上的可用空间量下降到所要求的级别以下时,远程存储将自动删除已经复制文件中的数据来提供所需的磁盘空间。

文件数据缓存在本地,以便需要时可以快速访问。直到需要更多的磁盘空间时,才删除缓冲文件中的数据。当需要打开其数据已经被删除的文件时,数据将自动从远程存储中撤回。

"远程存储"的数据存储具有层次结构,有两个已定义的等级。较下一级,称为"远程存储",位于与服务器计算机相连的自动媒体库或独立的磁带(磁盘)驱动器上。较上的一级,称为"本地存储",包含运行"远程存储"的计算机上的 NTFS 磁盘卷。

当需要访问"远程存储"所管理的卷上的文件时,只要简单地打开该文件。如果文件数据不再被缓存在本地卷中,"远程存储"将从磁带库中撤回数据。由于这样做要花费比通常更多的时间,"远程存储"将根据用户设定的标准,仅从本地卷上最不可能需要的文件中删除数据。

3.可移动存储

可移动存储可以轻松地跟踪可移动存储媒体,并管理包含这些媒体的硬件库。它可以标注、分类并跟踪媒体,控制库驱动器、插槽和门,并提供驱动器清洗操作。

除了以上所述,可移动存储可以与数据管理程序(如备份程序)协同工作,利用数据管理程序来管理存储在媒体上的实际数据。并且可移动存储还能使多个程序共享相同的存储媒体资源,从而减少开销。可移动存储将库中的所有媒体组织到不同的媒体池中。而且可移动存储会在媒体池之间移动媒体,以提供应用程序需要的数据存储空间。

可移动存储不提供卷管理和文件管理功能。

9.3.5 Windows Server 2003 活动目录

活动目录存储了网络对象大量的相关信息,网络用户和应用程序可根据不同的授权使用在活动目录中发布的有关用户、计算机、文件和打印机等信息。活动目录实际上是一种用于组织、管理和定位网络资源的企业级工具。对于 Windows 网络来讲,规模越大,需要管理的资源就越多,建立活动目录服务也就越必要。

1. 活动目录的功能

活动目录提供了一种组织方式并简化计算机网络系统中资源的访问。作为一种增强型目录服务,它具有下列功能。

①数据存储,也称为目录,它存储着与活动目录对象有关的信息。这些对象包括共享资源,如服务器、文件、打印机、网络用户和计算机账户。

②建立查询和索引机制,可以使网络用户或应用程序发布并查找这些对象及其属性。

③包含目录中每个对象信息的全局编录。允许用户和管理员查找目录信息,而与目录中实际包含数据的域无关。

④通过网络分发目录数据的复制服务。对目录数据所做的任何更改都被复制到域中的所有域控制器。

⑤与网络安全登录过程的安全子系统的集成,实现对目录数据查询和数据修改的访问控制。

⑥提供安全策略的存储和应用范围,支持组策略来实现网络用户和计算机的集中配置和管理。

2. 活动目录对象

活动目录采用层次结构来组织管理对象。这些对象包括网络中的各项资源,如用户、计算机、打印机和应用程序等。活动目录对象以层次结构组织,可分为两种类型。一类是容器对象,即可以包含下层对象的对象;另一类是非容器对象,即不能包含下层对象的对象。每个对象均有一组属性,用来记录该对象的特性。对象与属性的关系相当于数据库中的记录和字段之间的关系。

3. 域

域是活动目录的基本单位和核心单元,是活动目录的分区单位,活动目录中必须至少有一个域。共享同一个活动目录数据库的计算机组成一个域。一个典型的域包括域控制器、成员服务器和工作站等类型的计算机。由域控制器对网络中的资源实行集中管理和控制,目录信息存储在域控制器上的活动目录数据库中。活动目录以域为基础,具有伸缩性,可包含一个或多个域,每个域具有一个或多个域控制器,可调整目录的规模以满足任何网络的需要。多个域可合并为域树,多个域树可合并为域林。

4. 域树

将多个域组合成为一个域树。域树是属于连续命名空间的活动目录域对象的系统集合。在活动目录中，根域可以扩展或者划分成有共同父域的多个子域。子域的名称也必须是唯一的；但它们共享一个目录模式，该模式规定域树中所有对象的正式定义。

如图9-10所示，域teach.zzia.com、study.zzia.com 是域 zzia.com 的子域；域 xxkx.teach.zzia.com 是域 teach.zzia.com 的子域。

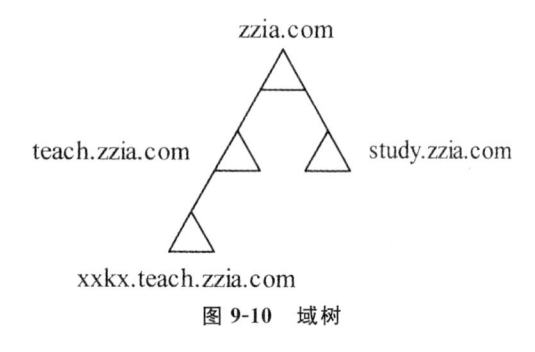

图 9-10　域树

5.域林

域林是一个或多个域树的集合。在活动目录中可以创建另一个父域，并在它之下创建对象，且允许这些对象与相邻域树中的对象相同。在这些域树之间可以建立信任关系，允许域林中一棵树的用户访问另一棵树中的资源。如图9-11所示，域 zzia.com 和域 edu.cn 构成了域林。

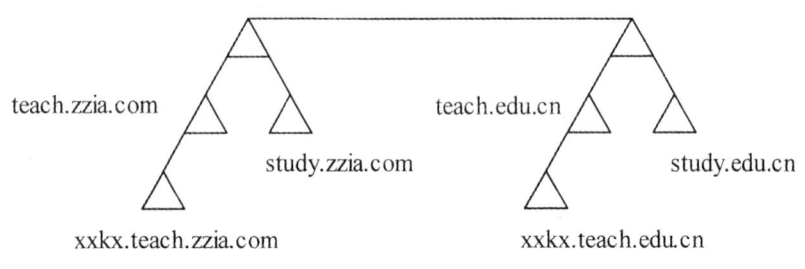

图 9-11　榆林

6.组织单元

可以将域再进一步划分成多个组织单元（简称 OU）以便于管理。组织单元是可将用户、组、计算机和其他组织单元放入其中的活动目录容器。每个域的组织单元层次都是独立的，组织单元不能包括来自其他域的对象。组织单元相当于域的子域，本身也具有层次结构。

7.站点

活动目录站点可以看作是一个或多个 IP 子网中的一组计算机定义。同一站点中的计算机需要很好地连接，尤其是子网内的计算机。如果站点包括多个子网，由于相同原因那些子网也必须具有良好的网络连接。站点与域不同，站点反映网络的物理结构，而域通常反映整个单位的逻辑结构。逻辑结构和物理结构相互独立，也可能相互交叉。活动目录允许单个站点中有多个域，单个域中有多个站点。活动目录站点的主要作用是使活动目录适应复杂的网络连接环境,一般只有在有多种网络连接的网络环境下,如广域网中才规划站点。

9.4 UNIX 操作系统

9.4.1 UNIX 的发展

从总体来看,UNIX 的发展可以分为三个阶段。

1. 第一阶段——UNIX 的初始发展阶段

1969 年 AT&T 贝尔实验室创造了 UNIX 操作系统,刚开始只是在实验室内部使用并完善它,这个阶段 UNIX 从版本 1 发展到了版本 6,同时 UNIX 也以分发许可证的方法,允许大学和科研机构获得 UNIX 的源代码进行研究发展。这个阶段最重要的事件是 UNIX 的作者使用 C 语言将 UNIX 的源代码重新改写,使 UNIX 具有可移植性。

2. 第二阶段——UNIX 的丰富发展时期

20 世纪 80 年代,在 UNIX 发展到了版本 6 之后,一方面 AT&T 继续发展内部使用的 UNIX 版本 7,同时也发展了一个对外发行的版本,但改用 System 加罗马字母作版本号来称呼它。System Ⅲ 和 System Ⅴ 都是相当重要的 UNIX 版本。

此外,其他厂商以及科研机构都纷纷改进 UNIX,其中,以加州大学伯克利分校的 BSD 版本最为著名,从 4.2BSD 中也派生出了多种商业 UNIX 版本。在这个时期中,Internet 开始进行研究,而 BSD UNIX 最先实现了 TCP/IP,使 Internet 和 UNIX 紧密结合在一起。

3. 第三阶段——UNIX 的完善阶段

从 20 世纪 90 年代开始到现在,当 AT&T 推出 System V Release 4(第 5 版本的第 4 次正式发布产品)之后,它和伯克利分校的 4.3BSD 已经形成了当前 UNIX 的两大流派。此时,AT&T 认识到了 UNIX 的价值,因此,他起诉包括伯克利分校在内的很多厂商,伯克利分校不得不推出不包含任何 AT&T 源代码的 4.4BSD-Lite,随后,有很多 UNIX 厂商从 BSD 转向了 System V 流派。

这个时期的另一个事件是 Linux 的出现,一个完全免费的与 UNIX 兼容的操作系统,运行在非常普及的个人计算机上。目前,Linux 已成为仅次于 Windows 的第二大操作系统。

UNIX 操作系统的典型产品主要有:
① 应用于 PC 机上的 Xenix 系统、SCO UNIX 和 Free BSD 系统。
② 应用于工作站上的 SUN Solaris 系统、IBM AIX 系统和 HP-UX 系统。

一些大型主机和工作站的生产厂家专门为它们的机器开发了 UNIX 版本,其中包括 SUN 公司的 Solaris 系统,IBM 公司的 AIX 和惠普公司的 HP-UX。

9.4.2 UNIX 的功能

UNIX 操作系统是目前功能最强、安全性和稳定性最高的网络操作系统,其通常与硬件服务器产品一起捆绑销售。

UNIX 的功能主要表现在以下几个方面。

1. 网络和系统管理

现在所有 UNIX 系统的网络和系统管理都有重大扩充;它包括了基于新的 NT(以及 Novell NetWare)的网络代理,用于 Open View 企业管理解决方案,支持 Windows NT 作为 Open View 网络结点管理器。

2. 高安全性

Presidium 数据保安策略把集中式的安全管理与端到端(从膝上/桌面系统到企业级服务器)结合起来。例如,惠普公司的 Presidium 授权服务器支持 Windows 操作系统和桌面型 HP-UX;又支持 Windows NT 和服务器的 HP-UX。

3. 通信能力强

Open Mail 是 UNIX 系统的电子通信系统,是为适应异构环境和巨大的用户群设计的。Open Mail 可以安装到许多操作系统上,不仅包括不同版本的 UNIX 操作系统,也包括 Windows NT、NetWare 等其他网络操作系统。

4. 可连接性

在可连接性领域中各 UNIX 厂商都特别专注于文件/打印的集成。NOS(网络操作系统)支持与 NetWare 和 NT 共存。

5. Internet

从 1996 年 11 月惠普公司宣布了扩展的国际互联网计划开始,各 UNIX 公司就陆续推出了关于网络的全局解决方案,为大大小小的组织对于他们控制跨越 Microsoft Windows NT 和 UNIX 的网络业务提供了崭新的帮助和业务支持。

6. 数据安全性

随着越来越多的组织中的信息技术体系框架成为他们具有战略意义的一部分,他们对解决数据安全问题的严重性变得日益迫切。无论是内部的还是外部的蓄意入侵,没有什么不同。UNIX 系统提供了许多数据保安特性,可以给计算机信息机构和管理信息系统的主管们对他们的系统有一种安全感。

7. 可管理性

随着系统越来越复杂,无论从系统自身的规模或者与不同的供应商的平台集成,以及系统运行的应用程序对企业来说变得从未有过的苛刻，系统管理的重要性与日俱增。HP-UX 支持的系统管理手段是按既易于管理单个服务器，又方便管理复杂的联网的系统设计的；既要提高操作人员的生产力，又要降低业主的总开销。

8. 系统管理器

UNIX 的核心系统配置和管理是由系统管理器(SAM)来实施的。SAM 使系统管理员既可采用直觉的图形用户界面，也可采用基于浏览器的界面(它引导管理员在给定的任务里做出种种选择)，对全部重要的管理功能执行操作。

SAM 是为一些相当复杂的核心系统管理任务而设计的，如给系统增加和配置硬盘时，可以简化为若干简短的步骤，从而显著提高了系统管理的效率。SAM 能够简便地指导对海量存储器的管理，显示硬盘和文件系统的体系结构，以及磁盘阵列内的卷和组。

除了具有高可用性的解决方案，SAM 还能够强化对单一系统，镜像设备，以及集群映像的管理。SAM 还支持大型企业的系统管理，在这种企业里有多个系统管理员各司其职共同维护系统环境。SAM 可以由首席系统管理员(超级用户)为其他非超级用户的管理员生成特定的任务子集，让他们各自实施自己的管理责任。通过减少要求具备超级用户管理能力的系统管理员人数，改善系统的安全性。

9. Ignite/UX

Ignite/UX 采用推和拉两种方法自动地对操作系统软件作跨越网络的配置。用户可以把这种建立在快速配备原理上的系统初始配置，跨越网络同时复制给多个系统。这种能力能够取得显著节省系统管理员时间的效果，因此，节约了资金。Ignite/UX 也具有获得系统配置参数的能力，用作系统规划和快速恢复。

10. 进程资源管理器

进程资源管理器可以为系统管理提供额外的灵活性。它可以根据业务的优先级，让管理员动态地把可用的 CPU 周期和内存的最少百分比分配给指定的用户群和一些进程。据此，一些要求苛刻的应用程序就有保障在一个共享的系统上，取得其要求的处理资源。

UNIX 并不能很好地作为 PC 机的文件服务器，这是因为 UNIX 提供的文件共享方式涉及不支持任何 Windows 或 Macintosh 操作系统的 NFS 或 DFS。虽然可以通过第三方应用程序，NFS 和 DFS 客户端也可以被加在 PC 机上，但价格昂贵。与 NetWare 或 NT 相比安装和维护 UNIX 系统比较困难。绝大多数中小型企业只是在有特定应用需求时才能选择 UNIX。UNIX 经常与其他 NOS 一起使用，如 NetWare 和 Windows NT。

在企业网络中文件和打印服务由 NetWare 或 Windows NT 管理。而 UNIX 服务器负责提供 Web 服务和数据库服务，建造小型网络时，在与文件服务器相同环境中运行应用程序服务器，避免附加的系统管理费用，从而给企业带来利益。

9.4.3　UNIX 的特点

早期 UNIX 的主要特色是结构简练，便于移植和功能相对强大。经过多年的发展和进化，

又形成了一些极为重要的特色,其中主要包括以下几点:

①UNIX 操作系统是一个多用户系统。
②UNIX 操作系统是一个多任务操作系统。
③UNIX 操作系统具有良好的用户界面。
④UNIX 操作系统的文件、目录与设备采用统一的处理方式。
⑤UNIX 操作系统具有很强的核外程序功能。
⑥UNIX 操作系统具有很好的可移植性。
⑦UNIX 操作系统可以直接支持网络功能。

经过长期的发展和完善,目前已成长为一种主流的操作系统技术和基于这种技术的产品大家族。由于 UNIX 具有技术成熟、可靠性高、网络和数据库功能强、伸缩性突出和开放性好等特色,可满足各行各业的实际需要、特别能满足企业重要业务的需要、已经成为主要的工作站平台和重要的企业操作平台。UNIX 操作系统作为工业标准已经被很多计算机厂商所接受,并且被广泛应用于大型机、中型机、小型机、工作站与微型机上,特别是工作站中几乎全部采用了UNIX 操作系统。TCP/IP 作为 UNIX 的核心协议,使得 UNIX 与 TCP/IP 共同得到了普及与发展。

9.4.4 UNIX 的组成

UNIX 操作系统由以下几个部分组成。
①核心程序:负责调度任务和管理数据存储。
②外围程序:接受并解释用户命令。
③实用性程序:完成各种系统维护功能。
④应用程序:在 UNIX 操作系统上开发的实用工具程序。

UNIX 系统提供了命令语言、文本编辑程序、字处理程序、编译程序、文件打印服务、图形处理程序、记账服务、系统管理服务等设计工具,以及其他大量系统程序。

UNIX 的内核和界面是可以分开的。其内核版本也有一个约定,即版本号为偶数时,表示产品为已通过测试的正式发布产品,版本号为奇数时,表示正在进行测试的测试产品。

UNIX 操作系统是一个典型的多用户、多任务、交互式的分时操作系统。从结构上看,UNIX 是一个层次式可剪裁系统,它可以分为内核(核心)和外壳两大层。但是,UNIX 核心内的层次结构不是很清晰,模块间的调用关系较为复杂,图 9-12 所示是经过简化和抽象的结构。

UNIX 的内核与外壳是分开的。Shell 是 UNIX 系统的用户接口,既是终端用户与系统交互的命令语言,又是在命令文件中执行的程序设计语言,用户可以通过 Shell 语言灵活地使用UNIX 中的各种程序。如今许多路由器、交换机等网络产品的内部系统所采用的命令都与UNIX 操作系统非常相似。

(1) 核心

核心级直接工作在硬件级之上,它一方面驱动系统的硬件并与其交互作用,另一方面为UNIX 外围软件提供有力的系统支持。

具体地说,核心具有以下几个功能:进程管理、内存管理、文件管理、设备驱动以及网络系统支持。

(2) 外壳

外壳由应用程序和系统程序组成。

应用程序所指的范围非常广泛,可以是用户的任何程序(例如,数据库应用程序),也可以是一些套装软件(例如,人事工资管理程序、会计系统、UNIX 命令等)。

系统程序是为系统开发提供服务与支持的程序,例如,编译程序、文本编辑程序及命令解释程序等。

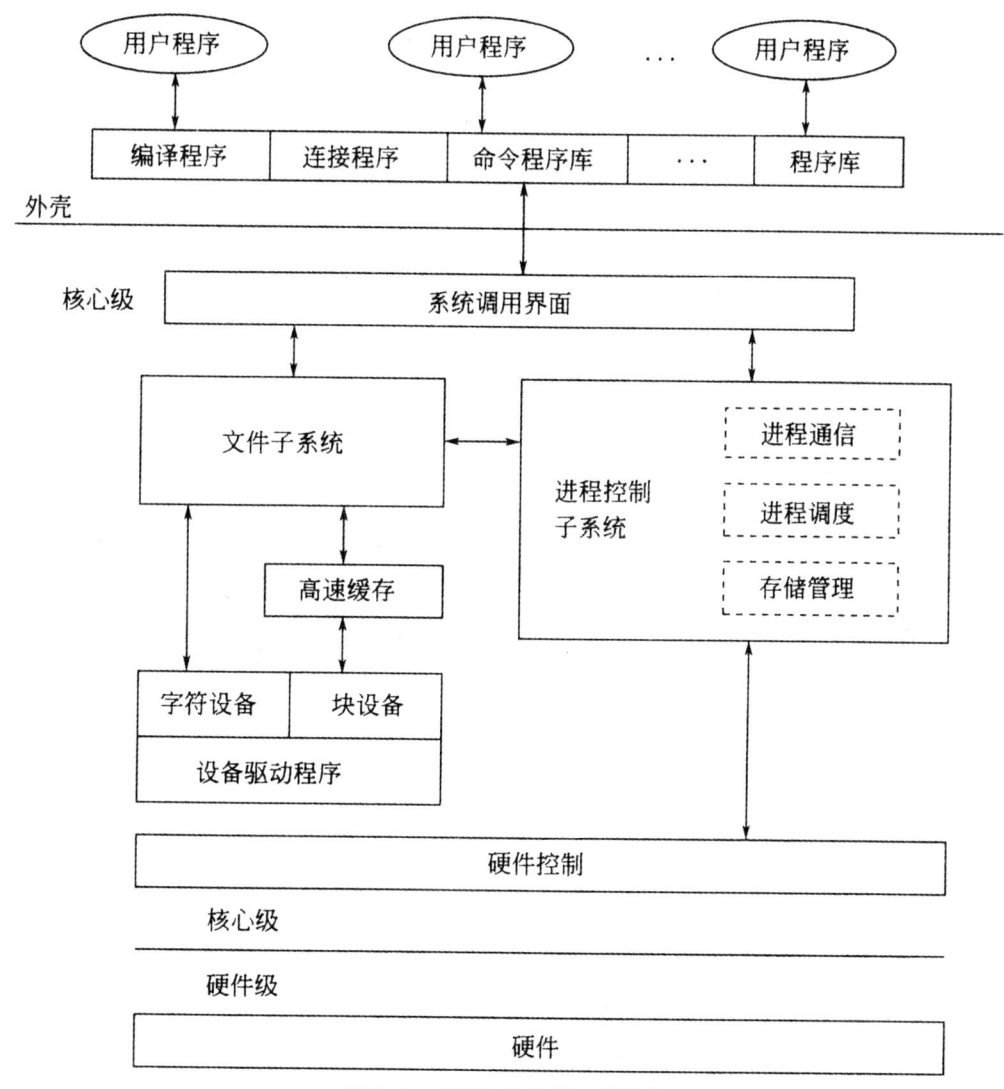

图 9-12　UNIX 系统的组成结构

(3) 系统调用界面

在用户层与核心层之间,有一个"系统调用"的中间带,即系统调用界面,其作为两层间的接口。系统调用界面是一群预先定义好的模块(多半由汇编语言编写),这些模块提供一条管道,让应用程序或一般用户能借此得到核心程序的服务,例如,外部设备的使用、程序的执行、文件的传输等。

9.5 NetWare 操作系统

9.5.1 NetWare 的发展

Novell 公司是一个著名的网络公司,它的网络操作系统产品比 Microsoft 公司要早。1981 年,Novell 公司提出了文件服务器的概念。1983 年,Novell 公司推出 NetWare 网络操作系统,很快成为 LAN 和 WAN 的主要操作系统。这种操作系统可以向数百万用户提供文件和打印共享。在接下来的数年内,Novell 进一步改进了 NetWare,现在 NetWare 支持 TCP/IP、企业内部网服务、图形化用户界面,并能与其他操作系统更好地集成。

尽管在 20 世纪 90 年代早期 3.1 和 3.2 版本(统称为 NetWare 3.x)已经出现,但由于 NetWare 3.x 的高可靠性,现在许多网络管理员并未用新版本代替 NetWare 3.x。

Novell 在 20 世纪 90 年代中期推出 NetWare 4.0、4.1 和 4.11(统称为 NetWare 4.x)。NetWare 4.11 有时被称为 InCa NetWare,主要是因为它是第一个支持企业内部网服务的。

Novell 用 NetWare 4.x 改善其网络操作系统的外观,以使软件用户界面更加友好,用图形化用户界面代替了大多数基于 DOS 的命令形式。事实上,NetWare 4.x 中许多 3.x 命令被新命令代替。NetWare 4.x 也提供对包含多个服务器的企业网的支持。

1998 年,Novell 发布了 NetWare 5.0,该版本不仅提高了网络管理的范围和易用性,而且提供一个全面基于 IP 协议基础之上的网络操作系统。NetWare 5.0 除与 Windows NT 和 UNIX 操作系统完全兼容之外,由于其使用 IP 协议,进一步增强了灵活性和易集成性。

NetWare 5.0 与以前的 NetWare 版本之间的另一个差别是其许多接口和服务都依赖于 Java 编程语言。而且相对于 4.x 版本而言,NetWare 5.0 提供了更好的打印机和文件系统管理能力。

9.5.2 NetWare 的特点

NetWare 的特点主要表现在以下几个方面。

1. 高速文件系统

在局域网中,对服务器的文件系统的访问最为频繁。因此,如何提高对服务器硬盘和文件的访问速度成为提高网络相应速度的关键。

NetWare 在文件访问速度方面具有明显的优势。所使用的主要技术有以下几种:目录 HASH 查找法;磁头电梯式寻道;磁盘 Cache;FAT 索引等。从而可以大大提高硬盘通道总的吞吐量,提高文件服务器工作效率。

2. 硬件适应性强

NetWare 是一个不依赖于任何联网环境的网络操作系统,使得不论使用何种传输介质、拓扑结构、网卡连成的局域网络,都可以使用 NetWare。

NetWare 可支持以太网、令牌环网、双绞线以太网等网络硬件环境,支持数百种不同种类的网卡。

NetWare 通过网络驱动程序访问网卡,不同的网卡要求使用符合 Novell 规范的不同的网络驱动程序。

3. 三级容错

NetWare 是第一个建立容错机制的微机网络操作系统,具有三级容错能力。

第一级容错是防止硬盘的区域故障而采取的容错手段。如热修复与写后读效验、UPS 监控等。

第二级容错是防止硬盘表面的整个损坏而采取的容错手段。如 NetWare 中可以磁盘镜像和磁盘双工。

第三级容错是防止服务器损坏而采取的容错手段。在 NetWare 中可以采用双服务器备份。

4. 四种安全机制

NetWare 建立了四级安全机制,即入网限制、用户权限、受托权限和文件和目录属性,从而有效地防止了对重要数据和文件的窃取和破坏。

5. 网络监控与管理

NetWare 网络监控与管理实用程序使网络管理员了解当前网络运行情况,如查看用户的连接情况、监控和统计文件服务器的性能和工作状态、了解网卡配置、了解任务执行状态、显示文件和物理的加锁情况、广播控制台信息和关闭文件服务器等。

NetWare 计账功能可以统计每个用户对网络资源的使用情况,并能根据系统管理员设置的记费标准统一收费。计账的项目包括入网时间、用户从文件服务器上读取的信息量、用户写入服务器的信息量、用户请示服务器的服务次数等。

6. 开放协议技术

NetWare 引入的开放协议技术包括两方面内容,即一是允许在统一的 NetWare 环境中使用不同的网络拓扑结构、不同的传输介质和不同的网卡;二是为在已有的种类繁多的网络层和运输层协议支持的网络之间实现网络互联和提供一致的 NetWare 服务,提供数据流接口。

9.5.3　NetWare 的组成

NetWare 开放系统模块结构如图 9-13 所示。NetWare 最重要的特性是基于模块设计思想的开放式系统结构。NetWare 是一个开放的网络服务器平台,可以方便地对其进行扩充。

NetWare 操作系统是以文件服务器为中心的,它主要由三个部分组成,即文件服务器内核、工作站外壳和低层通信协议。

文件服务器内核实现了 NetWare 的核心协议(NetWare Core Protocol,NCP),并提供了 NetWare 的所有核心服务。文件服务器内核负责对网络工作站网络服务请求的处理。

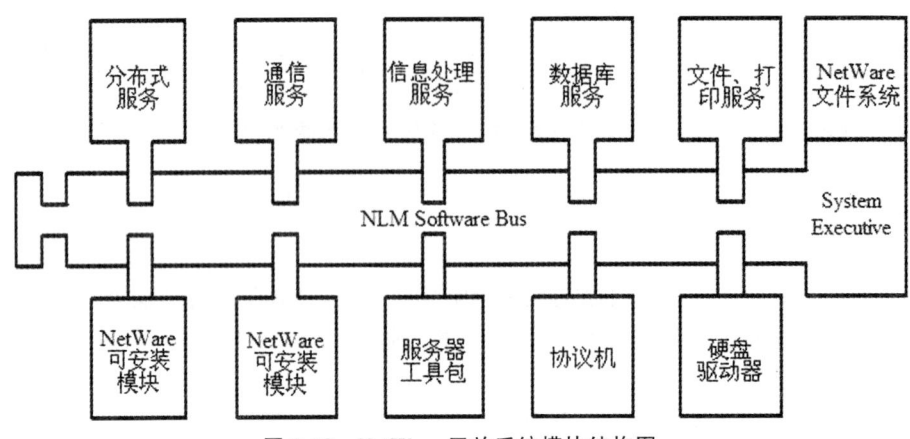

图 9-13 NetWare 开放系统模块结构图

网络服务器软件提供了文件与打印服务、数据库服务、通信服务、报文服务等功能。服务器与工作站之间的连接是通过通信软件与网卡、传输介质来实现的。通信软件包括网卡驱动程序及通信协议软件,它负责在网络服务器与工作站、工作站与工作站之间建立通信连接。

工作站运行的重定向程序 NetWare Shell 负责对用户命令进行解释。当工作站用户应用程序发出网络服务请求时,NetWare Shell 将它交给通信软件发送到服务器;当工作站用户应用程序发出 DOS 命令,它将提交给本地 DOS 操作系统执行。同时,NetWare Shell 负责接收并解释来自服务器的信息,然后送交工作站用户的应用程序。

9.6 Linux 操作系统

9.6.1 Linux 的发展

Linux 是芬兰赫尔辛基大学的学生 Linux Torvalds 开发的具有 UNIX 操作系统特征的新一代网络操作系统。Linux 操作系统虽然与 UNIX 操作系统类似,但它并不是 UNIX 操作系统的变种。自 1991 年 Linux 操作系统发表以来的 10 年间,Linux 操作系统以令人惊异的速度迅速在服务器和桌面系统中获得了成功。它已经被业界认为是未来最有前途的操作系统之一。并且,在嵌入式领域,由于 Linux 操作系统具有开放源代码、良好的可移植性、丰富的代码资源以及异常的健壮,使得它获得越来越多的关注。

Linus Torvalds 的最初目的是想设计一个代替 Minix(是由一位名叫 Andrew Tannebaum 的计算机教授编写的一个操作系统示教程序)的操作系统,这个操作系统可用于 386、486 或奔腾处理器的个人计算机上,并且具有 UNIX 操作系统的全部功能,因而开始了 Linux 雏形的设计。

Linux 以它的高效性和灵活性著称。它能够在 PC 计算机上实现全部的 UNIX 特性,具有多任务、多用户的能力。Linux 是在 GNU 公共许可权限下免费获得的,是一个符合 POSIX 标准的操作系统。Linux 操作系统软件包不仅包括完整的 Linux 操作系统,而且还包括了文本编辑器、高级语言编译器等应用软件。它还包括带有多个窗口管理器的 X-Windows 图形用户界面，如同我们使用 Windows NT 一样，允许我们使用窗口、图标和菜单对系统进行操作。

Linux 之所以受到广大计算机爱好者的喜爱，主要原因有两个，一是它属于自由软件，用户不用支付任何费用就可以获得它和它的源代码，并且可以根据自己的需要对它进行必要的修改，无偿对它使用，无约束地继续传播。另一个原因是，它具有 UNIX 的全部功能，任何使用 UNIX 操作系统或想要学习 UNIX 操作系统的人都可以从 Linux 中获益。

由于 Linux 是一套具有 UNIX 全部功能的免费操作系统，它在众多的软件中占有很大的优势，为广大的计算机爱好者提供了学习、探索以及修改计算机操作系统内核的机会。

操作系统是一台计算机必不可少的系统软件，是整个计算机系统的灵魂。一个操作系统是一个复杂的计算机程序集，它提供操作过程的协议或行为准则。没有操作系统，计算机就无法工作，就不能解释和执行用户输入的命令或运行简单的程序。大多数操作系统都是由一些主要的软件公司支持的商品化程序，用户只能有偿使用。如果用户购买了一个操作系统，他就必须满足供应商所要求的一切条件。因为操作系统是系统程序，用户不能擅自修改或试验操作系统的内核。这对于广大计算机爱好者来说无疑是一种束缚。

要想发挥计算机的作用，仅有操作系统还不够，用户还必须要有各种应用程序的支持。应用程序是用于处理某些工作（如字处理）的软件包，通常它也只能有偿使用。每个应用程序的软件包都为特定的操作系统和机器编写。使用者无权修改这些应用程序。使用 Linux，可以将操作系统变成一种操作环境。

由于 Linux 是一套自由软件，用户可以无偿地得到它及其源代码，可以无偿地获得大量的应用程序，而且可以任意地修改和补充它们。这对用户学习、了解 UNIX 操作系统的内核非常有益。学习和使用 Linux，能为用户节省一笔可观的资金。Linux 是目前唯一可免费获得的、为 PC 机平台上的多个用户提供多任务、多进程功能的操作系统，这是人们要使用它的主要原因。就 PC 机平台而言，Linux 提供了比其他任何操作系统都要强大的功能，Linux 还可以使用户远离各种商品化软件提供者促销广告的诱惑，再也不用承受每过一段时间就升级之苦，因此，可以节省大量用于购买或升级应用程序的资金。

Linux 不仅为用户提供了强大的操作系统功能，而且还提供了丰富的应用软件。用户不但可以从 Internet 上下载 Linux 及其源代码，而且还可以从 Internet 上下载许多 Linux 的应用程序。可以说，Linux 本身包含的应用程序以及移植到 Linux 上的应用程序包罗万象，任何一位用户都能从有关 Linux 的网站上找到适合自己特殊需要的应用程序及其源代码，这样，用户就可以根据自己的需要下载源代码，以便修改和扩充操作系统或应用程序的功能。这对 Windows NT、Windows 98、MS-DOS 或 OS/2 等商品化操作系统来说是无法做到的。

Linux 为广大用户提供了一个在家里学习和使用 UNIX 操作系统的机会。尽管 Linux 是由计算机爱好者们开发的，但是它在很多方面上是相当稳定的，从而为用户学习和使用目前世界上最流行的 UNIX 操作系统提供了廉价的机会。现在有许多 CD-ROM 供应商和软件公司（如 RedHat 和 TurboLinux）支持 Linux 操作系统。Linux 成为 UNIX 系统在个人计算机上的一个代用品，并能用于替代那些较为昂贵的系统。因此，如果一个用户在公司上班的时候在 UNIX 系统上编程，或者在工作中是一位 UNIX 的系统管理员，他就可以在家里安装一套 UNIX 的兼容系统，即 Linux 系统，在家中使用 Linux 就能够完成一些工作任务。

9.6.2 Linux 的特点

目前，Linux 操作系统已逐渐被国内用户所熟悉。Linux 是一个免费软件包，可将普通 PC 变成装有 UNIX 系统的工作站。总的来看，Linux 的主要特点如下所示。

1. 符合 POSIX 1003.1 标准

POSIX 1003.1 标准定义了一个最小的 UNIX 操作系统接口，任何操作系统只有符合这一标准，才有可能运行 UNIX 程序。UNIX 具有丰富的应用程序，当今绝大多数操作系统都把满足 POSIX 1003.1 标准作为实现目标，Linux 也不例外，完全支持 POSIX 1003.1 标准。

2. 采用页式存储管理

页式存储管理使 Linux 能更有效地利用物理存储空间，页面的换入换出为用户提供了更大的存储空间，并提高了内存的利用率。

3. 支持动态链接

用户程序的执行往往离不开标准库的支持，一般的系统常常采用静态链接方式，即在装配阶段就已将用户程序和标准库链接好。这样，当多个进程运行时，可能会出现库代码在内存中有多个副本而浪费存储空间的情况。

Linux 支持动态链接方式，当运行时才进行库链接，如果所需要的库已被其他进程装入内存，则不必再装入，否则需要从硬盘中将库调入。这样能保证内存中的库程序代码是唯一的，从而节省了存储空间。

4. 支持多种文件系统

Linux 能支持多种文件系统。目前支持的文件系统有 EXT2、EXT、XIAFS、ISOFS、HPFS、MSDOS、UMSDOS、PROC、NFS、SYSV、MINIX、SMB、UFS、NCP、VFAT、AFFS。Linux 最常用的文件系统是 EXT2，其文件名长度可达 255 个字符，并且还有许多特有的功能，使其比常规的 UNIX 文件系统更加安全。

5. 支持 TCP/IP、SLIP 和 PPP

在 Linux 中，用户可以使用所有的网络服务，如网络文件系统、远程登录等。SLIP 和 PPP 能支持串行线上的 TCP/IP 的使用，这意味着用户可用一个高速 Modem 通过电话线连入 Internet。

6. 支持硬盘的动态 Cache

这一功能与 MS-DOS 中的 Smartdrive 相似。不同之处在于，Linux 能动态调整所用的 Cache 存储器的大小，以适合当前存储器的使用情况。当某一时刻没有更多的存储空间可用时，Cache 容量将被减少，以补充空闲的存储空间；一旦存储空间不再紧张，Cache 的容量又将会增大。

7. 支持多用户访问和多任务编程

Linux 是一个多用户操作系统,允许多个用户同时访问系统而不会造成用户之间的相互干扰。此外,Linux 还支持真正的多用户编程,一个用户可以创建多个进程,并使各个进程协同工作来完成用户的需求。

9.6.3　Linux 的组成

Linux 由三个主要部分组成,即内核、Shell 环境和文件结构。

内核是运行程序和管理诸如磁盘和打印机之类的硬件设备的核心程序。

Shell 环境提供了操作系统与用户之间的接口,它接收来自用户的命令并将命令送到内核去执行。

文件结构决定了文件在磁盘等存储设备上的组织方式。文件被组织成目录的形式,每个目录可以包含任意数量的子目录和文件。

内核、Shell 环境和文件结构共同构成了 Linux 的基础。在此基础上,用户可以运行程序、管理文件,并与系统交互。

Linux 本身就是一个完整的 32 位的多用户多任务操作系统,因此,不需要先安装 DOS 或其他操作系统(如 Windows、OS/2、MINIX)就可以直接进行安装。当然,Linux 操作系统可以与其他操作系统共存。

第 10 章　网络安全技术

10.1　网络安全问题概述

10.1.1　网络安全的含义

网络安全从其本质上来讲就是网络上的信息安全。它涉及的领域相当广泛,这是由于在目前的公用通信网络中存在着各种各样的安全漏洞和威胁。从广义来说,凡是涉及网络上信息的保密性、完整性、可用性、真实性和可控性的相关技术与原理,都是网络安全所要研究的领域。

网络安全是指网络系统的硬件、软件及其系统中的数据的安全,它体现在网络信息的存储、传输和使用过程中。所谓的网络安全性就是网络系统的硬件、软件及其系统中的数据受到保护,不受偶然的或者恶意的原因而遭到破坏、更改、泄露,系统连续可靠正常地运行,网络服务不中断。它的保护内容包括:保护服务、资源和信息;保护结点和用户;保护网络私有性。

从不同的角度来说,网络安全具有不同的含义。

从一般用户的角度来说,他们希望涉及个人隐私或商业利益的信息在网络上传输时受到保密性、完整性和真实性的保护,避免其他人或对手利用窃听、冒充、篡改等手段对用户信息的损害和侵犯,同时也希望用户信息不受非法用户的非授权访问和破坏。

从网络运行和管理者角度来说,他们希望对本地网络信息的访问、读写等操作受到保护和控制,避免出现病毒、非法存取、拒绝服务和网络资源的非法占用及非法控制等威胁,制止和防御网络"黑客"的攻击。

对安全保密部门来说,他们希望对非法的、有害的或涉及国家机密的信息进行过滤和防堵,避免其通过网络泄露,避免由于这类信息的泄密对社会产生危害,给国家造成巨大的经济损失,甚至威胁到国家安全。

从社会教育和意识形态角度来说,网络上不健康的内容,会对社会的稳定和人类的发展造成阻碍,必须对其进行控制。

由此可见,网络安全在不同的环境和应用中会得到不同的解释。

10.1.2　网络安全的目标

从网络安全的含义可以看出,网络安全应达到以下几个目标。

1. 保密性

保密性又称为机密性,是指对信息或资源的隐藏,是信息系统防止信息非法泄露的特征。信息保密的需求源自计算机在敏感领域的使用。访问机制支持保密性。其中密码技术就是一种保护保密性的访问控制机制。所有实施保密性的机制都需要来自系统的支持服务。其前提条件是：安全服务可以依赖于内核或其他代理服务来提供正确的数据，因此假设和信任就成为保密机制的基础。

保密性可以分为以下四类。

①连接保密：对某个连接上的所有用户数据提供保密。

②无连接保密：对一个无连接的数据报的所有用户数据提供保密。

③选择字段保密：对一个协议数据单元中的用户数据经过选择的字段提供保密。

④信息流保密：对可能通过观察信息流导出信息的信息提供保密。

2. 完整性

完整性是指信息未经授权不能改变的特性。完整性与保密性强调的侧重点不同，保密性强调信息不能非法泄露，而完整性强调信息在存储和传输过程中不能被偶然或蓄意修改、删除、伪造、添加、破坏或丢失，信息在存储和传输过程中必须保持原样。

信息完整性表明了信息的可靠性、正确性、有效性和一致性，只有完整的信息才是可信任的信息。影响信息完整性的因素主要有硬件故障、软件故障、网络故障、灾害事件、入侵攻击和计算机病毒等。保障信息完整性的技术主要有安全通信协议、密码校验和数字签名等。实际上，数据备份是防范信息完整性受到破坏的最有效恢复手段。

3. 可用性

可用性是指信息可被授权者访问并按需求使用的特性，即保证合法用户对信息和资源的使用不会被不合理地拒绝。对网络可用性的破坏，包括合法用户不能正常访问网络资源和有严格时间要求的服务不能得到及时响应。影响网络可用性的因素包括人为与非人为两种。前者是指非法占用网络资源，切断或阻塞网络通信，降低网络性能，甚至使网络瘫痪等；后者是指灾害事故（火、水、雷击等）和系统死锁、系统故障等。

保证可用性的最有效的方法是提供一个具有普适安全服务的安全网络环境。通过使用访问控制阻止未授权资源访问，利用完整性和保密性服务来防止可用性攻击。访问控制、完整性和保密性成为协助支持可用性安全服务的机制。

①避免受到攻击：一些基于网络的攻击旨在破坏、降级或摧毁网络资源。解决办法是加强这些资源的安全防护，使其不受攻击。免受攻击的方法包括：关闭操作系统和网络配置中的安全漏洞；控制授权实体对资源的访问；防止路由表等敏感网络数据的泄露。

②避免未授权使用：当资源被使用、占用或过载时，其可用性就会受到限制。如果未授权用户占用了有限的资源（如处理能力、网络带宽和调制解调器连接等），则这些资源对授权用户就是不可用的，通过访问控制可以限制未授权使用。

③防止进程失败：操作失误和设备故障也会导致系统可用性降低。解决方法是使用高可靠性设备、提供设备冗余和提供多路径的网络连接等。

4. 可控性

可控性是指对信息及信息系统实施安全监控管理。主要针对危害国家信息的监视审计，控制授权范围内的信息的流向及行为方式。使用授权机制控制信息传播的范围和内容,必要时能恢复密钥,实现对网络资源及信息的可控制能力。

5. 不可否认性

不可否认性是对出现的安全问题提供调查的依据和手段。使用审计、监控、防抵赖等安全机制,使得攻击者和抵赖者无法逃脱,并进一步对网络出现的安全问题提供调查依据和手段,保证信息行为人不能否认自己的行为。实现信息安全的可审查性,一般通过数字签名等技术来实现不可否认性。

① 不得否认发送。这种服务向数据接收者提供数据源的证据,从而可以防止发送者否认发送过这个数据。

② 不得否认接收。这种服务向数据发送者提供数据已交付给接收者的证据,因而接收者事后不能否认曾收到数据。

10.1.3 网络安全威胁

1. 计算机网络面临的安全威胁

研究网络安全,首先要研究构成网络安全威胁的主要因素。网络安全威胁是指网络信息的一种潜在的侵害。影响、危害计算机网络安全的因素分为自然和人为两大类。

(1) 自然因素

自然因素包括各种自然灾害,如水、火、雷、电、风暴、烟尘、虫害、鼠害、海啸、地震等;系统的环境和场地条件,如温度、湿度、电源、地线和其他防护设施不良所造成的威胁;电磁辐射和电磁干扰的威胁;硬件设备老化,可靠性下降的威胁。

(2) 人为因素

人为因素又有无意和故意之分。无意事件包括操作失误、意外损失、编程缺陷、意外丢失、管理不善、无意破坏;人为故意的破坏包括敌对势力蓄意攻击、各种计算机犯罪等。

攻击是一种故意性威胁,是对计算机网络的有意图、有目的的威胁。人为的恶意攻击是计算机网络所面临的最大威胁。

计算机网络面临的威胁包括:截获(Interception)、中断(Interruption)、篡改(Modification)、伪造(Fabrication)。

截获:当网络用户甲与乙进行网络通信时,如果不采取任何保密措施时,那么其他人就有可能偷看到他们之间的通信内容。

中断:当网络上的用户在通信时,破坏者可以中断他们之间的通信。

篡改:当网络用户甲在向乙发送报文时,报文在转发的过程中被丙更改。

伪造:网络用户丙非法获取用户乙的权限并以乙的名义与甲进行通信。

四种网络安全威胁可以分为被动攻击和主动攻击两大类,截获属于被动攻击,其他属于主动攻击。四种网络安全威胁如图 10-1 所示。

① 被动攻击。被动攻击也称为通信量分析,仅是对网络中协议包(协议数据单元 PDU)进行观察和分析,并不改变 PDU 的内容,通过对 PDU 头部字段(控制信息)的分析,可以了解正在通

信的协议实体的内容,如地址、身份、PDU 的长度、传输的频度、交换数据的性质,以及采用的技术等。

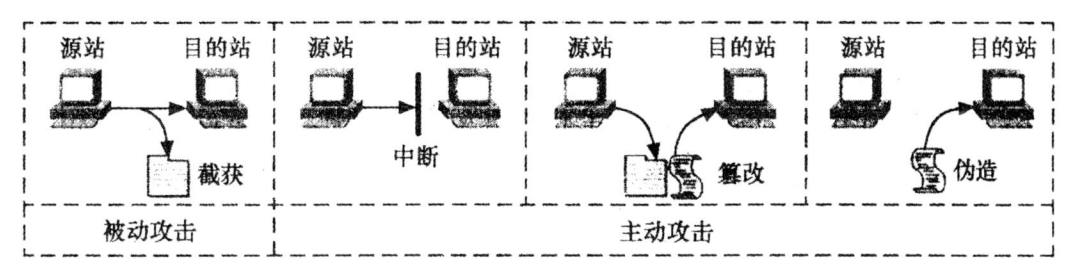

图 10-1 网络安全威胁

② 主动攻击。主动攻击是对网络中传输的 PDU 进行有选择的修改、删除、延迟、插入重放、伪造等,也包括记录和复制。主动攻击可以是上面四种网络威胁的某种组合,主动攻击可以再划分为:更改报文流、拒绝报文服务、伪造初始化连接。

a. 更改报文流:包括对通过连接的 PDU 的真实性、完整性和有序性的攻击。

b. 拒绝报文服务:指攻击者或者删除通过某一连接的所有 PDU,或者使正常通信的双方或单方的所有 PDU 加以延迟。

c. 伪造初始化连接:攻击者重放以前已被记录的合法连接初始化序列,或者伪造身份而企图建立连接。

对付被动攻击的重要措施是加密,而对付主动攻击中的篡改和伪造需要使用报文鉴别。

计算机网络安全的目标是:防止析出协议包内容;防止通信量分析;检测到更改、拒绝服务,检测到伪造初始化连接的发生。

此外,还有一种主动攻击称为恶意程序(Rogue Program),主要包括:计算机病毒(Computer Virus)、计算机蠕虫(Computer Worm)、特洛伊木马(Trojan Horse)、逻辑炸弹(Logic Bomb)。计算机病毒是泛指恶意的程序。

a. 计算机病毒:一种会"传染"其他程序的程序,"传染"是通过修改其他程序来把自身或其变种复制进去完成的。

b. 计算机蠕虫:一种通过网络的通信功能将自身从一个结点发送到另一个结点并启动的程序。

c. 特洛伊木马:一种执行的功能超出其所声称的功能的程序。如一个编译程序除执行编译任务之外,还把用户的源程序偷偷地复制下来,这种程序就是一种特洛伊木马。计算机病毒有时也以特洛伊木马的形式出现。

d. 逻辑炸弹:一种当运行环境满足某种特定条件时执行其他特殊功能的程序。如一个编译程序在平时运行得很好,但当系统时间为 13 日又为星期五时,它将删除系统中所有的文件,这种程序就是一种逻辑炸弹。

2. 造成网络安全威胁的原因

造成网络不安全的原因主要有以下几个方面。

① 操作系统的安全性。目前流行的许多操作系统均存在网络安全漏洞,如 UNIX 服务器、NT 服务器等。

②防火墙的安全性。防火墙产品自身是否安全,设置是否正确,需要经过检验。

③来自内部网用户的安全威胁。网络的管理制度不健全,如缺少管理者的日常维护、数据备份管理、用户权限管理、应用软件的维护等。

④网络应用安全管理方面的原因。网络管理者缺乏网络安全的警惕性,忽视网络安全,缺乏有效的手段来监视、评估网络系统的安全性,网络认证环节薄弱,或对网络安全技术缺乏了解,没有制定切实可行的网络安全策略和措施。

⑤网络安全协议的原因。由于大型网络系统内运行多种网络协议,如 TCP/IP、IPX/SPX、NETBEUA 等,而这些网络协议在设计之初没有考虑网络安全问题,从协议的根本上缺乏安全的机制,这是网络存在安全威胁的主要原因之一。

⑥未能对来自网络的电子邮件挟带的病毒及 Web 浏览可能存在的恶意 Java 和 ActiveX 控件进行有效控制。

⑦应用服务的安全。许多应用服务系统在访问控制及安全通信方面考虑不周,如果系统设置错误,则很容易造成损失。

⑧来自外部的不安全因素,即网络上存在的攻击。在网络上,存在着很多的敏感信息,有许多信息都是一些有关国家政府、军事、科学研究、经济以及金融方面的信息,有些别有用心的人企图通过网络攻击的手段获取信息。这也是网络存在安全威胁的一个最主要的原因。

10.1.4 网络安全策略

网络安全策略是保障机构网络安全的指导文件,一般而言,网络安全策略包括总体安全策略和具体安全管理实施细则两部分。总体安全策略用于构建机构网络安全框架和战略指导方针,包括分析安全需求、分析安全威胁、定义安全目标、确定安全保护范围、分配部门责任、配备人力物力、确认违反策略的行为和相应的制裁措施。总体安全策略只是一个安全指导思想,还不能具体实施,在总体安全策略框架下针对特定应用制定的安全管理细则才规定了具体的实施方法和内容。

1. 网络安全策略总则

无论是制定总体安全策略,还是制定安全管理实施细则,都应当根据网络的安全特点遵守均衡性、时效性和最小限度原则。

(1)均衡性原则

由于存在软件漏洞、协议漏洞、管理漏洞,网络威胁永远不可能消除。无论制定多么完善的网络安全策略,还是使用多么先进的网络安全技术,网络安全也只是一个相对概念,因为世上没有绝对的安全系统。此外,网络易用性和网络效能与安全是一对天生的矛盾。夸大网络安全漏洞和威胁不仅会浪费大量投资,而且会降低网络易用性和网络效能,甚至有可能引入新的不稳定因素和安全隐患。忽视网络安全比夸大网络安全更加严重,有可能造成机构或国家重大经济损失,甚至威胁到国家安全。因此,网络安全策略需要在安全需求、易用性、效能和安全成本之间保持相对平衡,科学制定均衡的网络安全策略是提高投资回报和充分发挥网络效能的关键。

(2)时效性原则

由于影响网络安全的因素随时间有所变化,导致网络安全问题具有显著的时效性。例如,网络用户增加、信任关系发生变化、网络规模扩大、新安全漏洞和攻击方法不断暴露都是影响网络安全的重要因素。因此,网络安全策略必须考虑环境随时间的变化。

(3)最小限度原则

网络系统提供的服务越多,安全漏洞和威胁也就越多。因此,应当关闭网络安全策略中没有规定的网络服务;以最小限度原则配置满足安全策略定义的用户权限;及时删除无用账号和主机信任关系,将威胁网络安全的风险降至最低。

2. 网络安全策略内容

一般而言,大多数网络都是由网络硬件、网络连接、操作系统、网络服务和数据组成的,网络管理员或安全管理员负责安全策略的实施,网络用户则应当严格按照安全策略的规定使用网络提供的服务。因此,在考虑网络整体安全问题时应主要从网络硬件、网络连接、操作系统、网络服务、数据、安全管理责任和网络用户这几个方面着手。

(1)网络硬件物理管理措施

核心网络设备和服务器应设置防盗、防火、防水、防毁等物理安全设施以及温度、湿度、洁净、供电等环境安全设施,每年因雷电击毁网络设施的事例层出不穷,位于雷电活动频繁地区的网络基础设施必须配备良好的接地装置。

核心网络设备和服务器最好集中放置在中心机房,其优点是便于管理与维护,也容易保障设备的物理安全,更重要的是能够防止直接通过端口窃取重要资料。防止信息空间扩散也是规划物理安全的重要内容,除光纤之外的各种通信介质、显示器以及设备电缆接口都不同程度地存在电磁辐射现象,利用高性能电磁监测和协议分析仪有可能在几百米范围内将信息复原,对于涉及国家机密的信息必须考虑电磁泄漏防护技术。

(2)网络连接安全

网络连接安全主要考虑网络边界的安全,如内部网与外部网、Internet 有连接需求,可使用防火墙和入侵检测技术双层安全机制来保障网络边界的安全。内部网的安全主要通过操作系统安全和数据安全策略来保障,由于网络地址转换(Network Address Translator,NAT)技术能够对 Internet 屏蔽内部网地址,必要时也可以考虑使用 NAT 保护内部网私有的 IP 地址。

对网络安全有特殊要求的内部网最好使用物理隔离技术保障网络边界的安全。根据安全需求,可以采用固定公用主机、双主机或一机两用等不同物理隔离方案。固定公用主机与内部网无连接,专用于访问 Internet 的控制,虽然使用不够方便,但能够确保内部主机信息的保密性。双主机在一个机箱中配备了两块主板、两块网卡和两个硬盘,双主机在启动时由用户选择内部网或 Internet 连接,较好地解决了安全性与方便性的矛盾。一机两用隔离方案由用户选择接入内部网或 Internet,但不能同时接入两个网络。这虽然成本低廉、使用方便,但仍然存在泄露的可能性。

(3)操作系统安全

操作系统安全应重点考虑计算机病毒、特洛伊木马和入侵攻击威胁。计算机病毒是隐藏在计算机系统中的一组程序,具有自我繁殖、相互感染、激活再生、隐藏寄生、迅速传播等特点,以降低计算机系统性能、破坏系统内部信息或破坏计算机系统运行为目的。截至目前,已发现有两万多种不同类型的病毒。病毒传播途径已经从移动存储介质转向 Internet,病毒在网络中以指数增长规律迅速扩散,诸如邮件病毒、Java 病毒和 ActiveX 病毒都给网络病毒防治带来了新的挑战。

特洛伊木马与计算机病毒不同,特洛伊木马是一种未经用户同意私自驻留在正常程序内部,以窃取用户资料为目的的间谍程序。目前并没有特别有效的计算机病毒和特洛伊木马程序防治手段,主要还是通过提高病毒防范意识,严格安全管理,安装优秀防病毒、杀病毒、特洛伊木马专杀软件来尽可能减少病毒与木马入侵的机会。操作系统漏洞为入侵攻击提供了条件,因此,经常升级操作系统、防病毒软件和木马专杀软件是提高操作系统安全性最有效、最简便的方法。

(4)网络服务安全

目前网络提供的电子邮件、文件传输、USEnet新闻组、远程登录、域名查询、网络打印和Web服务都存在着大量的安全隐患,虽然用户并不直接使用域名查询服务,但域名查询通过将主机名转换成主机IP地址为其他网络服务奠定了基础。由于不同网络服务的安全隐患和安全措施不同,应当在分析网络服务风险的基础上,为每一种网络服务分别制定相应的安全策略细则。

(5)数据安全

根据数据保密性和重要性的不同,一般将数据分为关键数据、重要数据、有用数据和普通数据,以便针对不同类型的数据采取不同的保护措施。关键数据是指直接影响网络系统正常运行或无法再次得到的,如操作系统和关键应用程序等;重要数据是指具有高度保密性或高使用价值的数据,如国防或国家安全部门涉及国家机密的数据,金融部门涉及用户的账目数据等;有用数据一般指网络系统经常使用但可以复制的数据;普通数据则是很少使用而且很容易得到的数据。由于任何安全措施都不可能保证网络绝对安全或不发生故障,在网络安全策略中除考虑重要数据加密之外,还必须考虑关键数据和重要数据的日常备份。

目前数据备份使用的介质主要是磁带、硬盘和光盘。因磁带具有容量大、技术成熟、成本低廉等优点,大容量数据备份多选用磁带存储介质。随着硬盘价格不断下降,网络服务器都使用硬盘作为存储介质,目前流行的硬盘数据备份技术主要有磁盘镜像和冗余磁盘阵列(Redundant Arrays of Independent Disks,RAID)技术。磁盘镜像技术能够将数据同时写入型号和格式相同的主磁盘和辅助磁盘,RAID是专用服务器广泛使用的磁盘容错技术。大型网络常采用光盘库、光盘阵列和光盘塔作为存储设备,但光盘特别容易划伤,导致数据读出错误,数据备份使用更多的还是磁带和硬盘存储介质。

(6)安全管理责任

由于人是制定和执行网络安全策略的主体,所以在制定网络安全策略时,必须明确网络安全管理责任人。小型网络可由网络管理员兼任网络安全管理职责,但大型网络、电子政务、电子商务、电子银行或其他要害部门的网络应配备专职网络安全管理责任人。网络安全管理采用技术与行政相结合的手段,主要对授权、用户和资源配置,其中,授权是网络安全管理的重点。安全管理责任包括行政职责、网络设备、网络监控、系统软件、应用软件、系统维护、数据备份、操作规程、安全审计、病毒防治、入侵跟踪、恢复措施、内部人员和网络用户等与网络安全相关的各种功能。

(7)网络用户的安全责任

网络安全不只是网络安全管理员的事,网络用户对网络安全同样负有不可推卸的责任。网络用户应特别注意不能私自将调制解调器接入Internet;不要下载未经安全认证的软件和插件;确保本机没有安装文件和打印机共享服务;不要使用脆弱性密码;经常更换密码等。

10.1.5 网络安全评价标准

1. 国际网络安全评价标准

网络安全评价标准及技术作为各种计算机系统安全防护体系的基础,已被许多企业和咨询公司用于指导IT产品的安全设计,并被作为衡量一个IT产品和评测系统安全性的依据。

目前,国际上比较重要和公认的安全标准有美国TCSEC(橘皮书)、欧洲ITSEC、加拿大CTCPEC等。

(1)美国TCSEC

1985年,美国国防部基于军事计算机系统保密工作的需求,在历史上首次颁布了《可信计算机系统评价标准》(Trusted Computer System Evaluation Criteria,TCSEC),把计算机安全等级分为四类7级(按照安全从低到高的级别顺序,依次为D、C1、C2、B1、B2、B3、A级),如表10-1所示。

表 10-1 TCSEC

级别	名称	特征
A	验证设计安全级	形式化的最高级描述和验证,形式化的隐蔽通道分析,非形式化的代码一致性证明
B3	安全域级	安全内核,高抗渗透能力
B2	结构化安全保护级	面向安全的体系结构,遵循最小授权原则,有较好的抗渗透能力,对所有的主体和客体提供访问控制保护,对系统进行隐蔽通道分析
B1	标记安全保护级	在C2安全级上增加了安全策略模型,数据标记(安全和属性),托管访问控制
C2	访问控制环境保护级	访问控制,以用户为单位进行广泛的审计
C1	选择性安全保护级	有选择的访问控制,用户与数据分离,数据以用户组为单位进行保护
D	最低安全保护级	保护措施很少,没有安全功能

①D级。最低保护是指未加任何实际的安全措施,D的安全等级最低。D系统只为文件和用户提供安全保护。D系统最普遍的形式是本地操作系统,或一个完全没有保护的网络,如DOS被定为D级。

②C级。C级表示被动的自主访问策略,提供审慎的保护,并为用户的行动和责任提供审计能力,由两个级别组成:C1和C2。

a. C1级:具有一定的自主型存取控制(DAC)机制,通过将用户和数据分开达到安全的目的。用户认为C1系统中所有文档均具有相同的保密性,如UNIX的owner/group/other存取控制。

b. C2级:具有更细分(每一个单独用户)的自主型存取控制(DAC)机制,且引入了审计机制。在连接到网络上时,C2系统的用户分别对各自的行为负责。C2系统通过登录过程或安全事件和资源隔离来增强这种控制。C2 系统具有 C1 系统中所有的安全性特征。

③B 级。B 级是指被动的强制访问策略。由 3 个级别组成：B1、B2 和 B3 级。B 系统具有强制性保护功能,目前较少有操作系统能够符合 B 级标准。

a. B1 级：满足 C2 级所有的要求,且需具有所用安全策略模型的非形式化描述,实施了强制型存取控制(MAC)。

b. B2 级：系统的 TCB 是基于明确定义的形式化模型,并对系统中所有的主体和客体实施了自主型存取控制(DAC)和强制型存取控制(MAC)。另外,具有可信通路机制、系统结构化设计、最小特权管理以及对隐蔽通道的分析和处理等。

c. B3 级：系统的 TCB 设计要满足能对系统中所有的主体对客体的访问进行控制,TCB 不会被非法篡改,且 TCB 设计要小巧且结构化,以便于分析和测试其正确性。支持安全管理者(Security Administrator)的实现,审计机制能实时报告系统的安全性事件,支持系统恢复。

④A 级。A 级表示形式化证明的安全。A 安全级别最高,只包含 1 个级别 A1。

A1 级：类同于 B3 级,它的特色在于形式化的顶层设计规格(Formal Top level Design Specification,FTDS)、形式化验证 FTDS 与形式化模型的一致性和由此带来的更高的可信度。

上述细分的等级标准能够用来衡量计算机平台(如操作系统及其基于的硬件)的安全性。在 TCSEC 彩皮书(Rainbow Books)中,给出标准来衡量系统组成(如加密设备、LAN 部件)和相关数据库管理系统的安全性。

(2)欧洲 ITSEC

20 世纪 90 年代,西欧四国(英、法、荷、德)联合提出了《信息技术安全评估标准》(Information Technology Security Evaluation Criteria,ITSEC),又称为欧洲白皮书,带动了国际计算机安全的评估研究,其应用领域为军队、政府和商业。该标准除吸收了 TCSEC 的成功经验外,首次提出了信息安全的保密性、完整性、可用性的概念,并将安全概念分为功能与评估两个部分,使可信计算机的概念提升到可信信息技术的高度。

在 ITSEC 标准中,一个基本观点是：分别衡量安全的功能和安全的保证。ITSEC 标准对每个系统赋予两种等级,即安全功能等级 F(Functionality)和安全保证等级 E(European Assurance)。功能准则从 F1～F10 共分 10 级,其中前 5 种安全功能与橙皮书中的 C1～B3 级十分相似。F6～F10 级分别对应数据和程序的完整性、系统的可用性、数据通信的完整性、数据通信的保密性以及机密性和完整性的网络安全。它定义了从 E0 级(不满足品质)到 E6 级(形式化验证)的 7 个安全等级,分别是测试、配置控制和可控的分配、能访问详细设计和源码、详细的脆弱性分析、设计与源码明显对应以及设计与源码在形式上一致。

在 ITSEC 标准中,另一个基本观点是：被评估的应是整个系统(硬件、操作系统、数据库管理系统、应用软件),而不只是计算平台,这是因为一个系统的安全等级可能比其每个组成部分的安全等级都高(或低)。此外,某个等级所需的总体安全功能可能分布在系统的不同组成中,而不是所有组成都要重复这些安全功能。

ITSEC 标准是欧洲共同体信息安全计划的基础,并为国际信息安全的研究和实施带来了深刻的影响。

(3)加拿大 CTCPEC

加拿大发布的《加拿大可信计算机产品评价标准》(Canadian Trusted Computer Product Evaluation Criteria,CTCPEC)将产品的安全要求分成安全功能和功能保障可依赖性两个方面。

其中,安全功能根据系统保密性、完整性、有效性和可计算性定义了 6 个不同等级 0~5。保密性包括隐蔽信道、自主保密和强制保密;完整性包括自主完整性、强制完整性、物理完整性和区域完整性等属性;有效性包括容错、灾难恢复及坚固性等;可计算性包括审计跟踪、身份认证和安全验证等属性。根据系统结构、开发环境、操作环境、说明文档及测试验证等要求,CTCPEC 将可依赖性定为 8 个不同等级 T0~T7,其中 T0 级别最低,T7 级别最高。

2. 国内网络安全评价标准

由于信息安全直接涉及国家政治、军事、经济和意识形态等许多重要领域,各国政府对信息系统或技术产品安全性的测评认证要比其他产品更为重视。尽管许多国家签署了《信息技术安全评价公共标准》(Common Criteria for Information Technology Security Evaluation,CC),但很难想象一个国家会绝对信任其他国家对涉及国家安全和经济的产品的测评认证。事实上,各国政府都通过颁布相关法律、法规和技术评价标准对信息安全产品的研制、生产、销售、使用和进出口进行了强制管理。

中国国家质量技术监督局 1999 年颁布的《计算机信息系统安全保护等级划分准则》(GB 17859—1999),在参考 TCSEC、ITSEC 和 CTCPEC 等标准的基础上,将计算机信息系统安全保护能力划分为用户自主保护、系统审计保护、安全标记保护、结构化保护、访问验证保护 5 个安全等级。

(1) 用户自主保护级

本级别相当于 TCSEC 的 C1 级,使用户具备自主安全保护的能力。具有多种形式的控制能力,对用户实施访问控制,即为用户提供可行的手段,保护用户和用户组信息,避免其他用户对数据的非法读写与破坏。

(2) 系统审计保护级

本级别相当于 TCSEC 的 C2 级,具备用户自主保护级所有的安全保护功能,更细粒度的自主访问控制,还要求创建和维护访问的审计跟踪记录,使所有的用户对自己的行为的合法性负责。

(3) 安全标记保护级

本级别相当于 TCSEC 的 B1 级,属于强制保护。除具有系统审计保护级的所有功能外,还提供有关安全策略模型;要求以访问对象标记的安全级别限制访问者的访问权限,实现对访问对象的强制保护;具有准确地标记输出信息的能力;消除通过测试发现的任何错误。

(4) 结构化保护级

本级别相当于 TCSEC 的 B2 级,具有前面所有安全级别的安全功能外,将安全保护机制划分为关键部分和非关键部分,关键部分直接控制访问者对访问对象的存取,从而加强系统的抗渗透能力。

(5) 访问验证保护级

本级别相当于 TCSEC 的 B3~A1 级,具备上述所有安全级别的安全功能,特别增设了访问验证功能,负责仲裁访问者对访问对象的所有访问活动。

为了与国际通用安全评价标准接轨,国家质量技术监督局于 2001 年 3 月又正式颁布了国家推荐标准《信息技术—安全技术—信息技术安全性评估准则》(GB/T 18336—2001),推荐标准完全等同于国际标准 ISO/IEC 15408,即《信息技术安全评价公共标准》第 2 版。

推荐标准 GB/T 18336—2001 由三个部分组成:第一部分是《简介和一般模型》(GB/T 18336.1),第二部分是《安全功能要求》(GB/T 18336.2),第三部分是《安全保证要求》(GB/T 18336.3),分别对应国际标准化组织和国际电工委员会国际标准 ISO/IEC 15408-1、ISO/IEC 15408-2 和 ISO/IEC 15408-3。

10.2 防火墙技术

防火墙是一种能将内部网和公众网分开的方法。它能限制被保护网络与互联网络及其他网络之间进行的信息存取、传递等操作。在构建安全的网络环境的过程中,防火墙作为第一道安全防线,受到了很多计算机用户的关注与欢迎。

10.2.1 防火墙概述

1. 防火墙的定义

防火墙是指在内部网络与外部网络之间执行一定安全策略的安全防护系统。它是用一个或一组网络设备(计算机系统或路由器等),在两个网络之间执行控制策略的系统,以保护一个网络不受另一个网络攻击的安全技术。

防火墙的组成可以表示为:防火墙=过滤器+安全策略(+网关)。它可以监测、限制、更改进出网络的数据流,尽可能地对外部屏蔽被保护网络内部的信息、结构和运行状况,以此来实现网络的安全保护。防火墙的设计和应用是基于这样一种假设:防火墙保护的内部网络是可信赖的网络,而外部网络(如 Internet)则是不可信赖的网络。设置防火墙的目的是保护内部网络资源不被外部非授权用户使用,防止内部受到外部非法用户的攻击。因此,防火墙安装的位置一定是在内部网络与外部网络之间,其结构如图 10-2 所示。

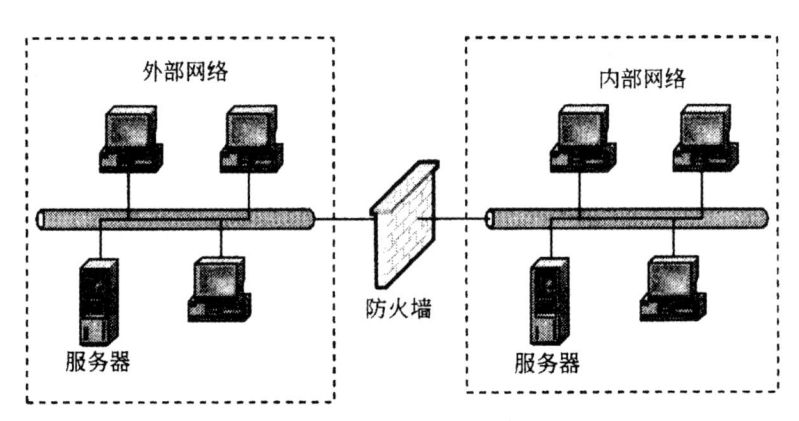

图 10-2 防火墙在网络中的位置

防火墙是一种非常有效的网络安全技术,也是一种访问控制机制、安全策略和防入侵措施。从网络安全的角度看,对网络资源的非法使用和对网络系统的破坏必然要以"合法"的网络用户身份,通过伪造正常的网络服务请求数据包的方式来进行。如果没有防火墙隔离内部网络与外部网络,内部网络的结点都会直接暴露给外部网络的所有主机,这样它们就会很容易遭受到外部非法用户的攻击。防火墙通过检查所有进出内部网络的数据包,来检查数据包的合法性,判断是否会对网络安全构成威胁,从而完成仅让安全、核准的数据包进入,同时又抵制对内部网络构成威胁的数据包进入。因此,犹如城门守卫一样,防火墙为内部网络建立了一个安全边界。

从狭义上讲,防火墙是指安装了防火墙软件的主机或路由器系统;从广义上讲,防火墙包括整个网络的安全策略和安全行为,还包含一对矛盾的机制:一方面它限制数据流通,另一方面它又允许数据流通。由于网络的管理机制及安全政策不同,因此这对矛盾呈现出两种极端的情形:第一种是除了非允许不可的都被禁止,第二种是除了非禁止不可的都被允许。第一种的特点是安全但不好用,第二种是好用但不安全,而多数防火墙都是这两种情形的折中。这里所谓的好用或不好用主要指跨越防火墙的访问效率,在确保防火墙安全或比较安全的前提下提高访问效率是当前防火墙技术研究和实现的热点。

2.防火墙的功能

作为网络安全的第一道防线,防火墙的主要功能如下所示。

(1)访问控制功能

这是防火墙最基本和最重要的功能,通过禁止或允许特定用户访问特定资源,保护内部网络的资源和数据。防火墙定义了单一阻塞点,它使得未授权的用户无法进入网络,禁止了潜在的、易受攻击的服务进入或是离开网络。

(2)内容控制功能

根据数据内容进行控制,例如,过滤垃圾邮件、限制外部只能访问本地 Web 服务器的部分功能等。

(3)日志功能

防火墙需要完整地记录网络访问的情况,包括进出内部网的访问。一旦网络发生了入侵或者遭到破坏,可以对日志进行审计和查询,查明事实。

(4)集中管理功能

针对不同的网络情况和安全需要,指定不同的安全策略,在防火墙上集中实施,使用中还可能根据情况改变安全策略。防火墙应该是易于集中管理的,便于管理员方便地实施安全策略。

(5)自身安全和可用性

防火墙要保证自己的安全,不被非法侵入,保证正常地工作。如果防火墙被侵入,安全策略被破坏,则内部网络就变得不安全。防火墙要保证可用性,否则网络就会中断,内部网的计算机无法访问外部网的资源。

此外,防火墙还可能具有流量控制、网络地址转换(NAT)、虚拟专用网(VPN)等功能。

3.防火墙的优点与不足

(1)防火墙的优点

防火墙能提高主机整体的安全性,因而给站点带来了众多的好处。它主要有以下几方面的优点。

①防火墙是网络安全的屏障。一个防火墙能极大地提高一个内部网络的安全性,并通过过

滤不安全的服务而降低风险。由于只有经过精心选择的应用协议才能通过防火墙,因此,网络环境变得更安全。例如,防火墙可以禁止诸如众所周知的不安全的 NFS 协议进出受保护网络,这样外部的攻击者就不可能利用这些脆弱的协议来攻击内部网络。防火墙同时可以保护网络免受基于路由的攻击,如 IP 选项中的源路由攻击和 ICMP 重定向中的重定向路径。防火墙可以拒绝所有以上类型攻击的报文并通知防火墙管理员。

②控制对主机系统的访问。防火墙有能力控制对主机系统的访问。例如,某些主机系统可以由外部网络访问,而其他主机系统则能被有效地封闭起来,防止有害的访问。通过配置防火墙,允许外部主机访问 WWW 服务器和 FTP 服务器的服务,而禁止外部主机对内部网络上其他系统的访问。

③监控和审计网络访问。如果所有的访问都经过防火墙,则防火墙就能记录下这些访问并做出日志记录,同时也能提供网络使用情况的统计数据。当发生可疑动作时,防火墙能进行适当的报警,并提供网络是否受到监测和攻击的详细信息。此外,收集一个网络的使用和误用情况也是非常重要的,可以清楚防火墙是否能够抵挡攻击者的探测和攻击,并且清楚防火墙的控制是否充足。

④防止内部信息的外泄。通过利用防火墙对内部网络的划分,可实现内部网重点网段的隔离,从而限制了局部重点或敏感网络安全问题对全局网络造成的影响。此外,使用防火墙可以隐蔽那些会泄漏内部细节的服务如 Finger、DNS 等。

⑤部署 NAT 机制。防火墙可以部署 NAT 机制,用来缓解地址空间短缺的问题,也可以隐藏内部网络的结构。

(2)防火墙的不足

虽然使用防火墙为用户带来了许多的好处,但是一定要记住:防火墙不是万能的,它只是系统整体安全策略的一部分,还有相当的局限性,其主要体现在以下几个方面。

①防火墙不能防御不经由防火墙的攻击。防火墙能够有效地检查经由其进行传输的信息,但不能防御绕过它进行传输的信息。例如,如果允许从受保护网络的内部不受限制地向外拨号,于是网络内部一些用户便可形成与 Internet 的直接连接,从而绕过防火墙,这就可能造成一个潜在的后门攻击渠道。

②防火墙不能防范恶意的内部威胁。通常,防火墙的安全控制只能作用于外对内或内对外,即对外可屏蔽内部网的拓扑结构,封锁外部网上的用户连接到内部网上的重要站点或某些端口;对内可屏蔽外部危险站点,但它并不能控制内部用户对内部网络的越权访问。若网络内部人员了解内部网络的结构,从内部入侵内部主机,或进行一些破坏活动,例如,窃取数据、破坏硬件和软件,而由于该通信没有通过防火墙,于是防火墙无法阻止。

可见,网络安全最大的威胁是内部用户的攻击。据权威部门统计表明,网络上的安全攻击事件有 70% 以上来自内部。也就是说,防火墙基本上是防外不防内。

③防火墙不能防止感染了病毒的软件或文件的传输。随着计算机各种技术的发展,越来越多的恶意程序出现,病毒可以依附于共享文档进行传播,也可通过 E-mail 附件的形式在 Internet 上迅速蔓延。Web 本身就是一个病毒源,许多站点都可以下载病毒程序甚至源码,进一步加剧了病毒的传播。

此外,病毒的类型、隐藏和传输方式太多,操作系统种类也有很多,不能期望防火墙去对每一个进出内部网络的文件进行扫描,查出潜在的病毒;否则,防火墙将成为网络中最大的瓶颈。

④防火墙不能防止数据驱动式攻击。一些表面看起来无害的数据通过电子邮件发送或者其他方式复制到内部主机上,一旦被执行就会形成攻击。这一类型的攻击,很有可能会导致主机修改与安全相关的文件,使入侵者轻易获得对系统的访问权。

⑤防火墙不能防范不断更新的攻击方式。由于防火墙的安全策略是在已知的攻击模式下制定的,因此,只能防御已知的威胁,对于全新的攻击方式则无能为力。

⑥防火墙难于管理和配置,易造成安全漏洞。由于防火墙的管理及配置非常复杂,若要成功地维护防火墙,防火墙管理员对网络安全攻击的手段及其与系统配置的关系必须有着相当深刻的了解。而防火墙的安全策略通常是无法集中管理的,通常来说,由多个系统(路由器、过滤器、代理服务器、网关、堡垒主机)组成的防火墙,难免在管理上有所疏忽。

⑦很难为用户在防火墙内外提供一致的安全策略。由于防火墙对用户的安全控制主要是基于用户所用机器的 IP 地址而不是用户身份,这就是决定了很难为同一用户在防火墙内外提供一致的安全控制策略,从而限制网络的物理范围。

10.2.2 防火墙的体系结构

1. 屏蔽路由器体系结构

屏蔽路由器(Screening Router,SR)又称为包过滤路由器,是最简单也是最常见的防火墙。屏蔽路由器是外部网络和内部网络连接的通道,所有要进入内部网络的文件等都需要通过检测;它除了具有路由功能外,还需要安装具有防火墙功能的过滤包,如图 10-3 所示。

图 10-3 屏蔽路由器体系结构

屏蔽路由器功能简单、使用方便。但其配置存在很大的缺点,首先规则表随着应用的不断深化,将会很快变得很大而且复杂。其次不能够记录入侵的时间,让管理员很难判断入侵行为发生的时间。再者,屏蔽路由器的保护功能非常单一,一旦被破坏,相当于整个内部网络都对外公开了,而在这个过程中,用户可能并不知道,由此可能会给用户带来巨大的损失。

2. 双重宿主主机体系结构

双重宿主主机(Dual Homed Host,DHH)体系结构是围绕具有双重宿主的堡垒主机构筑的,该堡垒主机至少有两块网卡。这样的主机可以充当外部网络和内部网络之间的路由器,能够从一块网卡到另一块网卡转发 IP 数据包。但是,实现双重宿主主机的防火墙体系结构禁止这种转发功能,因此在拥有这种防火墙体系结构的网络中,IP 数据包并不是直接从一个网络(如因特网)发送到其他网络(如内部的、被保护的网络)的。

双重宿主主机的防火墙体系结构是相当简单的,它连接内部网络和外部网络,双重宿主主机位于两者之间,如图 10-4 所示。

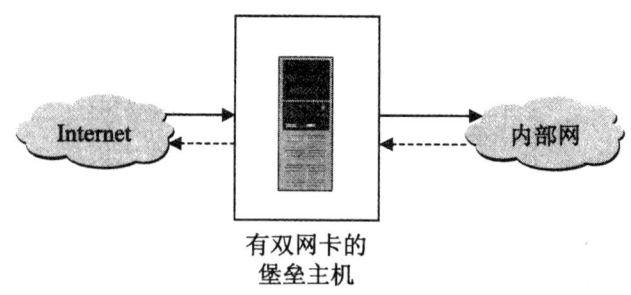

图 10-4 双重宿主主机体系结构

双重宿主主机网关在配置上比屏蔽路由器要好一些,其可以记录入侵的时间,这对于管理员在日后的检查中,非常有用。但是仅有入侵时间的记录,管理员很难判断网络中哪些部位已经被黑客入侵。其最关键的弱点是,若是入侵者侵入堡垒主机并做出恶意的破坏,可能会导致内部网络整个对外开放,其结果类似于被入侵的屏蔽路由器,最终网上的用户可以对内部网络随意浏览,造成内部网络的信息流出,可能会给内部网络的用户带来巨大的损失。

3. 屏蔽主机体系结构

屏蔽主机网关(Screened Gateway,SG)由屏蔽路由器(作用包过滤)和应用网关(作用代理服务)组成。

通过屏蔽网关的组成可以看出,其相当于有两层安全防护,是综合使用了屏蔽路由器和应用网关的功能,以保证内部网络用户的安全,使内部网络抗入侵能力增强。

图 10-5 所示为屏蔽的安装示意图,相当于把屏蔽路由器安装在内部网络与因特网之间,然后在内部网上安装一台堡垒主机。

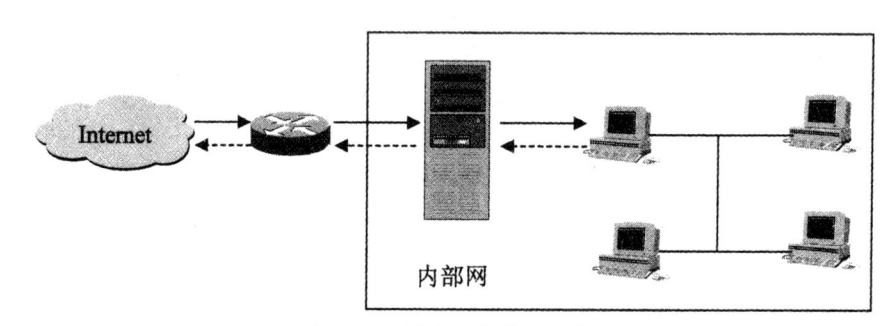

图 10-5 屏蔽主机体系结构

值得注意的是,应用网关只有一块网卡,因此它不是双重宿主主机网关。

屏蔽主机网关防火墙具有双重保护,比双重宿主主机网关防火墙更灵活,安全性更高;但由于要求对两个部件进行配置以便能协同工作,所以防火墙的配置工作很复杂。

4. 屏蔽子网体系结构

屏蔽子网(Screened Subnet,SS)防火墙与屏蔽主机网关不同的是,其有两个路由器,两个路由器分别放在子网的两端,形成一个被称为隔离区或非军事区(Demilitarized Zone,DMZ)的子网,即在内部网络和外部网络之间建立一个被隔离的子网,如图10-6所示。

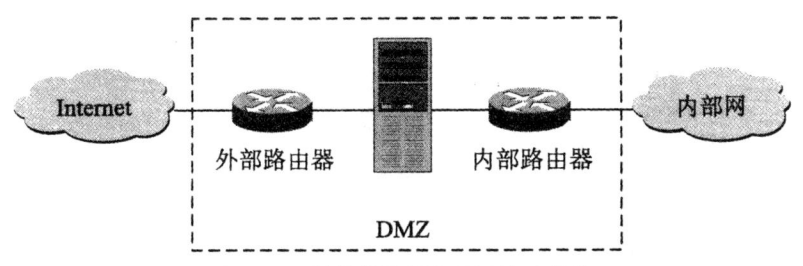

图 10-6　最简单的屏蔽子网体系结构

屏蔽子网体系结构的工作原理：两个路由器隔离出的子网既允许外部网络访问,也允许内部网络访问,但是拒绝外部网络通过屏蔽子网体系访问内部网络,同时也禁止内部网络访问外部网络,从而杜绝黑客入侵,保护用户安全。像 WWW 和 FTP 服务器等对外提供服务的服务器可放在 DMZ 中。

屏蔽子网体系结构配置相对来说,安全性较高,但是它的结构相当复杂,模块较多,需要的资金也较多。

5. 组合体系结构

搭建防火墙时,一般需要根据用户的需求和用户所能接受的价位,选择适合用户的配置。很少只是单一的技术,多数情况下会择优组合配置。

(1) 多堡垒主机

理想情况下,堡垒主机应该只提供一种服务,因为提供的服务越多,在系统上安装服务而导致安全隐患的可能性也就越大。这就意味着,如果在网络边界上拥有一个防火墙程序、一台 Web 服务器、一台 DNS 服务器和一台 FTP 服务器,那么就需要配置 4 台独立的堡垒主机。

使用如图 10-7 所示的多堡垒主机,可以改善网络安全性能、引入冗余度以及隔离数据和服务器。

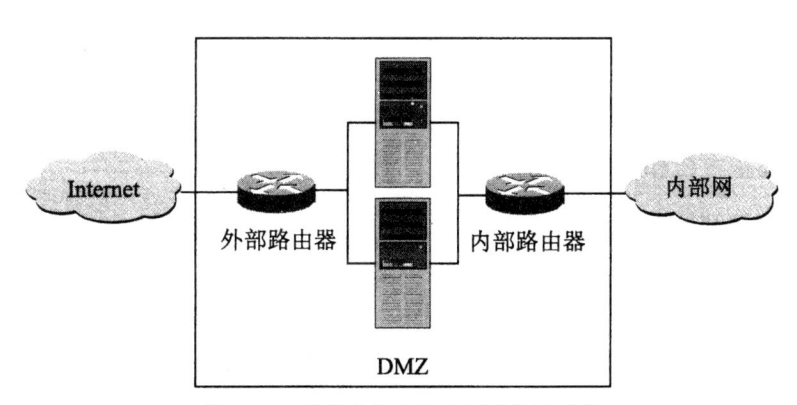

图 10-7　双垒主机的屏蔽子网体系结构

(2) 合并内部路由器和外部路由器

通常屏蔽子网体系结构要求在子网两侧各使用一个路由器分别充当内部和外部路由器,在每个接口上设置入站和出站的过滤规则;而将两者合并后,就变成了如图 10-8 所示的体系结构。其优点是节约了路由器的开支,最主要的缺点是黑客只要攻破该路由器就可以进入内部网络。

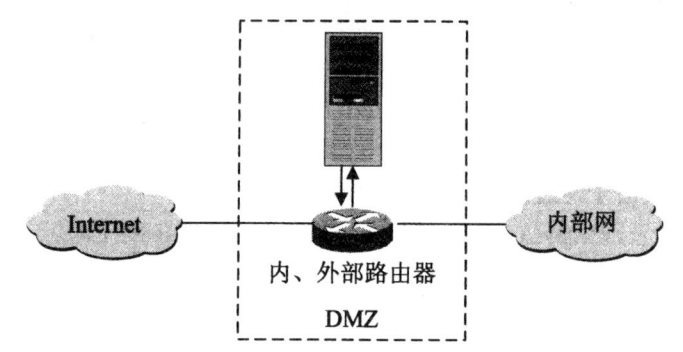

图 10-8 单个路由器的屏蔽子网体系结构

(3) 合并堡垒主机和外部路由器

使用一个配有双网卡的主机,既做堡垒主机又充当外部路由器。在这种体系结构中,堡垒主机没有外部路由器的保护,直接暴露给了 Internet,安全性不好。

这种方案的唯一保护是堡垒主机自己提供的包过滤功能。当网络只有一个到 Internet 的拨号 PPP 连接,并且堡垒主机上运行了 PPP 数据包时,也可以选择这种设置方法。

堡垒主机充当外部路由器如图 10-9 所示。

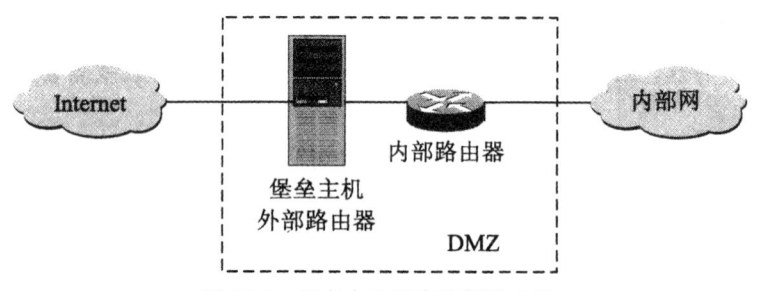

图 10-9 堡垒主机充当外部路由器

(4) 合并堡垒主机和内部路由器

使用一个配有双网卡的主机,既做堡垒主机又充当内部路由器。此时,堡垒主机与内部网通信,以便转发从外部网获得的信息。

堡垒主机充当内部路由器如图 10-10 所示。

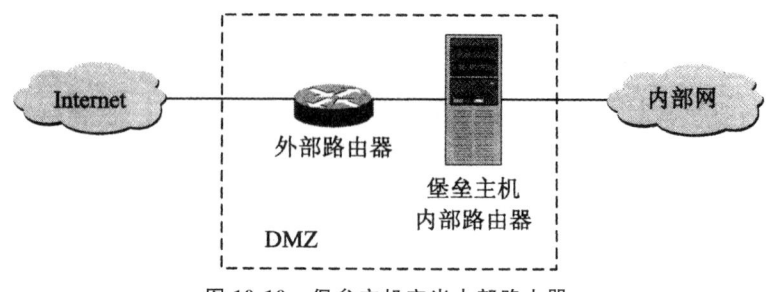

图 10-10 堡垒主机充当内部路由器

(5)使用多台外部路由器

如果内部网络既要连接到 Internet,同时还要并行地连接到分支机构或者合作伙伴的网络,就可以放置多台外部路由器,它们的工作方式与单台路由器相同。

当有两台外部路由器时,黑客攻入任一个路由器的机会就增加了一倍,多台亦然。

多台外部路由器的子网过滤体系结构如图 10-11 所示。

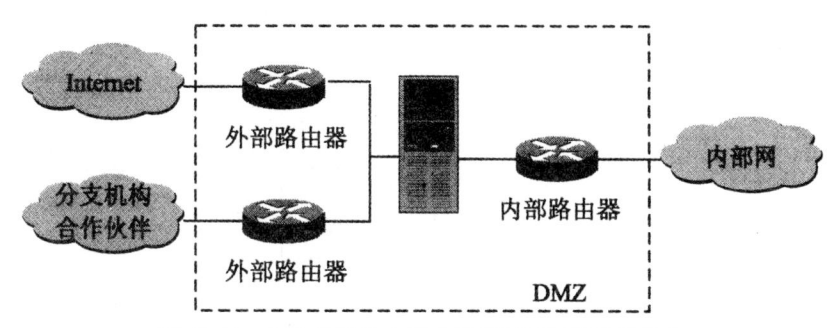

图 10-11　多台外部路由器的屏蔽子网过滤体系结构

(6)使用多个周边网络

如果内部网络与分支机构及合作伙伴之间的网络有任务紧急的应用连接,需要并发处理,就可以使用多个 DMZ,以确保高可靠性和高安全性。

这种结构的优点是,提高了网络的冗余度,在数据传输中将不同的网络隔离开,增加了数据的保密性。

其缺点是,存在多个路由器,它们都是进入内部网的通道。如果不能严格地监控和管理这些路由器,就会给入侵者提供更多的机会。

有两个 DMZ 的屏蔽子网体系结构如图 10-12 所示。

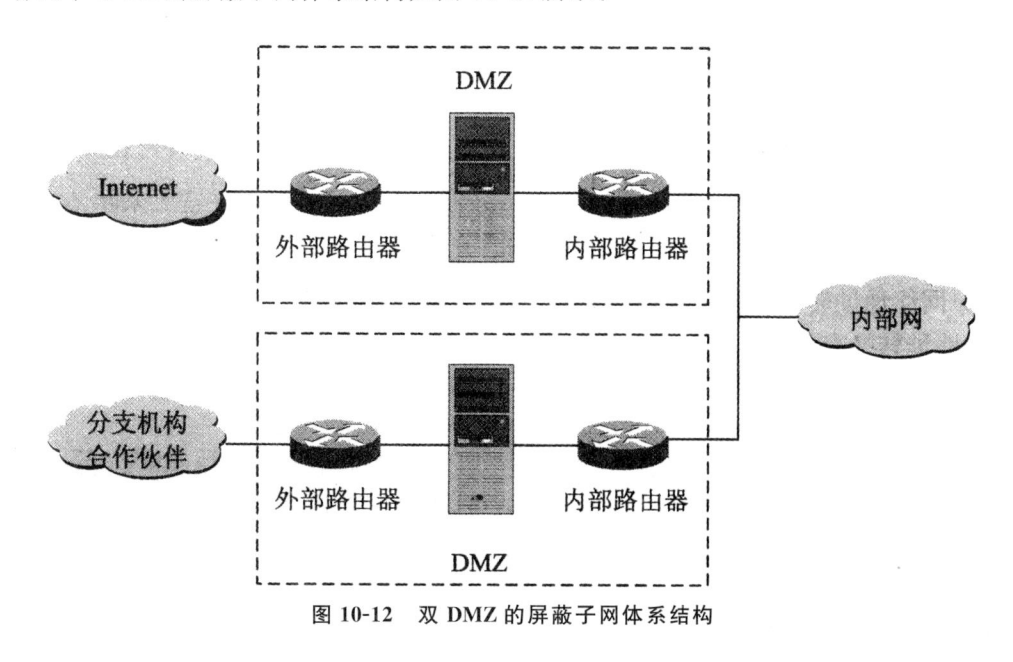

图 10-12　双 DMZ 的屏蔽子网体系结构

10.2.3 防火墙的实现技术

1. 包过滤技术

包过滤技术基于路由器技术，因而包过滤防火墙又称为包过滤路由器防火墙。图 10-13 给出了包过滤路由器结构示意图。

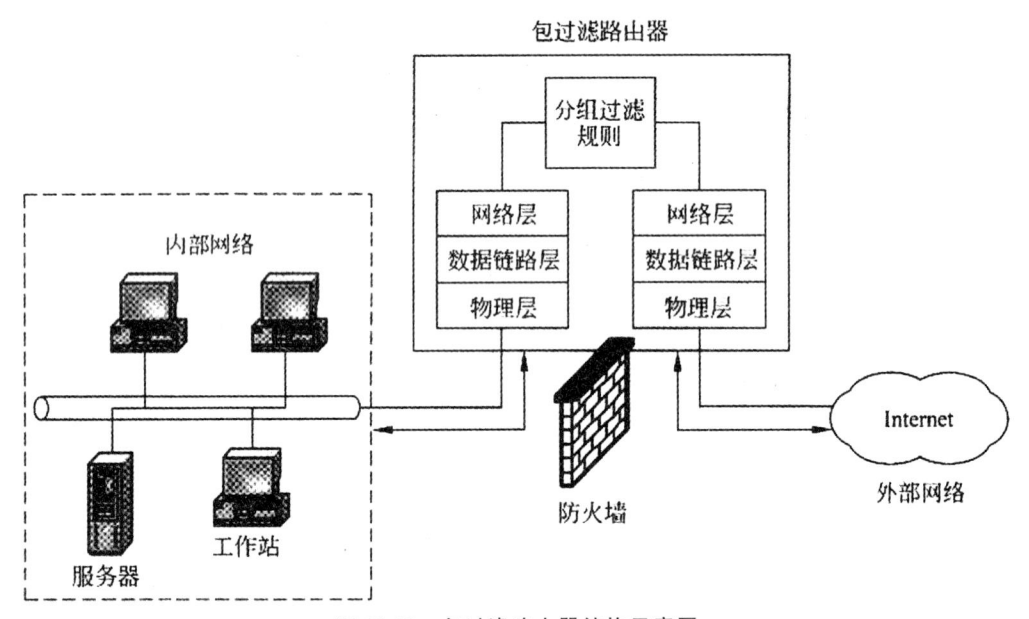

图 10-13 包过滤路由器结构示意图

(1) 包过滤原理

包过滤原理在于监视并过滤网络上流入流出的 IP 包，拒绝发送可疑的包。基于协议特定的标准，路由器在其端口能够区分包和限制包的能力称为包过滤。由于 Internet 与 Intranet 的连接多数都要使用路由器，所以路由器成为内外通信的必经端口，过滤路由器也可以称为包过滤路由器或筛选路由器。

防火墙常常就是这样一个具备包过滤功能的简单路由器，这种防火墙应该是足够安全的，但前提是配置合理。然而，一个包过滤规则是否完全严密及必要是很难判定的，因而在安全要求较高的场合，通常还配合使用其他的技术来加强安全性。

路由器逐一审查数据包以判定它是否与其他包过滤规则相匹配。每个包有两个部分：数据部分和包头。过滤规则以用于 IP 顺行处理的包头信息为基础，不理会包内的正文信息内容。包头信息包括：IP 源地址、IP 目的地址、封装协议（TCP、UDP 或 IP Tunnel）、TCP/UDP 源端口、ICMP 包类型、包输入接口和包输出接口。如果找到一个匹配，且规则允许此包，这个包则根据路由表中的信息前行。如果找到一个匹配，且规则拒绝此包，这个包则被舍弃。如果无匹配规则，一个用户配置的缺省参数将决定此包是前行还是被舍弃。

包过滤规则允许路由器取舍以一个特殊服务为基础的信息流，因为大多数服务检测器驻留于众所周知的 TCP/UDP 端口。如 Web 服务的端口号为 80,如果要禁止 http 连接,则只要路由器丢弃端口值为 80 的所有的数据包即可。

在包过滤技术中定义一个完善的安全过滤规则是非常重要的。通常,过滤规则以表格的形式表示,其中包括以某种次序排列的条件和动作序列。每当收到一个包时,则按照从前至后的顺序与表格中每行的条件比较,直到满足某一行的条件,然后执行相应的动作。

(2) 包过滤模型

包过滤防火墙的核心是包检查模块。包检查模块深入到操作系统的核心,在操作系统或路由器转发包之前拦截所有的数据包。当把包过滤防火墙安装在网关上之后,包过滤检查模块深入到系统的传输层和网络层之间,即 TCP 层和 IP 层之间,在操作系统或路由器的 TCP 层对 IP 包处理以前对 IP 包进行处理。在实际应用中,数据链路层主要由网络适配器(NIC)进行实现,网络层是软件实现的第一层协议堆栈,因此,防火墙位于软件层次的最底层,包过滤模型如图 10-14 所示。

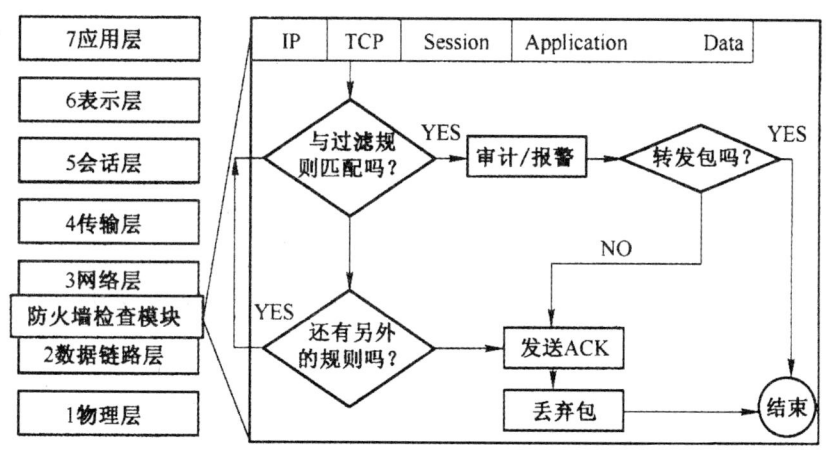

图 10-14 包过滤模型

通过检查模块,防火墙能拦截和检查所有流出和流入防火墙的数据包。防火墙检查模块首先验证这个包是否符合过滤规则,不管是否符合过滤规则,防火墙一般都要记录数据包情况,不符合规则的包要进行报警或通知管理员。对被防火墙过滤或丢弃的数据包,防火墙可以给数据的发送方返回一个 ICMP 消息,也可以不返回,这要取决于包过滤防火墙的策略。如果都返回一个 ICMP 消息,攻击者可能会根据拒绝包的 ICMP 类型猜测包过滤规则的细节,因此,对于是否返回一个 ICMP 消息给数据包的发送者需要慎重。

(3) 包过滤路由器的配置

在配置包过滤路由器时,首先要确定哪些服务允许通过而哪些服务应被拒绝,并将这些规定翻译成有关的包过滤规则。对包的内容一般并不需要多加关心。例如,允许站点接收来自于外部网的邮件,而不关心该邮件是用什么工具制作的。路由器只关注包中的一小部分内容。下面给出将有关服务翻译成包过滤规则时的几个相关概念。

① 协议的双向性。协议总是双向的,协议包括一方发送一个请求而另一方返回一个应答。在制定包过滤规则时,要注意包是从两个方向来到路由器的,例如,只允许往外的 Telnet 包将键入信息送达远程主机,而不允许返回的显示信息包通过相同的连接,这种规则是不正确的,同时,

拒绝半个连接往往也是不起作用的。在许多攻击中,入侵者往内部网发送包,他们甚至不用返回信息就可完成对内部网的攻击,这是因为他们能对返回信息加以推测。

②"往内"与"往外"。在制定包过滤规则时,必须准确理解"往内"与"往外"的包和"往内"与"往外"的服务这几个词的语义。一个往外的服务(如 Telnet)同时包含往外的包(键入信息)和往内的包(返回的屏幕显示的信息)。虽然大多数人习惯于用"服务"来定义规定,但在制定包过滤规则时,一定要具体到每一种类型的包。在使用包过滤时也一定要弄清"往内"与"往外"的包和"往内"与"往外"的服务这几个词之间的区别。

③"默认允许"与"默认拒绝"。网络的安全策略中有两种方法,即默认拒绝(没有明确地被允许就应被拒绝)与默认允许(没有明确地被拒绝就应被允许)。从安全角度来看,用默认拒绝应该更合适。就如前面讨论的,首先应从拒绝任何传输来设置包过滤规则,然后再对某些应被允许传输的协议设置允许标志。这样系统的安全性会更好一些。

(4)包过滤技术的优点

①不用改动应用程序。包过滤防火墙不用改动客户机和主机上的应用程序,因为它工作在网络层和传输层,与应用层无关。

②一个过滤路由器能协助保护整个网络。包过滤防火墙的主要优点之一,是一个单个的、恰当放置的包过滤路由器,有助于保护整个网络。如果仅有一个路由器连接内部与外部网络,则不论内部网络的大小、内部拓扑结构如何,通过那个路由器进行数据包过滤,在网络安全保护上就能取得较好的效果。

③数据包过滤对用户透明。数据包过滤是在 IP 层实现的,Internet 用户根本感觉不到它的存在;包过滤不要求任何自定义软件或者客户机配置;它也不要求用户经过任何特殊的训练或者操作,使用起来很方便。

④过滤路由器速度快、效率高。过滤路由器只检查报头相应的字段,一般不查看数据包的内容,而且某些核心部分是由专用硬件实现的,因此,其转发速度快、效率较高。

总之,包过滤技术是一种通用、廉价、有效的安全手段。通用,是因为它不针对各个具体的网络服务采取特殊的处理方式,而是对各种网络服务都通用;廉价,是因为大多数路由器都提供分组过滤功能,不用再增加更多的硬件和软件;有效,是因为它能在很大程度上满足企业的安全要求。

(5)包过滤技术的缺点

①不能彻底防止地址欺骗。大多数包过滤路由器都是基于源 IP 地址和目的 IP 地址而进行过滤的。而数据包的源地址、目的地址及 IP 的端口号都在数据包的头部,很有可能被窃听或假冒,如果攻击者把自己主机的 IP 地址设成一个合法主机的 IP 地址,就可以很轻易地通过报文过滤器。因此,包过滤最主要的弱点是不能在用户级别上进行过滤,即不能识别不同的用户和防止 IP 地址的盗用。

②无法执行某些安全策略。有些安全规则是难于用包过滤系统来实施的。例如,在数据包中只有来自于某台主机的信息而无来自于某个用户的信息,因为包的报头信息只能说明数据包来自什么主机,而不是什么用户,如果要过滤用户就不能用包过滤。又如,数据包只说明到什么端口,而不是到什么应用程序,这就存在着很大的安全隐患和管理控制漏洞。因此,数据包过滤路由器上的信息不能完全满足用户对安全策略的需求。

③安全性较差。过滤判别的只有网络层和传输层的有限信息,因而各种安全要求不可能充

分满足;在许多过滤器中,过滤规则的数目是有限制的,且随着规则数目的增加,性能会受到很大的影响;由于缺少上下文关联信息,因此,不能有效地过滤如 UDP、RPC 一类的协议;非法访问一旦突破防火墙,即可对主机上的软件和配置漏洞进行攻击;大多数过滤器中缺少审计和报警机制,通常没有用户的使用记录,这样,管理员就不能从访问记录中发现黑客的攻击记录,而攻击一个单纯的包过滤式的防火墙对黑客来说是比较容易的,因为他们在这一方面已经积累了大量的经验。

④管理功能弱。数据包过滤规则难以配置,管理方式和用户界面较差;对安全管理人员素质要求高;建立安全规则时,必须对协议本身及其在不同应用程序中的作用有较深入的理解。

⑤一些应用协议不适合于数据包过滤。即使在系统中安装了比较完善的包过滤系统,也会发现对有些协议使用包过滤方式不太合适。例如,对 UNIX 的 r 系列命令和类似于 NFS 协议的 RPC,用包过滤系统就不太合适。

从以上的分析可以看出,包过滤防火墙技术虽然能确保一定的安全保护,且也有许多优点,但是包过滤毕竟是早期防火墙技术,本身存在较多缺陷,不能提供较高的安全性。因此,在实际应用中,很少把包过滤技术作为单独的安全解决方案,通常是把它与应用网关配合使用或与其他防火墙技术揉合在一起使用,共同组成防火墙系统。

2. 应用代理技术

由于包过滤技术无法提供完善的数据保护措施,而且一些特殊的报文攻击仅仅使用过滤的方法并不能消除危害(如 SYN 攻击、ICMP 洪水等),因此人们需要一种更全面的防火墙保护技术,在这样的需求背景下,采用"应用代理"(Application Proxy)技术的防火墙出现了,代理防火墙工作于应用层,且针对特定的应用层协议,通过代理可以实现比包过滤更严格的安全策略。

应用代理技术的核心就是代理服务器技术。代理服务是运行在防火墙上的一种服务程序,位于客户机和服务器之间,阻挡了客户机和服务器间的数据交流。从客户机来看,代理服务器相当于一台真正的服务器;而从服务器来看,代理服务器又是一台真正的客户机。

所谓代理服务器,是指代表客户处理服务器连接请求的程序。当代理服务器收到一个客户的连接请求时,它们将核实客户请求,并经过特定的安全化的代理应用程序处理连接请求,将处理后的请求发送到真实的服务器上,然后接收服务器应答,并做进一步处理后,然后将答复交给发出请求的最终客户。代理服务器在外部网络向内部网络申请服务时起到了中间转接和隔离内外网的作用。

代理防火墙的应用层代理服务的数据控制及传输过程如图 10-15 所示。

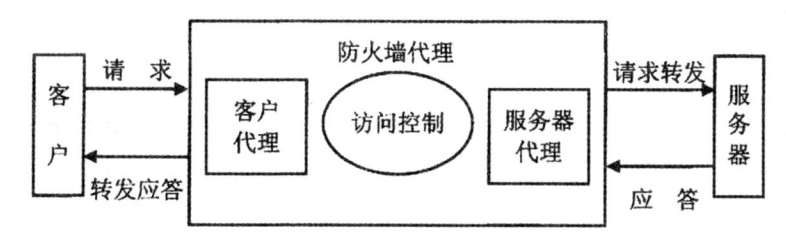

图 10-15 代理防火墙的应用层代理服务的数据控制及传输过程

代理防火墙将所有跨越防火墙的网络通信链路分为两段。防火墙内外计算机系统间应用层的"链接",由两个代理服务器上的"链接"来实现,外部计算机的网络链路只能到达代理服务器,达到隔离防火墙内外计算机系统的目的。此外,代理防火墙在发现被攻击的迹象时,将向网络管理员发出警报,并保留攻击现场。也就是说,在代理服务中,内部各站点之间的连接被切断了,仅通过代理服务维持各站点间的连接。

可将代理防火墙分为应用层网关防火墙和电路级网关防火墙。

(1)应用层网关防火墙

应用层网关(Application Level Gateways,ALG)防火墙是传统代理型防火墙,在网络应用层上建立协议过滤和转发功能。它针对特定的网络应用服务协议使用指定的数据过滤逻辑,并在过滤的同时对数据包进行必要的分析、登记和统计,形成报告。

应用层网关防火墙的工作原理如图 10-16 所示。

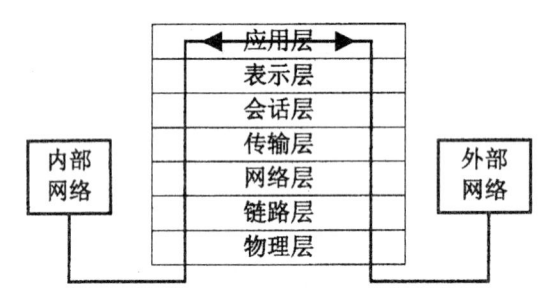

图 10-16 应用层网关防火墙的工作原理

应用层网关防火墙的核心技术就是代理服务器技术,它是基于软件的,通常安装在专用工作站系统上。这种防火墙通过代理技术参与到一个 TCP 连接的全过程,并在网络应用层上建立协议过滤和转发功能,因此,又称为应用层网关。

当某用户想和一个运行代理的网络建立联系时,此代理会阻塞这个连接,然后在过滤的同时对数据包进行必要的分析、登记和统计,形成检查报告。如果此连接请求符合预定的安全策略或规则,代理防火墙便会在用户和服务器之间建立一个"桥",从而保证其通信。对不符合预定安全规则的,则阻塞或抛弃。换句话说,"桥"上设置了很多控制。

同时,应用层网关将内部用户的请求确认后送到外部服务器,再将外部服务器的响应回送给用户。这种技术对 ISP 很常见,通常用于在 Web 服务器上高速缓存信息,并且扮演 Web 客户和 Web 服务器之间的中介角色。它主要保存 Internet 上那些最常用和最近访问过的内容,在 Web 上,代理首先试图在本地寻找数据;如果没有,再到远程服务器上去查找。为用户提供了更快的访问速度,并提高了网络的安全性。

(2)电路层网关防火墙

在电路层网关(Circuit Level Gateway,CLG)防火墙中,数据包被提交给用户的应用层进行处理,电路层网关用来在两个通信的终点之间转换数据包,原理图如图 10-17 所示。

电路层网关是建立应用层网关的一个更加灵活的方法。它是针对数据包过滤和应用网关技术存在的缺点而引入的防火墙技术,一般采用自适应代理技术,也称为自适应代理防火墙。在电路层网关中,需要安装特殊的客户机软件。组成这种类型防火墙的基本要素有两个,即自适应代理服务器与动态包过滤器。在自适应代理与动态包过滤器之间存在一个控制通道。

在对防火墙进行配置时,用户仅仅将所需要的服务类型和安全级别等信息通过相应 Proxy

的管理界面进行设置就可以了。然后，自适应代理就可以根据用户的配置信息，决定是使用代理服务从应用层代理请求还是从网络层转发数据包。如果是后者，它将动态地通知包过滤器增减过滤规则，满足用户对速度和安全性的双重要求。因此，它结合了应用层网关防火墙的安全性和包过滤防火墙的高速度等优点，在毫不损失安全性的基础之上将代理型防火墙的性能提高 10 倍以上。

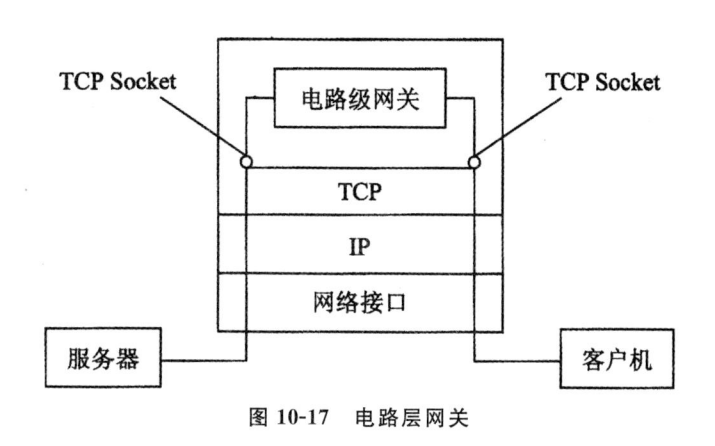

图 10-17　电路层网关

电路层网关防火墙的工作原理如图 10-18 所示。

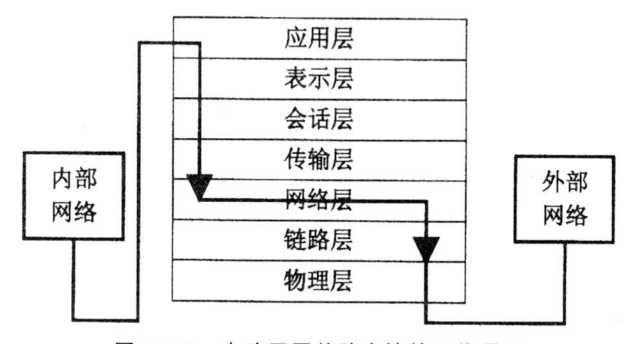

图 10-18　电路层网关防火墙的工作原理

电路层网关防火墙的特点是将所有跨越防火墙的网络通信链路分为两段。防火墙内外计算机系统间应用层的"链接"由两个终止代理服务器上的"链接"来实现，外部计算机的网络链路只能到达代理服务器，从而起到了隔离防火墙内外计算机系统的作用。

此外，代理服务也对过往的数据包进行分析、注册登记，形成报告，同时当发现被攻击迹象时会向网络管理员发出警报，并保留攻击痕迹。

(3) 代理服务技术的优点

① 代理灵活。代理服务技术能够灵活、完全地控制进出流量和内容，可以通过一定的措施，按照一定的规则，用户完全可以借助代理实现一整套的安全策略。

② 配置简单。由于是通过软件来进行代理的，故它较路由器更容易配置，并且配置界面十分友好，一般来说，若代理实现的好，则可以对配置协议要求较低，从而可避免一些配置错误。

③ 可以过滤数据内容。用户可以把一些过滤规则应用于代理，使其在高层实现过滤的功能，如文本过滤、预防病毒或扫描病毒等。

④生成各项记录。由于代理工作在应用层,并检测各种数据,所以可按一定准则让代理生成各项日志、记录。这些日志、记录对于流量分析和安全检查等非常重要。

⑤为用户提供透明的加密机制。用户通过代理输入/输出数据,可以让代理完成加解密的功能,从而方便用户,确保数据的保密性。这一点在虚拟专用网中特别重要。代理可以广泛地用于企业外部网中,提供较高安全性的数据通信。

⑥与其他安全手段集成方便。目前的安全问题解决方案很多,例如,认证、授权、账号、数据加密、安全协议 SSL 等。而代理可以方便地与这些手段集成、联合使用,这将能大大增加网络安全性。

(4)代理服务技术的缺点

①代理速度较路由器慢。路由器只是简单查看 TCP/IP 报头,检查特定的几个域,不作详细分析、记录。而代理工作于应用层,要检查数据包的内容,按特定的应用协议进行审查、扫描数据包内容,并进行代理(转发请求或响应),因此,其速度较慢。

②代理对用户不透明。许多代理要求客户端作相应改动或安装定制客户端软件,这给用户增加了不透明度。由于硬件平台和操作系统都存在差异,要为庞大的异构网络的每一台内部主机安装和配置特定的应用程序既耗费时间,又容易出错。

③对于每项服务代理可能要求不同的服务器。可能需要为每项协议设置一个不同的代理服务器,因为代理服务器不得不理解协议以便判断什么是允许的和不允许的,并且还装扮一个对真实服务器来说是客户、对代理客户来说是服务器的角色。挑选、安装和配置所有这些不同的服务器也可能是一项工作量较大的工作。

④代理不能改进底层协议的安全性。由于代理工作于 TCP/IP 之上,属于应用层,这就决定了其不具备改善底层通信协议的安全防范能力(如 IP 欺骗、伪造 ICMP 消息和一些拒绝服务的攻击)。而这些方面,对于一个网络的健壮性来说却是十分重要的。

⑤代理服务不能保证免受所有协议弱点的限制。代理服务作为一种解决安全问题的方法,代理的效果取决于其对协议中哪些是安全操作的判断能力。每个应用层协议都或多或少存在着一些安全问题,对于一个代理服务器来说,要彻底避免这些安全隐患几乎是不可能的,除非关闭这些服务。

⑥代理服务通常要求对客户、对过程或两者进行限制。除了一些为代理而设的服务,代理服务器要求对客户、对过程或两者进行限制,每一种限制都有不足之处,人们无法经常按他们自己的步骤使用快捷可用的工作。由于这些限制,代理应用就不能像非代理应用运行那样好,它们往往可能曲解协议的说明,并且一些客户和服务器比其他的要缺少一些灵活性。

3.状态检测技术

(1)状态检测原理

基于状态检测技术的防火墙是由 Check Point 软件技术有限公司率先提出的,也称为动态包过滤防火墙。基于状态检测技术的防火墙通过一个在网关处执行网络安全策略的检测引擎而获得非常好的安全特性。检测引擎在不影响网络正常运行的前提下,采用抽取有关数据的方法对网络通信的各层实施检测。它将抽取的状态信息动态地保存起来作为以后执行安全策略的参考。检测引擎维护一个动态的状态信息表并对后续的数据包进行检查,一旦发现某个连接的参数有意外变化,就立即将其终止。

第 10 章　网络安全技术

状态检测防火墙监视和跟踪每一个有效连接的状态,并根据这些信息决定是否允许网络数据包通过防火墙。它在协议栈底层截取数据包,然后分析这些数据包的当前状态,并将其与前一时刻相应的状态信息进行比较,从而得到对该数据包的控制信息。

检测引擎支持多种协议和应用程序,并可以方便地实现应用和服务的扩充。当用户访问请求到达网关操作系统前,检测引擎通过状态监视器要收集有关状态信息,结合网络配置和安全规则做出接纳、拒绝、身份认证及报警等处理动作。一旦有某个访问违反了安全规则,则该访问就会被拒绝,记录并报告有关状态信息。

状态检测防火墙试图跟踪通过防火墙的网络连接和包,这样,防火墙就可以使用一组附加的标准,以确定是否允许和拒绝通信。它是在使用了基本包过滤防火墙的通信上应用一些技术来做到这点的。

在包过滤防火墙中,所有数据包都被认为是孤立存在的,不关心数据包的历史或未来,数据包的允许和拒绝的决定完全取决于包自身所包含的信息,如源地址、目的地址和端口号等。状态检测防火墙跟踪的则不仅仅是数据包中所包含的信息,而且还包括数据包的状态信息。为了跟踪数据包的状态,状态检测防火墙还记录有用的信息以帮助识别包,如已有的网络连接、数据的传出请求等。

状态检测技术采用的是一种基于连接的状态检测机制,将属于同一连接的所有包作为一个整体的数据流看待,构成连接状态表,通过规则表与状态表的共同配合,对表中的各个连接状态因素加以识别。

(2) 跟踪连接状态的方式

状态检测技术跟踪连接状态的方式取决于数据包的协议类型,具体如下所示。

① TCP 包。当建立起一个 TCP 连接时,通过的第一个包被标有包的 SYN 标志。通常来说,防火墙丢弃所有外部的连接企图,除非已经建立起某条特定规则来处理它们。对内部主机试图连到外部主机的数据包,防火墙标记该连接包,允许响应及随后在两个系统之间的数据包通过,直到连接结束为止。在这种方式下,传入的包只有在它是响应一个已建立的连接时,才会被允许通过。

② UDP 包。UDP 包比 TCP 包简单,因为它们不包含任何连接或序列信息。它们只包含源地址、目的地址、校验和携带的数据。这种信息的缺乏使得防火墙确定包的合法性很困难,因为没有打开的连接可利用,以测试传入的包是否应被允许通过。

但是,如果防火墙跟踪包的状态,就可以确定。对传入的包,如果它所使用的地址和 UDP 包携带的协议与传出的连接请求匹配,则该包就被允许通过。与 TCP 包一样,没有传入的 UDP 包会被允许通过,除非它是响应传出的请求或已经建立了指定的规则来处理它。对其他种类的包,情况与 UDP 包类似。防火墙仔细地跟踪传出的请求,记录下所使用的地址、协议和包的类型,然后对照保存过的信息核对传入的包,以确保这些包是被请求的。

(3) 状态检测技术的优点

① 高安全性。状态检测防火墙工作在数据链路层和网络层之间,它从这里截取数据包,因为数据链路层是网卡工作的真正位置,网络层是协议栈的第一层,这样防火墙确保了截取和检查所有通过网络的原始数据包。

防火墙截取到数据包就处理它们,首先根据安全策略从数据包中提取有用信息,保存在内存中;然后将相关信息组合起来,进行一些逻辑或数学运算,获得相应的结论,进行相应的操作,如允许数据包通过、拒绝数据包、认证连接和加密数据等。

状态检测防火墙虽然工作在协议栈较低层,但它检测所有应用层的数据包,从中提取有用信息,如 IP 地址、端口号和上层数据等,通过对比连接表中的相关数据项,大大降低了把数据包伪装成一个正在使用的连接的一部分的可能性,这样安全性得到很大提高。

②高效性。状态检测防火墙工作在协议栈的较低层,通过防火墙的所有数据包都在低层处理,而不需要协议栈的上层来处理任何数据包,这样减少了高层协议栈的开销,从而提高了执行效率;此外,在这种防火墙中一旦一个连接建立起来,就不用再对这个连接做更多工作,系统可以去处理别的连接,执行效率明显提高。

③伸缩性和易扩展性。状态检测防火墙不像代理防火墙那样,每一个应用对应一个服务程序,这样所能提供的服务是有限的,而且当增加一个新的服务时,必须为新的服务开发相应的服务程序,这样系统的可伸缩性和可扩展性降低。

状态检测防火墙不区分每个具体的应用,只是根据从数据包中提取的信息、对应的安全策略及过滤规则处理数据包,当有一个新的应用时,它能动态产生新的应用的规则,而不用另外写代码,因此,具有很好的伸缩性和扩展性。

④针对性。它能对特定类型的数据包中的数据进行检测。由于在常用协议中存在着大量众所周知的漏洞,其中一部分漏洞来源于一些可知的命令和请求等,因而利用状态包检查防火墙的检测特性使得它能够通过检测数据包中的数据来判断是否是非法访问命令。

⑤应用范围广。状态检测防火墙不仅支持基于 TCP 的应用,而且支持基于无连接协议的应用,如 RPC 和基于 UDP 的应用(DNS、WAIS 和 NFS 等)。对于无连接的协议,包过滤防火墙和应用代理对此类应用要么不支持,要么开放一个大范围的 UDP 端口,这样暴露了内部网,降低了安全性。

状态检测防火墙对基于 UDP 应用安全的实现是通过在 UDP 通信之上保持一个虚拟连接来实现的。防火墙保存通过网关的每一个连接的状态信息,允许穿过防火墙的 UDP 请求包被记录,当 UDP 包在相反方向上通过时,依据连接状态表确定该 UDP 包是否是被授权的,若已被授权,则通过,否则拒绝。如果在指定的一段时间响应数据包没有到达,则连接超时,该连接被阻塞,这样所有的攻击都被阻塞,UDP 应用安全实现了。

状态检测防火墙也支持 RPC,因为对于 RPC 服务来说,其端口号是不固定的,因此,简单的跟踪端口号是不能实现该种服务的安全的,状态检测防火墙通过动态端口映射图记录端口号,为验证该连接还保存连接状态与程序号等,通过动态端口映射图来实现此类应用的安全。

(4)状态检测技术的缺点

①由于检查内容多,对防火墙的性能提出了更高的要求。

②主要工作在网络层和传输层,对报文的数据部分检查很少,安全性还不足够高。

不过,随着硬件处理能力的不断提高,这个问题变得越来越不易察觉。

10.2.4 防火墙的选购

防火墙系统作为网络的第一道防线,在网络建设的过程中如何选购防火墙设备是一个专业而又复杂的问题。因此,本节重点讨论防火墙的选购问题。

1.防火墙的性能指标

性能指标对于防火墙而言是很重要的一个方面,许多用户仅仅通过并发连接数等指标考察产品性能,这其实是一个很大的误区。吞吐量、丢包率和延迟等才是衡量一个防火墙的性能的重要指标参数。一个千兆防火墙系统要达到千兆线速,必须在全速处理最小的数据封包(64B)转发时可达到100%吞吐率。

然而根据赛迪评测对国内外千兆防火墙的评测数据可以看到,还没有一款千兆防火墙在64B 帧长时可以达到100%的吞吐率(最好的测试数据仅为72.58%)。因此,号称"千兆线速"的防火墙也仅仅是在帧长在128B以上时可能达到100%,然而根据RFC定义,这样的设备并不能称为"线速"。

因此,用户在考察防火墙设备的性能指标时,必须从吞吐量、时延、丢包率等数据确定产品的性能。换句话说,无论防火墙是采用何种方式实现的,上述指标仍然是判断防火墙性能的主要依据。在选择购买防火墙时,可以考虑以下一些性能指标。

(1)吞吐量

吞吐量体现了防火墙转发数据包的能力,是防火墙的一个重要指标。该参数决定了每秒钟可通过防火墙的最大数据流量,通常用防火墙在不丢包的条件下每秒转发包的最大数目来表示。该参数以比特每秒(b/s)或包每秒(p/s)为单位。

(2)时延

时延指的是在防火墙最大吞吐量的情况下,数据包从到达防火墙到被防火墙转发出去的时间间隔。作为防火墙的重要指标,时延直接体现了在系统重载的情况下,防火墙是否会成为网络访问服务的瓶颈。时延参数的测定值应与防火墙标称的值相一致。

(3)丢包率

丢包率是个服务的可用性参数,说明防火墙在不同负载的情况下,由于来不及处理而不得不丢弃的数据包占收到的数据包总数的比例。不同的负载量通常在最小值到防火墙的线速值(防火墙的最高数据包转发速率)之间变化,一般选择线速的10%作为负载增量的步长。

(4)背对背

防火墙的背对背指的是从空闲状态开始,以达到传输介质最小合法间隔极限的传输速率发送相当数量的固定长度的帧,当出现第一个帧丢失时,发送的帧数。

背对背包的测试结果能体现出被测防火墙的缓冲容量,网络上经常有一些应用会产生大量的突发数据包(如 NFS、备份、路由更新等),而且这样的数据包的丢失可能会产生更多的数据包,强大缓冲能力可以减小这种突发对网络造成的影响,因此,背对背指标体现防火墙的数据缓存能力,描述了网络设备承受突发数据的能力,即对突发数据的缓冲能力。

(5)有效通过率

根据 RFC 2647 对防火墙测试的规范中定义的一个重要的指标:goodput(防火墙的真实有效通过率)。由于防火墙在使用过程中,总会有数据包的丢失和重发,因此,简单测试防火墙的通过率是片面的,goodput 从应用层测试防火墙的真实有效的传输数据包速率。简单地说,就是防火墙端口的总转发数据量(b/s)减去丢失的和重发的数据量(b/s)。

(6)最大位转发率

防火墙的位转发率是指在特定负载下每秒钟防火墙将允许的数据流转发至正确的目的接口

的位数。最大位转发率是指在不同的负载下反复测量得出的位转发率数值中的最大值。

(7) 最大并发连接数

最大并发连接数是指穿越防火墙的主机之间或主机与防火墙之间能同时建立的最大连接数。这项性能可以反映一定流量下防火墙所能顺利建立和保持的并发连接数及一定数量的连接情况下防火墙的吞吐量变化。

并发连接数主要反映了防火墙建立和维持 TCP 连接的性能，同时也能通过并发连接数的大小体现防火墙对来自客户端的 TCP 连接请求的响应能力。

(8) 最大并发连接建立速率

在此项测试中，分别测试防火墙的每秒所能建立起的 TCP/HTTP 连接数及防火墙所能保持的最大 TCP/HTTP 连接数。测试在一条安全规则下打开和关闭 NAT(静态)对 TCP 连接的新建能力和保持能力。

此外，防火墙的性能指标还包括最大策略数、平均无故障间隔时间、支持的最大用户数等。

2. 防火墙的选购原则

一般认为，没有一个防火墙的设计能够适用于所有的环境，所以应根据网站的特点来选择合适的防火墙。选购防火墙时应考虑以下几个因素。

(1) 防火墙自身的安全性

防火墙自身的安全性主要体现在自身设计和管理两个方面。设计的安全性关键在于操作系统，只有自身具有完整信任关系的操作系统才可以谈论系统的安全性。而应用系统的安全是以操作系统的安全为基础的，同时防火墙自身的安全实现也直接影响整体系统的安全性。

(2) 系统的稳定性

防火墙的稳定性可以通过以下几种方法判断：从权威的测评认证机构获得；实际调查；自己试用；厂商实力，如资金、技术开发人员、市场销售人员和技术支持人员多少等。防火墙的一个重要指标为是否高效、高性能，直接体现了防火墙的可用性。如果由于使用防火墙而带来了网络性能较大幅度的下降，就意味着安全代价过高。一般来说，防火墙加载上百条规则，其性能下降不应超过 5%(指包过滤防火墙)。

(3) 可靠性

可靠性对防火墙类访问控制设备来说尤为重要，受控网络的可用性会受其直接影响。从系统设计上来说，提高可靠性的措施一般是提高本身部件的强健性、增大设计阈值和增加冗余部件，这要求有较高的生产标准和设计冗余度。

(4) 是否可以抵抗拒绝服务攻击

在当前的网络攻击中，使用频率最高的方法为拒绝服务攻击。抵抗拒绝服务攻击应该是防火墙的基本功能之一。目前有很多防火墙号称可以抵御拒绝服务攻击，但严格地说，应该是可以降低拒绝服务攻击的危害，而不是抵御这种攻击。在采购防火墙时，网络管理人员应该对这一功能的真实性和有效性进行详细全面地考察。

(5) 是否管理方便

网络技术发展很快，各种安全事件不断出现，这就要求安全管理员经常调整网络安全注意。对于防火墙类访问控制设备，除安全控制注意的不断调整外，业务系统访问控制的调整也很频繁，这些都要求防火墙的管理在充分考虑安全需要的前提下，方便灵活的管理方式和方法是必须要提供的。

(6) 是否可扩展、可升级

用户的网络不是一成不变的,与防病毒产品类似,防火墙也必须不断地进行升级,此时支持软件升级就很重要了。如果不支持软件升级,为了抵御新的攻击手段,用户就必须进行硬件上的更换,而在更换期间网络是不设防的,同时用户也需要投入更多。

10.3 虚拟专用网技术

10.3.1 虚拟专用网概述

1. 虚拟专用网的概念

虚拟专用网(Virtual Private Network,VPN)是通过一个公用网络(通常是因特网)建立一个临时的、安全的连接,是一条穿过混乱的公用网络的安全、稳定的隧道。通常,VPN 是对企业内部网的扩展,通过它可以帮助远程用户、公司分支机构、商业伙伴及供应商同公司的内部网建立可信的安全连接,并保证数据的安全传输。

虚拟专用网可以看作是虚拟出来的企业内部专线。它可以通过特殊的加密通信协议在位于 Internet 不同位置的两个或多个企业内联网络之间建立专有的通信线路。VPN 最早是路由器的重要技术之一,而目前交换机、防火墙等软件也都开始支持 VPN 功能。其核心就是利用公共网络资源为用户建立虚拟的专用网络。

虚拟专用网是一种网络新技术,而不是真的专用网络,但能够实现专用网络的功能。虚拟专用网依靠 Internet 服务提供商 (ISP)和网络服务提供商 (NSP),在公用网络中建立专用的数据通信网络的技术。在虚拟专用网中,任意两个结点之间的连接并没有传统专网所需的端到端的物理链路,而是利用某种公众网络资源动态组成的。

《IP Sec:新一代因特网安全标准》(IPSec:The New Security Standard for the Internet, Intranets, and Virtual Private Networks)一书将 VPN 概括为:VPN 是"虚拟"的,因为它不是一个物理的、明显存在的网络,两个不同的物理网络之间的连接由通道来建立;VPN 是"专用"的,因为它提供了机密性,通道被加密;VPN 是"网络",因为它是联网的。我们在连接两个不同的网络,并有效地建立一个独立的、虚拟的实体,即一个新的网络。简单地讲,VPN 就是两个或多个用户,利用公用的网络环境进行数据传输,并在发送和接收数据时,利用隧道技术和安全技术,使得在公网中传输的数据即使被第三方截获也很难进行解密的技术。

综上所述,可以将 VPN 理解为:

①在 VPN 通信环境中,存取受到严格控制,只有被确认为是同一个公共体的内部同层(对等)连接时,才允许它们进行通信。而 VPN 环境的构建则是通过对公共通信基础设施的通信介质进行某种逻辑分割来实现的。

②VPN 通过共享通信基础设施为用户提供定制的网络连接服务,这种定制的连接要求用户共享相同的安全性、优先级服务、可靠性和可管理性策略,在共享的基础通信设施上采用隧道技

术和特殊配置技术措施,仿真点到点的连接。

2. 虚拟专用网的特点

在实际应用中,用户所需要的一个高效、成功的 VPN 应具有安全保障、服务质量(QoS)保证、可扩充性和灵活性、可管理性四个特点。

(1)安全保障

虽然实现 VPN 的技术和方式很多,但所有的 VPN 均应保证通过公用网络平台传输数据的专用性和安全性。在公用 IP 网络上建立一个逻辑的、点对点的连接,称之为建立一个隧道。可以利用加密技术对经过隧道传输的数据进行加密,以保证数据仅被指定的发送者和接收者了解,从而保证数据的专用性和安全性。

由于 VPN 直接构建在公用网上,实现简单、方便、灵活,其安全问题也更为突出。企业必须确保其 VPN 上传送的数据不被他人窥视和篡改,并且能防止非法用户对网络资源或专用信息的访问。Extranet VPN 将企业网扩展到合作伙伴和客户,对安全性提出了更高的要求。

(2)服务质量(QoS)保证

VPN 应当能够为企业数据提供不同等级的服务质量保证。不同的用户和业务对服务质量(QoS)保证的要求差别较大。例如,对于移动办公用户来说,网络能提供广泛的连接和覆盖性是保证 VPN 服务质量的一个主要因素;而对于拥有众多分支机构的专线 VPN,则要求网络能提供良好的稳定性;其他一些应用(如视频等)则对网络提出了更明确的要求,如网络时延及误码率等。所有网络应用均要求 VPN 根据需要提供不同等级的服务质量。

在网络优化方面,构建 VPN 的另一重要需求是充分、有效地利用有限的广域网资源,为重要数据提供可靠的带宽。广域网流量的不确定性使其带宽的利用率很低,在流量高峰时可能会引起网络阻塞,产生网络瓶颈,使实时性要求高的数据得不到及时发送;而在流量低谷时又造成大量的网络带宽闲置。QoS 通过流量预测与流量控制策略,可以按照优先级分配带宽资源,实现带宽管理,使各类数据能够被合理地有序发送,并预防阻塞的发生。

(3)可扩充性和灵活性

VPN 必须能够支持通过内域网(Intranet)和外联网(Extranet)的任何类型的数据流、方便增加新的结点、支持多种类型的传输媒介,可以满足同时传输语音、图像和数据对高质量传输及带宽增加的需求。

(4)可管理性

不论用户角度还是运营商,都应方便地对 VPN 进行管理和维护。在 VPN 管理方面,VPN 要求企业将其网络管理功能从局域网无缝地延伸到公用网,甚至是客户和合作伙伴处。虽然可以将一些次要的网络管理任务交给服务提供商去完成,企业自己仍需要完成许多网络管理任务。所以,一个完善的 VPN 管理系统是必不可少的。

VPN 管理系统的设计目标是降低网络风险,在设计上应具有高扩展性、经济性和高可靠性。事实上,VPN 管理系统的主要功能包括安全管理、设备管理、配置管理、访问控制列表管理、QoS 管理等内容。

3. 虚拟专用网的分类

VPN 既是一种组网技术,又是一种网络安全技术。可以从不同的角度划分为不同的类型。

(1) 按接入方式分类

在 Internet 上组建 VPN，用户计算机或网络需要建立到 ISP 的连接。与用户上网接入方式相似，根据连接方式，可分为两种类型，如下所示。

① 专线 VPN。它是为已经通过专线接入 ISP 边缘路由器的用户提供的 VPN 解决方案。这是一种"永远在线"的 VPN，可以节省传统的长途专线费用。

② 拨号 VPN。简称 VPDN，它是向利用拨号 PSTN 或 ISDN 接入 ISP 的用户提供的 VPN 业务。这是一种"按需连接"的 VPN，可以节省用户的长途电话费用。

(2) 按承载主体分类

营运 VPN 业务的企业既可以自行建设他们的 VPN 网络，也可以把此业务外包给 VPN 商。这是客户和 ISP 最关心的问题。

① 自建 VPN。这是一种客户发起的 VPN。企业在驻地安装 VPN 的客户端软件，在企业网边缘安装 VPN 网关软件，完全独立于营运商建设自己的 VPN 网络，运营商不需要做任何对 VPN 的支持工作。企业自建 VPN 的优点是它可以直接控制 VPN 网络，与运营商独立，并且 VPN 接入设备也是独立的。但缺点是 VPN 技术非常复杂，这样组建的 VPN 成本很高，QoS 也很难保证。

② 外包 VPN。企业把 VPN 服务外包给运营商，运营商根据企业的要求规划、设计、实施和运维客户的 VPN 业务。企业可以因此降低组建和运维 VPN 的费用，而运营商也可以因此开拓新的 IP 业务增值服务市场，获得更高的收益，并提高客户的保持力和忠诚度。

(3) 按隧道协议分类

按隧道协议的网络分层，VPN 可划分为第二层隧道协议和第三层隧道协议。

① 第二层隧道协议。这包括点到点隧道协议(PPTP)、第二层转发协议(L2F)、第二层隧道协议(L2TP)、多协议标记交换(MPLS)等。

② 第三层隧道协议。这包括 IP 安全(IPSec)、通用路由封装协议(GRE)，这是目前最流行的两种三层协议。

第二层和第三层隧道协议的区别主要在于用户数据在网络协议栈的第几层被封装。第二层隧道协议可以支持多种路由协议，如 IP、IPX 和 AppleTalk，也可以支持多种广域网技术，如帧中继、ATM、X.25 或 SDH/SONET，还可以支持任意局域网技术，如以太网、令牌环网和 FDDI 网等。

(4) 按隧道建立方式分类

按 VPN 隧道建立方式，可分为以下两种类型。

① 自愿隧道(Voluntary Tunnel)。指用户计算机或路由器可以通过发送 VPN 请求配置和创建的隧道。这种方式也称为基于用户设备的 VPN。VPN 的技术实现集中在 VPN 客户端，VPN 隧道的起始点和终止点都位于 VPN 客户端，隧道的建立、管理和维护都由用户负责。ISP 只提供通信线路，不承担建立隧道的业务。这种方式的技术实现容易，不过对用户的要求较高。不管怎样，这仍然是目前最普遍使用的 VPN 组网类型。

② 强制隧道(Compulsory Tunnel)。指由 VPN 服务提供商配置和创建的隧道。这种方式也称为基于网络的 VPN。VPN 的技术实现集中在 ISP，VPN 隧道的起始点和终止点都位于 ISP，隧道的建立、管理和维护都由 ISP 负责。VPN 用户不承担隧道业务，客户端无需安装 VPN 软件。这种方式便于用户使用，增加了灵活性和扩展性，不过技术实现比较复杂，一般由电信运营商提供，或由用户委托电信运营商实现。

(5)按 VPN 网络结构分类

按 VPN 网络结构划分,可分为三种类型,如下所示。

①基于 VPN 的远程访问。即单机连接到网络,又称为点到站点、桌面到网络。用于提供远程移动用户对公司内联网的安全访问。

②基于 VPN 的网络互联。即网络连接到网络,又称为站点到站点、网关(路由器)到网关(路由器)或网络到网络。用于企业总部网络和分支机构网络的内部主机之间的安全通信;还可用于企业的内联网与企业合作伙伴网络之间的信息交流,并提供一定程度的安全保护,防止对内部信息的非法访问。

③基于 VPN 的点对点通信。即单机到单机,又称为端对端。用于企业内联网的两台主机之间的安全通信。

(6)按 VPN 服务类型分类

按服务类型,VPN 业务大致分为三类,即远程接入 VPN(Access VPN)、内联网 VPN(Intranet VPN)和外联网 VPN(Extranet VPN)。通常情况下内联网 VPN 是专线 VPN。

①远程接入 VPN。这是企业员工或企业的小分支机构通过公网远程访问企业内部网络的 VPN 方式。远程用户一般是一台计算机,而不是网络,因此,组成的 VPN 是一种主机到网络的拓扑模型。

②内联网 VPN。这是企业的总部与分支机构之间通过公网构筑的虚拟网,这是一种网络到网络以对等的方式连接起来所组成的 VPN。

③外联网 VPN。这是企业在发生收购、兼并或企业间建立战略联盟后,使不同企业间通过公网来构筑的虚拟网。这是一种网络到网络以不对等的方式连接起来所组成的 VPN。

(7)按 VPN 发起方式分类

这是客户和 IPS 最为关心的 VPN 分类。VPN 业务可以是客户独立自主实现的,也可以是由 ISP 提供的。

①发起。发起也称为基于客户的,VPN 服务提供的其始点和终止点是面向客户的,其内部技术构成、实施和管理对 VPN 客户可见。需要客户和隧道服务器(或网关)方安装隧道软件。客户方的软件发起隧道,在公司隧道服务器处终止隧道。此时,ISP 不需要做支持建立隧道的任何工作。经过对用户身份符(ID)和口令的验证,客户方和隧道服务器极易建立隧道。双方也可以用加密的方式通信。隧道一经建立,用户就会感觉 ISP 不再参与通信。

②服务器发起。服务器发起也称为客户透明方式或基于网络的,在公司中心部门或 ISP 处安装 VPN 软件,客户无需安装任何特殊软件。主要为 ISP 提供全面管理的 VPN 服务,服务提供的起始点和终止点是 ISP 的 POP,其内部构成、实施和管理对 VPN 客户完全透明。

(8)按路由管理方式分类

按路由管理方式分类,VPN 分为叠加模式与对等模式。

①叠加模式(Overlay Model)。也译为"覆盖模式"。目前大多数 VPN 技术都基于叠加模式,如 IPSec、GRE。采用叠加模式,各站点都有一个路由器通过点到点连接到其他站点的路由器上。叠加模式难以支持大规模的 VPN,可扩展性差。

②对等模式(Peer Model)。是针对叠加模式固有的缺点推出的。它通过限制路由信息的传播来实现 VPN。这种模式能够支持大规模的 VPN 业务。采用这种模式,相关的路由设备很复杂,但实际配置却非常简单,容易实现 QoS 服务,扩展更加方便。

(9)按 VPN 业务层次模型分类

按 ISP 向用户提供的 VPN 服务工作在第几层来分类,可分为以下几种类型。

① 拨号 VPN 业务(VPDN)。这是第一种划分方式中的 VPDN(事实上是按接入方式划分的,因为很难明确 VPDN 究竟属于哪一层)。

② 虚拟租用线(VLL)。这是对传统的租用线业务的仿真,用 IP 网络对租用线进行模拟,而从两端的用户看来这样一条虚拟租用线等价于过去的租用线。

③ 虚拟专用路由网(VPRN)业务。这是对第三层 IP 路由网络的一种仿真。可以把 VPRN 理解成第三层 VPN 技术。

④ 虚拟专用局域网段(VPLS)。这是在 IP 广域网上仿真 LAN 的技术。可以把 VPLS 理解成一种第二层 VPN 技术。

10.3.2 虚拟专用网的关键技术

由于传输的是私有信息,VPN 用户对数据的安全性都比较关心。目前,VPN 主要采用五项技术来保证安全,这五项技术分别是隧道技术、加解密技术、密钥管理技术、认证技术、安全工具与客户端管理。

1. 隧道技术

隧道技术是 VPN 的基本技术,它在公用网上建立一条数据通道(隧道),让数据包通过这条隧道进行传输。隧道是由隧道协议构建的,常用的有第二、三层隧道协议。第二层隧道协议首先把各种网络协议封装到 PPP 中,再把整个数据包装入隧道协议中。这种双层封装方法形成的数据包靠第二层协议进行传输。第二层隧道协议有 L2F、PPTP、L2TP 等。L2TP 是由 PPTP 与 L2F 融合而成,目前它已经成为 IETF 的标准。

第三层隧道协议把各种网络协议直接装入隧道协议中,形成的数据包依靠第三层协议进行传输。第三层隧道协议有 IPSec、GRE、VTP 等。IPSec 是由一组 RFC 文档描述的安全协议,它定义了一个系统来选择 VPN 所用的密码算法,确定服务所使用密钥等服务,从而在 IP 层提供安全保障。

2. 加解密技术

在 VPN 中为了保证重要的数据在公共网上传输时的安全,采用了加密机制。IPSec 通过 ISAKMP/IKE/Oakley 协商确定几种可选的数据加密方法,如 DES、3DES。

在一个 WLAN 客户端使用一个 VPN 隧道时,数据通信保持加密状态,直到它到达 VPN 网关,此网关位于无线访问点之后,如图 10-19 所示。

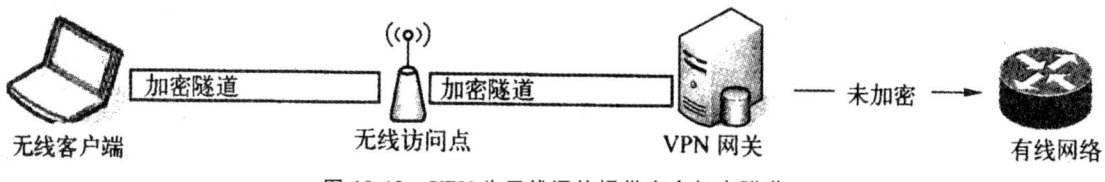

图 10-19 VPN 为无线通信提供安全加密隧道

由于 VPN 对从 PC 到位于公司网络核心的 VPN 网关之间的整个连接加密,所以 PC 和访问点(AP)之间的无线网络部分也被加密。VPN 连接可以借助于多种凭证进行管理,包括口令、证书、智能卡等,这是保证企业级无线网络安全的又一个重要方法。

3. 密钥管理技术

密钥管理技术主要任务是如何在公共数据网中安全地传输密钥而不被盗取。它包括从密钥的产生到密钥的销毁的各个方面。主要表现于管理体制、管理协议和密钥的产生、分配、更换和注入等。对于军用计算机网络系统,由于用户机动性强,隶属关系和协同作战指挥等方式复杂,因此,对密钥管理提出了更高的要求。

现行密钥管理技术又分为 SKIP 与 ISAKMP/OAKLEY 两种。SKIP(Simple Key Exchange Internet Protocol,因特网简单密钥交换协议)主要是利用 Diffie-Hellman 的演算法则,在网络上传输密钥;ISAKMP(Internet Security Association and Key Management Protocol,因特网安全关联和关密钥的管理协议)定义了程序和信息包格式来建立、协商、修改和删除安全连接(SA)。SA 包括了各种网络安全服务执行所需的所有信息,这些安全服务包括 IP 层服务(如头认证和负载封装)、传输或应用层服务,以及协商流量的自我保护服务等。ISAKMP 定义包括交换密钥生成和认证数据的有效载荷。OAKLEY 协议(Oakley Key Determination),其基本的机理是 Diffie-Hellman 密钥交换算法。OAKLEY 协议支持完整转发安全性,用户通过定义抽象的群结构来使用 Diffie-Hellman 算法,密钥更新,及通过带外机制分发密钥集,并且兼容用来管理 SA 的 ISAKMP 协议。在 ISAKMP 中,双方都有两把密钥,分别用于公用、私用。

4. 认证技术

认证技术可以防止数据被伪造和篡改,它采用一种称为摘要的技术。摘要技术主要采用 HASH 函数,将一段长的报文通过函数变换,映射为一段短的报文,即摘要。由于 HASH 函数的特性,两个不同的报文具有相同的摘要几乎是不可能的。该特性使得摘要技术在 VPN 中有两个用途:验证数据的完整性和用户认证。

(1)验证数据的完整性

发送方将数据报文和报文摘要一起发送,接收方重新计算报文摘要并与发来的报文摘要进行比较,相同则说明数据报文未经修改。由于在报文摘要的计算过程中,一般是将一个双方共享的秘密信息连接上实际报文,一起参与摘要的计算,不知道秘密信息将很难伪造一个匹配的摘要,从而保证了接收方可以辨认出伪造或篡改过的报文。

(2)用户认证

用户认证功能实际上是验证数据的完整性功能的延伸。当一方希望验证对方,但又不希望验证秘密在网络上传送时,一方可以发送一段随机报文,要求对方将秘密信息连接上该报文,做摘要后发回。接收方可以通过验证摘要是否正确来确定对方是否拥有秘密信息,从而达到验证对方的目的。

5. 安全工具与客户端管理

(1)安全工具

虚拟化安全工具包括 IBM 的 Tivoli Access Manager、Cisco 的防火墙工具以及 Symantec 的

入侵检测系统(IDS)管理工具。Reflex Security 的 Virtual Security Appliance(VSA)是少数需要引起关注的产品之一,它对虚拟入侵检测系统很有效,在虚拟机所在的物理箱中为其添加了一层安全策略,可以防止虚拟机免遭攻击。

还有一些虚拟化安全工具,如 Plate Spin 是一个从物理到虚拟的工作负荷转换和管理工具;Vizioncore 是一个文件层次备份工具;Akorri 是一个绩效管理和工作负荷平衡的工具。

(2)客户端管理

目前,有很多用户喜欢在电脑上使用虚拟机来区分公事与私事。有人使用 VMware Player 来运行多重系统,如使用 Linux 作为基本系统,而在 Windows 应用上创建虚拟机。如果允许用户在电脑上安装虚拟机,可用 VMware Lab Manager 和其他管理工具帮助 IT 管理者控制并监管虚拟机。

在信息化建设快速发展的今天,企业利用 VPN 也成为一种必然趋势,只有切实消除 VPN 的安全隐患,VPN 才能更好地发挥作用。

10.3.3 虚拟专用网的隧道协议

1. 第二层隧道协议

(1)PPTP

PPTP(Point to Point Tunneling Protocol,点到点隧道协议)是由多家公司专门为支持 VPN 而开发的一种技术。PPTP 是一种通过现有的 TCP/IP 连接(称为"隧道")来传送网络数据包的方法。VPN 要求客户端和服务器之间存在有效的互联网连接。一般服务器需要与互联网建立永久性连接,而客户端则通过 ISP 连接互联网,并且通过拨号网(Dial-Up Networking,DUN)入口与 PPTP 服务器建立服从 PPTP 协议的连接。这种连接需要访问身份证明和遵从的验证协议。RRAS 为在服务器之间建立基于 PPTP 的连接及永久性连接提供了可能。

只有当 PPTP 服务器验证客户身份之后,服务器和客户端的连接才算建立起来了。PPTP 会话的作用就如同服务器和客户端之间的一条隧道,网络数据包由一端流向另一端。数据包在起点处(服务器或客户端)被加密为密文,在隧道内传送,在终点将数据解密还原。因为网络通信是在隧道内进行,所以数据对外而言是不可见的。隧道中的加密形式更增加了通信的安全级别。一旦建立了 VPN 连接,远程的用户可以浏览公司局域网 LAN,连接共享资源,收发电子邮件,就像本地用户一样。

PPTP 提供改进的加密方式。原来的版本对传送和接收通道使用同一把密钥,而新版本则采用种子密钥方式,对每个通道都使用不同的密钥,这使得每个 VPN 会话更加安全。要破坏一个 VPN 对话的安全,入侵者必须解密两个唯一的密钥,即一个用于传送路径,一个用于接收路径。更新后的版本还封堵了一些安全漏洞,这些漏洞允许某些 VPN 业务根本不以密文方式进行。

PPTP 的最大优势是 Microsoft 公司的支持。NT 4.0 已经包括了 PPTP 客户机和服务器的功能,并且考虑了 Windows 95 环境。另一个优势是它支持流量控制,可保证客户机与服务器间不会拥塞,改善通信性能,最大限度地减少包丢失和重发现象。

PPTP 把建立隧道的主动权交给了客户,但客户需要在其 PC 机上配置 PPTP,这样做既会增加用户的工作量,又会造成网络的安全隐患。另外,PPTP 仅工作于 IP,不具有隧道终点的验证功能,需要依赖用户的验证。

(2)L2F 协议

L2F(Level 2 Forwarding Protocol,第二层转发协议)用于建立跨越公共网络(如因特网)的安全隧道来将 ISP POP 连接到企业内部网关。这个隧道建立了一个用户与企业客户网络间的虚拟点对点连接。

L2F 允许在其中封装 PPP/SLIP 包。ISP NAS 与家庭网关都需要共同了解封装协议,这样才能在因特网上成功地传输或接收 SLIP/PPP 包。

L2F 是 Cisco 公司提出的,可以在多种介质(如 ATM、FR、IP)上建立多协议的安全 VPN 的通信方式。它将链路层的协议(如 HDLC、PPP、ASYNC 等)封装起来传送,因此,网络的链路层完全独立于用户的链路层协议。该协议 1998 年提交给 IETF,成为 RFC 2341。

L2F 远端用户能够通过任何拨号方式接入公共 IP 网络。首先,按常规方式拨号到 ISP 的接入服务器(NAS),建立 PPP 连接;NAS 根据用户名等信息发起第二次连接,呼叫用户网络的服务器,这种方式下,隧道的配置和建立对用户是完全透明的。

L2F 允许拨号服务器发送 PPP 帧,并通过 WAN 连接到 L2F 服务器。L2F 服务器将数据包去掉封装后,把它们接入到企业自己的网络中。与 PPTP 和 L2TP 所不同的是,L2F 没有定义客户。L2F 的主要缺陷是没有把标准加密方法包括在内,因此,它基本上已经成为一个过时的隧道协议。

设计 L2F 协议的初衷是出于对公司职员异地办公的支持。一个公司职员若因业务需要而离开总部,在异地办公时往往需要对总部某些数据进行访问。如果按传统的远程拨号访问,职员必须与当地 ISP 建立联系,并具有自己的账户,然后由 ISP 动态分配全球注册的 IP 地址,才可能通过因特网访问总部数据。但是,总部防火墙往往会对外部 IP 地址进行访问控制,这意味着该职员对总部的访问将受到限制,甚至不能进行任何访问,因此,使得职员异地办公极为不便。

使用 L2F 协议进行虚拟拨号,情况就不一样了。它使得封装后的各种非 IP 协议或非注册 IP 地址的分组能在因特网上正常传输,并穿过总部防火墙,使得诸如 IP 地址管理、身份鉴别及授权等方面与直接本地拨号一样可控。

通过 L2F 协议,用户可以通过因特网远程拨入总部进行访问,这种虚拟拨入具有如下几个特性。

① 无论是远程用户还是位于总部的本地主机都不必因为使用该拨号服务而安装任何特殊软件,只有 ISP 的 NAS 和总部的本地网关才安装有 L2F 服务,而对远程用户和本地主机,拨号的虚拟连接是透明的。

② 对远程用户的地址分配、身份鉴别和授权访问等方面,对总部而言都与专有拨号一样可控。

③ ISP 和用户都能对拨号服务进行记账(如拨号起始时间、关闭时间、通信字节数等)以协调费用支持。

(3)L2TP

L2TP(Layer Two Tunneling Protocol,第二层隧道协议)的前身是 Microsoft 公司的点到点隧道协议(PPTP)和 Cisco 公司的第二层转发协议(L2F)。PPTP 是为中小企业提供的 VPN 解决方案,但此协议在安全性上存在着重大隐患。L2F 协议是一种安全通信隧道协议,它的主要缺陷是没有把标准加密算法定义在内,因此它已成为过时的隧道协议。IETF 的开放标准 L2TP 结合了 PPTP 和 L2F 协议的优点,特别适合组建远程接入方式的 VPN,因此已经成为事实上的工业标准。L2TP 协议由 Cisco、Ascend、Microsoft、3 Com 和 Bay 等厂商共同制定,1999 年 8 月公布了 L2TP 的标准 RFC 2661。上述厂商现有的 VPN 设备已具有 L2TP 的互操作性。

远程拨号的用户通过本地 PSTN、ISDN 或 PLMN 拨号,利用 ISP 提供的 VPDN 特服号,接入 ISP 在当地的接入服务器(NAS)。NAS 通过当地的 VPDN 管理系统(如认证系统)对用户身份进行认证,并获得用户对应的企业安全网关(CPE)的隧道属性(如企业网关的 IP 地址等)。NAS 根据获得的这些信息,采用适当的隧道协议封装上层协议,建立一个位于 NAS 和 LNS(本地网络服务器)之间的虚拟专网。

第二层隧道协议具有简单易行的优点,但是它们的可扩展性都不好。更重要的是,它们没有提供内在的安全机制,不能支持企业和企业的外部客户及供应商之间会话的保密性需求。因此,当企业欲将其内部网与外部客户及供应商网络相连时,第二层隧道协议不支持构建企业外域网(Extranet)。Extranet 需要对隧道进行加密并需要相应的密钥管理机制。

L2TP 是 PPTP 和 L2F 的结合。为了避免 PPTP 和 L2F 两种互不兼容的隧道技术在市场上彼此竞争给用户造成困惑和带来不便,Internet 工程任务委员会 IETF 要求将两种技术结合在单一隧道协议中,并在该协议中综合 PPTP 和 L2F 两者的优点,由此产生了 L2TP。L2TP 协议将 PPP 数据帧封装后,可通过 TCP/IP、X.25、帧中继或 ATM 等网络进行传送。L2TP 可以对 IP、IPX 或 NetBEUI 数据进行加密传递。

目前,仅定义了基于 TCP/IP 网络的 L2TP。L2TP 隧道协议既可用于 Internet,也可用于企业内部网。目前,用户拨号访问因特网时必须使用 IP,并且其动态得到的 IP 地址也是合法的。L2TP 的好处就在于支持多种协议,用户可以保留原来的 IPX、AppleTalk 等协议或企业原有的 IP 地址,企业在原来非 IP 网上的投资不至于浪费。另外,L2TP 还解决了多个 PPP 链路捆绑问题。

2. 第三层隧道协议

(1) IPSec

IPSec(Security Architecture for IP Network)是在 IPv6 的制定过程中产生,用于提供 IP 层的安全性。由于所有支持 TCP/IP 协议的主机在进行通信时都要经过 IP 层的处理,所以提供了 IP 层的安全性就相当于为整个网络提供了安全通信的基础。鉴于 IPv4 的应用仍然很广泛,所以后来在 IPSec 的制定中也增添了对 IPv4 的支持。

IPSec 标准最初由 IETF 于 1995 年制定,但由于其中存在一些未解决的问题,从 1997 年开始 IETF 又开展了新一轮的 IPSec 标准的制定工作,1998 年 11 月,主要协议已经基本制定完成。由于这组新的协议仍然存在一些问题,IETF 将来还会对其进行修订。

虽然 IPSec 是一个标准,但它的功能却相当有限。它目前还支持不了多协议通信功能或者某些远程访问所必须的功能,如用户级身份验证和动态地址分配等。为了解决这些问题,供应商们各显神通,使 IPSec 在标准之外多出了许多种专利和许多种因特网扩展提案。微软公司走的是另外一条完全不同的路线,它只支持 L2TP over IPSec。

即使能够在互操作性方面赢得一些成果,可要想把多家供应商的产品调和在一起还是困难重重——用户的身份验证问题、地址的分配问题及策略的升级问题,每一个都非常复杂,而这些还只是需要解决的问题的一小部分。

尽管 IPSec 的 ESP 和报文完整性协议的认证协议框架已趋成熟，IKE 协议也已经增加了椭圆曲线密钥交换协议，但由于 IPSec 必须在端系统的操作系统内核的 IP 层或网络结点设备的 IP 层实现，因此，需要进一步完善 IPSec 的密钥管理协议。

IPSec 由 AH 和 ESP 提供了两种工作模式，即传输模式和隧道模式，都可用于保护通信。

①传输模式。建立 IPSec 传输模式简单易行。这是因为发送端 IPSec 将 IP 包载荷用 ESP 协议或 AH 协议封装后，就可用原来的 IP 包头封装将网包传输到目标 IP 地址，然后由接收端 IPSec 解密或认证。所以 IPSec 传输模式与一般的网包传输模式没有区别。更具体一点，对于每一个将要发送出去的 TCP 包，当它进入发送端主机的网络层时，其运行的 IPSec 首先检查该主机的 SPD。如果这个 TCP 包需要加密或身份认证，则 IPSec 首先与接收端主机建立 SA，用此 SA 指定的加密算法将此 TCP 包加密，并将 ESP 包头或 AH 包头加在此 TCP 包之前，然后再冠以一个 IP 包头作为传输之用。接收端主机的 IPSec 首先在其 SAD 中根据在 ESP 包头或 AH 包头中的 SPI 寻找相应的 SA，并处理接收到的 IPSec 包。

传输模式 ESP 用于加密和认证（认证可选）IP 携带的数据（如 TCP 分段），如图 10-20(b)所示。当传输模式使用 IPv4 时，ESP 报头被插在传输层报头（如 TCP、UDP、ICMP）前面的 IP 包中，ESP 尾（填充、填充长度和邻接报头域）被放在 IP 包的后面。如果选择认证，ESP 认证数据域就被放在 ESP 尾部之后，整个传输层分段和 ESP 尾部一起被加密，认证覆盖了所有的密文和 ESP 报头。

在 IPv6 的情况下，ESP 被看成是端对端的载荷，也就是说，它不会被中间路由器检查或处理。因此，ESP 报头出现在 IPv6 基本报头、逐跳选项、路由选项和分段扩展报头之后。

而目的可选扩展报头是出现在 ESP 报头之前还是之后，由语义来决定。对于 IPv6，加密将覆盖整个传输层分段、ESP 尾部和目的可选扩展报头（如果目的可选扩展报头出现在 ESP 报头之后）。认证将覆盖密文和 ESP 报头。

②隧道模式。建立 IPSec 隧道模式较复杂，它的复杂性由传输路径中的 IPSec 网关的个数和设置所决定，这是因为数据每经过一次 IPSec 网关便需要使用不同的 SA。为了使中间的 IPSec 网关不能读到 IP 包载荷的内容，发送端 IPSec 可先给 IP 包载荷加密，然后再将整个 IP 包加密，包括 IP 包头和加密过的 IP 包载荷。这就要求在发送端和接收端设立的 SA 外再套上一个从发送端 IPSec 网关到下一个 IPSec 网关的 SA，如此类推。

隧道模式 ESP 被用来加密整个 IP 包，如图 10-20(c)所示。在这种模式下，ESP 报头是包的前缀，所以包与 ESP 尾部被一同加密，该模式可用来阻止流量分析。

由于 IP 报头包含了目的地址，还可能包含源路由指示以及逐跳信息，所以不可能简单地传输带有 ESP 报头前缀的加密过的 IP 包。中间路由器不能处理这样的包。因此，使用能为路由提供足够信息却没有为流量分析提供信息的新 IP 报头封装整个模块（ESP 报头、密文和验证数据，如果它们存在）是必要的。

(2)GRE 协议

GRE(Generic Routing Encapsulation,通用路由封装协议)是由 Cisco 和 Net-Smiths 等公司 1994 年提交给 IETF 的,标号为 RFC 1701 和 RFC 1702。目前大多数厂商的网络设备均支持 GRE 隧道协议。在 2000 年，Cisco 等公司又对 GRE 协议进行了修订。

GER 规定了如何用一种网络协议去封装另一种网络协议的方法。GER 隧道由两端的源 IP

和目的 IP 来定义,允许用户使用 IP 包封装 IP、IPX、AppleTalk 包,并支持全部路由协议(如 RIP2、OSPF 等)。通过 GER,用户可以利用公共 IP 网络连接 IPX 网络、AppleTalk 网络,还可以使用保留地址进行网络互联,或者对公网隐藏企业网的 IP 地址。GER 只提供数据包的封装,并没有采用加密功能来防止网络侦听和攻击,所以在实际环境中经常与 IPSec 一起使用,由 IPSec 提供用户数据的加密,从而给用户提供更好的安全性。GER 的实施策略及网络结构与 IP-Sec 非常相似,只要网络边缘的接入设备支持 GER 协议即可。

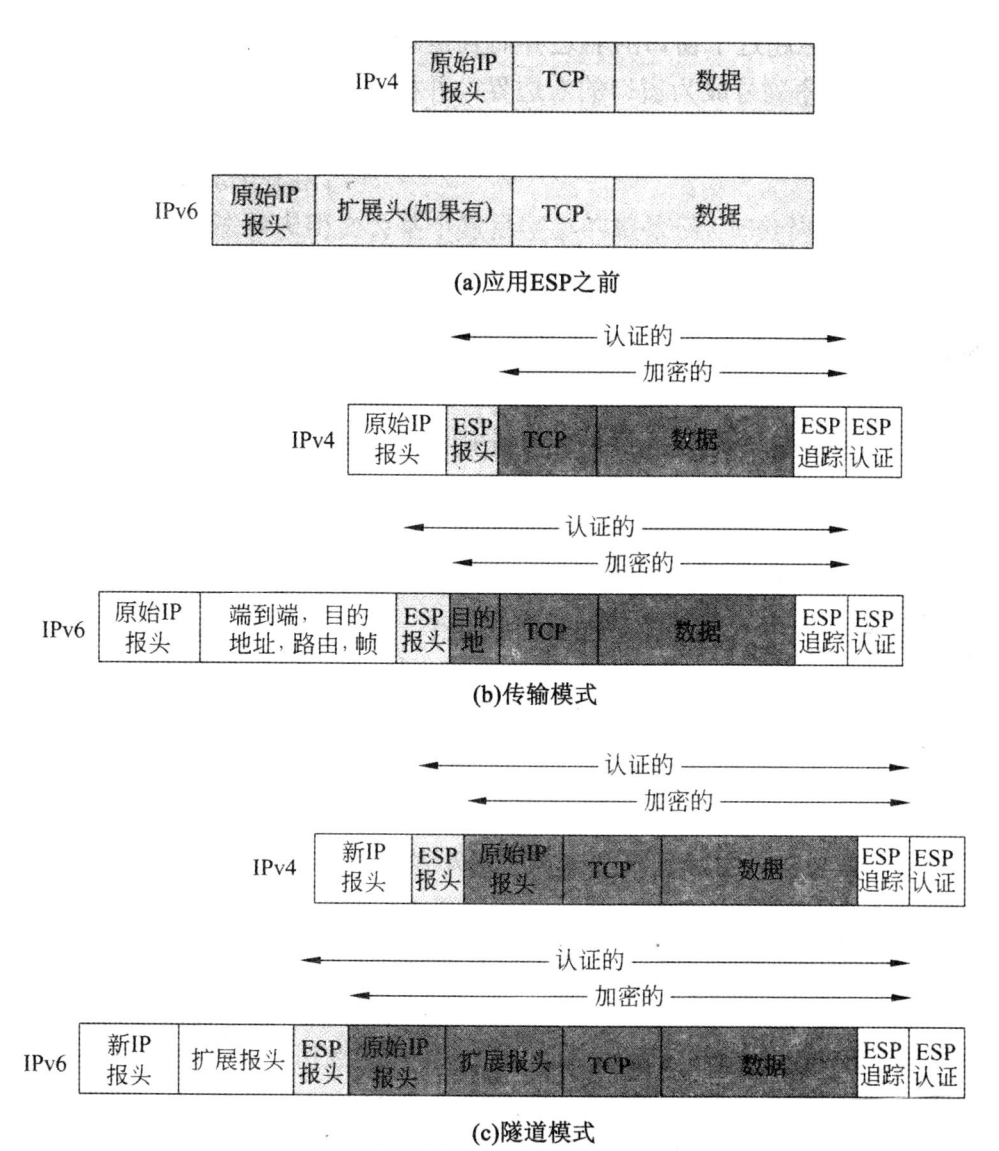

图 10-20　ESP 加密和认证的范围

GRE 协议定义了在任意一种网络层协议上封装任意一个其他网络层协议的协议,支持全部的路由协议(RIP2、OSPF 等),用于在 IP 包中封装任何协议的数据包。在 GRE 中,乘客协议就是被封装的协议,封装协议就是 GRE,传输协议就是 IP。路由器接收到一个需要封装和路由的原始数据包(如 IP 包),先在这个数据包的外面增加一个 GRE 头部构成 GRE 报文,再为 GRE

报文增加一个 IP 头部,从而构成最终的 IP 包。这个新生成的 IP 包完全由 IP 层负责转发,中间的路由器只负责转发,而根本不关心是何种乘客协议。

企业私有网络的 IP 地址通常是自行规划的保留 IP 地址,只是在企业网络出口有一个公网 IP 地址。原始 IP 包的 IP 地址通常是企业私有网络规划的保留 IP 地址,而外层的 IP 地址是企业网络出口的 IP 地址。因此,尽管私有网络的 IP 地址无法和外部网络进行正确的路由,但这个封装之后的 IP 包可以在 Internet 上路由。在接收端,将收到的包的 IP 头部和 GRE 头部解开后,将原始的 IP 数据包发送到自己的私有网络上,此时,在私有网络上传输的 IP 包的地址是保留 IP 地址,从而可以访问到远程企业的私有网络。这种技术是最简单的 VPN 技术。

但是,GRE 只提供封装,不提供加密,对路由器的性能影响较小的同时,增加了被监听和攻击的可能性。一般来说,GRE VPN 适合一些小型点对点的网络互联、实时性要求不高、要求提供地址空间重叠支持的网络环境。

10.4 计算机病毒防护技术

10.4.1 计算机病毒概述

1. 计算机病毒的定义

网络上传播着很多的病毒,只要是危害了用户计算机的程序,都可以称之为病毒。计算机病毒是一个程序,一段可执行码。病毒有独特的复制能力,可以快速地传染,并很难解除。它们把自身附着在各种类型的文件上。当文件被复制或从一个用户传送到另一个用户时,病毒就随着文件一起被传播了。

我们可以从以下三个方面来理解计算机病毒的概念。
① 通过磁盘、磁带和网络等作为媒介传播扩散,能"传染"其他程序的程序。
② 能实现自身复制且借助一定的载体存在的,具有破坏性、传染性和潜伏性的程序。
③ 一种人为制造的程序,它通过不同的途径潜伏或寄生在存储媒体(如磁盘、内存)或程序里,当某种条件或时机成熟时,它会自生复制并传播,使计算机的资源受到不同程度的破坏。

上述说法在某种意义上借用了生物学病毒的概念,计算机病毒同生物病毒所相似之处是能够攻击计算机系统和网络,危害正常工作的"病原体"。它能够对计算机系统进行各种破坏,同时能够自我复制,具有传染性。

计算机病毒确切的定义是:能够通过某种途径潜伏在计算机存储介质(或程序)里,当达到某种条件时即被激活的具有对计算机资源进行破坏作用的一组程序或指令的集合。

2. 计算机病毒的特点

要防范计算机病毒,首先需要了解计算机病毒的特征和破坏机理,为防范和清除计算机病毒提供充实可靠的依据。根据计算机病毒的产生、传染和破坏行为的分析,计算机病毒一般具有以下特点。

(1)传染性

传染性是计算机病毒的基本特征,是判别一个程序是否为计算机病毒的重要条件。我们都熟悉生物界中的"流感"病毒,它会通过传染的方式扩散到其他的生物体,并在适当的条件下大量繁殖,结果导致被感染的生物体患病甚至死亡。同样,计算机病毒也会通过各种渠道从已被感染的计算机扩散到未被感染的计算机,它也会造成被感染的计算机工作失常甚至瘫痪。

正常的程序一般是不会将自身的代码强行加载到其他程序之上的,而计算机病毒却能使自身的代码强行传染到一切符合其传染条件的程序之上。计算机病毒程序代码一旦进入计算机并执行,它就会搜寻其他符合其传染条件的程序或存储介质,确定目标后再将自身代码插入其中,达到自我繁殖的目的。

如果计算机染毒不能被及时地处理,则病毒就会从这台计算机开始迅速扩散,其中的大量文件(一般是可执行文件)会被感染,而被感染的文件又成了新的传染源,再与其他机器进行数据交换或通过网络接触,病毒会继续进行传染。

(2)隐蔽性

病毒一般是具有很高编程技巧的短小精悍的程序,通常附在正常程序中或磁盘较隐蔽的地方,从而做到在被发现及清除之前,能够在更广泛的范围内进行传染和传播,期待发作时可以造成更大的破坏性。

计算机病毒都是一些可以直接或间接运行的具有较高超技巧的程序,它们可以隐藏在操作系统中,也可以隐藏在可执行文件或数据文件中,目的是不让用户发现它的存在。如果不经过代码分析,病毒程序与正常程序是不容易区别开来的。一般在没有防护措施的情况下,受到感染的计算机系统通常仍能正常运行,用户不会感到任何异常。正是由于这种隐蔽性,计算机病毒才得以在用户没有察觉的情况下传播到千万台计算机中。

大部分的病毒代码之所以设计得非常短小,就是为了便于隐藏。病毒一般只有几百或上千字节,而 PC 机对 DOS 文件的存取速度可达到每秒几百甚至上千字节以上,所以病毒传播瞬间便可将这短短的几百字节附着到正常程序中,使人非常不易察觉。

(3)主动性

病毒程序是为了侵害他人的计算机系统或网络系统。在计算机系统的运行过程中,病毒始终以功能过程的主体出现,而形式则可能是直接或间接的。病毒的侵害方式代表了设计者的意图,因此病毒对计算机运行控制权的争夺、对其他程序的侵入、传染和危害,都采取了积极主动的方式。

(4)破坏性

进行破坏是计算机病毒的目的。任何病毒只要侵入系统,都会对系统及应用程序产生不同程度的影响。良性病毒可能只显示些画面或发出点音乐、无聊的语句,或者根本没有任何破坏动作,只是会占用系统资源。恶性病毒则有明确的目的,或破坏数据、删除文件或加密磁盘、格式化磁盘,有的甚至对数据造成不可挽回的破坏。

(5)潜伏性(触发性)

大部分的病毒感染系统之后一般不会马上发作,而是隐藏在系统中,就像定时炸弹一样,只有在满足特定条件时才被触发。例如,黑色星期五病毒,不到预定时间,用户就不会觉察出异常。

潜伏性一方面是指病毒程序不容易被检查出来,另一方面是指计算机病毒的内部往往有一种触发机制,不满足触发条件时,计算机病毒除了传染外不做什么破坏。触发条件一旦得到满足,就会进行格式化磁盘、删除磁盘文件、对数据文件做加密、封锁键盘以及使系统死锁等破坏活动。使计算机病毒发作的触发条件主要有以下几种。

①利用系统时钟提供的时间作为触发器。

②利用病毒体自带的计数器作为触发器。病毒利用计数器记录某种事件发生的次数,一旦计数器达到设定值,就执行破坏操作。这些事件可以是计算机开机的次数,也可以是病毒程序被运行的次数,还可以是从开机起被运行过的程序数量等。

③利用计算机内执行的某些特定操作作为触发器。特定操作可以是用户按下某些特定键的组合,也可以是执行的命令,还可以是对磁盘的读写。

计算机病毒所使用的触发条件是多种多样的,而且往往是由多个条件的组合来触发的。但大多数病毒的组合条件是基于时间的,再辅以读写盘操作、按键操作以及其他条件。

(6)不可预见性

从对病毒的检测来看,病毒还有不可预见性。不同的病毒,它们的代码相差甚远,但有些操作是共有的,如驻内存、改中断。有些人利用病毒的这种共性,制作了声称可查所有病毒的程序。这种程序的确可查出一些新病毒,但由于目前软件的种类极其丰富,且某些正常程序也使用了类似病毒的操作甚至借鉴了某些病毒的技术。使用这种方法对病毒进行检测势必会造成较多的误报。病毒的制作技术也在不断地提高,病毒对反病毒软件永远是超前的。

3. 计算机病毒的分类

计算机病毒技术的发作,病毒特征的不断变化,给计算机病毒的分类带来了一定的困难。根据多年来对计算机病毒的研究,按照不同的体现可对计算机病毒进行如下分类。

(1)按病毒感染的对象分类

按病毒感染对象的不同,计算机病毒可分为引导型病毒、文件型病毒、网络型病毒和混合型病毒。

①引导型病毒。引导型病毒是指寄生在磁盘引导区或主引导区的计算机病毒。这种病毒主要是用病毒的全部或部分逻辑取代正常的引导记录,而将正常的引导记录隐藏在磁盘的其他地方。这种病毒利用系统引导时,不对主引导区的内容正确与否进行判别的缺点,在引导型系统的过程中侵入系统,驻留内存,监视系统运行,待机传染和破坏。

按照引导型病毒在硬盘上的寄生位置又可细分为主引导记录病毒和分区引导记录病毒。主引导记录病毒感染硬盘的主引导区,如大麻病毒、2708病毒、火炬病毒等;分区引导记录病毒感染硬盘的活动分区引导记录,如小球病毒和Girl病毒等。

②文件型病毒。文件型病毒早期一般是感染以.exe、.com等为扩展名的可执行文件,当用户执行某个可执行文件时病毒程序就被激活。近些年也有一些病毒感染以.dll、.sys等为扩展名的文件,由于这些文件通常是配置或链接文件,因此执行程序时病毒可能也就被激活了。它们加载的方法是通过插入病毒代码整段落或分散插入到这些文件的空白字节中,如CIH病毒就是把自己拆分成9段嵌入到PE结构的可执行文件中,通常感染后的文件的字节数并不增加。

③网络型病毒。网络型病毒是近几年来网络高速发展的产物,感染的对象不再局限于单一的模式和单一的可执行文件,而是更综合、隐蔽。现在某些网络型病毒可以对几乎所有的Office文件进行感染,如Word、Excel、电子邮件等。其攻击方式也有转变,从原始的删除、修改文件到现在进行文件加密、窃取用户有用信息等。传播的途径也发生了质的飞跃,不再局限于磁盘,而

是多种方式进行,如电子邮件、广告等。

④混合型病毒。混合型病毒同时具备引导型病毒和文件型病毒的某些特点,它们既可以感染磁盘的引导扇区文件,又可以感染某些可执行文件,如果没有对这类病毒进行全面的解除,则残留病毒可自我恢复。因此这类病毒查杀难度极大,所用的抗病毒软件要同时具备查杀两类病毒的功能。

(2) 按病毒破坏的能力分类

按病毒破坏能力的不同,计算机病毒可分为良性病毒、恶性病毒、极恶性病毒和灾难性病毒。

①良性病毒。它们入侵的目的不是破坏用户的系统,只是想玩一玩而已,多数是一些初级病毒发烧友想测试一下自己的开发病毒程序的水平。它们只是发出某种声音,或出现一些提示,除了占用一定的硬盘空间和 CPU 处理时间外没有其他破坏性。

②恶性病毒。恶性病毒会对软件系统造成干扰、窃取信息、修改系统信息,不会造成硬件损坏、数据丢失等严重后果。这类病毒入侵后系统除了不能正常使用之外,没有其他损失,但系统损坏后一般需要格式化引导盘并重装系统,这类病毒危害比较大。

③极恶性病毒。这类病毒比恶性病毒损坏的程度更大,如果感染上这类病毒用户的系统就要彻底崩溃,用户保存在硬盘中的数据也可能被损坏。

④灾难性病毒。这类病毒从它的名字就可以知道它会给用户带来的损失程度,这类病毒一般是破坏磁盘的引导扇区文件、修改文件分配表和硬盘分区表,造成系统根本无法启动,甚至会格式化或锁死用户的硬盘,使用户无法使用硬盘。一旦感染了这类病毒,用户的系统就很难恢复了,保留在硬盘中的数据也就很难获取了,所造成的损失是非常巨大的,因此,企业用户应充分做好灾难性备份。

(3) 按病毒攻击的目标分类

按病毒攻击目标的不同,计算机病毒可分为 DOS 病毒、Windows 病毒和其他系统病毒。

①DOS 病毒。DOS 病毒是针对 DOS 操作系统开发的病毒。目前几乎没有新制作的 DOS 病毒,由于 Windows 9x 病毒的出现,DOS 病毒几乎绝迹。但 DOS 病毒在 Windows 环境中仍可以进行感染活动。我们使用的杀毒软件能够查杀的病毒中一半以上都是 DOS 病毒,可见 DOS 时代 DOS 病毒的泛滥程度。但这些众多的病毒中除了少数几个让用户胆战心惊的病毒之外,大部分病毒都只是制作者出于好奇或对公开代码进行一定变形而制作的病毒。

②Windows 病毒。Windows 病毒主要针对 Windows 操作系统的病毒。现在的电脑用户一般都安装 Windows 系统,Windows 病毒一般都能感染系统。

③其他系统病毒。其他系统病毒主要攻击 UNIX、Linux 和 OS2 及嵌入式系统的病毒。由于系统本身的复杂性,这类病毒数量不是很多。

(4) 按病毒特有的算法分类

按病毒特有算法的不同,计算机病毒可分为伴随型病毒、寄生型病毒、蠕虫型病毒、练习型病毒、诡秘型病毒和幽灵病毒。

①伴随型病毒。伴随型病毒并不改变文件本身,它们根据算法产生 EXE 文件的伴随体,具有同样的名字和不同的扩展名(COM)。病毒把自身写入 COM 文件并不改变 EXE 文件,当 DOS 加载文件时,伴随体优先被执行,再由伴随体加载执行原来的 EXE 文件。

②寄生型病毒。寄生型病毒依附在系统的引导扇区或文件中,通过系统的功能进行传播。

③蠕虫型病毒。蠕虫型病毒通过计算机网络传播,不改变文件和资料信息,利用网络从一台

机器的内存传播到其他机器的内存,计算网络地址,将自身的病毒通过网络发送。有时它们在系统中存在,一般除了内存不占用其他资源。

④练习型病毒。练习型病毒自身包含错误,不能进行很好的传播,如一些在调试阶段的病毒。

⑤诡秘型病毒。诡秘型病毒一般不直接修改DOS中断和扇区数据,而是通过设备技术和文件缓冲区等对DOS内部进行修改,不易看到资源,使用比较高级的技术。利用DOS空闲的数据区进行工作。

⑥幽灵病毒。幽灵病毒使用一个复杂的算法,使自己每传播一次都具有不同的内容和长度。它们一般是由一段混有无关指令的解码算法和经过变化的病毒体组成。

(5)按病毒链接的方式分类

按病毒链接方式的不同,计算机病毒可分为源码型病毒、嵌入型病毒、外壳型病毒和操作系统型病毒。

①源码型病毒。这类病毒较为少见,它是用高级语言编写的病毒源程序。源码型病毒在源程序编译之前插入其中,并随源程序一起编译、连接成可执行文件。最终所生成的可执行文件便已经感染了病毒。

②嵌入型病毒。这种病毒将自身代码嵌入到被感染文件中,把计算机病毒的主体程序与其攻击的对象以插入的方式链接。这类病毒一旦侵入程序体,查毒和杀毒都非常不易。不过编写嵌入式病毒比较困难,所以这种病毒数量不多。

③外壳型病毒。外壳型病毒一般将自身代码附着于正常程序的首部或尾部,对原来的程序不做修改。这类病毒种类繁多,易于编写也易于发现,大多数感染文件的病毒都是这种类型。

④操作系统型病毒。这种病毒用自己的程序意图加入或取代部分操作系统进行工作,具有很强的破坏力,可以导致整个系统的瘫痪。这种病毒在运行时,用自己的逻辑部分取代操作系统的合法程序模块,对操作系统进行破坏。

(6)按病毒传播的介质分类

按病毒传播介质的不同,计算机病毒可分为单机病毒和网络病毒。

①单机病毒。单机病毒的载体是磁盘,一般情况下,病毒从USB盘、移动硬盘传入硬盘,感染系统,然后再传染其他USB盘和移动硬盘,接着传染其他系统,例如,CIH病毒。

②网络病毒。网络病毒的传播介质不再是移动式存储载体,而是网络通道,这种病毒的传染能力更强,破坏力更大,例如,"尼姆达"病毒。

(7)按病毒传染的途径分类

按病毒传染途径的不同,计算机病毒可分为驻留内存型病毒和非驻留内存型病毒。

①驻留内存型病毒。驻留内存型病毒感染计算机后,会把自身的内存驻留部分放在内存(RAM)中,始终处于激活状态,一直到关机或重新启动。

②非驻留内存型病毒。非驻留内存型病毒在得到机会激活时,并不感染计算机内存。另有一些病毒在内存中留有小部分,但是并不通过这一部分进行传染,这类病毒也被划分为非驻留内存型病毒。

4. 计算机病毒的危害

计算机病毒的主要危害有以下几种。

(1)病毒激发对计算机数据信息的直接破坏作用

大部分病毒在激发的时候直接破坏计算机的重要信息数据,所利用的手段有格式化磁盘、改写文件分配表和目录区、删除重要文件或者用无意义的垃圾数据改写文件、破坏CMOS设置等。

(2)占用磁盘空间和对信息的破坏

寄生在磁盘上的病毒总要非法占用一部分磁盘空间。引导型病毒的一般侵占方式是由病毒本身占据磁盘引导扇区,覆盖一个磁盘扇区。被覆盖的扇区数据永久性丢失,无法恢复,所以在传染过程中一般不破坏磁盘上的原有数据,但非法侵占了磁盘空间,造成磁盘空间的严重浪费。

(3)抢占系统资源

除VIENNA、CASPER等少数病毒外,其他大多数病毒在动态下都是常驻内存的,这就必然抢占一部分系统资源。病毒所占用的基本内存长度大致与病毒本身长度相当。病毒抢占内存,导致内存减少,一部分软件不能运行。除占用内存外,病毒还抢占中断,干扰系统运行。

(4)影响计算机运行速度

病毒进驻内存后不但干扰系统运行,还影响计算机速度,主要表现在以下几个方面。

①病毒为了判断传染激发条件,总要对计算机的工作状态进行监视,这相对于计算机的正常运行状态既多余又有害。

②有些病毒为了保护自己,不但对磁盘上的静态病毒加密,而且进驻内存后的动态病毒也处在加密状态;而病毒运行结束时再用一段程序对病毒重新加密。这样CPU额外执行数千条以至上万条指令。

③病毒在进行传染时同样要插入非法的额外操作,特别是传染软盘时不但计算机速度明显变慢,而且软盘正常的读写顺序被打乱,发出刺耳的噪声。

(5)计算机病毒错误与不可预见的危害

计算机病毒与其他计算机软件的最重要差别是病毒的无责任性。编制一个完善的计算机软件需要耗费大量的人力、物力,经过长时间调试完善,软件才能推出。但在病毒编制者看来既没有必要这样做,也不可能这样做。很多计算机病毒都是个别人在一台计算机上匆匆编制调试后就向外抛出,绝大部分病毒都存在不同程度的错误。计算机病毒错误所产生的后果往往是不可预见的,反病毒工作者曾经详细指出黑色星期五病毒存在9处错误,乒乓病毒有5处错误等。但是人们不可能花费大量时间去分析数万种病毒的错误所在。大量含有未知错误的病毒扩散传播,其后果是难以预料的。

(6)计算机病毒的兼容性对系统运行的影响

兼容性是计算机软件的一项重要指标,兼容性好的软件可以在各种计算机环境下运行,反之兼容性差的软件则对运行条件"挑肥拣瘦",要求机型和操作系统版本等,而病毒的兼容性较差,常常会导致死机。

(7)计算机病毒给用户造成严重的心理压力

据有关计算机销售部门统计,计算机售后用户怀疑计算机有病毒而提出咨询约占售后服务工作量的60%以上。经检测确实存在病毒的约占70%,另有30%的情况只是用户怀疑,而实际上计算机并没有病毒,仅仅怀疑病毒而贸然格式化磁盘所带来的损失更是难以弥补。不仅是个人单机用户,在一些大型网络系统中也难免为甄别病毒而停机。总之,计算机病毒像"幽灵"一样笼罩在广大计算机用户心头,给人们造成巨大的心理压力,极大地影响了现代计算机的使用效率,由此带来的无形损失是难以估量的。

5.计算机病毒的发展趋势

从目前病毒的演化趋势来看,病毒的发展趋势主要体现在以下几个方面。

(1)主流病毒皆为综合利用多种编程新技术产生

从 Rootkit 技术到映像劫持技术,从磁盘过滤驱动到还原系统 SSDT HOOK 和还原其他内核 HOOK 技术,这些新技术都成了病毒为达到目的所采取的手段。通过 Rootkit 技术和映像劫持技术隐藏自身的进程、注册表键值,通过插入进程、线程避免被杀毒软件查杀,通过实时监测对自身进程进行回写,避免被杀毒软件查杀,通过还原系统 SSDT HOOK 和还原其他内核 HOOK 技术破坏反病毒软件,其中仅映像劫持技术就包括进程映像劫持、磁盘映像劫持、域名映像劫持、系统 DLL 动态链接库映像劫持等多种方式。未来的计算机病毒将综合利用以上新技术,使得杀毒软件查杀难度更大。

(2)ARP 病毒仍是局域网的最大祸害

ARP 病毒已经成为近年来企业、网吧、校园网络等局域网的最大威胁。此类病毒采用 ARP 局域网挂马攻击技术,利用 MAC 地址欺骗,传播恶意广告或病毒程序,使得 ARP 病毒猖獗一时。ARP 病毒发作时,通常会造成网络掉线,但网络连接正常,内网的部分计算机不能上网,或者所有计算机均不能上网,无法打开网页或打开网页慢以及局域网连接时断时续并且网速较慢等现象。更为严重的是,ARP 病毒新变种能够把自身伪装成网关,在所有用户请求访问的网页添加恶意代码,导致杀毒软件在用户访问任意网站时均发出病毒警报,用户下载任何可执行文件,均被替换为病毒,严重影响到企业网络、网吧、校园网络等局域网的正常运行。

虽然在各大安全厂商的努力下,ARP 病毒得到了有效遏制,但由于众多中小企业用户没有对此病毒的危害给予足够重视,没有采取相应的防范措施,因此,此类病毒在很长一段时间内仍为局域网的主要祸害。

(3)网游病毒把逐利当作唯一目标

受经济利益驱使,利用键盘钩子、内存截取或封包截取等技术盗取网络游戏玩家的游戏账号、游戏密码、所在区服、角色等级、金钱数量、仓库密码等信息资料的病毒十分活跃。在最新截获的新木马病毒中,80%以上都与盗取网络游戏账号密码有关。病毒作者盗取互联网上有价值的信息和资料后转卖获取利益的目标十分明确,逐利已成为此类病毒的唯一动机和目标,随着网络游戏的火爆和兴盛,此类病毒仍然有着庞大的市场和生存空间,仍将成为未来病毒的主流。

(4)不可避免地面对驱动级病毒

目前,大部分主流病毒技术都进入了驱动级,病毒已经不畏杀毒软件追杀,而是主动与杀毒软件争抢系统驱动的控制权,在争抢系统驱动控制权后,转而控制杀毒软件,使杀毒软件功能失效。病毒通过生成驱动程序,与杀毒软件争抢系统控制权限,通过修改 SSDT 表等技术实现 WINDOWS API HOOK,从而使得杀毒软件监控功能失效。

病毒作者通过以上几种形式传播病毒,主要目标还是瞄准经济利益。一旦用户计算机染毒后,染毒计算机中所有的有价值的信息,包括网络游戏账号密码、网上银行账号密码、网上证券交易账号密码都面临着被盗的危险,因此需要引起用户的足够重视。

计算机病毒表现出的众多新特征以及发展趋势表明,目前计算机安全形势仍然十分严峻,反病毒业面临着巨大的挑战,需要不断地研发推出更加先进的计算机反病毒技术,才能应对和超越计算机病毒的发展,为计算机和网络用户提供切实的安全保障。

10.4.2 计算机病毒的工作原理

1. 计算机病毒的结构

了解病毒的编制技术,才能更好地防治和清除病毒。要想了解计算机病毒的工作原理,首先要了解病毒的结构。计算机病毒在结构上有着共同性,一般由引导模块、传感模块、表现模块三部分组成。

(1)引导模块

计算机病毒要对系统进行破坏,争夺系统控制权是至关重要的,一般的病毒都是由引导模块从系统获取控制权,引导病毒的其他部分工作。

当用户使用带毒的软盘或硬盘启动系统,或加载执行带毒程序时,操作系统将控制权交给该程序并被病毒载入模块截取,病毒由静态变为动态。引导模块把整个病毒程序读入内存安装好并使其后面的两个模块处于激活状态,再按照不同病毒的设计思想完成其他工作。

(2)传染模块

计算机病毒的传染是病毒由一个系统扩散到另一个系统,由一张磁盘传入另一张磁盘,由一个系统传入到另一张磁盘,由一个网络传播至另一个网络的过程。计算机病毒的传染模块担负着计算机病毒的扩散传染任务,它是判断一个程序是否是病毒的首要条件,是各种病毒必不可少的模块。各种病毒传染模块大同小异,区别主要在于传染条件。

(3)表现(发作或破坏)模块

计算机病毒潜伏在系统中处于发作就绪状态,一旦病毒发作就执行病毒设计者的目的操作。病毒发作时,一般都有一定的表现。表现是病毒的主要目的之一,有时在屏幕上显示出来,有时则表现为破坏系统数据。

计算机病毒的模块结构如图 10-21 所示。从图中可以看出,计算机病毒的各模块是相辅相成的。传染模块是发作模块的携带者,发作模块依赖于传染模块侵入系统。如果没有传染模块,则表现模块只能称为一种破坏程序。但如果没有表现模块,传染模块侵入系统后也不能对系统起到一定的破坏作用。而如果没有引导模块完成病毒的驻留内存,获得控制权的操作,传染模块和表现模块也就根本没有执行的机会。

引导模块
传染条件判断模块
实施传染模块
触发条件判断模块
实施表现或破坏模块

图 10-21 计算机病毒的模块结构

当然,并不是所有的病毒都是由这三大模块组成的,有的病毒可能没有引导模块,如"维也纳"病毒,有的则可能没有破坏模块,如"巴基斯坦"病毒,而有的可能在这三大模块之间没有一个明显的界限。

2. 计算机病毒的作用机制

计算机病毒从结构上可以分为三大模块,每一模块各有其自己的工作原理,称为作用机制。计算机病毒的作用机制分别称为引导机制、传染机制和破坏机制。

(1) 病毒的引导机制

中断是 CPU 处理外部突发事件的一个重要技术。它能使 CPU 在运行过程中对外部事件发出的中断请求及时地进行处理,处理完成后又立即返回断点,继续进行 CPU 原来的工作。CPU 处理中断,规定了中断的优先权,由高到低为:除法错→不可屏蔽中断→可屏蔽中断→单步中断。

由于操作系统的开放性,用户可以修改扩充操作系统,使计算机实现新的功能。修改操作系统的主要方式之一就是扩充中断功能。计算机提供很多中断,合理合法地修改中断会给计算机增加非常有用的新功能。如 INT 10H 是屏幕显示中断,原只能显示英文,而在各种汉字系统中都可以通过修改该中断使其能显示汉字。而在另一方面,计算机病毒则篡改中断为其达到传染、激发等目的服务。

(2) 病毒的传染机制

计算机病毒是不能独立存在的,它必须寄生于一个特定的寄生宿主(或称载体)之上。所谓传染是指计算机病毒由一个载体传播到另一个载体,由一个系统进入另一个系统的过程。传染性是计算机病毒的主要特性。

计算机病毒的传染均需要中间媒介。对于计算机网络系统而言,计算机病毒的传染是指从一个染有病毒的计算机系统或工作站系统进入网络后,传染给网络中另一个计算机系统。对于单机运行的计算机系统而言,指的是计算机病毒从一个存储介质扩散到另一个存储介质之中,这些存储介质如软磁盘、硬磁盘、磁带、光盘等;或者指计算机病毒从一个文件扩散到另一个文件中。

(3) 病毒的破坏机制

破坏机制在设计原则、工作原理上与传染机制基体相同。它也是通过修改某一中断向量入口地址,使该中断向量指向病毒程序的破坏模块。这样当系统或被加载的程序访问该中断向量时,病毒破坏模块被激活,在判断设定条件满足的情况下,对系统或磁盘上的文件进行破坏活动。

计算机病毒的破坏行为体现了病毒的杀伤力。病毒破坏行为的激烈程度取决于病毒作者的主观愿望和他所具有的技术能力。其主要破坏部位有:系统数据区、文件、内存、系统运行、运行速度、磁盘、打印机等。

3. 常见病毒的工作原理

(1) 引导型病毒的工作原理

引导扇区是软盘或硬盘的第一个扇区,是存放引导指令的地方,这些引导指令对于操作系统的装载起着非常重要的作用。通常,引导扇区在 CPU 的运行过程中最先获得对 CPU 的控制权,病毒一旦控制了引导扇区,也就控制了整个计算机系统。

引导型病毒程序会用自己的代码替换原始的引导扇区信息,并把这些信息转移到磁盘的其他扇区中。当系统需要访问这些引导数据信息时,病毒程序会将系统引导到存储这些引导信息的新扇区,从而使系统无法发觉引导信息的转移,增强了病毒自身的隐蔽性。

引导型病毒可以将感染进行有效的传播。病毒程序将其部分代码驻留在内存中,这样任何插入此系统驱动器中的磁盘都将感染此病毒。当这些磁盘在其他计算机系统中使用时,这个循环就可以继续下去了。

(2)文件型病毒的工作原理

文件型病毒攻击的对象是可执行程序,病毒程序将自己附着或追加在后缀名为.exe 或.com 的可执行文件上。当被感染程序执行之后,病毒事先获得控制权,然后执行以下操作(具体某个病毒不一定要执行所有这些操作,操作的顺序也可能不一样)。

①内存驻留的病毒首先检查系统内存,查看内存是否已有此病毒存在,如果没有则将病毒代码装入内存进行感染。非内存驻留病毒会在这个时候进行感染,它查找当前目录,根目录或环境变量 PATH 中包含的目录,发现可以被感染的可执行文件就进行感染。

②对于内存驻留病毒来说,驻留时还会把一些 DOS 或者基本输入输出系统(BIOS)的中断指向病毒代码,例如,INT 13H 或者 INT 21H,使系统执行正常的文件或磁盘操作的时候,就会调用病毒驻留在内存中的代码,进一步进行感染。

③执行病毒的一些其他功能,如破坏功能,显示信息或者病毒精心制作的动画等。对于驻留内存的病毒而言,执行这些功能的时间可以是开始执行的时候,也可以是满足某个条件的时候,例如,定时或者当天的日期是 13 号恰好又是星期五等。为了实现这种定时的发作,病毒往往会修改系统的时钟中断,以便在合适的时候激活。

④这些工作后,病毒将控制权返回被感染程序,使正常程序执行。为了保证原来程序的正确执行,寄生病毒在执行被感染程序之前,会把原来的程序还原,伴随病毒会直接调用原来的程序,覆盖病毒和其他一些破坏性感染的病毒会把控制权交回 DOS 操作系统。

(3)宏病毒的工作原理

宏病毒是随着 Microsoft Office 软件的日益普及而流行起来的。为了减少用户的重复劳作,Office 提供了一种所谓宏的功能。利用这个功能,用户可以把一系列的操作记录下来,作为一个宏。之后只要运行这个宏,计算机就能自动地重复执行那些定义在宏中的所有操作。这就为病毒制造者提供了可乘之机。

宏病毒是一种专门感染 Office 系列文档的恶性病毒。当 Word 打开一个扩展名为.doc 的文件时,首先检查里面有没有模块/宏代码。如果有,则认为这不是普通的.doc 文件,而是一个模板文件。如果里面存在以 AUTO 开头的宏,则 Word 随后就会执行这些宏。

除了 Word 宏病毒外,还出现了感染 Excel、Access 的宏病毒。宏病毒还可以在它们之间进行交叉感染,并由 Word 感染 Windows 的 VxD。很多宏病毒具有隐形、变形能力,并具有对抗防病毒软件的能力。此外,宏病毒还可以通过电子邮件等进行传播。一些宏病毒已经不再在 File Save As 时暴露自己,并克服了语言版本的限制,可以隐藏在 RTF 格式的文档中。

(4)网络病毒的工作原理

为了容易理解,以典型的"远程探险者"病毒为例进行分析。"远程探险者"是真正的网络病毒。它需要通过网络方可实施有效的传播;要想真正地攻入网络,本身必须具备系统管理员的权限,如果不具备此权限,则只能对当前被感染的主机中的文件和目录起作用。

当具有系统管理员权限的用户运行了被感染的文件后,该病毒将会作为一项 NT 的系统服务被自动加载到当前的系统中。为增强自身的隐蔽性,该系统服务会自动修改 Remote Explorer 在 NT 服务中的优先级,将自己的优先级在一定时间内设置为最低,而在其他时间则将自己的优先级提升一级,以便加快传染。

Remote Explorer 的传播无需普通用户的介入。该病毒侵入网络后,直接使用远程管理技术监视网络,查看域登录情况并自动搜集远程计算机中的数据,然后再利用所搜集的数据,将自身向网络中的其他计算机传播。由于系统管理员能够访问到所有远程共享资源,因此,具备同等权限的 Remote Explorer 也就能够感染网络环境中所有的 NT 服务器和工作站中的共享文件。

该病毒仅在 Windows NT Server 和 Windows NT Workstation 平台上起作用,专门感染 .exe 文件。Remote Explorer 的破坏作用主要表现为:加密某些类型的文件,使其不能再用,并且能够通过局域网或广域网进行传播。

10.4.3　计算机病毒的检测

1. 计算机病毒的检测依据

病毒检测是在特定的系统环境中,通过各种检测手段来识别病毒,并对可疑的异常情况进行报警。

(1) 检查磁盘主引导扇区

硬盘的主引导扇区、分区表,以及文件分配表、文件目录区是病毒攻击的主要目标。

引导病毒主要攻击磁盘上的引导扇区。当发现系统有异常现象时,特别是当发现与系统引导信息有关的异常现象时,可通过检查主引导扇区的内容来诊断故障。方法是采用工具软件,将当前主引导扇区的内容与干净的备份相比较,若发现有异常,则很可能是感染了病毒。

(2) 检查内存空间

计算机病毒在传染或执行时,必然要占据一定的内存空间,并驻留在内存中,等待时机再进行传染或攻击。病毒占用的内存空间一般是用户不能覆盖的。因此,可通过检查内存的大小和内存中的数据来判断是否有病毒。

虽然内存空间很大,但有些重要数据存放在固定的地点,可首先检查这些地方,如 BIOS、变量、设备驱动程序等是放在内存中的固定区域内。根据出现的故障,可检查对应的内存区以发现病毒的踪迹。

(3) 检查 FAT 表

病毒隐藏在磁盘上,通常要对存放的位置做出坏簇信息标志反映在 FAT 表中。因此,可通过检查 FAT 表,看有无意外坏簇,来判断是否感染了病毒。

(4) 检查可执行文件

检查 .com 或 .exe 文件的内容、长度、属性等,可判断是否感染了病毒。对于前附式 .com 文件型病毒,主要感染文件的起始部分,一开始就是病毒代码;对于后附式 .com 文件型病毒,虽然病毒代码在文件后部,但文件开始必有一条跳转指令,以使程序跳转到后部的病毒代码。对于 .exe 文件型病毒,文件头部的程序入口指针一定会被改变。对可执行文件的检查主要查这些可疑文件的头部。

(5) 检查特征串

一些经常出现的病毒,具有明显的特征,即有特殊的字符串。根据它们的特征,可通过工具软件检查、搜索,以确定病毒的存在和种类。

这种方法不仅可检查文件是否感染了病毒,并且可确定感染病毒的种类,从而能有效地清除病毒。但缺点是只能检查和发现已知的病毒,不能检查新出现的病毒,而且由于病毒不断变形、更新,老病毒也会以新面孔出现。因此,病毒特征数据库和检查软件也要不断更新版本,才能满足使用需要。

(6) 检查中断向量

计算机病毒平时隐藏在磁盘上,在系统启动后,随系统或随调用的可执行文件进入内存并驻留下来,一旦时机成熟,它就开始发起攻击。病毒隐藏和激活一般是采用中断的方法,即修改中断向量,使系统在适当时候转向执行病毒代码。病毒代码执行完后,再转回到原中断处理程序执行。因此,可通过检查中断向量有无变化来确定是否感染了病毒。

2. 计算机病毒的检测手段

计算机病毒的检测技术是指通过一定的技术手段判定计算机病毒的一门技术。现在判定计算机病毒的手段主要有两种:一种是根据计算机病毒特征来进行判断,如病毒特殊程序段内容、关键字、特殊行为及传染方式;另一种是对文件或数据段进行校验和计算,保存结果,定期和不定期地根据保存结果对该文件或数据段进行校验来判定。总的来说,常用的检测病毒方法有特征代码法、校验和法、行为监测法与软件模拟法。这些方法依据的原理不同,实现时所需开销不同,检测范围不同,各有所长。

(1) 特征代码法

一般的计算机病毒本身存在其特有的一段或一些代码,这是因为病毒要表现和破坏,操作的代码是各病毒程序所不同的。所以早期的 SCAN 与 CPAV 等著名病毒检测工具均使用了特征代码法。它是检测已知病毒的最简单和开销最小的方法。

一般使用特征代码法的扫描软件都由两个部分组成:一部分是病毒特征代码数据库;另一部分是利用该代码数据库进行检测的扫描程序。

特征代码法有检测准确快速、可识别病毒的名称、误报警率低、依据检测结果可做解毒处理的优点。但是病毒特征代码也有不能检测未知病毒、不能检查多形性病毒及不能对付隐蔽性病毒的缺点。

(2) 校验和法

将正常文件的内容,计算其校验和,将该校验和写入文件中或写入别的文件中保存。在文件使用过程中,定期地或每次使用文件前,检查文件现在内容算出的校验和与原来保存的校验和是否一致,因而可以发现文件是否感染,这种方法称为校验和法,它既可发现已知病毒,又可发现未知病毒。在 SCAN 和 CPAV 工具的后期版本中除了病毒特征代码法之外,也纳入校验和法,以提高其检测能力。

但是,这种方法不能识别病毒类,不能报出病毒名称。由于病毒感染并非文件内容改变的唯一原因,文件内容的改变有可能是正常程序引起的,因此,校验和法常常误报警。而且此种方法也会影响文件的运行速度。

病毒感染的确会引起文件内容变化,但是校验和法对文件内容的变化太敏感,又不能区分正常程序引起的变动,而频繁报警。用监视文件的校验和来检测病毒,不是最好的方法。这种方法遇到已有软件版本更新、变更口令、修改运行参数等,都会发生误报警。

校验和法的优点是：方法简单,能发现未知病毒、被查文件的细微变化也能发现。缺点是：会误报警、不能识别病毒名称、不能对付隐蔽性病毒。

(3) 行为监测法

行为监测法是常用的行为判定技术,其工作原理是利用病毒的特有行为特征进行检测,一旦发现病毒行为则立即警报。经过对病毒多年的观察和研究,人们发现病毒的一些行为是病毒的共同行为,而且比较特殊。在正常程序中,这些行为比较罕见。

行为监测法的长处在于可以相当准确地预报未知的多数病毒,但也有其短处,即可能虚假报警和不能识别病毒名称,而且实现起来有一定难度。

(4) 软件模拟法

多态性病毒每次感染都变化其病毒密码,对付这种病毒,特征代码法失效。因为多态性病毒代码实施密码化,而且每次所用密钥不同,把染毒的病毒代码相互比较,也无法找出相同的可能作为特征的稳定代码。虽然行为检测法可以检测多态性病毒,但是在检测出病毒后,因为不知病毒的种类,难于进行消毒处理。

为了检测多态性病毒,可应用新的检测方法——软件模拟法。它是一种软件分析器,用软件方法来模拟和分析程序的运行。

新型检测工具纳入了软件模拟法,该类工具开始运行时,使用特征代码法检测病毒,如果发现隐蔽性病毒或多态性病毒嫌疑时,启动软件模拟模块,监视病毒的运行,待病毒自身的密码译码以后,再运用特征代码法来识别病毒的种类。

(5) 病毒指令码模拟法

病毒指令码模拟法是软件模拟法后的一大技术上的突破。既然软件模拟可以建立一个保护模式下的 DOS 虚拟机,模拟 CPU 的动作,并假执行程序以解开变体引擎病毒,那么应用类似的技术也可以用来分析一般程序,检查可疑的病毒代码。因此,可将工程师用来判断程序是否有病毒代码存在的方法,分析和归纳为专家系统知识库,再利用软件工程模拟技术假执行新的病毒,则可分析出新的病毒代码以对付以后的病毒。

不管采用哪种监测方法,一旦病毒被识别出来,就可以采取相应措施,阻止病毒的下列行为：进入系统内存、对磁盘操作尤其是写操作、进行网络通信与外界交换信息。一方面防止外界病毒向机内传染,另一方面抑制机内病毒向外传播。

10.4.4 计算机病毒的防范

计算机病毒的防范是网络安全体系的一部分,应该与防黑客和灾难恢复等方面综合考虑形成一整套安全体制。防病毒软件、防火墙技术、入侵检测技术等相互协调形成一整套的解决方案,才是最有效的网络安全。

1. 用户病毒的防范措施

用户病毒的防范措施如下所示。

(1)安装杀毒软件和个人防火墙

安装正版的杀毒软件,并注意及时升级病毒库,定期对计算机进行查毒杀毒,每次使用外来磁盘前也应对磁盘进行杀毒。正确设置防火墙规则,预防黑客入侵,防止木马盗取机密信息。

(2)禁用预览窗口功能

电子邮件客户端程序大都允许用户不打开邮件直接预览。由于预览窗口具有执行脚本的能力,某些病毒只需预览就能够发作,所以应该禁用预览窗口功能。

如果将 Word 当作电子邮件编辑器使用,就需要将 Normal.dot 设置成只读文件。许多病毒通过更改 Normal.dot 文件进行自我传播,采取上述措施至少可具有一定的阻止作用。

(3)不要随便下载文件

不要随便登录不明网站,有些网站缺乏正规管理,很容易成为病毒传播的源头。下载软件应选择正规的网站,下载后应立即进行病毒检测。

对收到的包含 Word 文档的电子邮件,应立即用能清除宏病毒的软件进行检测,或者是用"取消宏"的方式打开文档。对于 QQ、MSN 等聊天软件发送过来的链接和文件,不要随便点击和下载,应该首先确认对方身份是否真实可靠。

(4)备好启动盘,并设置写保护

在对计算机系统进行检查、修复和手工杀毒时,通常要使用无毒的启动盘,使设备在较为干净的环境下进行操作。同时,尽量不用 U 盘、移动硬盘或其他移动存储设备启动计算机,而用本地硬盘启动。

(5)安装防病毒工具和软件

为了防止病毒的入侵,一定要在计算机中安装防病毒软件,并选择公认质量最好、升级服务最及时、能够最迅速有效地响应和跟踪新病毒的防病毒软件。

由于病毒的层出不穷及不断更新,要有效地扫描病毒,防病毒产品就必须适应病毒的发展,及时升级,这样才能保证所安装的防病毒软件中的病毒库是最新的,也只有这样才能识别和杀灭新病毒,为系统提供真正的安全环境。防病毒软件的升级就是因为厂商增加了查杀若干新类型病毒的功能,及时升级将使用户的计算机系统增强对这些病毒的防御能力。

防病毒软件一般都提供实时监控功能,这样无论是在使用外来软件还是在连接到网络时,都可以先对其进行扫描,如果有病毒,防病毒软件会立即报警。

(6)经常备份系统中的文件

备份工作应该定期或不定期地进行,确保每一过程和细节的准确、可靠,以便在系统崩溃时最大限度地恢复系统,减少可能出现的损失。

系统数据,例如,分区表、DOS 引导扇区等,需要用 BOOT_SAFE 等实用程序或 Debug 编程手段做好备份,作为系统维护和修复时的参考。重要的用户数据也应当及时备份。

备份时,尽可能地将数据和系统程序分别存放。可以通过比照文件大小、检查文件个数、核对文件名来及时发现病毒。

(7)不要设置过于简单的密码、定期更改密码

有许多网络病毒是通过猜测简单密码的方式攻击系统的,因此使用复杂的密码可大大提高计算机的安全系数。

用户一般都有好几个密码,如系统密码、邮箱密码、网上银行密码、QQ 密码等。密码不要一样,设置要尽可能复杂,大小写英文字母和数字综合使用,减少被破译的可能性。密码要定期更

改,最好几个月更改一次。

在遭受木马的入侵之后,用户密码很可能被泄露,因此,必须在清除木马后立即更改密码,以确保安全。网络诈骗邮件标题通常为"账户需要更新",内容是一个仿冒网上银行的诈骗网站的链接,诱骗消费者提供密码、银行账户等信息,千万不要轻信。

(8)删除可疑的电子邮件

通过电子邮件传播的病毒特征较为鲜明,信件内容为空或者有简短的英文,并附有带毒的附件。千万不要打开可疑电子邮件中的附件。

如果系统不采用基于服务器的电子邮件内容过滤方式,终端用户可以使用电子邮件收件箱规则自动删除可疑信息或将其移到专门的文件夹中。

计算机病毒都是有源头的,能造成广泛的危害的原因是,它能进行广泛的传播。因此,对于普通的计算机用户来说,只要平时多注意些,还是可以在一定程度上避免病毒入侵的。

(9)注意自己的计算机最近有无异常

计算机病毒出现什么样的表现症状,是由计算机病毒的设计者决定的。而计算机病毒设计者的思想又是不可判定的,因此,计算机病毒的具体表现形式也是不可判定的。然而可以肯定的是,病毒症状是在计算机系统的资源上表现出来的,具体出现哪些异常现象和所感染病毒的种类直接相关。

由于在技术上防杀病毒尚无法达到完美的境地,难免有新病毒会突破防护系统的保护,传染到计算机中。因此,为能够及时发现异常情况,不使病毒传染到整个磁盘,传染到相邻的计算机,应对病毒发作时的症状予以注意。

(10)新购置的计算机软件或硬件也要先查毒再使用

由于新购置的计算机软件和硬件中都可能会携带病毒,因此都需要先进行病毒检测或查杀,证实无病毒后再使用。

虽然在由著名厂商发售的正版软件中也曾经发现了病毒的存在,但总的来说,正版软件还是可靠得多。而新购置的硬盘中也可能会含有病毒。由于对硬盘只做 DOS 的 FORMAT 格式化是不能去除主引导区和分区表扇区中的病毒的,因此可能需要对硬盘进行低级格式化。

(11)尽量专机专用

不要随意让别人使用自己的计算机。尤其是重要部门的计算机,尽量专机专用且与外界隔绝。至少要保证不让别人在自己的机器上使用曾经在别的机器上使用过的 U 盘等移动存储设备。除非先进行查毒,在确认无病毒的情况下才可以使用。

同时,应尽量避免在无防病毒措施的机器上使用 U 盘、移动硬盘、可擦写光盘等可移动的存储设备。不要随意借入和借出这些移动存储设备。在使用借入或返还的这些设备时,一定要先使用杀毒软件查毒,避免感染病毒。对返还的设备,若有干净备份,应重新格式化后再使用。

(12)多了解病毒知识

了解一些病毒知识,可以及时发现新病毒并采取相应措施,在关键时刻使自己的计算机免受病毒的破坏。一旦发现病毒,应迅速隔离受感染的计算机,避免病毒继续扩散,并使用可靠的查杀工具进行查杀。

对于计算机病毒的防治,不仅要有完善的规章制度,还要有健全的管理体制。因此,只有提高认识、加强管理、做到措施到位,才能防患于未然,减少病毒入侵后所造成的损失。

2.服务器病毒的防范措施

服务器病毒的防范措施如下所示。

(1)安装正版杀毒软件

局域网要安装企业版产品,根据自身要求进行合理配置,经常升级并启动"实时监控"系统,充分发挥安全产品的功效。在杀毒过程中要全网同时进行,确保彻底清除。

(2)拦截受感染的附件

电子邮件是计算机病毒最主要的传播媒介,许多病毒经常利用在大多数计算机中都能找到的可执行文件来传播。实际上,大多数电子邮件用户并不需要接收这类文件,因此,当它们进入电子邮件服务器时可以将其拦截下来。

(3)合理设置权限

系统管理员要为其他用户合理设置权限,在可能的情况下,将用户的权限设置为最低。这样,即使某台计算机被病毒感染,对整个网络的影响也会相对降低。

(4)取消不必要的共享

取消局域网内一切不必要的共享,共享的部分要设置复杂的密码,最大程度的降低被黑客木马程序破译的可能性,同时也可以减少病毒传播的途径,提高系统的安全性。

(5)重要数据定期存档

每月应该至少进行一次数据存档,这样便可以利用存档文件,成功地恢复受感染文件。

10.4.5 计算机病毒的清除

计算机病毒的清除(杀毒)是将感染病毒的文件中的病毒模块摘除,并使之恢复为可以正常使用的文件的过程。

1.计算机病毒的清除原理

根据病毒编制原理的不同,计算机病毒清除的原理也是大不相同。下面讨论几种简单类型的病毒清除原理。

(1)引导型病毒的清除原理

引导型病毒感染时的攻击部位和破坏行为包括硬盘主引导扇区、硬盘或软盘的 Boot 扇区,病毒可能随意地写入其他扇区,从而毁坏扇区。

根据感染和破坏部位的不同,可以按以下方法进行修复。

①硬盘主引导扇区染毒,可以用无毒软盘启动系统;或寻找一台同类型、硬盘分区相同的无毒计算机,将其硬盘主引导扇区写入一张软盘中,将此软盘插入染毒计算机,将其中采集的主引导扇区数据写入染毒硬盘,即可修复。

②硬盘、软盘 Boot 扇区染毒,可以寻找与染毒盘相同版本的无毒系统软盘,执行 SYS 命令,即可修复。

③如果引导型病毒将原主引导扇区或 BOOT 扇区覆盖式写入第一 FAT 表时,第二 FAT 表未被破坏,可以将第二 FAT 表复制到第一 FAT 表中,即修复。

④引导型病毒如果将原主引导扇区或 Boot 扇区覆盖式写入根目录区,被覆盖的根目录区完

全损坏,不可能再修复。

(2)文件型病毒的清除原理

覆盖型文件病毒可以硬性地覆盖掉了一部分宿主程序,使宿主程序被破坏,即使把病毒杀掉,程序也已经不能修复。对覆盖型的文件只能将其彻底删除,没有挽救原来文件的余地。因此,用户必须靠平日备份自己的资料来确保万无一失。

对于其他感染.com和.exe的文件型病毒都可以清除干净。因为病毒是在基本保持原文件功能的基础上进行传染的,既然病毒能在内存中恢复被感染文件的代码并予以执行,则也可以仿照病毒的方法进行传染的逆过程,即将病毒清除出被感染文件,并保持其原来的功能。

由于某些病毒会破坏系统数据,因此在清除完计算机病毒之后,系统要进行维护工作。

(3)交叉感染病毒的清除原理

有时一台计算机内同时潜伏着几种病毒,当一个健康程序在这个计算机上运行时,会感染多种病毒,引起交叉感染。

如果在多种病毒在一个宿主程序中形成交叉感染的情况下杀毒,一定要格外小心,因为杀毒时必须分清病毒感染的先后顺序,先清除感染的病毒,否则虽然病毒被杀死了,但程序也不能使用了。

2. 染毒后的紧急处理

当系统感染病毒后,可采取以下措施进行紧急处理,以恢复系统或受损部分。

(1)隔离

当计算机感染病毒后,可将其与其他计算机进行隔离,避免相互复制和通信。当网络中某结点感染病毒后,网络管理员必须立即切断该结点与网络的连接,以避免病毒扩散到整个网络。

(2)报警

病毒感染点被隔离后,要立即向网络系统安全管理人员报警。

(3)查毒源

接到报警后,系统安全管理人员可使用相应的防病毒系统鉴别受感染的机器和用户,检查那些经常引起病毒感染的结点和用户,并查找病毒的来源。

(4)采取应对方法和对策

系统安全管理人员要对病毒的破坏程度进行分析检查,并根据需要采取有效的病毒清除方法和对策。如果被感染的大部分是系统文件和应用程序文件,且感染程度较深,则可采取重装系统的方法来清除病毒;如果感染的是关键数据文件,或破坏较为严重,则可请防病毒专家进行清除病毒和恢复数据的工作。

(5)修复前备份数据

在对病毒进行清除前,尽可能将重要的数据文件备份,以防在使用防病毒软件或其他清除工具查杀病毒时,破坏重要数据文件。

(6)清除病毒

重要数据备份后,运行查杀病毒软件,并对相关系统进行扫描。发现有病毒,立即清除。如果可执行文件中的病毒不能清除,应将其删除,然后再安装相应的程序。

(7)重启和恢复

病毒被清除后,重新启动计算机,再次用防病毒软件检测系统中是否还有病毒,并将被破坏的数据进行恢复。

10.4.6 反病毒技术

1. 特征码技术

特征码技术是反病毒技术中最基本的技术,也是反病毒软件普遍采用的方法,是基于已知病毒的静态反病毒技术。目前的大多数杀病毒软件采用的方法主要是特征码查毒方案与人工解毒并行,亦即在查病毒时采用特征码查毒,在杀病毒时采用人工编制解毒代码。特征码查毒方案实际上是人工查毒经验的简单表述,它再现了人工辨识病毒的一般方法,采用了"同一病毒或同类病毒的某一部分代码相同"的原理,也就是说,如果病毒及其变种、变形病毒具有同一性,则可以对这种同一性进行描述,并通过对程序体与描述结果(亦即"特征码")进行比较来查找病毒。而并非所有病毒都可以描述其特征码,很多病毒都是难以描述甚至无法用特征码进行描述。使用特征码技术需要实现一些补充功能,例如,近来的压缩包、压缩可执行文件自动查杀技术。但是,特征码查毒方案也具有极大的局限性。特征码的描述取决于人的主观因素,从长达数千字节的病毒体中撷取十余字节的病毒特征码,需要对病毒进行跟踪、反汇编以及其他分析,如果病毒本身具有反跟踪技术和变形、解码技术,那么跟踪和反汇编以获取特征码的情况将变得极其复杂。此外,要撷取一个病毒的特征码,必然要获取该病毒的样本,再由于对特征码的描述各个不同,特征码方法在国际上很难得到广域性支持。特征码查病毒主要的技术缺陷表现在较大的误查和误报上,而杀病毒技术又导致了反病毒软件的技术迟滞。反病毒研究人员通过对病毒样本的分析,提取病毒中具有代表性的数据串写入反病毒软件的病毒库。当反病毒软件查毒时发现目标文件中的代码与反病毒软件病毒库中的特征码相符合时,就认为该文件含毒并对其进行清除。

为了躲避杀毒软件的查杀,电脑病毒开始进化,逐渐演变为变形的形式,即每感染一次,就对自身变一次形,通过对自身的变形来躲避查杀。这样,同一种病毒的变种病毒大量增加,甚至可以达到天文数字的量级。大量的变形病毒不同形态之间甚至可以做到没有超过3个连续字节是相同的。为了对付这种情况,首先特征码的获取不可能再是简单的取出一段代码来,而是分段的且中间可以包含任意的内容,也就是增加了一些不参加比较的"掩码字节",在出现"掩码字节"的地方,出现任何内容都不参加比较。这就是曾经提出的广谱特征码的概念。这个技术曾在一段时间内,对于处理某些变形的病毒提供了一种方法,但是也使误报率大大增加。

2. 实时监控技术

实时监控技术已经形成了包括内存监控、脚本监控、注册表监控、文件监控和邮件监控在内的多种监控技术。它们协同工作形成的病毒防护体系,使计算机预防病毒的能力大大增强,据统计,只要电脑运行实时监控系统并进行及时升级,基本上能预防80%的计算机病毒,这一完整的病毒防护体系已经被所有的反病毒公司认可。当前,几乎每个反病毒产品都提供了这些监控手段。

实时监控技术最根本的优点是解决了用户对病毒的"未知性",或者说是"不确定性"问题。用户的"未知性"是计算机反病毒技术发展至今一直没有得到很好解决的问题之一。也许现在还会听到有人说,有病毒用杀毒软件杀就行了。可判断有无病毒的标准是什么。实际上等到感觉到系统中确实有病毒在作怪的时候,系统往往已到了崩溃的边缘。

实时监控技术能够始终作用于计算机系统之中,监控访问系统资源的一切操作,并能够对其中可能含有的病毒代码进行清除。实时监控是先前性的,而不是滞后性的。任何程序在调用之前都必须先过滤一遍。一有病毒侵入,它就报警,并自动杀毒,将病毒拒之门外,做到防患于未然。

3. 虚拟机技术

虚拟机技术是用程序代码虚拟出一个CPU,同样也虚拟CPU的各个寄存器,甚至将硬件端口也虚拟出来,用调试程序调入"病毒样本",并将每一个语句放到虚拟环境中执行,这样就可以通过内存和寄存器以及端口的变化来了解程序的执行,从而判断系统是否中毒。在这样的虚拟环境里,可以通过虚拟执行方法来查杀病毒。通过这种技术,可以对付加密、变形、异型、压缩型及大部分未知病毒和破坏性病毒。

目前,一些基于病毒特征码查杀病毒的方法不能识别未知或变种病毒,而独到的虚拟执行技术可以部分解决这些问题。虚拟机技术的主要执行过程如下:

①在查杀病毒时,在计算机虚拟内存中模拟出一个"指令执行虚拟计算机"。

②在虚拟机环境中虚拟执行可疑带毒文件。

③在执行过程中,从虚拟机环境内截获文件数据,如果含有可疑病毒代码,则说明发现了病毒。

④杀毒过程是在虚拟环境下摘除可疑代码,然后将其还原到原文件中,从而实现对各类可执行文件内病毒的杀除。

如今,个别反病毒软件选择了样本代码段的前几K字节虚拟执行,其查出概率已高达95%左右。虚拟机用来侦测已知病毒速度更为惊人,误报率可降到一个千分点以下。

4. 启发式代码扫描技术

启发式指的是"自我发现的能力"或"运用某种方式或方法去判定事物的知识和技能"。一个运用启发式扫描技术的病毒检测软件,实际上就是以特定方式实现的动态跟踪器或反编译器,通过对有关指令序列的反编译逐步理解和确定其蕴藏的真正动机。

在具体的实现上,启发式扫描技术是相当复杂的。通常这类病毒检测软件要能够识别并探测许多可疑的程序代码指令序列,如搜索和定位各种可执行程序的操作、格式化磁盘类操作、实现驻留内存的操作以及发现非常的或未公开的系统功能调用的操作等,所有这些功能操作将被按照安全和可疑的等级进行排序,根据病毒可能使用和具备的特点而授以不同的加权值。

有时,启发式扫描技术也会把一个本无病毒的程序指证为染毒程序,这就是所谓的查毒程序虚警或谎报现象。因为被检测程序中含有病毒所使用或含有的可疑功能。

然而,不管启发式代码分析扫描技术有怎样的缺点和不足,与其他的扫描识别技术相比,它几乎总能提供足够的辅助判断信息让我们最终判定被检测的目标对象是染毒的,亦或是干净的。启发式扫描技术仍是一种正在发展和不断完善中的新技术,但已经在大量优秀的反病毒软件中得到迅速的推广和应用。按照最保守的估计,一个精心设计的算法支持的启发式扫描软件,在不依赖任何对病毒预先的学习和了解的辅助信息如特征代码、指纹字串和校验和等的支持下,可以毫不费力地检查出90%以上的对它来说是完全未知的新病毒。适当地对可能出现的一些虚报、谎报的情况加以控制,这种误报的概率可以很容易地被降低在 0.1% 以下。

5. CRC 检查技术

循环冗余校验(Cyclic Redundancy Check,CRC)是对一个传送数据块进行高效的差错控制方法。CRC 扫描的原理是计算磁盘中的实际文件或系统扇区的 CRC 值(检验和),这些 CRC 值被杀毒软件保存到自己的数据库中,在运行杀毒软件时,用备份的 CRC 值与当前计算的值比较,这样就可以知道文件是否已经修改或被病毒感染。

病毒在感染程序时,大多都会使被感染的程序大小增加或者日期改变,至少要改变文件的内部数据。校验和法就是根据病毒的这种行为来进行判断的。首先它把硬盘中的某些文件的资料做一次汇总并记录下来,在以后检测过程中重复此项动作,并与前次记录进行比较,以此来判别这些文件是否被病毒感染。

如果校验和变了,便可用备份的文件覆盖。这种方法对文件的改变十分敏感,因而能查出未知病毒,但它不能识别病毒种类,更无从谈起清除病毒。而且,由于病毒感染并非文件改变的唯一原因,文件的改变常常是正常程序引起的,因此,校验和法误报率较高。这就需要加入一些判断功能,把常见的正常操作排除在外。而且不能检测新文件中的病毒,因为在它的数据库中没有这些文件的 CRC 值。

6. 立体防毒技术

随着病毒数量、上网人数的猛增,不同种类病毒同时泛滥的概率也大大增加,从而给用户的电脑造成了全方位立体的威胁,单一的病毒防治手段已经不能满足防毒需求,因此出现了立体防病毒体系。

立体防毒体系将计算机的使用过程进行逐层分解,对每一层进行分别控制和管理,从而达到病毒整体防护的效果。该体系是一些防病毒公司提出的新概念,通过安装杀毒、漏洞扫描、病毒查杀、实时监控、数据备份以及个人防火墙等多种病毒防护手段,将电脑的每一个安全环节都监控起来,从而全方位地保护了用户电脑的安全。这种立体防毒体系是近年来产生的新技术,一经推出就成为了病毒防护的新标准。

7. 无缝连接技术

无缝连接技术是在充分掌握系统的底层协议和接口规范的基础上,开发出与之完全兼容的产品技术。通过该技术,我们可以对病毒经常攻击的应用程序或对象提供重点保护,它利用操作系统或应用程序提供的内部接口来实现,对使用频度高、范围广的主要的应用软件提供被动式的防护。

无缝连接的概念也适用于主流应用软件,比如微软的 Office、IE、Winzip 以及 NetAnt 等应用软件。为什么从宏病毒产生至今,国内围绕宏病毒防治方案始终争论不休?这正是因为各厂家对 Office 各种文档格式缺乏统一、全面的了解所至。实践证明,谁能够较好解决 Office 文档格式,谁就可能开发出先进的宏病毒防治技术。

8. 全平台反病毒技术

目前病毒活跃的平台有:DOS、Windows、Windows NT、NetWare、NOTES、Exchange 等。

为了使反病毒软件做到与系统的底层无缝连接,可靠地实时检查和杀除病毒,必须在不同的平台上使用相应平台的反病毒软件,如果使用的是 Windows 的平台,则必须用 Windows 版本的反毒软件。如果是企业网络,各种版本的平台都有,则就要在网络的每一个 Server、Client 端上安装 DOS、Windows 95/98/NT 等平台的反病毒软件,每一个点上都安装了相应的反病毒模块,每一个点上都能实时地抵御病毒攻击。只有这样,才能做到网络的真正安全和可靠。

第 11 章　计算机网络领域的新技术

11.1　云计算技术

11.1.1　云计算概述

1. 云计算的定义

计算技术的不断发展推动着整个互联网技术和应用模式的演变,从并行计算、分布式计算、网格计算、普适计算到云计算,互联网已进入一个全新的云计算时代。

对于云计算究竟是什么,业界并没有达成共识,不同的组织机构分别从不同的角度给出了云计算不同的定义和内涵,可以找到很多个版本不同的解释。以下给出云计算具有代表性的几个定义。

美国国家标准与技术研究院(National Institute of Standards and Technology,NIST)认为,云计算是一个模型,这个模型可以方便地按需访问一个可配置的计算资源(例如,网络、服务器、存储设备、应用程序,以及服务)的公共集。这些资源可以在实现管理成本或服务提供商干预最小化的同时被快速提供和发布。

中国电子学会云计算专家委员会认为,云计算是一种基于互联网的大众参与的计算模式,具动态、可伸缩、被虚拟化的计算资源(包括计算能力、存储能力、交互能力等),并以服务的方式提供,可以方便地实现分享和交互,并形成群体智能。

2. 云计算的分类

(1)按部署应用架构分类

从部署应用架构来讲,目前业界通常将云计算平台分成公有云(Public Cloud)、私有云(Private Cloud)和混合云(Hybrid Cloud),后者有时也称企业云或者内部云。

①公有云。公有云是 IT 业互联网化的体现,由公共客户共享,提供较为完整的 IT 应用外包的云计算服务。公有云归某个组织所有,该组织以云服务的方式向外出售其计算能力。到底是否使用公有云,一般需考虑以下几个因素。

a. 数据安全性。一般来说,对于数据安全性和隐私要求高的企业选择公有云的几率较小,即便公有云承诺提供用户定义的数据标准和加密保护。

b. 审计能力。公有云屏蔽了用户对系统的审计能力,而这对于某些国家政务和金融保险应用来说是必要,比如欧洲就不允许隐私数据跨国流动。

c. 服务连续性。与私有云相比,公有云的业务连续性更容易受到外界因素的影响,包括网络故障和服务干扰。如亚马逊 S3 服务从 2008 年 2 月 15 日上午 7:30~10:17 之间大约停止服务 3 个小时,导致所有对 S3 的请求均告瘫痪。

d. 综合使用成本。根据咨询公司麦肯锡对亚马逊 EC2 价格的分析,从使用是否经济性上看,对计算资源实例(即计算机的配置)要求不高的中小型企业大多适合使用公开云服务;而对计算资源实例要求高的大型企业则更适合于构建自己的私有云平台。

②私有云。私有云是针对类似于金融机构或政府机构等单个机构特别定制的,专为该机构内部提供各类云计算的服务。它可以是场内服务或场外服务,可以被使用它的组织自行管理或被第三方托管。

公有云和私有云相比,二者在技术上并没有本质差异,只是运营和使用对象有所不同:公有云是指企业使用其他单位运营的云平台服务;而私有云则是企业自己运营并使用云平台服务。

③混合云。混合云表现为公有云和私有云等的组合,同时向公共客户和机构内部客户等提供相关云计算服务。混合云的每个组成部分(云)仍然是独立的实体,它们通过规范化的或专门的技术被捆绑到一起,数据和应用程序在这些云之间具有可移植性。

(2)按服务类型分类

按照服务类型(XaaS),云计算可以分成:基础架构即服务(Infrastructure as a Service, IaaS)、平台即服务(Platform as a Service, PaaS)、软件即服务(Software as a Service, SaaS)等。如图 11-1 所示。这是一种按照服务类型来分类的"传统"方式。

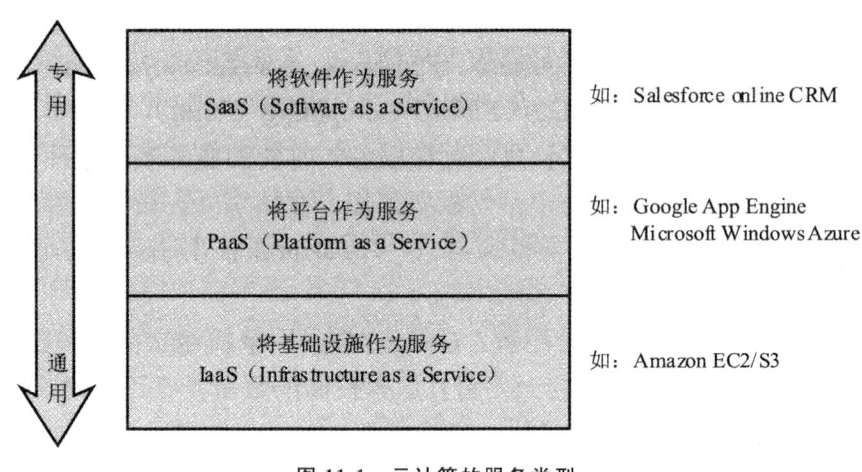

图 11-1 云计算的服务类型

①基础架构即服务(IaaS)。IaaS 将硬件设备等基础资源封装成服务的形式提供给用户,如虚拟主机/存储/网络/数据库管理等资源。用户无需购买服务器、网络设备、存储设备,只需通过互联网租赁即可搭建自己的应用系统。典型案例为:Amazon Web Service(AWS)。IaaS 最大的优势在于它允许用户动态申请或释放结点,按使用量计费。运行 IaaS 的服务器有几十台之多,其能够申请的资源几乎是无限的。此外,由于 IaaS 由公众共享,其资源的使用效率更高。

②平台即服务(PaaS)。PaaS 对资源的抽象层次更进一步,它提供用户应用程序的运行环境,如互联网应用编程接口/运行平台等。用户基于该平台可以构建该类应用。典型案例为:Google App Engine、Force.com 和 Microsoft Windows Azure。Force.com 是 Salesforce.com 推

出的一组集成的工具和应用程序服务,在 Force.com 平台上运行的业务应用程序已超过 80000 个。例如,EthicsPoint 充分利用 Force.com 提供的资源,开发定制化的应用,先后创建了全新的自定义应用程序"客户端合作伙伴体验"用来跟踪实施支持和服务,以及自定义"合同"选项卡用来支持财务部管理合同的工作流和详细信息,赢得了业绩。PaaS 的优点是自身负责资源的动态扩展和容错管理,用户应用程序不必过多考虑结点间的配合问题。但与此同时也降低了用户的自主权,使其不得不使用特定的编程环境并遵照特定的编程模型,因此,只适用于解决某些特定的计算问题。例如,Google App Engine 只允许使用 Python 和 Java 语言、基于称为 Django 的 Web 应用框架、调用 GoogleApp Engine SDK 来开发在线应用服务。

③软件即服务(SaaS)。SaaS 具有更强的针对性,它将某些特定应用软件功能封装成服务。用户不必购买软件,只要根据需要租用软件即可。典型案例为:Google Docs、Salesforce CRM、Oracle CRM On Demand 和 Office Live Workspace。SaaS 既不像 PaaS 一样提供计算或存储资源类型的服务,也不像 IaaS 一样提供运行用户自定义应用程序的环境,它只提供某些专门用途的服务供应用调用。

云计算的深化发展促进了不同云计算解决方案之间的相互渗透融合,同一种产品横跨两种以上类型的情况并不少见。例如,Amazon Web Services 是以 IaaS 发展的,但新提供的弹性 MapReduce 服务模仿了 Google 的 MapReduce,简单数据库服务 SimpleDB 模仿了 Google 的 Bigtable,这两者属于 PaaS 的范畴,而它新提供的电子商务服务 FPS 和 DevPay 以及网站访问统计服务 Alexa Web 服务,则属于 SaaS 的范畴。

3. 云计算的标准化

标准是随着科学技术的发展和生产经验的总结产生和发展的。标准的制定是通过企业、民间组织和政府机构共同完成的成果,是一个综合性的带有社会责任等各方面经验的成果。云计算标准是云计算的一个不可或缺的部分,但是就其目前的发展状况而言,明显要落后于云计算相关技术的发展。

(1)国际云计算标准化工作

下面列出了一些云计算发展较为先进的国家和组织机构的研究成果。

美国国家标准技术研究所(NIST):制定的云计算的定义(2009 年 4 月)是目前整个行业的默认标准,NIST 的科学家通过产业和政府一起来制定这些云计算的定义。NIST 将主要为美国联邦政府服务,主要聚焦云构架、安全和部署策略。

网络存储工业协会(SNIA):发布云数据管理接口 CDMI(2010 年 1 月)。元数据是建立在单独数据元数据或者多个数据元数据集合基础之上的数据需求。

云安全联盟(CSA):促进最佳实践以提供在云计算内的安全保证,并提供基于使用云计算的教育来帮助保护其他形式的计算。

欧洲电信标准研究所(ETSI):对云计算,电信及 IT 相关的基础设施及服务进行更新。

对象管理组织(OMG):云的互操作及云的可移植性。

开放云计算联盟(OCC):开发云计算基准和支撑云计算的参考实现;管理开放云测试平台;改善跨地域的异构数据中心的云存储和计算性能,使得不同实体一起无缝操作。

开放网格论坛(OGF):开发管理云计算基础设施的 API,创建能与云基础设施(IaaS)进行交互的实际可用的解决方案。发布了开放云计算接口(Open Cloud Computing Interface,OCCI),

提供一个可扩展的 Restfull 的 API。

结构化信息标准促进组织(OASIS)：OASIS 认为云计算是 SOA 和网络管理模型的自然延伸，致力于基于现存标准 WebServices、SOA 等相关标准建设云模型及轮廓相关的标准。

开放云计算宣言(OCM)：研究在同样应用场景下两种或多种云平台进行信息交换的框架，同时为云计算的标准化进行最新趋势的研究、提供参考架构的最佳实践等。

云计算互操作论坛(CCIF)：建立一个共同商定的框架/术语，使得云平台之间能在一个统一的工作区内交流信息，从而使得云计算技术和相关服务能应用于更广泛的行业。

开放群组(TOG)：以确保在开放的标准下高效安全地使用企业级架构与 SOA 的云计算。

(2)国内云计算标准化工作

我国的众多的 IT 企业也都积极参与到了国际上的云计算的标准工作，如国际标准化组织中中国是积极的推动力量之一，CAS 中也有包括绿盟科技、华为在内的中国企业，并且在中国也成立了分会。但是，相对于发达国家而言，在云计算标准化领域中我们要做的工作还有很多，当然这也是限于我国信息化水平还相对落后，包括核心的云计算技术方面还是空白，特别是对于云计算的应用层面上也是基于国外的一些 IT 巨头的产品上进行的一些二次开发工作或者是模仿，没有形成核心创造力。

国内云计算标准化工作如图 11-2 所示。

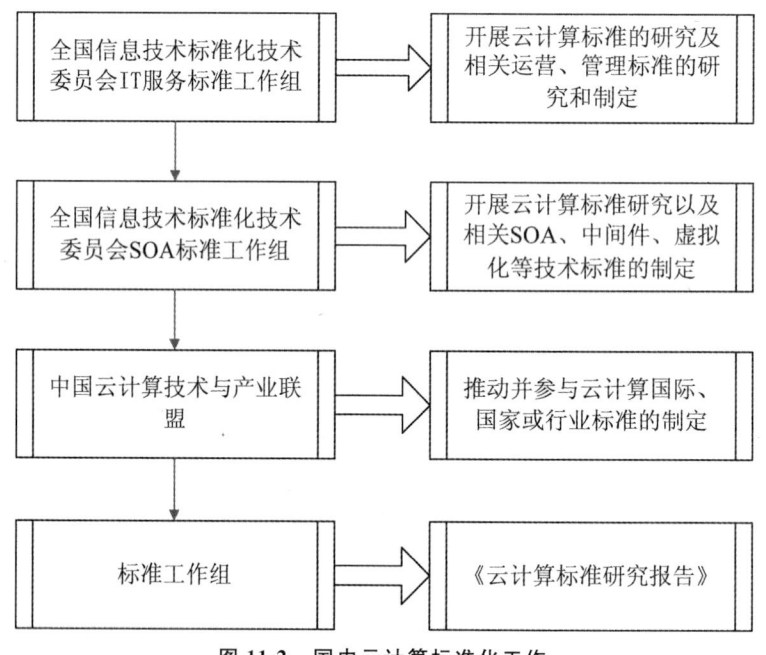

图 11-2　国内云计算标准化工作

云计算同 PC 和互联网产业一样，是一个全球性很强的产业链，其产业布局、发展、标准制定都需要与全球发展和竞争态势联系起来，用借鉴和合作的态度与国际标准组织合作。

对于云计算标准方面的工作，我们要做的还有很多：

①引导市场正确地认识云计算，扶植新进入企业，具备理解和实现上的参考价值。

②引导有兴趣的企业和个人找到方向和可参考的实现建议。

11.1.2 云计算中的虚拟化技术

1. 虚拟化概述

虚拟化是一个广义的术语,在计算机方面主要是指计算的元件是在虚拟的架构上运行而不是在物理机上运行。通过运用虚拟化技术,计算机硬件的容量得到了有效的扩展,计算机软件配置的过程得到了简化,并且多个应用系统可以同时在一个平台上运行,这样计算机的闲置资源就得到了有效的利用,工作效率大大地增加。

目前虚拟化是一种经过验证的软件技术,它现在以非常快的速度改变着 IT 的面貌,改变传统的 IT 模式,它不是最近这几年出现的。在 20 世纪 90 年代时,x86 处理器采用系统分区,就出现了虚拟技术,这种虚拟化技术最先用在苹果 Macintosh 操作系统中。在 20 世纪 90 年代末,VMware 公司一直致力于虚拟化的研究,推行的 VMware WorkStation 这款产品可以在 x86 操作系统上任意运行。实际上从 20 世纪以来,人们一直很关注系统的兼容、整合、集成能力,但是由于计算机、操作系统、通信协议以及接口的不一致,做的结果不是很好,采用虚拟化技术在很大程度上提供了帮助或者说解决了这一问题。如今,虚拟化技术已经有了很大的发展,其用户越来越多,包括个人用户、企业用户、地方政府数据中心等。

为什么越来越多的人选择使用虚拟化技术呢?从目前 IT 发展面临的一些挑战来看,主要的挑战集中在资源的闲置、IT 的运营维护成本的增长、大数据的爆发、产品的供应链跟不上等方面。根据统计分析的结果发现:目前 IT 的闲置资源高达 85%;IT 的运维和管理的成本在逐年上升,其中 1 元钱中就包含了 0.7 元的运维和管理成本;大数据给目前的 IT 环境带来了挑战,特别是电子商务这一领域的信息呈爆炸式的增长,每年增长速度高达 54%;产品供应链的效率低直接导致 3.5% 的营业额损失,接近 400 亿美元。这些都是目前 IT 环境要迫切解决的问题。采用虚拟化技术,可以缓解 IT 面临的这些问题。

2. 服务器虚拟化

(1) 服务器虚拟化架构

① 寄生架构。一般而言,寄生架构在操作系统上再安装一个虚拟机管理器(VMM),然后用 VMM 创建并管理虚拟机。操作 VMM 看起来像是"寄生"在操作系统上的,该操作系统称为宿主操作系统,即 Host OS,如图 11-3 所示,如 Oracle 公司的 Virtual Box 就是一种寄生架构。

② 裸金属架构。顾名思义,裸金属架构是指将 VMM 直接安装在物理服务器之上而无需先安装操作系统的预装模式。再在 VMM 上安装其他操作系统(如 Windows、Linux 等)。由于 VMM 是直接安装在物理计算机上的,称为裸金属架构,如 KVM、Xen、VMware ESX。裸金属架构是直接运行在物理硬件之上的,无需通过 Host OS,所以性能比寄生架构更高。

Xen 采用混合模式,用 Xen 技术实现裸金属架构服务器虚拟化,如图 11-4 所示,其中有 3 个 Domain。Domain 就是"域",更通俗地说,就是一台虚拟机。

(2) 服务器虚拟化的核心技术

① CPU 虚拟化技术。CPU 虚拟化技术把物理 CPU 抽象成虚拟 CPU,单 CPU 模拟多 CPU 并行,允许一个平台同时运行多个操作系统,关键的是不同的虚拟 CPU 在各自不同的空间内独

自运行,相互之间不会产生影响,使系统的工作效率得到有效的提高。

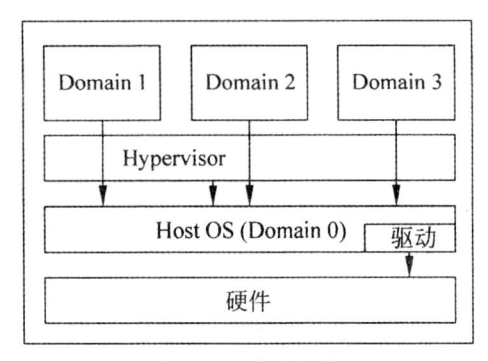

图 11-3 寄生架构

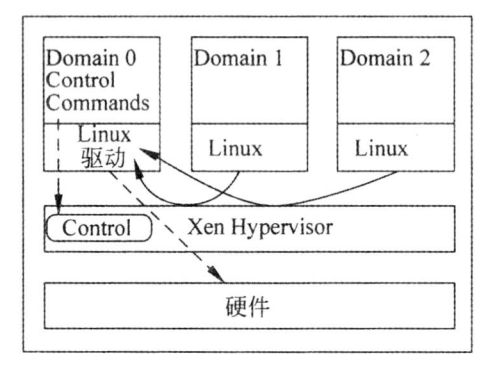

图 11-4 裸金属架构

图 11-5 所示为 x86 体系结构下的软件 CPU 虚拟化的两种不同的解决方案。如果想通过硬件方式实现 CPU 虚拟化,可以在硬件层添加支持功能。

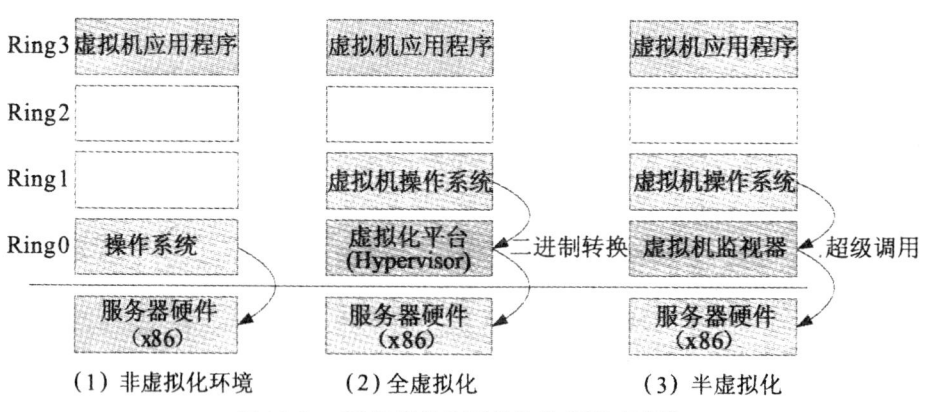

图 11-5 x86 体系结构下的软件 CPU 虚拟化

②内存虚拟化技术。内存虚拟化技术把物理机的真实物理内存统一管理,控制将客户物理地址空间映射到主机物理地址空间的操作,如图 11-6 所示。

为实现内存虚拟化,内存系统中共有三种地址,它们分别为:机器地址(Machine Address,MA)、虚拟机物理地址(Guest Physical Address,GPA)和虚拟地址(Virtual Address,VA)。

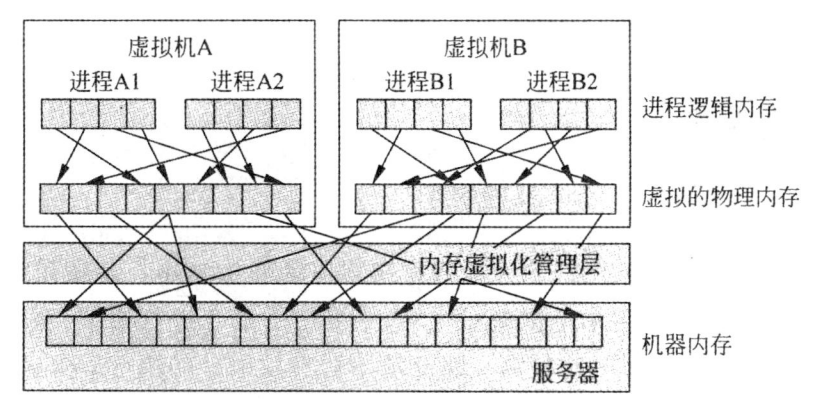

第 11 章 计算机网络领域的新技术

图 11-6 内存虚拟化

虚拟地址到虚拟机物理地址的映射关系记作 g，由 Guest OS 负责维护。对于 Guest OS 而言，它并不知道自己所看到的物理地址其实是虚拟的物理地址。虚拟机物理地址到机器地址的映射关系记作 f，由虚拟机管理器 VMM 的内存模块进行维护。

普通的内存管理单元(Memory Management Unit，MMU)只能完成一次虚拟地址到物理地址的映射，但获得的物理地址只是虚拟机物理地址，而不是机器地址，所以还要通过 VMM 来获得总线上可以使用的机器地址。但是如果每次内存访问操作都需要 VMM 的参与，效率将变得极低。为实现虚拟地址到机器地址的高效转换，目前普遍采用的方法是由 VMM 根据映射 f 和 g 生成复合映射 $f \circ g$，直接写入 MMU。具体的实现方法有两种：影子页表法和页表写入法，如图 11-7 所示。

③设备与 I/O 虚拟化技术。以 VMware 的虚拟化平台为例，虚拟化平台将物理机的设备虚拟化，把这些设备标准化为一系列虚拟设备，为虚拟机提供一个可以使用的虚拟设备集合，如图 11-8 所示。

在服务器虚拟化中，网络接口是一个特殊的设备，服务器虚拟化要求对宿主操作系统的网络接口驱动进行修改。经过修改后，物理机的网络接口不仅要承担原有网卡的功能，还要通过软件虚拟出一个交换机，如图 11-9 所示。

④实时迁移技术。实时迁移技术是在虚拟机运行过程中，将整个虚拟机的运行状态完整、快速地从原来所在的宿主机硬件平台迁移到新的宿主机硬件平台上，并且整个迁移过程是平滑的，用户几乎不会察觉到任何差异，如图 11-10 所示。由于虚拟化抽象了真实的物理资源，因此可以支持原宿主机和目标宿主机硬件平台的异构性。

3. 网络虚拟化

我们讲虚拟化是对所有 IT 资源的虚拟化，充分提高物理硬件的灵活性及利用效率问题。网络作为 IT 的重要资源也有相应的虚拟化技术。网络虚拟化是使用基于软件的抽象从物理网络元素中分离网络流量的一种方式。

(1) 传统网络虚拟化技术

传统的网络虚拟化技术主要指 VPN 和 VLAN 这两种典型的传统网络虚拟化技术，对于改善网络性能、提高网络安全性和灵活性起到良好效果。

· 357 ·

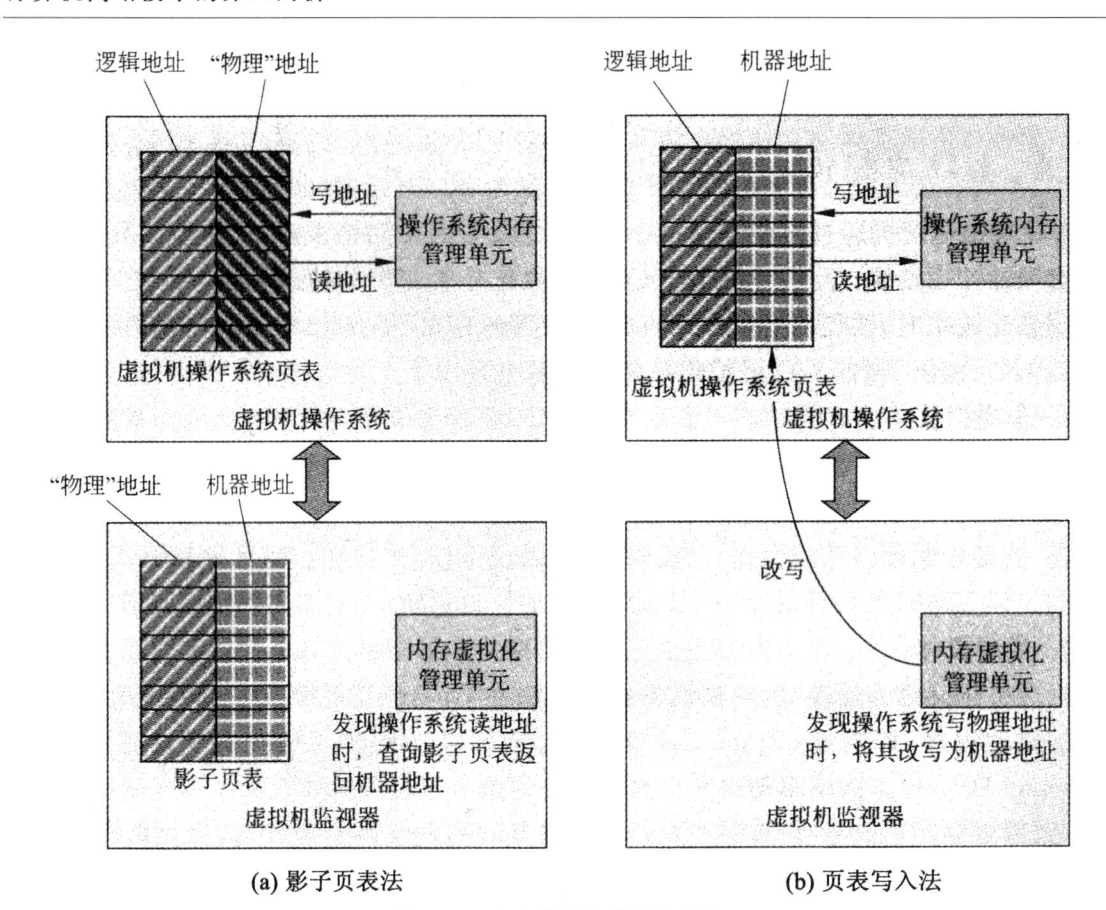

(a) 影子页表法　　　　　　　　　　(b) 页表写入法

图 11-7　内存虚拟化的两种方法

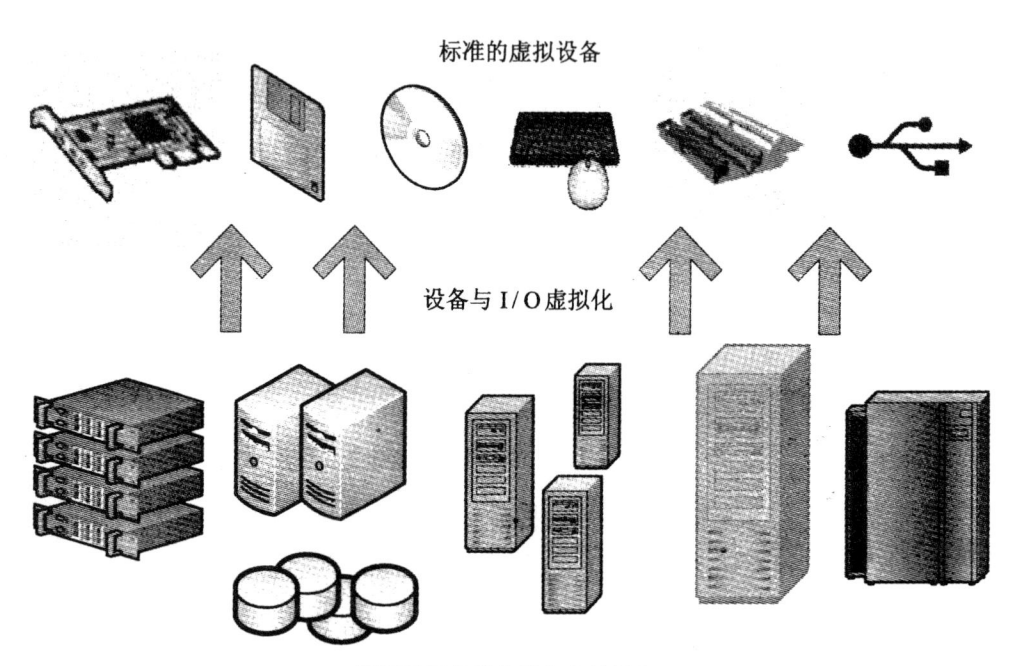

图 11-8　设备与 I/O 虚拟化

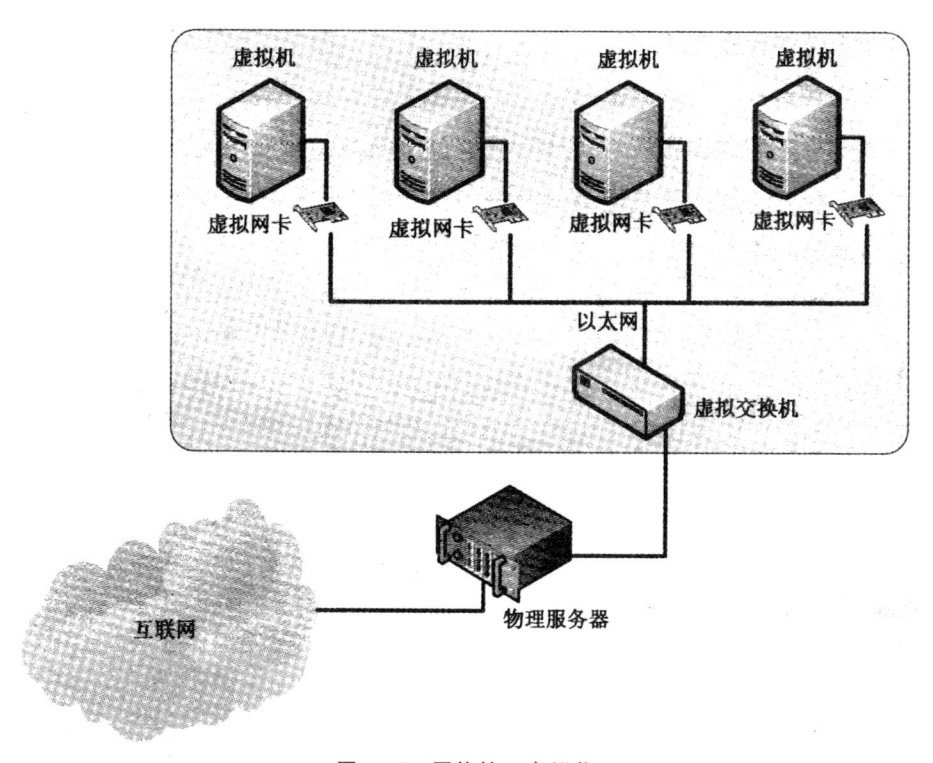

第 11 章 计算机网络领域的新技术

图 11-9 网络接口虚拟化

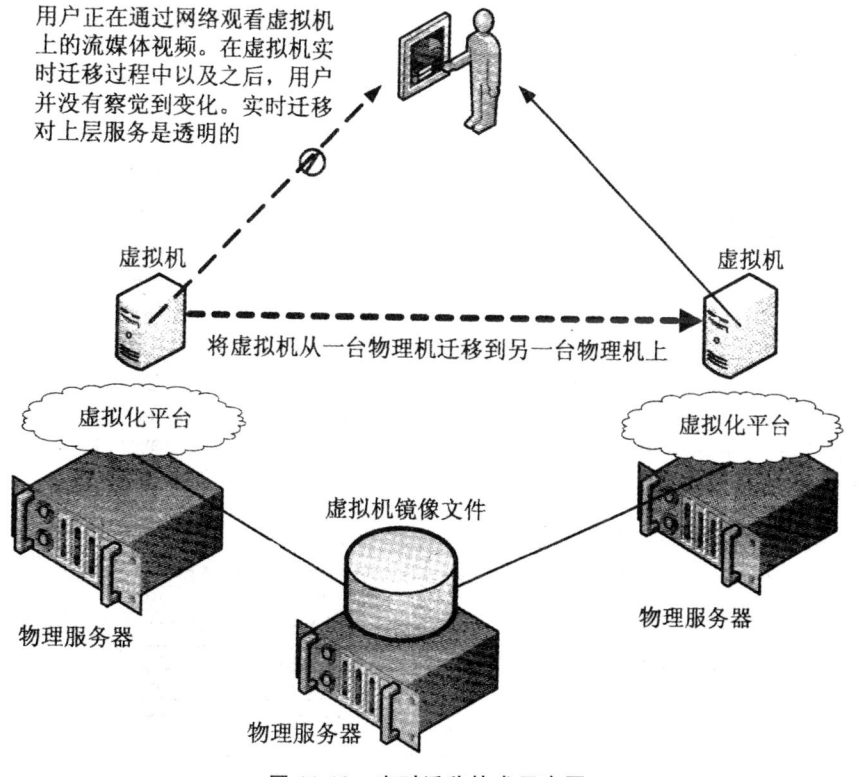

图 11-10 实时迁移技术示意图

①VPN。虚拟专用网(Virtual Private Network，VPN)通常是指在公共网络中，利用隧道技术所建立的临时而安全的网络。VPN 建立在物理连接基础之上，使用互联网、帧中继或 ATM 等公用网络设施，不需要租用专线，是一种逻辑的连接。图 11-11 是企业虚拟专用网的示意图。

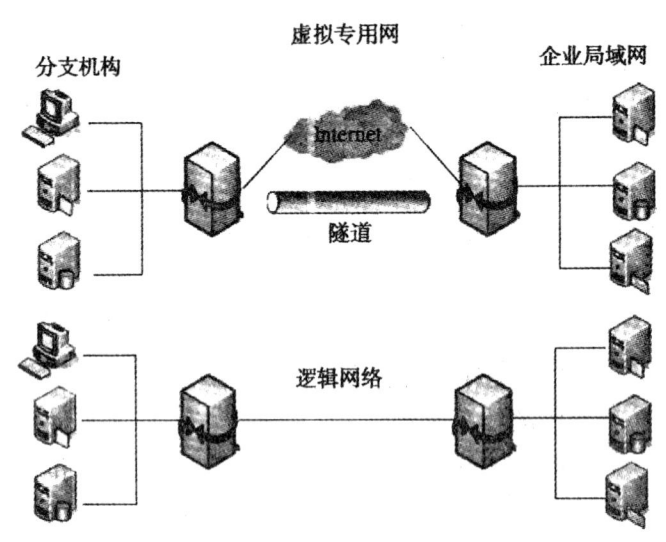

图 11-11 企业虚拟专用网

②VLAN。虚拟局域网（Virtual Local Area Network，VLAN)是一种将局域网设备从逻辑上划分成一个个网段，从而实现虚拟工作组的数据交换技术。VLAN 的特点是，同一个 VLAN 内的各个工作站可以在不同物理 LAN 网段。有助于控制流量，减少设备投资，简化网络管理，提高网络的安全性。

(2)主机网络虚拟化

①虚拟网卡。虚拟网卡就是通过软件手段模拟出来在虚拟机上看到的网卡。虚拟机上运行的操作系统(Guest OS)通过虚拟网卡与外界通信。当一个数据包从 Guest OS 发出时，Guest OS 会调用该虚拟网卡的中断处理程序，而这个中断处理程序是模拟器模拟出来的程序逻辑。当虚拟网卡收到一个数据包时，它会将这个数据包从虚拟机所在物理网卡接收进来，就好像从物理机自己接收一样。

②虚拟网桥。由于一个虚拟机上可能存在多个 Guest OS，各个系统的网络接口也是虚拟的，相互通信和普通的物理系统间通过实体网络设备互联不同，因此不能直接通过实体网络设备互联。这样虚拟机上的网络接口可以不需要经过实体网络，直接在虚拟机内部 VEB(Virtual Ethernet Bridges，虚拟网桥)进行互联。

VEB 上有虚拟端口(VLAN Bridge Ports)，虚拟网卡对应的接口。就是和网桥上的虚拟端口连接，这个连接称为 VSI。VEB 实际上就是实现常规的以太网网桥功能，如图 11-12 所示。

此外，VEB 也负责虚拟网卡和外部交换机之间的报文传输，但不负责外部交换机本身的报文传输，如图 11-13 所示，1 表示虚拟网卡和邻接交换机通信，2 表示虚拟网卡之间通信，3 表示 VEB 不支持交换机本身的互相通信。

③虚拟端口聚合器。虚拟以太网端口聚合器（Virtual Ethernet Port Aggregator，VEPA），即将虚拟机上以太网口聚合起来，作为一个通道和外部实体交换机进行通信，以减少虚拟机上网

络功能的负担。

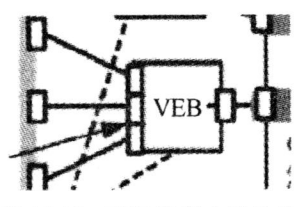

图 11-12　VEB 进行本地转发

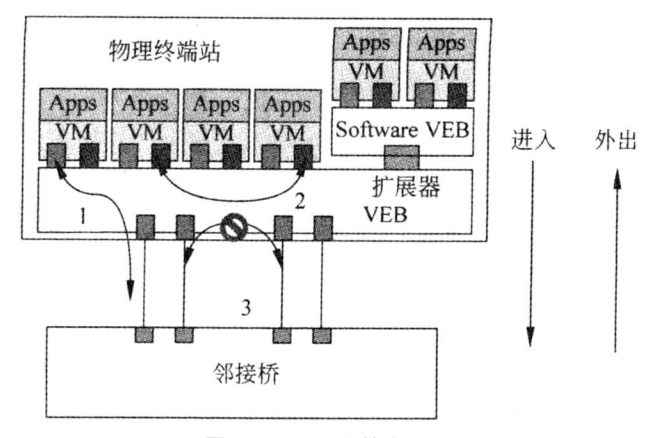

图 11-13　VEB 转发图示

根据原来的转发规则，一个端口收到报文后，无论是单播还是广播，该报文均不能再从接收端口发出。由于交换机和虚拟机只通过一个物理链路连接，要将虚拟机发送来的报文转发回去，就得对网桥转发模型进行修订。为此，802.1Qbg 中在交换机桥端口上增加了一种 Reflective Relay 模式。当端口上支持该模式，并且该模式打开时，接收端口也可以成为潜在的发送端口。

如图 11-14 所示，VEPA 只支持虚拟网卡和邻接交换机之间的报文传输，不支持虚拟网卡之间报文传输，也不支持邻接交换机本身的报文传输。对于需要获取流量监控、防火墙或其他连接桥上的服务的虚拟机可以考虑连接到 VEPA 上。

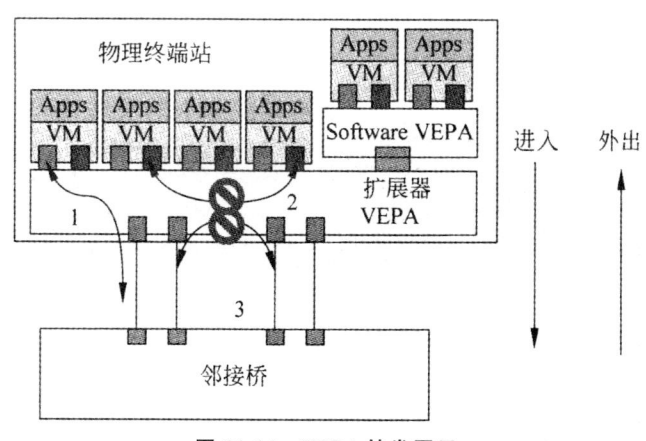

图 11-14　VEPA 转发图示

从以上可以看出,由于 VEPA 将转发工作都推卸到了邻接桥上,VEPA 就不需要像 VEB 那样需要支持地址学习功能来负责转发。实际上,VEPA 的地址表是通过注册方式来实现的,即 VSI 主动到 Hypervisor 注册自己的 MAC 地址和 VLAN ID,然后 Hypervisor 更新 VEPA 的地址表。

(3)网络设备虚拟化

随着互联网的快速发展,云计算兴起,需要的数据量越来越庞大,用户的带宽需求不断提高。在这样的背景下,不仅服务器需要虚拟化,网络设备也需要虚拟化。目前国内外很多网络设备厂商如锐捷、思科都生产出相应产品,应用于网络设备虚拟化取得良好效果。

网络设备的虚拟化通常分成了两种形式:一种是纵向分割;另一种是横向整合。将多种应用加载在同一个物理网络上,势必需要对这些业务进行隔离,使它们相互不干扰,这种隔离称为纵向分割。VLAN 就是用于实现纵向隔离技术的。但是,最新的虚拟化技术还可以对安全设备进行虚拟化。例如,可以将一个防火墙虚拟成多个防火墙,使防火墙用户认为自己独占该防火墙。

服务器虚拟化的一个关键特性是虚拟机动态迁移,迁移需要在二层网络内实现;数据中心的发展正在经历从整合、虚拟化到自动化的演变,基于云计算的数据中心是未来的更远的目标。虚拟化技术是云计算的关键技术之一。如何简化二层网络、甚至是跨地域二层网络的部署,解决生成树无法大规模部署的问题,是服务器虚拟化对云计算网络层面带来的挑战,如图 11-15 所示。

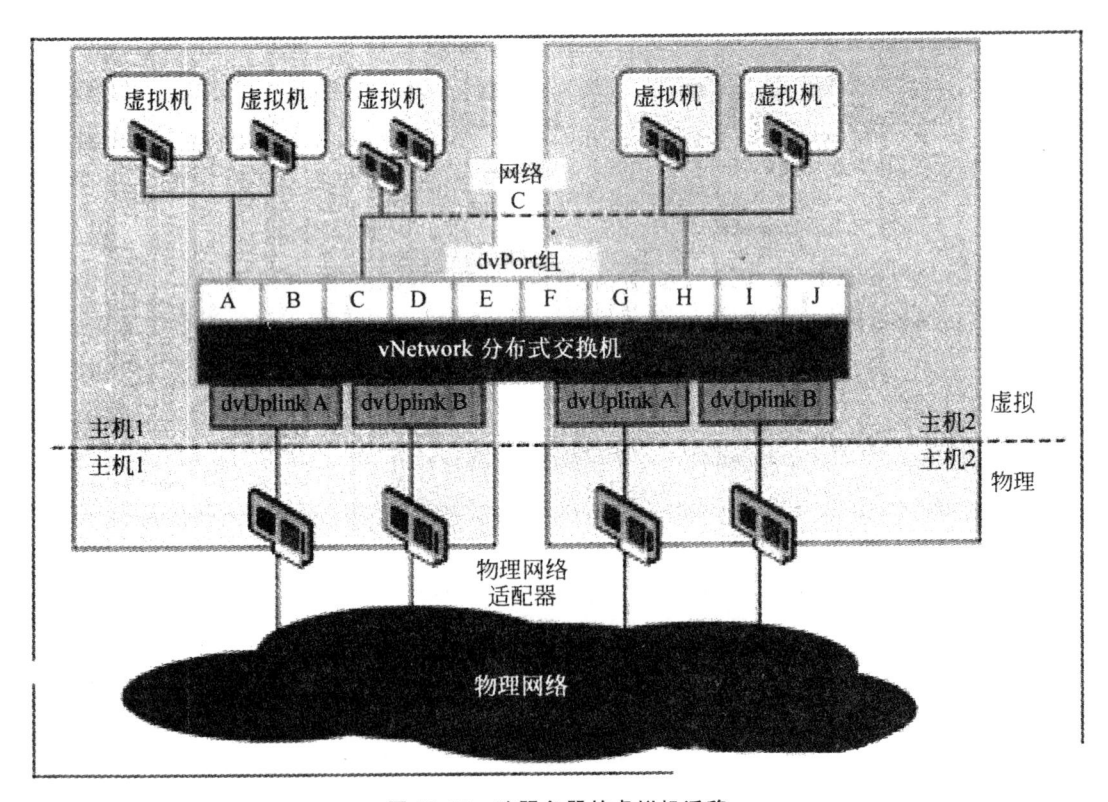

图 11-15 跨服务器的虚拟机迁移

4.存储虚拟化

存储网络工业协会(Storage Networking Industry Association,SNIA)对存储虚拟化是这样

定义的:通过将一个或多个目标(Target)服务或功能与其他附加的功能集成,统一提供有用的全面功能服务。当前存储虚拟化是建立在共享存储模型基础之上,如图 11-16 所示,其主要包括三个部分,分别是用户应用、存储域和相关的服务子系统。其中,存储域是核心,在上层主机的用户应用与部署在底层的存储资源之间建立了普遍的联系,其中包含多个层次;服务子系统是存储域的辅助子系统,包含一系列与存储相关的功能,如管理、安全、备份、可用性维护及容量规划等。

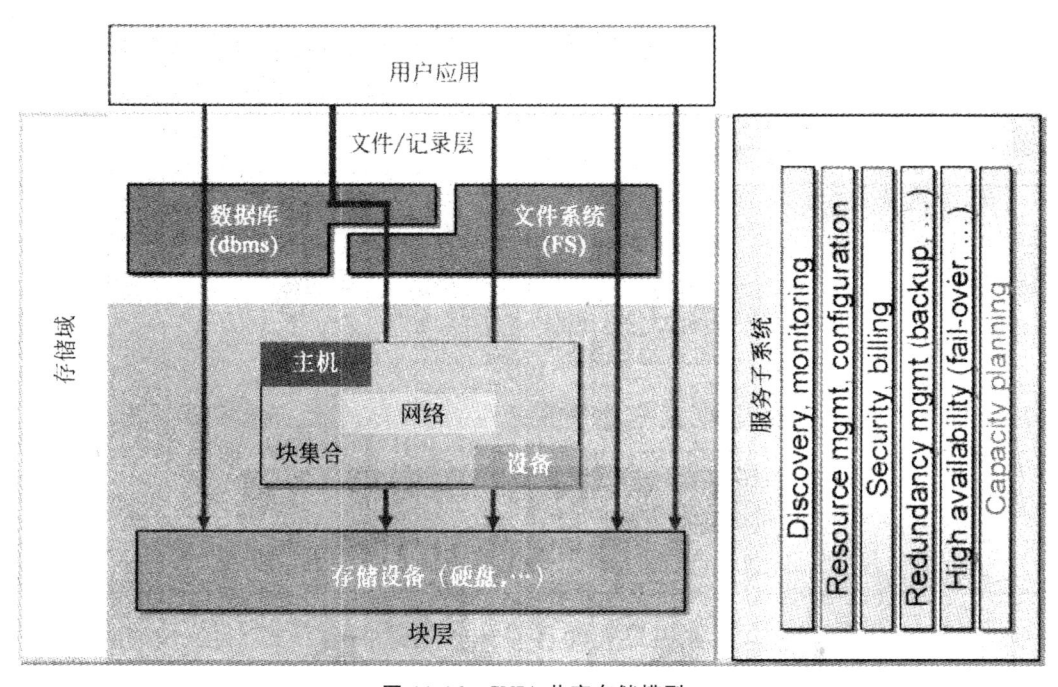

图 11-16　SNIA 共享存储模型

对于存储虚拟化而言,可以按实现不同层次划分:基于设备的存储虚拟化、基于网络的存储虚拟化、基于主机的存储虚拟化,如图 11-17 所示。从实现的方式划分,存储虚拟化可以分为带内虚拟化和带外虚拟化,如图 11-18 所示。

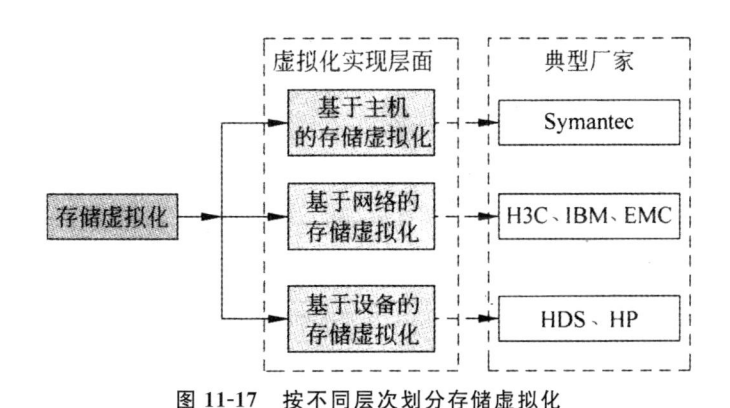

图 11-17　按不同层次划分存储虚拟化

(1)基于设备的存储虚拟化

基于设备的存储虚拟化,用于异构存储系统整合和统一数据管理(灾备),通过在存储控制器上添加虚拟化功能实现,应用于中、高端存储设备,如图 11-19 所示。具体地说,当有多个主机服务器需要访问同一个磁盘阵列时,可以采用基于阵列控制器的虚拟化技术。此时虚拟化的工作是在阵列控制器上完成的,将一个阵列上的存储容量划分为多个存储空间(LUN),供不同的主机系统访问。

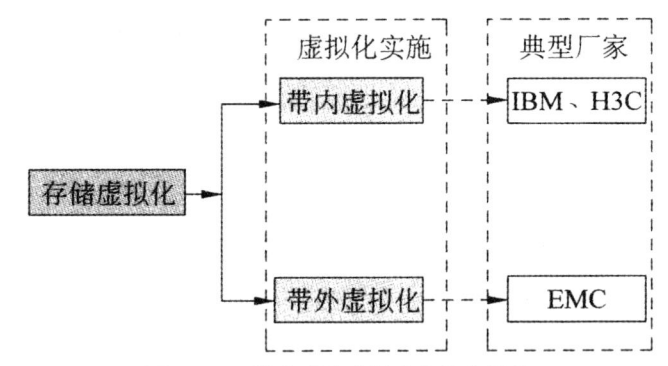

图 11-18 按实现方式划分存储虚拟化

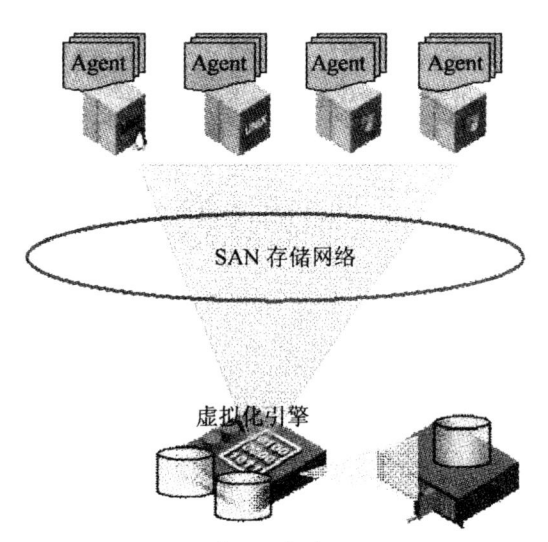

图 11-19 基于设备的存储虚拟化

(2)基于网络的存储虚拟化

基于网络的存储虚拟化,通过在存储域网(SAN)中添加虚拟化引擎实现,实现异构存储系统整合和统一数据管理(灾备),如图 11-20 所示。也就是说,多个主机服务器需要访问多个异构存储设备,从而实现多个用户使用相同的资源,或者多个资源对多个进程提供服务。基于网络的存储虚拟化,优化资源利用率,是构造公共存储服务设施的前提条件。

(3)基于主机的存储虚拟化

基于主机的存储虚拟化,通常由主机操作系统下的逻辑卷管理软件实现,如图 11-21 所示。操作系统不同,逻辑卷管理软件也就不同。基于主机的存储虚拟化主要用途是使服务器的存储空间可以跨越多个异构的磁盘阵列,常用于在不同磁盘阵列之间做数据镜像保护。

(4)带内虚拟化

带内虚拟化引擎位于主机和存储系统的数据通道中间(带内,In-Band),如图 11-22 所示。

图 11-20　基于网络的存储虚拟化

图 11-21　基于主机的存储虚拟化

(5) 带外虚拟化

带外虚拟化引擎是一个数据访问必须经过的设备,位于数据通道外(带外,Out-of-Band),仅仅向主机服务器传送一些控制信息来完成物理设备和逻辑卷之间的地址映射,如图 11-23。

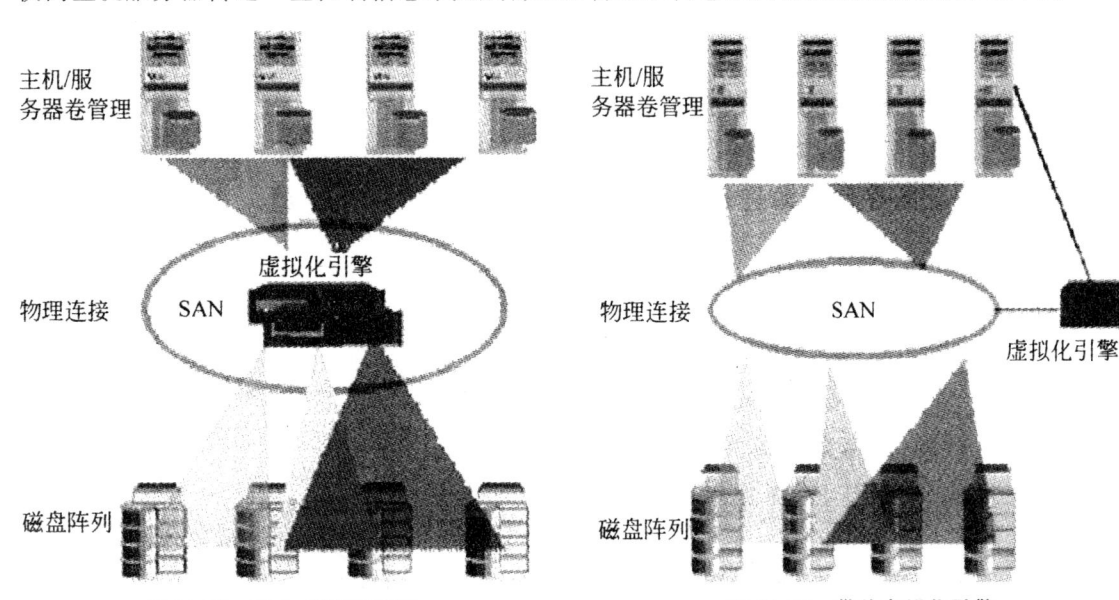

图 11-22　带内虚拟化引擎

图 11-23　带外虚拟化引擎

5. 应用虚拟化

应用虚拟化通常包括两层含义,一是应用软件虚拟化,二是桌面虚拟化。

(1) 应用软件虚拟化

所谓应用软件虚拟化,就是将应用软件从操作系统中分离出来,通过自己压缩后的可执行文件夹来运行,而不需要任何设备驱动程序或者与用户的文件系统相连,借助于这种技术,用户可以减少应用软件的安全隐患和维护成本,以及进行合理的数据备份与恢复。除了可以将应用软件与操作系统分离外,一部分解决方案还可以将应用软件流水化包装起来,应用软件无需安装,只要一部分程序能够在计算机上运行即可,用户只需使用他们自己所需要的那部分程序或功能。

图 11-24 所示为应用虚拟化示意图。

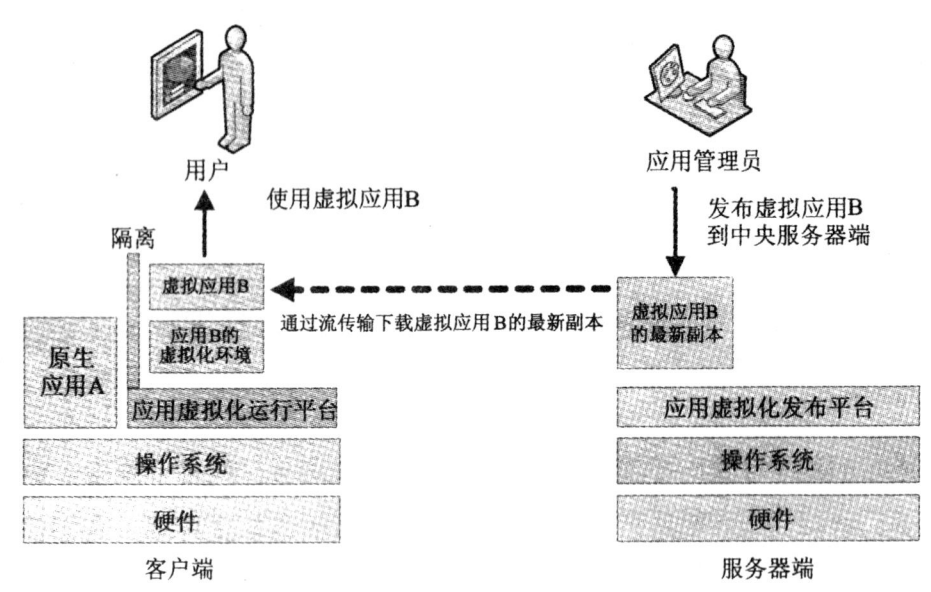

图 11-24 应用虚拟化示意图

(2)桌面虚拟化

桌面虚拟化是指将桌面的计算机进行虚拟化,通过服务的形式交付桌面,要求以少的资源做更多的事,维持和提高桌面的管理效率,降低需要应用补丁花的时间,以达到桌面使用的安全性和灵活性。桌面虚拟化是基于云计算模型的托管服务,并且与服务器虚拟化结合,借用了各类终端接入云端。

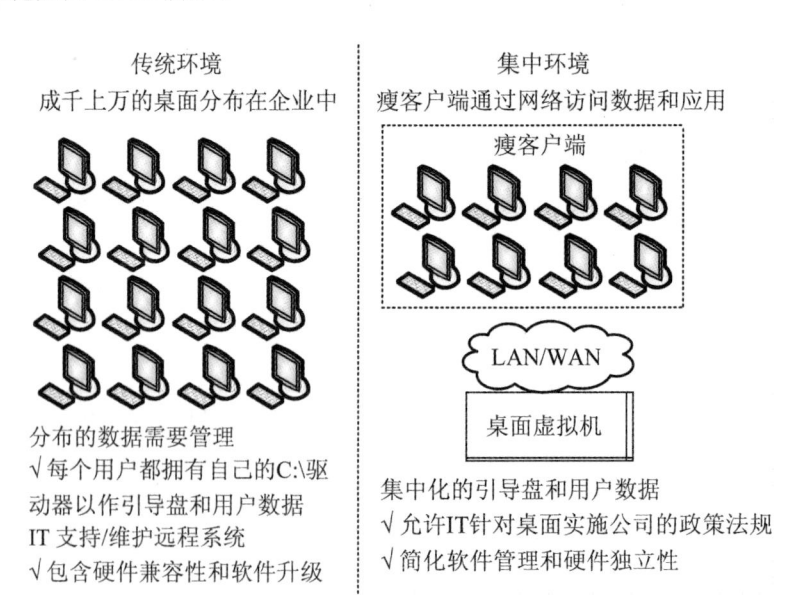

桌面虚拟化如图 11-25 所示。

图 11-25 桌面虚拟化

虚拟桌面的一个架构如图 11-26 所示。

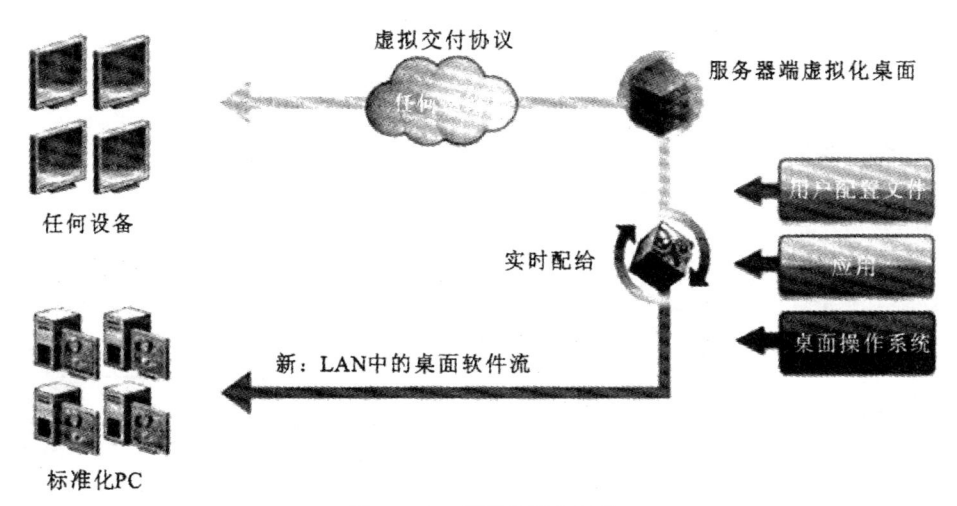

图 11-26　桌面虚拟化架构

在桌面虚拟化环境下,需要解决的问题如下:
① 如何实现用户的信息安全性?
② 如何实现用户数据和信息的保密性?
③ 如何收用户的服务费?
图 11-27 所示为 VMware 公司的一个桌面虚拟化模式。

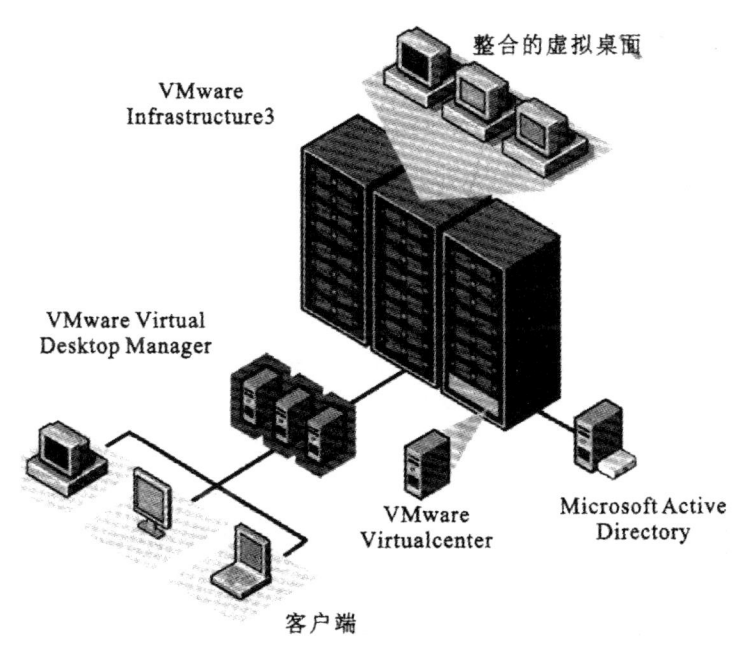

图 11-27　VMware 桌面虚拟化模式

而 Citrix 作为应用虚拟化的传统厂商,则采用了自己很成熟的"逻辑"拆分法,按照逻辑分类将其进行拆分,即对操作系统、应用与配置文件进行拆分,用时进行按需组装,这样能够保证不同逻辑单元的相互独立性,防止一方发生变化,对其他方面造成影响,如应用与系统的升级和维护。图 11-28 所示为 Citrix 的一个桌面虚拟化模式图。

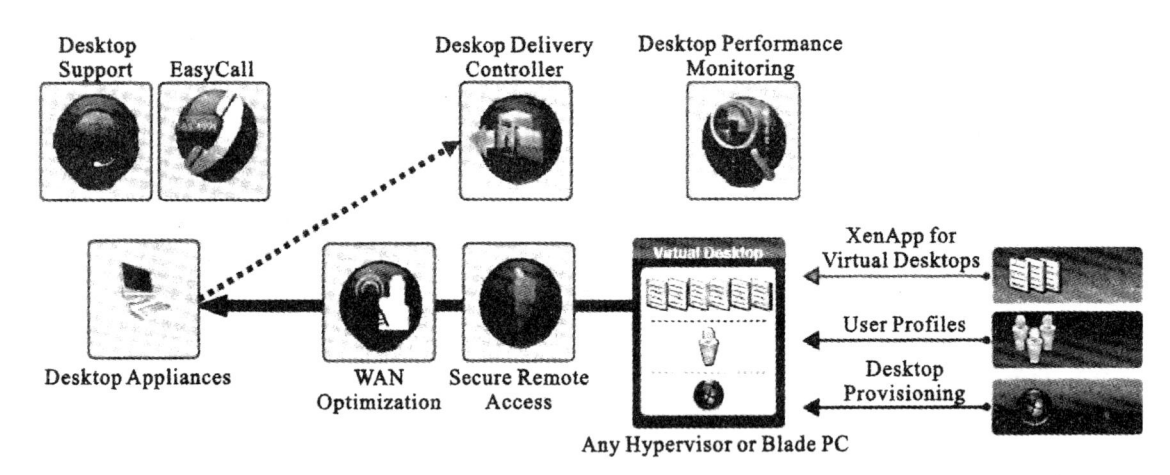

图 11-28　Citrix 桌面虚拟化模式图

11.1.3　云计算中的安全技术

1. 云计算安全的定义及研究方向

趋势科技较早提出了"云安全",这一概念于 2008 年成为信息安全界的热点,并成为云计算应用发展中最重要的研究课题之一。它融合了并行处理、网格计算、未知病毒行为判断等新兴技术和概念,被认为是网络信息安全的最新体现。

对此,也可以从另一个角度加以理解。云安全是指通过法规政策与安全技术手段对政府、企业的云计算平台、业务应用等多层面采取预防、监控、恢复、评估等机制,以抵御来自外部网络的恶意攻击,同时防止云平台中核心资源遭到破坏、用户隐私发生泄露。

尽管不如人们对云计算的理解那样百花齐放,业界对云计算安全的认识及研究应用也逐渐呈现出两个分支。云计算安全的内涵包括以下两个方面。

(1)安全技术在云环境下应用(云自身安全)

即利用安全技术,解决云环境下的安全问题,提升云平台自身的安全,保障云计算业务的可用性、数据保密性和完整性、隐私权的保护等。如云计算应用系统及服务安全、云计算用户信息安全等。这是云计算业务健康、可持续发展的基础。当前主流云服务提供商及研究机构所关注的重点就是云自身安全这一层面,构建云平台的安全保障体系。

(2)云计算技术在安全领域的应用(云安全应用)

即通过云计算特性来提升安全解决方案的服务性能,属于云计算技术的安全应用。例如,基于云的防病毒技术、挂马检测技术等。这是当前安全领域最为关注的技术热点。传统安全厂商多立足于云安全应用这一层内涵,利用云计算技术解决常规安全问题。

上述两个方面并非是完全独立的,在具体的应用当中它们之间还存在一定的交集,例如,当某一安全技术采用云计算理念进行优化改进之后用于保障云计算应用的安全性;某一基于云计算的安全服务需要采用云计算应用安全技术来保障其云计算平台的安全性等。

目前,对云安全的研究重点分为三个方面:第一,云计算安全,主要以如何保障云自身及其上的各种应用的安全为研究重点;第二,安全基础设置的云化,主要以如何采用云计算技术新建与整合安全基础设施资源、优化安全防护机制为研究重点;第三,云安全服务,主要以各种基于云计算平台为用户提供的安全服务为研究对象。

2. 云计算面临的安全挑战

处于云计算环境中的用户不再拥有基础设施的硬件资源,软件的运行和业务数据的存储都在云中,可见,云计算安全是一个关系到云计算这种革命性的计算模式是否能够被业界接受的重要因素。云计算的安全问题主要涉及两个方面,一是云计算自身环境特有的安全问题,二是云计算如何改变现有的软件系统安全防护模式。

很多人都会这样觉得:将信息保存在自己可控制的环境内,比存放在不了解、不熟悉的地点会更加安全。这一传统观念使得云计算在安全领域遇到一个问题,那就是用户对于自己不可控的环境能提供更好的安全性很难认可。实际上,云计算环境的安全性甚至超过用户的个人电脑或者中小型服务器、数据中心。原因是:在云计算环境中,有专业的机构和人员对数据中心和它运行的基础服务进行运营和管理,他们在安全管理方面的经验比个人用户及中小企业的 IT 管理员更多;云计算提供的资源抽象、隔离、用户管理等技术具有利于安全性的提高;由于云计算提供的规模效应,用户可以享受更高级别的安全服务而不需要付出太多成本。

不过,云计算在安全性方面也确实面临着一些挑战。这主要是由于云计算最开始是在企业内部网络运行,并不对外开放,对安全性问题没有过多的考虑而导致的。这些安全挑战主要表现在以下几个方面:第一,传统的 IT 系统是封闭的,存在于企业内部,对外暴露的只有网页服务器、邮件服务器等少数接口,因此,要解决大部分安全问题只需要在出口设置访问控制、防火墙等安全措施就可以做到。而云环境与此并不相同,它是暴露在公开网络当中的,受到攻击的可能性也就更大。这就需要它的安全模式应当由被动防御向主动预防转变,而大多数安全厂商对此还没有做好准备。第二,在云环境中主要是通过用户远程执行来进行服务系统的更新和升级,而并非采用传统的在本地按版本更新的方式,所以在每一次升级时都可能带来潜在的安全问题和对原有安全策略的挑战。第三,除了上述技术层面的问题外,云环境还面临政策法规层面的挑战。传统行业,如银行,都有相应的法规对流程和制度进行规范,并且还有相关机构进行信誉担保;而云环境则不同,它目前尚且缺乏有效的规范和立法,并且提供商的信誉也完全来自于用户的认同感。

3. 云计算应用安全体系

传统的 IT 系统中和云计算都面临着各种安全挑战及风险,在对于云计算环境而言表现得更为明显。云计算应用安全体系的主要目标是实现云计算应用及数据的保密性、完整性、可用性和隐私性等。

这里对云计算应用安全体系的阐述分析重点是从云计算安全模块和支撑性基础设施建设这两个角度进行的,其中,支撑性基础设施是各种云计算应用模式的共同关注点,其技术具有一定的通用性。通过在各层次、各技术框架区域中实施保障机制,能够最大限度地降低安全风险,保障云计算应用及用户数据的安全。如图 11-29 所示为云计算安全体系。

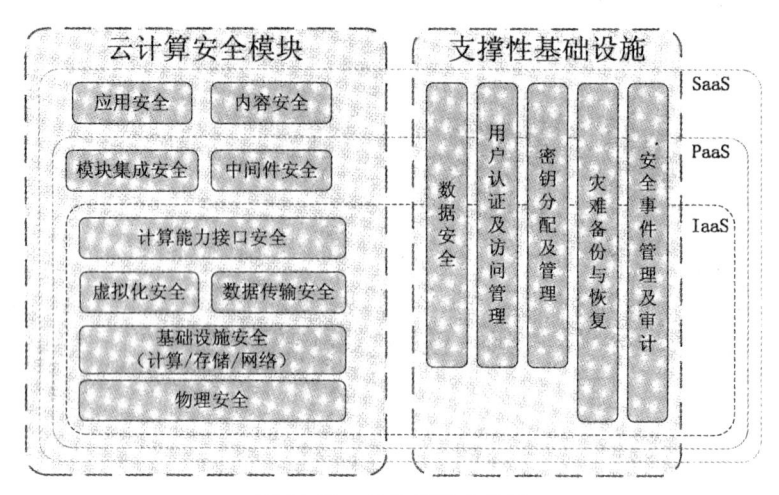

图 11-29 云计算安全体系

(1) 物理安全

机房环境、通信线路、设备、电源等都属于物理安全的范畴。它的目的是保护数据中心的网络设备、存储设备和计算设备等免遭地震、洪水、火灾等环境事故、人为操作失误或各种非法行为所导致的破坏。物理安全是整个云计算数据中心安全运作的前提,可以通过 CCTV(闭路监控电视系统)、安全制度、辐射防护、屏幕口令保护、隐藏销毁、状态检测、报警确认等安全措施实施保护。

(2) 基础设施(计算/存储/网络)安全

服务器系统安全、网络管理系统安全、域名系统安全、网络路由系统安全、局域网和 VLAN 配置等都属于基础设施安全的范畴。可以通过安全冗余设计、漏洞扫描与加固、IPS/IDS、DNSSEC 等安全措施来实施保护。

此外,由于云计算环境的业务具有持续性,在部署设备的时候还必须要考虑到高可靠性的支持,诸如双机热备、配置同步、链路捆绑聚合及硬件 Bypass 等特性,从而实现大流量汇聚情况下的基础安全防护。

(3) 虚拟化安全

虚拟化安全涉及两个层面:一是虚拟技术本身的安全,二是虚拟化引入的新的安全问题。虚拟机(VM)技术是一种最为常见的虚拟技术,需考虑 VM 内的进程保护,此外,还有 Hypervisor 和其他管理模块这些新的攻击层面。可以通过虚拟镜像文件的加密存储和完整性检查、VM 的隔离和加固、VM 访问控制、虚拟化脆弱性检查、VM 进程监控、VM 的安全迁移等安全措施来实施防护。

(4) 数据传输安全

在云计算环境下,有网络传输和物流传输两种数据传输方式。根据数据传输时间的不同可以采用不同的传输方式。物流传输的方式更适合于超大型数据中心的迁移,这样有利于节省成本。

此外,对于不同的传输方式可以有不同的安全措施。对于网络传输,可以充分利用现有网络安全技术的技术成果;对于物流传输,可以制定一系列完善的管理制度办法。

第 11 章　计算机网络领域的新技术

（5）计算能力接口安全

IaaS 提供服务的理想状态是向用户提供一系列的 API，允许用户管理基础设施资源，并进行其他形式的交互。需注意避免利用接口对内和对外攻击以及进行云服务的滥用等非法行为。可以通过对用户进行强身份认证、加强访问控制等安全措施实施保护。

（6）模块集成安全

云计算中不同功能模块的集成存在很大困难。XML 也许是把数据从一个基于 Web 的系统移到另一个类似系统的最简单方法，但是在云计算环境下，将不得不整合 Web 系统和非 Web 系统，而且是在云计算系统和内部系统混合的环境下进行整合。这也从另一个角度说明了模块集成安全评估存在一定程度上的困难。对于某功能模块，用户可以尝试使用不同的 API，并进行大量的测试工作，保证应用相应的速度和流畅性。

（7）中间件安全

云计算的出现使得同一应用可在 PC、智能手机、平板电脑等多个终端实现，并且还将带来更多的智能终端实现业务或应用的无缝体验。由于不同类型的智能终端具有不同的操作系统，为此需要采用针对不同操作系统环境下的中间件来保证业务的一致性，中间件的安全问题是非常重要的。可以采用数据加密技术、身份认证技术等安全措施来实施保护。

（8）应用安全

在云计算中，对于应用安全，尤其需要注意的是 Web 应用的安全。因为云计算的应用主要是通过 Web 浏览器实现的。要保证 SaaS 的应用安全，需要在应用的设计开发之初就制定并遵循适合 SaaS 模式的安全开发生命周期（Security Development Lifecycle，SDL）规范和流程，从整个生命周期上去考虑应用安全。可以采用访问控制、配置加固、部署应用层防火墙等安全措施来实施保护。

（9）内容安全

在云计算环境中，用户的应用数据将主要存储于云计算的数据中心。一般云计算系统支持对用户数据进行加密以保证数据安全，而由于各国的信息安全法律法规具有差异化，特定情况下，有些国家的政府有权依据特定程序对其国内的数据中心进行内容审计，上述两者之间形成一定的矛盾，从而在客观上加大了内容审计的难度。目前，还需要对加密数据的检索技术进行进一步研究，来加强云计算的内容安全。

（10）数据安全

数据安全就是要保障数据的保密性、完整性、可用性、真实性、授权、认证和不可抵赖性。可以采用对不同的用户数据进行虚拟化的逻辑隔离、使用身份认证及访问管理技术等安全措施来实施保护。

（11）用户认证及访问管理

用户认证及访问是保证云计算安全运行的关键所在。自动化管理用户账号、用户自助式服务、认证、访问控制、单点登录、职权分离、数据保护、特权用户管理、数据防丢失保护措施与合规报告等一些传统的用户认证及访问管理范畴直接影响着云计算的各种应用模式。

（12）密钥分配及管理

密钥分配及管理提供了对受保护资源的访问控制。加密是云计算各种应用模式中保护数据的核心机制，而密钥分配及管理的安全是数据保密的脆弱点。

(13)灾难备份与恢复

在各种应用模式中,云计算提供商必须确保具备一定的能力,即提供持续服务的能力,它是指在出现诸如火灾、长时间停电以及网络故障等一些严重不可抗拒的灾难时,服务不中断。

此外,业界达成普遍共识,即有时候甚至还需要具备一种服务迁移能力,它是指当需要更换云计算提供商时,原提供商需提供业务迁移办法,维持用户的业务不中断。

(14)安全事件管理及审计

在云计算的各种应用模式中,为了能够更好地监测、发现、评估安全事件,并且做到对安全事件及时有效地作出响应,需要对安全事件进行集中管理,从而预防类似安全事件的多次发生。

4. 云计算安全问题的应对

(1)4A体系建设

与传统的信息系统相比,大规模云计算平台的应用系统繁多、用户数量庞大,身份认证要求高,用户的授权管理更加复杂等,在这样条件下无法满足云应用环境下用户管理控制的安全需求。因此,云应用平台的用户管理控制必须与4A解决方案相结合,通过对现有的4A体系结构进行改进和加强,实现对云用户的集中管理、统一认证、集中授权和综合审计,使得云应用系统的用户管理更加安全、便捷。

4A统一安全管理平台是解决用户接入风险和用户行为威胁的必需方式。如图11-30所示,4A体系架构包括4A管理平台和一些外部组件,这些外部组件一般都是对4A中某一个功能的实现,如认证组件、审计组件等。

4A统一安全管理平台支持单点登录,用户完成4A平台的认证后,在访问其具有访问权限的所有目标设备时,均不需要再输入账号口令,4A平台自动代为登录。图11-31是用户通过4A平台登录云应用系统时4A平台的工作流程,即对用户实施统一账号管理、统一身份认证、统一授权管理和统一安全审计。

(2)身份认证

云应用系统拥有海量用户,因此基于多种安全凭证的身份认证方式和基于单点登录的联合身份认证技术成为云计算身份认证的主要选择。

①基于安全凭证的身份认证。为了解决云计算中的多重身份认证问题,基于多种安全凭证的身份认证技术应运而生,最常用的是基于安全凭证的API调用源鉴别。

在云计算中,基于安全凭证的API调用源鉴别的基本流程如图11-32所示。首先,用户利用安全凭证中的密钥对API请求的部分内容创建一个数字签名,然后验证服务器对该签名进行验证,鉴别API调用源是否合法。只有签名通过验证,用户才能对相应的API进行访问;否则,返回拒绝访问信息。

②基于单点登录的联合身份认证。云计算中另一种迅速发展的身份认证技术是基于单点登录(Single Sign-On,SSO)的联合身份认证技术。用户在完成一项工作的过程中往往要登陆不同的云服务平台,进行多次身份认证,这样不仅降低了工作效率,还存在账号口令泄露的风险。云联合身份认证技术就是为了解决这一问题,用户只需要在使用某个云服务时登录一次,就可以访问所有相互信任的云平台。单点登录方案是实现联合身份认证的有效手段,目前许多云服务提供商都支持基于单点登录的联合认证。

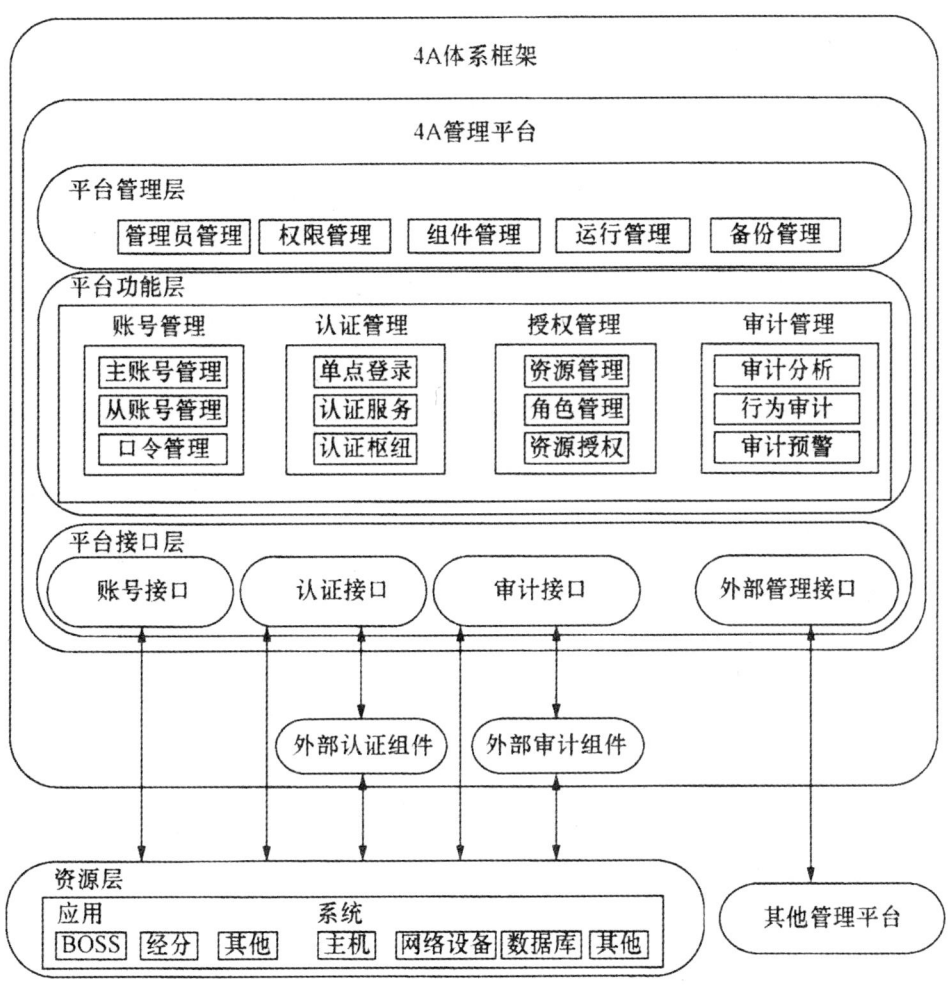

第 11 章 计算机网络领域的新技术

图 11-30　4A 体系架构图

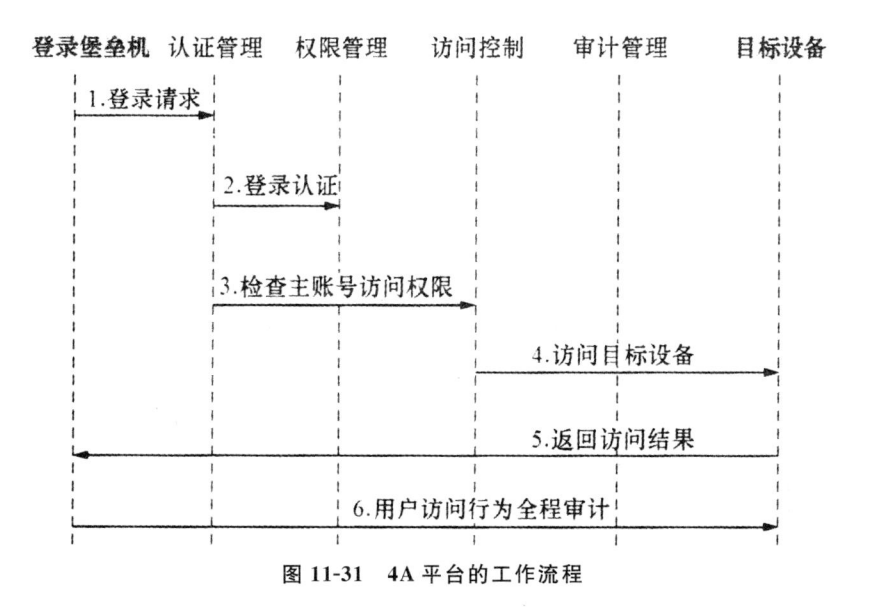

图 11-31　4A 平台的工作流程

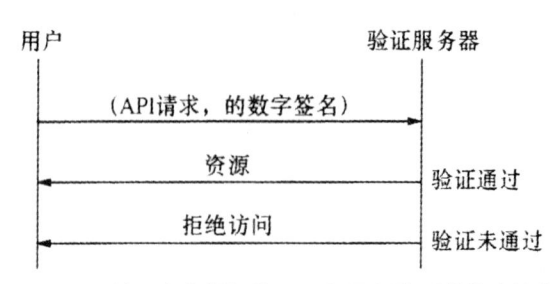

图 11-32 基于安全凭证的 API 调用源鉴别的基本流程

(3) 安全审计

根据 CC 标准功能定义,云计算的安全审计系统可以采取如图 11-33 所示的体系结构。

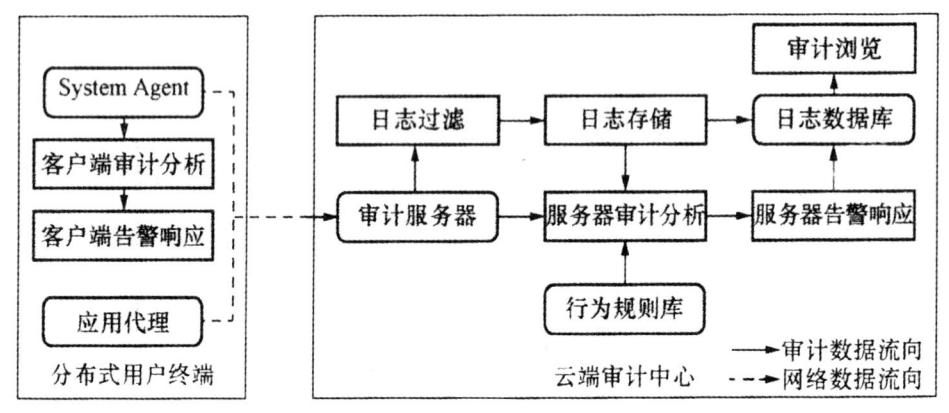

图 11-33 云计算安全审计系统

云计算安全审计系统主要是 System Agent。System Agent 嵌入到用户主机中,负责收集并审计用户主机系统及应用的行为信息,并对单个事件的行为进行客户端审计分析。System Agent 的工作流程如图 11-34 所示。

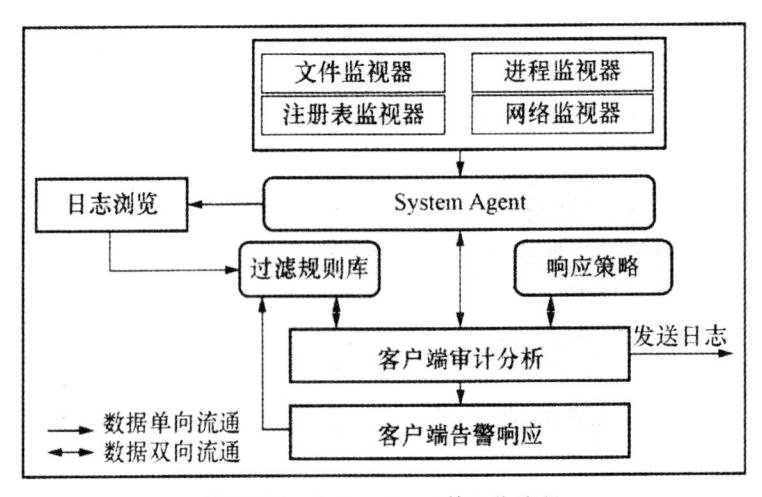

图 11-34 System Agent 的工作流程

11.1.4 云计算在行业中的应用

1. 云计算在教育领域的应用

教育是一个国家的根本,与此同时,全社会对它的关注度都非常高。教育科研领域的信息化建设就是融合最新的电子信息技术、网络技术及其他先进技术,以期达到提高教学效果、促进教育科研成果流通的目的,从而促进社会的进步。

通常来讲,云计算在教育领域的应用可以细分为在课堂教学、实验以及教辅三大领域的应用。

(1) 云计算在课堂教学领域的应用

在传统的授课方式中,老师对知识点的讲解是通过口述加板书的方式展开的,知识点没法直接地体现出来,学生也就缺乏对知识点的直观感受。针对这一问题,教师为了增强学生对知识点的亲身感受和提高学生的实际动手能力,就不得不借助相关渠道来实现。近些年来,随着电子信息技术、网络技术的不断发展,相继出现了多媒体教学系统、语言实验室、多媒体网络录播系统等新兴教育模式,在这些教育模式中,教育内容的直观性有了明显提高,教学的互动性有了显著增加,学生的学习积极性有了显著提高,进而提高了学生的想象力和创造力。然而,仅有以上新兴教育模式还是远远不够的,想要实现这些丰富的教学内容的共享,需要借助于高效、普遍的信息化基础设施来完成,而云计算就是这种高效的、普遍的信息化基础设施。

从教育资源的分布情况来看,如果说采用的是大范围分散式的模式的话,就会出现投入巨大且效率无法让人满意的情况。因此,教育行业可以利用云计算的可以集中管理这一点来建立信息化基础设施,借助于网络和多媒体技术,使优质教学资源的共享和新型教学方式的推广得以实现。该方案在投入效率得以提高的同时,也促进了教育资源的公平分布,使边远和落后地区的学生们最终受益。目前,教育信息化建设的重要方向就是,基于云计算技术实现"教育云"平台的搭建。目前,在全国范围内,"电子书包"计划正在如火如荼地进行当中,这也是云计算在教育领域的典型体现。在"电子书包"计划中,学生们的沉重书包将由一台轻薄、具有触控式屏幕的电脑来替代,在校园内只要有网络的存在,学生即可进行移动式学习。网络连接的后端即为教育云平台,在这个平台上存储着大量的教学资源以及方便师生间互动的空间和工具等。

(2) 云计算在教学实验中的应用

实验是教学中的重要一环,学生通过动手实验来获取知识,探索新的领域。然而,学校拥有的资源常常不能保证每个学生都拥有自己的实验室。而云计算通过共享开发测试资源和远程桌面共享的方式,可以很好地实现"每个师生拥有一个虚拟实验室"的设想。基于云计算的"虚拟实验室"工作原理如图11-35所示。从图11-35中可以看到,虚拟实验室通过标准化环境建设完成实验室环境准备,通过虚拟化资源池建设完成实验室环境搭建,通过自动化方式完成实验资源申请、回收、监控和管理,通过虚拟桌面的方式完成远程访问。

实际上,这种虚拟实验室的方式在发达国家已经开始建立。比如,在2008年7月30日,美国国家科学基金会(NSF)的计算机信息科学与工程中心(CISE)宣布将资助伊利诺伊州立大学(UIUC)在位于巴那市和香槟市之间的校园内建立云计算实验中心。该平台将由伊利诺伊州立大学管理,作为开放的资源提供给其他从事数据密集型计算研究的机构使用。例如,医学、生物学、物理学、气象学和经济学等。

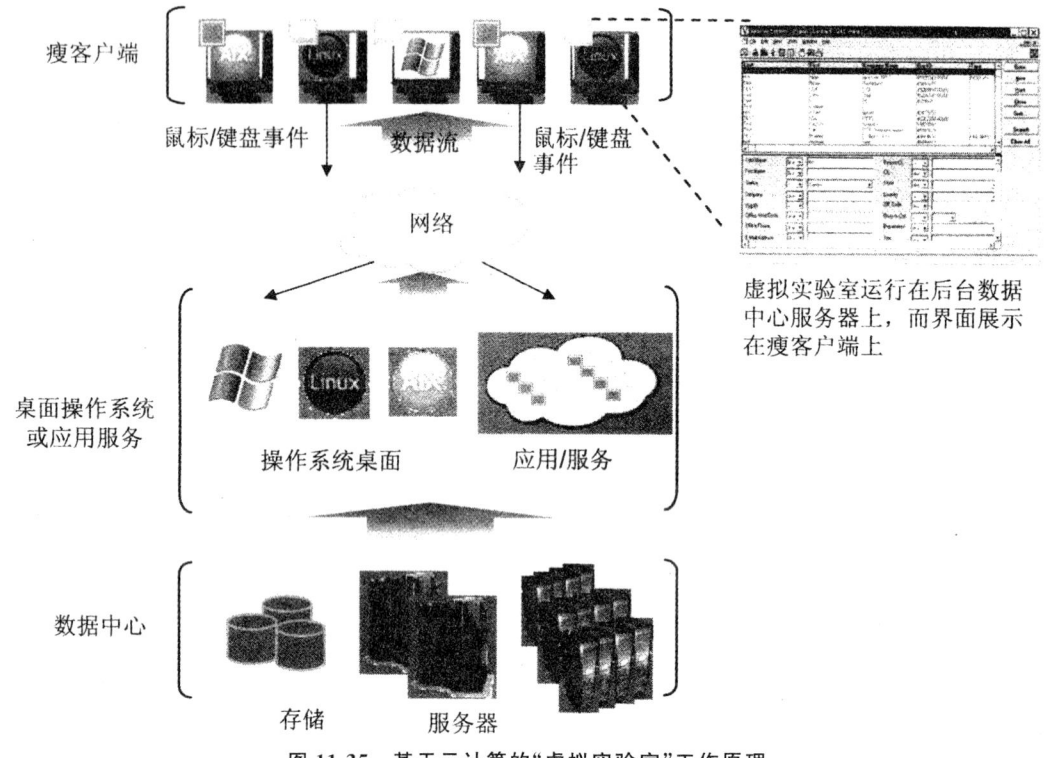

图 11-35　基于云计算的"虚拟实验室"工作原理

(3) 云计算在教辅领域的应用

在教育云的平台上,学校的行政管理能力有了显著提高,实现学校的各种信息化系统也实现了有效整合,如办公自动化系统、学生信息系统、教学管理和教育效果评估系统等。智慧校园、数字化校园可以说就是教育云的一种体现。在教育云的平台上,学校管理者能够对教学效果进行监控,经过相关研究分析之后,从而达到提高教学质量的目的。通过前面的探讨我们可以得出,"教育云"即为云计算在教研、教学和教辅三大领域的应用统称。鉴于教育云在提高教学质量、促进社会进步方面的独特优势,使得对国家来说,教育云的打造就显得既重要又迫切。立足于更高的层次,教育云不应该仅仅局限于国家的内部,还应该从全球的角度出发,建立一个全球化的教育云。在全球化教育云的平台基础上,学生能够接触到全世界的先进文化知识,教育机构也可以实现跨国界的交流与合作,强化教育内容体系,在提高国民对传统文化和国家认同感的同时,实现全球文化、科技乃至价值观的交流。

想要打造一个成功的"教育云"的话,需要考虑以下几个关键因素。

① 使用者的教育方式和理念。和传统的教育模式进行对比的话,教师需要具有更高的信息素养,老师需要提高自己的创新能力,学生需要更多的互动,以期能够提高其学习的积极性,在该平台上,家长能够和学校、教师进行更好的交流,能够进一步了解到学生的学习情况。

② 政府的积极介入和管理。政府需要起到引导和推广的角色,例如,提供符合教育云平台要求的教师培训体系的建立等;为了鼓励更多的企业和学校参与到教育云平台的建设,可以制定相应的政策,对为教育云平台的建设做出卓越贡献的单位或个人进行补助或奖励。

③ 适应现代信息化环境的教育教学方式。在日常教学工作过程中,教师要时刻注意提高自

身的信息素养,多利用信息化手段开展教学工作,提高教学效果,教育产业应该尽可能地开放形式多样的、丰富的信息化教学内容,借助于信息化工具,实现学校、社会和家长的经常性互动。

④健康的产业链及生态环境。需要独立软件开发商(ISV)、IT 硬件设备生产商、数字内容提供商的共同努力以期完成教育云的建设和维护,使优质的"教育市集"得以创造出来,这样,整体成本降低的同时,也实现了优秀的教育服务。

2. 云计算在医药医疗领域的应用

云应用是医药医疗领域的一剂"良方"。身体是人之根本,而与之相关的医药医疗行业就成为中国民生的基础,医疗医药产业的健康、快速发展,不仅促进 GDP 的稳步增长,更具有重大的社会意义和深远的影响。医疗医药产业的基础地位和刚性需求,决定了该产业蕴藏着巨大的增长潜力和动能。目前,中国医疗医药产业面临着产业变迁、升级换代和规模扩张三大命题。随着国家对医药行业监管力度的不断加大,信息化已经成为医药企业提高管理效率和市场响应能力的重要支撑。在"新医改"的政策指引下,云计算这一新兴的技术被医药医疗行业选中成为他们全面发展,引领潮流的新突破点。

在云计算应用模式下,医疗云架构共分为四大层次。

①客户端,用户使用浏览器、移动设备等终端访问设备访问云端的共享应用和资源。

②SaaS 软件服务,主要作用是向各类医疗用户系统提供应用软件服务。各系统通过多种接口方式,接入到平台中,实现彼此系统间的数据连通,彻底消除数据孤岛问题。

③PaaS 平台服务,在此平台上,根据不同管理需求,构建或升级相应的应用平台,保证各系统在实现技术方面高度一致性,进而提高系统的可维护性。

④IaaS 基础设施服务,此层次为客户提供包括服务器、网络设备、存储设备等基础设备的服务。

基于云计算的医药医疗信息化架构如图 11-36 所示。

图 11-36 基于云计算的医药医疗信息化架构

3. 云计算在银行业中的应用

当前银行业的核心业务是存款和放贷,核心利润来源是赚取息差。简单来说,银行吸引储户存款,支付一定的比例利息给储户;银行放贷给企业,收取一定比例的利息。这两者之间的利息差,也就是"净利息收入",是传统银行利润的主要来源。

(1) 中间业务创新

我们以某商业银行与某商场的 BPaaS(Business Process as a Service)云计算实践为例说明银行中间业务的创新,如图 11-37 所示。

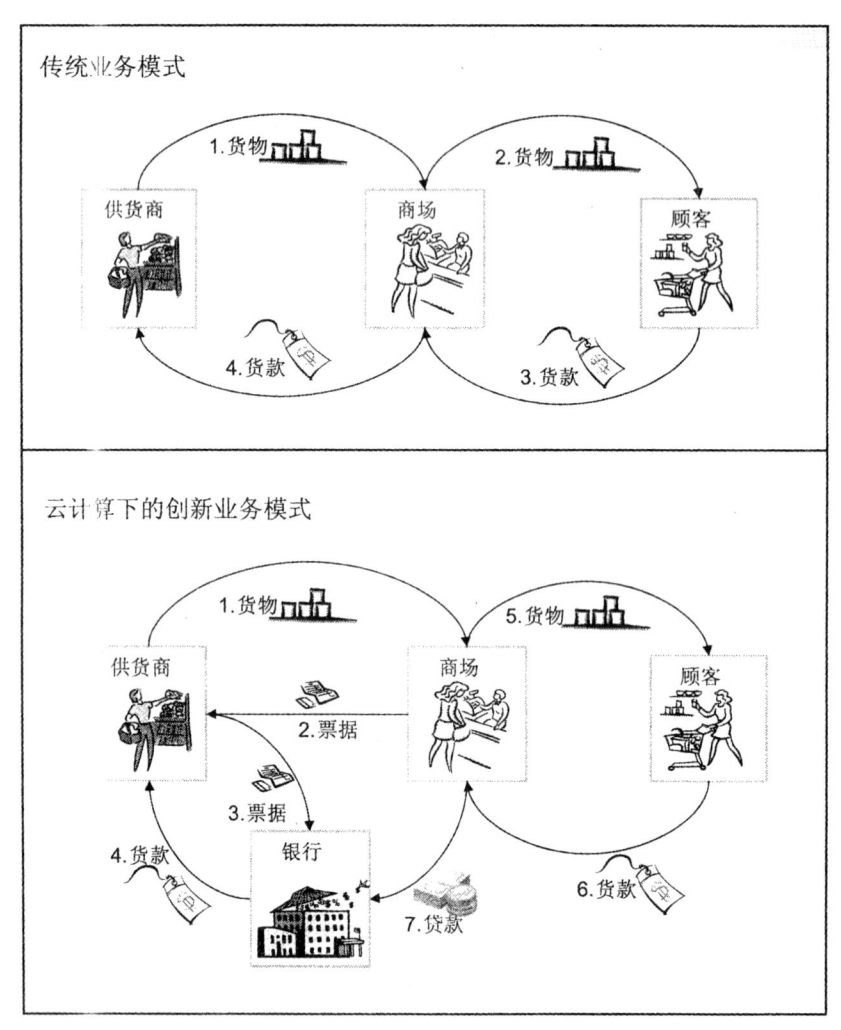

图 11-37　云计算为银行业带来的中间业务创新

(2) 核心业务创新

银行的传统核心业务是赚取息差,而风险控制则是最大的挑战。云计算为银行业带来的核心业务创新如图 11-38 所示。

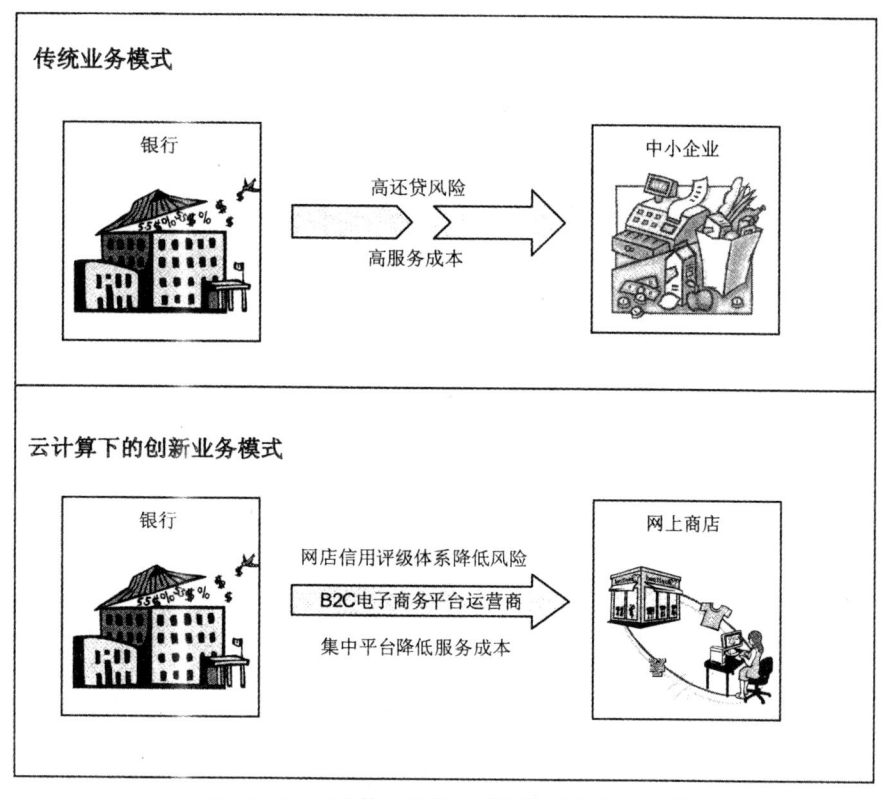

图 11-38　云计算为银行业带来的核心业务创新

11.2　物联网技术

11.2.1　物联网概述

1. 物联网的概念

《物联网白皮书(2011)》认为：物联网是通信网和互联网的拓展应用和网络延伸,它利用感知技术与智能装置对物理世界进行感知识别,通过网络传输互联,进行计算、处理和知识挖掘,实现人与物、物与物的信息交互和无缝连接,达到对物理世界实时控制、精确管理和科学决策的目的。

物联网的概念还在发展之中,具有越来越丰富的内涵,需要用动态、发展的眼光来看待。物联网充分利用了不断创新和发展的计算机技术、网络技术、软件技术、传感技术、通信技术等多种信息技术,广泛开发和利用人类世界与物理世界的各种信息资源,促进人与人、人与物、物与物之间的信息交流,深化全社会的知识共享程度,以信息和知识含量更高的处理方式提高经济社会的发展质量,推动无所不包、无所不在、无所不能的信息社会的形成。

2. 物联网的技术特征

物联网的技术特征主要表现在以下几个方面。

(1) 物联网中的智能物体

理解"智能物体"的感知、通信与计算能力时需要注意以下两个问题。

① "智能物体"是对连接到物联网中的人与物的一种抽象。和现实社会中的人和物一样,物联网中的也同样存在着人和物,那便是物联网中的"物体"或者是"对象",只是我们给它增加了"感知""通信"与"计算"能力。例如,我们可以给商场中出售的电视机贴上 RFID 标签。当顾客打算购买这台电视机时,他将电视机放到购物车上,将购物车推到结算的柜台时,RFID 读写器就会通过无线信道直接读取 RFID 标签的信息,知道这是一款什么型号的电视机、哪个公司出产的、价格是多少。这样一台贴有 RFID 标签的电视机就是物联网中的一个具有"感知""通信"与"计算"能力的"智能物体"或者叫作"智能对象"。

随着科技的进步,在智能电网应用中每一个用户家中的智能电表就是一个智能物体;每一个安装有传感器的变电器监控装置,使得这台变电器也成为一个智能物体。在智能交通应用中,安装有智能传感器的汽车就是一个智能物体;安装在交通路口的视频摄像头也是一个智能物体。在智能家居应用中,安装了光传感器的智能照明控制开关是一个智能物体;安装了传感器的冰箱也是一个智能物体。在水库安全预警、环境监测、森林生态监测、油气管道监测应用中,无线传感器网络中的每一个传感器节点都是一个智能物体。在智能医疗应用中,带有生理指标传感器的每一位老人是一个智能物体。在食品可追溯系统中,打上 RFID 耳钉的牛、一枚贴有 RFID 标签的鸡蛋也是一个智能物体。因此,在不同的物联网应用系统中智能物体可能存在很大差异。

智能物体可以是一个大的建筑物,也可以是小到用肉眼几乎看不见的物体;它可以是移动的,也可以是固定的;它可以是有生命的,也可以是无生命的;它可以是动物,也可以是人。"智能物体"是对连接到物联网中的人与物的一种抽象。

② 对物联网标识符的理解。在互联网中,名字、地址与路径表示的意义不同。名字说明它是谁,地址说明它在哪里,路径说明如何找到它。名字不会因其所处位置的变化而改变,而地址表示它所在的位置。例如,南开大学的 Web 服务器的名字是"www.nankai.edu.cn",我们可以根据它连接的网络地址结构,为这个 Web 服务器分配一个对应的 IP 地址"202.1.12.1"。路由器可以根据 IP 地址寻址到相应的服务器。但值得注意的是,有人将服务器名比作人的名字,这是不科学的。因为人的名字允许重复,但互联网中一台 Web 服务器的名字必须在全网中不可重复使用的。

(2) 物联网可以提供任意时间、地点的互联

ITU 在泛在网的任何地方、时间互联的基础上增加了"任何物体连接",从时间、地点与物体三个维度对物联网的运行特点做出了分析(图 11-39)。

图 11-39 描述的物联网的一个重要特点是:物联网中任何一个合法的用户(人或物)可以在任意时间、地点与任何一个物体通信,交换和共享信息,协同完成特定的服务功能。

要实现物联网在任何时候、任何地点与任何一个智能物体通信的要求,需要研究和解决以下几个基本的问题:

① 如何连接不同的智能物体?

② 如何建立物联网的通信模型?

③如何保证物联网的服务质量？
④如何实现不同智能物体之间的通信？
⑤如何保护物联网的信息安全与个人隐私？
⑥如何实现对物联网中智能物体的命名、编码、识别与寻址？

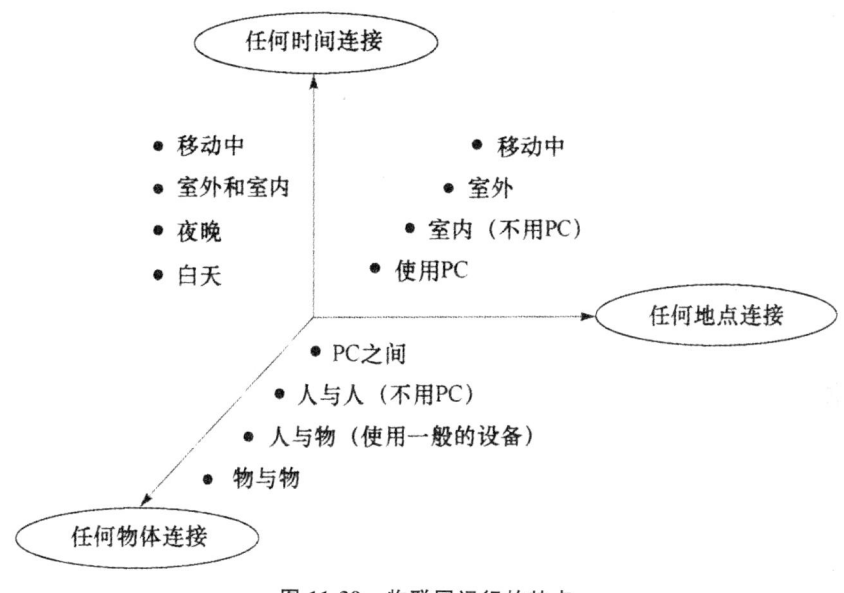

图 11-39　物联网运行的特点

(3) 物联网的目标是实现物理世界与信息世界的融合

我们都知道，现实社会中物理世界与网络虚拟世界是分离的，物理世界的基础设施与信息基础设施是分开建设的。在国民经济建设中，我们不断地设计和建设新的建筑物、高速公路、桥梁、机场与公共交通设施，完善物理世界。另一方面，我们在社会信息化建设过程中，不断铺设光纤，购买路由器、服务器和计算机，组建宽带网络，建立数据中心，开发各种网络服务系统。同时，我们还不断架设无线基站，发展移动通信产业。这都是对信息世界的建设。

社会发展不是一个快速形成的过程，而是一个渐进的过程。当社会和经济发展到一定水平的时候，必然会对科学技术提出新的需求。当经济全球化、生产国际化成为一种发展趋势，同时我们又面临着环境恶化和资源紧缺的局面，将计算机与信息技术拓展到整个人类社会生活与生存环境之中，使人类的物理世界与网络虚拟世界相融合，已经成为人类必须面对的选择。

(4) 物联网技术涵盖感知、传输与计算

在进一步讨论物联网应用系统结构之前，有必要将物联网工作过程与人对于外部客观物理世界的感知与处理过程做一个比较。我们的眼睛能够看到外部世界，耳朵能够听到声音，鼻子能够嗅到气味，舌头可以尝到味道，皮肤能够感知温度，这些都是人的感知器官在发挥着作用。人就是依据自己的感官所感知的信息，由神经系统传递给大脑，再由大脑综合感知的信息和存储的知识来做出判断，选择处理问题的最佳方案。这对于每一个具有正常思维的人都是常见的事。但是，如果将人对问题的智慧处理能力的形成与物联网工作过程做一个比较，不难看出两者有惊人的相似之处。

图 11-40 给出了物联网工作过程与人智慧地处理外部物理世界问题的过程的对比示意图。

如图 11-40(a)所示,人的感官用来获取信息,人的神经用来传输信息,人的大脑用来处理信息,使人具有智慧处理各种问题的能力。物联网处理问题同样要经过三个过程:全面地感知、可靠地网络传输与智能地信息处理,因此有人将它比喻成人的感官、人的神经与人的大脑。

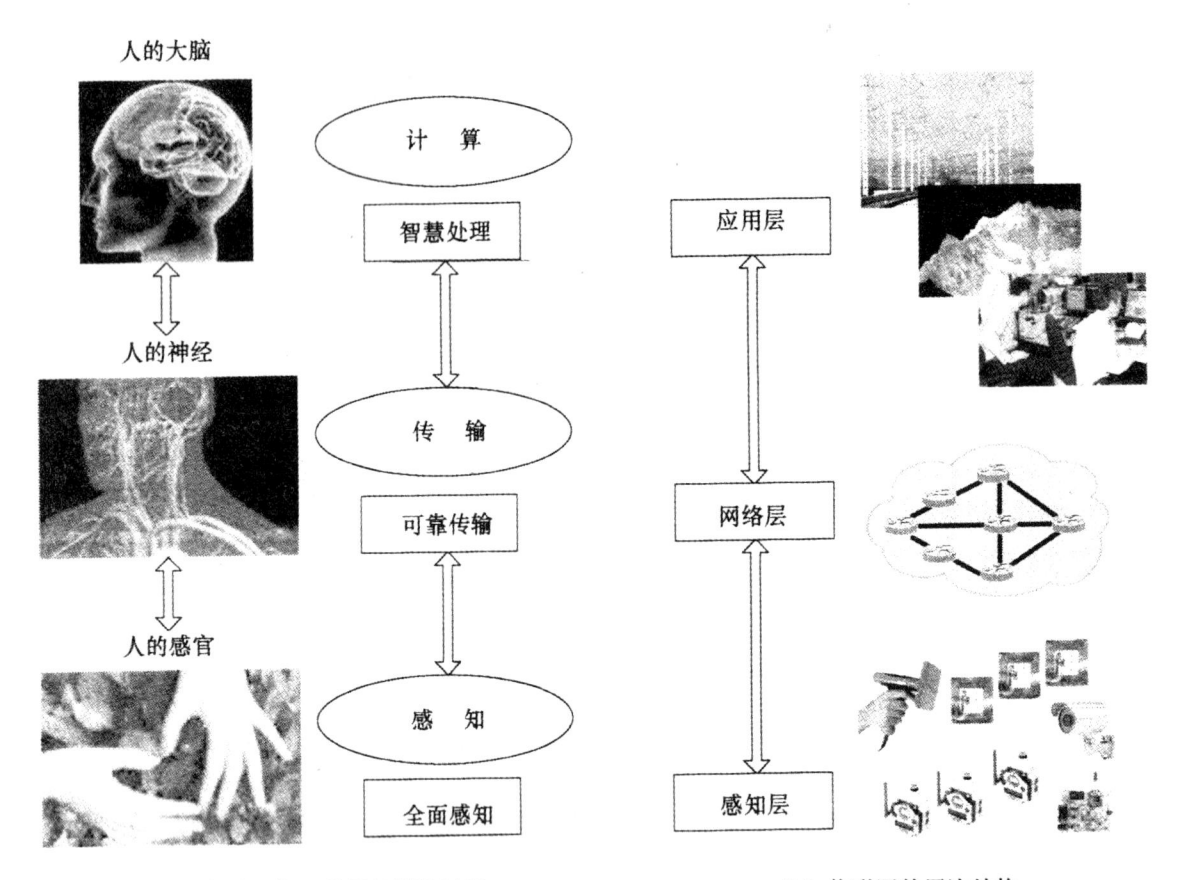

(a) 人处理物理世界问题的过程　　　　(b) 物联网的层次结构

图 11-40　物联网工作过程与人的智能形成的比较

对照人类处理物理世界问题的过程,结合物联网基本工作原理,我们可以将物联网的总体结构划分为三层:感知层、网络层和应用层,如图 11-40(b)所示。

3. 物联网的体系架构

物联网的体系架构如图 11-41 所示。

(1) 感知层

感知层也称为感知交互层,主要实现智能感知和交互功能,包括信息采集、捕获、物体识别和控制等。感知层的关键技术包括传感器、控制器、RFID、自组织网络、短距离无线通信、低功耗路由等多项技术。

(2) 网络层

网络层也称为网络传输层,主要实现信息的接入、传输和通信,包括接入层和核心层。

(3) 应用层

应用层则主要包含各类应用服务,如监控服务、智能电网、工业监控、绿色农业、智能家居、环境监控、公共安全等。物联网应用层既包括局部区域的独立应用，又包括广域范围的统一应用。部分以局部区域的独立应用为主，如楼宇内的控制系统、特定区域的环境监测系统。部分则是广域范围的统一应用，如手机支付、全球性的 RFID 物流和供应链系统等。

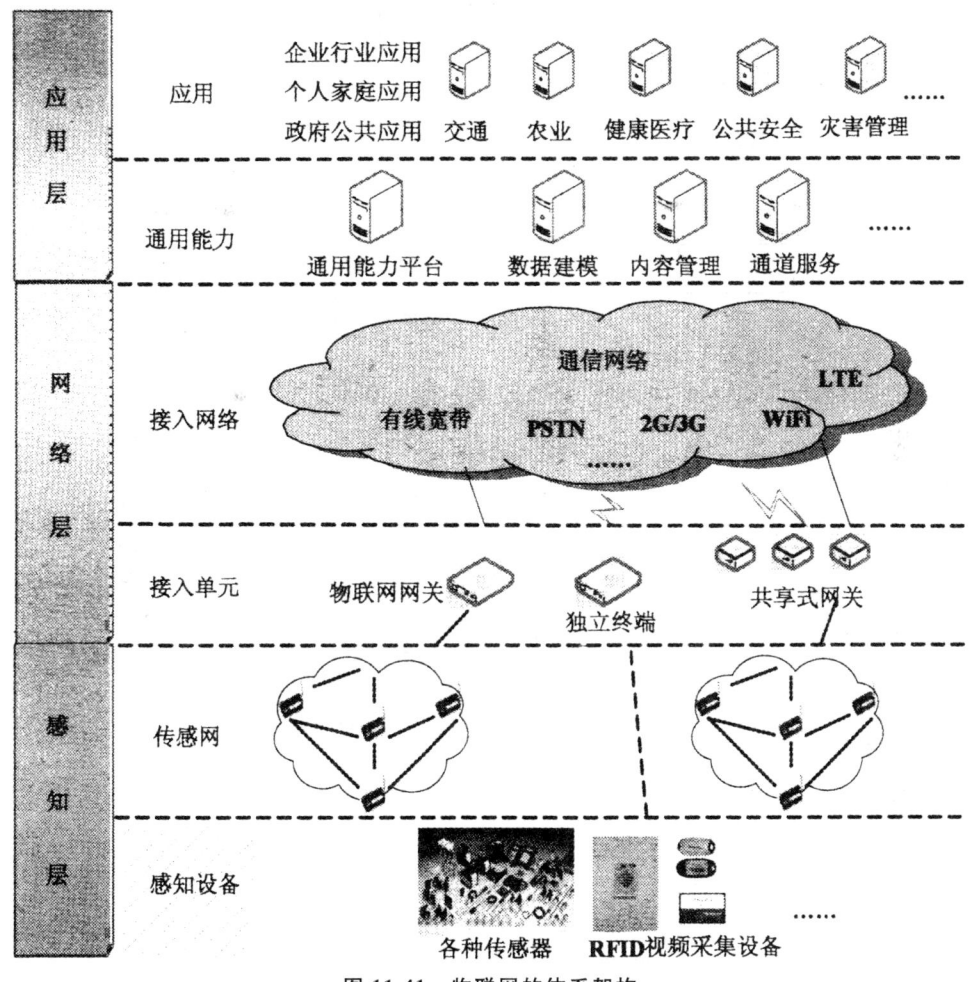

图 11-41　物联网的体系架构

11.2.2　物联网中的关键技术

1. 射频识别技术

在物联网中，射频识别(Radio Frequency Identification, RFID)是实现物联网的关键技术。RFID 是一种非接触式的自动识别技术，它通过无线射频信号实现无接触信息传递，达到自动识别目标对象的目的，识别工作无需人工干预，即可完成物品信息的采集和传输，可工作于各种恶劣环境，被称为 21 世纪十大重要技术之一。

(1) RFID 系统的组成

RFID 系统因应用不同其组成会有所不同，但基本都是由电子标签、读写器和系统高层这三大部分组成。RFID 系统的基本组成如图 11-42 所示。

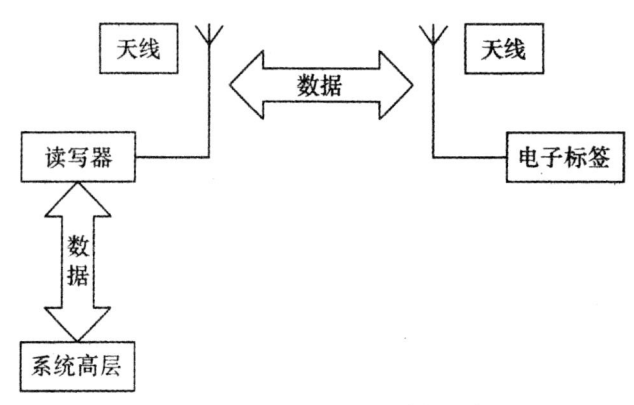

图 11-42 RFID 系统的基本组成

①电子标签。电子标签又称为射频标签或应答器,是射频识别的真正数据载体,主要由芯片和标签天线组成,如图 11-43 所示。从技术角度来说,电子标签是射频识别的核心,是读写器性能设计的依据。

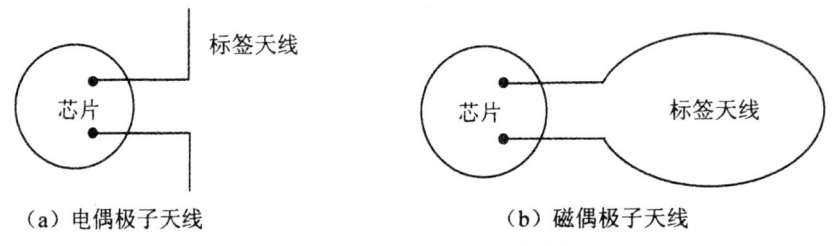

（a）电偶极子天线　　（b）磁偶极子天线

图 11-43 电子标签结构示意图

a. 标签天线。常见的标签天线类型包括双偶极子、折叠偶极子、印刷偶极子、对数螺旋天线等。如图 11-44 所示为几种常见的偶极子标签天线结构。

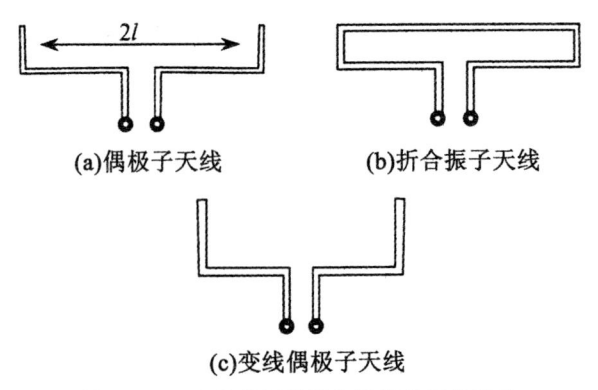

(a)偶极子天线　　(b)折合振子天线

(c)变线偶极子天线

图 11-44 几种常见的偶极子标签天线结构

标签的应用需要与物体有较好的共形特性,以及小尺寸、低剖面和低成本等要求,而使其具有一定的特殊性。天线与标签芯片之间的匹配问题是标签天线设计中的关键问题,当工作频率增加到微波区域的时候,该问题更具挑战性。

b. 芯片。芯片主要由数字电路及存储器组成。芯片及其组件的能量来源于电源控制/整流器模块，芯片的大小影响标签物理尺寸的大小。

② 读写器。

a. 读写器的软件。读写器的所有行为均由软件控制完成。读写器中的软件按功能划分如图 11-45 所示。

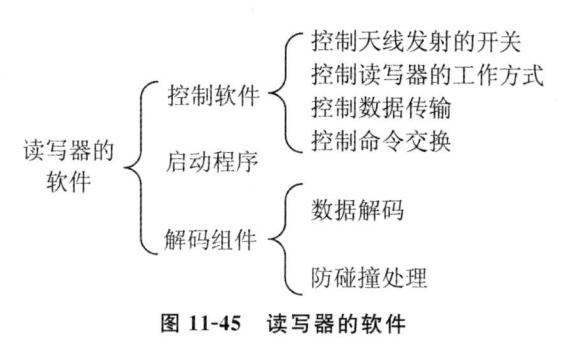

```
                    ┌ 控制天线发射的开关
          ┌ 控制软件 ┤ 控制读写器的工作方式
          │         │ 控制数据传输
读写器的   │         └ 控制命令交换
软件      ┤ 启动程序
          │         ┌ 数据解码
          └ 解码组件 ┤
                    └ 防碰撞处理
```

图 11-45　读写器的软件

b. 读写器的硬件。读写器的硬件一般由天线、射频模块、控制模块组成，如图 11-46 所示。

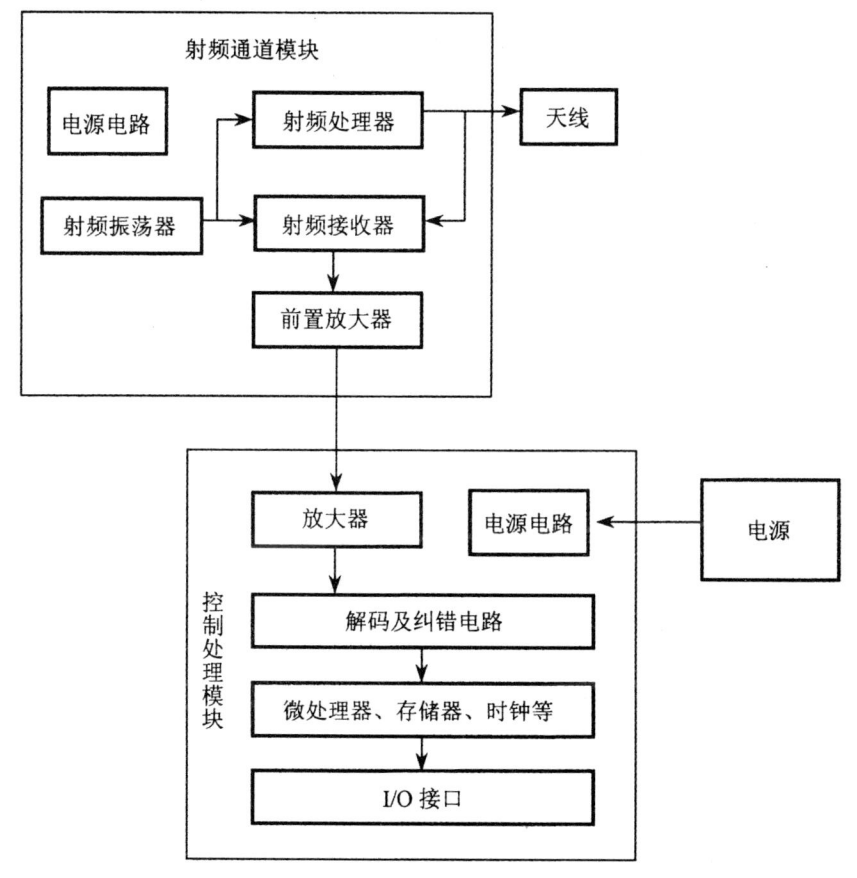

图 11-46　读写器的基本结构图

③ 系统高层。系统高层是计算机网络系统，数据交换与管理由计算机网络完成。读写器可

以通过标准接口与计算机网络连接,计算机网络完成数据的处理、传输和通信功能。最简单的 RFID 系统只有一个读写器,它一次只对一个电子标签进行操作,例如,公交车上的票务系统。

复杂的 RFID 系统会有多个读写器,每个读写器要同时对多个电子标签进行操作,并需要实时处理数据信息,这需要系统高层处理问题。

(2) RFID 中间件

目前,中间件是用来加工和处理来自读写器的信息和事件流的纽带,实际上并没有严格的定义。现一般认为,中间件＝平台＋通信。从上面这个定义来看,中间件由"平台"和"通信"两个部分构成,这就限定了中间件只能用于分布式系统中,同时也把中间件与支撑软件和实用软件区分开来,如图 11-47 所示。

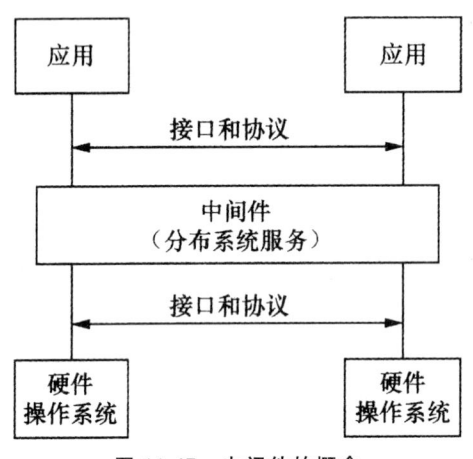

图 11-47　中间件的概念

RFID 中间件在 RFID 系统占有核心地位的作用,具体如下所示。

① 实时采集数据。RFID 中间件依靠各种读写器实时采集各种数据信息。

② 聚合数据。RFID 中间件将采集的各种单一信息进行聚合处理,以便为各种应用提供有价值的信息。

③ 过滤数据。RFID 中间件产生的数据信息的量非常庞大,其中一部分信息无须使用,且 RFID 中间件由于各种因素的影响,收集的信息会出现错误,因此,必须对数据进行过滤,保证数据的一致性和准确性。

④ 数据传递与共享。通常采用消息服务机制来传递 RFID 信息。例如,通过 J2EE 平台的 Java 消息服务(JMS)实现 RFID 中间件与应用程序或者其他 SAVANT 的消息传递典型结构如图 11-48 所示。这里采用 JMS 的发布/订阅模式,RFID 中间件给一个主题发布基于物理标示语言(Physical Makeup Language,PML)格式的消息,应用程序和其他的一个或者多个 SAVANT 都可以订购该主题消息。

2. 条形码技术

条形码是由一组"条""空"和数字符号组成,按一定编码规则排列,来表示一定的信息。目前条形码的种类很多,大体可以分为一维条形码和二维条形码。

(1) 一维条形码

一维条形码是将宽度不等的多个黑条和空白,按照一定的编码规则排列,用以表达一组信息的图形标识符。

一维条形码有许多种码制，包括 Code25 码、Code128 码、EAN-13 码、EAN-8 码、ITF25 码、库德巴码、Matrix 码和 UPC-A 码等。如图 11-49 所示为几种常用的一维条形码样图。

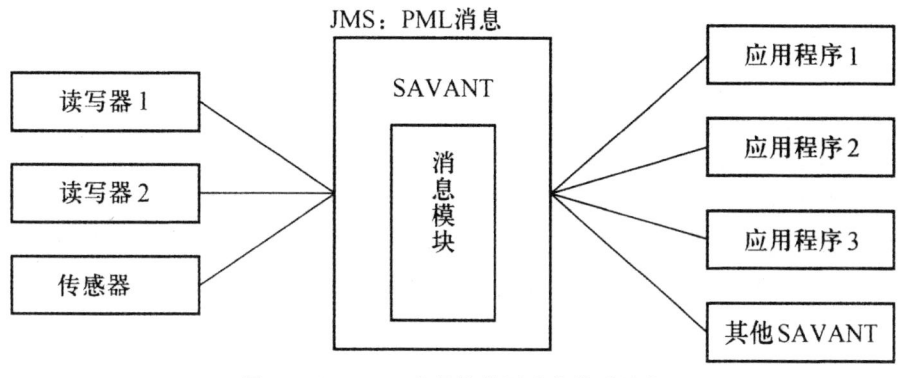

图 11-48　RFID 中间件典型消息传递结构

(a) EAN-13 码　　(b) EAN-8 码　　(c) UPC-A 码

图 11-49　几种常用的一维条形码样图

（2）二维条形码

二维条形码是将一维条形码存储信息的方式扩展到二维空间上，从而存储更多的信息，具备一维条形码没有的"描述物品"的功能。二维条形码没有边缘界限，在印刷和识读方面具有较高的包容度，可以打印或印刷在任何介质中。二维条形码在横向和纵向两个方位同时表达信息，因此能在很小的面积内表达大量的信息。目前有几十种二维条形码，常用的码制有 Data Matrix 码、QR Code 码、Maxi code 码、PDF417 码、Code49 码、Code 16K 码和 Code one 码等。如图 11-50 所示为几种常用的二维条形码样图。

(a) Data Matrix 码　　(b) QR Code 码　　(c) Maxi code 码

图 11-50　几种常用的二维条形码样图

3.无线传感器网络技术

无线传感器网络(Wireless Sensor Networks,WSN)是一种特殊的无线通信网络,它是由许多个传感器节点通过无线自组织的方式构成的,应用在一些人们力不能及的领域,如战场、环境监控等地方;通过无线的形式将传感器感知到的数据进行简单的处理之后,传送给网关或者外部网络;因为它具有自组网形式和抗击毁的特点,已经引起了各个国家的积极关注。

(1)无线传感器网络的体系结构

①无线传感器节点结构。在无线传感器网络中,每个节点负责的工作是有一定差异的,因为节点可以被分为传感器节点、汇聚节点和管理节点,具体如图 11-51 所示。在监测区域内部或附近部署着数量庞大的传感器节点,其具有无线通信与计算功能,实现相关应用需求的分布式智能化网络系统是在自组织方式的基础上实现的,并以协作的方式实现网络覆盖区域中信息的感知、采集和处理,然后再做进一步处理。

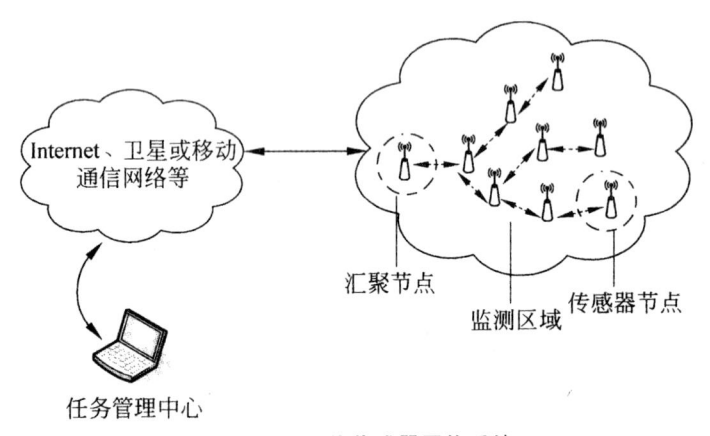

图 11-51 无线传感器网络系统

a.传感器节点。由数量庞大的传感器节点构成无线传感器网络,事实上,每个传感器节点都需要完成数据的采集、处理、通信等相关工作,故其从根本上来说就是一个微型的嵌入式系统(图 11-52)。

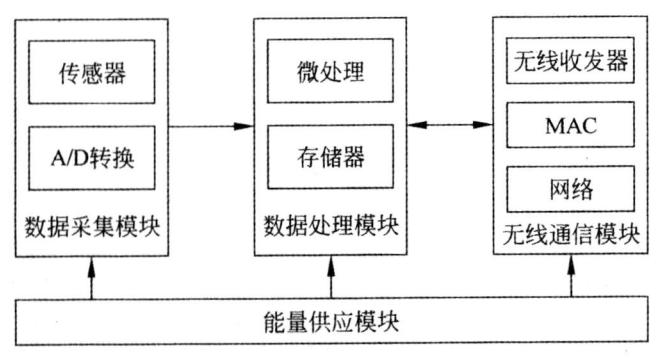

图 11-52 传感器节点的一般结构

• 数据采集模块。在整个传感器网络中,区别于其他三个模块,该模块是唯一直接与外部信号量接触的,负责完成对感知对象信息的采集和数据转换的工作。

• 处理控制模块。和其他三个模块比起来,该模块负担的工作量最大也就使其成为关键的模块。

• 无线通信模块。传感器网络节点间数据通信的需求借助于该模块得以满足。

• 能量供应模块。在传感器节点的四个模块中,其他三个模块功能的发挥需要立足于该模块。鉴于整个传感器节点的数量非常庞大,且其部署在很大的监控区域内,故节点的设计因应用不同而会有一定的差异,但在能够顺利完成相关应用的基础上使电池寿命得以尽可能地延长是需要遵守的基本原则。本模块中能源消耗与网络运行可靠性的关系是必须要解决好的。目前,电池无线充电技术日益引起人们的关注并成为可能的发展方向;另外,利用周围环境获取能量(如太阳能、振动能、风能、物理能量等)为节点供电相结合也是 WSN 节点设计技术的一个潜在的发展方向。

b. 汇聚节点。由于汇聚节点需要完成更多的工作,故要求其拥有更加强大的处理、存储和通信能力。

c. 管理节点。即用户节点,用户对传感器网络进行配置和管理即要通过管理节点来实现,发布监测任务以及收集监测数据。抛撒在监测区域的传感器节点以自组织方式构成网络,在完成数据的收集后,将以多跳中继方式将数据传回汇聚节点,借助于互联网技术或者是移动通信网络技术,汇聚节点会将收集到的数据传递给远程监控中心进行处理。在这个过程中,传感器节点在完成感知数据功能的同时还需要完成转发数据的路由工作。目前,人们把精力都集中在了对提高传感器节点的软硬件性能上。

② 无线传感器网络结构。

a. 单跳网络结构。为了向汇聚节点传送数据,各传感器节点可以采用单跳的方式将各自的数据直接发送给汇聚节点,采用这种方式所形成的网络结构为单跳网络结构,如图 11-53 所示。然而,在无线传感器网络中,节点用于通信所消耗的能量跟感知和处理所消耗的能量完全不在一个数量级。在无线信道上传送 1 比特数据所消耗的能量与处理相同比特数据所消耗的能量的比率,可以达到 1000~10000。而且,用于无线发射的能量占通信所需能量的主要部分,随着发射距离的增加,所需的发射功率呈指数型增长。因此,为了节省能量和延长网络生存时间,所传送的数据量要做到尽可能地少,使发射距离得以缩短。由于无线传感器节点的低成本、微型化以及节点在能量方面的限制,单跳网络结构不适合大多数无线传感器网络应用,多跳短距离通信是更适合无线传感器网络的一种通信方式。

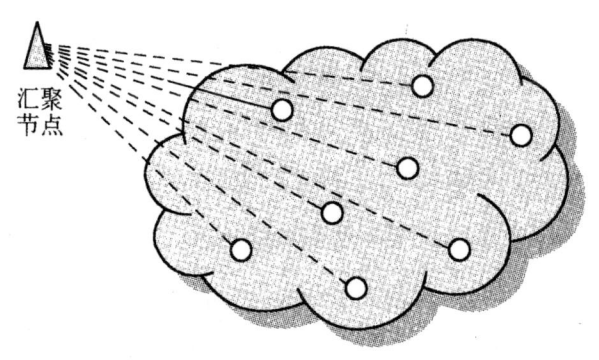

图 11-53 单跳网络结构

b. 多跳网络结构。在大多数无线传感器网络应用中,传感器节点密集分布在指定区域,相邻节点间距离非常近,因此可以采用多跳网络结构和短距离通信实现数据传输。在多跳网络结构中,传感器节点通过一个或多个网络中间节点将所采集到的数据传送给汇聚节点,使通信所需的能耗得以尽可能地降低,如图 11-54 所示。

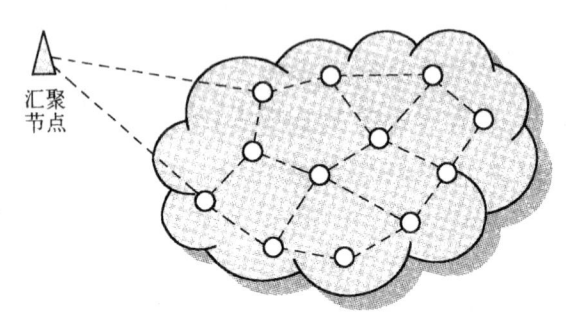

图 11-54　多跳网络结构

(2) 无线传感器网络协议结构模型

无线传感器网络协议结构模型既参考了现有通用网络的 TCP/IP 和 OSI 模型的架构,又包含了无线传感器网络特有的能量管理、移动性管理及任务管理,整个模型主要包括物理层、数据链路层、网络层、传输层和应用层。管理面的存在主要是用于协调不同层次的功能以求在能耗管理、移动性管理和任务管理方面获得综合考虑的最优设计,如图 11-55 所示。

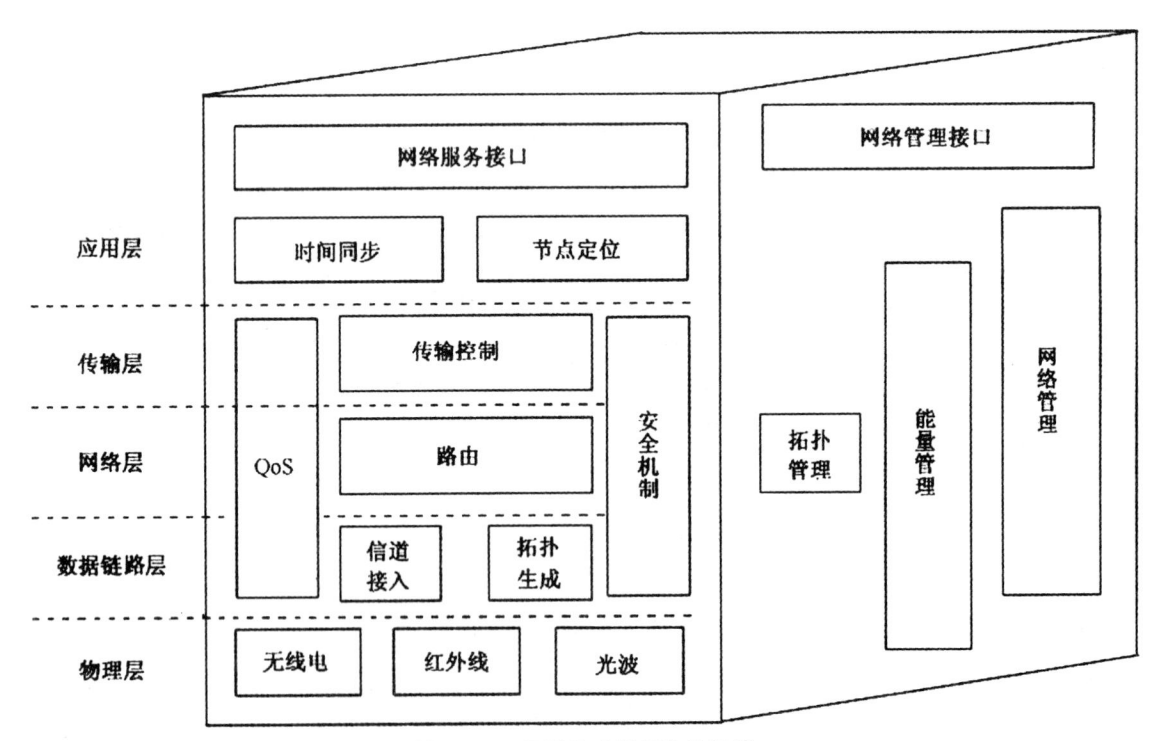

图 11-55　无线传感器网络协议栈

① 物理层。无线传感器网络的传输介质可以是无线、红外或者光介质,例如,在微尘项目中

使用了光介质进行通信。还有使用红外技术的无线传感器网络,它们都需要在收发双方之间存在视距传输通路,而大量的无线传感器网络节点基于射频电路。无线传感器网络的典型信道属于近地面信道,其传播损耗因子较大,并且天线高度距离地面越近其损耗因子就越大,这是无线传感器网络物理层设计的不利因素。然而无线传感器网络的某些内在特征也有利于设计的方面,例如,高密度部署的无线传感器网络具有分集特性,可以用来克服阴影效应和路径损耗。目前低功率无线传感器网络物理层的设计仍然有许多未知领域需要深入探讨。

② 数据链路层。数据链路层负责数据流的多路复用、数据帧检测、媒体介入和差错控制,以保证无线传感器网络中节点之间的链接。

③ 网络层。无线传感器网络中节点和接收器节点之间需要特殊的多跳无线路由协议。传统的 Ad Hoc 网络多基于点对点的通信。而为了增加路由可达度,并考虑到无线传感器网络的节点并非很稳定,在传感器节点中多数使用广播式通信。路由算法也基于广播方式进行优化,此外,与传统的 Ad Hoc 网络路由技术相比,无线传感器网络的路由算法在设计时需要特别考虑能耗的问题,基于节能的路由有若干种,如最大有效功率路由算法、基于最小跳数路由等。无线传感器网络网络层设计的设计特色还体现在以数据为中心,在无线传感器网络中人们只关心某个区域的某个观测指标的值,而不会去关心具体某个节点的观测数据,而传统网络传送的数据是和节点的物理地址联系起来的。以数据为中心的特点要求无线传感器网络能够脱离传统网络的寻址过程,快速有效地组织起各个节点的信息并融合提取出有用信息直接传送给用户。

④ 传输层。无线传感器网络的计算资源和存储资源都十分有限,而且通常数据传输量并不是很大。这样对于无线传感器网络而言,是否需要传输层是一个问题。最为熟知的传输控制协议(TCP)是一个基于全局地址的端到端传输协议,而对于无线传感器网络而言 TCP 设计思想中基于属性的命名对于无线传感器网络的扩展性并没有太大的必要性,而数据确认机制也需要大量消耗存储器。因此适合于无线传感器网络的传输层协议会更类似于 UDP。

⑤ 应用层。应用层的主要任务就是获取数据并进行初步处理,这与具体的应用场合和环境密切相关,必须针对不同的应用需求进行设计。以数据为中心和面向特定应用的特点,要求无线传感器网络能够脱离传统网络的寻址过程,快速有效地组织起各个节点的信息,分析处理之后提取出有用信息直接传送给用户。然而网络节点实现数据采集、计算或传输功能,都需要消耗能量,所耗能量和产生的数据量、采样频率、传感器类型以及应用需求等有关。考虑采用能效高的网络通信协议和数据局部处理策略,如在应用层采用数据融合技术,消除冗余数据和无用数据,从而大大减少所需传输的数据量,节省能量。此外,若网络中节点能够采用多种类别传感器,合理地对采集数据进行融合,不但可以改善信息获取的质量,更可以扩大网络的应用领域。

11.2.3 物联网的应用

1. 智能医疗

智能医疗是物联网技术与医院、医疗管理"融合"的产物,它覆盖医疗信息感知、医疗监护服务、医院管理、药品管理、医疗用品管理,以及远程医疗等领域,实行医疗信息感知、医疗信息互联与智能医疗控制的功能(图 11-56)。

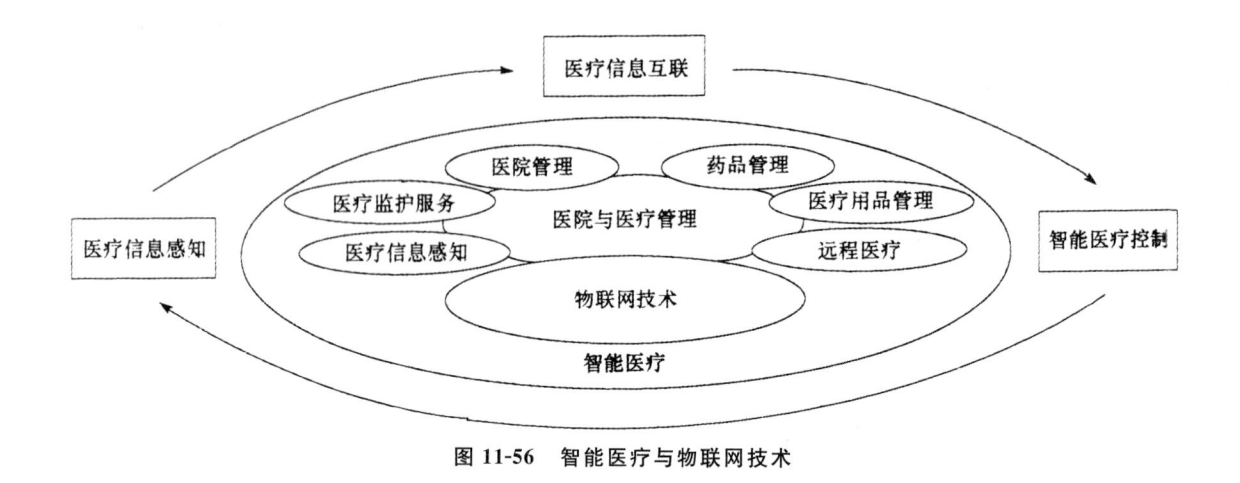

图 11-56 智能医疗与物联网技术

2. 智能安防

近年来,国内外公共安全事件屡屡发生,恐怖活动日益猖獗,智能安防越来越受到政府与产业界的重视。基于物联网的智能安防系统具有更大范围、更全面、更实时、更智慧的感知、传输与处理能力,已成为智能安防研究与开发的重点。

广义的公共安全包括两大类,一类是指自然属性或准自然属性的公共安全,另一类是指人为属性的公共安全。自然属性或准自然属性的公共安全问题不是有人故意或有目的地制造的,而人为属性的公共安全问题是有人故意、有目的地参与、制造的。我国政府将公共安全分为四类:自然灾害、事故灾害、突发公共卫生事件与突发社会事件。公共安全涉及面很宽。我们在智能安防技术的讨论中主要研究针对社会属性,以维护社会公共安全的技术,如城市公共安全防护、特定场所安全防护、生产安全防护、基础设施安全防护、金融安全防护、食品安全防护与城市突发事件应急处理的技术问题(图 11-57)。

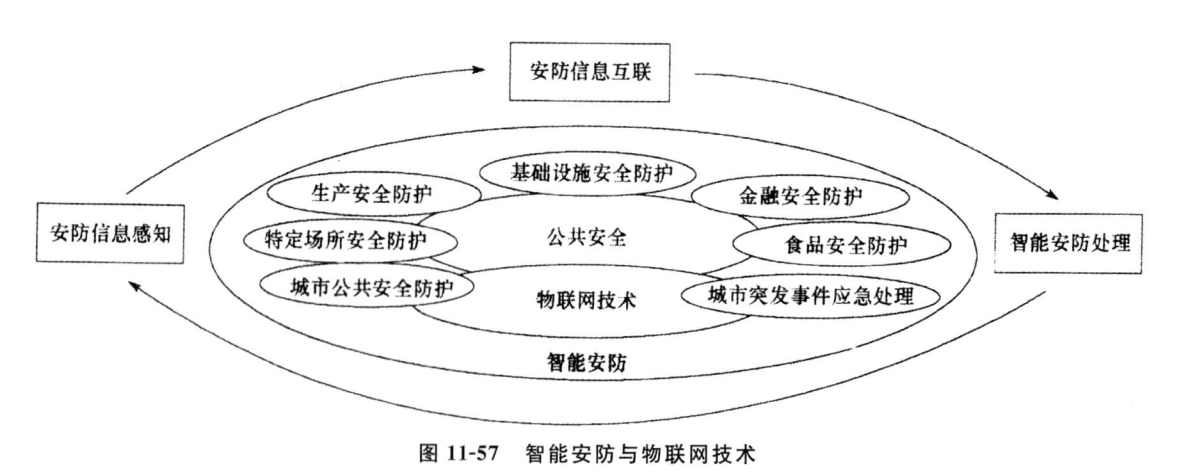

图 11-57 智能安防与物联网技术

3. 智能家居

有一种应用正悄然兴起,那就是"智能家居"。我国已将建设智能化小康示范小区列入国家重点发展方向。住房和城乡建设部计划在近年内,使60%以上的新房具有一定的"智能家居"功能。通过在家庭布设传感器网络,可以通过手机或互联网远程实现家庭安全、客人来访、环境与灾害的监控报警以及家电设备控制,以保障居住安全,提高生活质量。

图11-58给出了物联网技术在智能家居中应用的示意图。智能家居主要包括四个方面的研究内容:智能家电、家庭节能、家庭照明和家庭安防。

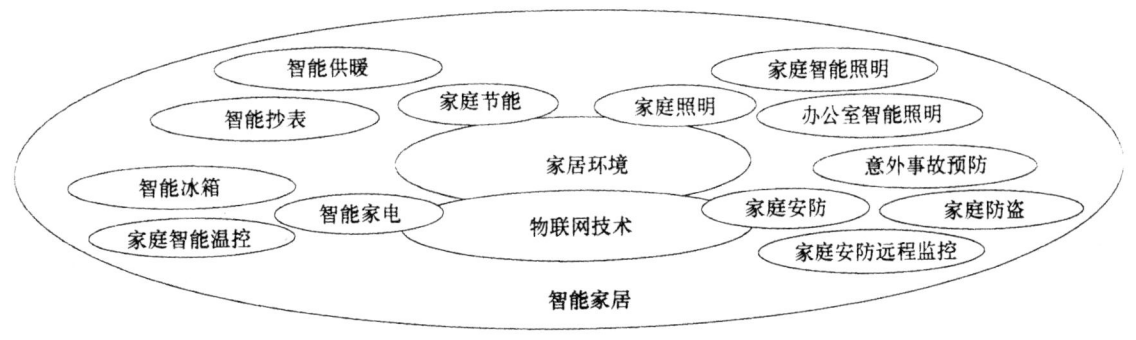

图 11-58 智能家居与物联网技术

将物联网技术应用于智能家居可以达到以下效果。

(1) 高效节能

各种家居设备(如空调、洗衣机、电饭煲、热水器等家用电器,以及照明灯具等能源消耗设施)可以根据室温、光照等外部条件和用户需求,自动运行在最佳的节能状态。

(2) 使用方便

用户可以利用手机、电话座机或互联网,对各种家庭设施与电器的工作状态进行远程监控或操作。

(3) 安全可靠

家庭安全防护系统可以自动发现和防范入室盗窃等非法入侵状态,可以在意外事故(如火情、煤气泄漏或漏水)发生时自动监测与报警,用户也可以远程通过手机查看室内安全,以及儿童、老人生活状态。

我国政府大力支持智能家居产业的发展,已将智能家居产业列入智能化小康示范小区过程规划之中,以及惠民工程的重要组成部分。

4. 智能物流

随着国际贸易壁垒的消除、经济全球化进程的加速和科学技术的高速发展,物流领域越来越成为各国经济发展的关键领域。物流的信息化已成为现代物流业的灵魂,是现代物流业高速发展的必然要求和基石,物流企业也正在由劳动密集型逐步转变为信息和知识密集型企业。物联网的诞生和物流息息相关,它通过信息流来指挥物流的快速流动,从而加快资金流的周转,使企业从中获取更大的经济利益。物流、信息流与资金流的相辅相成的关系如图11-59所示。

随着物流信息化水平的提高,物流过程的信息化管理要求也越来越迫切,而信息化手段的引入也在悄悄地改变或影响着物流过程的具体形式。物流过程如图11-60所示。

纵观全球,世界范围内的每一次重大技术革新都给以交通运输为基础的物流领域带来了根本性改变。以互联网为核心的信息技术革命,快速、广泛地影响到了世界的每一个角落,改变了数以亿计的人的生活,也日益深入地融入到了整个社会经济当中,改变着商业经济的发展格局,同时信息领域的发展也开始给物流领域带来新的生机。

智能物流与物联网的关系表现在以下几个方面。

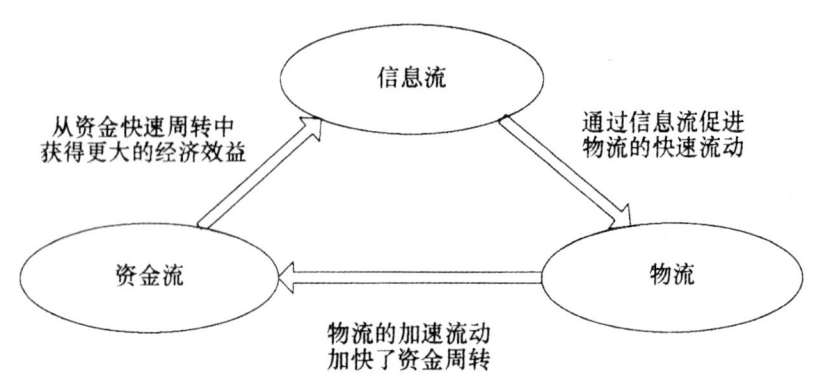

图 11-59 物流、信息流与资金流的关系

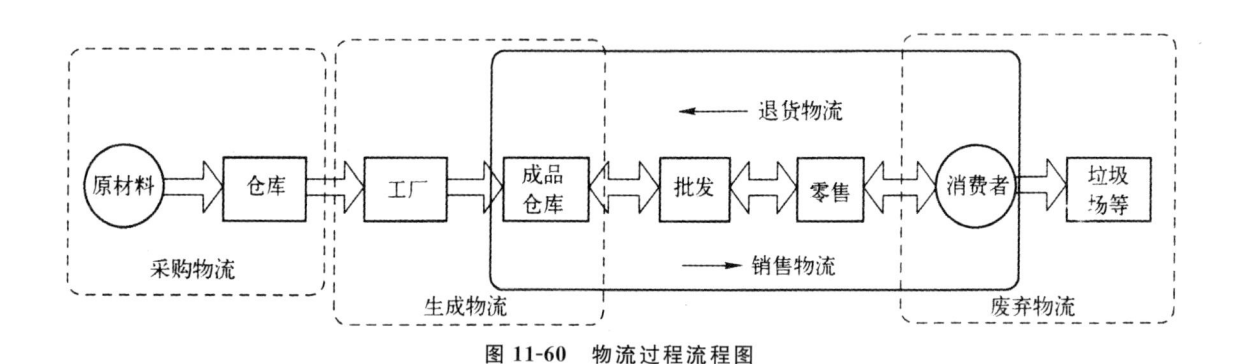

图 11-60 物流过程流程图

(1) 物联网技术覆盖智能物流运行的全过程

智能物流的特点可以总结为精准、协同与智能。未来的智能物流需要利用 RFID 与传感器技术,实现对物品从采购、入库、调拨、配送、运输等环节全过程的准确控制,将制造、采购、库存、运输的成本降到最低,同时将各个环节可能造成的浪费也降到最低,利用信息流精确控制物流过程,使利润达到最大化。要达到这个目标,就需要在智能物流的运行平台之上,实行供应物流、生产物流与销售物流的各个环节的协同工作。要实现资源配置的优化、业务流程的优化,就必须大量采用智能数据感知、智能数据处理技术。智能物流中物流与信息流的关系如图 11-61 所示。

(2) 智能物流中"虚拟仓库"的概念需要由物联网技术来支持

物流不仅在产品价值链上占有重要的份额,而且在生产效率上起到了决定性的作用。如果一个加工环节出现了原材料的短缺,生产线就必须停工待料。据我国国家发展改革委员会的有关调查发现,一般商品从原材料到成品的加工制造时间不超过整个生产周期的 10%,而 90% 以上的时间花费在仓储、运输、搬运、包装、配送等物流环节。

(3) 智能物流运行过程需由物联网来支持

物联网可以在物流的"末梢神经"的产品与原材料数据采集环节使用 RFID 与传感器网络技术,在物流运输过程中应用 GIS、GPS 技术准确定位、跟踪与调度,在产品销售环节应用电子订货与电子销售 POS 设备。现代物流原材料采购、运输、生产到销售的整个运行过程的实时监控和实时决策可以依靠物联网技术的支持。智能物流涵盖了从供应物流、生产物流到销售物流的全过程(图 11-62)。

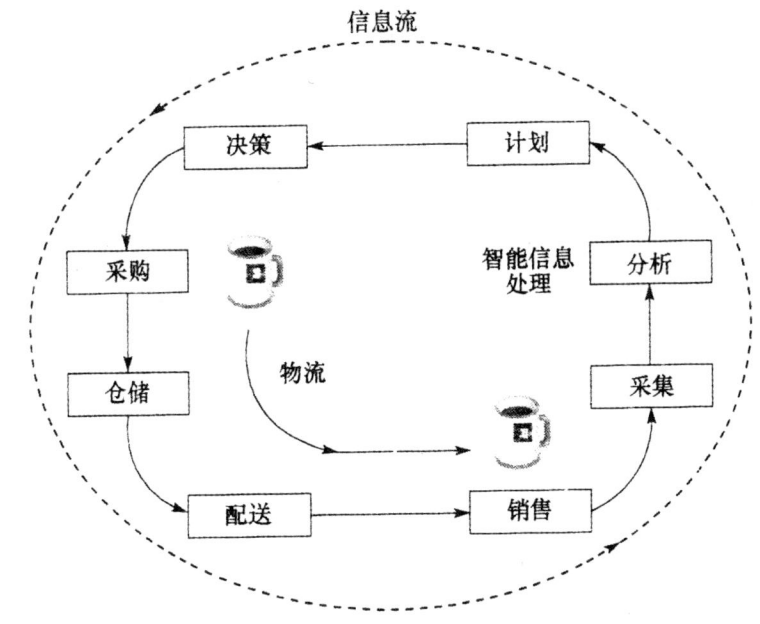

图 11-61 智能物流中物流与信息流的关系

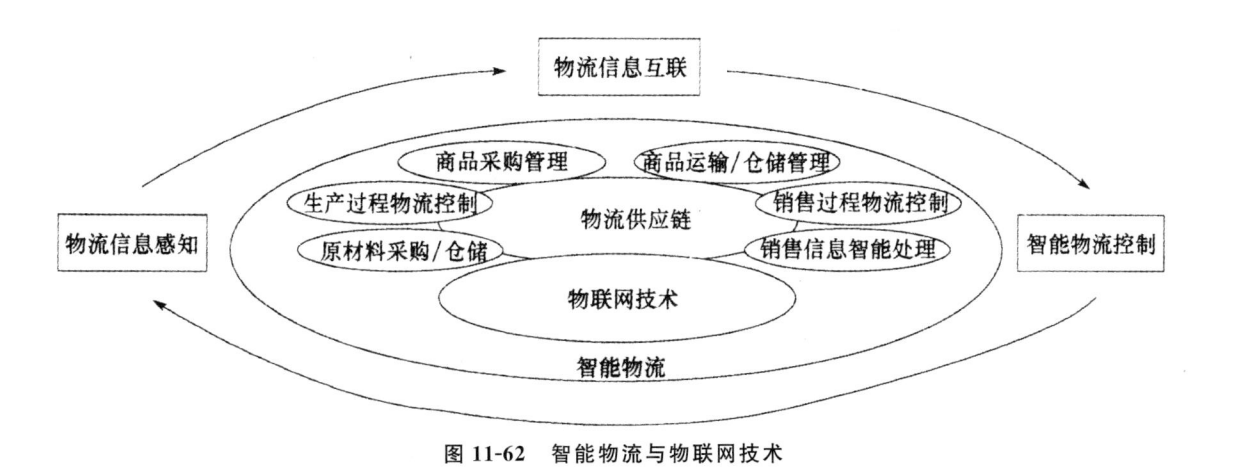

图 11-62 智能物流与物联网技术

5. 智能电网

智能电网是指以双向数码科技建立的输电网络,用来传送电力。它可以通过侦测电力供应者的电力供应状况以及一般家庭使用者的电力使用状况,调整家电用品的耗电量,以此达到节约能源、降低损耗、增强电网可靠性的目的。

事实上,智能电网融合了信息技术、通信技术、数据融合与挖掘技术、分布式电源技术、集散控制技术、环境感知技术等多学科领域,形成了市场、运营机构、服务机构、发电厂、输电部门、配电所及用户(包括企业与家庭用户)之间的双向互动(图 11-63)。

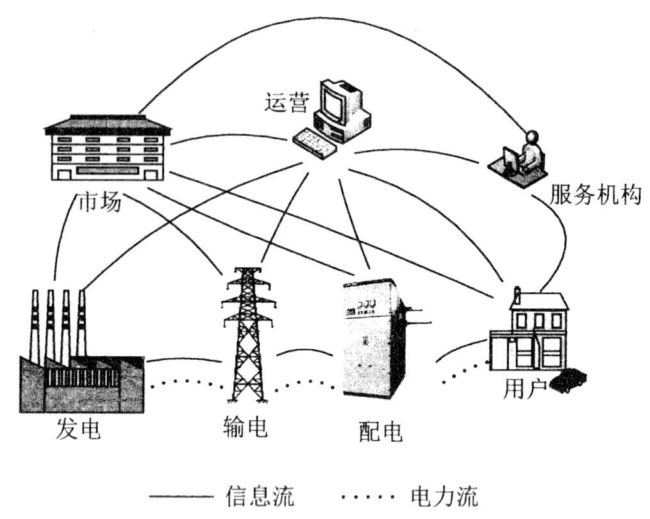

图 11-63　智能电网互操作模型

智能电网作为最具代表性的物联网行业应用,其智能化主要体现在以下几方面:可观测——采用先进的量测、传感技术;可控制——对观测状态进行有效控制;嵌入式自主的处理技术;实时分析——数据到信息的提升;自适应和自愈等。

11.3　三网融合技术

所谓三网融合,就是指电信网、广播电视网和计算机通信网的相互渗透、互相兼容、并逐步整合成为全世界统一的信息通信网络,能够提供包括语音、数据、图像等综合多媒体的通信业务。三网融合实现后,人们可以用电视遥控器打电话,在手机上看电视剧,随需选择网络和终端,只要拉一条线、接入一张网,甚至可能完全通过无线接入的方式就能搞通信、电视、上网等各种应用需求,如图 11-64 所示。

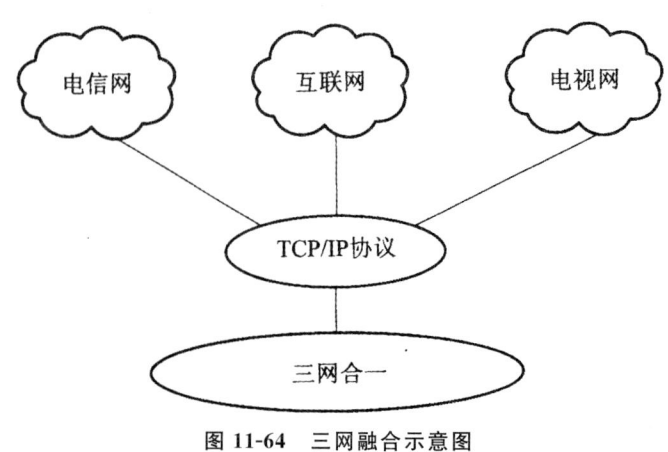

图 11-64　三网融合示意图

三网融合是为了实现网络资源的共享,避免低水平的重复建设,形成适应性广、容易维护、费用低的高速带宽的多媒体基础平台。

三网融合带来的好处如下:

①信息服务将由单一业务转向文字、话音、数据、图像、视频等多媒体综合业务。

②有利于极大地减少基础建设投入,并简化网络管理,降低维护成本。

③将使网络从各自独立的专业网络向综合性网络转变,网络性能得以提升,资源利用水平进一步提高。

④三网融合是业务的整合,它不仅继承了原有的话音、数据和视频业务,而且通过网络的整合,衍生出了更加丰富的增值业务类型,如图文电视、VoIP、视频邮件和网络游戏等,极大地拓展了业务提供的范围。

⑤三网融合打破了电信运营商和广电运营商在视频传输领域长期的恶性竞争状态,各大运营商将在一口锅里抢饭吃,看电视、上网、打电话资费可能打包下调。

三网融合应用广泛,遍及智能交通、环境保护、政府工作、公共安全、平安家居、智能消防、工业监测、老人护理、个人健康等多个领域。以后的手机可以看电视、上网,电视可以打电话、上网,电脑也可以打电话、看电视。三者之间相互交叉,形成你中有我、我中有你的格局。

参考文献

[1] 张恒杰,武云霞,张彦等.计算机网络技术基础[M].北京:清华大学出版社,2016.
[2] 肖仁锋,尤凤英,刘洪海等.计算机网络技术与应用[M].北京:清华大学出版社,2016.
[3] 李丹.网络安全基础及应用.北京:电子工业出版社,2016.
[4] 王路群.计算机网络基础及应用[M].4版.北京:电子工业出版社,2016.
[5] 曹晓军.计算机网络[M].北京:科学出版社,2016.
[6] 徐立新.计算机网络技术[M].北京:人民邮电出版社,2016.
[7] 牛玉冰.计算机网络技术基础[M].2版.北京:清华大学出版社,2016.
[8] 王洪泊,边胜琴.计算机网络[M].北京:清华大学出版社,2015.
[9] 王利君.计算机网络技术[M].北京:科学出版社,2015.
[10] 代绍庆,桑世庆.计算机网络技术[M].北京:中国财政经济出版社,2015.
[11] 程书红.计算机网络基础[M].北京:电子工业出版社,2015.
[12] 王方,严耀伟.计算机网络技术及应用[M].北京:人民邮电出版社,2015.
[13] 满昌勇,崔学鹏.计算机网络基础[M].2版.北京:清华大学出版社,2015.
[14] 崔来中,傅向华,陆楠.计算机网络与下一代互联网[M].北京:清华大学出版社,2015.
[15] 张乃平.计算机网络技术[M].广州:华南理工大学出版社,2015.
[16] 张博.计算机网络技术与应用[M].2版.北京:清华大学出版社,2015.
[17] 胡伏湘.计算机网络技术与应用[M].北京:电子工业出版社,2015.
[18] 周舸.计算机网络技术基础[M].4版.北京:人民邮电出版社,2015.
[19] 胡静.计算机网络导论[M].北京:清华大学出版社,2014.
[20] 王新良.计算机网络[M].北京:机械工业出版社,2014.
[21] 朱士明.计算机网络技术[M].北京:人民邮电出版社,2014.
[22] 孙波,曾振东.计算机网络技术[M].北京:机械工业出版社,2014.
[23] 邓礼全.计算机网络技术及应用[M].北京:科学出版社,2014.
[24] 刘黎明,王昭顺.云计算时代:本质、技术、创新、战略[M].北京:电子工业出版社,2014.
[25] 王鹏,黄焱,安俊秀,张逸琴.云计算与大数据技术[M].北京:人民邮电出版社,2014.
[26] 徐保民.云计算机解密:技术原理及应用实践[M].北京:电子工业出版社,2014.
[27] 万川梅.云计算应用技术[M].成都:西南交通大学出版社,2013.
[28] 徐守东.云计算技术应用与实践[M].北京:中国铁道出版社,2013.
[29] 黎连业,王安,李龙.云计算基础与实用技术[M].北京:清华大学出版社,2013.
[30] 徐勇军.物联网关键技术[M].北京:电子工业出版社,2015.
[31] 闫连山,彭代渊,叶佳等.物联网技术与应用[M].北京:高等教育出版社,2015.
[32] 薛燕红.物联网导论[M].北京:机械工业出版社,2014.
[33] 王平.物联网概论[M].北京:北京大学出版社,2014.
[34] 鄂旭.物联网关键技术及应用[M].北京:清华大学出版社,2013.